Alexandru Braha und
Ghiocel Groza

Moderne Abwassertechnik

Beachten Sie bitte auch weitere interessante Titel zu diesem Thema

Hellmann, D.-H., Riegler, G. (Hrsg.)

Maschinentechnik in der Abwasserreinigung

Verfahren und Ausrüstung

2003, ISBN 3-527-30606-4

Wiesmann, U., Choi, I. S., Dombrowski, E.-M.

Biological Wastewater Treatment

Fundamentals, Microbiology, Industrial Process Integration

2006, ISBN 3-527-31219-6

Oppenländer, T.

Photochemical Purification of Water and Air

Advanced Oxidation Processes (AOPs): Principles, Reaction Mechanisms, Reactor Concepts

2003, ISBN 3-527-30563-7

Alexandru Braha und Ghiocel Groza

Moderne Abwassertechnik

Erhebung, Modellabsicherung, Scale-Up, Planung

WILEY-VCH Verlag GmbH & Co. KGaA

Autoren

Prof. Dr.-Ing. Alexandru Braha
Konrad-Adenauer-Str. 66
30853 Langenhagen
Deutschland

Prof. Dr. Ghiocel Groza
TU für Bauwesen und Maschinen
Blv. Lacul Tei 128
Bukarest
Rumänien

■ Alle Bücher von Wiley-VCH werden sorgältig erarbeitet. Dennoch übernehmen Autoren, Herausgeber und Verlag in keinem Fall, einschließlich des vorliegenden Werkes, für die Richtigkeit von Angaben, Hinweisen und Ratschlägen sowie für eventuelle Druckfehler irgendeine Haftung.

Bibliographische Informationen der Deutschen Bibliothek
Die Deutsche Bibliothek verzeichnet diese Publikation in der Deutschen Nationalbibliografie; detaillierte bibliografische Daten sind im Internet über <http://dnb.ddb.de> abrufbar.

© 2006 WILEY-VCH Verlag GmbH & Co. KGaA, Weinheim

Gedruckt auf säurefreiem Papier

Alle Rechte, insbesondere die der Übersetzung in andere Sprachen, vorbehalten. Kein Teil dieses Buches darf ohne schriftliche Genehmigung des Verlages in irgendeiner Form – durch Photokopie, Mikroverfilmung oder irgendein anderes Verfahren – reproduziert oder in eine von Maschinen, insbesondere von Datenverarbeitungsmaschinen, verwendbare Sprache übertragen oder übersetzt werden. Die Wiedergabe von Warenbezeichnungen, Handelsnamen oder sonstigen Kennzeichen in diesem Buch berechtigt nicht zu der Annahme, dass diese von jedermann frei benutzt werden dürfen. Vielmehr kann es sich auch dann um eingetragene Warenzeichen oder sonstige gesetzlich geschützte Kennzeichen handeln, wenn sie nicht eigens als solche markiert sind.

Printed in the Federal Republic of Germany

Satz Kühn & Weyh, Satz und Medien, Freiburg
Druck betz-Druck GmbH, Darmstadt
Bindung Litges & Dopf Buchbinderei GmbH, Heppenheim

ISBN-13: 978-3-527-31270-2
ISBN-10: 3-527-31270-6

Inhaltsverzeichnis

Vorwort   *IX*

Einleitung: Abwassertechnik – Stiefkind der Verfahrenstechnik?   *XIII*

Danksagung   *XVII*

1	**Mikrobiologische Grundzüge in der Bioverfahrenstechnik** *1*	
1.1	Form und Gestalt der Mikroorganismen in Ökosystemen und in der industriellen Biotechnologie *1*	
1.1.1	Eukaryotische und prokaryotische Zellen und ihre Struktur *2*	
1.1.2	Grund- und Regulationsmechanismen des Stoffwechsels und der Energieumwandlung *4*	
1.1.3	Mutation und Erbgutübertragung *6*	
1.2	Bioverfahrenstechnische Aspekte des Stoffwechsels *8*	
1.2.1	Produktionsverfahren *8*	
1.2.1.1	Biomassegewinnung *8*	
1.2.1.2	Biosynthese von Stoffwechselprodukten *8*	
1.2.1.3	Biotransformation *9*	
1.2.1.4	Industrieller Einsatz von Biomasse an natürlichen Standorten (Erzlaugungsverfahren) *9*	
1.2.2	Substratabbau *10*	
1.2.2.1	Denitrifikation *11*	
1.2.2.2	Methanbildung *11*	
1.2.2.3	Oxidation von TOC- und TKN-haltigen Verbindungen *13*	
2	**Verfahrenstechnische Überlegungen zur Modellbildung in der biologischen Abwasserbehandlung** *21*	
2.1	Reaktionstechnisches Verhalten von Bioreaktoren mit suspendierter Biomasse *22*	
2.1.1	Verweilzeitverhalten *22*	
2.1.2	Kinetik der Konzentrationsabnahme kohlenstoffhaltiger Verbindungen *36*	
2.1.2.1	Reaktion 0. Ordnung ($n = 0$) *36*	
2.1.2.2	Reaktion 1. Ordnung ($n = 1$) *37*	

Moderne Abwassertechnik. Alexandru Braha und Ghiocel Groza
Copyright © 2006 WILEY-VCH Verlag GmbH & Co. KGaA, Weinheim
ISBN: 3-527-31270-6

2.1.2.3	Reaktionen 2. Ordnung (n = 2)	43
2.1.2.4	Reaktionen n. Ordnung	44
2.1.2.5	Reaktion 1. Ordnung mit nicht abbaubarem Term	50
2.1.3	Variierende Reaktionsordnung und Biomassekonzentration	53
2.1.3.1	C-Oxidation bei vernachlässigbarer Biomassezufuhr durch den Ablauf des Vorklärbeckens (VKB)	53
2.1.3.2	C-Oxidation mit gleichzeitigem Biomassezuwachs	60
2.1.3.3	N-Oxidation mit gleichzeitigem Biomassezuwachs	78
2.1.3.4	Kinetik der Denitrifikation	83
2.1.3.5	Kinetik des Sauerstoffverbrauches	92
2.1.4	Kinetik streng anaerober Prozesse	95
2.2	Reaktionstechnisches Verhalten von Reaktoren mit immobilisierter Biomasse	99
2.2.1	Reaktion 1. Ordnung	100
2.2.2	Reaktion variierender Ordnung	104
2.3	Erkundung des Temperatureinflusses auf die biokinetischen Geschwindigkeitskoeffizienten	108
2.4	Kinetik des Sauerstofftransports	112
2.5	Zwischenbemerkungen zu Bioreaktor und Modellbildung	119
3	**Statistische Datenauswertungsverfahren**	**123**
3.1	Statistische Kennwerte und Prüfverfahren	124
3.1.1	Statistische Kennwerte	126
3.1.2	Statistische Prüfverfahren	129
3.2	Regressionsrechnung	138
3.3	Zwischenbemerkungen zu statistischen Auswertungsverfahren	158
4	**Bakterienmischpopulationen und Stoffumwandlungsprozesse bei multiplen Abwassersubstraten**	**165**
4.1	Biomassenzuwachs/Bestimmungsverfahren	165
4.2	Multiple Substrate und deren analytische Bestimmung	168
4.3	Allgemeine Bemerkungen zur Anwendung von Summenparametern bei der Modellbildung	168
4.4	Kinetik mikrobieller Prozesse bei suspendierter Biomasse	169
4.4.1	Statische Kulturen (*batch culture*)	169
4.4.1.1	Die Adaptations- oder lag-Phase	171
4.4.1.2	Exponentielles Wachstum	172
4.4.1.3	Übergangsphase	174
4.4.1.4	Stationäre Phase	179
4.4.1.5	Absterbephase	179
4.4.2	Kinetik dynamischer Kulturen (*continuous culture*)	180
4.4.2.1	CSTRs ohne Biomasserückführung	180
4.4.2.2	CSTRs mit Biomasserückführung	181
4.4.2.3	Energiedichte, Scherkräfte und Belüften	186

4.5	Tropfkörper – Kinetik mikrobieller Prozesse bei auf Füllkörpern immobilisierter Biomasse *192*	
4.5.1	Prozessintensivierung – Fallstudie *193*	
4.5.2	Versuchsplanung und -durchführung *200*	
4.5.3	Diskussion der Modellergebnisse *202*	

5 Durchführung kinetischer Untersuchungen mittels Labor- und Halbtechnikums-Belebtschlammreaktoren *207*

5.1	Versuche in einstufigen Halbtechnikums-Belebtschlammreaktoren *211*
5.1.1	Versuchsplanung und -durchführung *211*
5.1.2	Batchreaktor – Versuchsplanung/-durchführung *225*
5.1.3	Zwischenbemerkungen zu einstufigen Belebtschlammreaktoren bei der Industrie-Abwasserreinigung *240*
5.2	Versuche in einer Halbtechnikums-Mischbeckenkaskade *242*
5.2.1	Beschreibung der Anlage und Versuchsplanung *242*
5.2.2	Datenauswertung und Diskussion der Ergebnisse *248*
5.2.2.1	Kurzer theoretischer Abriss *248*
5.2.2.2	CSTR-Kaskade – Messergebnisse und Modellvoraussagen *251*
5.2.2.3	Zwischenbemerkungen zum Substratabbau in Mischbeckenkaskaden *256*
5.3	Schlussfolgerungen zur Modellerstellung/-übertragung auf Bioreaktoren in der Klärtechnik *256*

6 Das Lawrence-McCarty-Modell *261*

6.1	Das Schlammalter als Planungs- und Betriebsregelgröße *261*
6.2	Modell-Erweiterung und Fallstudien bei Ingenieur-Büros *265*
6.2.1	Theoretische Grundüberlegungen *265*
6.2.2	Anwendung des erweiterten Schlammalter-Modells *267*
6.2.3	Modellmäßige Prozessanalyse der Messergebnisse *268*
6.3	Schlussbetrachtungen zum Schlammalter-Modell *274*
6.4	Automatische Betriebsführung auf der Grundlage reaktionstechnischer Modelle *278*
6.4.1	Aufgabenstellung beim Großklärwerk Isai *278*
6.4.2	Ist-Zustand der örtlichen Gegebenheiten in Iasi *278*
6.4.3	Betriebliche Grundüberlegungen zur ABF *278*
6.4.4	ABF – verfahrenstechnische Beschreibung *280*
6.4.4.1	Die $(\theta_C)_{\text{Modell T=20°C}}$-Prozessführung *280*
6.4.4.2	Die $(\theta_C)_{\text{emp.,T=20°C}}$-Prozessführung *290*
6.4.4.3	Prozessführung nach $(\theta_C)_{\text{Handbetrieb,T=20°C}}$ *290*
6.5	ABF – IASI – Bemerkungen/Ausblick *291*

7 „State of the Art" in der Klärtechnik und Bio-Verfahrenstechnik *295*

7.1	Einleitender Überblick *295*
7.2	Kommentar/Ausblick *299*

8	**Fest-Flüssig-Trennung in statischen Klärern und Eindickern** 303
8.1	Abwassertechnische Klassifizierung von Suspensionen 303
8.2	Modellerstellung für Fest-Flüssig-Trenneinheiten 307
8.3	Zwischenbemerkungen/Ausblick 307
9	**Gleichmäßiges Absetzen versus Fluidisation** 309
9.1	Theoretische Grundüberlegungen 309
9.2	Modellansätze bei Absetz-/Fluidisierungsprozessen 311
9.3	Bemerkungen zu „*zone-settling*" und Fluidisierungsansätzen 323
10	**Die „*limiting-solids-flux-theory*" – Fallstudien** 329
10.1	Theoretische Aspekte 329
10.2	Sedimentation-Fallstudien 339
10.2.1	Prozessanalyse kompakt ausflockender Partikel 339
10.2.1.1	Laborvorschrift – Allgemeines 339
10.2.1.2	Diskussion der Ergebnisse 340
10.2.1.3	Zwischenbemerkungen 348
10.2.2	Fallstudie – Schwach ausflockende Partikel 349
10.2.2.1	Allgemein 349
10.2.2.2	Labor-Versuchsdurchführung 350
10.2.2.3	Prozessanalyse und Diskussion der Ergebnisse 352
10.2.2.4	Zwischenbemerkungen 361
10.3	Schlussbemerkungen zur Modellerstellung mittels Sedimentationsversuchen 361
11	**Einbindung der Flockenkompression bei Belebtschlämmen in die Massen-Flux-Theorie** 367
11.1	Schlammkompression – *State of the Art* 367
11.2	Aufgabenstellung 370
11.3	Versuchsplanung und -durchführung 370
11.4	Theoretische Grundüberlegungen 379
11.4.1	Der Kurgaev'sche Kompressionsansatz 379
11.4.1.1	Erweiterung des Kurgaev'schen Modells 383
11.4.2	Der Coulson-Richardson-Kompressionsansatz (CR) 385
11.4.2.1	Erweiterung des CR-Kompressionsansatzes 386
11.5	Diskussion der Ergebnisse 388
11.6	Dimensionierung eines statischen Eindickers 397
11.7	Schlammkompression – Schlussbemerkungen 399
12	**Schlusswort – Ausblick** 409

Stichwortverzeichnis 419

Vorwort

Mit vor allem in Wirtschafts- und Geisteswissenschaften gängigen Begriffen wie „Theorie" oder „Theoretisches Modell" (wo sich dies meistens auf ungeprüfte Spekulationen, Annahmen und Vermutungen und manchmal, naturbedingt, sogar auf überhaupt nicht prüfbare Hypothese bezieht) haben nicht wenige auf dem natur- oder ingenieurwissenschaftlichen Bereich tätige Akademiker so ihre Schwierigkeiten. Bereits das Wort „Modelldenkweise" als solches gilt nicht wenigen von ihnen als suspekt, und dies trotz der ganz verschiedenen Grund(be)deutung in diesen den exakten Wissenschaften zuzurechnenden Disziplinen, bei denen diese Begriffe in der Regel ein fachlich-kohärentes System von bereits verifizierten oder zumindest noch immer verifizierbaren Hypothesen und Phänomenen bezeichnen.

Allerdings ist die Neigung vieler Wissenschaftler allein der Ratio das wissenschaftlich-technische Agieren zuzuschreiben sicherlich falsch, da „reine" (nur) Rationalität lediglich einen jener vielen allgemeinen Faktoren erfasst, welche das menschliche Agieren bestimmen und bedauerlicherweise nicht einmal der dominierende. Hinzu kommt, dass wir im Bereich des wissenschaftlich-technischen Denkens, obwohl häufig mit sich rasch wandelnden Situationen konfrontiert, viel eher dazu neigen, uns nicht nur an unseren Denkschemata festzuhalten und sogar neue Informationen zu verdrehen, um sie in diese Schemata einzupassen, als dass wir bereit wären, unsere Denkweise zu ändern; das abwassertechnische Gebiet bildet hinsichtlich der hierfür benötigten Akzeptanz des Neuen überhaupt keine Ausnahme. Beispielhaft hierfür möge eine Wiedergabe der Auffassungen weltbekannter Siedlungswasserwirtschaftler wie W. v. d. Emde, W. Gujer, L. Huber, K. H. Krauth und P. Schleyen aus dem führenden Abwasser-Standardwerk in Deutschland aus dem Jahr 1990 dienen [1].

> *„In der Arbeitsgruppe bestand sofort Übereinstimmung, dass die maßgebende Bemessungsgröße für Anlagen zur Nitrifikation/ Denitrifikation das Schlammalter (t_S) ist. Eine Bemessung nach der Stickstoff-Schlammbelastung ist daher nicht zielführend. Für die Berechnung des Rauminhaltes von Belebungsbecken dienen jedoch weiterhin die BSB_5-Schlammbelastung B_{TS} und die BSB_5-Raumbelastung B_R."*

In ihrer 1970 abwassertechnisch als bahnbrechend zu bezeichnenden Veröffentlichung [2] räumten Lawrence und McCarty bis dahin existierende Unklarheiten über die Definition des Schlammalters aus, und erwähnen mit Weitsicht

> *In essence, the models presented herein are only a mathematical formalization of what has been observed to be the important parameters by designers, operators, and investigators in the past. Such formalization, hopefully, will furnish relationships with predictive value to serve not only in the design and control of existing treatment processes, but also will aid in the biological processes for other purposes, such as denitrification..."*

Bei gemeinsamen Systemeigenschaften Großmaßstabsreaktor ↔ Labor-Pilotreaktor kann dann viel leichter (und viel preiswerter) das Modell geprüft und zu einer statistisch abgesicherten Modell-Voraussage für die Großanlage eingesetzt werden [2]. Dabei setzen die Scale-up- und Optimierungsprobleme solcher Stoffumwandlungsprozesse eine enge interdisziplinäre Zusammenarbeit zwischen Siedlungswasserbauern und Verfahrenstechnikern einerseits und Mikrobiologen sowie (Bio-)Chemikern andererseits voraus. Eine gemeinsame Sprachregelung bei allen diesen mitwirkenden Disziplinen führt unweigerlich dazu, dass bei den Ingenieurwissenschaftlern Grundzüge der Mikrobiologie und bei den Naturwissenschaftlern ein gewisses Verständnis für technische Zusammenhänge in immer größer werdendem Ausmaß benötigt werden. Ziel der nachfolgenden Ausführungen ist es daher, die zur Zeit relativ schmale Brücke zwischen diesen sich noch abgrenzenden Fachgebieten zu erweitern, um über gemeinsames Denken in Modellkategorien eine Querverbindungen zwischen Natur- und Ingenieurwissenschaften zu schaffen.

Um dieser Situation Rechnung zu tragen, werden auf der Basis schon im Labormaßstab zu planender Versuchsdurchführung nicht nur die Modellbildung an sich sondern auch in der Theorie oft angewandte mathematische „Tricks" detailliert beschrieben, die das statistisch abgesicherte Herausfinden der auf die Prozessmechanismen einzeln einwirkenden Parameter wesentlich transparenter gestalten.

Trotz der nach „viel Theorie" lautenden Thematik ist das Handbuch dank der vielen darin präsentierten realen Fallstudien stark an der Praxis orientiert und verzichtet auf langwierige theoretische Herleitungen. Dem Anwender, seien es Studierende oder in Entwicklung Tätige, kommen zahlreiche grapho-analytische Lösungen sowie sich daran anschließende Computersimulationen entgegen, die seinen künftigen Umgang mit statistisch abgesicherten Datenreihen, deren Einsatz ins Modell und dessen Prüfung auf Adäquatheit immer vertrauter machen. Kritisch eingestellten Lesern würden die Autoren für jede Anregung dankbar sein, denn auch was eventuell Gutes kann zum Feind des Besseren werden...

Literaturverzeichnis

1 Imhoff, K., Imhoff. R: Taschenbuch der Stadtentwässerung, Oldenbourg-Verlag, 27. Auflage, München (1990), S. 222.

2 Lawrence, A. W., McCarty, P.: Unified Basis for Biological Treatment Design and Operation. Journal of San. Eng Div., SA 3, June (1970), S. 757/778.

Einleitung
Abwassertechnik – Stiefkind der Verfahrenstechnik?

Als Hauptaufgaben der Klärtechnik gelten die Abwasserreinigung vor dem Ableiten in natürliche Gewässer und die Behandlung der dabei anfallenden, überwiegend organisch belasteten Abwasserschlämme. Dies erfolgt in so genannten mechanisch-biologisch-chemischen Kläranlagen, in denen das Abwasser mehreren Reinigungsstufen unterzogen wird. In den „mechanischen" Reinigungsstufen werden zuerst grobe, im Abwasser schwimmende/schwebende Feststoffe durch einen Siebvorgang entfernt; dies wird von so genannten Rechenanlagen getätigt. Eine zweite Gruppe zu entfernender Stoffe umfasst sandartige, von Fetten und Ölen verschmutzte Teilchen (Sandfanggut), vorwiegend mineralischer aber auch organisch-ausflockender Natur; da sie in der Regel eine größere Dichte als das Abwasser haben, sinken sie in so genannten Sandfängen zu Boden, wo sie mit geeigneten Vorrichtungen beseitigt werden. Drittens werden fettige und ölige Bestandteile, die normalerweise schwimmen, entweder in auch mit Lufteinblasung versehenen Spezial-Sandfängen, oder in Fett- und Ölabscheidern ausgetragen, um eine mögliche Öl-Anhaftung an der Biomasse nachfolgender biologischer Reinigungsstufen (luft-undurchlässiger Oberflächenfilm) weitestgehend zu vermeiden [1, 2]. Der vierte Schritt der Fest-Flüssig-Trennung wird in Klärern (Vorklärbecken – VKB) vollzogen, da sich im Abwasser noch viele feinstdispergierte, lediglich durch die durch mehrstündige Aufenthaltszeiten geförderte Konglomeratbildung, sedimentierfähige Teilchen befinden. Zur Anhebung der Trennleistung wird mancherorts ein kleiner Teil des Rücklaufschlammes (Überschussschlamm) in die Vorklärbecken zurückgeführt oder dem Vorklärbecken eine FlockungsFällstation vorgeschaltet. Dadurch wird ein Teilchen-Ausflockungseffekt im Vorklärbecken hervorgerufen und die biologische Stufe entlastet [2, 3]. In der nachfolgenden aeroben biologischen Abwasserreinigung werden bei Durchlauf-Anlagen für die Reagenzien Abwasser ⇔ Biomasse ⇔ Luftsauerstoff zwei Arten von Kontaktverfahren angewandt, um die bakterielle Umwandlung gelöster organischer Abwasser-Substratkomponenten in (Biomasse)Schlamm-Zuwachs zu bewirken. Diese zwei Bioreaktor-Arten kann man als (1): Bioreaktoren mit suspendierter Biomasse (*suspended growth*) und (2): Bioreaktoren mit immobilisierter Biomasse (*attached growth*) definieren. Nach der erfolgten Reaktion benötigt aber der Bioreaktor-Abfluss beider diesen Kontaktverfahren eine Fest-Flüssig-Trennung (Biomassezuwachs sowie biologisch-resistente ur-gelöste

Teilchen), die wiederum andere Klärer, so genannte Nachklärbecken (NKB), erzwingen. Je nach der Art der Biomassebeteiligung, suspendiert oder an Trägern immobilisiert, haben solche NKB sehr unterschiedliche Biomassenströmen und Substrat-Restkonzentrationen zu „bewältigen". Deshalb sollten kurz einige technologisch-anlagenmäßig spezifische Aspekte solcher Bio-Kontaktverfahren beschrieben werden [1, 4, 5].

Bei den Verfahren mit suspendierter Biomasse (Belebungsanlagen) bildet die durch Luftzufuhr aufgewirbelte Biomasse im Abwasser des Belebungsbecken eine Suspension heraus (Abwasserschlammgemisch), die nach Verlassen des Bioreaktors (Belebungsbeckens) den nach geschalteten Nachklärbecken (NKB) zufließt. Demnach haben die Nachklärbecken abwassertechnischer Belebungsanlagen als wichtigste Aufgabe, durch Sedimentation feine/feinste Teilchen des belebten Schlamms vom biologisch gereinigten Abwasser zu trennen. Danach kann der NKB-Ablauf, an sich ein voll biologisch-mechanisch gereinigtes Abwasser, in ein natürliches Gewässer abgeleitet werden. Daher ist der Abscheidegrad im Nachklärbecken entscheidend für die Reinigungsleistung der ganzen Belebungsanlage. Von dem in den NKB abgesetzten Belebtschlamm wird der größte Teil als Rücklaufschlamm in das Belebungsbecken zurückgeführt, ein viel kleinerer Anteil wird als so genannter NKB-Überschussschlamm, selten separat vom VKB-Schlamm (Primärschlamm), zu den statischen Eindickern gefördert [1, 4, 5]. Hieraus wird ersichtlich, dass die Nachklärbecken bei Belebungsanlagen, neben erwähnter, weitestgehender Biomasse-Trennung, ein zufrieden stellendes Aufkonzentrieren des abgesetzten Belebtschlamms zwecks benötigter Rückführung in das Belebungsbecken, mitsamt Sammeln/Zwischenspeichern dieses Belebtschlamms, als zusätzliche Aufgabe übernehmen und erfüllen müssen. Bei anhaltendem Regenwetter, d. h. zu hoher hydraulischer NKBOberflächenbelastung, kann es passieren, dass das Abwasserschlammgemisch aus dem Belebungsbecken den abgesetzten, abgespeicherten Schlamm aus den Nachklärbecken verdrängt. Die Folgen sind, der Rücklaufschlamm wird dünner und über den NKB-Ablauf kann ein massiver Schlammabtrieb einsetzen.

In der Regel wird die Belastbarkeit einer Belebungsanlage mit organischen Schmutzstoffen vom Gehalt an aktivem Schlamm im Belebungsbecken maßgebend bestimmt, da der Schlammgehalt im Belebungsbecken stark von der Funktionstüchtigkeit des Nachklärbeckens bei wechselnder hydraulischer Belastung und von der Schlammrückführung abhängt. Da insbesondere kleine Kläranlagen durch organische Stoßbelastungen gefährdet sind, ist es für deren Betrieb günstiger, ein größeres Belebungsbecken mit geringerem Schlammgehalt und dafür ein entsprechend kleineres Nachklärbecken zu wählen, als ein kleineres Belebungsbecken mit größerer Nachklärung einzusetzen. Dadurch wird auch der Erscheinung entgegengewirkt, dass es durch zu lange Aufenthaltszeiten in der Nachklärung zu unkontrollierten Denitrifkationsvorgängen und damit zum Schlammauftreiben kommt.

Andererseits begrenzt eine klein gehaltene Nachklärung die Mitbehandlung von Regenwasser, dem versucht man in der herkömmlichen Planung mit meist unangemessen groß gewählten Sicherheitskoeffizienten entgegenzuwirken, damit auch bei Regenwetter der Schlammspiegel in der Nachklärung nicht so weit ansteigt, dass größere Mengen Belebtschlamm verloren gehen. Können das Nachklärbecken und die Rücklaufsteuerung nicht so ausgelegt werden, dass die erforderliche Regenwassermenge mitbehandelt werden kann, muss ein anderes Reinigungsverfahren, z. B. die Abwasserreinigung in Pflanzen-Kläranlagen mit richtigen Öko-Teichen, gewählt werden (dies würde aber den Rahmen dieser Arbeit sprengen, da deren ingenieurmäßige Umweltproblematik ganz andere Bereiche anspricht).

Besteht der Bioreaktor aus Tropfkörpern (Füllkörperkolonnen) oder aus rotierenden Scheibentauchanlagen (deren Füllkörper als Fläche zur Bildung des sich aus dem organischen Abwassersubstrat herausbildenden Biofilm/-Rasens dienen), so wird das Anhaften der Biomasse (des Biorasens) erheblich erleichtert. Daher beschränkt sich die Aufgabe der Nachklärung bei Bioreaktoren mit immobilisierter Biomasse darauf, aus der biologischen Stufe anfallende, technisch-absetzbare Partikel auf die für die Einleitung in den Vorfluter *zulässige* Menge zu verringern. Zusätzliche Aufgaben, wie Biomasse-Rückführung, Abspeicherung und Aufkonzentrierung des Schlammes, fallen bei solchen Anlagen aus. Hinzu fallen bei der Nachklärung von Tropfkörpern/Scheibentauchkörpern verfahrenstechnisch-bedingt auch wesentlich geringere Zulaufkonzentrationen an Suspensa an; lediglich einige Hundert Milligramm/Liter. Daraus resultiert auch eine an sich weitgehend geringere Fest-Flüssig-Trennproblematik. Einerseits trennen sich zugewachsene, abfallende Rasenteilchen/-Konglomerate im Vergleich zu Belebungsanlagen viel leichter/schneller vom gereinigten Abwasser, andererseits fließt das meist darin nur teil-biologisch gereinigte Abwasser in der Regel einer nach geschalteten zweiten Bioreinigungs und Nachklärstufe zu [1, 4, 5].

Abwassertechnische Anlagen mit immobilisierter Biomasse werfen bei deren Planung / Betrieb kaum ähnlich schwerwiegende Probleme des Biomasse-Verhaltens auf, da deren Nachklärbecken um eine Zehnerpotenz niedriger liegende Biomasse-Volumenströme zu bewältigen haben und wegen fehlender Biomasserückführung kaum noch eine starke Schlammaufkonzentrierung oder -speicherung zu gewährleisten haben.

Insofern ist für den Planer/Forscher die Erkundung der Absetzcharakteristika der Biomasse in Konzentrationsbereichen ab Hunderten Milligramm/Liter entscheidend, daher sollte die Bestimmung der Flockenabsetzeigenschaften auch in Suspensaschwärmen und nicht nur in Konzentrationsbereichen von einigen Milligramm/Liter erfolgen.

> ■ Merksatz: *Verfahrenstechnisch zeichnet sich hierbei allerdings ab, dass letztendlich das ganze Biomasseverhalten, also modellmäßige Koppelung der Biomasse-Reaktionsgeschwindigkeit mit ihren Absetzcharakteristika in einem System: Bioreaktorart – Nachklärbecken angestrebt werden sollte.*

Literaturverzeichnis

1 Schneider, Dries, Roth, Baumann, Drobig: Grundlagen für den Betrieb von Belebungsanlagen mit gezielter Stickstoff- und Phosphorelimination, Verlag ATV-DVWK, Stuttgart (2004).
2 Bischofberger, W., Ruf, M., Hruschka, H, Hegemann, W.: Anwendung von Fällungsverfahren zur Verbesserung der Leistungsfähigkeit biologischer Kläranlagen Teil II, Berichte aus Wasserquotewirtschaft und Gesundheitsingenieurwesen, München (1978), H 22.
3 Wolter C., Hahn, H, H: Absetzvorgange in Vorklärbecken und deren Einflüsse auf die Leistung der biologischen Stufe, KA Wasserwirtschaft, Abwasser, Abfall 2001(48) Nr. 3, S 541/348.
4 Benefield, L., D. and Randall, C., W.: Biological Process Design for Wastewater Treatment, Prentice-Hall, Inc., NJ 07632 (1980), S. 201/210.
5 Metcalf and Eddy: Wastewater Engineering, McGraw-Hill Book Company. Sec. Edition, New York (1979).

Danksagung

Besonders herzlicher Dank, Anerkennung und Wertschätzung gelten dem früheren BASF-Direktor, Herrn Dr. rer. nat. Joachim Frost. Er erkannte schon Ende der 70er Jahre, dass die BASF Ludwigshafen zunehmend mit Problemen des allgemeinen Umweltschutzes konfrontiert werden würde. Seiner Weitsicht waren im Zusammenhang mit der Errichtung des mechanisch-biologischen BASF-Großklärwerks (1971) einige abwassertechnische Feld-Pilotvorhaben zu verdanken, die wiederum zu einer Reduzierung der geschätzten Investitionssumme von 220 Mill. DM führten. Meinen Kollegen, den BASF-Mitarbeitern Dipl.Math. Rolf Bautsch und Dipl.Math. Ferdinand Hafner, danke ich (Braha – damals frisch gebackener BASF-Mitarbeiter) herzlich für ihre kollegiale Haltung und die vielen Denkanstöße während unserer Zusammenarbeit bei der Durchführung dieser Feld-Pilotvorhaben.

Die aus diesen Arbeiten resultierenden Fachpublikationen erregten das Interesse des Verfahrenstechnikers Professor Dr.-Ing. Udo Wiesmann (TU Berlin), er ermöglichte mir (Braha) eine Promotion als externer Doktorand. Seiner anspruchsvollen Durchsicht der Dissertationsthese sowie dem wohlwollenden Einsatz seiner Feder ist es zu verdanken, dass die Dissertation (1986) nichts an Glanz und Deutlichkeit verlor.

Nicht weniger Anerkennung gebührt dem Wasserchemiker Dr. Nowak, Ottersberg, für die Zusammenarbeit bei Planungsaufträgen zur Klärwerkmodernisierung mehrerer städtischer Gemeinden und Industrien. Dabei kam die Modelldenkweise zur Anwendung und es wurde mit Mikropilotanlagen im Labormaßstab gearbeitet.

Anerkennung gebührt auch dem Bukarester Institut für Erforschung von Industrie-Abwässern (I.C.P.E.A.R), dessen Mitarbeiter die neue Methode des Denkens, Forschens und Auswertens in Modellkategorien schnell auffassten und ihren Studien für die neuen rumänischen Großklärwerke in Bukarest und Iasi zugrunde legten. Vor allem in die Bemessung der Belebungsanlagen flossen diese neu erworbenen Erkenntnisse ein.

Besonderer Dank gilt dem damaligen Dekan der Fakultät für Hydrotechnik (Bukarest), Professor Dr.-Ing. Dan Stematiu (heute zum TU-Oberrektor nominiert), einer wahrlich außergewöhnlichen Persönlichkeit. Ihm gelang es mit unglaublichem Erfolg einen Interprofessionalitätsaustausch zwischen dem Verfahrensingenieur Braha (Gastprofessor an der Bukarester TU für Bauwesen und

Maschinen (1991)) und dem Mathematiker Dr. Ghiocel Groza (damals Assistent, heute Ordentlicher Professor für Angewandte Mathematik, TU Bukarest) einzuleiten, der zu einer langjährigen Kooperation führte. Dieser langjährigen Zusammenarbeit sind über 20 gemeinsame Fachpublikationen entsprungen, so auch das in Ihren Händen liegende Handbuch.

Schlicht menschlich betrachtet verdanken wir Autoren unseren Ehefrauen Ioana Braha und Maria Groza doch wohl alles, da sie während all dieser Jahre dieses, einem alles abverlangende, Kreationsfeuer mit liebevollem Verständnis unterstützten, und nicht zuletzt, weil bei nicht wenig Gezeichnetem und Geschriebenem, deren Glanzschliff ihren Federn entsprang!

Ihnen widmen wir Autoren dieses Buch.

Langenhagen, im Juni 2006
Die Autoren

1
Mikrobiologische Grundzüge in der Bioverfahrenstechnik

Eine Einführung in die Bioverfahrenstechnik ohne Bezugnahme zur Mikrobiologie und zur Biochemie ist undenkbar. Obwohl die biologische Verfahrenstechnik auf den Prinzipien der allgemeinen Verfahrenstechnik und gleichzeitig auf der damit verbundenen Tradition der Siedlungswasserwirtschaft, d. h. auf deren ungeheuren Mengen an empirischem Datenmaterial und Beobachtungen aufbaut, sind es doch gerade die aus dem Verständnis für die Mikrobiologie sowie aus dem Zusammenwirken von Biologie und Verfahrenstechnik abgeleiteten Besonderheiten, die das Gebiet der Bioverfahrenstechnik so anspruchsvoll, aber auch so interessant machen. Um biologische Verfahrenstechnik betreiben zu können, ist ein grundlegendes Verständnis der spezifischen mikrobiologischen und biochemischen Faktoren und Anforderungen notwendig, welches diesen neu entstandenen Zweig „Bioverfahrenstechnik" prägt und ihn von der chemischen oder mechanischen Verfahrenstechnik unterscheidet. Es wäre an dieser Stelle verfehlt, all diese Aspekte umfassend zu behandeln. Dafür gibt es Monographien aus berufener Feder, wie u. a. [3–5]. Vielmehr werden hier zweckgerichtet jene mikrobiologischen Aspekte angesprochen, die für die später behandelten verfahrenstechnischen Zusammenhänge relevant sind. Der Biochemiker oder der Mikrobiologe möge diesen Abschnitt überspringen; der angehende Siedlungswasserbauer oder Verfahrenstechniker sowie auch der Entwicklungsingenieur und der Apparatebauer, welcher zum ersten Mal mit technischer Biologie konfrontiert wird, mag darin Erläuterungen finden, welche seinen Aufgaben dienlich sein können.

1.1
Form und Gestalt der Mikroorganismen in Ökosystemen und in der industriellen Biotechnologie

Aus der Sicht der Mikrobiologen lassen sich hierzu folgende Aspekte nennen, die für den Bioverfahrenstechniker von Bedeutung sein können: Form und Gestalt der Mikroorganismen, der Stoffwechsel und die Energetik mikrobieller Stoffumwandlungsprozesse, Bakterienwachstum und die Regulation biologischer Vorgänge [3]. So lassen sich die Mikroorganismen aufgrund ihrer Zellstruktur in zwei abgrenzbare Gruppen unterteilen. Die erste Gruppe umfasst höher, d. h. stärker differenzierte Mikroorganismen, die Eukaryoten, deren Zellorganisation derjenigen der Tiere und Pflanzen gleicht. Hierzu gehören Algen, Pilze und Protozoen. Die zweite Gruppe wird von den niederen Mikroorganismen, den Prokaryoten, gebildet; zu diesen gehören die Bakterien, denen aufgrund ihrer erheblichen Bedeutung in der Ökobiotechnologie der Schwerpunkt nachfolgender Ausführungen eingeräumt wird.

1.1.1
Eukaryotische und prokaryotische Zellen und ihre Struktur

Es gibt eine große Anzahl verschiedener Arten von Eu- und Prokaryoten, die zusammen eine systematische Ordnung bilden. In den Prokaryoten hat man Relikte aus der Frühzeit der organischen Evolution zu sehen und ihre Entwicklung zu den Eukaryoten stellt die größte Diskontinuität in der Evolution der Organismen dar [3]. Die prinzipielle Struktur der Prokaryoten und der Eukaryoten ist aus Abb. 1–1 und Abb. 1–2 zu ersehen.

Abb. 1–1: Schematisches Längsschnittbild einer prokaryotischen Zelle (Bakterienzelle) und die Typen der intracytoplasmatischen Membranstrukturen. Cm - Cytoplasmamembran; Cp - Cytoplasma; Ge - Geißel; Gly - Glykogengranula; Ka - Kapsel; Li - Lipidtropfen; N - Nucleus oder Kern; PHB - Poly-β-hydroxy-buttersäure; Pi - Pili; Pl - Plasmid; Po - Polyphosphatgranula; Rb - Ribosomen und Polysomen; S - Schwefeleinschlüsse; Zw- Zellwand; nach [3].

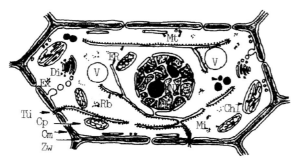

Abb. 1–2: Kombiniertes schematisches Längsschnittbild einer eukaryotischen Zelle (Pflanzenzelle). Notationen: Chl - Chloroplasten; Cm - Cytoplasmamembran; Cp - Cytoplasma; Di - Dictyosomen; ER - Endoplasmatisches Reticulum; Ex - Sekretionsversikeln (Exocytose); Li - Lipidtropfen; Mi - Mitochondrien; Mt - Mikrotubuli; N - Nukleus oder Kern; Rb - Ribosomen; Tü - Tüpfel mit Plasmodesmen; V - Vakuolen; Zw = Zellwand; nach [3].

Die wichtigsten morphologischen Unterschiede verschiedener Zelltypen werden in der Tab. 1–1 zusammengetragen und nachstehend kurz kommentiert.

Tabelle 1–1: Morphologische Unterschiede verschiedener Zelltypen; nach [7].

Zelltyp	Größenordnungen	Besonderheiten
Prokaryotische Mikroorganismen	1 µm Zellvolumen etwa 10^{-12} ml Zellmasse etwa 10^{-12} g	viele Zellformen möglich, Einzeller oder Mycelbildner, sehr einfach organisierte Zellen, im Lichtmikroskop schwer differenzierbare Zellkomponenten, schnell wachsend
Eukaryotische Mikroorganismen	10 µg	Einzeller oder Mycelbildner, im Lichtmikroskop gut beobachtbar (Zellstrukturen), können morphologisch komplizierte Formen annehmen
Pflanzenzellen	50 µm	fragil, langsam wachsend
Tierische Zellen	50 bis 100 µm	sehr fragil (keine Zellwände), wachsen sehr langam

Jede Zelle besteht aus dem Cytoplasma, einer kolloidalen Suspension von Proteinen, Hydrocarbonaten und anderen komplexen Komponenten, wie die zur Synthese von Proteinen benötigte Ribonukleinsäure (RNA), sowie Kernmaterial, welches seinerseits überwiegend den Erbgutträger, die Desoxyribonukleinsäure (DNA), beinhaltet. Sie wird nach außen hin von einer Zellwand, die vorwiegend mechanische Funktion erfüllt, umhüllt; das ist bei den Pflanzenzellen und den meisten Bakterien der Fall [3–5].

Bei Eukaryoten ist die DNA ausschließlich auf einer Anzahl von Untereinheiten, den Chromosomen, im Zellkern verteilt [3], wohingegen bei Prokaryoten und insbesondere bei Bakterien auch extrachromosomale DNA-Ringe, Plasmide, als Erbgutträger nachgewiesen worden sind [3], die bevorzugt Träger von resistenten (erworbenen) Eigenschaften sind, wie z. B. gegen Schwermetalle, Antibiotika, Chemotherapeutika, toxische organische Verbindungen (AOX, PCB, etc.) [6].

Für die Eucyten ist eine ausgeprägte Unterteilung des Cytoplasmas, dieser aus Plasmagrundsubstanz, d. h. aus vorwiegend Enzymen und Ribonukleinsäure (RNA) bestehenden Flüssigkeit, in eine Vielzahl von Reaktionsräumen charakteristisch, die durch die Einstülpungen der Cytoplasmamembran gebildet werden, wohingegen bei den Protocyten durch die Cytoplasmamembran zur Zellwand hin das Cytoplasma abgeschlossen wird, in welchem lediglich Zelleinschlüsse, so genannte Vesikeln, und der Zellkern eingebettet sind.

Sowohl bei Eukaryoten wie auch bei Prokaryoten und vor allem bei Bakterien ist die Zellwand nicht starr sondern elastisch. Der Innendruck der Zelle ist osmotisch bedingt, wobei die osmotisch wirksame Schranke die Cytoplasmamembran ist; sie ist semipermeabel und kontrolliert den Ein- und Austritt gelöster Substanzen. Demgegenüber ist die Zellwand für Salze und zahlreiche niedermolekulare Substanzen durchlässig [3]. Da die Mehrheit der unter den Aspekten des Stoffwechsels und der Energetik betrachteten biochemischen Reaktionen im Innern der Zelle stattfinden, müssen auch die Reaktionspartner, z. B. Kohlenstoffquelle und Sauerstoff, sowie die Stoffwechselprodukte an den Ort, sind daher intrazellulär, d. h. in einem sehr eng definierten Verhältnis, zu halten. Nur so verlaufen Stoffumsetzungen in der Zelle optimal. Außerhalb der Zelle (extrazellulär) allerdings liegen die gleichen Substanzen oft in ganz anderen Konzentrationen vor. Der Verfahrensingenieur muss bei Stofftransportberechnungen solche biologischen Transportphänomene berücksichtigen, indem er der eigentlichen Zellgrenzschicht für den selektiven Transport der Nährstoffe in das Zellinnere hinein oder aus diesem heraus – der Cytoplasmamembran – und den dabei beteiligten Diffusionsmechanismen Rechnung trägt [7].

1.1.2
Grund- und Regulationsmechanismen des Stoffwechsels und der Energieumwandlung

Die stoffwechselphysiologischen Vorgänge, die sich in Bioreaktoren abspielen, vollziehen sich über biochemische Reaktionsketten, welche grundsätzlich von verschiedenen Enzymen (Proteine oder mit Proteinen kombinierte anorganische Moleküle) der Bakterienzelle katalysiert werden [3, 5, 8]. In Abhängigkeit vom Nährstoffangebot (Substrat) werden die aufgenommenen Substanzen dem Betriebsstoffwechsel (Katabolismus), respektive Baustoffwechsel (Anabolismus) zugeführt. Der erste hat die Aufgabe, der Bakterienzelle energiereiche Verbindungen, wie die Adenosintriphosphatsäure (ATP), die als energiereiches Phosphat als Elementarquantum [3] der biologischen Energie zwischen Energie erzeugenden und Energie verbrauchenden Vorgängen fungiert, zur Verfügung zu stellen und so den benötigten Energiebedarf für den Baustoffwechsel, d. h. für Bakterienwachstum und -vermehrung, zu sichern. Das prinzipielle Ablaufschema solcher Stoffumwandlungsprozesse wird in Abb. 1–3 dargestellt.

Die Stoffumsetzungen in der Zelle werden von Enzymen, welche dabei die Rolle eines (Bio)Katalysators spielen, besorgt. Die wesentlichsten Merkmale eines solchen Enzymproteins sind das Erkennen der betreffenden Substratkomponente(n), die Katalyse und die Regulierbarkeit der katalytischen Aktivität. Jedes Enzym ist also durch eine bestimmte Substratspezifität und eine bestimmte Wirkungsspezifität ausgezeichnet [3]. Da ein solches Enzym als Biokatalysator fungiert, vollzieht sich die Kette biochemischer Reaktionen nicht nur bei einer erniedrigten Aktivierungsenergie und normalen Temperaturen, sondern auch mit Reaktionsgeschwindigkeiten, die um etwa zehn Potenzen (!) höher liegen als die nicht enzymatischer Reaktionen. (Näheres über Enzym katalysierte Reaktionsmechanismen und assimilatorische und dissimilatorische Prozesse ist dem Abschnitt 1.2.2.3 zu entnehmen.)

Eine ganz wesentliche, erst im letzten Jahrzehnt von den Biochemikern entdeckte, Eigenschaft der Enzyme ist die steuerbare Veränderlichkeit ihrer katalyti-

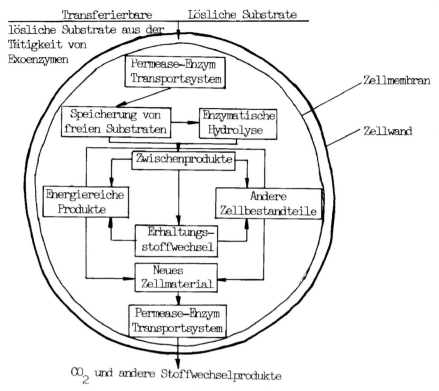

Abb. 1–3: Stoffwechselvorgänge in der Bakterienzelle; nach [8].

schen Aktivität. So wird mittels eines „katalytischen Zentrums", zumindest in gewissen Enzymen, nicht nur die betreffende Substratkomponente metabolisiert, sondern auch das entsprechende Endprodukt der Reaktionskette oder andere niedermolekulare Verbindungen, deren Einflussnahme auf die Enzymaktivität sinnvoll ist, „erkannt" [3].

Bei Anpassung an ein bestimmtes Substrat werden somit zwei Vorgänge wirksam: die phänotypische Adaption (enzymatische Anpassung) und die genotypische Adaption (Anpassung durch Selektion). Bei ersterer stellt die Zelle ihr Enzymmuster auf die Verwertung der im Substrat befindlichen organischen Stoffe ab. Die Regulation dieser Vorgänge erfolgt über genetisch festgelegte Mechanismen, die als Enzymaktivierung, -inhibierung und Repression in der Bakterienphysiologie bezeichnet werden [3–5, 7, 8]. Hiermit wird auch sichergestellt, dass die Reihenfolge der Aufnahme der einzelnen verwertbaren Substanzen einer Steuerung unterliegt, wobei in der Regel über eine katabolische Repression [3] zuerst jene Substratkomponente metabolisiert wird, welche auch die höchste Wachstumsrate ermöglicht. Dieser sequentielle Abbau im Falle von Multikomponentensubstraten wird als *Diauxie* bezeichnet [3, 5, 8]. Zum Erscheinungsbild der phänotypischen Adaption gehört schließlich auch die Bildung von Exoenzymen, die den ersten Schritt des mikrobiologischen Angriffs auf das Substrat bilden und hierzu meist nur einen geringen Zeitbedarf von Minuten bis Stunden erfordern, um eine entsprechende Änderung des Enzymmusters herbeizuführen. Die genotypische Adaption hingegen beinhaltet die artliche Auswahl (Selektion) jener am besten für den Abbau einer bestimmten Substratkomponente geeigneten Mikroorganismenpopulation. Besonders bei schwer abbaubaren Substraten (Industrieabwässern) setzt daher ein erheblicher Selektionsdruck ein, wodurch entsprechende, zeitlich bedingte Speziesprädominanzen entstehen [9]. Dieser Adaptionsvorgang nimmt einen erheblich längeren Zeitraum in Anspruch (mehrere Wochen) und führt in der Regel zur Bildung voll akklimatisierter Bakterienstämme. Alle diese Regelmechanismen haben im Prinzip zur Folge, dass die Mikroorganismen ihre Nährstoffe sparsam verwenden, keine Energie verschwenden und keine unnötigen Stoffe bilden. Eine Chance der biologischen Verfahrenstechnik besteht nun aber gerade darin, abnormes Regelverhalten für technisch interessante Prozesse auszunutzen. So kann z. B. die Ausscheidung vieler Stoffwechsel- und Sekundärmetabolite als Folge einer Fehlregulation (z. B. Überproduktion) des Stoffwechsels betrachtet werden [8].

Unter der Voraussetzung, dass von einem Organismus die Stoffwechselwege sowie deren Regulation bekannt sind, kann somit ein Hochleistungsstamm selektioniert werden. Der Biotechnologe macht sich hierbei zunutze, dass fehlregulierte Mutanten den einen oder anderen Stoff überproduzieren, anhäufen oder ausscheiden [7]. Für den Bioverfahrenstechniker ist es wichtig zu wissen, dass sowohl Substrate wie auch Endprodukte stimulierend (Effektoren) in die biologische Regulation eingreifen können. Dies wirkt sich oft in einer Herabsetzung der Reaktionsgeschwindigkeit und damit in einer Minderbildung des gesuchten Produktes (geringere Reinigungsleistung in der biologischen Abwassertechnik) aus.

Die Kenntnis der Regulationsmechanismen eröffnet somit große Möglichkeiten zur Steigerung der Raum-Zeit-Ausbeute, wozu zuallererst die Genetiker angesprochen werden, da das Auffinden einer Mutanten, welche sich durch das vorher erwähnte abnormale Regulationsverhalten auszeichnet, für einen technischen Prozess äußerst Erfolg versprechend sein kann [7]. Auf diese in der allgemeinen Biotechnologie und nicht zuletzt in der Ökobiotechnologie (Klärtechnik) immer mehr an Bedeutung gewinnende Thematik wird nachstehend kurz eingegangen.

1.1.3
Mutation und Erbgutübertragung

Eine Mutation ist eine zufällige oder für einen technischen Prozess erzeugte (hochgezüchtete) Veränderung des Erbgutes einer Zelle, welche auf die Nachkommen dieser Zelle vererbt wird. Bis zu einem gewissen Grad treten Mutationen spontan auf. Die natürliche Mutationsrate ist allerdings sehr gering; sie liegt bei einer Mutation pro 10^6 Genduplikationen [6].

Erheblich bedeutsamer als diese natürliche Mutation ist die Erzeugung von Mutanten mittels chemischer oder/und physikalischer Methoden (induzierte Mutation) sowie durch Anwendung gentechnologischer Eingriffe. Letzteres ist eine Errungenschaft neuster Zeit; man nennt sie auch Rekombinationstechnik oder, etwas polemischer, Genmanipulation. Sie basiert im Wesentlichen darauf, dass mit Hilfe komplizierter Verfahren eine ganz spezifische Erbinformation aus dem Erbgutträger (Genom) einer Zelle herausgeschnitten und in das Genom einer andren Zelle eingebaut wird; mit dieser „Gentechnologie"-Technik wird noch ein zukunftsreiches, selbständiges Gebiet auf uns zukommen [10] und dessen muss sich der Bioverfahrenstechniker bewusst sein. Man denke nur an die Herstellung billiger Proteinmasse aus zurzeit minderwertigen Rohstoffen.

In der Ökobiotechnologie stellt sich das Problem des Herauszüchtens mutierter Bakterien durch genotypische Adaption zum biologischen Abbau spezieller, schwer abbaubarer Inhaltsstoffe aus Industrieabwässern weniger kompliziert, dennoch nicht weniger wichtig, dar. So zeichnet sich in der Abwassertechnik seit einigen Jahren der Trend des Übergangs von ein- zu mehrstufigen biologischen Reinigungsverfahren ab [11–13], indem man die Spezialisierung von Bakterienstämmen auf leicht abbaubare (1. Stufe) und schwer abbaubare (2. Stufe) Substratkomponenten durch Trennung der entsprechenden Biozönose-Kreisläufe einführt und sich die große Mutationsrate der in der ersten Stufe vorhandenen Mikroorganismen zunutze macht [11]. Es wird hierbei auf die rasche Anpassung der Protocyten auf mutagen wirkende (Ver)Änderung des Substrates sowie die Vererbung resistenter Eigenschaften über in der Zelle frei schwimmende Plasmide (DNA-Ringe) auf nicht Plasmid tragende Bakterien hingewiesen, was durch Trennung von den langsamer wachsenden und Bakterien fressenden Eukaryonten eine hohe Vermehrungs- und Mutationsrate der in der 1. Stufe tätigen Prokaryonten bewirkt [11].

Es liegt daher auf der Hand, dass die Entwicklung solcher, auf einen gewissen Anteil des Substrates hoch spezialisierter, Mikroorganismen zu anderen Werten von Prozessparametern – und das will heißen auch zu unterschiedlichen Substratabbaugeschwindigkeiten in dem betreffenden Bioreaktor – als im Falle der Einstufigkeit führt. Ein ähnlicher, nicht aber identisch verlaufender sequentieller Abbau findet auch in einer mehrstufigen Kaskadenschaltung [14] statt, obwohl es sich diesmal um einen einzigen Biomasserücklauf handelt. Auch hierbei dürfte die mikrobiologische Anpassung an das abzubauende Substrat eine Rolle spielen, sich allerdings in die Richtung einer phänotypischen bewegend, und nicht, wie bei getrennten Biomasserückführungen, überwiegend auf genotypischer Adaption basierend.

Die Strategie der Selektion/Anpassung von mutierten Bakterienstämmen ist von größter Bedeutung für die weitere Aufklärung des Zellstoffwechsels und zur Erkennung der Mechanismen der Regulation in der allgemeinen Biotechnologie, da sie die Wege für eine bewusste Selektion von Hochleistungsmutanten für die Produktion aller Substanzen weist, die mit Hilfe von Mikroorganismen gewonnen werden können [3]. Ähnlich stellt sich das Problem bei der Heranzüchtung mutierter Bakterienstämme in der Ökobiotechnologie dar, wodurch in Bioreaktoren höhere Raum-Zeit-Ausbeuten und ein weitergehender Abbau biologisch schwer abbaubarer Substratkomponenten erreicht werden können [11, 12].

1.2
Bioverfahrenstechnische Aspekte des Stoffwechsels

In der allgemeinen Biotechnologie dient der Einsatz mikrobiell verlaufender Prozesse zuallererst der *Gewinnung* von Reaktionsprodukten. In der Ökobiotechnologie hingegen liegt der Schwerpunkt auf der *Vernichtung* organischer Substratkomponenten durch mikrobiellen Abbau respektive darin, durch deren Oxidation oder Reduktion eine Überführung in anorganische und die Umwelt weniger belastende Endprodukte zu bewirken. Der hiermit einhergehende Biomassezuwachs stellt ein unerwünschtes Reaktionsprodukt dar, da dieses wiederum entsorgt, d. h. entwässert und deponiert oder getrocknet und verbrannt werden muss (vgl. Abschnitt 1.2.2). Dementsprechend haben sich auch die technologischen Aspekte bei der Prozessanalyse zu richten, worauf nachstehend kurz eingegangen wird.

1.2.1
Produktionsverfahren

1.2.1.1 Biomassegewinnung
Unter Biomasse versteht man die in einem technischen Prozess gewachsenen Zellen, wobei es sich sowohl um Bakterien- und Hefezellen als auch um Myzelien oder Algenzellen handeln kann. Der Hauptrohstoff für die Mehrzahl technisch relevanter Verfahren zur Herstellung mikrobieller Biomasse ist das Kohlenstoff enthaltende Substrat (Kohlenstoffquelle). Darunter fallen [7]:
- Zuckerhaltige Rohstoffe (Melasse, Molke, Kartoffeln, Mais, Sulfitablauge, etc.),
- Cellulose (grüne Biomasse), welche z. B. mittels spezifischer Enzyme (Cellulosen) zur Herstellung von Glucose-Sirup eingesetzt werden kann,
- n-Alkane und Methanol als Rohstoff zur Herstellung von mikrobiellem Protein.

1.2.1.2 Biosynthese von Stoffwechselprodukten
Stoffwechselprodukte werden eingeteilt in Primärmetabolite (Aminosäuren, Nukleotide, Nukleinsäure, etc., d. h. die niedermolekularen Bausteine der Zelle) und Sekundärmetabolite (Stoffwechselprodukte von Mikroorganismen, Pflanzen oder Tieren), für die keine Funktion im Stoffwechsel erkennbar ist [7]. Zu den wichtigsten Primärmetaboliten gehören u. a.:
- Alkohole, Ketone, Säuren, Methan,
- Aminosäuren, Nukleotide,
- Vitamine, Polysacharide.

Durch die sprunghaft gestiegenen Energiepreise haben sich die auf mikrobieller Basis arbeitenden Herstellungsverfahren gegenüber den chemischen Syntheseverfahren der Petrochemie als konkurrenzfähig erwiesen. Diese Situation wird zugunsten der Biotechnologie noch stärker verbessert, wenn man Abfallprodukte oder preisgünstige Rückstände aus der Verarbeitung landwirtschaftlicher Erzeugnisse als Rohstoffe einsetzt; Einzelheiten hierüber in [4]. Sekundärmetabolite ihrerseits zeigen in Bezug auf die chemische Struktur eine außerordentliche Mannigfaltigkeit, da darunter sowohl aliphatische, aromatische und heterocyclische Verbindungen als auch Aminosäure-, Peptid- und Zuckerderivate fallen. Die werden wie Biopolymere der Zellen aus Substanzen des Primärmetabolismus aufgebaut und sind deshalb mit dessen Sequenzen eng verbunden [4]. Die Herstellung von Sekundärmetaboliten stellt meist hohe Anforderungen an die Verfahrensingenieure, da die Herstellungsprozesse in den Bioreaktoren den Umgang mit nicht newtonschem Verhalten aufweisenden Nährlösungen oder Kultivationsbrühen bedingen [7]; Näheres hierüber in [4].

1.2.1.3 Biotransformation

Unter Biotransformation versteht man ein- oder mehrstufige Reaktionen, bei denen mit Hilfe von Mikroorganismen oder den daraus isolierten Enzymsystemen eine Substanz in eine andere umgewandelt wird. Hierunter fallen: Hydroxilierung an verschiedenen Positionen, Einführung einer Dehydrierung, Isomerisierung und Aromatisierung [4, 7].

Die Biotransformation weist einige Vorteile gegenüber der chemischen Transformation und Synthese auf, zu denen die „sanfte Chemie", d. h. der Ablauf der Reaktionen unter milden Temperatur- und Druckbedingungen, gehört. Hinsichtlich der Verfahrensform lassen sich Biotransformationen einteilen in [15]:
- Biotransformation mit fixierten Zellen,
- Biotransformation mit isolierten und immobilisierten Enzymen,
- Biotransformation mit wachsenden Zellen.

Die neuste Entwicklung geht eindeutig in die Richtung fixierten Biomaterials [16]. Bei dieser Art des Vorgehens wird nämlich die Transformationskapazität der Zellen besser genutzt als bei Verwendung freier Zellen. Ferner wird die Prozess-Stabilität und damit auch die Raum-Zeit-Ausbeute des Reaktors verbessert [7]. Einzelheiten hierüber in [4, 7, 15, 16].

1.2.1.4 Industrieller Einsatz von Biomasse an natürlichen Standorten (Erzlaugungsverfahren)

Im Unterschied zu allen bisher genannten mikrobiellen Prozessen, welche als Monokultur in oft sterilisierten Bioreaktoren ablaufen, wird dieses Verfahren am natürlichen Standort im Biobergbau in großem Ausmaß eingesetzt. Entsprechend den Lagerstätten, dem ph-Wert und der Temperatur der Umgebung stellen sich unterschiedliche Spezisprädominanzen in der Mischkultur ein [7].

1.2.2
Substratabbau

Bei den speziell in der Klärtechnik hierfür eingesetzten Verfahren handelt es sich um eine die Natur nachahmende, technisch aber intensivierte Destruktion von gelösten organischen Substratkomponenten (biologische Reinigung). Hierzu gehören als Extremfälle die aeroben (unter Zufuhr von Sauerstoff) und anaeroben (unter Ausschluss von Sauerstoff) Reinigungsverfahren. Zwischen diesen zwei Grenzen liegen die anoxischen und aerob-anaerob-fakultativen Prozesse, bei denen man von einer „anaeroben Atmung" [3], wie „Nitratatmung", „Sulfatatmung", „Carbonatatmung" und anderen sprechen kann (Abb. 1–4).

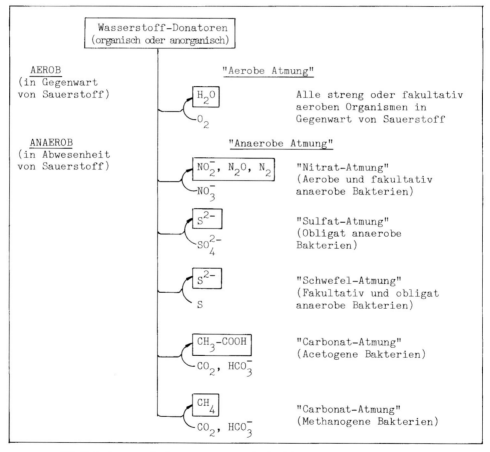

Abb. 1–4: Prozesse der Energiegewinnung durch Elektronentransportphosphorylierung unter aeroben und anaeroben Bedingungen, auch „aerobe Atmung" und „anaerobe Atmung" genannt; nach [3].

Außerdem können über mikrobiologische Prozesse auch anorganische Substanzen oxidiert oder reduziert werden; hierauf wird nur sehr kurz eingegangen und in Detailfragen auf entsprechende Literatur hingewiesen.

1.2.2.1 Denitrifikation

Die denitrifizierenden Mikroorganismen vermögen Nitrat über Nitrit zu gasförmigem N_2O und N_2 zu reduzieren. Das dafür nötige Enzymsystem, Nitrat-Reductase A und Nitrit-Reductase, wird unter anoxischen Bedingungen induziert; daher fungiert das Nitrat als terminaler Wasserstoff-Acceptor [3]. Erfolgt die Nitratreduktion nur in Anwesenheit von Nitrat-Reductase A, so führt dies nur bis zur Stufe Nitrit, welches auf dem Wege der assimilatorischen Nitritreduktion zu Ammonium reduziert und ausgeschieden wird (Nitratammonifikation). Weder die Stufe Nitrit noch die Stufe Ammonium werden in der Klärtechnik angestrebt, sondern ganz im Gegenteil, durch eine Reihe gekoppelter verfahrenstechnischer/mikrobiologischer Maßnahmen, tunlichst vermieden (vgl. Kap. 2). So wird bei einem zu niedrigen Angebot an Kohlenstoffverbindungen, d. h. $BSB_5/NO_3 \leq 1$, die Zugabe von Methanol als Elektronen-Donator praktiziert [19]. Für den Verfahrenstechniker bereitet die mikrobielle Denitrifikation in der Regel keine Probleme bei der Dimensionierung und Betrieb des Reaktors, vor allem dann, wenn die Härte des Wassers ausreicht, um einen pH-Wert zwischen 6,5 und 7,5 aufrecht zu erhalten [19]. Näheres über die Biochemie des Prozesses ist aus [3, 4] zu entnehmen.

1.2.2.2 Methanbildung

Methan entsteht durch den Abbau von organischem Substrat in streng anaeroben Milieu; Luftsauerstoff tötet die Methan bildenden Bakterien ab. Diese Methan bildenden Bakterien sind das letzte Glied einer anaeroben Nahrungskette, an deren Anfang Polysaccharide, Proteine und Fette stehen und sehr verschiedene fermentative Bakterien beteiligt sind (Abb. 1–5).

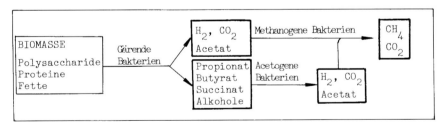

Abb. 1–5: Nahrungskette bei der anaeroben Fermentation; nach [3].

An den biochemischen Umsetzungen des organischen Substrates zu Methan sind eine Reihe von Coenzymen beteiligt, unter denen das Coenzym M (Mercaptoethan Sulfonat) die wichtigste Rolle spielt [3]. Im Gegensatz zu der hoch spezialisierten Gruppe der Methanbakterien wird der ganze anaerobe mikrobiologische

Angriff komplexer Substrate von einer hinsichtlich der Stoffwechselaktivität äußerst inhomogenen Bakterienpopulation durchgeführt, wobei, vereinfachend betrachtet, hydrolytische und fermentative sowie obligat Wasserstoff bildende acetogene bzw. Wasserstoff und Kohlendioxid verwertende homoacetogene, wie auch Methan-Bakterien zu unterscheiden sind [20]. Als moderne Theorie der Methanbildung gilt zurzeit das so genannte Dreistufenmodell [20] – siehe dazu Abb. 1–6.

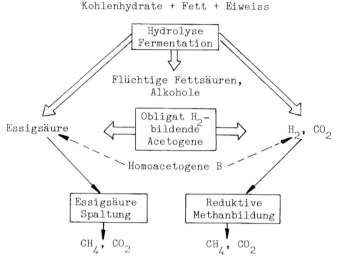

Abb. 1–6: Schematische Darstellung des dreistufigen Modells bei der Methangärung; nach [20].

Demnach erfolgt die Umwandlung der bei der Hydrolyse anfallenden niedermolekularen Fettsäuren und Alkohole in für Methanbakterien verwertbare Verbindungen durch eine dritte Organismengruppe, die obligat Wasserstoff produzierenden acetogenen Mikroorganismen. Ihre wesentlichen Endprodukte sind Essigsäure, Kohlendioxid und Wasserstoff. Die eigentliche Methanbildung erfolgt danach, in einer dritten Stufe, durch Reduktion von Kohlendioxid bzw. Spaltung der gebildeten Essigsäure [20]. Zu der Methangärung wäre ergänzend zu vermerken, dass es bei Mischpopulation unter den strikt anaeroben Bakterienstämmen auch fakultativ anaerobe Mikroorganismen gibt, welche zu einer Nitratammonifikation führen [21]. Durch diesen Vorgang werden der Methangärung Reduktionsäquivalente entzogen, was zu einem höheren Anteil an unerwünschtem Kohlendioxid im so genannten Biogas führt [3, 20]. Näheres zur Biochemie der Methangärung ist in [3, 4, 20] zu finden.

Durch Anwesenheit der strikt anaerob Sulfat reduzierenden Bakterien kommt ferner auch eine Bildung von H_2S zustande, was häufig zur Hemmung oder sogar Teil-Vergiftung methanogener Bakterien führen kann [20]. Eine gewisse Prozess-Stabilität lässt sich indessen durch das Heranzüchten von Bakterienstämmen erreichen, indem durch strenge Kontrolle des Bakterienaustrags und Anwendung zusätzlicher Bakterienbesiedlungsflächen Biomasse-Retentionszeiten von 100 Tagen und mehr angestrebt werden [15, 16, 18, 20]. Dem Verfahrensingenieur bereitet die Methangärung gewisse Probleme, zwar nicht installationsmäßiger, sondern meist technologischer Natur. So muss bei einstufigen Bioreaktoren ein dynamisches Gleichgewicht zwischen den methanogenen und nicht methanogenen Populationen aufrechterhalten werden. Dies lässt sich meistens durch die, mittels Zugabe von Kalkmilch und manchmal Bindung des H_2S durch Zugabe von Eisenchlorid bewirkte, Aufrechterhaltung eines $6{,}6 \leq pH \leq 7{,}6$ erreichen; sehr gute Mischeinrichtungen sind aber hierzu erforderlich. Erheblich leichter lässt sich der Prozess bei Kaskadenschaltungen beherrschen, da hierin auf jeden Prozess-Schritt direkt eingewirkt werden kann [18–21].

In der letzten Zeit, vor allem durch Energiepreise ausgelöst, gewinnt die anaerobe Behandlung auch bei hochkonzentrierten Industrieabwässern immer mehr an Bedeutung, da die Zellausbeute, bezogen auf das umgesetzte Substrat, um eine Zehnerpotenz tiefer als bei aeroben Prozessen liegt. Der Rest wird in Biogas, was zu Heizzwecken genutzt werden kann, umgewandelt. In der jüngsten Zeit durchgeführte Forschungsarbeiten erbrachten den Beweis, dass durch gezielte Selektion hochaktive Bakterienstämme isoliert werden können, die beim Abbau von aus der Zellstoffherstellung stammenden Brüdenkondensaten Raum-Zeit-Ausbeuten von über $60 \, kgCSB/m^3/d$ hervorbringen [22]. Bis sich solche „hochgezüchteten" Bioreaktoren auch in der Siedlungswasserwirtschaft verbreiten können, wird aber leider noch eine geraume Zeit vergehen müssen. Um so mehr wird daher die verstärkte Einbeziehung verfahrenstechnischer Aspekte, d. h. der Modelldenkweise, in die Forschung und Entwicklung von Hochleistungsbioreaktoren in der Siedlungswasserwirtschaft von Vorteil sein.

1.2.2.3 Oxidation von TOC- und TKN-haltigen Verbindungen

Dieser Prozess spielt eine erhebliche Rolle bei der Auslegung der in der Klärtechnik eingesetzten Bioreaktoren, in spe beim Belebtschlamm-, respektive Tropfkörperverfahren, da wegen solcher den Rahmen industrieller Biotechnologie sprengender Volumendurchsätze (einige m^3/s sind üblich) und Reaktionszeiten (Stunden bis Tage) sich jede Anhebung der Raum-Zeit-Ausbeute des Reaktors mit Tausenden von Kubikmetern auf dessen Dimensionierung niederschlägt. Schon aus diesem Grunde ist für den Verfahrensingenieur die Kenntnis der wichtigsten mikrobiologischen und biochemischen Zusammenhänge des Substratabbaus eminent wichtig, da durch eine gezielte Intensivierung des Verfahrens [23] erheblich weniger Reaktionsraum benötigt wird.

Wie in der Klärtechnik üblich, kommt den biologischen Reinigungsverfahren die Aufgabe zu, Nährstoffe, die in Abwässern in gelöster Form vorliegen, in Zellmasse umzuwandeln und sie somit zu eliminieren oder ihren Nährstoffcharakter durch Mineralisation weitgehend zu zerstören [8, 18, 19]. Beim Abbau kohlenstoffhaltiger Substratkomponenten kommen vor allem heterotrophe Mikroorganismen, d. h. auf allgemeine Kohlenstoffverwertung spezialisierte Bakterien-Mischpopulationen in Frage [24]. Bei Oxidation stickstoffhaltiger organischer Verbindungen hingegen beteiligen sich nur hoch spezialisierte Bakterienstämme, autotrophe Bakterien, die als Kohlenstoffquelle (Nahrung) CO_2 verwerten. Die Tabelle 1–2 stellt die Merkmale zusammen.

Tabelle 1–2: Allgemeine Klassifikation von Mikroorganismen nach Nahrungs- und Energiequellen; nach [9].

Klassifikation	Energiequelle	Nahrungsquelle
Autotrophe		
• Photosynthetische	Licht	CO_2
• Chemosynthetische	Anorganische Redox-Reaktionen	CO_2
Heterotrophe	Organische Redox-Reaktionen	Organischer Kohlenstoff

Wegen der großen Mannigfaltigkeit der in Abwässern enthaltenen kohlenstoffhaltigen Substratkomponenten werden sich je nach der Gestaltung des Verfahrensschemas eine Vielzahl von Mikroorganismen an deren Abbau beteiligen [8, 9, 19]. Darunter fallen Bakterien (monozellulare Protisten), verschiedene Arten (mono- oder multizellulare, nicht-photosynthetische, heterotrophe Protisten), Algen (mono- oder multizellulare, autotrophe, photosynthetische Protisten) und Protozoen (heterotrophe, monozellulare). Außer diesen Mikroorganismen tragen auch höhere Spezies zu einer besseren Qualität des biologisch gereinigten Abwassers bei, indem sie dessen „Säuberung" von Bakterienzellen und -resten bewirken (*effluent polishers*). Hierzu zählen Protozoen (bewegliche, heterotrophe Protisten), Rotiphere (multizellulare Mikroorganismen, deren Anwesenheit schon auf einen sehr hohen Abbaugrad hinweist) und kleine Krustentiere (multizellulare Organismen, deren Anwesenheit mehr in so genannten Schönungsteichen zu verzeichnen ist). Näheres über die Gestaltung und Funktion der Mikroorganismen im Reinigungsprozess ist aus [3, 5, 8, 9, 18, 19] zu entnehmen.

Wie im Abschnitt 1.1.2 bei den Regulationsmechanismen des Stoffwechsels kurz angedeutet, findet auch beim Abbau von kohlenstoffhaltigen Multikomponentensubstraten durch Bakterienmischpopulationen eine Reaktionskette enzymatisch bedingter Reaktionen statt, deren allgemeiner Reaktionsverlauf sich mit einer qualitativen Beziehung der Form [25]:

$$(E) + (S) \underset{k2}{\overset{k1}{\rightleftarrows}} (ES)* \qquad (1\text{--}1)$$

Enzym   Substrat   Enzymsubstratkomplex

$$(ES)* \overset{k3}{\rightarrow} \quad (P) + (E) \qquad (1\text{--}2)$$

Enzymsubstratkomplex   Produkt   Enzym

ausdrücken lässt. Die mathematischen Zusammenhänge solcher autokatalytisch verlaufender, enzymatischer Reaktionen wurden theoretisch von Michaelis Menten [3, 9, 18, 19, 25] hergeleitet und später, bei der Abhandlung des Bakterienwachstums in substratlimitierten Kulturen, u. a. von Monod [21, 27], empirisch aufgestellt (vgl. Abschnitt 4). Solche Reaktionsabläufe (*reactions of shifting order*) weisen die spezifische Eigenschaft auf, dass bei niedrigen Substratkonzentrationen die Reaktionsgeschwindigkeit direkt proportional mit dieser variiert, bei hohen Substratkonzentrationen aber davon unabhängig und nur von der Enzymkonzentration bedingt wird [27]. Zur Durchführung der vielfältigen Stoffwechselleistungen stehen den Bakterien eine Reihe von bekannten Energie liefernden Abbauwegen zur Verfügung [8], und zwar durch Verwertung von:

- Kohlenhydraten und Zuckern der Abbau über den Embden-Meyerhof-Parnas-Weg (EMP), welcher die Nutzung von Hexosen gestattet und zu C_3-Körpern führt, die letztlich dann in den Tricarbonsäurezyklus eingeführt und dort vollständig oxidiert werden; Pentosephosphat-Weg (PP), bei dem das primär gebildete Glucose-6-phosphat dehydrogeniert wird und Ribulose-4-phosphat (Pentose) und CO_2 über oxidativen Abbau entstehen.
- Fetten über eine hydrolytische Spaltung der Esterbindung zu Glycerin und freier Fettsäure durch Lipasen und die anschließende Verwertung des Glycerins im EMP-Weg. Die Fettsäuren werden je nach Kettenlänge über mehrere β-Oxidationen zu C_2-Körpern (Acetyl-CoA) abgebaut und in dieser Form ebenfalls in den Tricarbonsäurezyklus eingeschleust, der als wichtigster Stoffwechselweg für alle Vorgänge des Betriebsstoffwechsels und letztlich auch Baustoffwechsel eine zentrale Bedeutung besitzt.
- organischen Stickstoffverbindungen (Eiweiß, Proteine), die zunächst wie viele andere hochmolekulare Stoffe außerhalb der Zelle in Spaltstück zerlegt werden und dann innerhalb der Zelle als Oligo- und Polypeptide durch Peptidasen zu Aminosäuren abgebaut werden. Die gebildeten Aminosäuren werden schließlich einer Decarboxilierung oder Desaminierung (NH_4-Abspaltung) unterzogen. Hierbei ist die oxidative Desaminierung der am meisten verbreitete Typ des Aminosäureabbaus. Das verbleibende Kohlenstoffgerüst wird bei den verschiedenen Aminosäuren auf unterschiedlichen Stoffwechselwegen verwertet. Häufig tritt es in den Tricarbonsäurezyklus ein und wird im weiteren Verlauf bis zum CO_2 abgebaut.
- aromatischen Kohlenwasserstoffen (Benzolderivate, Phenylpropanabkömmlinge wie Lignin), bei denen zur Vorbereitung der Ringspaltung zuerst eine Hydroxilierung durch Hydrolasen erfolgt und dann die Öffnung des Ringes an zwei benachbarten hydroxilierten C-Atomen vorgenommen wird. Im einfachsten Fall entsteht dabei aus Phenol durch Anlagerung von Sauerstoff die *cis,cis*-Muconsäure.

Letzte gemeinsame Stufe der katabolen Umsetzungsvorgänge ist die Energiegewinnung in der so genannten Atmungskette, in welcher der Wasserstoff aus den zahlreichen Dehydrierungsprozessen über mehrere Stufen enzymatisch mit Sauerstoff oder anderen Wasserstoffacceptoren zur Reaktion gebracht wird. Da diese Vorgänge an zahlreiche Elektronenübergänge gebunden sind, wird die Atmungskette auch als Elektronentransport-System bezeichnet. Endprodukte sind energiereiche Phosphate (ATP) und Wasser [8].

In Energie verbrauchenden Reaktionen des Baustoffwechsels werden dann wieder Stoffe aufgebaut, welche der Anlage von Reservestoffen, dem Wachstum und der Vermehrung dienen. Teilweise handelt es sich dabei um einfache Umkehrung der angeführten Energie liefernden Reaktionswege, wie überhaupt im Gesamtstoffwechsel Energie verbrauchende und Energie liefernde Vorgänge im Rahmen einer sinnvollen Gesamtregulation der Zelle sehr eng miteinander verbunden sind (Amphibolismus). Eine Sonderstellung nehmen die nitrifizierenden Bakterien ein, die in ihrem Stoffwechsel nicht von organischen Stoffen abhängen, sondern auf anorganische Substrate angewiesen sind. Dazu gehört auch die Gruppe der Schwefelwasserstoff bzw. Schwefel oxidierenden Bakterien, die beim Belebungsverfahren jedoch nur eine untergeordnete Rolle spielen. Bei der Nitrifizierung wird das im Abwasser vorhandene Ammonium durch die Tätigkeit von chemoautotrophen Bakterienarten, welche Kohlendioxid zusätzlich als Kohlenstoffquelle nutzend, über die Zwischenstufe Nitrit in Nitrat umgewandelt. Die Gattung Nitrosomonas bewirkt nach Gl. 1–3 die Umwandlung in Nitrit, Nitrobachter besorgt die Umsetzung zum Nitrat nach Gl. 1–4.

$$NH_4^+ + 1,5\,O_2 \rightarrow 2H^+ + H_2O + NO_2^- - 58 - 353\ KJ \tag{1-3}$$

$$NH_4^+ + 0,5\,O_2 \rightarrow NO_3^- + 15,4 + 88\ KJ \tag{1-4}$$

Typisch für diese, beim Substratabbau stattfindenden, Enzym katalysierten biochemischen Reaktionen ist die Tatsache, dass die durch Photosynthese oder Oxidation organischer, gegebenenfalls anorganischer, Substanz aufgenommene Energie mit Hilfe organischer Komponenten, vor allem des Adenosintriphosphates (ATP), in der Zelle gespeichert wird. Diese so gespeicherte Energie kann danach für Zellaufbau und Erhaltungsstoffwechsel, endogene Atmung, verwendet werden, indem hierfür das energiereiche ATP zum energiearmen Adenosindiphosphat (ADP) umgewandelt wird, welches wiederum durch Energieaufnahme (Reaktionswärme oder Photosynthese) zum energiegeladenen ATP wird [18, 19]. In den Abbildungen 1–7 und 1–8 werden der heterotrophe (Kohlenstoffoxidation) und der autotrophe (Nitrifikation) Bakterienmetabolismus vereinfacht dargestellt [19].

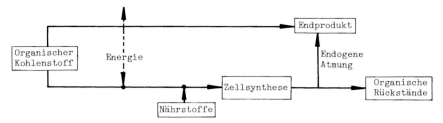

Abb. 1–7: Vereinfachte Darstellung des Stoffwechsels bei heterotrophen Bakterien; nach [19].

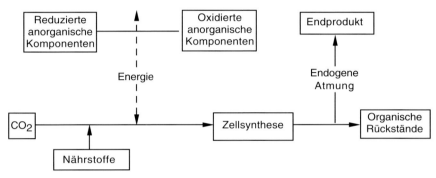

Abb. 1–8: Vereinfachte Darstellung des Stoffwechsels bei chemoautotrophen Bakterien; nach [19].

Schematisch lässt sich nach [18, 19] der aerobe mikrobielle Stoffwandlungsprozess für kohlenstoffhaltige Verbindungen durch folgende summarische Reaktionen darstellen:

Oxidation
COHNS + O_2 + Bakterien → CO_2 + NH_3 + andere Endprodukte + Energie
(Substrat)   (1–5)

Synthese (Zellaufbau)
COHNS + O_2 + Bakterien + Energie → $C_5H_7NO_2$ (1–6)
(Substrat)   (Bakterienmasse)

Erhaltungsstoffwechsel (endogene Atmung)
$C_5H_7NO_2$ + 5O_2 → 5CO_2 + NH_3 + 2H_2O + Energie   (1–7)

Für die Oxidation des Stickstoffs (Nitrifikation) wurde in [28] folgende, allgemeine Beziehung (*overall ammonia conversion*) empfohlen:

22 NH_2^+ + 27 O_2 + 4 CO_2 + HC → $C_5H_7NO_2$ + 21 N + 20 H_2O + 42 H^+ (1–8)

Wegen dieser mit einer pH-Senkung einhergehenden Reaktion muss das Wasser eine genügend große Härte aufweisen, da bei der Oxidation von 1 g (NH_4-N) ein

Verbrauch an Alkalität von 7,1 g $CaCO_3$ entsteht [19]. Charakteristisch für die so genannte „Nitrifizierbarkeit" eines Abwassers ist das Verhältnis BSB_5/TKN (Total Kjedahl Noitrogen) des entsprechenden Abwassers [29]. Je größer der Quotient ist, desto niedriger liegt der Anteil an nitrifizierenden Bakterien und desto schwieriger wird es, eine Nitrifikation herbeizuführen, ohne spezielle verfahrenstechnische Maßnahmen (sehr große Aufenthaltszeiten im Reaktor, getrennte Kohlenstoff- und Stickstoffoxidationsstufen, Verhinderung eines Mitreißens (Aufschwemmens) von Nitrifikanten, etc.) ergreifen zu müssen [19].

Für den Verfahrensingenieur wirft die Nitrifikation eine Reihe von reaktionstechnischen Problemen auf. So ist bei Forderung sehr kleiner NH_4-Auslaufkonzentrationen die Aufstellung von Reaktorkaskaden oder PF-Reaktoren vorzuziehen, allen voran von solchen mit schwebenden oder immobilisierten Trägern [28, 29]. Neuere Forschungsergebnisse bestätigten auch in Deutschland [30–32] den positiven Einfluss der AK-Zugabe auf die Stabilität und weitergehende Reinigung schwer abbaubarer Komponenten in Belebtschlamm- und in Festbettreaktoren. Zur weitergehenden Reinigung bei problematischen Abwässern sowie zur Herbeiführung von Nitrifikation wird seit kurzem in Deutschland [33] die Zugabe von Braunkohlenkoks, anstatt AK-Pulver, in Belebungsbecken empfohlen und auf die hieraus resultierenden niedrigeren Betriebskosten hingewiesen.

Außer solchen, vom Verfahrenstechniker relativ einfach vorzunehmenden, technologischen Eingriffen in den Nitrifikationsprozess bereiten die Aufrechterhaltung eines optimalen pH-Bereichs von 8 bis 9 (Zugabe von NaOH oder Kalkmilch erforderlich) sowie die Verhinderung eines Nitrifikationverlustes mit dem Auslauf noch gewisse Probleme in der rauen Alltagspraxis des Kläranlagenbetriebes [28]. Sollte darüber hinaus eine Stickstoffentfernung, d. h. Nitrifikation und Denitrifikation, gefordert werden, so zeichnet sich in der letzten Zeit immer mehr der Trend zur Mehrstufigkeit ab [12, 18, 19, 28, 29, 34, 36], obwohl es hierzu auch gegenteilige Meinungen gibt [8, 35]. Für den Siedlungswasserbauer oder den Verfahrensingenieur ergibt sich hieraus die Notwendigkeit, durch enge Zusammenarbeit mit dem Mikrobiologen, zuerst auf eine Reduzierung möglicher Verfahrensvarianten hinzuwirken und, wie gesagt, mittels schon im Labormaßstab durchführbarer Sondierungsversuche die Vielfalt des möglichen Pilotversuchsspektrums erheblich einzuschränken.

Ein gewisses verfahrenstechnisches Wissen seitens des mehr Labor geschulten Mikrobiologen oder (Bio)Chemikers dürfte diese Zusammenarbeit dabei wesentlich fördern. Deshalb wird das nachfolgende Kapitel 2 den naturwissenschaftlich geschulten Abwasserfachleuten, respektive angehenden Siedlungswasserbauern empfohlen.

Literaturverzeichnis Kapitel 1

1 Trohsche, K.: Weiche Chemie statt heißer Prozesse. VDI-Nachrichten, Nr. 8/21 Februar (1986), S. 22
2 Böhnke, B.: Leistung und Einsatzmöglichkeiten zwei- und mehrstufiger Abwasserreinigungsverfahren unter Berücksichtigung mikrobiologischer Reaktionsmechanismen. 14. Abwassertechnisches Seminar, TU München (1984), Heft 11
3 Schlegel, H. G.: Allgemeine Mikrobiologie. 6. überarbeitete Auflage, Thieme Verlag, Stuttgart 1 (1985)
4 Rehm, H. J.: Industrielle Mikrobiologie. 2. Auflage, Springer-Verlag, Berlin (1980)
5 Mudrack, K.: Wirkungsweise der Mikroorganismen bei der mehrstufigen biologischen Abwasserreinigung. Schriftenreihe Gewässerschutz-Wasser-Abwasser, Band 42, Aachen (1980)
6 Böhnke, B.: Mikrobiologische Grundlagen für die hohe Prozessstabilität und Reinigungsleistung von zweistufigen biologischen Anlagen mit vor geschalteter A-Stufe. Vortrag am 10./12.10.1985 in Plovdiv
7 Einsele, A., Finn, R. K. und Samhaber, W.: Mikrobiologische und biochemische Verfahrenstechnik. VCH Verlagsgesellschaft mbH, Weinheim (1985)
8 ATV: Lehr- und Handbuch der Abwassertechnik. 3. Auflage, Band IV, Verlag Ernst & Sohn, Berlin (1985)
9 Gaudy, F. G. und Gaudy, E. T.: Mixed Microbial Populations. Advances in Biochemical Engineering, 2, Springer-Verlag, Berlin (1972)
10 Esser, K.: Über die Gentechnologie, Chemieingenieurtechnik, 53, Heft 3 (1981), S. 401/408
11 Böhnke, B.: Mikrobiologische Reaktionsabläufe beim AB-Verfahren. Acta Biotechnologica, 5 (1985), S. 45/50
12 Böhnke, B.: Vergleich einstufiger/zweistufiger Belebungsanlagen mit weitergehendem und abgestimmtem Schlammbehandlungskonzept. Aachener Symposium, 22./23. Januar (1987)
13 Bischofsberger, W.: Überlegungen zur Planung zweistufiger biologischer Kläranlagen. 16. Abwassertechnisches Seminar, TU München, Heft 69, (1986), S. 97/119
14 Braha, A.: Über die Abbaukinetik von komplexen Substraten in Mischbeckenkaskaden. Wasser, Luft und Betrieb, Heft 6 (1986), S. 24/28
15 Rehm, H. J.: Aktuelle Probleme und Entwicklungen in der Biotechnologie. Chemieingenieurtechnik, 58 (1986), Nr. 5, S. 379/386
16 Zlokarnik, M.: Immobilisierung ganzer Zellen – eine Bestandsaufnahme aus bioverfahrenstechnischer Sicht. Biotech-Forum, 3 (1986), Heft 4, S. 12/20
17 Volesky, B.: Bioabsorptionsmaterialien für die Metall-Rückgewinnung. Vortrag auf Biotec 87, 18.03.(1987) in Düsseldorf
18 Benefield, L. D. and Randall, C. W.: Biological Process Design for Wastewater Treatment. Prentice-Hall Inc., New York (1980)
19 Metcalf and Eddy: Wastewater Engineering. McGraw-Hill Book Company, 2nd Edition, New York (1979)
20 Braun, R.: Biogas-Methangärung organischer Abfallstoffe. Springer-Verlag, Wien (1982)
21 Torien, D. F.: Enrichment Culture Studies on Aerobic and Facultative Anaerobic Bacteria Found in Anaerobic Digesters. Water Research, 1 (1967), S. 147/155
22 Sahm, H.: Statt Schlamm, Biogas zum Heizen. Vortrag auf der Biotec 87, 18.03.(1987) in Düsseldorf
23 Braha, A.: Biokinetisches Modell für Festbettreaktoren. Wasser, Luft und Betrieb, Heft 1/2 (1987), S. 21/24
24 Braha, A.: Über die Kinetik des Substratabbaus durch mikrobielle Mischpopulationen. Biotech-Forum, 4 (1987), Heft 1, S. 13/19
25 Levenspiel, O.: Chemical Reaction Engineering. 2nd Edition, John Willey & Son, Inc., New York (1972)
26 Monod. J.: The Growth of Bacterial Cultures. Ann. Rev. Microbiology., 3 (1949), S. 371/384

27 Lemuel, B. W., Jr.: Enzyme Engineering. Advances in Biochemical Engineering 2, Springer-Verlag, Berlin (1972), S. 1/48
28 McCarty, P. L.: Biological Processes for Nitrogen Removal. Proceedings Twelfth Sanitary Engineering Conference, University of Illinois, Urbana (1970)
29 Process Design Manual for Nitrogen Control. United States EPA, Office of Technology Transfer, Washington, D. C., October (1975)
30 Jüntgen, H., Jockers, und Klein, J.: Verbesserte Abwasserreinigung durch Kombination von biologischem Abbau mit Aktivkohle-Adsorption. Umwelt, Heft 4 (1981), S. 310/317
31 Schäfer, L.: Einsatz von Aktivkohle in Biohochreaktor. DECHEMA-Sonderveranstaltung vom 2./3. April (1984) in Königstein/Taunus
32 Naundorf, E. A., Räbiger, N. und Vogelpohl, A.: Reinigung hoch belasteter Industrieabwässer im Kompaktreaktor mit und ohne Zusatz von Aktivkohle. 4. DECHEMA-Tagung der Biotechnologen, 3./4. Juni (1986) in Frankfurt
33 Ehrler, P., Glöckler, R., Erken, M. und Ritter, G.: Unterstützung der aeroben biologischen Abwasserreinigung durch Braunkohlekoks. Korrespondenz Abwasser, Heft 2 (1987), S. 129/136
34 ATV: Umwandlung und Elimination vom Stickstoff im Abwasser. Arbeitsbericht der ATV-Fachausschüsse 2.6. und 2.8. Korrespondenz Abwasser, Heft 2 (1987), S. 167/171
35 Hüper, F.: Die simultane Stickstoffoxidation – weitergehende Abwasserreinigung und Energieeinsparung. Korrespondenz Abwasser, Heft 2 (1987), S. 137/146
36 Braha, A.: Zum Stand der Technik in der biologischen Abwasserreinigung. Wasser, Luft und Betrieb, IFAT-Sonderheft, Mai (1987), S. 8/22

2
Verfahrenstechnische Überlegungen zur Modellbildung in der biologischen Abwasserbehandlung

Die technische Durchführung biologischer Stoffumwandlungsprozesse findet in einem durch Randbedingungen (*specific boundaries*) definierten System bzw. Volumen (umbauter Raum) statt, welches in der Verfahrenstechnik als Reaktor definiert wird [1]. Ein solcher Reaktor lässt sich nicht nur durch seine Größe, Bauart oder Baumaterial, sondern viel mehr auch durch die Art des Durchfließens, d. h. des hydrodynamischen Verhaltens (auch Verweilzeitverhalten genannt) bzw. der darin herrschenden Strömungsvorgänge charakterisieren, da diese ihrerseits den Stofftransport im Reaktor und damit auch den Umsatz beeinflussen [1].

Wie sich im Volumen V die Konzentration einer abzubauenden Substanz C im Laufe der Zeit t beim Durchsatz Q ändert, wird, reaktionstechnisch betrachtet, durch den kinetischen Ansatz $r_C = -dC/dt$, d. h. durch die Geschwindigkeit dieser Änderung, definiert. Als Folge des Massenerhaltungsgesetzes lässt sich daher für ein geschlossenes System eine Massenbilanz aufstellen:

(Änderung im System) = (Zugeführte Menge) − (Ausgeführte Menge) + (Umgesetzte Menge)

$$V\frac{dC}{dt} \quad = \quad QC_0 \quad - \quad QC \quad + \quad V(-r_C).$$

Handelt es sich um einen Batchreaktor, so ist der Volumendurchsatz gleich Null und die Änderung im System wird gleich der Abbau-/Reaktionsrate ($-r_C$). Das Verweilzeitverhalten/Durchströmungsart (*residence time distribution*, RTD) des betreffenden Reaktors lässt sich bestimmen, indem man im Zulauf des Reaktors eine Stoßmarkierung (*Dirac-impulse*) mit einer chemisch inaktiven Komponente (*tracer*) vornimmt und die zeitliche Konzentrationsänderung in dessen Auslauf verfolgt und modellmäßig auswertet. Diesem Aspekt wird in der chemischen Verfahrenstechnik eine erhebliche Bedeutung beigemessen. Schon 1935 konnten die zwischen dem Verweilzeitverhalten des Reaktors und dem darin stattfindenden Reaktionsverlauf existierenden Zusammenhänge quantifiziert und durch ihre Anwendung bei der Dimensionierung chemischer Reaktoren bestätigt werden [1].

In der allgemeinen Biotechnologie, insbesondere bei der biologischen Abwasserreinigung, begannen sich solche kinetische Überlegungen und damit auch die Modelldenkweise erst gegen Anfang der 50er Jahre bemerkbar zu machen [2]. Grund dafür war die jahrzehntelange Erfahrung und Tradition bei der Auslegung

Moderne Abwassertechnik. Alexandru Braha und Ghiocel Groza
Copyright © 2006 WILEY-VCH Verlag GmbH & Co. KGaA, Weinheim
ISBN: 3-527-31270-6

von Bioreaktoren auf der Basis „familiär" gewordener Parameter, d. h. die Handhabung eines erheblichen Zahlenmaterials empirischer Natur. Erst als durch die massive Industrialisierung und den hierdurch entstandenen Konkurrenzdruck der Trend zur Prozessoptimierung in der Biotechnologie entstand und immer mehr an Bedeutung gewann, begann sich die auf kinetischen Überlegungen basierende Modelldenkweise auch in diesem technologischen Zweig durchzusetzen [1, 3].

Ein ähnlicher Prozess fand auch in der Klärtechnik statt, da der immer größer werdende Industrieabwasseranteil in städtischen Abwässern deren Abbaucharakteristika veränderte, den Rahmen „familiärer" Parameter sprengte [4–7] und die Forderung nach Leistungsanhebung bestehender Kläranlagen durch Intensivierung mikrobiologischer Prozesse und nicht mehr durch bauliche Erweiterungsmaßnahmen gestellt zu werden begann. Das Problem der Mehrstufigkeit tauchte auch in der Abwassertechnik nunmehr verstärkt auf [4–8] und somit hielt die Modelldenkweise auch in die Klärtechnik Einzug. Dazu gehörte zuallererst die Charakterisierung des reaktionstechnischen Verhaltens unterschiedlicher Arten von Bioreaktoren mitsamt der Prozessführung bei suspendierter oder immobilisierter Biomasse, worauf nachstehend eingegangen werden soll.

2.1
Reaktionstechnisches Verhalten von Bioreaktoren mit suspendierter Biomasse

2.1.1
Verweilzeitverhalten

In der Reaktionstechnik werden, je nach der Art der Betriebsweise, mehrere Arten von Bioreaktoren eingesetzt (siehe Abschnitt 2.2), die sich in ihrem reaktionstechnischen Verhalten erheblich voneinander unterscheiden. Darunter fallen u. a.:
- Batchreaktor, ein total durchmischter, aber diskontinuierlich betriebener Reaktor (Abb. 2–1 (a));
- Plug-Flow-Reaktor (PFR), ein kontinuierlich betriebener und vollkommen längs durchströmter Rohrreaktor (Abb. 2–1 (b));
- Rührkessel oder Rührreaktor (*completely stirred tank reactor* – CSTR), ein total durchmischter aber kontinuierlich betriebener Reaktor (Abb. 2–1 (c));
- Dispersionsreaktor *(dispersed-flow-reactor)*, ein real längs durchströmter Rohrreaktor, in dem durch den unvollkommenen Durchflussvorgang eine Rückvermischung (*back mixing*) entlang des Reaktors erfolgt (Abb. 2–1 (d)).

Die Grenzen zwischen diesen Reaktortypen werden und können in der Praxis nicht so scharf gezogen werden; man denke nur an den sog. *bulk-flow-reactor* [1, 3], vom Reaktortyp her ein unvollkommen durchmischter Rührreaktor, der häufig in

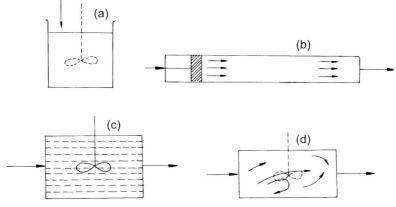

Abb. 2–1: Verschiedene Reaktortypen: (a) Batchreaktor; (b) „Plug-Flow-Reactor" (PFR), d. h. ein Reaktor mit Kolbenströmung (Rohrreaktor); (c) „Completely Stirred Tank Reactor" (CSTR), d. h. ein vollkommen durchmischter Reaktor (Rührkessel); (d) Reaktor mit Dispersion; nach [6].

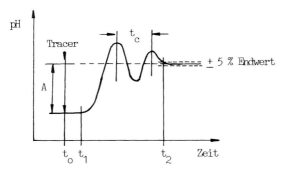

Abb. 2–2: Mischzeitmessung nach pH-Veränderung durch Lauge- oder Säurezugabe. A = Konzentrationsdifferenz: Endwert–Ausgangswert; $T_{mix.} = t_2-t_1$; t_c = Rezirkulationszeit im Reaktor; nach [3].

der Biotechnologie eingesetzt wird (Abb. 2–2). So wird als Mischzeit $T_{mix.}$ in diesem Reaktor diejenige Zeitspanne verstanden, welche notwendig ist, um nach einer Stoß-Zugabe eines Tracers lediglich unter ± 5 % liegende Schwankungen um den theoretischen Endwert (100%iger Vermischung) zu erzielen.

Von diesem Sonderfall aber abgesehen, eignen sich die drei oben erwähnten Reaktortypen recht gut, um das reaktionstechnische Verhalten des Reaktors mittels der *„stimulus impulse signal"*-Methodik [1] zu beschreiben. Setzt man, wegen besserer Konzentrationsverfolgung im Auslauf [1], den Tracer während einer längeren Zeitspanne dem Zulauf zu und wird die Auswertung der Messdaten dimensionslos vorgenommen, so erhält man, wie in Abb. 2–3 dargestellt, typische F-Kurven [1] für den PFR, CSTR und den Dispersionsreaktor.

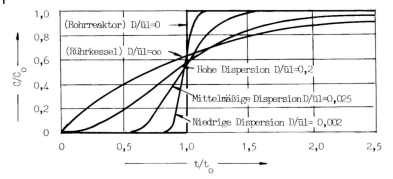

Abb. 2–3: F-Kurven bei verschiedenen Dispersionskennzahlen und Dauer-Tracerzugabe (continuous tracer input); nach [6].

Merke: bei Abb. 2–3, Abb. 2–4, Abb. 2–5, Abb. 2–6 und Abb. 2–7a gelten für denselben Begriff auch unterschiedliche Bezeichnungen, die, je nach den konsultierten Literatur-Originalquellen, aus denen sie stammen, als solche auch entnommen wurden; dieser Notationsbesonderheit wurde deshalb der Vorzug gegeben, da bei evtl. Vertiefungen gewisser techn.-hydraulischer Facetten, den Lesern ein wesentlich leichteres Verständnis ermöglicht wird! Dem nach ist $d = D/(\bar{u}l)$ die sog. Dispersionskennzahl des Reaktors ($d = 0$ bei PFR, $d \rightarrow \infty$ bei CSTR), D gilt in Anlehnung am 2.ten Fick-Diffusionsgesetz [6, S. 574] als Koeffizient der Längsdispersion [$L^2 \, t^{-1}$], mit l oder auch L gekennzeichnet (Notationen aus der Ur-Publikation übernommen) wird die Länge des Reaktors definiert [L], ferner ist $\bar{u}$ die theoretische Reaktor-Durchströmungsgeschwindigkeit: $\bar{u} = Q_{Gesamtzulauf}/(BH)$, worin wiederum B die Breite [L] und H die durchströmte Höhe [L] des Rektorquerschnittes sind. Mit C_0 wird die theoretische Tracer-Konzentration bezeichnet, die entstanden wäre, wenn bei Beendigung einer über die Zeit gleichmäßig verlaufenden Tracer-Zugabe/langandauernden Stoßbelastung, sich deren Input [MLT^{-2}] *augenblicklich* mit dem gesamten Inhalt des Reaktors vermischt hätte (Abb. 2–3); Gleiches gilt für C_0 auch, wenn mit einer Tracer-Stoßmarkierung [1: *stimulus impulse signal*] gearbeitet wurde, um sog. C-Kurven [1] zu ermitteln (Abb. 2–4). Des Weiteren sind $C = C_i = C_t$ – dies je nach übernommener Originalnotation –, Bezeichnungen für die nach beliebigen t-Zeitspannen gemessenen/berechneten Tracerkonzentrationen im Ablauf des Reaktors, und C_1; C_2; C_3; C_4; ... C_N sind die nach t-Stoßbelastungsdauern gemessenen Tracer-/Toxikonzentrationen im Ablauf des jeweiligen CSTR in einer N-Einheiten zählenden Kaskadenschaltung gleichgroßer Reaktoren (Gl. 2–1a bis Gl. 2–2e). Bei Bezeichnung theoretischer Aufenthaltszeiten gilt $\tau = \bar{t} = t_0 =$ Reaktorvolumen/$Q_{Gesamtzulauf}$. Aber: die Bezeichnung t_P ist die sog. Peak-Zeit, d. h. jene Zeitdauer, bei der nach einer Stoßmarkierung die max. Tracer-Konzentration im Reaktorablauf gemessen wurde (Abb. 2–6 und als t_P auch in Abb. 2–7a). Indes: Als Notation für die Dauer einer (toxischen) Stoßbelastung im Falle eines CSTR-Belebungsbeckens oder einer das gleiche Gesamtreaktionsvolumen aufweisenden CSTR-Kaskadenschaltung gilt t_S nur für Abb. 2–5.

Ist allerdings eine lang andauernde Stoßbelastung mit toxischen/nicht abbaubaren Substanzen zu befürchten, so lässt sich der Verlauf des Konzentrationsanstiegs bzw. -abstiegs in einem in der Abwassertechnik meist benutzten, einstufigen Belebungsbecken (meist quasi total durchmischt) auch analytisch berechnen. Ausgehend von der Massenbilanz in einer einstufigen Belebungsanlage bzw. in dem ersten CSTR einer Kaskade [1, 6]:

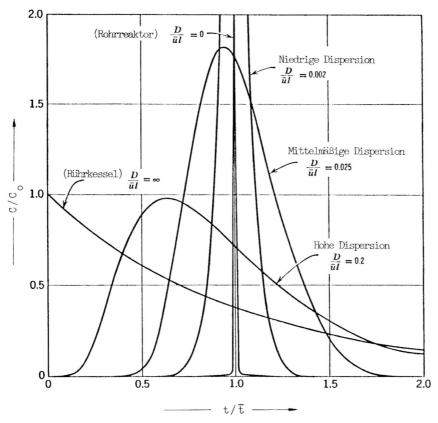

Abb. 2–4: C-Kurven bei Tracer-Stoßzugabe (tracer pulse input); nach [1].

$$Q_0C_0 \quad - \quad Q_0C_1 \quad = \quad \frac{dC_1}{dt} V \qquad (2\text{–}1a)$$

(Tracer im Zulauf) – (Tracer im Auslauf) = (Änderung im Reaktor)

resultiert nach einigen Zwischenrechnungen und anschließender Integration für die Anstiegsphase/Stoßbelastungsdauer – siehe auch Abb. 2–3:

$$C_1/C_0 = 1 - \exp[-t/\tau], \qquad (2\text{–}2a)$$

wo nur bei einer Kaskadenschaltung $\tau = V_{CSTR}/[Q_0(1 + R)]$ gilt, also die theoretische Aufenthaltszeit des Gesamtdurchsatz-Volumenstroms darstellt. Wird die Zugabe nach dem Erreichen einer gewissen Konzentration C_m abgebrochen, so erfolgt die Konzentrationsabnahme in einem einstufigen/ersten CSTR nach der Gesetzmäßigkeit:

$$\frac{C_m}{C_0} = \exp(-t'/\tau) \qquad (2\text{--}3)$$

worin t' der Zeitablauf nach Abbruch der Tracerzugabe ist.

Die Gleichungen 2–2a und 2–3 können bei der Dimensionierung von einstufigen Belebungsbecken (meist quasi total durchmischte Reaktoren $\Rightarrow$ CSTR) Anwendung finden, wenn mit lang andauernden (mehrere Stunden) giftigen Stoßbelastungen industrieller Herkunft gerechnet werden muss [6]. Sollte es sich in einer solchen Fallstudie um Kaskadenschaltungen handeln, was bei der Reinigung mancher Industrieabwässer zu einer höheren Raum-Zeit-Ausbeute führt [9], so ist der bei einer auftretenden Giftstoßbelastung in jeder Kaskadenstufe einsetzende Konzentrationsverlauf um so aufmerksamer zu verfolgen und bei zu hohen Werten die Anzahl der Kaskadenstufen womöglich zu überdenken [3]. In diesem Fall, von ähnlichen Massenbilanzen ausgehend, gilt z. B. für den zweiten, dritten und vierten CSTR einer Kaskadenschaltung sinngemäß jeweils:

$$QC_1 - QC_2 = \frac{dC_2}{dt} V \qquad (2\text{--}1b)$$

$$QC_2 - QC_3 = \frac{dC_3}{dt} V \qquad (2\text{--}1c)$$

$$QC_3 - QC_4 = \frac{dC_4}{dt} V \qquad (2\text{--}1d)$$

Um dem Leser komplizierte analytische Zwischenrechnungen zu ersparen, werden nachstehend die entsprechenden algebraischen Lösungen für das zeitliche Konzentrationsverhalten im zweiten, dritten und vierten CSTR einer vierstufigen CSTR-Kaskadenschaltung bzw. im N-ten CSTR einer Kaskadenschaltung angegeben; bei deren Formulierung wurden folgende vereinfachende Annahmen vorausgesetzt [10]:

- die toxische Fracht bleibt während der Stoßzeit konstant und der Betrieb verläuft unter stationären Bedingungen;
- die Kaskade besteht aus gleich großen, idealen Mischbecken;
- die toxische Substanz wird weder inkorporiert noch abgebaut;
- die durch Rücklauf zurückgeführte Menge an toxischer Substanz ist vernachlässigbar.

Demnach lauten die Ergebnisse wie folgt:

$$C_2/C_0 = 1 - (1 + t/\tau)\exp(-t/\tau) \tag{2-2b}$$

$$C_3/C_0 = 1 - [(1 + t/\tau + t^2/(2\times\tau^2)]\exp(-t/\tau) \tag{2-2c}$$

$$C_4/C_0 = 1 - [(1 + t/\tau + t^2/(2\times\tau^2) + t^3/(6\times\tau^3)]\exp(t/\tau) \tag{2-2d}$$

und generalisierend, auf den N-ten CSTR der Kaskade bezogen:

$$C_N/C_0 = 1 - \{[(1 + t/\tau + t^2/(2!\times\tau^2) + t^3/(3!\times\tau^3) + \ldots$$

$$+ t^{N-1}/[(N-1)!\times\tau^{N-1}]\}\exp(-t/\tau) \tag{2-2e}$$

mit: $(N-1)! = 1\times 2\times 3\times\ldots\times(N-1)$.

Um dem Leser solch zeitaufwändige Berechnungen zur Beurteilung der Konzentrationsverläufe zu ersparen, wurde einfachheitshalber der graphische Weg vorgezogen; von den Verfassern erstellte Nomogramme (Abb. 2–5).

Rechenbeispiel 1: Im Folgenden soll untersucht werden, wie sich der Konzentrationsanstieg und -abstieg bei einer Stoßdauer von $t_S = 1\,h$ in einer einstufigen, vergleichsweise dazu auch in einer vierstufigen Anlage gleichen Gesamtvolumens auswirkt. Aus dem Verlauf der Kurvenscharen t_S/τ für jeden Reaktor ist folgendes ersichtlich: Bei Stoßbelastungsdauern unterhalb der theoretischen Verweilzeit τ nehmen die Konzentrationen im zweiten bis vierten Reaktor relativ weniger als im ersten Reaktor zu und dazu auch erheblich langsamer. Bei einer Stoßdauer von $t_S = 0,5\tau$ setzt im ersten Reaktor eine Maximalkonzentration von $0,4 C_0$ ein, während im zweiten Reaktor sich erst nach etwa $t_S = 1,5\tau$ die Maximalkonzentration von $0,15 C_0$ einpendelt.

Aus dem Kurvenverlauf während der Anreicherungsphase geht hervor, dass bei Stoßbelastungen, deren Dauer höher als die theoretische Verweilzeit τ liegen, sich das Tempo der Konzentrationszunahme im ersten Reaktor verlangsamt, während in den anderen Reaktoren sich das Tempo der Konzentrationszunahme erhöht. Bei Stoßbelastungen $t_S > 6\tau$ steigen die Konzentrationen in allen vier Reaktoren auf über $0,85 C_0$, allerdings verlangsamt sich das Tempo weiterer Konzentrationszunahmen in allen Reaktoren erheblich.

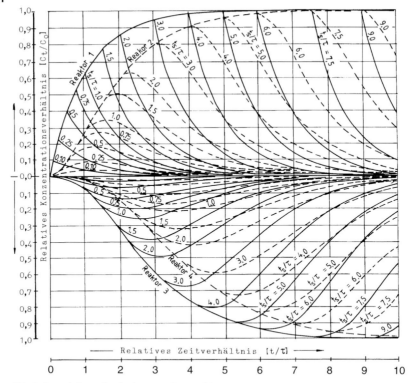

Abb. 2–5: Rührkesselkaskade – von den Verfassern erarbeitetes Nomogramm zur Ermittlung des bei lang andauernden Stoßbelastungen auftretenden Tracer-Konzentrationsverhaltens in den einzelnen CSTRs einer 4-stufigen Kaskade; nach [10].

Wollte man das hydraulische Verhalten zweier Systeme, einstufig und mehrstufig (Kaskade), bei einem gleich großen, gesamt umbauten Reaktionsraum ($\tau_{einstufig} = N \times \tau$) vergleichen, so verfährt man folgendermaßen. Bei $t_S = 1$ h und $\tau_{einstufig} = 2$ h wird der Quotient $(t_S/\tau)_{einstufig} = 0{,}5$ und wie im Nomogramm ablesbar, setzt im großen Reaktor das Konzentrationsverhältnis $(C/C_0)_{einstufig} = 0{,}4$ ein. Nachdem der Stoß nach einer Stunde aufgehört hat, wird die toxische Substanz ständig verdrängt und nach Überschreiten einer Durchflusszeit $t \approx 3{,}5\,\tau_{einstufig} = 3{,}5 \times 2 = 7$ h werden über 95 % aus dem großen Reaktor eliminiert $(C/C_0)_{einstufig} \leq 0{,}05$. Für die Kaskadenschaltung, z. B. bei $N = 4$, wird aus dem Nomogramm ersichtlich, dass $(t_S/\tau)_{mehrstufig} = (t_S/\tau)_{einstufig} \times N = 0{,}5 \times 4 = 2{,}0$ und für den ersten Reaktor liest man den sich einstellenden Maximalquotienten $(C/C_0)_{mehrstufig} = 0{,}85$ ab. Nachdem der Stoß ebenfalls nach einer Stunde aufgehört hat, werden 95 % aus dem ersten Reaktor dann eliminiert sein, wenn eine Fließzeit von rund $t = 5 \times \tau_{mehrstufig} = 5 \times \tau_{einstufig}/N = 5 \times 2/4 = 2{,}6$ h überschritten wird.

Auf ähnliche Weise ergeben sich für $(t_S/\tau)_{mehrstufig} = 2$ die Maximalkonzentrationen und die 95 %-Verdrängungsraten im zweiten, dritten und vierten Reaktor;

aus dem Nomogramm resultiert nunmehr $(C/C_0)_{mehrstufig}=0{,}65$ für den zweiten Reaktor, und der Stoß wird nach $t=7\times 2/4=3{,}5$ h zu 95 % verdrängt. Für die gleiche 95 %-Verdrängungsrate beim dritten Reaktor lässt sich $(C/C_0)_{mehrstufig}=0{,}50$ ablesen und demzufolge wird $t=4{,}25$ h, für den vierten Reaktor lässt sich die 95 %-Verdrängungsrate diesmal bei $(C/C_0)_{mehrstufig}=0{,}45$ ablesen, demzufolge wird $t=5{,}0$ h.

Daraus lässt sich schlussfolgern, dass:
- in einem mehrstufigen System wird der erste Reaktor am stärksten mit dem toxischen Stoß belastet; mit dessen Elimination allerdings wird er von allen anderen Reaktoren am schnellsten fertig;
- die Konzentrationen, die in allen Reaktoren einer CSTR-Kaskade bei einer langandauernden Stoßbelastung einsetzen, liegen gegenüber denen in einem einstufig arbeitenden Reaktor gleichen Volumens wie jene der ganzen Kaskadenschaltung merklich höher, steigen jedoch bei mehrstündigen Stoßbelastungen nicht direkt proportional mit dem Volumenverhältnis beider Reaktortypen an;
- sich die toxische Belastung während des Durchfließens der einzelnen Reaktoren abschwächt und sich schon ab dem dritten Reaktor ähnliche Konzentrationspegel wie in dem N-mal größeren einstufigen Reaktor einstellen;
- nach Abklingen der Stoßbelastung eine raschere Eliminierung der toxischen Substanz (Tracer) aus der Rührkesselkaskade als aus dem einstufigen Mischbecken einsetzt.

Das Nomogramm erlaubt somit die Quantifizierung des Konzentrationsverhaltens einer Rührkesselkaskade bei lang andauernden toxischen Stoßbelastungen und gibt so Auskunft bis zu welchen toxischen Konzentrationsleveln eine womöglich bereits eingeplante Kaskade von Belebungsbecken dies auch verkraften kann. In der Praxis spielt jedoch die reale Dispersionskennzahl $d=D/\bar{u}l$ eine sehr wichtige Rolle hierbei, da die Durchmischung im Belebungsbecken sicher nicht vollkommen ist, und dies zu noch höheren Konzentrationsleveln führen kann – siehe Abb. 2–4.

Zur Ermittlung der Dispersionskennzahl d eines real längs durchflossenen Reaktors wird seit kurzem die von Murphy und Timpany [11] entwickelte raschere Peak-Methode [6, 12] anstatt der herkömmlichen, auf statistischer Analyse der Messdaten basierenden Berechnung angewandt [1, 6]. Auf diese Weise erübrigen sich die sehr langen Beobachtungszeiten abklingender Tracerkonzentrationen, eine nach [1, 11] mindestens das 10fache der theoretischen Verweilzeit betragende Zeitspanne, sowie die ganze statistische Datenauswertung. Erforderlich ist lediglich die Ermittlung der Abflusszeit t_p, bei der die Tracerkonzentration ihr Maximum erreicht, die Bildung des Zeitverhältnisses (t_p/t_0), und mittels des in Abb. 2–6 dargestellten Nomogramms lässt sich die Dispersionskennzahl $d=D/\bar{u}l$, in Deutschland mehr unter dem Begriff Bodensteinzahl $Bo=\bar{u}l/D=1/d$ bekannt, schnell berechnen.

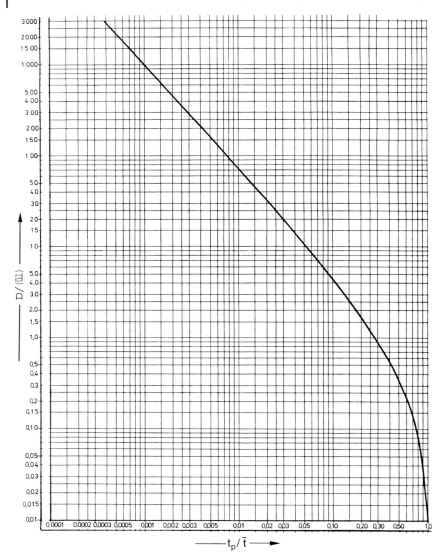

Abb. 2–6: Die Dispersionskennzahl ($D/\bar{u}l$) als Funktion der theoretischen Verweilzeit ($\bar{t}$) und der gemessenen Peak-Zeit (t_p), bei der die maximale Tracerkonzentration im Auslauf festgestellt wurde; nach [12].

Zum Verlauf einer nach erfolgter Stoßmarkierung mit Tracersubstanz (*stimulus impulse signal*) resultierenden Messkurve im Auslauf des Reaktors (*stimulus response*) lassen sich nach [2] folgende charakteristische Merkmale festhalten (Abb. 2–7); mit t_{10} und t_{90} als entsprechenden Perzentilwerten gemessener C;t-Wertepaare (Abschnitt 3.5):

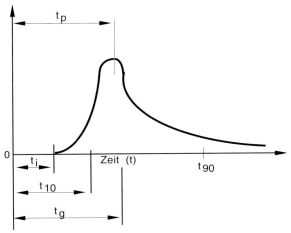

Abb. 2–7: Verweilzeitverhalten eines beliebigen Reaktors. (1): $t_i/\bar{t}$ drückt die Intensität der Kurzschluss-Strömung aus: $t_i/\bar{t} = 1$ (Rohrreaktor); $t_i/\bar{t} = 0$ (Rührkessel). (2): $t_p/\bar{t}$ berücksichtigt die Kurzschluss-Strömung, Totwasserräume und den Anteil des an der Durchmischung teilnehmenden Reaktorvolumens. (3): t_{90}/t_{10} ist der Dispersionsindex, d. h. der Quotient zwischen der Mischfunktion und der Kurzschluss-Funktion: $t_{90}/t_{10} = 1$ (Rohrreaktor); $t_{90}/t_{10} = 21{,}9$ (Rührkessel). (4): $1 - (t_p/t_g)$ ist der Index der Kurzschluss-Strömung: $(t_p/t_g) = 1$ (Rohrreaktor); $t_p/t_g = 0$ (Rührkesssel). (5): $(t_{90} - t_p)/(t_p - t_i)$: falls dies gleich 1,0, so ist die Verweilzeitverteilungskurve symmetrisch zum Quotienten $t_p/\bar{t}$; nach [2].

In der Abb. 2–7 wurden folgende Begriffsbezeichnungen der Urquelle [2] entnommen:

- $\bar{t}$ – theoretische Aufenthaltszeit: $\bar{t} = V_{Becken}/Q_{Durchsatzvolumenstrom}$
- $t_i/\bar{t}$ – Quotient der Rückvermischung, wobei $t_i/\bar{t} = 0$ bei Rührkessel (CSTR) und $t_i/\bar{t} = 1$ bei idealer Pfropfenströmung (PFR);
- $t_p/\bar{t}$ – Quotient der Kurzschlussströmungen, Reaktortoträume und des aktiven Reaktorvolumens *(effective tank volume)*;
- t_{90}/t_{10} – Volumenanteilverhältnis zwischen den total durchmischten/Kurzschlussvolumina im Reaktor, wobei $t_{90}/t_{10} = 1$ bei Pfropfenströmung und $t_{90}/t_{10} = 21{,}9$ bei idealer Durchmischung;
- t_p/t_g – Quotient der Kurzschlussströmung, wobei $t_p/t_g = 0$ ideale Rückvermischung und $t_p/t_g = 1$ eine ideale Pfropfenströmung bedeuten;
- $(t_{90} - t_p)/(t_p - t_i)$ – Symmetriekennzahl; ist das Verhältnis gleich 1, so wird die Verweilzeitverteilung symmetrisch zu $t_p/\bar{t}$.

Diese Kennzahlen charakterisieren das Verweilzeitverhalten eines Reaktors bei Stoßbelastungen und können dazu dienen, einen Vergleich zwischen Reaktortypen, z. B. effektives Reaktorvolumen, zu ermöglichen [2]; die Dispersionskennzahl d lässt sich abermals, nach der vorher erwähnten, etwas zeitraubenden „*variance technique method*" berechnen [1, 6], oder man verwendet hierzu die expeditivere Peak-Methode. Der detaillierte Umgang mit diesen beiden Methoden wird abschließend im Rechenbeispiel 2 erläutert (Tab. 2–1). Um vorweg einen gewissen Überblick hinsichtlich in der Abwassertechnik benutzter Bioreaktoren zu vermitteln, wurden einge dem Reaktortyp entsprechende D/ūl-Werte in Tab. 2–2 zusammengestellt.

Rechenbeispiel 2: Bei einer betrieblichen voran geschätzten theoretischen Verweilzeit $t_0 = 2{,}2$ Tage und erfolgter Stoßmarkierung sowie 9-stündiger Verfolgung der Tracerkonzentration im Auslauf soll nach beiden Methoden die Dispersionskennzahl eines mäanderförmig durchflossenen Oxidationsteiches berechnet werden.

Um die Berechnungsmethode zu veranschaulichen, werden die t;C-Messwertepaare sowie die resultierenden Hilfsvariablen t^2, $(t \times C)$ und $(t^2 \times C)$ tabellarisch erfasst (Tab. 2–1). Darüber hinaus, mit dem Zweck auch die Berechnung gängiger statistischer Größen, wie Mittelwert, Standardabweichung und Varianz kurz anzuschneiden (vgl. Kapitel 3), wird vollständigkeitshalber auch der ganze Rechenverlauf samt Zwischenrechnungen sowohl für die Varianz- als auch die Peak-Methode schrittweise dargelegt.

Tab. 2–1: Zusammenstellung der Haupt- und Hilfsvariablen zur Berechnung der Dispersionskennzahl nach der Varianz-Methode.

Messdaten		Hilfsvariablen		
Zeit: t [h]	Konzentration: C [mg/Liter]	t^2	t C	t^2 C
1	23	1	12	23
2	23,5	4	47	94
3	25	9	75	225
4	26,5	16	106	424
5	28	25	140	700
6	31	36	186	1116
7	27	49	187	1323
8	26	64	208	1664
9	25,4	81	228,6	2057,4
Summe Σ	258,4	285	1202,6	7626,4

Tab. 2–2: Typische Dispersionskennzahlen bei zur statischen Festflüssigtrennung („sedimentation tanks") oder biologisch aeroben/anaeroben funktionierenden Abwasserreinigungseinheiten: nach [6, S. 576].

Treatment unit	D/UL[a] (likely range)
Rectangular sedimentation tanks	0.2 – 2.0
Activated sludge aeration tanks:	
– Long, plug-flow type	0.1– 1.0
– Complete-mixing type	3.0 – 4.0 and over
Waste stabilization ponds:	
– Multiple cells in series	0.1– 1.0
– Long, rectangular ponds	0.1 – 1.0
– Single ponds	0.1 – 4.0 and over
Mechanically aerated lagoons;	
– Rectangular long	0.2– 1.0
– Square shaped	3.0 – 4.0 and over
Pasveer and carrousel-type oxidation ditches	3.0 – 4.0 and over

Bemerkungen: „Waste stabilisation ponds" entsprechen dtsch. biologischen Reinigungsteichen mit Schlamm-Mineralisation, bei Oberflächen 4 ≥ A ≥ 1 ha und Nutzhöhen 1,5 ≥ H ≥ 0,5 m; bei A ≥ 4ha/Einheit kann auch 3 ≥ H ≥1,5 gewählt werden [6], wobei eine maschinelle Sediment-Rückführung selten, ebensolche Belüftungseinrichtungen allerdings kaum, eingesetzt werden. „Mechanically aerated lagoons" entsprechen dtsch. Schönungsteichen, selten mit maschineller Sediment-Rückführung oder Belüftung vorgesehen, wobei „square shaped" auf rechtwinklige Teichformen hinweist; „...oxidation ditches entspricht dem dtsch. Belebungsgraben mit maschinell bewirkten Umlauf-Durchströmung und Belüftung [7].

1. Varianz-Technik [1, 6]

a) mittlere Aufenthaltszeit

$$\bar{t} = \frac{\Sigma tC}{\Sigma C} = \frac{1202,6}{258,4} = 4{,}654 \tag{2–4}$$

b) Wenn die Standardabweichung der Zeit-Konzentrationskurve σ_t ist, dann ist die Varianz σ_t^2, d. h.

$$\sigma_t^2 = \frac{\Sigma t^2 C}{\Sigma C} - \bar{t}^2 = \frac{7626,4}{258,4} - (4{,}654)^2 = 7{,}85. \tag{2–5}$$

c) oder dimensionslos ausgedrückt (C-Kurve)

$$\sigma^2 = \frac{\sigma_t^2}{\bar{t}^2} = \frac{7{,}89}{(4{,}654)^2} = 0{,}364. \tag{2–6}$$

Nach [1, 6] wird dann:

$$\sigma^2 = 2\left(\frac{D}{\bar{u}l}\right) - 2\left(\frac{D}{\bar{u}l}\right)^2 (1 - e^{-\bar{u}l/D}), \tag{2-7}$$

woraus sich (D/ūl) zu 0,25 berechnen lässt (Nullstellenberechnung – siehe Programmlisting in der Tab. 3–8).

2. Peak-Methode [1, 6]

Es wird zuerst der Quotient (t_p/t_0) berechnet:

$$\frac{t_p}{t_0} = \frac{\text{Peakzeit}}{\text{Theoretische Aufenthaltszeit}} = \frac{6\,\text{h}}{2{,}2\,\text{Tage} \cdot 24} \tag{2-8}$$

(D/ūl) lässt sich entweder mittels Abb. 2–6 ablesen oder mit Hilfe folgender Beziehungen analytisch berechnen [6]:

$$\frac{D}{\bar{u}l} = 4{,}027(10)^{-2{,}09\,(t_p/t_0)} \quad \text{bei } 0{,}3 < \left(\frac{t_p}{t_0}\right) < 0{,}8 \tag{2-9}$$

oder:

$$\frac{D}{\bar{u}l} = 0{,}2 \left(\frac{t_p}{t_0}\right)^{-1{,}34} \quad \text{bei } 0{,}03 < \left(\frac{t_p}{t_0}\right) < 0{,}3. \tag{2-10}$$

Im letzten Fall resultiert D/ūl = 0,2(0,114)$^{-1{,}34}$ = 3,67. Dieser viel genauer berechnete Wert bestätigt in [11] erwähnten Aspekt, dass beim statistischen Verfahren [1, 6] ein verfrühtes Abbrechen absteigender Konzentrationen zu falschen Ergebnissen führt.

Angesichts der Tatsache, dass der Fließvorgang in einem real durchflossenen Reaktor auch dem in einer aus einer Vielzahl von Kaskadeneinheiten gleichen Volumens bestehenden Kaskadenschaltung ähnelt [1, 6, 8, 11, 13], lässt sich eine Beziehung zwischen der Bodensteinzahl Bo = ūl/D und der äquivalenten Stufenzahl einer Kaskade N aufstellen [13]:

$$Bo = N - 1 + \sqrt{N^2 + N - 2} \tag{2-11}$$

resp.

$$N = (Bo)^2 / (2 \times Bo + 3) + 1 \tag{2-12a}$$

$$\frac{D}{\bar{u}l} = \frac{(2N-1)^2}{2N(N-1)(4N-1)} \tag{2-12b}$$

Durch die Angabe einer äquivalenten Anzahl von CSTRs in einer Kaskadenschaltung kann somit das hydrodynamische Verhalten eines real durchflossenen, mit eingeschränkter Längsvermischung arbeitenden Reaktors beeinflusst sowie umgekehrt ein Rückschluss auf dessen Dispersionskennzahl gezogen werden; dieser Zusammenhang wurde zur besseren Veranschaulichung in Abb. 2–8 grapho-analytisch dargestellt.

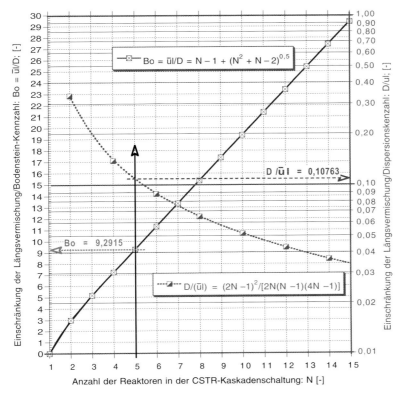

Abb. 2–8: Einfluss der Anzahl hintereinander geschalteter CSTR-Einheiten auf die Einschränkung der Längsvermischung bei Durchströmung einer Mischbeckenkaskade; nach [13], von den Verfassern grapho-analytisch erfasst – siehe Gl. 2–11, Gl. 2–12 und Abb. 2–4, Abb. 2–6.

Man merkt dabei, dass durch die fünfstufige CSTR-Kaskadenschaltung die Dispersionskennzahl des einzelnen CST-Reaktors abrupt von streng theoretisch $d \Rightarrow \infty$ auf $d = 0,1073$ herabgesetzt wird. Da auch bei in der Abwassertechnik am häufigsten eingesetzten Reinigungseinheiten sich die bauliche Gestaltungs-/Einsatzform der Becken maßgebend auf deren Verweilzeitverhalten auswirkt, liegen bereits zahlreiche Bereichs-Erfahrungswerte über die Variationsbreite spezifischer Dispersionskennzahlen vor [6] – siehe Tab. 2–2.

Dank Gl. 2–1 und Gl. 2-12b wird leicht ersichtlich, dass in den langen, pro Kopf be- und entlasteten Belebungsbecken, über das Aufstellen von 2 bis 3 unter Über/Unterflutung arbeitenden Querwänden eine beachtliche Einschränkung der Längsvermischung im Becken bewirkt wäre (Abb. 2–8), mit der verfahrenstechnischen „Begleiterscheinung" einer substanziellen Anhebung der Raum-Zeit-Ausbeute des betreffenden Belebungsbeckens [1, 5, 6, 8, 13, 15, 30, 38]. Für den Naturwissenschafter ist es dabei wichtig zu wissen, dass sich das reaktionstechnische Verhalten großer Reaktoren nicht nur qualitativ, sondern auch quantitativ charakterisieren lässt. Wie sich hierdurch aber der Einfluss der Längsvermischung auf die Raum-Zeit-Ausbeute eines Reaktors nun auswirkt, soll Gegenstand nachstehender Ausführungen sein (Abschnitt 2.1.2.2).

2.1.2
Kinetik der Konzentrationsabnahme kohlenstoffhaltiger Verbindungen

Da den meisten kinetischen Modellen stationäre Betriebsbedingungen zugrunde gelegt werden [5, 6, 8], wird bei den nachstehenden Ausführungen vorausgesetzt, dass:
- keine O_2-Limitierung vorliegt,
- mit einer adaptierten Biomasse gearbeitet wird,
- die Reaktionstemperatur konstant bleibt,
- keine inhibierenden Substanzen vorhanden sind,
- bei Durchlaufreaktoren die Zulaufcharakteristika konstant bleiben.

Von diesen Überlegungen ausgehend, werden nachstehend die gängigsten reaktionskinetischen Ansätze analysiert und die Güte des Modells mittels der integralen, in besonderen Fällen auch der differentiellen, Methode geprüft [1] (*integral* resp. *differential method of data analysis*). Vermerk: Wie die Güte des Modells statistisch beurteilt werden kann, geht aus der Höhe des sog. Regressionskoeffizienten r_k hervor – siehe Ausführungen über Modelladäquatheit im Abschnitt 3.2.

2.1.2.1 Reaktion 0. Ordnung (n = 0)
Ist das Nahrungsangebot an Substrat S überreichlich vorhanden, so hängt die Reaktionsgeschwindigkeit r_S (inkorrekterweise auch Umsatzrate genannt) nur von der Konzentration X an Biomasse ab, d. h. bei einer nach dieser Gesetzmäßigkeit verlaufenden Reaktion:

$$S \xrightarrow{\text{Biomasse}} P \quad (2\text{–}13)$$
$$(\text{Reaktant}) \qquad\qquad (\text{Produkt})$$

variiert die Reaktionsgeschwindigkeit proportional mit der Konzentration S^0 und X^1:

$$-r_S = \frac{dS}{dt} = K_0(S)^0 X = K_0 X \quad (2\text{–}14)$$

worin das Minuszeichen auf eine während der Reaktionszeit einsetzende Konzentrationsabnahme hinweist und K_0 der Reaktionsgeschwindigkeitskoeffizient ist. Durch Integration und Festlegung der Randbedingungen für einen Batchreaktor (bei t = 0 wird S = S_0) resultiert [5]:

$$S = S_0 - K_0 t X \quad (2\text{–}15)$$

Wird die Gleichung 2–14 in die Substratbilanz eines CSTR eingesetzt, so lässt sich schreiben (siehe auch Gl. 2–1):

$$0 = QS_0 - QS - VK_0X, \qquad (2\text{–}16)$$

woraus nach Dividieren durch Q

$$S = S_0 - K_0 \tau X \qquad (2\text{–}17)$$

resultiert und worin $\tau = V/Q$ die theoretische Aufenthaltszeit im Reaktor bedeutet. Da die Gleichungen 2–15 und 2–17 identisch sind, lässt sich hieraus schlussfolgern:

■ Merksatz: **Bei überreichlich vorhandenem Nahrungsangebot verläuft der Substratabbau nach einer Reaktion 0. Ordnung (bezogen auf die Substratkonzentration) und dabei spielt das Betriebsverhalten des Reaktors keine Rolle.**

Die Anpassung der Messdaten an dieses reaktionstechnische Modelle lässt sich durch deren Einzeichnung in einem Koordinatensystem $(S_0 - S)$ gegen (τX) durchführen und die somit entstandene Regressionsgerade (Abb. 2–9) statistisch absichern – siehe auch Kapitel 3.

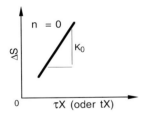

Abb. 2–9: Rührkessel oder Rohrreaktor; Ermittlung der Reaktionskonstanten bei n = 0; nach [15].

2.1.2.2 Reaktion 1. Ordnung (n = 1)

Wird das Nahrungsangebot knapp, so lässt sich meistens die Stoffumwandlung

$$S \xrightarrow{\text{Biomasse}} P$$
$$(\text{Reaktant}) \qquad\qquad (\text{Produkt})$$

durch den kinetischen Ansatz [8]

$$-r_S = \frac{dS}{dt} = K_1 X S \qquad (2\text{–}18)$$

beschreiben, wenn das zu untersuchende Substrat weitestgehend abgebaut werden kann (siehe Abschnitt 2.1.2.5). Die Integration bei gleichen Randbedingungen $(t = 0; S = S_0)$ liefert für einen Batchreaktor [4]:

$$\ln\left(\frac{S_0}{S}\right) = K_1 X t. \qquad (2\text{–}19a)$$

Die Anpassung von in einem PFR-Belebtschlammreaktor erlangten Datenpaaren (s_t; t; X) an dieses Modell wird in Abb. 2–10 veranschaulicht.

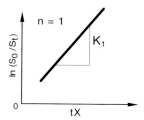

Abb. 2–10: Batchreaktor; Ermittlung der biokinetischen Koeffizienten bei Reaktionen 1. Ordnung; nach [15].

Durch ähnliches Einsetzen in die Substratmassenbilanz eines CSTR geht nach einigen Zwischenberechnungen dessen adimensionale Leistungsform hervor [4]:

$$\frac{S}{S_0} = \frac{1}{1 + K_1 X \tau} \tag{2-19b}$$

Die Anpassung der Messdaten an das CSTR-Modell ist der Abb. 2–11 zu entnehmen.

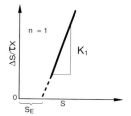

Abb. 2–11: Rührkessel; Ermittlung der biokinetischen Koeffizienten bei Reaktionen erster Ordnung; nach [15].

Soll ein CSTR mit Biomasserückführung betrieben werden, so kann auch der Retentionszeit der Biomasse (Schlammalter) im System θ_C bzw. ihrer Zuwachsrate k sowie der Verfallsrate k_d in dem kinetischen Modell Rechnung getragen werden (Abschn. 4.4.2.2). Unter Hinzuziehung der Gl. 2–18 gilt in einem solchen Fall (vgl. auch Abschn. 2.1.3)

$$\mu = \frac{1}{\theta_C} = \left(-Y \frac{r_S}{X}\right) - k_d = Y(K_1 S - k_d), \tag{2-20}$$

mit Y als spezifischem Biomasse-Ertragskoeffizienten (Y = goTS/gΔS). In einem Koordinatensystem ($1/\theta_C$) gegen S lässt sich durch Einzeichnen der Messwerte eine Regressionsgerade ziehen, deren Steigung (YK_1) und deren Ordinatenabschnitt den Wert ($-Yk_d$) liefert. Wie man beim van-Uden-Ansatz bei nun bekanntem (Yk_d) diesmal auch μ_{max} und K_S sowie Y als separate Werte bestimmen kann, ist den in Abb. 2–12a und 2–12b dargestellten Linearisierungsmethoden zu entnehmen.

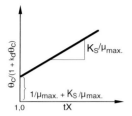

Abb. 2–12a: Rohrreaktor mit Monodkinetik; Ermittlung der biokinetischen Koeffizienten; nach [15].

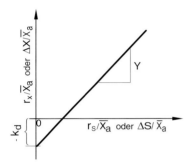

Abb. 2–12b: Labor-Batchreaktor; Ermittlung von Y und k_d; nach [28].

Wie sich das Schlammalter auf das Betriebsverhalten eines von Abwasser und Rücklaufschlamm durchströmten PFR (Reaktors) auswirkt, dazu wird an dieser Stelle auf [18] hingewiesen, wo der Quantifizierung des Netto-Schlammzuwachses r'_x, vgl. Abschnitt 4.4.2.2, folgende bereits bekannte Beziehung zugrunde gelegt wird:

$$r'_x = r_X - r_d = \mu_{max.} \frac{S}{K_s + S} X - k_d X, \qquad (2\text{–}20a)$$

mit r_X als Brutto-Schlammzuwachs und r_d als Biomasse-Lysisverlust. Für einen PFR lautet dann eine angenäherte geschlossene Lösung [18]:

$$\frac{1}{\theta_C} = \mu_{max.} \frac{(S_0 - S)}{(S_0 - S) + (1 + R) K_S \ln(S'_0/S)} - k_d \qquad (2\text{–}20c)$$

mit $S'_0 = (S_0 + RS)/(1+R)$ und $R = Q_{Rücklauf}/Q_{Zulauf}$.

In einem Koordinatensystem $[\theta_C/(1 + k_d \times \theta_C)]$ gegen $[\ln(S'_0/S)/\Delta S]$ lässt sich eine Regressionsgerade darstellen [15], deren Steigung ($K_S/\mu_{max.}$) und deren Ordinatenabschnitt ($1/\mu_{max.} + K_S/\mu_{max.}$) angibt – siehe Abb. 2–12a. Stellt sich heraus, dass $K_S \gg S$ (vgl. Abschnitt 2.1.2.5), so gilt der kinetische Ansatz einer Reaktion 1. Ordnung als adäquat und $K_1 = \mu_{max.}/(YK_S)$. Da seinerseits K_1 aus Abb. 2–10 sowie $\mu_{max.}$ und K_S aus Abb. 2–12a ermittelt werden können, lassen sich aus Abb. 2–12b auch separat Y und k_d berechnen: $Y = \mu_{max.}/(K_1 K_S)$.

Der Koeffizient k_d ist in der Regel viel kleiner als μ_{max} und wird daher häufig vernachlässigt [19, 22], d. h. man kann in die Gl. 2–20c ohne weiteres $k_d = 0$ einsetzen. Eine sondierende Prüfung dieser Annahme lässt sich durch Einzeichnung der in einem Batchreaktor (akklimatisierte Biomasse erforderlich!) gemessenen Wertpaare ΔS und ΔX (oTS-Zunahme) in ein Koordinatensystem $(\Delta X/\bar{X})$ gegen $(\Delta S/\bar{X})$, siehe [15], durchführen (Abb. 2–12b). Die Steigung der Geraden ergibt den Y- und der Ordinatenwert den k_d-Wert. Wie jedoch mit gut adaptierter Biomasse (Belebtschlamm) im Labor-Batchreaktor durchgeführte Untersuchungen zeigen [19], würde sich kein Einfluss unterschiedlicher Schlammalter auf den Geschwindigkeitskoeffizienten K_1 bemerkbar machen, solange aus dem in Abb. 2–10 dargestellten Linearisierungsverfahren eine statistisch gut abgesicherte lineare Regression hervorgeht. Aus diesem Grunde wird auf die Hinzuziehung des Schlammalters erst in Gl. 2–52 bis Gl. 2–60 und bei der Nitrifikationskinetik (Abschnitt 2.1.3) ausführlicher eingegangen.

Für einen mit Dispersion arbeitenden Reaktor (siehe Abschnitt 2.1.1) lässt sich mit einem größeren mathematischen Aufwand eine in (S/S_0) geschlossene Lösung für Reaktionen 1. Ordnung finden [1]:

$$\frac{S}{S_0} = \frac{4a \exp(0,5d)}{(1+a)^2 \exp(0,5d) - (1-a)^2 \exp(-0,5d)}, \qquad (2\text{–}21)$$

worin $a = \sqrt{1 + 4K_1 X \tau d}$ und $d = D/\bar{u}l$ sind. Arbeitet der Reaktor mit Biomasserückführung, so ist anstatt S_0 der Ausdruck $(S_0 + RS)/(1+R)$ zu verwenden, τ wird zu $\tau/(1+R)$, $\bar{u}$ wird zu $\bar{u}(1+R)$, also $d = D/[\bar{u}l(1+R)]$.

Bei $d = 0$, d. h. bei einem PFR oder Batchreaktor, findet man für Gl. 2–21 eine geschlossene Lösung [1, 5, 6, 8, 11–13] – siehe auch Gl. 2–19a:

$$\frac{S}{S_0} = \exp(-K_1 X \tau) \qquad (2\text{–}22)$$

und bei $d = \infty$, d. h. beim Extremfall CSTR, wird die Gl. 2–21 zu [1, 5, 6, 8, 11–13] – siehe auch Gl. 2–19b:

$$\frac{S}{S_0} = \frac{1}{1 + K_1 X \tau} \qquad (2\text{–}23)$$

> ■ Merksatz: *Die Umsatzgleichung 2–21 streift das ganze Spektrum des Verweilzeitverhaltens eines Reaktors, d. h. von PFR (absolut keine Rückvermischung) bis zu CSTR (vollkommene Durchmischung).*

Da zur Prüfung dieses Dispersionsmodells kein Linearisierungsverfahren bekannt ist, muss die Eignung des Modells zur Erfassung des Substratabbaus durch Anpassung der Ergebnisse an nicht-lineare Regressionen durchgeführt werden (Rechnereinsatz – siehe Abschnitt 3.6.2). Dabei kann die Dispersionskennzahl d bereits bekannt sein, was übrigens kein Muss bedeutet, da dank dem in Tab. 2–7 aufgeführten Listing als frei zu bestimmender Modellparameter auch d herangezogen werden kann (Gl. 2–21). Ist d bekannt, lässt sich bei d = const. die Adäquatheit des Modells über die iterative oder nomographische Erkundung des Einflusses der Reaktionszeit auf den Umsatz mittels analytischer (Rechnereinsatz) oder graphischer Methoden (Abb. 2–13) leicht bestimmen. Nomographisch geht man von mindestens 6 bis 10 bekannten S/S_0-, τ-, X- und d-Wertpaaren aus und es werden die Überschneidungspunkte mit der d = const.Kurve auf die Ordinate $K_m\tau = K_1 \times X \times \tau(1+R)$ der Abb. 2–13 projiziert.

Die anhand dieses Nomogramms sich als die niedrigste K_1-Streuung herausstellende K_1-Datenreihe wird in Gl. 2–21 eingesetzt und die entsprechenden Modellvoraussagen für $[S(1+R)/(S_0+RS)]$ berechnet; anschließend werden die zwei Datenreihen dem t-Student-Test unterworfen und das Ergebnis statistisch ausgewertet (Kapitel 3). Ist der Anwender mit dem in Tab. 3–7 gelisteten Programm vertraut, so kann er auch die Dispersionskennzahl $[d/(1+R)]$ frei geben. Das Programm wird sie als unbekannt erachten und aus den überdefinierten Gleichungen 2–21 lässt sich auch dieser Wert nach der Methode der kleinsten Fehlerquadratsumme berechnen.

Wird eine Kaskadenschaltung von N gleich großen CSTRs eingesetzt, die Massenbilanzen für jeden Reaktor aufgestellt und dabei berücksichtigt, dass der Auslauf eines Reaktors den Zulauf des darauf folgenden bildet, so resultiert [1, 9]:

$$\frac{S_N}{S_0} = \frac{1}{(1 + K_1 X \tau_i)^N} \tag{2–24}$$

Für bis zu 6 Reaktoren fassende Kaskadenschaltungen wurden in der Literatur [4] Nomogramme erstellt (Abb. 2–14) und somit die Modellberechnung wesentlich vereinfacht. Dabei ist zu bemerken, dass bei mit Biomasserückführung bzw. mit Nachklärbecken und RLS-Pumpstation arbeitenden CSTR-Kaskadenschaltungen auch der Einfluss der Rücklaufrate berücksichtigt werden muss; Gl. 2–24 wird dann zu [9]:

$$\frac{S_N}{S_0'} = \frac{1}{\left(1 + K_1 X \frac{\tau_i}{1+R}\right)^N} \tag{2–24a}$$

worin R das Rücklaufverhältnis, $\bar{X}$ die mittlere Biomassekonzentration in der CSTR-Kaskade, $S_0' = (S_0 + RS_N)/(1+R)$ und τ_i die theoretische Verweilzeit in einer Stufe ohne Berücksichtigung des Rücklaufvolumenstroms ist. Die reale CSTR-Durchströmzeit wird dann zu $\tau = \tau_i/(1+R)$.

Die graphische Berechnung ist in Abb. 2–14 skizziert und das Procedere unterscheidet sich nur unwesentlich vom Vorherigen, indem für die Modellprüfung von der linken Ordinate $S_0' = (S_0 + RS_N)/(1+R)$ ausgegangen wird und die Überschneidungspunkte mit der Kurve N = const. auf die Abszisse $K_m\tau_i = K_1 \times \bar{X} \times \tau (1+R)$ projiziert und abgelesen werden.

Da $K_m\tau_i = K_1 \times \bar{X} \times \tau (1+R)$ bekannt ist, lässt sich auch K_1 ausrechnen und durch Substitution in Gl. 2–24 oder Gl. 2–24a die $[S(1+R)/(S_0+RS_N)]$-Modellvoraussage kalkulieren. Das statistische Vorgehen gleicht dem vorherigen.

Modellgleichung: $$S/S_0 = \frac{4\,a\,\exp(1/2\,d)}{(1+a)^2 \exp(a/2\,d) - (1-a)^2 \exp(-a/2\,d)}$$

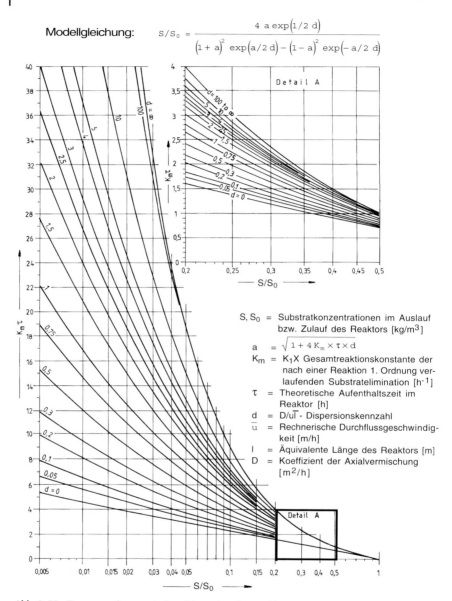

S, S_0 = Substratkonzentrationen im Auslauf bzw. Zulauf des Reaktors [kg/m³]
a = $\sqrt{1 + 4\,K_m \times \tau \times d}$
K_m = $K_1 X$ Gesamtreaktionskonstante der nach einer Reaktion 1. Ordnung verlaufenden Substratelimination [h⁻¹]
τ = Theoretische Aufenthaltszeit im Reaktor [h]
d = $D/\bar{u}l$ - Dispersionskennzahl
$\bar{u}$ = Rechnerische Durchflussgeschwindigkeit [m/h]
l = Äquivalente Länge des Reaktors [m]
D = Koeffizient der Axialvermischung [m²/h]

Abb. 2–13: Zusammenhang zwischen Dispersionskennzahl: $d = D/\bar{u}l$, Gesamtreaktionskonstante: $K_m = K_1 X$, theoretischer Aufenthaltszeit im Reaktor: $t = V/Q$ und erreichbarem S/S_0-Quotienten in einem Dispersionsreaktor bei Reaktionsabläufen 1. Ordnung; nach [14] – Bemessungsnomogramm nach den Verfassern.

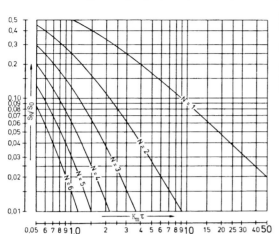
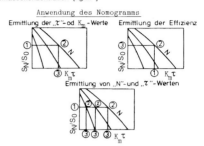

Abb. 2–14: Kinetisches Substratabbaumodell für ein- oder mehrstufigen Betrieb von CSTR-Kaskaden: Bemessungsnomogramm; nach den Autoren.

2.1.2.3 Reaktionen 2. Ordnung (n = 2)

Bei einem nach einer Reaktion 2. Ordnung verlaufenden Stoffumwandlungsprozess

$$2S \xrightarrow{\text{Biomasse}} P \qquad (2\text{–}25)$$
(Reaktant) (Produkt)

nimmt der auf die Substratkonzentration bezogene kinetische Ansatz der Reaktionsgeschwindigkeit folgenden Ausdruck an:

$$-r_S = \frac{dS}{dt} X = K_2 X S^2 \qquad (2\text{–}26)$$

Für einen Batchreaktor lässt sich aus diesem differentiellen Ansatz [1]

$$\frac{1}{S} = K_2 X t + \frac{1}{S_0} \qquad (2\text{–}27)$$

ableiten und für einen CSTR gilt die Integrallösung [1]

$$\frac{S}{S_0} = \frac{1}{1 + K_2 X \tau S} \qquad (2\text{–}28)$$

Je nach der Art des eingesetzten Reaktortyps erfolgt die Prüfung des Modells durch Einzeichnen der Messdaten in Koordinatensysteme (1/S) gegen (tX) bei Gl. 2–27 (Abb. 2–15), resp. (S_0/S) gegen (XτS) bei Gl. 2–28 (Abb. 2–16) und deren Anpassung an Regressionsgeraden, was bekanntlich die statistische Absicherung resultierender Koeffizienten und die Beurteilung der Modell-Adäquatheit erlaubt [1, 5, 6].

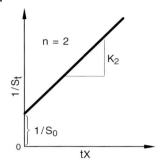

Abb. 2–15: Batchreaktor; Ermittlung der biokinetischen Koeffizienten bei Reaktionen zweiter Ordnung; nach [6].

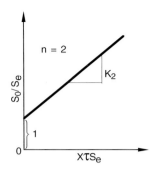

Abb. 2–16: Rührkessel; Ermittlung der biokinetischen Koeffizienten bei Reaktionen zweiter Ordnung; nach [6].

Erfolgt die Prüfung des Modells zur Substratabnahme durch Auswertung der in einer CSTR-Belebtschlammkaskade ermittelten Messdaten, in der die Biomassekonzentration den Mittelwert $\bar{X}$ aufweist, so lautet die Umsatzgleichung [1, 4]:

$$\frac{S_N}{S_0} = \frac{1}{4 S_0 K_2 \bar{X} \tau_i} = \left(-2 + 2\sqrt{-1... + 2\sqrt{-1 + 2\sqrt{1 + 4 S_0 K_2 \bar{X} \tau_i}}} \right)^N \quad (2\text{–}29)$$

zu deren Lösung graphische Methoden [4] entwickelt wurden, da Linearisierungsverfahren gegenwärtig nicht bekannt sind, so dass die Prüfung des Modells durch Anpassung an nicht-lineare Regressionen (Rechnereinsatz – siehe Tab. 3–7) oder mit großem Zeitaufwand iterativ erfolgen muss. Um dies zu erleichtern, wurde das in Abb. 2–17 dargestellte Nomogramm konzipiert und darin auch dessen Benutzung eingezeichnet. Bei Reaktoren mit Biomasserückführung gilt anstatt der Brutto-Zulaufkonzentration S_0 die nach Einmündung der Schlammrückführung $[(S_0 + R S_N)/(1 + R)]$ und für die Reaktionszeit $[\tau_i/(1 + R)]$.

2.1.2.4 Reaktionen n. Ordnung

Da in vielen Fällen das zu untersuchende Substrat aus einer Vielzahl von mit jeweils unterschiedlichen Reaktionsmechanismen ausgestatteten einzelnen Komponenten bestehen kann, wird in der Verfahrenstechnik das Modell einer Bruttoreaktion angewandt [1]. Die Reaktionsrate eines solchen Prozesses lässt sich mit einem kinetischen Ansatz des Typs:

$$r_S = K_n X C_A^a C_B^b C_C^c ... C_P^p = K_n X S_n = -\frac{dS}{dt} \quad (2\text{–}30)$$

beschreiben, worin a, b, c, ..., p die Reaktionsordnungen der jeweiligen Substratkomponenten A, B, C, ..., P sind, nicht unbedingt mit den stöchiometrischen Koeffizienten zusammenhängen und auch Dezimalzahlen sein können; die allgemeine Reaktionsordnung (*overall reaction order*) ist nach [1] n = a + b + c + ... + p.

2.1 Reaktionstechnisches Verhalten von Bioreaktoren mit suspendierter Biomasse

Modellgleichung bei Reaktionsverläufen 2. Ordnung

$$\frac{S_N}{S_0} = \frac{1}{4 S_0 K_2 X \tau}\left(-2 + 2\sqrt{-1\ldots + 2\sqrt{-1 + 2\sqrt{1 + 4 S_0 K_2 X \tau}}}\right)^N$$

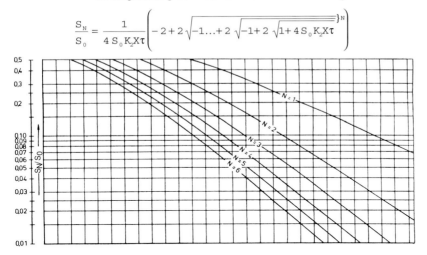

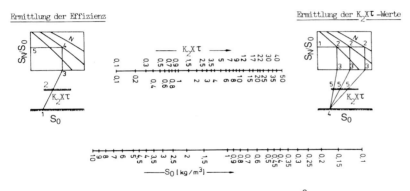

wobei:
- S_0 = Substratkonzentration im Zulauf zu Reaktor(en) [kg/m³]
- S_N = Restkonzentration im Auslauf des (der) Reaktor(en) [kg/m³]
- $K_2 X$ = Gesamt-Geschwindigkeitsbeiwert des Eliminationsprozesses [h⁻¹]
- τ = Aufenthaltszeit in einen Reaktor [h]
- N = Anzahl gleichgrößer Rührkessel
- X = Biomassekonzentration [kgoTS/m³]

Abb. 2–17: Nomogramm zur Bemessung von Belebungsanlagen bei ein- oder mehrstufigem Betrieb von CSTR-Kaskaden und modellmäßiger Annahme einer Formalkinetik für Reaktionsverläufe 2. Ordnung bei der Verfolgung des Substratabbaus; nach [4].

Für einen Batchreaktor liefert die Differentialgleichung 2–30 eine in S geschlossene Lösung bei n ≠ 1 [1]:

$$S = S_0 \left[1 + (n-1) S_0^{n-1} \cdot K_n X t\right]^{1/(1-n)} \tag{2–31}$$

Durch den Einsatz der Gl. 2–30 in die Substratmassenbilanz eines stationär betriebenen CSTR wird:

$$0 = QS_0 - QS - V(K_n X S^n) \qquad (2\text{–}32)$$

und nach Dividieren durch Q erlangt man:

$$\frac{S}{S_0} = \frac{1}{1 + K_n X \tau S^{n-1}} \qquad (2\text{–}33)$$

Gleichung 2–33 kann linearisiert werden, wohingegen die Gl. 2–31 nicht! Zur Ermittlung von n und K_n über Gl. 2–31 muss deshalb auf das in [1, S. 51] empfohlene Iterationsverfahren zurückgegriffen werden. Hierfür wird für n ein technisch sinnvoller Wert (0 < n < 3) angenommen und mit verschiedenen Wertepaaren S_0;t;S in Gl. 2-31 substituiert. Über jedes Mal gestartete Nullstellensuche nach K_n (Tab. 3–8) ergeben sich bei jeweils n = const. auch die K_n-Modellkoeffizienten. Jener n-Wert, der die Variation von K_n bei sämtlichen Wertepaaren S_0;t;S minimiert, liefert den optimalen n-Wert [1]. Sicherlich können von in der Regredierung nicht-linearer Regressionen (Tab. 3-7) geübten Anwendern auch beide Modellkoeffizienten gleichzeitig ermittelt werden. Ist dies aber nicht der Fall, dann können als Alternative auch graphische Berechnungsmethoden [4] angewandt werden, um solche zeitraubenden iterativ-analytischen Berechnungen zu vermeiden (Abb. 2–18).

Rechenbeispiel: In einem Standversuch (Batch-Belebtschlammreaktor) wurden nach $t_1 = 1{,}5$ h und $t_2 = 4{,}5$ h Belüftungszeit folgende Restverschmutzungen ermittelt:

$S_{t1} = 0{,}118$ g/l; $S_{t2} = 0{,}029$ g/l.

Das zu belüftende Abwasserschlammgemisch hatte einen Anfangsverschmutzungswert von $S_0 = 0{,}500$ g/l. Es sollen die Reaktionsordnung n und die allgemeine Geschwindigkeitswertskonstante $k = K_n X$ approximiert werden. Man bildet dazu zuerst die Verhältnisse

$S_{t1}/S_0 = 0{,}236$; $S_{t2}/L_0 = 0{,}058$; $kt_2/kt_1 = t_2/t_1 = 3$.

Es wird für den ersten Versuch angenommen, dass n = 1 sei, und mittels des linken Nomogramms (Abb. 2–18) werden die zwischen den Geraden $S_{t1}/S_0 = 0{,}236$ und $S_{t2}/S_0 = 0{,}058$ und der Kurve n = 1 entstandenen Schnittpunkte horizontal ins rechte Nomogramm hinüber projiziert.

Ähnlich wird mit dem Schnittpunkt zwischen $S_0 = 0{,}5$ und n = 1 innerhalb des rechten Nomogramms verfahren und man lässt diesen Punkt auf die schräge Hilfsskala bis zur Überschneidung mit den zwei aus dem linken Nomogramm stammenden Projektionsgeraden gleiten. Diese neu resultierenden Schnittpunkte werden auf die (kt)Abszisse des rechten Nomogramms projiziert und die Werte abgelesen; in diesem Fall liest man auf der Abszisse $kt_1 = 1{,}4$ und $kt_2 = 2{,}8$. Das so ermittelte Verhältnis ist $kt_2/kt_1 = 2{,}8/1{,}4 = 2$ und entspricht demnach nicht dem

NOTATIONEN

- S_0 – Substratkonzentration am Anfang des Belüftungsversuches [kgS/m³]
- S_t – Substratkonzentration nach t-Stunden Belüftungszeit [kgS/m³]
- n – Reaktionsordnung
- $K_n \overline{X}$ – Gesamt-Geschwindigkeitbeiwert des Substratabbauprozesses [h⁻¹]
- t – Belüftungszeit [h]
- $\overline{X}$ – Mittlere Biomassekonzentration [kgoTS/m³]

BENUTZUNG DES NOMOGRAMMS:

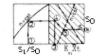

Ermittlung des $K_n \overline{X} t$-Wertes

Ermittlung des S_t/S_0-Verhältnisses

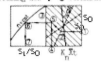

$$S_t/S_0 = [1 + (n-1)S_0^{(n-1)} \cdot K_n \cdot X \cdot t]^{1/(1-n)}$$

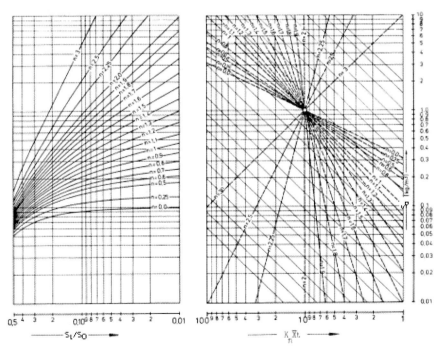

Abb. 2–18: Kinetisches Substratabbaumodell für Belebtschlamm-Batchreaktoren: Nomogramm zur Schätzung der Modellkoeffizienten bei Annahme eines Reaktionsverlaufs n. Ordnung; nach [1], von den Verfassern erstellt.

berechneten Wert $t_2/t_1 = 3$. Das ganze Vorgehen wird erneut für n = 2 wiederholt und man erhält hieraus $kt_1 = 6{,}3$ und $kt_2 = 3{,}3$ bzw. $kt_2/kt_1 = 5{,}23 \neq 3$. Der richtige n-Wert müsste hiernach zwischen 1 und 2 liegen. Ein dritter Versuch, unter Annahme von n = 1,5, führt letztlich zum Ergebnis, dass $kt_1 = 3$ und $kt_2 = 9$ oder $t_2/t_1 = 3$. Daraus lässt sich auch der k-Wert ausrechnen k×4,5 = 9, woraus k = 2 folgt.

Wurde die Substratabnahme in einem CSTR untersucht, so lassen sich n und k (wobei $k = K_n X$) bestimmen, indem man die Messergebnisse in einem Koordinatensystem $\{\ln[(S_0\ S)/\tau]\}$ gegen (lnS) einzeichnet (Abb. 2–19) und die Regressionsgerade statistisch auswertet (siehe dazu Kapitel 3 sowie Abschnitt 5.1.1.2.1).

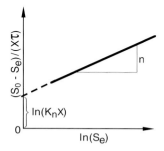

Abb. 2–19: Labor-CSTR. Modellmäßige Ermittlung der Reaktionsordnung **n** und des Gesamt-Geschwindigkeitskoeffizienten: **$K_n X$** mittels CSTRs; dies erfolgt über Einzeichnung der Messergebnisse in ein wie obig gestaltetes Koordinatensystem mit deren anschließender Anpassung an eine Regressionsgerade; nach [1] – siehe auch Abschnitt 5.1.1.2.

Sollte zur Untersuchung der Substratabnahme eine Kaskadenschaltung gleich großer CSTRs eingesetzt worden sein, und wurde dabei der Auslauf jedes Reaktors verfolgt, so kann das obige Auswertungsverfahren an jedem Reaktor angewandt werden. Wurde dabei aber nur der Auslauf des letzten Reaktors verfolgt, so ist das Problem nur iterativ zu lösen, da sich die Umsatzgleichung [4]

$$\frac{S_N}{S_0} = \frac{1}{1 + K_n \bar{X} \tau_i S_1^{n-1}} \cdot \frac{1}{1 + K_n \bar{X} \tau_i S_2^{n-1}} \cdots \frac{1}{1 + K_n \bar{X} \tau_i S_N^{n-1}} \qquad (2\text{–}34)$$

nicht mehr linearisieren lässt (Notationen wie bei Gl. 2–29). Um das Problem mit vertretbarem Zeitaufwand zu lösen, ist der Einsatz von Prozessrechnern mit entsprechenden Programmen notwendig (Tab. 3–7). Bei komplexen Substraten ist allerdings eine Abnahme der Reaktionskonstanten beim Durchfließen jeder Stufe zu erwarten, da sich die Restsubstrate von Stufe zu Stufe mit immer mehr Bakterienausscheideprodukten und immer schwieriger abzubauenden Zwischenmetaboliten anreichern [15].

Ein solcher bei Multisubstratkomponenten typischer Fall [16] wird in Abb. 2–20 dargestellt, wobei einfachheitshalber n=1 angenommen wurde – siehe das ganze detaillierte Procedere in Kapitel 5.

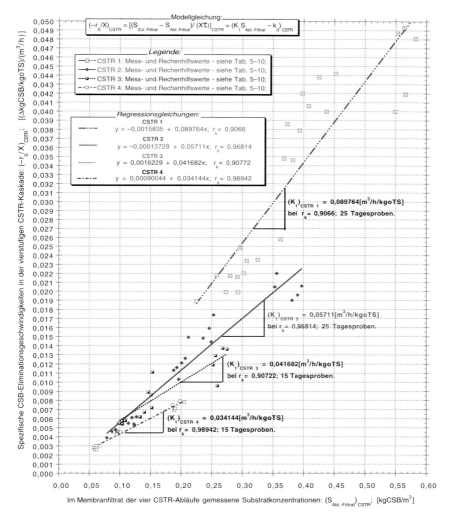

Abb. 2–20: Erfassung des Substratabbaus über das Modell einer Reaktion 1. Ordnung – Ermittlung des Geschwindigkeitsbeiwertes K_1 in jedem Reaktor der vierstufigen Belebtschlammkaskade; nach [16].

2.1.2.5 Reaktion 1. Ordnung mit nicht abbaubarem Term

Wird bei der Verfolgung der Substratabnahme ein biologisch nicht mehr umsetzbarer Restanteil S_∞ berücksichtigt, so kann dies mit einem kinetischen Ansatz des Typs

$$r_S = -\frac{ds}{dt} = K_1 X (S - S_\infty) \tag{2-35}$$

ausgedrückt werden [2, 5, 8]. Nach Festsetzung der Randbedingungen, $t = 0$, $S = S_0$, für einen Batchreaktor und Integration kann für Gl. 2–35 eine geschlossene Lösung gefunden werden, die nach Durchführung einiger Zwischenrechnungen in die Form [17]

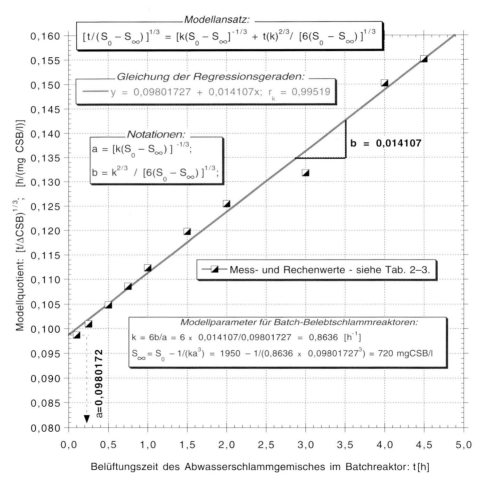

Abb. 2–21: Bestimmung der biokinetischen Parameter k und S_∞ bei Erstellung des PFR-Modells mit nicht-abbaubarem CSB-Restsubstratanteil im Batch-Versuch; nach [8].

$$\frac{S_0 - S}{S_0 - S_\infty} = 1 - \exp(-K_1 \bar{X} t) \tag{2-36}$$

gebracht werden kann, und worin in erster Annäherung $\bar{X}$ als der Mittelwert zwischen den Biomassekonzentrationen am Anfang und Ende des Versuches eingesetzt wurde [18]. Eine Gleichung dieses Typs ist als solche nicht linearisierbar; sie müsste daher iterativ oder unter Einsatz von mit entsprechender Software (Tab. 3–7) ausgestatteten Computern gelöst werden. Um dies zu vermeiden, wird in der Literatur eine angenäherte Funktion vorgeschlagen, die der Gleichung einer Regressionsgeraden entspricht [2, 5, 8, 17]

$$\left(\frac{t}{S_0 - S}\right)^{1/3} = K_1 \bar{X} [S_0 - S_\infty]^{-1/3} + t(K_1 \bar{X})^{2/3}/[6(S_0 - S_\infty)]^{1/3} \tag{2-37}$$

Diese Funktion weist die Form einer Geraden $z = a + bt$ auf, deren Koeffizienten

$$a = [K_1 \bar{X}(S_0 - S_\infty)]^{-1/3} \text{ und } b = (K_1 \bar{X})^{2/3}/[6(S_0 - S_\infty)]^{1/3} \tag{2-38}$$

sind.

Durch Einzeichnen der Wertpaare S;t in einem Koordinatensystem $[t/(S_0 - S)]^{1/3}$ gegen t gibt der Ordinatenabschnitt den Wert a und die Steigung den Wert b an. In Abb. 2–21 wird dies veranschaulicht, wobei man einfachheitshalber $K_1 \bar{X} = k$ notiert. Bildet man den Quotienten (b/a), so folgt hieraus $k = 6b/a$ und da nunmehr a, b und k bekannt sind, lässt sich $S_\infty = S_0 - 1/(ka^3)$ berechnen.

Fallstudie 1: An einem schwer abbaubaren Chemieabwasser wurde bei einem Batchansatz mit $S_0 = 1950$ mg/l (als CSB ausgedrückt) und $\bar{X} = 13{,}44$ g/l (als oTS ausgedrückt) der zeitliche Konzentrationsverlauf gemessen und die Werte in Tab. 2–3 zusammengetragen.

Tab. 2–3: Zusammenstellung der Haupt- und Hilfsvariablen bei Erstellung des PFR-Modells mit nicht-abbaubarem Restsubstratanteil.

t: [h]	0,1	0,25	0,5	0,75	1,0	1,5	2,0	3,0	4,0	4,5
CSB: [mg/l]	1846	1707	1516	1364	1245	1077	938	840	770	745
ΔCSB:[mg/l]	104	243	434	586	706	873	1012	1110	1180	1205
$[t/\Delta CSB]^{1/3}$	0,0987	0,1010	0,1048	0,1086	0,1123	0,1198	0,1255	0,1393	0,1502	0,1551
Modellwert	0,0994	0,1015	0,1051	0,1086	0,1121	0,1192	0,1262	0,1403	0,1544	0,1615

Diskussion der Ergebnisse: Für die Regressionsgerade resultieren (Abb. 2–21): b = 0,014107 und a = 0,0980172.

Hieraus lässt sich die Reaktionsgeschwindigkeit $k = K_1 X$ mit

$$k = 6b/a = 6 \times 0{,}014107/0{,}098011 = 0{,}8636 \text{ h}^{-1}$$

sowie die nicht abbaubare CSB-Restkonzentration

$S_\infty = S_0 - 1/(ka^3) = 1950 - (1/0{,}8636 \times 0{,}098011^3) = 720$ mg/l

berechnen.

Eingesetzt in die Massenbilanz eines stationär betriebenen CSTR (Gl. 2–32) führt dieser kinetische Ansatz zu

$$0 = Q_0(S_0 - S_\infty) - Q(S - S_\infty) - VK_1X(S - S_\infty). \qquad (2\text{–}38a)$$

Nach Durchführung von Zwischenrechnungen lässt sich Gl. 2–38a in die linearisierbare Form (mit $k = K_1X$)

$$\frac{S_0 - S}{\tau} = kS - kS_\infty \qquad (2\text{–}38b)$$

bringen. In einem Koordinatensystem [$(S_0 - S)/\tau$] gegen S lassen sich dann (kS_∞) als Ordinatenabschnitt und k als Steigung der so entstandenen Regressionsgeraden ermitteln und somit auch K_1 und S_∞ berechnen (s. auch Abb. 2–22).

Fallstudie 2: Nach Durchführung von 6 CSTR-Versuchsreihen resultierten als Hauptvariablen folgende CSB;τWertpaare, die gemeinsam mit der benötigten Hilfsvariablen ($\Delta CSB/\tau$) in Tab. 2–4 zusammengestellt wurden.

Nach Einzeichnung der Hilfsvariablen ins obig angegebene CSTR-Koordinatensystem und Linearisierung der Gl. 2–38b ergeben sich die in Abb. 2–22 aufgeführten Prozesskonstanten.

Tab. 2–4: Zusammenstellung der Haupt- und Hilfsvariablen bei Erstellung des CSTR-Modells mit nicht-abbaubarem Restsubstratanteil.

τ	[h]	1	2	3	4	5	6
S_0	[mgCSB/l]	1365	1144	1032	963	917	883
$(S_0\text{-}S)/\tau$:	[mg/l/h]	585	403	272	246	206	178

Diskussion der Ergebnisse: Es resultiert bei der Regressionsgeraden aus Abb. 2–22 der Koeffizienten $k = 0{,}84624\,h^{-1}$ als Steigung und aus dem Ordinatenabschnitt $kS_\infty = 568{,}45$ lässt sich $S_\infty = 481$ mg/l berechnen, bei $r_K = 0{,}996$ als Regressionskoeffizient. Wie hieraus ersichtlich, ist die Übereinstimmung der Parameter recht gut.

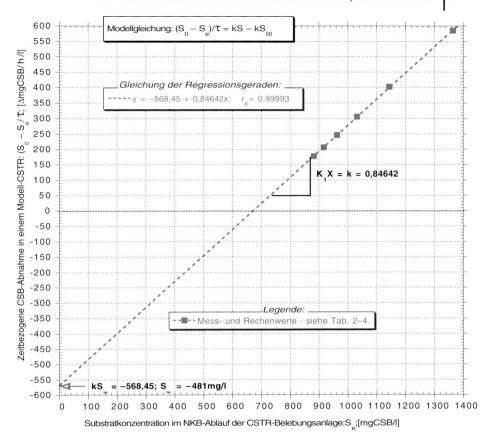

Abb. 2–22: Bestimmung der biokinetischen Parameter k und S_{00} bei der Erstellung des CSTR-Modells für Substrate mit biologisch nicht-abbaubarem CSB-Anteil (mit oder ohne Biomasserückführung); nach den Verfassern.

2.1.3
Variierende Reaktionsordnung und Biomassekonzentration

2.1.3.1 C-Oxidation bei vernachlässigbarer Biomassezufuhr durch den Ablauf des Vorklärbeckens (VKB)

In der Verfahrenstechnik stößt man häufig auf den Fall, dass je nach der Höhe der Ansatzkonzentration die Anpassung der Messergebnisse an das reaktionstechnische Modell nach unterschiedlichen Reaktionsordnungen verläuft [1] (Abb. 2–23). Dies ist in der Regel bei enzymatisch katalysierten Reaktionen der Fall, worauf in Abschnitt 1.2.2.3 bereits kurz eingegangen wurde.

Charakteristisch allerdings für solche auf die Substratkonzentration bezogenen Reaktionsverläufe kürzerer Dauer ist der kinetische Ansatz [5, 18], bei dem der Erhaltungsstoffwechsel unter Umständen vernachlässigt werden kann [20]:

$$-r_S = \frac{dS}{dt} = \frac{kXS}{K_S + S} \qquad (2\text{--}39)$$

Darin ist $k = \mu_{max}/Y$ die maximale spezifische Substratabbaurate, als Quotient aus der spezifischen maximalen Bakterienwachstumsrate und dem spezifischen Biomassezuwachs bezogen auf das umgesetzte Substrat definiert, und K_S die Saturationskonstante, die jener Substratkonzentration entspricht, wenn $(r_S) = 0{,}5k$ wird. In Abb. 2–23 wird dieser typische, hyperbolische Funktionsverlauf für einen großen Konzentrationsbereich graphisch dargestellt.

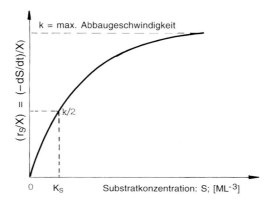

Abb. 2–23: Variation der spezifischen Reaktionsgeschwindigkeit der Substratkonzentration bei Reaktionsverläufen mit variierender Reaktionsordnung; nach [5].

Sehr häufig wird dazu der simplifizierende Abbauverlauf nach einer Reaktion 1. Ordnung in Hinblick auf die Substratkonzentration und die Modellgleichungen auf der Basis von Massenbilanzen erstellt (s. Abb. 2–24).

Sollte bei einem gewissen Substrat $K_S \leq S$ sein, so wird

$$r_S \cong kXS^0, \qquad (2\text{--}40)$$

d. h. die Reaktion verläuft nach einer Kinetik 0. Ordnung bezogen auf die Substratkonzentration (vgl. Abschnitt 2.1.2.1). Wird hingegen $K_S \leq S$, so resultiert

$$r_S = k/K_S \times XS, \qquad (2\text{--}41)$$

d. h. die Reaktion verläuft nunmehr nach einer Kinetik 1. Ordnung bezogen auf die Substratkonzentration (vgl. Abb. 2–10). Liegt in einem Batchreaktor die Konzentration an Biomasse X viel höher als die Ansatzkonzentration des Substrates, ein Fall, der in der biologischen Abwasserreinigung so gut wie die Regel darstellt

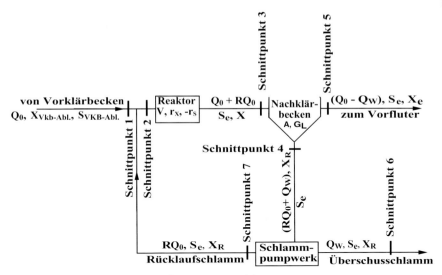

Abb. 2–24: Konzeptskizze zur Erstellung von Massenbilanzen für suspendierte Biomasse (X) oder gelöstes organisches Substrat (S), bei Förderung des Überschussschlamms zur statischen Schlammeindickung.

[2, 5–8], so lässt sich durch Bildung eines Mittelwertes $\bar{X}$ aus jener am Anfang und am Ende der Reaktionszeit/Belüftungszeit jeweils bestimmten Biomassekonzentration die Gl. 2–39 integrieren [1, 18]; die geschlossene Lösung lautet dann:

$$K_S \ln(S_0/S) + (S_0 - S) = k\bar{X}t. \tag{2–42}$$

Durch Einzeichnung der Messergebnisse in entsprechende Koordinatensysteme und deren Anpassung an eine Regressionsgerade lassen sich k und K_S bei Modellprüfung mit Hilfe eines einzigen Belüftungsversuchs in einem Batchreaktor ermitteln und statistisch absichern, wodurch sich auch die Adäquatheit des Modells statistisch belegen lässt (Abb. 2–25 und 2–26).

Werden die Versuche in einem CSTR durchgeführt, so resultiert durch Einsetzen der Gl. 2–39 in die Substratmassenbilanz eines unter quasi stationären Verhältnissen betriebenen Bioreaktors [8] (siehe Abb. 2–24)

$$0 = QS_0 - QS + V(r_S) \tag{2–43}$$

und nach Durchführung von Zwischenrechnungen wird

$$r_S/X = \frac{S_0 - S}{X\tau} = \frac{kS}{K_S + S} \tag{2–44}$$

Auch diese Gleichung lässt sich in eine linearisierte Form überführen, indem man ein Koordinatensystem [$X\tau/(S_0-S)$] gegen (1/S) wählt, die Messergebnisse und Hilfsvariablen (Tab. 2–5 und Tab. 2–6) darin einzeichnet, an eine Regressionsgerade anpasst (Abb. 2–27) und die Modellparameter statistisch auswertet [8].

Rechenbeispiel: Zur Erkundung des Substratabbaus eines Industrieabwassers wurden 5 parallel geschaltete und ohne Biomasserückführung funktionierende Chemostate eingesetzt. Die dabei gemessenen Hauptvariablen S_0, S, τ und X sind in Tab. 2–5 zusammengefasst worden und dienen zur nachträglichen Berechnung der Hilfsvariablenpaare ΔS, (τX), $(\tau X/\Delta X)$ und $(1/S)$ (Tab. 2–6).

Linearisierte Modellgleichung:
$$(S_0 - S_t)/(\overline{X}t) = k - K_S \ln(S_0/S_t)/t\overline{X}$$

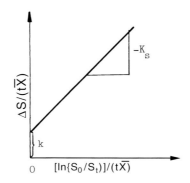

Abb. 2–25: Batchreaktor mit Monodkinetik. Ermittlung der biokinetischen Koeffizienten $k = \mu_{max}/Y$ und K_s; nach [13] – siehe Gl. 2–42.

Linearisierte Regressionsgleichung:
$$\frac{\ln(S_0/S_t)}{(S_0 - S_t)} = \frac{k\overline{X}t}{K_S(S_0 - S_t)} - \frac{1}{K_S}$$

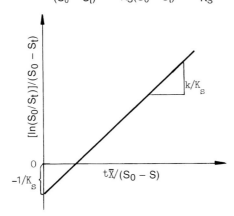

Abb. 2–26: Batchreaktor mit Monodkinetik: Ermittlung der biokinetischen Koeffizienten k und K_s; nach [1], s. Gl. 2–42.

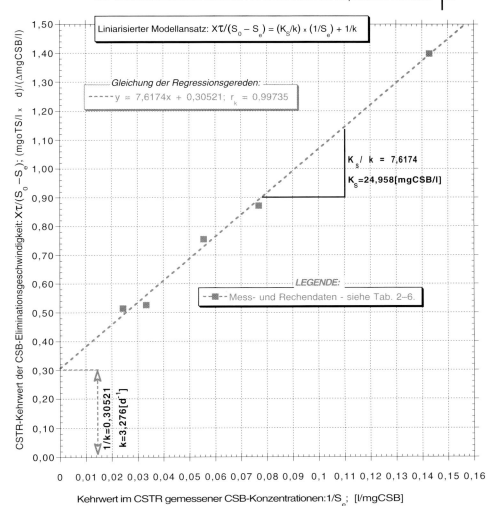

Abb. 2–27: Rührkessel mit Monodkinetik – Ermittlung der biokinetischen Koeffizienten k und K_s in Chemostaten ohne Biomasserückführung; nach [8].

Tab. 2–5: Zusammenstellung der Hauptvariablen bei der Ermittlung von k und Ks im CSTR ohne Biomasserückführung (Chemostat); nach [20].

Reaktor-Nr.	S_0 [mgCSB/l]	S [mgCSB/l]	τ [d]	X [mgoTS/l]
1	300	7	3,2	128
2	300	13	2,0	125
3	300	18	1,6	133
4	300	30	1,1	129
5	300	41	1,1	121

Tab. 2–6: Zusammenstellung der Hilfsvariablen bei der Ermittlung von k und K_s in einem CST-Belebtschlammreaktor ohne Biomasserückführung.

$S_0 - S$ [mgΔCSB/l]	τX [d·(mgoTS/l)]	$\tau X/(S_0 - S)$ [d]	$1/S$ [mg CSB/l]$^{-1}$
293	409,60	1,3980	0,14286
287	250,00	0,87108	0,076923
282	212,80	0,75461	0,055556
270	141,90	0,52556	0,033333
259	133,10	0,51390	0,024390

Diskussion der Ergebnisse: Die Regressionsgerade aus Abb. 2–27 weist einen Ordinatenabschnitt 0,30521 = (1/k) auf, dessen Kehrwert k = 3,276 d^{-1} liefert; die Steigung 7,6174 = $K_S \times$ (1/k) lässt auch die Herleitung von

$$K_S = 7,6174/0,30521 = 24,96 \text{ mgCSB/l zu.}$$

Wegen der großen Streuung des Konzentrationskehrwertes bei üblichen Analysenfehlern (±20 mgCSB/l) wird in [20] eine Einzeichnung der Mess- und Hilfsrechenwertpaare in einem anderen Koordinatensystem, [$S\tau/(S_0 - S)$] gegen S, empfohlen, welches als Langmuir-Linearisierungsverfahren bekannt ist (Abb. 2–28).

Dieses noch relativ wenig bekannte Linearisierungsverfahren lässt sich durch Überführen der Gl. 2–44 in die, einer Regressionsgeraden ähnelnden, Form:

$$\frac{S X \tau}{S_0 - S} = K_S \frac{1}{k} + \frac{1}{k} S \qquad (2\text{–}45)$$

vornehmen; die hierfür benötigten Wertpaare S und [$SX\tau/(S_0-S)$] wurden in Tab. 2–7 zusammengestellt, anschließend in das entsprechende Koordinatensystem [$SX\tau/(S_0 - S)$] gegen S eingezeichnet und an eine Regressionsgerade anpasst (Abb. 2–28). Diesmal gehen aus der Steigung (1/k) und aus dem Ordinatenabschnitt [$(K_S)(1/k)$] hervor.

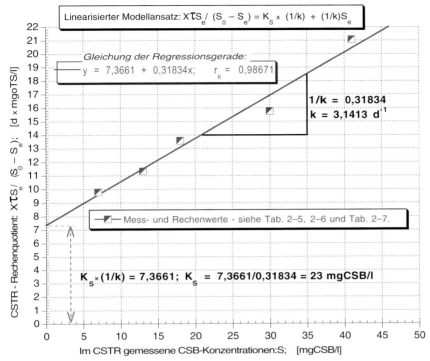

Abb. 2–28: Rührkessel mit Monodkinetik. Ermittlung biokinetischer Koeffizienten $k = \mu_{Max.}/Y$ und K_s in Chemostaten mit oder ohne Biomasserückführung nach dem Langmuir-Linearisierungsverfahren; nach [20].

Tab. 2–7: Zusammenstellung der Hilfsvariablen bei der Ermittlung von k und K_s im CSTR ohne Biomasserückführung. Nach dem Langmuir-Linearisierungsverfahren; nach [8].

Reaktor-Nr.:	S [mgoTS/l]	τXS [(d · mgoTS · mgCSB)/l]	$\tau XS/(S_0 - S_e)$ [d · (mgoTS/l)]
1	7	2867,20	9,7857
2	13	3250,00	11,324
3	18	3830,40	13,583
4	30	4257,00	15,767
5	41	5457,10	21,070

Diskussion der Ergebnisse: Da die Steigung der angepassten Regressionsgeraden $0{,}31834 = (1/k)$ beträgt, wird $k = 3{,}1413\,d^{-1}$ und aus dem Ordinatenabschnitt: $7{,}3661 = (K_S) \times (1/k)$ geht $K_S = 7{,}3661/0{,}31834 = 23$ mgCSB/l als Saturationskonstante hervor, Modell-Parameter die statistisch sehr hoch abgesichert sind ($r_k = 0{,}9867$).

2.1.3.2 C-Oxidation mit gleichzeitigem Biomassezuwachs

Die Aufstellung solcher kontinuierlich betriebener CSTRs verlangt jedoch einen merklich höheren apparativen Laboraufwand und größere Mengen an Abwasser, was sich häufig als nachteilig erweisen kann. In solchen Fällen zieht man dann den Einsatz von Batchreaktoren vor, was allerdings bei der Datenauswertung gewisse Probleme mathematischer Natur aufwirft. Sollten dabei die Konzentrationsbereiche von X und S_0 bei etwa 2–30000 mg/l, wie in der allgemeinen Biotechnologie üblich [3], liegen und wird ein Batchreaktor für kinetische Studien eingesetzt, so muss jenem darin mit dem Substratabbau einhergehenden Biomassezuwachs Rechnung getragen werden, da diese neu gebildete Biomasse sich ihrerseits ebenfalls am Substratabbau beteiligt und diesen beschleunigt [21]. Um diesen Aspekt zu berücksichtigen, muss definitionsgemäß die Differentialgleichung

$$t = \int_{S_0}^{S} \frac{dS}{-r_S} \tag{2-46}$$

gelöst werden [1]. Wie in [1, 19a, 19b] aufgeführt, lassen sich für die modellmäßige Erfassung des Substratabbaus in einem Batchreaktor geschlossene Lösungen finden, wenn hierbei der Erhaltungsstoffwechsel ($-k_d$) des van-Uden-Ansatzes vernachlässigt wird (siehe Gl. 2–52 bis 2–57). Die Integrallösungen lauten dann:

$$t\mu_{max.} = -\frac{YK_S}{YS_0 + X_0} \ln \frac{S}{S_0} + \left[1 + \frac{K_S Y}{YS_0 + X_0}\right] \ln \left[\frac{Y(S_0 - S)}{X_0} + 1\right], \tag{2–47a}$$

$$X = X_0 + Y(S_0 - S), \tag{2–47b}$$

wobei X_0 und S_0 die Ausgangskonzentration an Biomasse bzw. Substrat darstellen. Die Gleichung 2–47a lässt sich linearisieren, allerdings liefert sie mehrere, mathematisch miteinander verflochtene Modellkoeffizienten, woraus Y, K_S und μ_{max} kaum als Einzelwerte zu erhalten sind (Abb. 2–29).

Daher ist zur Ermittlung einzelner Reaktionsparameter die Anpassung experimenteller t;S-Wertpaare an nicht-lineare Regressionsmodelle nach der Methode der kleinsten Summe der Fehlerquadrate [1] erforderlich [19]. Dazu ist der Einsatz von Rechnern notwendig. Dies ließe sich dennoch umgehen, indem man anstatt einer geschlossenen Lösung (Gl. 2–47a), d.h. anstatt der *integral analysis of batch reactor*, auf die *method of initial rates by differential analysis data* übergeht [1] (Gl. 2–57).

Da der van-Uden-Ansatz auch die bei längeren Belüftungszeiten eintretende Schlammlysis berücksichtigt (ab etwa 3 bis 5 Stunden), liefert diese differentielle Methode auch den k_dWert. Die Gleichung 2–47b lässt sich in einem Koordinatensystem X_t gegen $[(S_0 - S)_t]$ leicht linearisieren, indem ihr Ordinatenabschnitt den Wert $(X_0)_{Modell}$ liefert (was einen direkten Vergleich mit dem gemessenen X_0-Ausgangswert ermöglicht), aus ihrer Steigung kann der Schlammertragskoeffizient Y abgeleitet werden – siehe nachstehende Fallstudie und Abb. 2–32.

2.1 Reaktionstechnisches Verhalten von Bioreaktoren mit suspendierter Biomasse

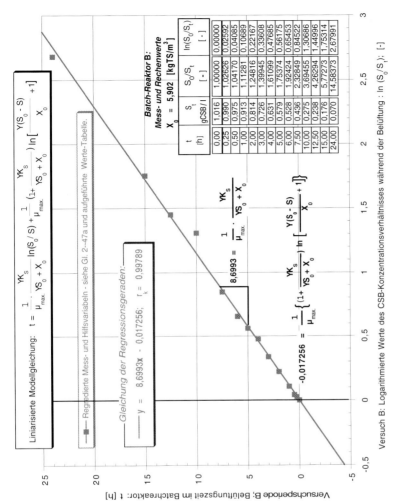

Abb. 2–29: Linearisierung der Modell-Integrallösung (integral method of data analysis) beim aeroben CSB-Substratabbau eines Großchemieabwassers im Batch-Belebtschlammreaktor: Versuch B; nach [1].

Fallstudie: Bei einem nach dem Belebtschlammverfahren ausgerichteten, in Batchreaktoren vorgenommenen CSB-Abbauversuch eines Großchemieabwassers galten für das Abwasserschlammgemisch folgende Ausgangsdaten: $X_0 = 5,8806$ goTS/l und $S_0 = 1,108$ gCSB/l. Aus dem Inhalt des 24 Stunden kontinuierlich belüfteten Batchreaktors wurden aus dem Abwasserschlammgemisch in gewissen Zeitabständen 13 Proben zu jeweils 50 cm³/Entnahme zur CSB-Analyse entnommen, sofort über Schwarzbandpapierfilter in Büchnertrichtern gefahren (Vakuumfiltration), das Filtrat gesammelt und die CSB-Konzentration ermittelt (Doppeltbestimmung). Die Bestimmung der jeweils herrschenden oTS-Konzentrationen in den entnommenen Proben konnte, experimentell bedingt, nur an 10 Proben erfolgen (Tab. 2–8 und Abb. 2–32).

Da die lange Belüftungszeit auch eine damit einhergehende Lysis erwarten ließ, sollte der kinetische Ansatz auch die Bakterienabsterberate k_d allerdings enthalten. Mit Hilfe einfacher Linearisierungsverfahren sollten die Modellparameter des CSB-Abbaus ermittelt und die jeweiligen Regressionsgüten statistisch abgesichert werden. Tab. 2–8 fasst die benötigten Haupt- und Hilfsvariablen für den zuerst vereinfachenden Fall eines Reaktionsverlaufes 1. Ordnung: $(-r_S/X) = K_1 S - k_d$ beim CSB-Abbau zusammen. Würde sich diese Modellannahme statistisch hoch absichern lassen, dann sollte auch der Koeffizient des Schlammertrages (Y) ermittelt werden, um damit auch die spez. Schlammzuwachsgeschwindigkeit: $\mu = r_X/X = 1/\theta_c$ schätzen zu können.

Im Falle eines modellmäßig angenommenen exponentiellen Zeitansatzes für die Modellierung der CSB-Abnahme wird modellmäßig vorausgesetzt, dass $(CSB)_t = m1 \times \exp(-m2 \times t)$ gilt. Diese Beziehung lässt sich linearisieren, indem man sie logarithmiert: $\ln(CSB_{Mess}) = \ln(m1) - m2 \times t_{Mess}$. Durch die Einzeichnung der Messwertpaare $[\ln(CSB_{Mess})]; t_{Mess}$ in einem Koordinatensystem $[\ln(CSB_{Mess})]$ gegen t_{Mess} und Anpassung dieser Punkte an eine übliche Regressionsgerade liefert ihr Ordinatenabschnitt den $[\ln(m1)]$-Wert und die negative Steigung würde direkt den $(-m2)$-Koeffizienten angeben. Insofern wird der Verlauf $CSB_{Mod.} = m1 \times \exp(-m2 \times t_{Mess})$ diesmal bei den bereits bekannten (m1)- und (m2)-Koeffizienten statistisch abgesichert. Durch Differenzierung der $(CSB_{Mod.}) = f(t_{Mess})$, nach denselben Zeitabläufen, zu denen CSB_{Mess} auch analytisch bestimmt wurde, folgt $(dS_{Mess.}/dt_{Mess}) = -(-m2)(m1)\exp(-m2 \times t)$, dies gleicht verfahrenstechnisch der gesamten CSB-Abbaugeschwindigkeit (r_S); diese beiden Schritte sind Abb. 2–30 zu entnehmen. Da die genaue Kenntnis zeitentsprechender X-Werte mit manchmal recht großen Unsicherheiten behaftet ist, wird üblicherweise mit $(-r_S/X_0) = (dS/dt)/X_0 = -[(-m2)(m1)\exp(-m2 \times t)]/X_0 = K_1 S - k_d$ verfahren, um den Prozess zu modellieren (Abb. 2–30 und Abb. 2–31). Die Schlammertragskonstante Y ließ sich ihrerseits mit Hilfe der Gl. 2–47b modellmäßig direkt ermitteln (Abb. 2–32). Diese reaktionstechnisch vereinfachte Modell-Annahme einer Reaktion 1. Ordnung bei den in Halbtechnikums-Batch-Belebtschlammreaktoren durchgeführten LB-Versuchsreihen ermöglichte bei der Analyse resultierender formalkinetischer Parameter (beachte die Regressionsgleichungen in Abb. 2–30 bis Abb. 2–32), zu statistisch hoch abgesicherten Y, K_1, k_d und $1/\theta_c = (r_X/X) = Y(-r_S/X)$ zu gelangen und hierdurch auch das CSB-Modellschlammalter $(\theta_C)_{Mod.}$ zu ermitteln (Tab. 2–8 sowie

Details in Abb. 5–6 mit den darin aufgeführten Koeffizienten des exponentiellen Ansatzes.

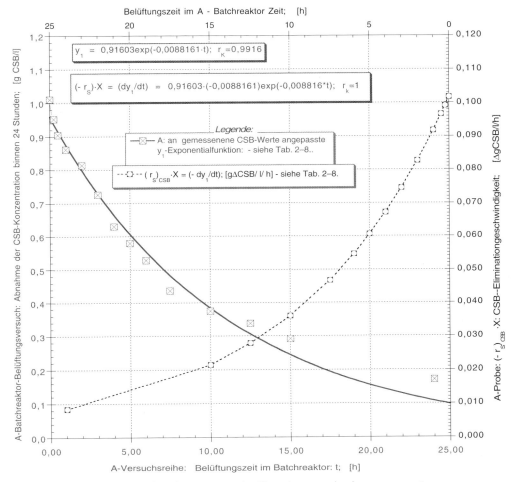

Abb. 2–30: Modellmässige Prüfung des van-Uden-Ansatzes bei einer im Batchreaktor vorgenommenen Belüftung zur CSB-Elimination eines Industrieabwassers nach dem Belebtschlammverfahren; über Anpassung der CSB-Zeitabnahme an eine exponentielle Regression und Differenzierung nach t der so angepassten Modellfunktion wird die Geschwindigkeit der CSB-Abnahme: $(r_s)_{CSB} = (-dS/dt)_{CSB}$ berechnet und graphisch dargestellt (Ermittlung der Modellkoeffizienten nach der „differential method of analysis"); nach [1].

Tab. 2-8 Zusammenstellung der Messergebnisse zur Ermittlung kinetischer Modellparameter K_1, Y, und k_d bei der CSB-Elimination im Langzeitbelüftungsversuch in Halbtechnikums-Batchreaktoren, bei Annahme eines Reaktionsverlaufs 1. Ordnung und statistischer Prüfung von $(-dS_{Mess}/dt)/X_{Mod} = (r_S/X)_{Mod}$ ggn. $(-r_S/X)_{Mod} = (K_1 S_{Mess} - k_d)_{Modell}$ über den (t-Test) – siehe Abb. 2–30, Abb. 2–31 und Abb. 2–32; nach [17, 29].

Versuch A	Mess- und Hilfsvariabeln zur Zeit t beim A-Versuch und statistische Absicherung der Modellvoraussage (t-Test) bei Annahme eines CSB-Abbauverlaufes nach einer Reaktion 1. Ordnung im Batchreaktor.							
Zeit t [h]	S-Messwerte [kgCSB/m³]	S-Modell [kgCSB/m³]	$(-dS_{Mess}/dt) = (r_S)$ [ΔgCSB/l/h]	$X_{mod.} = X_0 + Y(S_0\text{-}S)$ [kgoTS/m³]	$(-dS/dt)/X_{Mod}$ Δg CSB/goTS/l/h	$(-r_S/X)_{Mod. 1.Ordn.} = K_1 S - k_d$ ΔgCSB/goTS/l/h	$\mu = (r_X/X_{Mod.}) = Y(-r_S/X_{Mod.}) = Y(K_1 S - k_d)$ (ΔgoTS/Δ g CSB)/l/h	$\theta_c = (1/\mu)/24$ [d]
0	1,0108	0,9810	0,10171	5,88950	0,017270	0,017592	0,010025	4,15616
0,25	0,9523	0,9560	0,09912	5,92285	0,016735	0,016499	0,009403	4,43134
0,50	0,9046	0,9315	0,09658	5,95004	0,016232	0,015609	0,008895	4,68420
1,0	0,8615	0,8845	0,09170	5,97460	0,015349	0,014804	0,008437	4,93878
2,0	0,8140	0,7974	0,08267	6,00165	0,013775	0,013918	0,007932	5,25324
3,0	0,7260	0,7188	0,07453	6,05180	0,012315	0,012275	0,006995	5,95627
4,0	0,6307	0,6480	0,06719	6,10613	0,011003	0,010496	0,005981	6,96624
5,0	0,5793	0,5842	0,06057	6,13538	0,009872	0,009537	0,005435	7,66620
6,0	0,5280	0,5267	0,05461	6,16464	0,008858	0,008579	0,004889	8,52253
7,5	0,4363	0,4508	0,04674	6,21688	0,007518	0,006868	0,003914	10,64608
10,0	0,3750	0,3479	0,03607	6,25183	0,005769	0,005723	0,003261	12,77605
12,5	0,3383	0,2684	0,02783	6,27273	0,004437	0,005038	0,002871	14,51196
15,0	0,2910	0,2072	0,02148	6,29970	0,003409	0,004155	0,002368	17,59815
24,0	0,1707	0,0815	0,00845	6,36827	0,001327	0,001908	0,001088	38,31275

Mod.-Koeff.: $Y = 0,56988$ [-]; $K_1 = 0,018668$ [kg^{-1} m^{-3} h^{-1}]; $k_d = 0,0012777$ [h^{-1}]; Messwerte: $(X_0)_{t=0} = 5,88$ [goTS/l]; $(S_0)_{t=0} = 1,0108$ [g CSB/l];

Student-t-Test für $(-r_S/X_{Mod.})$-Datenpaare:

1. Gruppe: Differenzielle Form: $(-dS_{Mess}/dt)/X_{Mod.}) = (r_S/X_{Mod.})$; siehe dazu Abb. 2-30; [ΔgCSB/goTS/h]
2. Gruppe: Formalkinetik 1. Ordnung: $(-r_S/X_{Mod.}) = (K_1 S_{Mess} - k_d)_{Modell}$; siehe dazu Abb. 2-31; [ΔgCSB/gTS/h]

	1. Datengruppe	2. Datengruppe
Datenanzahl:	14	14
Arith. Mittelwert:	0,0102763	0,0102144
Varianz:	2,77061e-05	2,53192e-05
Std. Abw.:	0,00526366	0,00503182
Std. Fehler:	0,00140677	0,00134481
Differenz der Arith.-Mittelwerte:	6,19368e-05	
Freiheitsgrade:	13	
t (95%):	2,16	
t (99%):	3,01	
t (99,9%):	4,22	
Prüfgröße (PG):	0,6342	
Korrelationsrang:	0,99674	

Entscheidung: da PG < t(95%), ist kein Unterschied zwischen den beiden Datenreihen feststellbar, d. h. die vereinfachende Modellannahme einer Reaktion 1. Ordnung ist statistisch höchst abgesichert! Dies wird auch über den sehr hohen Korrelationsrang bestätigt – siehe Kap. 3.

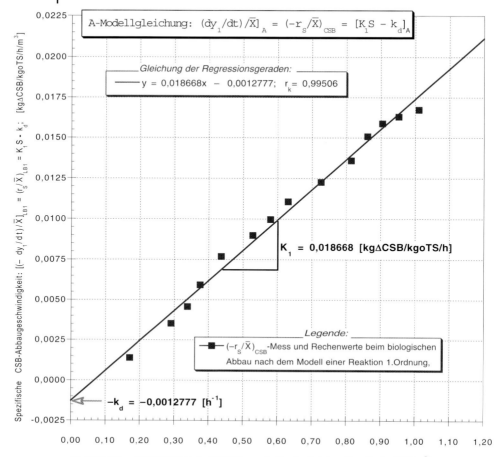

Abb. 2–31: Emittlung der Modellkoeffizienten des CSB-Abbaus in einem Batchreaktor nach dem Belebtschlammverfahren unter Annahme einer Reaktion 1. Ordnung – siehe Tab. 2-8 und Abb. 2-30 sowie Gl. 2-52 bis 2-57; nach [1].

Diskussion der Modellergebnisse: Aus Abb. 2–30 geht hervor, dass die im Laufe der Zeit im Belebtschlamm-Batchreaktor einsetzende CSB-Abnahme sich nach einer Formalkinetik 1. Ordnung recht gut erfassen sowie hoch absichern ließ ($r_k = 0,9916$). Die Differenzierung der resultierenden y_1-Regressionsgleichung nach t: $(-dS/dt) = (-m2)*m1*\exp(-m2*t)$ führte definitionsgemäß zur Berechnung der CSB-Abbaugeschwindigkeit: $(r_S)X = -(dy_1/dt)$, deren Variation mit Hilfe der oberen Abszisse und rechten Ordinate in der Abb. 2–30 ersichtlich wird.

Abb. 2–31 verdeutlicht, dass über Einzeichnung gemessener Mess- und Hilfsvariablen (Tab. 2–8) in das Koordinatensystem $(-r_S/X_0)$ versus CSB-Konzentrationen S = f(t)$_{X0\ =\ 5,8806}$ statistisch hoch abgesicherte Geschwindigkeitsparameter resultierten: K_1 = 0,018668 [kgΔCSB/kgTS/h] und $-k_d$ = –0,0012777 [h^{-1}] bei r_k = 0,99506, sowie, den Schlammertragskoeffizienten Y = 0,56998 [kgΔCSB/kgTS] beim immerhin mehr als zufriedenstellend einzustufenden r_k = 0,86895 – siehe Abb. 2–32.

Der Student-Test für die Wertpaare (-$r_S/\bar{X}$)$_{Mess./Rechenhilfswerte}$;{$r_S/[(X_0 + Y(S_0-S)]$}$_{Modellvoraussage}$} (Tab. 2–8 und Abb. 2–32) bestätigt diese aus der vereinfacht angenommenen Formalkinetik 1. Ordnung zum CSB-Abbau hervorgehenden Modellparameter als zu abwassertechnischen Planungszwecken durchweg einsetzbar.

Handelt es sich um Versuche nach dem Belebtschlammverfahren, bei denen keine starke Lysis zu erwarten ist, so kann der dies vernachlässigende Monod-Ansatz ohne weiteres auch bei Batchversuchen angewandt werden. Zur Modellprüfung bietet sich auch die „*method of initial rates*" [1] an: Einstellung in mehreren Labor-CSTRs, z.B. in auf der Rührfestplatte aufgestellten BSB$_5$-Flaschen, jeweils unterschiedliche Konzentration an Substrat: S_0 und Biomasse X_0 (Ausgangsbedingungen), höchstens 2–5 Minuten mehrmals rühren lassen und in den 4–6 Mal gerührten Flaschen sofort S_0 und $X_t = X_0 + \Delta X_t = f(t)_{50}$ messen. Diese Funktion wird augenscheinlich zu einer Kurve bis zu t = 0 gezogen. Die Tangente bei t = 0 liefert den µ-Wert bei dem S_0-Wert in der betreffenden Flasche. Über Einsetzen dieser ≈ S_0; ≈ µ-Wertpaare/Flasche in den differentiellen Monod-Ansatz

$$r_{X0}/X_0 = \mu = \mu_{max.} \frac{S_0}{K_S + S_0}, \tag{2–48}$$

der dafür folgendermaßen linearisiert werden kann [21]:

$$\frac{S_0}{\mu} = \frac{1}{\mu_{max.}} S_0 + \frac{1}{\mu_{max.}} K_S, \tag{2–49}$$

erlaubt deren Einzeichnen ins Koordinatensystem (S_0/μ) gegen S_0 und Anpassung an eine Regressionsgerade, die Steigung ($1/\mu_{max.}$) und den Ordinatenabschnitt [$K_S \times (1/\mu_{max.})$] bei einer gewissen statistischen Absicherung r_k abzulesen. Ist $r_k \geq 0,95$ dann kann das Abbaumodell als adäquat gelten und durch Substitution von $\mu_{max.}$ und K_S in Gl. 2–48 lässt sich die spezifische Bakterienwachstumsrate unter Ausgangsbedingungen schätzen (Abb. 2–39; Näheres hierüber in Kapitel 4 sowie in [19, 21]).

Sollten zur Erkundung des Substratabbaus CSTR-*Belebtschlammkaskaden* eingesetzt werden, so lautet die Umsatzgleichung für einen beliebigen Reaktor [22] (siehe auch Gl. 2–44):

erster Reaktor: $(S_0' - S_1)(K_S + S_1) = \tau k \bar{X} S_1$ \hfill (2–50a)

zweiter Reaktor: $(S_1 - S_2)(K_S + S_2) = \tau k \bar{X} S_2$ \hfill (2–50b)

N-ter Reaktor: $(S_{N-1} - S_N)(K_S + S_N) = \tau k \bar{X} S_N$ \hfill (2–50c)

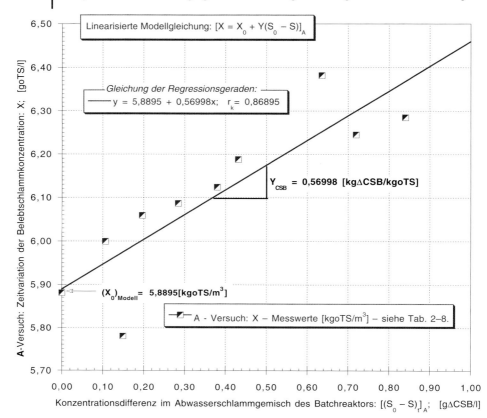

Abb. 2–32: Ermittlung der Koeffizienten des Schlammertrags Y und der Bakterienabsterberate k_d bei dem einem Reaktionsverlauf 1. Ordnung entsprechenden CSB-Abbau nach dem Belebtschlammverfahren in Batchreaktoren; nach [5,6,8,18].

mit τ als der theoretischen Durchflusszeit in *einem* CSTR einschließlich des Volumenstroms der Biomasserückführung in die erste CSTR-Stufe und S_0' als der nach Vermischung mit dem Rücklauf entstandenen Konzentration $S_0' = (S_0 + RS_N)/(1 + R)$. Dimensionslos lässt sich das Restverschmutzungsverhältnis eines Kaskadenreaktors folgendermaßen wiedergeben [22]:

$$\frac{S_N}{S_0'} = 1 - \frac{k\bar{X}t}{S_0'} \cdot \left[\frac{S_1}{K_S + S_1} + \frac{S_2}{K_S + S_2} + \cdots \frac{S_N}{K_S + S_N} \right] \qquad (2\text{-}51)$$

Da diese Gleichung nicht linearisiert werden kann, müssen zeitaufwändige numerisch-statistische Verfahren angewandt werden oder man greift auf Computerprogramme für nicht-lineare Regressionen zurück (Tab. 3–7), um K_S und k zu ermitteln. Um dies auch ohne Rechnereinsatz in angemessener Zeit zu lösen, wurden in [22] Nomogramme erstellt, mit deren Hilfe eine rasche Approximation dieser Modellkoeffizienten erfolgen kann (Abb. 2–33 bis Abb. 2–35).

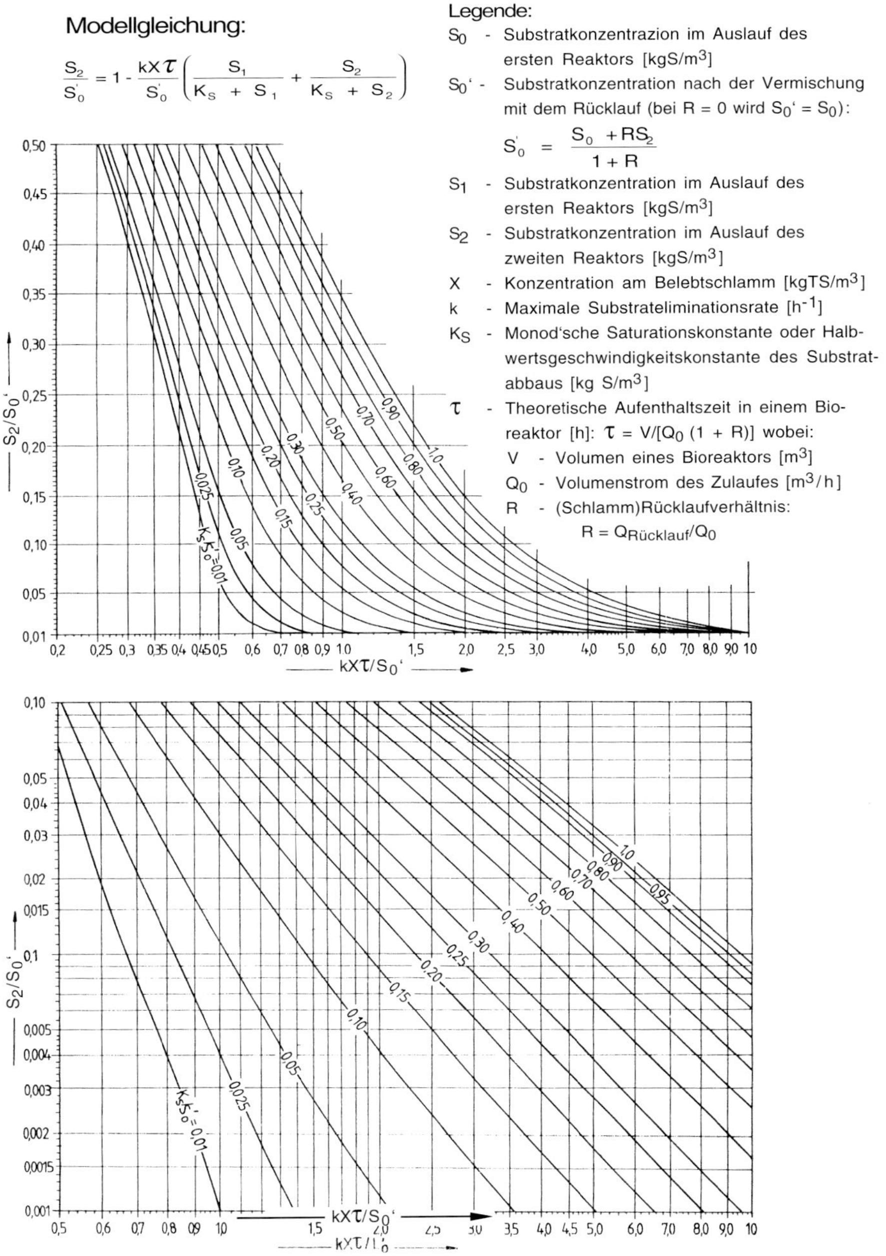

Modellgleichung:

$$\frac{S_2}{S_0'} = 1 - \frac{kX\tau}{S_0'}\left(\frac{S_1}{K_S + S_1} + \frac{S_2}{K_S + S_2}\right)$$

Legende:

- S_0 - Substratkonzentrazion im Auslauf des ersten Reaktors [kgS/m³]
- S_0' - Substratkonzentration nach der Vermischung mit dem Rücklauf (bei R = 0 wird $S_0' = S_0$):

$$S_0' = \frac{S_0 + RS_2}{1 + R}$$

- S_1 - Substratkonzentration im Auslauf des ersten Reaktors [kgS/m³]
- S_2 - Substratkonzentration im Auslauf des zweiten Reaktors [kgS/m³]
- X - Konzentration am Belebtschlamm [kgTS/m³]
- k - Maximale Substrateliminationsrate [h⁻¹]
- K_S - Monod'sche Saturationskonstante oder Halbwertsgeschwindigkeitskonstante des Substratabbaus [kg S/m³]
- τ - Theoretische Aufenthaltszeit in einem Bioreaktor [h]: $\tau = V/[Q_0(1 + R)]$ wobei:
- V - Volumen eines Bioreaktors [m³]
- Q_0 - Volumenstrom des Zulaufes [m³/h]
- R - (Schlamm)Rücklaufverhältnis: $R = Q_{\text{Rücklauf}}/Q_0$

Abb. 2–33: Rührkesselkaskade mit Monodkinetik; Kohlenstoffabbau in einer Doppelrührkesselkaskade – nomographische Ermittlung der Modellkoeffizienten.

Dimensionierungsbeispiel 1: Doppelkaskade ohne Rückführung (N = 2; R = 0), siehe dazu Abb. 2–33.

Daten: $S_0 = 0{,}8$; $\bar{X} = 4{,}5\,\text{kg/m}^3$;
$\tau_1 = 1\,\text{h}$; $S_{\tau 1} = 0{,}288$;
$\tau_2 = 2\,\text{h}$; $S_{\tau 2} = 0{,}088$;
$\tau_3 = 4\,\text{h}$; $S_{\tau 3} = 0{,}020$.

Es werden folgende Verhältnisse gebildet:

$(S/S_0)_{\tau 1} = 0{,}36$; $(S/S_0)_{\tau 2} = 0{,}11$; $(S/S_0)_{\tau 3} = 0{,}025$.

Dann wird zuerst auf die Kurve $K_S/S_0 = 0{,}10$ eingegangen, und die Schnittpunkte werden auf die Abszisse projiziert; es lässt sich ablesen:

$k\bar{X}\tau_1/S_0 = 0{,}37$ und $k\bar{X}\tau_3/S_0 = 1{,}07$.

Das Zeitverhältnis wird demnach zu $0{,}37/1{,}07 > 1/4$. Es wird nunmehr eine andere Kurve, z. B. $K_S/S_0 = 0{,}7$, gewählt und das Vorgehen wiederholt. Auf der Abszisse resultieren demnach:

$k\bar{X}\tau_1/S_0 = 0{,}77$ und $k\bar{X}\tau_3/S_0 = 4{,}25$, d. h. $0{,}77/4{,}25 < 1/4$.

Das zu erwartende (K_S/S_0)-Verhältnis müsste somit innerhalb des Bereiches $0{,}1 < K_S/S_0 < 0{,}7$ liegen. Durch Wiederholen des Vorganges kann der Bereich schmaler gestaltet werden, wie z. B. $k\bar{X}\tau_1/S_0 = 0{,}52$; $k\bar{X}\tau_3/S_0 = 2{,}15$; $0{,}52/2{,}15 \approx 1/4$. Zur Prüfung der Annäherung geht man auch mit $(S/S_0)_{\tau 2} = 0{,}11$ in das Nomogramm hinein. Es resultiert auf der Abszisse:

$k\bar{X}\tau_2/S_0 = 1{,}08$

und demnach auch

$k\bar{X}\tau_2/(k\bar{X}\tau_1) = 1{,}08/0{,}52 \approx 2$,
$k\bar{X}\tau_2/(k\bar{X}\tau_3) = 1{,}08/2{,}15 \approx 0{,}5$.

Es lässt sich somit $K_S = 0{,}3 \times S_0 = 0{,}24\,\text{kg/m}^3$ ausrechnen; ferner lässt sich auch k berechnen:

$$k = \frac{0{,}52/(4{,}5 \cdot 1/1{,}08) + 1{,}08/(4{,}5 \cdot 2/0{,}8) + 2{,}15/(4{,}5 \cdot 4/0{,}8)}{3} = 0{,}094\,7\,\text{h}^{-1}$$

Dimensionierungsbeispiel 2: Doppelkaskade mit Rückführung (N = 2; R = 0,5), siehe Abb. 2–34.

Gemessen wurden folgende Werte:

$(S_0)_{\tau 1} = 0{,}774$; $(S_0)_{\tau 2} = 0{,}885$; $(S_0)_{\tau 3} = 0{,}891$; $X = 4{,}5\,\text{kg/m}^3$;
$\tau_1 = 1\,\text{h}$; $\tau_2 = 2\,\text{h}$; $\tau_3 = 4\,\text{h}$;
$(S)_{\tau 1} = 0{,}265$; $(S)_{\tau 2} = 0{,}100$; $(S)_{\tau 3} = 0{,}027$.

2.1 Reaktionstechnisches Verhalten von Bioreaktoren mit suspendierter Biomasse

Modellgleichung:
$$\frac{S_3}{S_0'} = 1 - \frac{kX\tau}{S_0'}\left(\frac{S_1}{K_S + S_1} + \frac{S_2}{K_S + S_2} + \frac{S_3}{K_S + S_3}\right)$$

Legende:
- S_0 - Substratkonzentration im Zulauf [kgS/m³]
- S_0' - Substratkonzentration nach der Vermischung mit dem Rücklauf (bei R = 0 wird $S_0' = S_0$):

$$S_0' = \frac{S_0 + RS_3}{1 + R}$$

- S_1 - Substratkonzentration im Auslauf des ersten Reaktors [kgS/m³]
- S_2 - Substratkonzentration im Auslauf des zweiten Reaktors [kgS/m³]
- S_3 - Substratkonzentration im Auslauf des dritten Reaktors [kgS/m³]
- X - Konzentration an Belebtschlamm [kgTS/m³]
- k - Maximale Substrateliminationsrate [h⁻¹]
- K_S - Monod'sche Saturationskonstante oder Halbwertsgeschwindigkeitskonstante des Substratabbaus [kgS/m³]
- τ - Theoretische Aufenthaltszeit in einem Bioreaktor [h]: $\tau = V/[Q_0(1 + R)]$ wobei:
  - V - Volumen eines Bioreaktors [m³]
  - Q_0 - Volumenstrom des Zulaufes [m³/h]
  - R - (Schlamm)Rücklaufverhältnis:
    $R = Q_{Rücklauf}/Q_0$

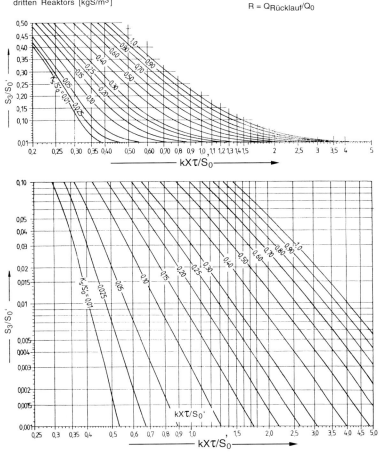

Abb. 2–34: Rührkesselkaskade mit Monodkinetik; Kohlenstoffabbau in einer drei CSTRs zählenden Mischbeckenkaskade – graphoanalytische Ermittlung von **k** und **K_s**; nach [22], von den Verfassern nomographiert.

Es lassen sich für alle Versuchsperioden nun die Hilfsvariablen berechnen:

$$S_0' = \frac{S_0 + RS}{1 + R} = 0,6 \, kg/m^3 \text{ und } \tau = \frac{\tau_0}{1 + R}$$

bei jeweils:

$\tau_1 = 1/(1 + 0,5) = 0,67\, h;\ (S/S_0')\tau_1 = 0,442,$
$\tau_2 = 2/(1 + 0,5) = 1,33\, h;\ (S/S_0')\tau_2 = 0,167,$
$\tau_3 = 4/(1 + 0,5) = 2,67\, h;\ (S/S_0')\tau_3 = 0,045.$

Die Schnittpunkte von $(S/S_0')\tau_1 = 0,442$ und $(S/S_0')\tau_3 = 0,045$ mit der Kurvenschar $K_S/S_0' = $ const. werden auf die Abszisse projiziert und die so abgelesenen Werte, wie oben bereits erläutert, mit dem Verhältnis (τ_1/τ_3) verglichen. Für (K_2/S_0') resultieren auf der Abszisse folgende Projektionspunkte:

$k\tau_1 \bar{X}/S_0' = 0,425;\ k\tau_3 \bar{X}/S_0' = 1,58;$
daher: $0,425/1,58 \approx 0,67/2,67.$

Für $(S/S_0')\tau_2 = 0,167$ resultiert auf der Abszisse $k\tau_2 \bar{X}/S_0' = 0,86$, demnach wird $K_S = 0,3 \times 0,6 = 0,180\, kg/m^3$ und daher:

$$k = \frac{0,425/(4,5 \cdot 0,67/0,6) + 0,86/(4,5 \cdot 1,33/0,6) + 1,58/(4,5 \cdot 2,67/0,6)}{3} \approx 0,083\,2\ h^{-1}$$

Prüfung des S_0'-Wertes:

$$\tau_1: (S_1)_{rechnerisch} = 0,265 + \frac{0,0832 \cdot 4,5 \cdot 0,67 \cdot 0,265}{0,18 + 0,265} = 0,414\, kg/m^3$$

$$(S_0')_{rechnerisch} = 0,414 + \frac{0,0832 \cdot 4,5 \cdot 0,67 \cdot 0,414}{0,18 + 0,414} = 0,589 \approx 0,600\, kg/m^3,$$

$$\tau_2: (S_1)_{rechnerisch} = 0,100 + \frac{0,0832 \cdot 4,5 \cdot 1,33 \cdot 0,100}{0,18 + 0,100} = 0,278\, kg/m^3$$

$$(S_0')_{rechnerisch} = 0,278 + \frac{0,0832 \cdot 4,5 \cdot 1,33 \cdot 0,278}{0,18 + 0,278} = 0,586 \approx 0,600\, kg/m^3,$$

$$\tau_3: (S_1)_{rechnerisch} = 0,027 + \frac{0,0832 \cdot 4,5 \cdot 2,67 \cdot 0,027}{0,18 + 0,027} = 0,157\, kg/m^3$$

$$(S_0')_{rechnerisch} = 0,157 + \frac{0,0832 \cdot 4,5 \cdot 2,67 \cdot 0,157}{0,18 + 0,157} = 0,623 \approx 0,600\, kg/m^3.$$

Auch in diesem Fall führt die graphische Berechnung zu einem unter 5 % liegenden Ablesefehler. Sollte die Möglichkeit bestehen, den Auslauf jeder Stufe zu messen, so können zur Approximierung der Reaktionskonstanten, die für die Gl. 2–44 empfohlenen Linearisierungsverfahren angewandt werden. Dies empfiehlt sich umso mehr, als bei komplexen Substraten und Bakterienmischpopulationen ein sequentieller Abbau stattfindet, wodurch abnehmende Werte für k resultieren können [16]. Ebenso ist zu empfehlen, zuerst die vereinfachende Modellbildung nach einer Reaktion 1. Ordnung zu erkunden (siehe Gl. 2–24 bzw. Gl. 2–24a sowie Abb. 2–20 und [16]), da dies eine erheblich einfachere Datenauswertung ermöglicht.

Dimensionierungsbeispiel 3: Dimensionierung einer zweistufigen CSTR-Belebungsanlage.
Gegeben: wie oben angeführt.
Ohne Berücksichtigung der Rückführung resultiert $k\tau_0\bar{X}/S_0 = 0{,}94$, woraus $\tau_0 = 0{,}94 \times 1{,}5/0{,}142\ 4 = 2{,}48\,h/\text{Reaktor}$ bzw. Gesamtverweilzeit in der Kaskade $\tau_{0\,Kaskade} = 2 \times 2{,}48 \approx 5\,h$ folgt.

Zur Prüfung der Auswirkung des Schlammrücklaufes bis $R = 2{,}0$ werden dieselben Verhältnisse wie bei einem einstufigen Mischbecken angenommen. Auf der Abszisse (Abb. 2–35) liest man $k\tau\bar{X}/S_0' = 1{,}05$, woraus $\tau = 1{,}05 \times 0{,}540/0{,}142 \times 4 = 0{,}998 \approx 1\,h/\text{Reaktor}$ bzw. $\tau_0 = 1(1 + 2) = 3\,h/\text{Reaktor}$, oder eine Gesamtreaktionszeit in der Kaskade $\tau_{0\,Kaskade} = 2 \times 3 = 6\,h$ folgt. Man merkt, dass die Schlammrückführung zu einer Erhöhung der theoretischen Verweilzeit bzw. der dazu benötigten Belebungsbeckenvolumina führt, wenn der angestrebte Wirkungsgrad $\eta = (1 - S_2/S_0) 100 = 96\,\%$ bleiben soll. Würde man die Reaktorgröße bei $\tau_0 = 2{,}48$ Aufenthaltszeit beibehalten wollen, so entstünde eine Leistungseinbuße, welche sich durch die Projizierung des Schnittpunktes zwischen $k\tau_0\bar{X}/S_0' = 0{,}94$ und $K_S/S_0' = 0{,}278$ auf der Abszisse ablesen lässt: $S_2/S_0' = 0{,}16$, d. h. der zu erwartende Wirkungsgrad würde auf $\eta = (1\ 0{,}16) 100 = 84\,\%$ abfallen.

Dimensionierungsbeispiel 4: Dimensionierung einer dreistufigen CSTR-Kaskade bei wie vorher angeführt gegebenen Daten (s. Abb. 2–34).
Ohne Berücksichtigung des Rücklaufes resultiert aus dem Nomogramm $k\tau_0\bar{X}/S_0 = 0{,}55$, woraus $\tau_0 = 0{,}55 \times 1{,}5/0{,}142 \times 4 = 1{,}43\,h/\text{Reaktor}$ bzw. eine Gesamtverweilzeit in der Kaskade $\tau_{0\,Kaskade} = 3 \times 1{,}45 = 4{,}35\,h$ folgt. Die Berücksichtigung eines Rücklaufschlammverhältnisses von $R = 2{,}0$ führt allerdings zu $k\tau_0\bar{X}/S_0' = 0{,}615$, woraus $\tau = 0{,}615 \times 0{,}540/0{,}142 \times 4 = 0{,}58\,h/\text{Reaktor}$ bzw. $\tau_0 = 0{,}58(1 + 2) = 1{,}75\,h/\text{Reaktor}$, d. h. eine Gesamtreaktionszeit in der Kaskade $\tau_{0\,Kaskade} = 3 \times 1{,}75 = 5{,}25\,h$ folgt. Unter Beibehaltung von $\tau_{0\,Kaskade} = 4{,}35\,h$ lässt sich auf ähnliche Weise eine Leistungsminderung auf $\eta \approx (1 - 0{,}15) 100 = 85\,\%$ ermitteln.

Arbeitet ein CSTR mit Biomasserückführung und wird der Quantifizierung der erzeugten Biomasse ein großer Stellenwert eingeräumt, so muss das Modell des Substratabbaus mit dem Ansatz des Bakterienwachstums und -verfalls ergänzt werden (van-Uden-Ansatz). Da die Kinetik des Biomassewachstums an anderer Stelle erschöpfend behandelt wird (Kapitel 4), sollte nachstehend nur auf die benötigten quantitativen Zusammenhänge kurz eingegangen werden. Durch die Tatsache, dass bei solchen Systemen die Retentionszeit der Biomasse ihre Generationszeit um ein Mehrfaches übersteigt [5–8, 15–24], geraten viele Mikroorganismen aus der exponentiellen Wachstumsphase in die stationäre und Absterbephase hinein, reichern sich somit als inaktive Biomasse in der Biomasserückfüh-

Modellgleichung:

$$\frac{S_4}{S_0'} = 1 - \frac{kX\tau}{S_0'}\left(\frac{S_1}{K_S + S_1} + \frac{S_2}{K_S + S_2} + \frac{S_3}{K_S + S_3} + \frac{S_4}{K_S + S_4}\right)$$

Legende:
- S_0 - Substratkonzentrazion im Zulauf [kgS/m³]
- S_0' - Substratkonzentration nach der Vermischung mit dem Rücklauf (bei R = 0 wird $S_0' = S_0$):

$$S_0' = \frac{S_0 + RS_4}{1 + R}$$

- S_1 - Substratkonzentration im Auslauf des ersten Reaktors [kgS/m³]
- S_2 - Substratkonzentration im Auslauf des zweiten Reaktors [kgS/m³]
- S_3 - Substratkonzentration im Auslauf des dritten Reaktors [kgS/m³]
- S_4 - Substratkonzentration im Auslauf des vierten Reaktors [kgS/m³]
- X - Konzentration am Belebtschlamm [kgTS/m³]
- k - Maximale Substrateliminationsrate [h⁻¹]
- K_S - Monod'sche Saturationskonstante oder Halbwertsgeschwindigkeitskonstante des Substratabbaus [kgS/m³]
- τ - Theoretische Aufenthaltszeit in einem Bioreaktor [h]: $\tau = V/[Q_0(1 + R)]$ wobei:
- V - Volumen eines Bioreaktors [m³]
- Q_0 - Volumenstrom des Zulaufes [m³/h]
- R - (Schlamm)Rücklaufverhältnis: $R = Q_{Rücklauf}/Q_0$

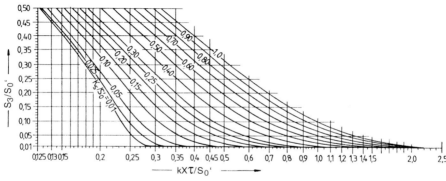

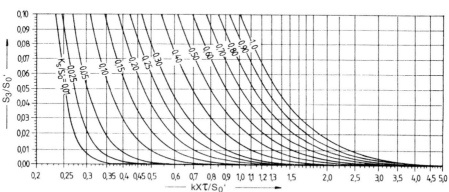

Abb. 2–35: Rührkesselkaskade mit Monodkinetik; Kohlenstoffabbau in einer 4-stufigen CSTR-Kaskade – nomographische Ermittlung der Modellkoeffizienten.

rung an oder lysieren und gehen so in die Substratlösung über [3]. Eine Massenbilanz der Biomasse sieht dann folgendermaßen aus:

(Netto-Wachstum) = (Total-Wachstum) (Abnahme durch Erhaltungsstoffwechsel), was reaktionstechnisch als

$$\left(\frac{\Delta X}{\Delta t}\right)_N = \left(\frac{\Delta X}{\Delta t}\right)_T - \left(\frac{\Delta X}{\Delta t}\right)_E \tag{2-52}$$

ausgedrückt werden kann. Weil der Erhaltungsstoffwechsel mit guter Annäherung als direktproportional zu der Biomassekonzentration variierend betrachtet werden kann [25], wird, mit k_d als Geschwindigkeitskoeffizient der Verfallsrate, der Erhaltungsstoffwechsel zu

$$\left(\frac{\Delta X}{\Delta t}\right)_E = k_d X. \tag{2-53}$$

Weil ferner die *Netto*-Zuwachsrate ebenfalls direktproportional zu der Substratumsatzrate variiert [5, 8, 18], d. h.

$$\left(\frac{\Delta X}{\Delta t}\right)_N = -Y\left(\frac{\Delta S}{\Delta t}\right)_T - \left(\frac{\Delta X}{\Delta t}\right)_E, \tag{2-54}$$

lässt sich die reale *Brutto*-Schlammzuwachsrate (*sludge growth index*) definieren

$$\left(\frac{\Delta X}{\Delta t}\right)_g = -Y\left(\frac{\Delta S}{\Delta t}\right)_T - k_d X. \tag{2-55}$$

Durch Dividieren durch X und bei $\Delta t \rightarrow dt$ resultiert für die Brutto-Wachstumsrate µ, s. Abschnitt 6.1 und Gl. 6–1, Gl. 6–2 und Gl. 6–4 bis Gl. 6–14 mit deren Details zur Umsetzung des Schlammzuwachses µ bzw. des hieraus modellmäßig resultierenden Schlammalters θ_C:

$$\mu = Y \times (-r_S/X) - k_d, \tag{2-56}$$

worin Y die Schlammertragskonstante [g oTS/g ΔS] und µ [g ΔTS/g oTS/d], wie oben definiert; dann gilt letztendlich

$$\mu = \mu_{max.} \frac{S}{K_S + S} - k_d = Y(-r_S/X) - k_d, \tag{2-57}$$

was in der Abwassertechnik als differentieller van-Uden-Ansatz bekannt ist [6, 8, 17, 18, 20, 21, 27, 33, 38]. Angesichts dessen, dass bei einem stationär betriebenen CSTR die aus dem System zu entfernende Biomasse jener darin herausgebildeten gleichen muss, gilt auch

$$\mu = \frac{1}{\theta_C}. \tag{2-58}$$

Darin wird (θ_C) als die Aufenthaltszeit der Biomasse im Reaktor definiert (abwassertechnisch als Schlammalter bezeichnet). Setzt man weiterhin voraus, dass das im Nachklärbecken (NKB) abgesetzte Biomassesediment als nicht reaktionsbiologisch beim Substratabbau gilt, so lässt sich für θ_C die Gl. 2–58 analog verwenden:

$$\theta_C = \frac{\text{Biomasse im Reaktor}}{\text{täglich produzierte/ausgekreiste Biomasse}}$$

Demnach folgt, dass (Gl. 2–57)

$$\frac{1}{\theta_C} = Y(-r_S/X) - k_d . \qquad (2\text{–}59)$$

Durch Substituieren der für CSTR geltenden $(-r_S/X)$-Definition (Gl. 2–44) in die Gl. 2–59 resultiert nun jener, das Schlammalter mit der CSTR-Abbaugeschwindigkeit verbindende, wichtige Ausdruck:

$$\frac{1}{\theta_C} = Y \frac{S_0 - S}{\tau X} - k_d . \qquad (2\text{–}60)$$

Fallstudie: Bei einem einstufigen CSTR mit Biomasserückführung wurden zur Verfolgung der CSB-Abnahme insgesamt sieben Versuchsreihen nach dem Belebtschlammverfahren durchgeführt. Die Mess- und die erforderlichen Rechenhilfswerte [15] wurden in der Tab. 2–9 zusammengefasst.

Tab. 2–9: Zusammenstellung der Haupt- und Hilfsvariablen zur modellmässigen Ermittlung von Y, k_d, K_s und μ_{max} mittels CSTR-Belebungsanlagen mit Biomasserückführung und Nachklärstufe.

Versuchsreihen		1	2	3	4	5	6	7	Es resultieren:
τ	[h]	17,5	15,0	12,5	10,0	7,5	5,0	4,0	Gl. 2–60 und
τ	[d]	0,7292	0,625	0,5208	0,4167	0,3125	0,2084	0,1667	Abb. 2–28:
X	[g oTS/l]	4,91	4,05	4,80	4,83	4,05	4,79	4,44	Y=0,43906[-];
S_0	[g CSB/l]	0,890	0,855	0,885	0,915	0,872	0,843	0,810	k_d= 0,00734 [d^{-1}]
S_e	[g CSB/l]	0,116	0,137	0,157	0,190	0,240	0,291	0,321	Gl. 2–61,
$(S_0 - S_e)/(\tau X)$		0,21619	0,28365	0,29120	0,36025	0,49936	0,55315	0,66081	Abb. 2–29:
[(ΔgCSB)/d/goTS/l)]									$K_S/\mu_{max.}$ = 1,2487
θ_c	[d]	11,36	9,34	8,01	6,41	4,95	4,02	3,61	$1/\mu_{max.}$ = 0,39884
$\mu = 1/\theta_c$	[d^{-1}]	0,0880	0,1070	0,1248	0,1560	0,2020	0,2488	0,2770	K_S=3,131[gCSB/l]
$S_e \theta_c /(1 + k_d\theta_c)$		1,2163	1,1975	1,1877	1,1632	1,1463	1,1363	1,1289	$\mu_{max.}$ =2,5073[d^{-1}]

danach in einem Kordinatensystem $(1/\theta_C)$ gegen $(-r_S/X)$ eingezeichnet und an die entsprechende Regressionsgerade angepasst (Abb. 2–36).

Die Modellparameter Y und K_d liessen sich als Steigung, resp. als Ordinatenabschnitt dieser Regressionsgeraden ermitteln und hierbei auch statistisch hoch absichern (r_k = 0,99275). Die anderen zwei Modellparameter, $\mu_{max.}$ und K_S, können über eine linearisierte Form des zweiten linken Terms der Gl. 2–57 ermittelt werden, in der nunmehr $\mu = 1/\theta_C$ substituiert wird; dann lässt sich schreiben:

$$\frac{S_e \theta_C}{1 + k_d \theta_C} = K_S \frac{1}{\mu_{max.}} + \frac{1}{\mu_{max.}} S_e. \tag{2-61}$$

Das dazu erforderliche Koordinatensystem hat als Ordinate den linken Term der Gl. 2–61 und als Abszisse die gemessenen S_e-Werte; nach deren Einzeichnen und Anpassung an die entsprechende Regressionsgerade (Abb. 2–37) gehen aus deren Steigung ($1/\mu_{max.}$) und aus dem Ordinatenabschnitt [$K_S \times (1/\mu_{max.})$] hervor, ebenfalls statistisch hoch abgesichert ($r_k = 0{,}96939$).

Die aus Abbildung 2–36 und Abb. 2–37 resultierenden Werte für Y und k_d, resp. K_S und $\mu_{max.}$ sind vollständigkeitshalber auch in der letzten Spalte der Tab. 2–9 zusammengetragen worden. Sollten die Versuche in einem PFR im Pilotmaßstab bereits durchgeführt worden sein, so kann zur Datenauswertung auch die im Abschnitt 2.1.2.2 ausführlich präsentierte Methode zur Linearisierung der Gl. 2–20c angewandt werden.

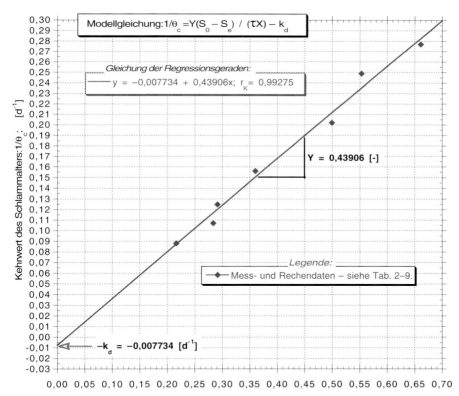

Abb. 2–36: Ermittlung der biokinetischen Koeffizienten k_d und **Y** beim CSB-Abbau in einem Labor-CST-Belebtschlamm-reaktor mit Biomasserückführung, als Funktion des Schlamm-alters; nach [15].

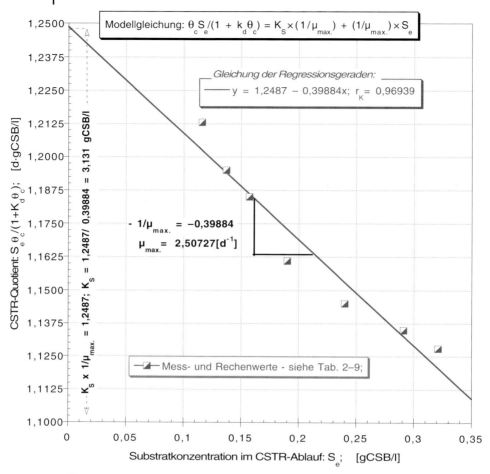

Abb. 2–37: Ermittlung von $\mu_{max.}$ und K_s des CSB-Substratabbaus in einem CSTR mit Biomasserückführung, beim bekannten k_d-Koeffizienten (Abb. 2–36); nach [15].

2.1.3.3 N-Oxidation mit gleichzeitigem Biomassezuwachs

Wie im Abschnitt 1.2.2.3 bereits angedeutet, lässt sich in Bioreaktoren nicht nur eine C-Oxidation, sondern auch eine Nitrifikation erzielen, wobei von der verfahrenstechnischen Seite her betrachtet die NOxidation gemeinsam mit der Kohlenstoffoxidation (*combined process*) oder in einem getrennten Reaktorsystem erfolgen kann [5, 6, 8]. Die Hauptvorteile einer getrennten Nitrifikationsstufe sind zuallererst die größere Flexibilität der Gesamtanlage, da auf jede einzelne Stufe direkt eingewirkt werden kann, der stabilere Betrieb und die größere Raum-Zeit-Ausbeute in der N-ten Stufe, da durch separate Biomasserückführung eine weitgehende Akklimatisation der Bakterienpopulation an das jeweilige Substrat gewährleistet wird (Abschnitt 1.1.3 und 1.2.2.3). Als Nachteil gilt vorwiegend der komplizierte und Mehrkosten verursachende Betrieb, als Vorteil der niedrigere Biomassezuwachs [5].

Die kinetischen Ansätze, die zur Modellierung des Nitrifikationsprozesses angewandt werden, gehören fast ausschließlich zu denen mit veränderlicher Reaktionsordnung (vgl. Abschnitt 2.1.2). Liegt oder braucht die Auslaufkonzentration nicht unter 5–10 mg/l TKN zu liegen, so gilt das vereinfachende Modell einer Reaktion 0. Ordnung als zufrieden stellend (vgl. Abschnitt 2.1.2.1), da die Saturationskonstante $K_{S,TKN}$ in der Regel bei 0,5–2 mg/l TKN liegt [6, 8, 20]. Sollten tiefere Auslaufwerte angestrebt werden, so gelten zur Modellbildung all die im Abschnitt 2.1.2 dargelegten kinetischen Überlegungen.

Zur Abrundung des Bildes über die Stickstoffoxidation wird anhand der Datenauswertung einer mit zwei getrennten Biomasserückführungen, d. h. mit separater Nitrifikationsstufe, versehen, zweistufigen CSTR-Laboranlage nachstehend die Anwendung des hyperbolischen Ansatzes (siehe Gl. 2–39):

$$-r_S = \frac{kXS}{K_S + S} \qquad (2\text{–}62)$$

erläutert. Dabei wird, trotz der erheblichen Wichtigkeit der Retentionszeit der Biomasse in dem System (Schlammalter) sowie der damit verbundenen Bakterienwachstumsrate, auf diese Aspekte nur so kurz wie nötig eingegangen und für nähere Zusammenhänge zwischen N-Oxidation und Bakterienwachstum auf Kapitel 4 hingewiesen; zusammenfassend nur Folgendes vorweg. Es ist bereits bekannt, dass unter Vernachlässigung des Erhaltungsstoffwechsels zwischen der spezifischen Bakterienwachstumsrate (r_X/X) und der Substratabbaurate ($-r_S/X$) folgender Zusammenhang besteht (Gl. 2–56):

$$r_X/X = Y(-r_S/X). \qquad (2\text{–}63)$$

Ebenfalls gilt bei Durchführung der Nitrifikation in einem mit Biomasserücklauf arbeitenden CSTR [5, 8, 15, 16, 18–22], siehe dazu auch Gl. 2–44:

$$\mu_{max.} \frac{S_e}{Y(K_S + S_e)} = \frac{(S_0 - S_e)}{\tau X} \qquad (2\text{–}64)$$

Setzt man dann die in der Abwassertechnik übliche Abkürzungsnotation ($\mu_{max.}/Y$) = k ein, so lässt sich die Gl. 2–64 umschreiben:

$$\frac{kS_e}{(K_S + S_e)} = \frac{(S_0 - S_e)}{\tau X}. \qquad (2\text{–}65a)$$

Von dieser Gleichungsform ausgehend wird die Langmuirsche Linearisierungsmethodik (Gl. 2–45) verständlicher; allerdings lässt die Anpassung der Messdaten an die Langmuirsche Regressionsgerade bei dem modellierten Nitrifikationsprozess keine *separate* Ermittlung von $\mu_{max.}$ und Y, sondern nur jene der Saturationskonstanten K_S zu.

Fallstudie: Tabelle 2–10 fasst die aus 6 Versuchsreihen stammenden, aus dem Betrieb von Labor-CSTRs mit Biomassenrückführung resultierenden Perioden-mittelwerte zusammen, vgl. Kapitel 3 und 4 über die statistische Auswertung von Datenreihen, resp. Schlammalter θ_C.

Tab. 2–10: Zusammenstellung der Haupt- und Hilfsvariablen zur Ermittlung von k, K_S, Y und μ_{max} bei TKN-Oxidation in CSTR-Belebungsanlagen mit Biomasserückführung.

Versuch	S_0 mg TKN/l	S mgTKN/l	τ d	X mgTS/l	$\frac{S_0-S}{X}$ d^{-1}	$\frac{SX}{S_0-S}$ $d \cdot mg/l$	θ_c d	μ d^{-1}	S/μ $d \cdot mg/l$	θ_c^m
1	57	0,8	0,10	817	0,688	1,163	12,4	0,0806	9,93	3,5696
2	108	1,5	0,10	880	1,437	1,043	8,0	0,1250	12,00	3,4902
3	158	4,7	0,10	815	1,881	2,499	4,9	0,2041	23,03	3,4709
4	197	9,2	0,10	785	2,392	3,846	4,3	0,2326	39,55	3,4500
5	227	17,1	0,10	808	2,598	6,582	4,0	0,2500	68,40	3,4436
6	227	31	0,083	851	2,760	11,233	3,6	0,2778	111,59	3,4436

Indem man die unterschiedlichen Messwerte S und die jeweilig berechneten Funktionshilfsquotienten [$SX\tau/(S_0-S)$] in ein entsprechendes Koordinatensystem [$SX\tau/(S_0-S)$] gegen S einzeichnet und die Regressionsgerade (Abb. 2–38)

$$SX\tau/(S_0-S) = (1/k) \times S + K_S(1/k) \tag{2-65b}$$

statistisch auswertet, resultiert k = $\mu_{max.}$/Y = 3,0174 d^{-1} und K_S = 2,28 mg/l TKN.

Um $\mu_{max.}$ und Y separat zu bestimmen, ist eine anders geartete Linearisierungsform des Monod-Ansatzes erforderlich. Dies wird dadurch erreicht, indem man sich der differentiellen Methode bedient (vgl. Abschnitt 2.1.2 sowie Gl. 2–49). Da der linke Term der Gl. 2–64 die spezifische Wachstumsgeschwindigkeit der Brutto-Biomasse μ darstellt und bei Nitrifikationsvorgängen der Term für den Erhaltungsstoffwechsel k_d als weitgehend vernachlässigbar gilt, wird der linke Term der Gl. 2–64 zu [5]:

$$\mu = r_X/X = \mu_{max.} \frac{S}{K_S + S}. \tag{2-66}$$

Nach einigen Berechnungen lässt sich die Gl. 2–66 in die linearisierte Form einer allgemeinen Regressionsgeraden überführen – vgl. Gl. 2–49:

$$\frac{S}{\mu} = \frac{1}{\mu_{max.}} S + \frac{1}{\mu_{max.}} K_S. \tag{2-67}$$

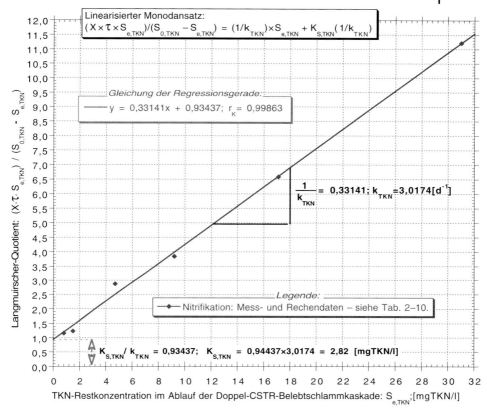

Abb. 2–38: Nitrifikation in einer zweistufigen CSTR-Laboranlage – Ermittlung von $K_{S,TKN}$ und k_{TKN} nach dem Langmuir-Linearisierungsverfahren; nach [20].

Diskussion der Ergebnisse: Weil die experimentellen $S_i(1/\mu_{TKN})$Wertpaare bekannt sind (Tab. 2–10), gilt definitionsgemäß auch $1/\mu_{TKN} = (\theta_C)_{TKN}$. Aus Abbildung 2–39 resultiert: $\mu_{max.\,TKN} = 0{,}294\ d^{-1}$ und $K_{S,TKN} = 2{,}24\ mg\ TKN/l$.

Da aus Abbildung 2–38 bereits hervorging, dass $k = (\mu_{max.}/Y) = 3{,}0174\ d^{-1}$ bei $K_S = 2{,}82\ mg/l\ TKN$, lässt sich nunmehr $Y_{TKN} = (\mu_{max.}/k) = 0{,}294/3{,}0174 = 0{,}097435$ $(mg/l\ oTS)/(\Delta mg/l\ TKN)$ berechnen. *Wichtig dabei ist, dass die kinetischen Versuche immer bei gleichen Temperaturen durchzuführen sind.* Nach [6, 8] führen Temperaturschwankungen von ±5 °C zu ±50 %iger Zu- und Abnahme bei K_S und μ_{max}. Wegen der sehr niedrigen Wachstumsrate der Nitrifikation (vgl. Kapitel 4) ist es bei der Durchführung der Laborversuche besonders wichtig, der Bakterien-Auswaschrate Rechnung zu tragen [5, 6, 8, 20, 27], d. h. einen minimalen Wert des Schlammalters θ_C^m zu berechnen, um dies zu verhindern.

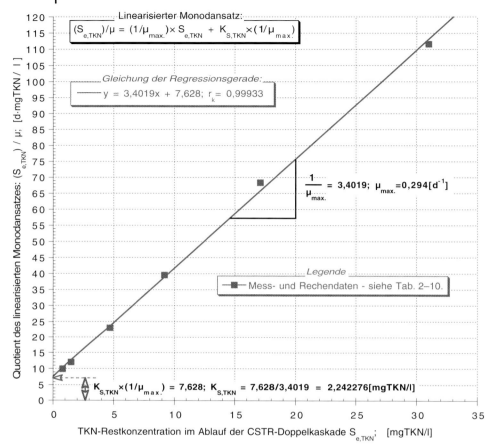

Abb. 2–39: Nitrifikation in einer zweistufigen CSTR-Kaskade im Labormaßstab – Ermittlung von $K_{S,TKN}$ und μ_{max} nach dem Eadie-Braha-Linearisierungsverfahren; nach [21].

Unter Vernachlässigung des Erhaltungsstoffwechsels lässt sich für die Versuchsreihe 1 dieses minimale Schlammalter, bei der dies in Erscheinung tritt, wie folgt berechnen (Gl. 2–64):

$$\frac{1}{\theta_C^m} = Y \frac{kS_0}{K_S + S_0} = 0,097435 \frac{3,0174 \cdot 57}{2,82 + 57} = 0,2801408; \quad \theta_C^m \approx 3,57 \text{ d}.$$

In der letzten Spalte der Tab. 2–10 wurden vollständigkeitshalber auch die planerisch minimalen Retentionszeiten der Biomasse für alle anderen 5 Versuchsreihen aufgeführt. Hieraus ist ersichtlich, dass in allen 6 Versuchsreihen das eingestellte Schlammalter tiefer als jenes, durch Anwendung biokinetischer Koeffizienten, berechnete, minimale Schlammalter lag.

2.1.3.4 Kinetik der Denitrifikation

Wie im Abschnitt 1.2.2.1 erwähnt, kann in anoxischem Milieu, trotz ungenügender Mengen an biologisch schon eliminiertem Abwasser-Elektronendonator, (Rest)Substrat, z. B. durch Zugabe von Methanol, eine bakterielle Denitrifikation dennoch ablaufen. Dabei wird durch den assimilatorischen Metabolismus (Nitratammonifikation) das NH_4-Ion zum Zellaufbau benutzt [5] und fällt somit als Biomasseproduktion (Überschussschlamm) an. Beim dissimilatorischen Metabolismus hingegen werden die Nitrate hauptsächlich zu gasförmigem N_2 umgesetzt, und dieser wird gestrippt. Solange ein ausreichender Überschuss an Elektronendonatoren vorhanden ist, folgt die Denitrifikationsrate einer Kinetik 0. Ordnung [23] – vgl. dazu Abschnitt 2.1.2.1:

$$-\frac{dS}{dt}X = r_S = K_0 X. \tag{2-68}$$

Wie im Abschnitt 2.1.2.1 ferner ausgeführt, spielt bei Reaktionsverläufen 0. Ordnung das hydrodynamische Verhalten des Reaktors, d. h. PFR- oder CSTR-Typ, für die Raum-Zeit-Ausbeute keine Rolle (Gl. 2–15 und 2–17). Demnach gilt unabhängig von der Größe der Einschränkung der Längsvermischung (vgl. Abschnitt 2.1.1)

$$-r_S/X = K_0 S^0. \tag{2-69}$$

Nach [6] lässt sich K_0 auf einfache Weise direkt approximieren, indem von der O_2Zehrungsgeschwindigkeit des Milieus $(-r_{O2}/X)$ ausgegangen wird. Folgende Beziehung wird hierzu empfohlen:

$$K_0 = 0{,}2792\,(-r_{O2}/X)\,[\text{mg NO}_3\text{–N/goTS/h}] \tag{2-70}$$

In Anlehnung an Gl. 2–52 wurde in [28] der beim Substratabbau in einem Batchreaktor entstandene Biomassezuwachs durch folgende Beziehung quantifiziert:

$$\Delta X = Y \Delta S - k_d \bar{X}. \tag{2-71}$$

Durch Dividieren durch $\bar{X}$ lässt sich Gl. 2–71 linearisieren

$$\frac{\Delta X}{\bar{X}} = Y \frac{\Delta S}{\bar{X}} - k_d. \tag{2-71a}$$

Mittels eines im Labormaßstab leicht einsetzbaren Batchreaktors müssten die X- und S-Zeitfunktionen als jeweilige Wertpaare quasi kontinuierlich gemessen (Tab. 2–11) und in ein Koordinatensystem $(\Delta X/\bar{X})$ gegen $(\Delta S/\bar{X})$ eingezeichnet, einer entsprechenden Regressionsgeraden angepasst werden. Die Modellparameter Y (Steigung) und k_d (Ordinatenabschnitt) würden hierdurch ermittelt und statistisch abgesichert – siehe Abb. 2–42.

Der Geschwindigkeitskoeffizient K_0 kann nach dem in Abb. 2–9 dargestellten Linearisierungsverfahren ermittelt werden. In Anlehnung an Reaktionsverläufe mit variierender Reaktionsordnung (Abschnitt 2.1.2.6) wird daran erinnert, dass (vgl. dazu Gl. 2–40 und 2–68):

$$K_0 = k = \mu_{max.}/Y \tag{2-72}$$

Sollte die Kinetik des Denitrifikationsprozesses in sehr niedrigen Konzentrationsbereichen NO_3-N < 0,5 mg/l untersucht werden, dann wird der Übergang auf die Integrallösung [1] der Monod-Kinetik allerdings empfohlen [27] (vgl. Abschnitt 2.1.2.6). Unter Einsatz eines Batchreaktors und Zugabe eines akklimatisierten Belebtschlammes lassen sich nach den in den Abb. 2–25 und Abb. 2–26 dargestellten Linearisierungsverfahren die Parameter K_0 (Gl. 2–15), resp. ($k = \mu_{max.}/Y$) und separat auch K_S approximieren (Gl. 2–42). Die drei linearisierten Modell-Gleichungen lauten dann:

$$S_0 - S = K_0 \bar{X} t \quad - \text{ Differentieller Abbau-Ansatz einer Reaktion 0. Ordnung;} \tag{2-73}$$

$$\frac{S_0 - S}{\bar{X} t} = k - K_S[\ln(S_0/S)]/(\bar{X} t) \quad - \text{ Integrallösung der Monod-Kinetik;} \tag{2-74}$$

$$\ln\left(\frac{S_0}{S}\right)/(S_0 - S) = -\frac{1}{K_S} + \frac{k}{K_S}[t\bar{X}/(S_0 - S)] \quad - \text{ Integrallösung der Monod-Kinetik;} \tag{2-75}$$

Wie in Abschnitt 2.1.3.2 bereits erwähnt, bewirkt in hohen Konzentrationsbereichen die während des im Batchreaktor ablaufenden Substratabbaus produzierte Biomasse eine in den obigen Modellen nur grob angenähert geschätzte Reaktionsbeschleunigung. Diesem Aspekt wurde in der (Gl. 2–47a) Rechnung getragen und dabei angemerkt, dass zur Ermittlung hierin enthaltener Reaktionskonstanten kein Linearisierungsverfahren mehr anwendbar und man auf die Anpassung der Messdaten an nicht-lineare Regressionen mittels Computereinsatzes angewiesen ist [19] (Programm-Listing in Tab. 3–7). Handelt es sich um die Auswertung von Labordaten zwecks technischer/planerischer/betrieblicher und nicht wissenschaftlicher Übertragung, so dürften die obigen Modell-Ansätze ohne weiteres wohl genügen; nachstehend zwei Fallstudien, die modellmäßig das verfahrenstechnische Procedere detailliert beschreiben.

Tab. 2–11: Zusammenstellung von Haupt- und Hilfsvariablen bei der Ermittlung der biokinetischen Parameter K_0, k, K_s, Y, k_d und μ_{max} bei der anoxischen Denitrifikation im Batchreaktor – siehe auch Abb. 2–40, 2–41 und Abb. 2–42.

t [h]	0	0,05	0,10	0,15	0,20	0,25	0,30	0,35	0,40	0,45
S [mgNO$_3$-N/l]	85	81	73	69	64	57	50	45	40	34
ΔS [mgNO$_3$-N/l]	0	4	12	16	21	28	35	40	45	51
$\bar{X}$ [goTS/l]	3,590	3,590	3,590	3,590	3,590	3,590	3,590	3,590	3,590	3,590
X [goTS/l]	3,550	–	–	–	–	3,570	–	–	–	–
ΔX [ΔgoTS/l]	0	–	–	–	–	0,020	–	–	–	–
t$\bar{X}$ [h.goTS/l]	0	0,1795	0,3590	0,5385	0,7180	0,8975	1,0770	1,2565	1,4360	1,6155
ΔX/$\bar{X}$ [-]	0	–	–	–	–	0,00557	–	–	–	–
ln(S_O/S) [-]	–	0,0482	0,1522	0,2085	0,2838	0,3996	0,5306	0,6360	0,7538	0,9163
ΔS/($\bar{X}$ t) [h^{-1}]	–	22,2841	–	29,7121	29,2479	31,1978	32,4976	31,8344	31,3370	31,5691
ln(S_O/S)/($\bar{X}$ t)*	–	–	0,4239	–	–	0,44524	0,4927	0,50615	0,52491	0,56718
ΔS/$\bar{X}$ [-]	–	1,1142	3,3426	4,45683	5,8496	7,7994	9,7493	11,1421	12,5348	14,2061

t [h]	0,50	0,55	0,60	0,65	0,70	0,725	0,75	0,775	1,0
S [mgNO$_3$-N/l]	29	23	18	10,5	5,5	3	0,55	0,1	< 0,1
ΔS [mgNO$_3$-N/l]	56	62	67	74,5	79,5	82	84,45	84,9	–
$\bar{X}$ [goTS/l]	3,590	3,590	3,590	3,590	3,590	3,590	3,590	3,590	3,590
X [goTS/l]	3,594	–	–	3,610	–	–	3,618	–	3,630
ΔX [ΔgoTS/l]	0,044	–	–	0,060	–	–	0,068	–	0,040
t$\bar{X}$ [h.goTS/l]	1,7950	1,9745	2,1540	2,3335	2,513	2,6028	2,6925	2,7822	3,630
ΔX/$\bar{X}$ [-]	0,01226	–	–	0,01671	–	–	0,01894	–	–
ln(S_O/S) [-]	1,0754	1,3072	1,5523	2,0913	2,7379	3,3440	5,0405	6,7452	–
ΔS/($\bar{X}$t) [h^{-1}]	31,1977	31,4004	31,1049	31,9263	31,6355	31,5051	31,3649	30,5148	–
ln(S_O/S)/($\bar{X}$t)*	0,59908	0,66201	0,72065	0,8962	1,08949	1,28481	1,87205	2,4244	–
ΔS/$\bar{X}$ [-]	15,59889	17,2702	18,6629	20,7521	22,1449	22,8412	23,5237	23,6490	–

* [h^{-1} · goTS/l]

Fallstudie: Bei einem Batchversuch mit den Ausgangsdaten $X_0 = 3550$ mgoTS/l und $S_0 = 85$ mg(NO$_3$-N)/l wurden in einer Zeitabfolge von 0,05 h Proben aus dem Abwasserschlamm-Gemisch entnommen, sofort filtriert und der Inhalt an NO$_3$-N in dem Membranfiltrat bestimmt. Nach einer Stunde wurde der Versuch abgebrochen und dabei eine Belebtschlammkonzentration von $X_f = 3630$ mg/l oTS bestimmt. Es sollten mit Hilfe der Linearisierungsverfahren (Abb. 2–40 bis Abb. 2–42) die Parameter K_0 (Gl. 2–73), K_S, und k (Gl. 2–74) sowie Y und k_d (Gl. 2–71a) berechnet und die jeweiligen Regressionsgüten statistisch abgesichert werden. Tabelle 2–11 fasst die hierzu benötigten Haupt- und Hilfsvariablen zusammen.

Diskussion der Ergebnisse: Aus Abbildung 2–40 bis Abb. 2–43 wird ersichtlich, dass die besten Modellanpassungen die Gl. 2–73 und 2–71a liefern, wonach ein Geschwindigkeitskoeffizient $K_0 = 31,511$ [(ΔmgNO$_3$-N/l)/(goTS/lh)] (Abb. 2–43) bzw. $Y = 0{,}85325\,[\Delta goTS/\Delta gNO_3\text{-}N]/l$ und $(-k_{d,NO3\text{-}H}) = -0{,}0010653\,[\Delta goTS/goTS]/h$ resultieren (Abb. 2–41), und die Modellbildung nach Gl. 2–74 zu einer recht wenig zufrieden stellenden Regressionsgüte $(-r_K) = 0{,}51762$ (!) führt (Abb. 2–40), weshalb dieses Modell zu verstoßen ist. Dies erklärt auch das in Abb. 2–41 beobachtete Abgleiten der Regressionsgeraden in den Lysisbereich, wenn $t\bar{X} \leq 1$ wird und sich die Reaktionsordnung von null auf eins zu bewegt (vgl. Abschnitt 2.1.2.6). Um die maximale Wachstumsrate μ_{max} auf der Basis von in Labor-Batchreaktoren durchgeführten Versuchen zur Kinetik des Denitrifikationsvorganges zu bestimmen, kann auch eine angenäherte, sich an die Gl. 2–66, 2–67 und 2–71 anlehnende Berechnungsmethode angewandt werden. So lässt sich Gl. 2–71 für finite Zeitintervalle zu

$$\frac{\Delta X}{\bar{X} \cdot \Delta t} = Y\,\frac{\Delta S}{\Delta t \cdot \bar{X}} - k_d \cong \mu_{max}\,\frac{S}{K_S + S} - k_d \tag{2–76}$$

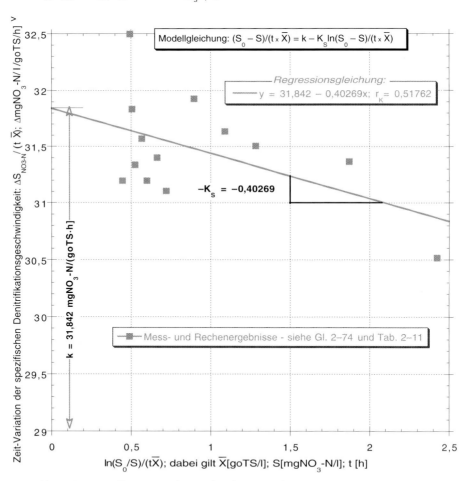

Abb. 2–40: Denitrifikation im Labor-Batchreaktor; Ermittlung von $k_{NO3\text{-}N}$ und $K_{S,NO3\text{-}N}$; nach [18] – siehe auch Tab. 2–11.

umschreiben. Bei Vernachlässigung des Erhaltungsstoffwechsels lässt sich Gl. 2–76 in die nachstehende linearisierte Form überführen – siehe dazu auch Gl. 2–67:

$$\frac{S}{\frac{\Delta \bar{X}}{\bar{X} \Delta t}} = \frac{1}{\mu_{max.}} S + \frac{1}{\mu_{max.}} K_S. \tag{2-77}$$

Die hierfür benötigten Hilfsvariablen wurden in der Tab. 2–12 aufgeführt.

Tab. 2–12: Denitrifikation – Zusammenstellung der Haupt- und Hilfsvariablen zur Approximierung von K_S und $\mu_{max.}$ mittels aus Batchversuchsdurchführung hervorgehender Ergebnisse.

Δt [h]	0,25	0,50	0,65	0,75
S [mg NO$_3$-N/l]	57	29	10,5	0,55
$\bar{X}$ [goTS/l]		3,590		
ΔX [ΔgoTS/l]	0,020	0,044	0,060	0,068
(ΔX/Δt)/$\bar{X}$ [h^{-1}]	0,022284	0,024512	0,025712	0,025255
S/[(ΔX/Δt)/$\bar{X}$] [(mg NO$_3$-N/l) x h]	2557,875	1183,068	408,362	21,778

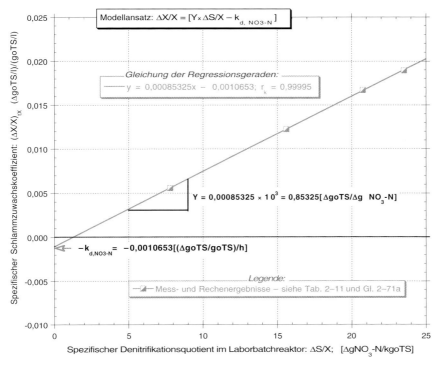

Abb. 2–41: Denitrifikation im Batchreaktor: Ermittlung der spezifischen Schlammzuwachses: $Y_{d,NO3-N}$ und des Denitrifikations-Lysiskoeffizienten: $k_{d,NO3-N}$; nach [28].

Diskussion der Ergebnisse: Durch Einzeichnung der Messwerte mitsamt den entsprechenden Hilfsquotienten in einem Koordinatensystem $\{S/[(\Delta \bar{X}/\Delta t)/\bar{X})]\}$ gegen S und Anpassung der Funktion an eine Regressionsgerade (Abb. 2-43) resultieren: $\mu_{max.} = 0{,}532\ d^{-1}$ und $K_S = 1{,}15$ mg/l; allerdings macht sich auch hier trotz sehr hoher Korrelationskoeffizienten ein ungewöhnlicher Ordinatenabschnitt im negativen Bereich bemerkbar: $(-1/\mu_{max.}) \times K_S = -51{,}655$ bzw. $\mu_{max.} = 0{,}532\ d^{-1}$ und $K_S = 1{,}15$ mgNO$_3$-N/l.

Hierzu muss aber ausdrücklich bemerkt werden, dass die Bestimmung der reaktionskinetischen Biokonstanten mittels Batchversuchen eine bereits gut akklimatisierte Biomasse erfordert, die in der Regel in kontinuierlich beschickten Labor-CSTRs herangezüchtet wird. Weisen dabei die Ausgangskonzentrationen an Substrat und Biomasse sehr hohe Werte auf (vgl. Abschnitt 2.1.2 und Gl. 2–47), so ist die Anpassung der Messdaten an nicht-lineare Regressionen mit dem Computer durchzuführen, da die gebildete Biomasse sich ihrerseits an der Reaktion beteiligt und somit den Rahmen dieses vereinfachenden Batchreaktormodells sprengt. Für orientierende Versuche aber erweist sich der Einsatz von Labor-Batchreaktoren als wichtiges Sondierungsinstrument und dies insbesondere

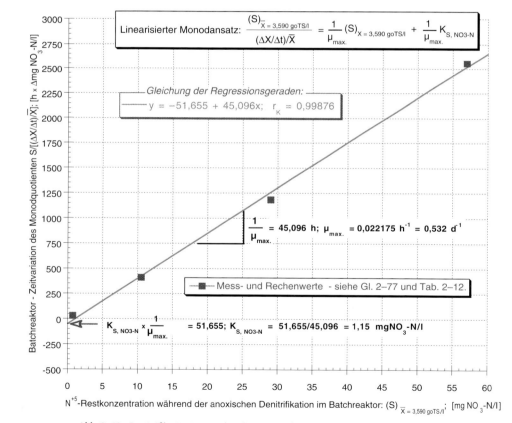

Abb. 2–42: Denitrifikation im Batchreaktor: Ermittlung von $\mu_{max.}$ und $K_{S,\ NO3-N}$; nach den Verfassern.

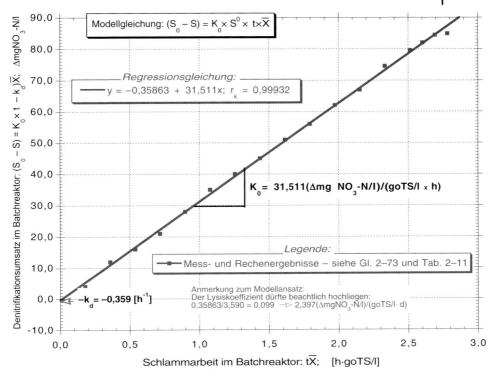

Abb. 2–43: Denitrifikation im Labor-Batchreaktor; Schätzung von K_0; nach [18] – siehe auch Tab. 2–11.

dann, wenn das Abwasser bzw. die zu untersuchende Substratlösung lediglich in kleinen Mengen zur Verfügung stehen. Vor allem aber empfiehlt sich der Einsatz des Labor-Batchreaktors erst recht dann, wenn zwecks Erreichens sehr niedriger N-Konzentrationen die Aufstellung eines längs durchströmten technischen Belebungsbeckens beabsichtigt wird [6, 8, 15]. Sollte die Denitrifikationskinetik mittels einer mehrstufigen CSTR-Laboranlage untersucht werden, so kann dies durch Aufstellung einer mit oder ohne Zwischenklärung arbeitenden Kaskadenschaltung durchgeführt werden [5, 6, 8, 24, 27]. Zur Übertragung (*Scaling-up*) der so gewonnenen kinetischen Daten auf Pilot- oder technische Bioreaktoren ist aber zu bemerken, dass die Modellvoraussage nur auf ähnliche Reaktoren und vor allem auf identische Verfahrensschritte zutrifft [6, 15] – siehe auch Kapitel 6.

Folgende Fallstudie behandelt die Ermittlung reaktionstechnischer Parameter mittels einer mit separater Biomasserückführung arbeitenden CSTR-Anlage.

Fallstudie 2: Ein hochkonzentriertes Industrieabwasser hat nach Durchlaufen der Kohlenstoffoxidationsstufen einen Gehalt von 315 mg NO_3-N/l. Es sollen die Reaktionsparameter (μ_{max}, Y, K_S und k_d) des durch Zugabe von Methanol herbeigeführten Denitrifikationsprozesses bestimmt werden. Zur Durchführung der kinetischen Untersuchungen beim vorliegenden Fall wurden 7 parallel funktionierende CSTR-Denitrifikationsanlagen aufgestellt, in denen man durch Zugabe von 2,47 gMethanol/g(NO_3-N) den Verlauf des Denitrifikationsprozesses verfolgt [5, 24, 27]. Tabelle 2–13 fasst die zur Prüfung des Modells erforderlichen Messergebnisse und Tabelle 2–14 die einzuzeichnenden Hilfsvariablen zusammen.

Tab. 2–13: Denitrifikation – Ermittlung von Y und k_d bei Durchführung von Versuchen in CSTRs mit Biomasserückführung.

Reaktor	S_0 [mg/l]	S [mg/l]	X [mgTS/l]	τ [d]	$\Delta S/(X\tau)$ [d^{-1}]	θ_c [d]	$1/\theta_c$ [d^{-1}]
1	315	29,0	1890	0,200	0,757	1,74	0,575
2	315	11,0	2030	0,200	0,749	1,79	0,560
3	315	5,9	2124	0,200	0,730	1,85	0,540
4	315	2,0	1532	0,300	0,681	1,98	0,505
5	315	1,0	1708	0,300	0,613	2,20	0,455
6	315	0,50	1540	0,400	0,511	2,78	0,360
7	315	0,25	1121	0,500	0,412	3,92	0,255

Tab. 2–14: Berechnung von K_s und μ_{max} bei anoxischer Denitrifikation in Labor-CSTRs mit Biomasserücklauf.

Reaktor	S [mg/l]	θ_c [d]	$S\theta_c$ [d·mg/l]	k_d [d^{-1}]	$k_d\theta_c$ [–]	$S\theta_c/(1+k_d\theta_c)$ [d·mg/l]	θ_c^m [d]
1	29	1,74	50,460	0,10307	0,17934	42,78658	1,47715
2	11	1,79	19,690	0,10307	0,18450	16,62311	1,49847
3	5	1,85	9,250	0,10307	0,19068	7,76867	1,53968
4	2	1,98	3,960	0,10307	0,20408	3,28882	1,65300
5	1	2,20	2,200	0,10307	0,22675	1,79335	1,84187
6	0,5	2,78	1,390	0,10307	0,28653	1,08042	2,21962
7	0,25	3,92	0,980	0,10307	0,40403	0,69799	2,97511

Diskussion der Ergebnisse: Als erster Schritt kann die Ermittlung von Y und k_d erfolgen, indem man sich auf Gl. 2–60 stützt und die Messergebnisse in ein Koordinatensystem $(1/\theta_C)_{Mod.}$ gegen $(-r_S/X)_{Mod.}$ einzeichnet (Abb. 2–44).

Hieraus lassen sich als Steigung Y = 0,892 goTS/gΔS und als Ordinatenabschnitt $(-k_d)$ = –0,1031 d^{-1} bei einer sehr hohen Regressionsgüte r_K = 0,9978 ablesen (vgl. auch Gl. 2–60).

Der zweite Schritt beruht auf der Anwendung der Gl. 2–61 und besteht aus der Eintragung der Messwerte ins Koordinatensystem $[S \times \theta_C/(1 + k_d\theta_C)]$ gegen S. Zur Ermittlung von K_s und μ_{max} wurden in der Tab. 2–14 die Modell-Hilfsvariablen berechnet, wobei vollständigkeitshalber auch die minimale Retentionszeit der Biomasse im System θ_c^m aufgeführt wird (näheres hierüber im Abschnitt 4.4.2.2).

Die Anpassung so gewonnener Daten an die entsprechende Regressionsgerade (Abb. 2–45 und Abschnitt 2.1.2.6) gestattet die Ermittlung von K_S und μ_{max}.

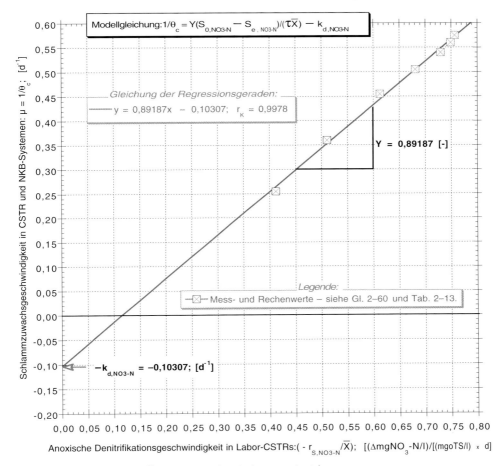

Abb. 2–44: Anoxische Denitrifikation eines Industrieabwassers in sieben parallel laufenden Laboranlagen: CSTR- und NKB-Systeme, bei jeweilig konstanter Biomasserückführung und Zugabe vom Methanol als Elektronendonator; Ermittlung von Y_{NO3-H} und $k_{d, NO3-H}$; nach [28].

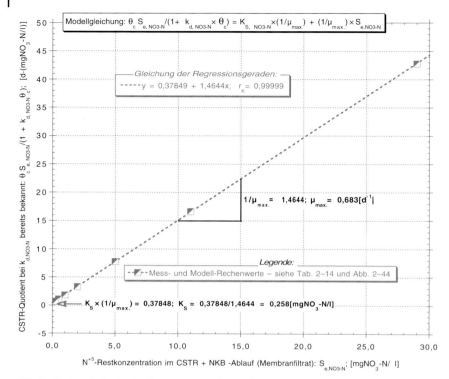

Abb. 2–45: Anoxische Denitrifikation eines Industrieabwassers – Ermittlung von $\mu_{max.}$ und $K_{S,\,NO3-N}$ in den sieben CSTR- und NKB-Belebungsanlagen mit Biomasserückführung, beim bereits bekannten $k_{d,\,NO3-H}$-Wert (Abb. 2–44); nach den Verfassern.

Diskussion der Ergebnisse: Hieraus resultieren als Ordinatenabschnitt ($K_S/\mu_{max.}$) = 0,3658 mg/l/d, resp. $K_S = 0,37848/1,4681 = 0,258$ mg/l und als Steigung ($1/\mu_{max.}$) = 1,4644 bzw. $\mu_{max.} = 0,683\,d^{-1}$ als statistisch sehr hoch abgesicherte Koeffizienten ($r_K = 0,99999$). Da sich insbesondere bei der Kinetik der Denitrifikationsvorgänge der Einfluss der Temperatur sehr stark bemerkbar macht, sollte auf eine quasi konstant einzuhaltende Reaktionstemperatur geachtet werden – vgl. Abschnitt 2.3.

2.1.3.5 Kinetik des Sauerstoffverbrauches

Für die Geschwindigkeit des Sauerstoffverbrauches gilt definitionsgemäß [20]:

$$r_{O2} = Y_{O2}(-r_S) + k_e X, \tag{2–78}$$

wobei [$Y_{O2}(-r_S)$] die zum Zellaufbau (exogene oder Substratatmung) und ($k_e X$) die zur Energieversorgung der nicht wachsenden Zelle (endogene oder Grundatmung) benötigte Sauerstoffmenge pro Zeit ist und Y_{O2} bzw. k_e die entsprechenden Geschwindigkeitskoeffizienten sind. Mit dem bekannten hyperbolischen Ansatz [20] (siehe auch Gl. 2–39)

$$r_S = \mu_{max.} \frac{SX}{Y(K_S + S)} \qquad (2\text{–}79)$$

sowie unter Berücksichtigung der Gl. 2–57 erhält man [33, 34]:

$$(-r_{O2}/X) = \frac{Y_{O2}}{Y}(1/\theta_C + k_d) + k_e. \qquad (2\text{–}80)$$

Diese Beziehung drückt den bei einem mit Biomasserückführung arbeitenden CSTR existierenden Zusammenhang zwischen Schlammalter und Geschwindigkeitskoeffizient des Substratabbaus einerseits, und dem hierzu abzusichernden Sauerstoffverbrauch, resp. O_2-Zehrungsgeschwindigkeit, andererseits, aus. Sind aus vorher durchgeführten Substratabbauversuchen bei demselben Abwasser die Modellparameter $k_d = 0{,}00734\,d^{-1}$ und $Y = 0{,}43906$ (Abb. 2–36) ermittelt worden (Gl. 2–60) und wird das CSTR-System weiterhin bei unterschiedlich eingestelltem Schlammalter betrieben, so lässt sich die Prüfung des ganzen, den Abbau mit dem O_2-Verbrauch verbindenden Modells nunmehr durchziehen (Gl. 2–80). Dafür werden in einem Koordinatensystem (r_{O2}/X) gegen $(1/\theta_C + k_d)$ die bei verschiedenen Werten des Schlammalters gemessenen O_2Verbrauchsraten eingezeichnet (Tab. 2–15), dies einer Regressionsgeraden angepasst und statistisch ausgewertet. Liegen die so eingetragenen Punkte gut auf dieser Regressionsgeraden, so gibt deren Steigung den Quotienten (Y_{O2}/Y) und der Ordinatenabschnitt den k_eWert an (Abb. 2–46).

Fallstudie: Bei der Reinigung eines Industrieabwassers nach dem Belebtschlammverfahren (ein mit Biomasserückführung arbeitendes CSTR-System) wurden $k_d = 0{,}00734\,d^{-1}$ und $Y = 0{,}43906\,gTS/g\Delta CSB$ ermittelt (siehe Abb. 2–36). Es sollte durch Messung der spezifischen O_2-Zehrungsgeschwindigkeit geprüft werden, inwieweit sich das Schlammalter darauf auswirkt und welche Werte für k_e und Y_{O2} resultieren; die zur Prüfung des Modells erforderlichen Haupt- und Hilfsvariablen wurden in der Tab. 2–15 zusammengetragen.

Tab. 2–15: Ermittlung von Y_{O2} und k_e bei bekannten θ_c, Y und k_d mittels Versuchsdurchführung in CSTRs mit Biomasserücklauf zwecks TOC- und TKN-Oxidation (Abb. 2–36).

Versuchsreihe	1	2	3	4	5	6	7
τ [h]	17,4	15,0	12,5	10,0	7,5	5,0	4,0
X [gTS/l]	4,91	4,05	4,80	4,83	4,05	4,79	4,44
θ_c [d]	11,36	9,34	8,01	6,41	4,95	4,02	3,61
$1/\theta_c$ [d^{-1}]	0,0880	0,10707	0,12484	0,15601	0,20202	0,24876	0,2770
r_{O2} [gΔO_2/l/d]	2,592	2,219	2,741	2,864	2,620	3,310	3,215
r_{O2}/X [gΔO_2/l/d/goTS]	0,5279	0,5479	0,5710	0,5929	0,6469	0,6910	0,7241
$(1/\theta_c + k_d)$ [d^{-1}]	0,0958	0,1148	0,1326	0,16374	0,2098	0,2565	0,2847

Die Ergebnisse der statistischen Modellabsicherung sind Abb. 2–46 zu entnehmen.

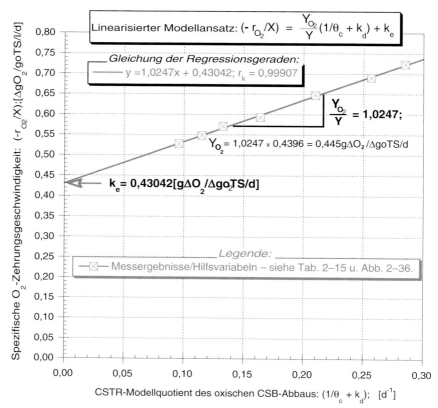

Abb. 2–46: Substratabbau und Sauerstoffverbrauch in einer CSTR- und NKB-Laboranlage mit Biomasserückführung. Modellmäßige Prüfung des Zusammenhanges zwischen Schlammalter θ_c, Biomassekonzentration X und Sauerstoffzehrungsgeschwindigkeit $(-r_{O2}/X)$ – siehe auch Abb. 2–36 und Tab. 2–15; nach [34].

Diskussion der Ergebnisse: Aus Abbildung 2–46 ist ersichtlich, dass die in Tab. 2–15 als Hauptvariablen und Hilfsrechenwerte eingetragenen Punkte sich durch ihre Einzeichnung in Abb. 2–46 sehr gut auf der angepassten Regressionsgeraden aufreihen lassen ($r_k = 0{,}99907$); die Steigung liefert $Y_{O2}/Y = 1{,}0247$, d. h. $Y_{O2} = 1{,}0247 \times 0{,}4396 = 0{,}445$ gΔO_2/goTS und der Ordinatenabschnitt $k_e = 0{,}43042\,\Delta O_2$/goTS/d.

Abschließend zur Thematik der O_2-Verbrauchsrate sollte auch an dieser Stelle darauf hingewiesen werden, dass bei der Durchführung solcher Versuche auf die richtige Einstellung der Leistungsdichte (vgl. Abschnitt 2.4) im Reaktor zu achten ist [3, 6, 15, 17], da in Labor-Bioreaktoren in der Regel um rund 2 bis 3 Zehnerpotenzen höher liegende Werte herrschen. Hierdurch kann (es muss aber nicht) in dem technischen Reaktor der O$_2$Diffusionsvorgang zum geschwindigkeitslimitierenden Faktor werden [3, 17], dann tritt die so genannte O$_2$Limitierung ein und die im Laborreaktor ermittelten Parameter verlieren ihre Gültigkeit (Näheres hierüber im Abschnitt 4.4.1.3).

2.1.4
Kinetik streng anaerober Prozesse

Wie in Abschnitt 1.2.2.2 kurz erwähnt, ist wegen der Empfindlichkeit der Methan bildenden Bakterien die Methanisierungsrate als geschwindigkeitslimitierender Faktor (*rate-controlling step*) zu beachten. Aufbauend hierauf wird bei den in der Klärtechnik üblichen Gärungstemperaturen von 20–35 °C der Temperatureinfluss auf die biokinetischen Konstanten vernachlässigt [29] und der anaeroben Gärung komplexer Substrate das reaktionstechnische Modell mit variierender Reaktionsordnung zugrunde gelegt (vgl. Gl. 2–56 bis 2–61 sowie Kapitel 4).

Zur Ermittlung kinetischer Parameter im Halbtechnikums-Maßstab wurden geschlossene Wulff'sche 20-Liter-Flaschen als anaerobe CSTR-NKB-Systeme eingesetzt, obwohl seit neuester Zeit auf die Trennung der acetogenen von der methanogenen Phase – vgl. hierzu Abschnitt 1.2.2.2 – hingewiesen wird [5, 6, 8, 18, 29–32]. Da in der Vorbereitungsphase die Reaktoren mit methanogenem Belebtschlamm aus den städtischen Faultürmen mehrmals beimpft worden waren und bei kontrollierter Abwasserzufuhr das Einsetzen der Methangas-Entwicklung beobachtet werden konnte (spektrometrische Gas-Analyse), wurde die Konfiguration des Labor-Versuchsstandes auf Einstufigkeit mit CSTR-Umwälzpumpen und ebenfalls geschlossenen NKB eingerichtet und dabei versucht, die Anwendbarkeit des van-Uden-Modellansatzes zu einer fundierten Modellsimulation/-prüfung auch bei streng anaerob verlaufenden Substratabbauprozessen im Falle eines organisch hoch konzentrierten Abwassers modellmäßig zu testen.

Wegen der vergleichsweise *sehr* niedrig liegenden Bakterienwachstumsrate anaerober Prozesse, d. h. aus dem abgebauten Substrat wird überwiegend Faulgas gebildet und nur ein sehr kleiner Teil zum Zellaufbau benutzt, wurden bei der Fallstudie sehr lange Retentionszeiten der Biomasse (Schlammalter) eingeplant und das NKB hydraulisch stark überdimensioniert ($q_A \sim 0{,}01\,\mathrm{m}^3/\mathrm{m}^2/\mathrm{h}$), um eine weitestgehende Verringerung des eventuellen Bakterienauswaschens zu erreichen [5, 6, 8, 29, 31, 32]. Die den anaerob gereinigten, über hydraulischen Verschluss in die 24h-Sammelflasche abfließenden NKB-Ablauf, bestätigte diese konstruktive Maßnahme, da darin die suspendierten Belebtschlammflocken unter 6 mgoTS/l lagen, bei der zeitgesteuerten, *direkten* Dickschlammentnahme aus der 24h-Sammelflasche hingegen wurden über 100 mgoTS/l bestimmt. Zur Bestimmung der kinetischen Parameter wurde der van-Uden-Ansatz angewandt, da charakteristisch für variierende Reaktionsordnung (*reactions of shifting order* [1, S. 64/65]) – vgl. Abschnitt 2.1.2 sowie [1, 5, 8, 18, 29, 30].

In Anlehnung an die Gl. 2–29 und 2–55 bis 2–61 gilt dann für die in einem CSTR mit Rückführung einsetzende Netto-Zuwachsrate der Biomasse, wobei zwecks Vereinfachung $k = \mu_{max.}/Y$ notiert wird:

$$\frac{1}{\theta_C} = Y\frac{kS}{K_S + S} - k_d = Y\frac{S_0 - S}{\tau X} - k_d. \tag{2-81}$$

Nach dem in den Gleichungen 2–60 und 2–61 geschilderten Linearisierungsverfahren können alle 4 Reaktionskoeffizienten ermittelt (vgl. Rechenbeispiel 2 im Abschnitt 2.1.4) und hinterher auch das minimale Schlammalter berechnet werden (Abb. 2–42 und Abb. 2–43):

$$\theta_C^m = \frac{1}{\mu_{max.}} \cdot \frac{K_S + S_0}{S_0}. \tag{2-82}$$

Fallstudie: Zur Erkundung der Reaktionskinetik beim anaeroben Abbau eines hochkonzentrierten, aus der Zellstoffproduktion stammenden Brüdenkondensates (CSB = 20000 mg/l) werden 9 parallel arbeitende CSTRs + NKBs-Linien mit Biomasserückführung aufgestellt, mehrmals mit einem städtischen Faulschlamm beimpft und die Substratabnahme bei 35 °C sowie zwischen 0,5 bis 3,5 Tage eingestellten hydraulischen Aufenthaltszeiten verfolgt. Die Tab. 2–16 fasst die experimentellen Daten und die Hilfsvariablen zur Berechnung der biokinetischen Koeffizienten zusammen.

Diskussion der Ergebnisse: Aus Abbildung 2–47 und Abb. 2–48 ist ersichtlich, dass im Vergleich zum aeroben Abbau von komplexen Substraten die Ertragskonstante $Y = 0,051033$ verhältnismäßig niedrige, allerdings die Sättigunskonstante $K_S = 1,1465$ gCSB/l des Vielstoffgemisches (*overall half-velocity constant*) ungewöhnlich hohe Werte aufwiesen [29]. Mit $\mu_{max.} = 0,2531\ d^{-1}$ lag dieser maximale Wachstumskoeffizient im anaeroben Milieu um mehr als das 25fache über den üblichen Werten bei aerober Reinigung.

Wie auch die eigenen Untersuchungen beim anaeroben Abbau zeigten, ist die Hauptbedingung zur Durchführung kinetischer Untersuchungen zuallererst eine akkurate Bilanzierung der Biomasse. Handelt es sich dabei um ein praktisch Suspensat freies Abwassersubstrat, so gelingt es meistens, zufrieden stellende Massenbilanzen aufzustellen, wenn man sich hierbei statistischer Auswertemethoden bedient. Die Anwesenheit großer Mengen bereits suspendierter organischer Abwasserteilchen erfordert außer deren Bilanzerfassung auch eine sehr gute Durchmischung des Reaktorinhaltes und die Entnahme 24h-Probevolumina zur Analyse. Reaktoren von mindestens 20 Litern an Nutzvolumen sind daher auch im Halbtechnikums-Maßstab anzustreben (Details hierüber im Kapitel 5).

Tab. 2-16: Zusammenstellung der Haupt- und Hilfsvariablen zur Ermittlung biokinetischer Konstanten des van-Uden-Modellansatzes: Y, k_d, K_s und μ_{max}. Versuchsdurchführung in CSTR-Fermentern (geschlossene Wulff'sche Flaschen mit U-förmigen, mit Hg gefüllten Druckmessern), deren auf 36 °C thermostatisierte Inhalte, Abwasserbelebtschlammgemisch, mittels zeitgesteuerter Dosierpumpen (10 min/h-Funktionsdauer) 24mal/d durchgerührt wurde.

Fermenter	S_0 [mg/l]	τ [d]	S [mg/l]	ΔS [mg/l]	$\bar{X}$ [mg/l]	θ_c [d]	$1/\theta_c$ [d^{-1}]	$\Delta S/(\bar{X}\tau)$ [d^{-1}]	$S\theta_c$ [d·mg/l]	$k_d\theta_c$ [-]	$S\theta_c/(1+k_d\theta_c)$ [d·mg/l]
1	20000	0,5	9550	10450	4663	4,9	0,20408	4,48209	46795,00	0,10397	42387,996
2	20000	1,0	7722	12278	2800	5,0	0,20000	4,38500	38610,00	0,10609	34906,742
3	20000	1,0	6812	13188	3066	5,1	0,19608	4,30137	34741,20	0,10821	31348,881
4	20000	1,0	5715	14285	3417	5,3	0,18868	4,18057	30289,50	0,11246	27227,609
5	20000	1,25	4100	15900	3228	5,7	0,20000	3,94052	23370,00	0,12094	20848,525
6	20000	1,50	3250	16750	2985	6,0	0,16667	3,74093	19500,00	0,12731	17297,846
7	20000	2,5	2525	17475	2007	6,5	0,15385	3,48281	16412,50	0,13792	14423,284
8	20000	3,5	2015	17985	1586	7,0	0,14286	3,23996	14105,00	0,14853	12280,958
9	20000	3,5	1355	18645	2013	8,9	0,11236	2,64637	12059,50	0,18884	10143,919

Anmerkung: Aus Abb. 2-47 geht eine sehr hohe Korrelationsgüte hervor: $r_k = 0,9715$, die statistisch hoch abgesicherte van-Uden-Modellparameter: $Y = 0,051033$ [(mgΔoTS/l)/(mgΔCSB/l)]; $k_d = 0,021218$ [(ΔmgCSB/l)/(ΔmgoTS/l)] x d^{-1} liefert; bei sogar $r_k = 0,9999$ –, resultieren: $K_S = 1,1465$ gCSB/l und $\mu_{max.} = 0,2531$ [(ΔgoTS/goTS) x d^{-1}].

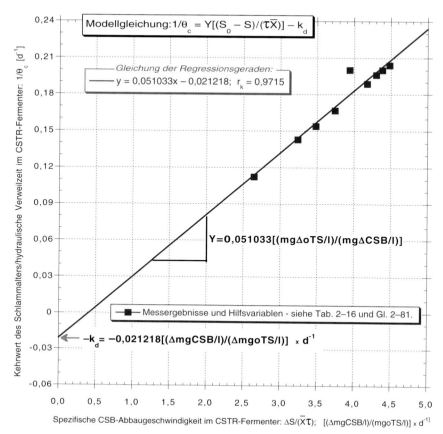

Abb. 2–47: Biologischer CSB-Abbau nach anaerobem Belebtschlammverfahren bei einem organisch-hochkonzentrierten Industrieabwasser aus der Tierkörperverwertung; als CSTR-Fermenter dienten geschlossene und mit hydraulischem Verschluss ausgestattete 5-Liter-Wulff'sche-Flaschen. Ermittlung der Modellparameter k_d und Y über den van-Uden-Ansatz; nach [28].

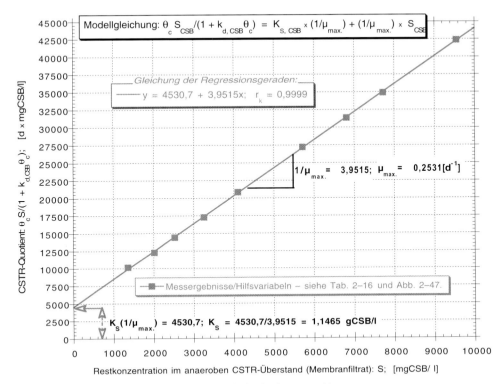

Abb. 2–48: Biologischer CSB-Abbau nach dem anaeroben Belebtschlammverfahren bei einem organisch-hochkonzentrierten Industrieabwasser aus der Tierkörperverwertung; als CSTR-Fermenter dienten geschlossene und mit hydraulischem Verschluss ausgestattete 5-Liter-Wulff'sche-Flaschen. Ermittlung der Modellparameter K_S und μ_{max} über den van-U-den-Ansatz; nach den Verfassern.

2.2
Reaktionstechnisches Verhalten von Reaktoren mit immobilisierter Biomasse

Sessile Organismen lassen sich für die biologische Abwasserreinigung auf Bewuchsflächen (Trägermaterialien) immobilisieren, indem sie eine auf diesen Besiedelungsflächen anhaftende, biologisch aktive Schicht (Biofilm) bilden. Wegen der Komplexität der sich darin abspielenden Prozesse Stofftransport, Gas-Flüssigkeit-Biofilm, Abspaltung grober organischer Moleküle durch Exoenzyme, enzymkatalysierte, sequentiell ablaufende Reaktionen im Biofilm, Einfluss der Schichtdichte auf den Reaktionsverlauf, notwendiges Minimum, Verstopfung, Auswaschen von Biomasse, etc. lassen sich all diese Effekte kaum einzeln [36], sondern nur als Bruttoreaktionseffekte mathematisch erfassen (vgl. Abschnitt 2.1.2.4 und Abschnitt 4.5). Zur Modellierung der Substratelimination haben sich in den letzten 20 Jahren zwei reaktionstechnische Modelle bewährt, deren Anwendung im Folgenden erläutert wird [5, 6, 8, 36, 38].

2.2.1
Reaktion 1. Ordnung

Indem man einen Festbettreaktor (Tropfkörper, Biofilter, Bio-Sandfilter, etc.) als PFR betrachtet und der Substratabnahme einen Reaktionsverlauf 1. Ordnung zugrunde legt, kann man schreiben (vgl. Abschnitt 2.1.2.2 und Gl. 2–22):

$$\frac{S_e}{S_{Infl.}} = \exp(-K_1 X t), \tag{2–83}$$

worin $S_{Infl.}$ und S_e die Zulauf- bzw. Auslaufkonzentration, K_1 die Reaktionskonstante, X die Konzentration an aktiver Biomasse und t die Durchtropfzeit sind. Diese Durchtropfzeit ist nach [5, 37] eine Funktion der Oberflächenbeschickung q_F, der spezifischen Fläche des Füllmaterials $A_V (m^2/m^3)$, der Filterhöhe H und der geometrischen Form der Füllkörper, was alles in den Konstanten C′, m und n seinen Niederschlag findet:

$$t = C' \times ; A_V^m \times \frac{H}{q_F^n}. \tag{2–84}$$

Wenn man die Biomassekonzentration als annähernd direktproportional mit der spezifischen Oberfläche des Füllmaterials betrachtet, gilt $X \sim A_V$. Durch Substitution von t in der Gl. 2–83 resultiert dann [5, 37]

$$S_e/S_{infl.} = \exp\left(-kC' \times A_V^{(m+1)} \times \frac{H}{q_F^n}\right). \tag{2–85}$$

Wird ferner vorausgesetzt, dass die spezifische Oberfläche A_V konstant bleibt und der darauf angesiedelte Biofilm auch in der Höhe des Tropfkörpers gleichmäßig verteilt wird, lässt sich schreiben:

$$S_e/S_{infl.} = \exp\left(-K_1' \frac{H}{q_F^n}\right), \tag{2–86a}$$

mit K_1' als Abbau-Geschwindigkeitskoeffizient des betreffenden Abwassers (*treatability factor*) in (T^{-1}) ausgedrückt [5, 35–37].

Gleichung 2–86a gilt nur im Falle eines Tropfkörpers mit oder ohne Rezirkulation. Wenn der Reaktor, aus welchen Gründen auch immer, mit Rezirkulation betrieben werden muss (Gefahr der Verstopfung, zeitweise kaum/zu kleiner Abwasseranfall, da Geruchsbelästigungen, Mückenentwicklung als Folgen insbesondere in warmen Jahreszeiten nur allzu bekannt sind), dann geht Gl. 2–86a in eine die Rezirkulation berücksichtigende Form über [5]:

$$\frac{S_e}{S_{Infl.}} = \frac{\exp(-K_1' H/q_F^n)}{1 + R - R \exp(-K_1' H/q_F^n)}, \tag{2–86b}$$

worin diesmal $S_{Infl.}$ die Schadstoffkonzentration des nun dem Reaktor als Abwassergemisch eingeleiteten Zulaufstroms darstellt:

$$S_{Infl.} = \frac{S_0 + RS_e}{1 + R}. \qquad (2\text{--}86c)$$

In Abwandlung der in [5, 37] zur Ermittlung der Modellparameter K'_1 und n vorgesehenen, beachtlich zeitaufwändigeren Methodik (drei grapho-analytische Zwischenschritte erforderlich) lässt sich Gl. 2–86a dennoch direkt linearisieren. Dafür wird sie logarithmiert und lässt sich, da bekanntlich $\ln(S_e/S_{Infl.}) = -\ln(S_{Infl.}/S_e)$, nach dieser Substitution umschreiben:

$$\frac{\ln(S_{Infl.}/S_e)}{H} = K'_1 \, q_F^{-n}. \qquad (2\text{--}87)$$

Nach erneutem Logarithmieren und einigen Zwischenrechnungen kann nun die Gl. 2–87 in eine direkt linearisierbare Form gebracht werden:

$$\ln\left[\frac{\ln(S_{Infl.}/S_e)}{H}\right] = \ln K'_i - n \ln(q_F). \qquad (2\text{--}88a)$$

Durch Einzeichnung der Messwerte in einem Koordinatensystem $\{\ln[\ln(S_{Infl.}/S)/H]\}$ gegen $(\ln q_F)$ und deren Anpassung an eine Regressionsgerade ergibt deren Steigung den n-Wert und deren Ordinatenabschnitt (OA) den $(\ln K'_1)$-Wert.

Ausgehend von derselben Gl. 2–87 kann man noch eine direkt anwendbare zweite Linearisierungsform erlangen; nach einigen Zwischenrechnungen lässt sich diese in die Form:

$$\frac{\ln[\ln(S_{Infl.}/S_e)]}{\ln(q_F)} = \frac{1}{\ln(q_F)}\left[\ln(H) + \ln(K'_1)\right] - n \qquad (2\text{--}88b)$$

bringen. In einem Koordinatensystem $\{\ln[\ln(S_{Infl.}/S_e)]/\ln(q_F)\}$ gegen $[1/\ln(q_F)]$ führt die Einzeichnung so umgerechneter Wertpaare $S_{infl.};S_e;q_F$ und deren Modell-Anpassung zu einer anders gearteten Regressionsgeraden; ihr Ordinatenabschnitt (OA) gleicht dem Wert $(-n)$, und ihre Steigung gleicht dem Ausdruck $[\ln(H) + \ln(K'_1)]$.

Dieser Modellansatz kann aber nur bei unterschiedlichen Modell-Oberflächenbeschickungen angewandt werden; unterschiedlich eingestellte Zulaufkonzentrationen stellen zur Modellanwendung kein Muss, wohl aber eine Versuchsdurchführung unter breit eingestellten Oberflächenbeschickungen binnen mehrerer Versuchsperioden; Versuche unter Beibehaltung einer einzigen technisch interessanten Oberflächenbeschickung erzwingen daher das Übergehen auf die Anwendung des Ansatzes für Reaktionen variierender Ordnung – siehe Abschnitt 2.2.2.

Fallstudie: In einer 4 m hohen, auf dem Gelände einer Industrie-Kläranlage aufgestellten Tropfkörpersäule, deren Füllung aus Polypropylenkugeln mit einem Durchmesser von 20 mm besteht, wurde nach etwa 6-wöchiger Einarbeitungszeit der BSB_5-Abbau des starke Zulauf-Konzentrationsunterschiede aufweisenden Industrieabwassers untersucht. Um solche Stoßbelastungen der Groß-Kläranlage auch in der Versuchsanlage zu erfassen, wurde diese mit sehr unterschiedlichen

Oberflächenbelastungen/Versuchsperiode beschickt, um – soweit in der Versuchsanlage modellmäßig realisierbar – auch die hierdurch herbeigeführten, das Konzentrationsspektrum in der Tropfkörpersäule abpuffernden Effekte zu beobachten. Es sollten die biokinetischen Parameter n und (K_1') ermittelt werden. Tabelle 2–17 fasst die Messdaten und die erforderlichen Hilfsvariablen zur Prüfung des Modellansatzes in seinen zwei unterschiedlich linearisierten Formen zusammen (Gl. 2–88a und 2–88b).

Tab. 2–17: Zusammenstellung der Haupt- und Hilfsvariablen bei der Modellerstellung des BSB_5-Substratabbaus in einem Industrieabwasser nach einem Reaktionsverlauf 1. Ordnung: Ermittlung von K_1' und n bei Festbettreaktoren durch zwei Linearisierungsformen – siehe Abb. 2–49 und 2–50; nach den Verfassern.

Versuchs-Nr.	1	2	3	4	5	6	7	8	9	10
Parameter										
S_0 [mgBSB$_5$/l]	880	1112	915	1050	1100	980	1020	890	1012	950
S_e [mgBSB$_5$/l]	52	106	99	135	215	248	279	280	370	388
q_F [m³/m²/min]	0,005	0,007	0,008	0,010	0,015	0,020	0,025	0,030	0,040	0,050
S_0/S_e [-]	17,6000	10,4906	9,2424	7,778	5,1163	3,9516	3,6559	3,1786	2,7351	2,4485
$\ln(S_0/S_e)$ [-]	2,86790	2,3505	2,2238	2,0513	1,6324	1,3741	1,2963	1,1564	1,0062	0,8955
$\ln[\ln(S_0/S_e)/4]$	–0,3327	–0,5317	–0,5871	–0,668	–0,8962	–1,0685	–1,127	1,2410	–1,3801	–1,4967
S_e/S_0 – Experiment	0,05681	0,0953	0,1082	0,1286	0,1955	0,2531	0,2735	0,3146	0,3656	0,4084
S_e/S_0 – Modell	0,06154	0,0945	0,11	0,1386	0,1988	0,2465	0,2855	0,3182	0,3706	0,4113
$\ln(q_F)$ [m³/m²/min]	–5,2983	–4,9618	–4,828	–4,6052	–4,1997	–3,912	–3,6889	3,5066	–3,2189	–2,9957
$\ln[\ln(S_0/S_e)]/\ln(q_F)$	–0,1988	–0,1722	–0,166	–0,1560	–0,1166	–0,0812	–0,0703	–0,0414	–0,0019	0,0368

Diskussion der Ergebnisse: Bei sehr hoher Regressionsgüte ($r_k = 0,99907$) resultiert als Steigung der in Abb. 2–49 statistisch angepassten Regressionsgeraden $(-n) = -0,49965$ [m^{-2}min]. Als Ordinatenabschnitt lässt sich $\ln(K_1') = -2,9922$ ablesen, woraus sich $K_1' = 0,050177$ min^{-1} ergibt.

Infolge der in Abb. 2–50 gezogenen Regressionsgeraden ($r_k = 0,99866$) resultiert als Steigung $[\ln(H) + \ln(K_1')] = -1,6034$. Daraus lässt sich zuerst $\ln(K_1') = -1,6034 - \ln(4) = -2,98969$ ableiten, woraus $K_1' = \exp[-2,98969] = 0,050303$ min^{-1} berechnet werden kann. Der im negativen Funktionsbereich liegende Ordinatenabschnitt erlaubt nun den Wert $(-n) = -0,49903$ m^{-2}min direkt abzulesen.

Sind diese Prozessparameter dem Planer einmal bekannt, kann die Bemessung des Festbettreaktors erfolgen, indem man bei bekannten Q_0 und S_0 einen/mehrere q_F-Werte in die Gl. 2–86a und/oder Gl. 2–86b einsetzt und (S_e/S_{Infl}) berechnet. Dieses Procedere ist aber nur unter den bau-technologischen Experimentbedingungen, H = 4 m und eine Füllung bestehend aus Polypropylenkugeln von φ = 20 mm, abgesichert. Extra-/Interpolationen oder der Einsatz anderer Füllungskörper (ver)ändern die Modellparameter und führen quasi sicher zu Abweichungen von den experimentellen Mikropilotergebnissen, die selten mit einer betrieblichen Mehrleistung einhergehen [5, 8, 37, 38].

Falls technologisch überhaupt von Vorteil ein betriebliches Dauer-Übergehen auf interne Rezirkulation in Frage käme, sollte es zuerst in einer Mikropilotanlage experimentell quantifiziert werden, da dies, biologisch bedingt, eine unabdingbar damit einhergehende Umordnung von Bakterienspezies in der Höhe des Tropfkörpers nach sich zieht ($S_{infl.}$ wird mit schwieriger abbaubaren Substratkomponenten/Zwischenmetaboliten angereichert und insbesondere bei großen Industrieabwasseranteilen lässt in der Regel das Leistungsvermögen der Anlage nach).

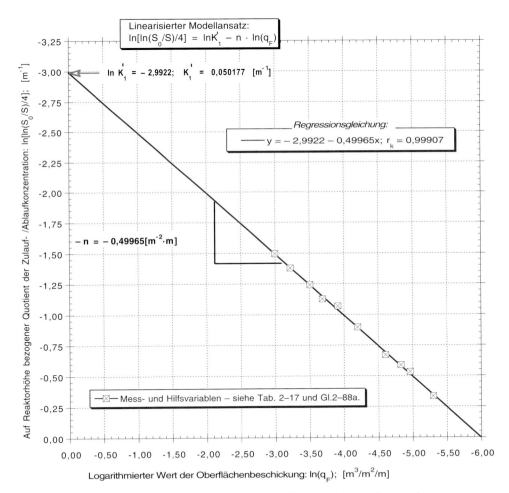

Abb. 2–49: Aerober BSB_5-Abbau nach einer Modell-Reaktionskinetik 1. Ordnung in einer ohne Rezirkulation, aber mit verschiedenen Oberflächenbeschickungen beaufschlagten, 4 m hohen Füllkörpersäule/Tropfkörperanlage: Ermittlung der reaktionstechnischen Modellparameter n und K_1; nach [5,37], von den Verfassern modifiziert (s. Gl. 2–88a).

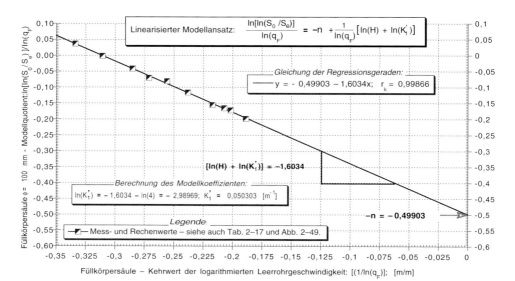

Abb. 2–50: Modellierung des biologisch aeroben Substratabbaus eines Industrieabwassers in einer Füllkörpersäule $\phi = 100$ mm und $H = 4$ m; Ermittlung der Eckenfelderschen Koeffizienten n und K_1'; nach [5,8,36–38], von den Verfassern modifiziert (s. Gl. 2-88b).

Außerdem beginnt sich bei steigenden Rücklaufraten auch das reaktionstechnische Verhalten des Reaktors ungünstig zu (ver)ändern, von PFR- zu CSTR-Verhalten, d. h. es gleitet in den Bereich einer damit einhergehenden abnehmenden Raum-Zeit-Ausbeute über [1, 6, 8, 11, 12, 13, 21, 38].

2.2.2
Reaktion variierender Ordnung

Ausgehend von dem reaktionstechnischen Verhalten eines PFR wurde in [5, 18, 38] folgende Modellgleichung vorgeschlagen (vgl. Abschnitt 2.1.3.1 und Gl. 2–42):

$$K_s \ln(S_{infl.}/S_e) + (S_{infl.} - S_e) = \mu_{max} \frac{(a)(X)(d)(A)(Z)}{YQ_0} \tag{2–89a}$$

Oder indem man berücksichtigt, dass im Falle einer internen Rezirkulation die gleiche Mischregel, $S_{infl.} = (S_0 + RS_e)/(1 + R)$, auch für die Mischkonzentration bei der Beaufschlagung der Füllkörpersäule gilt und dies in Gl. 2–89a substituiert, wird bei angewandtem R-Quotient lediglich die Konzentrationsmessung des Original-Abwassers S_0 (vor der Vermischung mit dem Rezirkulat) und des Reaktorablaufs S_e benötigt. In diesem Falle gilt:

$$K_s \ln\{[(S_0+RS_e)/[(S_e(1+R)]+(S_0-S_e)/(1+R) = \frac{(a)(X)(d)(A)(Z)}{YQ_0}, \tag{2–89b}$$

worin K_S die Sättigungskonstante, S_0, $S_{Infl.}$ die entsprechenden Zustromkonzentrationen vor und nach eventueller Rezirkulation, S_e die Reaktor-Ablaufkonzentration, $\mu_{max.}$ die maximale Bakterienwachstumsrate, Y der Schlammertrag, a die spezifische Fläche des Füllmaterials, X die Konzentration an aktiver Biomasse im Biofilm, d die Stärke des Biofilms, A die Reaktorfläche (Leerrohrfläche), Z die Reaktorhöhe und Q_0 der Durchsatzvolumenstrom vor eventueller Rückführung des Rezirkulates sind. Wird R = 0 in Gl. 2–89b eingesetzt, so wird naturgemäß diese zu Gl. 2–89a. Gleichungen 2–89a und 2–89b gleichen jener für Batchreaktoren (PFR) gefundenen Gesetzmäßigkeit (Gl. 2–42), wobei allerdings der rechte Term die einen Festbettbiofilmreaktor (*Fixed Film Biological Reactor*) und nicht einen Belebtschlammreaktor (*Suspended Activated Sludge Reactor*) kennzeichnenden Größen enthält.

Zur einfachen Bestimmung der Saturationskonstanten und des maximalen, auf die Biofilm-Flächeneinheit des Füllmaterials bezogenen Oxidationsvermögens (rechter Term der Gl. 2–89b) wird zuerst $[(\mu_{max.})/(Y)] \times (X)(d)$ als $k(X)(d)$ substituiert, siehe dazu Gl. 2–39; Gl. 2–89a lässt sich dann in die linearisierbare Form überführen [36, 38]:

$$(S_{Infl.} - S_e) = [k(a)(X)(d)(A)(Z)]/Q_0 - K_S \ln(S_{Infl.}/S_e). \qquad (2\text{–}89c)$$

Bei konstanter Reaktorhöhe Z und Oberflächenbeschickung $q_F = Q_{Infl.}/A$ kann durch Einzeichnung der Wertpaare $S_{Infl.}$; S_e in einem Koordinatensystem $(S_{Infl.} - S_e)$ gegen $[\ln(S_{Infl.}/S_e)]$ eine Regressionsgerade gezogen werden, deren negative Steigung den K_S-Wert und deren Ordinatenabschnitt den Quotienten $[k(a)(X)(d)(A)(Z)/Q_0]$ angibt. Wegen der Unkenntnis der Stärke des Biofilms d, der im Biofilm enthaltenen aktiven Biomassekonzentration X sowie von $\mu_{max.}$ und Y bzw. $k = \mu_{max}/Y$ kann allerdings nur das Produkt $[(k)(X)(d)]$ bestimmt werden. Da in der Abwassertechnik aber viel mehr der Substratabbau als die Produktion an Biomasse im Vordergrund steht [21], ist für das Scale-up des Reaktors die Kenntnis von $[(k)(X)(d)]$ *ausreichend* [36, 38]. Sind dieses Multiplikationsprodukt, der anfallende Abwasservolumenstrom Q_0 und die Schadstoffkonzentrationen S_0 und S_e bekannt, obliegt es dem planenden Ingenieur durch *trial and error* eine technisch-wirtschaftlich adäquate Wahl für A bzw. q_F zu treffen und dies alles mitsamt K_S in die Gl. 2–89a bzw. Gl. 2–89b einzusetzen. Durch Nullstellensuche für A oder q_F lassen sich diese Gleichungen lösen und damit steht die/eine Bemessungslösung fest. Es muss allerdings nachdrücklich bemerkt werden, dass nach [38] die Saturationskonstante K_S mit der Durchtropfzeit bzw. q_F variiert; falls in der Labor-Modellanlage bei quasi nur einer Leerrohrgeschwindigkeit/Oberflächenbeschickung ($q_F \approx$ experimentiert wurde, allerdings bei produktionsbedingt stark variierenden Zulaufkonzentrationen (üblicher Fall bei Industrieabwässern), wäre auch eine Versuchsplanung/-durchführung unter mehreren Oberflächenbeschickungen, dies aber bei möglichst quasi konstanten Zulaufkonzentrationen, in der Labor-Tropfkörperanlage zu betreiben und die Ergebnisse der statistischen Prüfung beider Modellansätze zu unterziehen (Gl. 2–88a, 2–88b, 2–89c).

Die modellmäßige Auswertung anders erzielter Ergebnisse könnte bei dem im Abschnitt 2.2.2 abgehandelten formalkinetischen Ansatz unterschiedliche Saturationskonstanten, sowie eventuell auch differierenden Werte für $[(k)(a)(X)(d)(A)(Z)]/Q_0 = [k(a)(X)(d)(Z)]/q_F$, also auch für $[(k)(X)(d)]$ liefern (siehe Abschnitt 4.5, Abb. 4–13). Je nach den örtlichen Bedingungen, stark differierende Schadstoffkonzentrationen oder Abwasseranfall (bei Industrieabwässern ist ein stark variierender Abwasseranfall recht ungewöhnlich, da üblicherweise Ausgleichsbecken der Kläranlage vorgeschaltet werden), muss der Planer all diese Aspekte in Betracht ziehen, sich für eine dieser beiden Modellsimulationsarten entscheiden und hierbei auch *betrieblich* festlegen. Bei Kommunalabwässern wäre deshalb der Eckenfeldersche Modellansatz (Abschnitt 2.2.1) dem Ansatz variierender Reaktionsordnung (Abschnitt 2.2.2) vorzuziehen, da dieser viel längere Versuchszeiten in Anspruch nähme.

Fallstudie: Mit Hilfe einer Halbtechnikums-Tropfkörperanlage sollen das reaktionstechnische Verhalten eines Industrieabwassers untersucht und bei einer Reaktorhöhe von $Z = 5$ m die biokinetischen Parameter K_S und das Produkt $[(k)(X)(d)]$ mit dem Schwerpunkt sehr stark variierender Zulaufkonzentrationen bestimmt werden. Da sehr hohe BSB_5-Konzentrationen auftreten können, sollten solche Zuläufe mit reinem Sauerstoff angereichert werden (siehe Versuchsperioden 1–4), damit keine Sauerstofflimitierung entsteht. Die Füllung des Reaktors besteht aus Polypropylenkugeln mit einer spezifischen Flächen $a = 157$ m^2/m^3, die Reaktorquerfläche ist $A = 0{,}00784$ m^2, die Zulauf-Wassermenge ist $Q_0 = 0{,}00783$ m^3/h und die Rücklaufrate sollte auch in diesem Falle bei $R = 0$ liegen. Die Messwerte und die Hilfsvariablen werden in der Tab. 2–18 zusammengestellt und in Abb. 2–51 graphisch-statistisch ausgewertet.

Tab. 2–18: Zusammenstellung der Haupt- und Hilfsvariablen zur Erstellung eines formalkinetischen Modells bei variierender Reaktionsordnung des Substratabbaus im Festbettreaktor: Statistisch abgesicherte Ermittlung der Sättigungskonstanten K_S und der maximalen aktiven Biomasse per deren Volumeneinheit: $[(k)(d)(a)(Z)(X)(A)]/Q_0$.

Parameter	Versuchsreihen							
	1	2	3	4	5	6	7	8
S_0 [gBSB$_5$/l]	2,9073	1,8661	1,0198	0,9883	0,6223	0,4989	0,3662	0,3061
S [gBSB$_5$/l]	1,4150	0,5910	0,2231	0,1511	0,0483	0,0327	0,0260	0,0110
$(S_0 - S)$ [ΔgS/l]	1,4923	1,2751	0,7967	0,8372	0,5740	0,4662	0,3402	0,2951
S_0/S [-]	2,0546	3,1575	4,5710	6,5407	12,8834	15,2522	14,0846	27,8282
ln (S_0/S) [-]	0,7201	1,1498	1,5197	1,8781	2,5559	2,7247	2,6451	3,32605
q_F [m^3/m^2/h]	0,9988	0,9986	0,9987	0,9985	0,9989	0,9986	0,9989	0,9989

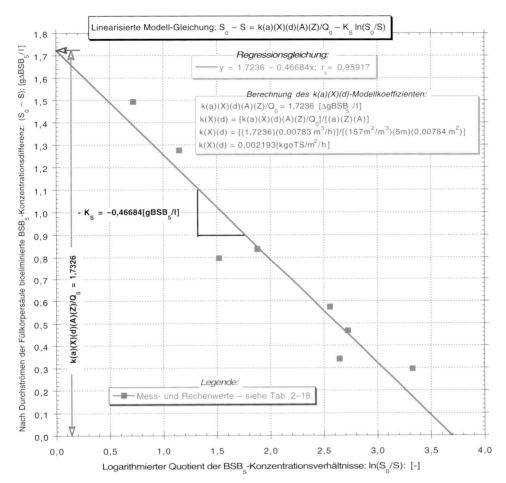

Abb. 2–51: Aerober BSB$_5$-Abbau in einer als Modell-Tropfkörperanlage fungierenden 5 m hohen Füllkörpersäule, unter der Annahme einer Abbaukinetik variierender Ordnung (shifting order cinetics) bei ohne interne Rezirkulation konstant aufrechterhaltener Oberflächenbeschickung aber variierenden Zulaufkonzentrationen: Ermittlung der Saturationskonstanten K_S und des maximalen Oxidationsvermögens des Biofilms in der Reaktorfüllung: [($\mu_{max.}$/Y)][(X)(a)(d)(A)(Z)/Q$_0$]; [ΔkgBSB$_5$/m² Biorasen/h]; nach [5,37].

Diskussion der Ergebnisse: Aus Abbildung 2–51 resultiert als negative Steigung der angepassten Regressionsgeraden $-K_S = -0,46684$ [gBSB\d5\n/l] und als Ordinatenabschnitt der Quotient [(k)(a)(X)(d)(A)(Z)]/Q$_0$ = [k(a)(X)(d)(Z)]/q$_F$ = 1,7426, woraus sich der maßgebende Multiplikationskoeffizient des Reaktors (k)(X)(d) = (1,7236 × 0,00783)/(157 × 5 × 0,00784) = 0,002193 kgoTSm²h^{-1} berechnen lässt.

■ **Merksatz:** *Zur Modellerstellung des Substratabbaus in Festbettreaktoren wird an dieser Stelle erneut darauf hingewiesen (vgl. Kapitel 6), dass die hierfür eingesetzten mathematischen Ansätze dem Gebiet des Chemieingenieurwesens (chemical engineering) [36, 38] entstammen und in der Abwassertechnik „rein" formalkinetischen Charakter haben! Denn: Die hieraus modellmäßig gewonnenen biokinetischen Parameter müssen physikalisch sinnvoll sein und dürfen nur auf identisches Füllmaterial und ähnliche Betriebsbedingungen des technischen Reaktors (Höhe, mit oder ohne Rücklaufrate, mit oder ohne Vor- oder Nachklärbecken, Temperatur, etc.) sowie vor allem beim obligatorischem Nicht-Vorliegen einer Sauerstofflimitierung übertragen werden [5, 6, 15]. Sollte im technischen Maßstab die Aufstellung solcher im Labormaßstab nicht realisierbarer Reaktorhöhen beabsichtigt sein, so ist eine entsprechende Kaskadenschaltung im Labor zu realisieren und/oder der Substratabbau nach jeder Stufe zu verfolgen. Erst dann, wenn das Modell statistisch abgesichert ist, sollte eine Übertragung zuerst auf die gleiche technische Höhe erfolgen, da Abweichungen bei den Reaktionskonstanten durchaus auftreten können [36].*

Handelt es sich beim Einsatz solcher Festbettreaktoren um mikrobielle Nitrifikation, Denitrifikation oder streng anaeroben Abbau, so lässt sich die Eignung dieser zwei Modelle zur modellmäßigen Prozessanalyse, wie oben beschrieben, nur durch Einsatz experimentell gewonnener Werte ins gewählte Modul prüfen. In Abschnitt 4.5 wird eine konkrete Fallstudie mit allerdings vielen installationsmäßigen Details zur Versuchsdurchführung präsentiert. Auf maßgebende Scale-Up-Bedingungen wird im Abschnitt 4.5 und Kapitel 5 ausführlich eingegangen.

2.3
Erkundung des Temperatureinflusses auf die biokinetischen Geschwindigkeitskoeffizienten

Die Temperatur hat Einfluss auf die Reaktionsgeschwindigkeit in der Zelle, da die Art deren Metabolismus, die Nährstoffansprüche und die Biomassezusammensetzung in ihren Ein- und Wechselwirkungen in der Zelle sowie von ihrer und der sie umgebenden Temperatur abhängig sind (vgl. Abschnitt 1.1.2 und Abschn. 2.3). Der Einfluss der Temperatur auf die spezifische Wachstumsgeschwindigkeit eines Bakteriums ist in Abb. 2–52 ersichtlich.

Im Bereich unterhalb des Temperaturoptimums bewirkt eine Erhöhung der Temperatur um 10 °C eine Verdoppelung der spezifischen Wachstumsgeschwindigkeit (Temperaturkoeffizient $Q_{10} = 2$). Bereits 10–25 °C unter dem Optimum geht die spezifische Wachstumsgeschwindigkeit praktisch auf null zurück. Die meisten Boden- und Wasserbakterien sind mesophil, d. h. ihre Temperaturoptima liegen zwischen 20 und 45 °C. Einige Bakterien, vor allem Sporenbildner, wachsen erst bei Temperaturen oberhalb 45 °C optimal und werden als thermophil bezeichnet. Ihnen stehen die psychrophilen Organismen gegenüber, welche ein Temperaturoptimum unter 20 °C besitzen [3].

Die rasche Abnahme der spezifischen Wachstumsgeschwindigkeit im oberen Extrembereich der Temperatur (vgl. Abb. 2–52) ist biotechnisch bedingt auf die teilweise oder vollständige Denaturierung der makromolekularen Zellbestandteile, besonders der Proteine, zurückzuführen, die im denaturierten Zustand ihre Funktion als Strukturkomponente oder Katalysator nicht mehr erfüllen. Thermophile Bakterien müssen deshalb hitzestabile Enzyme haben, welche ein Wachstum bei Temperaturen von bis zu über 90 °C erlauben [3].

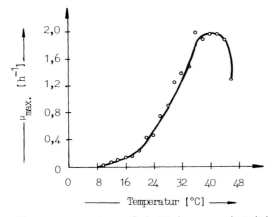

Abb. 2–52: Maximale spezifische Wachstumsgeschwindigkeit μ_{max} von *Escherichia coli* als Funktion der Wachstumstemperatur; nach [19].

Die Wachstumstemperatur kann die Wachstumsausbeute (Überschussschlammproduktion: Gl. 2–52 bis Gl. 2–57) beeinflussen. So bewirkt ein Absenken der Temperatur bei Bakterien eine Zunahme der Ausbeute bezüglich der Kohlenstoff- und Energiequelle. Umgekehrt sinkt die Ausbeute mit zunehmender Temperatur, was auf der Zunahme des Erhaltungsstoffwechsels beruht [20]. Die Einflüsse der Temperatur auf das Wachstum und die Aktivität biologischer Systeme müssen also auf zwei verschiedenen Ebenen erklärt werden:
1. Temperaturstabilität von Strukturen und Strukturkomponenten der Zellen;
2. Temperaturabhängigkeit der biochemischen Reaktionsgeschwindigkeiten.

Zur Quantifizierung des Temperatureinflusses wird auch in biologischen Systemen eine auf der van't-Hoff-Arrhenius-Gesetzmäßigkeit basierende Beziehung angewandt [1, 5, 6, 8]:

$$\ln K_{HA} = -\frac{E_a}{R} \cdot \frac{1}{T} + \ln B, \qquad (2\text{--}90)$$

worin K_{HA} die betreffende Reaktionskonstante, E_a die Aktivierungsenergie [J/mol], R die Gaskonstante [8,314 J/mol/K], T die Reaktionstemperatur [K] und B eine Integrationskonstante ist. In der Abwassertechnik ist es allerdings üblich, die Temperaturdependenz durch folgende Beziehung auszudrücken [2, 5, 6, 8, 27, 29, 30, 39]:

$$K_2/K_1 = \exp[E_a/R \times (T_2 - T_1)] = \Theta^{(T_2-T_1)} \qquad (2\text{--}91)$$

worin K_2 und K_1 die Werte der Reaktionskonstanten bei Temperaturen T_2 und T_1 sind und Θ der charakteristische Temperaturterm ist. Durch Einzeichnung der aus Experimenten resultierenden Wertpaare $K_{HA};T$ in einem Koordinatensystem ($\ln K_{HA}$) gegen (1/T) gibt die negative Steigung der so entstandenen Regressionsgeraden den Quotienten ($-R_a/R$) und der Ordinatenabschnitt den ($\ln B$)-Wert an.

Rechenbeispiel: Nach der Auswertung der resultierenden Messergebnisse aus bei 5 unterschiedlichen Temperaturen durchgeführten Versuchen wurden die in Tab. 2–19 aufgelisteten Werte für die Reaktionskonstante ermittelt.

Tab. 2–19: Zusammenstellung experimenteller Messwertpaare T, K_{HA}.

T [°C]	K_{HA} [d^{-1}]
15	0,53
20,5	0,99
25,5	1,37
31,5	2,80
39,5	5,40

Die Hilfsvariablen werden nunmehr in der Tab. 2–20 zusammengetragen, wobei zwecks Vereinfachung der graphischen Darstellung die K_{HA}-Werte mit 10 multipliziert wurden.

Tab. 2–20: Hilfsvariablen zur Ermittlung des Temperatureinflusses auf die Reaktionsgeschwindigkeit.

K · 10	ln (K · 10)	T K	$10^5 \cdot 1/T$
5,3	1,66771	288,13	347,06555
9,9	2,29253	293,63	340,56464
13,7	2,61740	298,63	334,86252
28,0	3,33220	304,63	328,26706
54,0	3,98898	312,63	319,86694

2.3 Erkundung des Temperatureinflusses auf die biokinetischen Geschwindigkeitskoeffizienten

Zeichnet man die Rechenwertpaare in ein Koordinatensystem $[\ln(K_{HA} \times 10)]$ gegen $\{\ln[(1/T) \times 10^5]\}$ ein und passt man Gl. 2–90a einer Regressionsgeraden an (Abb. 2–53), so gibt deren negative Steigung $(-E_a/R) = 8527{,}6$ kJ an.

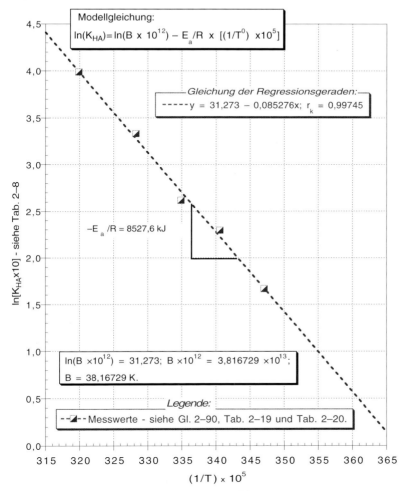

Abb. 2–53: Erkundung des Temperatureinflusses auf die Geschwindigkeitsparameter; nach [3] – siehe auch Tab. 2–20.

Angesichts des experimentell geprüften Temperaturbereiches von rund 15–40 °C lässt sich für jede dazwischen liegende Temperatur auch schreiben [5]:

$$\Theta = \exp[8528/(T_1 \times T_2)]. \tag{2–92}$$

Da $T_1 = 15 + 293 = 288$ K und $T_2 = 40 + 273 = 313$ K sind, wird auch der Temperaturfaktor zu

$$\Theta = \exp[8526/(288 \times 313)] = 1{,}0992. \tag{2-93}$$

Da der Ordinatenabschnitt der Regressionsgeraden (T⇒∞)

$$\ln B = 31{,}273 \times 10^{12} \tag{2-94}$$

beträgt, ist

$$B \times 10^{12} = 3{,}816729 \times 10^{13}; \quad B = 38{,}16729 \text{ K}. \tag{2-95}$$

Eine Rückrechnung für T = 312,63 K führt dann zu:

$$\ln K_{HA} = -8528/312{,}63 + 31{,}273 = 3{,}994748, \tag{2-96}$$

woraus sich K_{HA} berechnen lässt (vgl. Tab. 2–19 und 2–20):

$$K_{HA} = 54{,}3122 \text{ K}. \tag{2-97}$$

■ Merksatz: **Zu dem Einfluss der Temperatur auf die Reaktionsrate biologischer Systeme muss aber ausdrücklich betont werden, dass solche halbempirischen Ansätze nur für den tatsächlich untersuchten Temperaturbereich gelten und Extrapolationen möglichst zu vermeiden sind [5, 6, 8].**

2.4
Kinetik des Sauerstofftransports

Im Abschnitt 2.1.3.5 wurde die Ermittlung der kinetischen Parameter des Sauerstoffverbrauchs als Funktion der Substratabbaurate und des eingestellten Schlammalters bei einem mit Schlammrückführung arbeitenden CSTR-System präsentiert und anhand eines Rechenbeispiels erläutert.

Bei Batchreaktoren und insbesondere dann, wenn sehr hohe Substratkonzentrationen und ebensolche Biomassekonzentrationen herrschen, d. h. bei hochkonzentrierten Industrieabwässern oder den herkömmlichen Bioreaktoren zur Biomasseherstellung, kann sich die O_2-Transferrate als *geschwindigkeitslimitierender* Faktor erweisen, d. h. es kann eine O_2-Limitierung eintreten und die Kinetik verfälschen [20, 26]. In solchen Fällen ist das Hauptaugenmerk auf die Modellbildung des O_2-Transportvorganges, respektive die Ermittlung dessen kinetischen Parameters zu richten, um diesen Prozessmechanismus modellmäßig zu erfassen und statistisch abzusichern.

Nachstehend wird diese Methode dargelegt; theoretische Aspekte werden dabei nur kurz gestreift und auf entsprechende Literaturstellen oder einige Ausführungen im Kapitel 4 verwiesen. Gemäß der weit verbreiteten Zwei-Film-Theorie [40] geht der O_2-Transport modellmäßig davon aus, dass rings um eine Gasblase eine stabile Grenzschicht (Film) besteht, dass diese so konturierte Gasblase einen Flüs-

2.4 Kinetik des Sauerstofftransports

sigfilm hervorruft, und dass der Gastransport aus der Gasblase in die Flüssigkeit ausschließlich durch Diffusion durch diese beiden Filme hindurch erfolgt. In diesem Fall wirkt als treibende Kraft das Gefälle ΔC, die Konzentrationsdifferenz zwischen dem Inneren der Gasphase C_G und der Konzentration in der flüssigen Phase C_L und als Widerstand des Gastransportes R, die Summe einzelner *gasseitiger* und *flüssigseitiger* Widerstände. Da bei den aeroben Verfahren die Konzentration an der Gas/Flüssigkeitsgrenzschicht praktisch derjenigen im Kern der Gasblase vorhandenen entspricht [3], kann der Widerstand im Gasfilm (K_G) gegenüber jenem im Flüssigkeitsfilm (K_L) praktisch vernachlässigt werden. Die Sauerstofftransportgeschwindigkeit lässt sich dann als [3, 5, 8, 17, 40]

$$\frac{dC}{dt} \sim \frac{\Delta C}{R} = K_L \times a \times C = k_L a (C_S - C) \qquad (2\text{-}98a)$$

ausdrücken, mit k_L als Koeffizient der O$_2$-Transportgeschwindigkeit und a als volumenbezogene Grenzfläche, d. h. das Produkt ($k_L a$) stellt den Kehrwert der Summe aller Widerstände dar; ferner ist C_S die Gas-Sättigungskonzentration und C die *momentane* Gaskonzentration. Die Integration der Differentialgleichung

$$-dC/dt = k_L a (C_S - C) \qquad (2\text{-}98b)$$

liefert [5, 8, 17, 4042]:

$$-\ln\left[\frac{C_S - C_0}{C_S - C}\right] = k_L a t. \qquad (2\text{-}99)$$

wobei C_0 die Gaskonzentration bei t = 0 ist.

Da in einem Bioreaktor gleichzeitig mit der O$_2$-Zufuhr auch ein O$_2$-Verbrauch wegen Substratabbau und Erhaltungsstoffwechsel stattfindet, kann diese in der Fachliteratur angegebene Integrallösung nicht angewandt werden und man muss auf die differentielle Methode übergehen [1]. Bei einem solchen Bioreaktor gilt dann für die Sauerstoff-Massenbilanz im allgemeinen Fall [41] (vgl. hierzu Abschnitt 2.1.3.5):

$$-dC/dt = k_L a (C_S - C) - r_{O2} - \frac{Q}{V}(C - C_i) \qquad (2\text{-}100)$$

worin r_{O2} die Sauerstoffverbrauchsrate und C_i die O$_2$-Konzentration des Zulaufes zum Belebtschlammreaktor, in dem der O$_2$-Transport erfolgen sollte, ist. Kann ein CSTR stationär gefahren werden und durch kurzzeitige O$_2$-Anreicherung des Zulaufes $C \approx C_i$ aufrechterhalten werden, im Labormaßstab kaum ein Problem, so wird dC/dt = 0 und der allgemeine Geschwindigkeitskoeffizient des O$_2$-Transfers (*overall oxigen transfer rate*) lässt sich über eine linearisierte Form der Gl. 2–100 leicht ermitteln:

$$r_{O2} = k_L a \times C_S - k_L a \times C. \qquad (2\text{-}101)$$

Fallstudie 1: In einem mit Biomasserückführung arbeitenden CSTR werden bei konstanter Einstellung der mit Sauerstoff angereicherten Luftzufuhr sowie jener der Rührerdrehzahl insgesamt sieben Versuchsreihen unter stationären Bedingungen durchgeführt und dabei die O_2-Verbrauchsrate (vgl. Abschnitt 2.1.3.5 und Tab. 2–15) und die sich einstellende O_2-Konzentration beobachtet. Tabelle 2–21 fasst die Messdaten sowie die zur Modellbildung erforderlichen Hilfsvariablen zusammen.

Tab. 2–21: Zusammenstellung der Mess- und Rechenergebnisse bei der Ermittlung des O_2-Transportkoeffizienten in stationärem Betrieb.

Versuchsreihe	1	2	3	4	5	6	7
r_{O2} [mgΔO_2/l/h]	108	92	114	119	109	138	134
C_S = 10,51 mg O_2/l :	bei 2 Versuchen mit NKB-Ablauf bestimmt – siehe Abb. 2–54.						
C_{O2}/Versuch [mg/l]	6,82	6,69	6,34	6,31	6,16	5,73	5,33
$k_L a$/Versuch [h^{-1}]	29,268	24,084	27,338	28,333	25,057	28,870	25,869

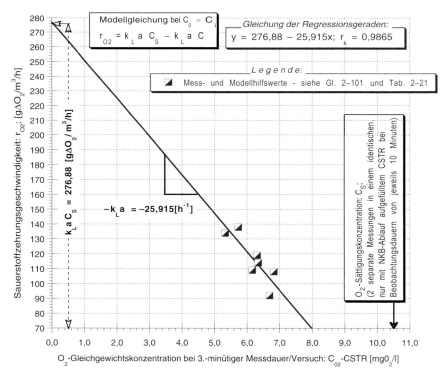

Abb. 2–54: Ermittlung des O_2-Transportkoeffizienten bei stationär betriebenen Labor-CSTRs mit oder ohne Biomasserückführung; nach [5].

2.4 Kinetik des Sauerstofftransports

Diskussion der Ergebnisse: Durch Einzeichnung der Messwerte in einem Koordinatensystem r_{O2} gegen C (Abb. 2–54) resultiert als negative Steigung $(-k_La) = -25{,}915\ h^{-1}$ und als Ordinatenabschnitt $k_La \times C_S = 76{,}88\ mg/l/h$, woraus $C_S = 276{,}88/25{,}915 = 10{,}7\ mg/l$ folgt.

Wie in späteren Gleichungen 4–43 bis 4–46 noch ausführlich dargelegt wird, ist bei dieser (k_La)-Ermittlungsmethode der Bestimmung von C_S besondere Beachtung zu schenken. Denn im Gegensatz zur chemischen Verfahrenstechnik [1, 13], wo zur Ermittlung des O_2-Eintrages eine Sulfitzugabe im Reinwasser und dessen Langzeitbelüftung erfolgt, ist bei Bioreaktoren die betreffende Substratlösung hierfür einzusetzen, d.h. das Medium ist einer Langzeitbelüftung zu unterziehen. Dabei wird in [2, 3, 5, 8, 41] angemerkt, dass in der Regel das Modell etwas höhere C_S-Werte als die gemessenen liefert; keine perfekte Durchmischung sowie entsprechende Inhomogenitäten sind nach [3] die Hauptursache dafür.

Lässt sich, aus welchen Gründen auch immer, ein Durchlauf-CSTR nicht auf stationäre Bedingungen einstellen, so empfiehlt es sich, diesen als Labor-Batchreaktor zu betreiben. Vor Durchführung der Messungen ist durch Langzeitbelüftung des Reaktorinhaltes nach [5, 17] das Einsetzen der endogenen Atmung herbeizuführen (mehrmals O_2-Zufuhr abstellen, nur rühren und r_{O2} messen, bis dieser letzte Parameter quasi konstant bleibt, danach wieder Gaszufuhr einschalten und den Konzentrationsanstieg im Laufe der Zeit verfolgen). Da in diesem Falle der Kontinuitätsterm in der Gl. 2–100 gleich Null wird, lässt sich diese in eine linearisierbare Form umschreiben [5]

$$-\frac{dC}{dt} = (k_La \times C_S - r_{O2}) - k_La \times C. \qquad (2\text{–}102)$$

Um die entsprechenden $(-dC/dt)$-Werte zu berechnen, wird aus dem Verlauf der zeitlichen O_2-Konzentrationszunahme zuerst eine empirische Potenzfunktion gebildet

$$C = A \times t^b, \qquad (2\text{–}103)$$

welche sich durch Logarithmieren wiederum in eine linearisierbare Form umschreiben lässt:

$$\ln C = b \times \ln t + \ln A \qquad (2\text{–}104)$$

In einem Koordinatensystem $(\ln C)$ gegen $(\ln t)$ (Abb. 2–55) resultiert als Steigung b und als Ordinatenabschnitt $(\ln A)$ des Modells, woraus A berechnet werden kann.

Dieses erlaubt nunmehr angepasste, zusammengehörende C;t-Wertpaare zu berechnen, d.h. jedem angenommenen t-Wert einen statistisch abgesicherten C-Wert zuzuordnen. Differenziert man anschließend Gl. 2–103, so folgt:

$$-\frac{dC}{dt} = A \times b \times t^{b-1}. \qquad (2\text{–}105)$$

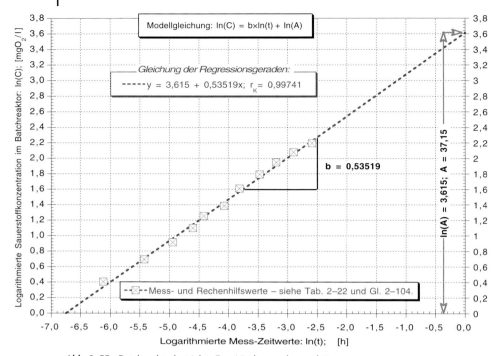

Abb. 2–55: Batchreaktorbetrieb – Empirische grapho-analytische Berechnung der Rechenhilfskoeffizienten zur Ermittlung des O_2-Transportkoeffizienten bei eingestellter quasi-konstanter O_2-Zehrungsgeschwindigkeit im Belebtschlammreaktor; nach den Verfassern – siehe Tab. 2–22 und Gl. 2–104.

Somit kann man die angepassten $(-dC/dt)$-Werte als Funktion von t-Werten analysiert berechnen, denen wiederum jene mittels der Gl. 2–103 berechneten C-Werte entsprechen. Diese so gebildeten $(-dC/dt);C$-Wertpaare (Gl. 2–102) werden in einem Koordinatensystem $(-dC/dt)$ gegen C eingezeichnet (Abb. 2–56), bei der so entstandenen Regressionsgeraden resultiert als ihre negative Steigung $(-k_La)$ und als Ordinatenabschnitt $(k_L a \times C_S - r_{O2})$. Da die Messung von r_{O2} im Gegensatz zur richtigen Ermittlung von C_S in Substratlösungen unproblematischer ist, lässt sich hieraus die C_S-Modellkonzentration approximieren.

Fallstudie 2: In einem Labor-Batchreaktor wurde ein konzentriertes Industrieabwasser mit bereits akklimatisiertem Belebtschlamm versetzt und einer Langzeitbegasung durch mit Sauerstoff angereicherter Luft unterzogen. Nach etwa 13 Stunden pendelte sich die Sauerstoffverbrauchsrate auf rund $r_{O2} = 10$ mg/l/h ein. Unter Aufrechterhaltung leichter Rührbedingungen wurde die Luftzufuhr abgeschaltet bis die O_2-Konzentration auf rund 1 mg/l absank, dann wurde die Begasung wieder voll eingeschaltet und der Verlauf der Anreicherungsphase verfolgt. Dieses Vorgehen wurde dreimal wiederholt und die Messergebnisse ermittelt (vgl. Kapitel 3). Tabelle 2–22 erfasst in den ersten 4 Zeilen die Messergebnisse und die Hilfsvariablen zur Linearisierung der Potenzregression (Gl. 2–104), in der 6. Zeile die angepassten C-Werte (Gl. 2–103) und in der Zeile 8 die analytisch berechneten (–dC/dt)-Werte (Gl. 2–105).

Diskussion der Ergebnisse: Abbildung 2–56 bestätigt die relativ große Streuung der Messwerte um die Regressionsgerade und auch diesmal die in [5, 8, 17, 41] gemachte Beobachtung der geringeren Zuverlässigkeit der ($k_L a$)-Bestimmung bei diskontinuierlich betriebenen Bioreaktoren – $r_k = 0{,}872\,75$ (mehr Details hierüber im Kapitel 4).

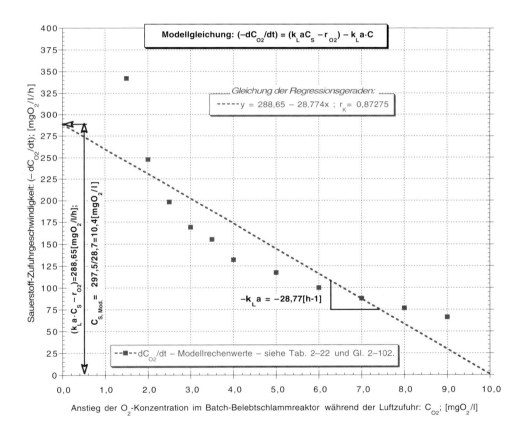

Abb. 2–56: Batchreaktorkinetik: Ermittlung des O_2-Transport-koeffizienten bei Belebtschlamm-Batchreaktoren durch Linearisierung der Massenbilanz-Differenzialgleichung bei Luftzufuhr unter stationären Verhältnissen; nach [5].

Tab. 2-22: Zusammenstellung der Messdaten und Hilfsvariablen bei der Ermittlung des O_2-Transportkoeffizienten im Batchversuch.

C [mg O_2/l]	1	1,5	2	2,5	3	3,5	4	5	6	7	8	9
t [h]	0	0,0022	0,0044	0,0071	0,010	0,012	0,017	0,0022	0,031	0,041	0,0055	0,075
ln C	0	0,40547	0,6931	0,9163	1,0986	1,25276	1,38629	1,60944	1,79176	1,94591	2,07944	2,1972
ln t	-	-6,1193	-5,4261	-4,9477	-4,6052	-4,4228	-4,0745	-3,8167	-3,4737	-3,1941	-2,9004	-2,5903

Es resultieren hieraus A = 37,15 und b = 0,53519 (Abb. 2-55)

| C_{Modell} | – | 1,406 | 2,0377 | 2,6324 | 3,1619 | 3,486 | 4,200 | 4,8218 | 5,7932 | 6,7282 | 7,8737 | 9,2953 |

Mit Hilfe der Gl. 2-105: $-dC/dt = A \times b \times t^{(b-1)}$ werden die entsprechenden -dC/dt-Werte nachstehend berechnet:

| -dC/dt [mg/l/h] | – | 342,06 | 247,84 | 198,42 | 169,22 | 155,47 | 132,23 | 117,30 | 100,01 | 87,82 | 76,62 | 66,33 |

Es resultieren hieraus: $k_L a$ = 28,77 h^{-1} und C_S = 10,4 mg O_2/l (Abb. 2-56)

Was eine Modellbildung betrifft, bei der vorausgesetzt wird, dass während der Batch-Belüftung der (k_La)Wert selbst variiert und wie dieser allgemeine Fall mathematisch gelöst werden kann, würde den Rahmen dieser Ausführungen sprengen, da hierfür nur numerische Lösungen angewandt werden können; interessierten Lesern wird diesbezüglich [41] empfohlen.

> ■ Merksatz: **Zur Kinetik des Sauerstofftransportes und zur Modellbildung mittels Laborversuchen sollte auch an dieser Stelle auf die Notwendigkeit hingewiesen werden, dass solche Versuche nur mit jenem betreffenden Substrat samt akklimatisierter Biomasse sowie in jenem Bereich von Reaktionszeiten, Temperaturen, Biomassekonzentration und eventuell Rückführverhältnissen sowie der spezifischen Energiedichte und ähnlichem Begasungs- und Rührsystem und vor allem der gewählten Betriebsweise (Batch- oder Durchlaufbetrieb) durchzuführen sind, die auch im technischem Maßstab Anwendung finden sollen [15].**

Diesbezüglich ist nicht nur auf das O_2-Transportverhalten, sondern auch auf das rheologische Scherkraft- und Flockenbildungs-Verhalten biologischer Systeme zu verweisen [3], da, nicht wie in der chemischen Verfahrenstechnik aufgrund der Ähnlichkeitstheorie üblich: In einer Labor-/Pilotanlage gewonnene *chemisch-physikalische* Erkenntnisse seien auch auf andere Reaktionssysteme vollkommen übertragbar und müssen nun auch in *biologischen* Reaktionsbereichen Gültigkeit besitzen [3]. Sollte, aus welchen Gründen auch immer, der technische Reaktor in einem ganz anderen Bereich der Energiedichte (P/V) und der Gasleerrohrgeschwindigkeit V_G als der Labor-Bioreaktor gefahren werden, so ist auch im Labormaßstab dieser Bereich einzustellen und eine Modellbildung zu versuchen. Hierfür sind Gesetzmäßigkeiten des Typs [3, 5, 13, 17, 40]

$$k_L a \sim (P/V)^n \times (V_G)^m \qquad (2\text{–}106)$$

auf ihre Anwendbarkeit hin zu untersuchen. Zur Durchführung solcher Experimente [42] sind speziell hierfür ausgerichtete Versuchsstände (Drehmomentaufnehmer) sowie die Prozess-Analyse mittels multipler linearer Regressionsmodelle unter Computereinsatz erforderlich.

2.5
Zwischenbemerkungen zu Bioreaktor und Modellbildung

Die Bedeutung der Bauart und Betriebsweise eines Bioreaktors sowie deren Einbeziehung in die adäquate Modellbildung, gleichwohl ob es sich hierbei um Belebtschlammreaktoren (Belebungsanlagen), Reaktoren mit Biofilm (Tropfkörper, Tauchtropfkörper, Festbettreaktoren) oder Reaktoren zur Erzeugung von Biomasse (vgl. Abschnitt 1.2.1) handelt, beginnt zusehends immer stärker zu wachsen [3, 30, 35]. Während man früher einfache Druckluftbegasungseinrichtungen oder Oberflächenbelüfter und einstufige Systeme einsetzte, erkannte man doch bald, dass die wirtschaftlichere Alternative zu einer größeren Raum-Zeit-Ausbeute die Intensivierung mikrobiologischer Vorgänge und nicht die übliche bauliche Vergrößerung des Bioreaktors darstellt [35, 36]. Diese Modelldenkweise bedingt allerdings intensive Recherchen *in situ* seitens spezialisierter Abwasserlabors und wird nur durch interdisziplinäres Wissen planender Ingenieurbüros erzielbar. Da solche an Grundlagenforschung grenzenden Entwicklungsarbeiten sich am einfachsten im Labormaßstab durchführen lassen, liegt der Gedanke nahe, hier Reaktorsysteme zu entwickeln, bei denen alle durch technische (äußere) Einflüsse gegebenen Faktoren derart optimierbar sind, dass bei der Prozessdurchführung die Leistungsfähigkeit der Mikroorganismenstämme als limitierender Faktor in Hinblick auf [3]:

- Erzielung einer großen Phasengrenzfläche, ohne dabei die Flockungseigenschaften der Zellen zu zerstören;
- wirtschaftlichen Energieverbrauch beim Begasen und Mischen;
- Flexibilität auf geänderte Prozessanforderungen;
- Überschaubare und bewährte Scaling-up-Kriterien

erkundet und quantifiziert werden sollte.

All diese Desiderate treffen auch auf chemische Reaktoren zu, wobei aber nicht alle in der chemischen Verfahrenstechnik bereits bewährten Grundsätze [1, 13] auf mikrobielle Stoffumwandlungsprozesse übertragbar sind [3, 5, 6, 8, 21, 23, 38, 41, 42], weil solche Reaktionen spezifische Merkmale aufweisen, z. B.:

- die geringe Konzentration von Edukten und Produkten; hierdurch ist auch das Konzentrationsgefälle als treibende Kraft für den Transport dieser Stoffe ebenfalls sehr klein und kann den Stoffaustausch nur unwesentlich beeinflussen;
- gewisse Zwischenmetabolite können die Reaktion hemmen oder sogar stoppen. Aus diesem Grunde stellt sich das Problem ihrer Entfernung aus dem System häufig als verfahrenstechnische Voraussetzung dar;
- in der Regel sind die Reaktionsgeschwindigkeiten erheblich geringer als die chemischen Reaktionsgeschwindigkeiten [1, 3]. Daher sind bei Bioreaktoren, allen voran bei den in der biologischen Abwasserreinigung kontinuierlich funktionierenden Systemen, erheblich größere Reaktorvolumina und Aufenthaltszeiten erforderlich [38].

Trotzdem kann und sollte die in der chemischen Verfahrenstechnik seit Jahrzehnten bewährte Modelldenkweise auch in der Ökobiotechnologie Einzug halten, da sich hierdurch der Einfluss einzelner Faktoren bereits im Labormaßstab erkunden und quantifizieren lässt. Der Bezug auf reaktionskinetische Grundsätze und somit die Modellbildung liegt auf der Hand [3, 13, 20].

Sowohl für den Mikrobiologen als auch für den Verfahrensingenieur ist dabei wichtig zu wissen, dass sich auch die Geschwindigkeitskoeffizienten mikrobiologischer Prozesse aus Massenbilanzen berechnen lassen, und dass die Prüfung des Modelladäquatheitsgrades, respektive der Modellvoraussage, zutreffend nur durch Anwendung statistischer Auswertungsmethoden durchführbar ist.

Diesem Aspekt wird das nächste Kapitel gewidmet.

Literaturverzeichnis Kapitel 2

1 Levenspiel, O.: Chemical Reaction Engineering. 2nd Edition, John Wiley & Sons, Inc., New York (1972)
2 Eckenfelder, W., W., Jr.: Industrial Water Pollution Control. McGraw-Hill Book Company, New York (1957)
3 Einsele, A., Finn, R., K., Samhaber, W.: Mikrobiologische und biochemische Verfahrenstechnik. VCH Verlagsgesellschaft mbH, Weinheim (1985)
4 Braha, A.: Bemessung mehrstufiger Belebungsanlagen unter Berücksichtigung der Abbaukinetik. Das Gas und Wasserfach, Heft 3 (1983), S. 131/138
5 Benefield, L., D., Randall, C., W.: Biological Process Design for Wastewater Treatment, Prentice-Hall Inc., New York (1980)
6 Areceivala, S., J.: Wastewater Treatment and Disposal. Marcel Dekker, Inc., New York (1981)
7 Mehrstufige biologische Abwasserreinigung. 2. Bochumer Workshop, Ruhruniversität Bochum, 11 Nov. (1983)
8 Metcalf and Eddy: Wastewater Engineering. McGraw-Hill Book Company, 2nd Edition, New York (1979)
9 Braha, A.: Vergleichende Untersuchungsergebnisse bei Anwendung reaktions-kinetischer Substratabbaumodelle für mehrstufige Anlagen. Chemieingenieurtechnik, Heft 7 (1985), S. 634/635
10 Braha, A.: Über das kinetische und hydraulische Verhalten mehrstufiger Belebungsanlagen. Korrespondenz Abwasser, Heft 2 (1983), S. 92/99
11 Murphy, K., Timpany, P., L.: Design and Analysis of Mixing for an Aeration Tank, Journal of the San. Eng. Div., Proc. of the Americ. Soc. of Civ. Eng., October (1967)
12 Braha, A.: Das Dispersionsmodell – Modalität zur Erfassung der Reaktionstechnik längs durchflossener Belebungsbecken, Korrespondenz Abwasser, Heft 10 (1982), S. 700/705
13 Lehrbuch der chemischen Verfahrenstechnik, 5te Auflage, VEB Deutscher Verlag für Grundstoffindustrie, Leipzig (1983)
14 Braha, A., Groza, G., Braha, I.: Modernisierung der Großkläranlage der Landeshauptstadt Iasi. Wasser, Luft und Betrieb, Heft 1–2 (1998). S. 19/26
15 Braha, A.: Zur Anwendung reaktionstechnischer Modelle bei der Beschreibung der aeroben biologischen Reinigung eines Industrieabwassers im Labor und Industriemaßstab. Dissertation, D83, TU Berlin (1986)
16 Braha, A.: Über die Abbaukinetik von komplexen Substraten in Mischbeckenkaskaden. Wasser, Luft und Betrieb, Heft 6 (1986)
17 Weber, W., J.: Physicochemical Processes. John Wiley & Sons, Inc., New York (1972)
18 Lawrence, A., W., McCarty, P.: Unified Basis for Biological Treatment Design and Operation, Journal of San. Eng Div., SA 3, June (1970), pp. 757/778
19a Braha, A., Hafner, F.: Use of Lab. Batch Reactors to Model Biokinetics, Water Research, Vol. 21, No. 1 (1987) pp. 73/81
19b Braha, A.: Über die Kinetik des Substratabbaus durch mikrobielle Mischpopulationen. BFT-Biotech-Forum-Interne Zeitschrift für Biotechnologie, 4. Jahrgang, Heft 1 (1987), S. 14/19.
20 Wiesmann, U.: Kinetik der aeroben Abwasserreinigung durch Abbau von organischen Verbindungen und durch Nitrifikation. Chemieingenieurtechnik, 58 (1986), Nr. 6, S. 464/474
21 Gaudy, F., G., Gaudy, E., T.: Mixed Microbial Populations. Advances in Bio-

chemical Engineering, Vol. 2, Springer-Verlag, Berlin (1972)
22 Braha, A., Hafner, F.: Use of Monod Kinetics on Multistage Bioreactors, Water Research, Vol. 19, No. 10 (1985), pp. 1216/1227
23 Bernard, J., L.: Nutrient Removal in Biological Systems. British Journal of Water Pollution Control, 45 (1975), pp. 143/151
24 Dawson, R., N., Murphy, K., L.: Factors Affecting Biological Denitrification of Wastewater. Advances in Water Pollution Research, ed. by S. H. Jenkins. Pergamon Press, London (1973), pp. 671/685
25 Herbert, D.: Recent Progress in Microbiology, VII International Congress for Microbiology, ed. by G. Tunevall, Almquist and Wicksell, Stockholm (1985), pp. 318/396
26 Van Uden, N.: Transport-Limited Growth in the Chemostat and its Competitive Inhibition. Arch. Microbiology, Vol. 58 (1967)
27 Process Design Manual for Nitrogen Control. US Environmental Protection Agency, Washington, DC., Oct. (1975)
28 Reynolds, T., Yang, J., T.: Model of the Completely-Mixed Activated Sludge Process. Proc. 21th Purdue Ind. Waste Conference (1966), pp. 696/713
29 Lawrence, A., W.: Application of Process Kinetics to Design of Anaerobic Process. In: Anaerobic Biological Treatment Processes, F., G., Pohland, Symposium Chairman, American Chemical Society, Cleveland, Ohio (1971)
30 Schroeder, E., D.: Water and Wastewater Treatment. McGraw-Hill Book Company, New York (1977)
31 Wandrey, C.: Biomasserückhaltung bei der anaeroben Abwasserreinigung. DECHEMA-Veranstaltung vom 2/3 April 1984 in Königstein/Taunus
32 Winter, J., Temper, U.: Mikrobiologie der anaeroben Abwasserreinigung, Abwassertechnik, Heft 1 (1986), S. 14/21
33 Goodman, B., L., Englande, A., J., Jr.: A Unified Model of the Activated Sludge Process, Water Polution Control Federation, Vol. 46 (1974), pp. 312/328
34 Braha, A.: Über die Modellierung der Reaktionskinetik beim Belebungsverfahren, Teil 2. Korrespondenz Abwasser, Heft 5 (1982), S. 276/282
35 Braha, A.: Zum Stand der Technik in der biologischen Abwasserreinigung, Wasser, Luft und Betrieb, IFAT-Sonderheft, Mai (1987), S. 8/27
36 Braha, A.: Biokinetisches Modell für Festbettreaktoren. Wasser, Luft und Betrieb, Heft 1/2 (1986), S. 21/25
37 Eckenfelder, W., W., Barnhart, W.: Performance of High-Rate Trickling Filter Using Selected Media. Journal of the Water Pollution Control Federation, Vol. 35 (1963), pp. 1535/1552
38 Keinath, Th. M., Vanielista, M., P.: Mathematical Modeling for Water Pollution Control Processes, Ann Arbor Science Publishers, Inc., Michigan (1975), pp. 271/277
39 Pirt, S., J.: Principle of Microbe and Cell Growth, 1st. Edition, Blackwell Scientific Publications, Oxford (1975)
40 Lewis, W., K., Witmann, W., C.: Principles of Gas Adsorbtion. Industrial Eng. Chem., Vol. 16 (1924), pp. 1215/1924
41 Hwang, H., J., Stenstrom, M., K., L.: Evaluation of Fine-Bubble Alpha Factors in Near Full-Scale Equipment, Journal Wat. Poll. Contr. Fed., Vol. 57, Nr. 12 (1985), pp. 1142/1151
42 Ziegler, H., Meister, D., Dunn, I., J., Blanch, H., W., Russel, T., W., F.: Above the Oxygen-Transfer-Rate, Biotechn. and Bioeng., Vol. 19 (1977), pp. 507/525

3
Statistische Datenauswertungsverfahren

Glaubt man dem Volksmund, so ist Statistik eine Steigerungsform der Lüge. So werden Statistiker zuweilen zwar nicht gerade als Lügner, wohl aber als Schlitzohren betrachtet, die die mathematisch halbgebildete Mehrheit mit ihren Tricks übers Ohr zu hauen versuchen [1]. Allerdings, Voraussetzung einer „ehrlichen" statistischen Analyse ist zuerst die Repräsentativität der hierfür verwendeten Daten, d. h. die Wahl einer entsprechenden Stichprobe mit technisch-wirtschaftlich vertretbarem Probenumfang (Anzahl von Daten) aus der sehr großen, bei der Experimentdurchführung nie realisierbaren Grundgesamtheit der untersuchten Größe [1–4].

Das grundlegende Problem der nicht nur in Ingenieur-/Naturwissenschaften angewandten Statistik besteht darin, aus alleiniger Kenntnis der Stichprobenwerte (Stichprobenumfang) zu Aussagen über in der Natur existierende, objektive (wahre) Grundgesamtheiten und deren Maßzahlen bzw. die Art der „real" herrschenden Verteilungsgesetze zu gelangen. Es ist klar, dass solche Aussagen stets nur mit gewissen Unsicherheiten formuliert werden können. Dennoch, und das hebt die statistische Methode über das Niveau bloßer, bis zum Verdruss eingebürgerter Mutmaßungen wie: „Ich glaube, dass ..." oder „Ich kann mir (nicht) vorstellen, dass ..." hinaus.

■ Merksatz: *Für das Maß dieser Unsicherheit lassen sich über die Irrtumswahrscheinlichkeit α oder die prozentuelle Aussagekraft P [%] nunmehr konkrete Zahlenangaben gewinnen und, statistisch abgesichert, auch anwenden.*

Erste hierher gehörende Grundaufgabe der Statistik ist die Untersuchung einer Stichprobe von n Einzelmesswerten (X_1, X_2, X_3, ..., X_N). Gesucht ist eine Schätzung für den „wahren" Mittelwert μ der Grundgesamtheit, aus der die betreffende Stichprobe stammt, die „wahre" Streuung der Werte σ (Standardabweichung) und die Irrtumswahrscheinlichkeit des meist benutzten arithmetischen, weit seltener geometrischen Mittelwertes oder der Median-/Modal-Werte. Naturbedingt weicht ein Stichprobenmittel $\bar{X}$ von jenem Mittelwert der Grundgesamtheit ab, aber in Natur-/Ingenieurwissenschaften sind, durch Überlagerung von zufälliger Auswahl und zufälligen Messfehlern bedingt, diese Abweichungen überwiegend kompensiert – systematische Messfehler müssen durch gründliche messtechnische Prüfung ausgeschlossen sein. Demnach können diese Abweichungen sowohl vergrößernd als auch verkleinernd wirken. Bei nicht zu kleinem Stichprobenumfang, das ist die Grundkonzeption der Statistik, ist auch mehr oder weniger deren Ausgleich zu erwarten [4]. Schon hier werden jedoch zwei Merkregeln für die Anwendung statistischer Methoden formuliert, deren Richtigkeit sich aus dem bisher Gesagten zwanglos ergibt.

▪ Merkregel 1: *Eine statistische Bearbeitung einer Versuchsreihe beseitigt niemals systematische Fehler bei Erhebung oder Messung.*

▪ Merkregel 2: *Eine statistische Erhebung kann niemals etwas über einen noch nicht untersuchten Einzelfall aussagen.*

Eine Aussage, die mit einer Irrtumswahrscheinlichkeit von 50 % behaftet ist, ist wertlos; sie kann gleichermaßen zutreffen oder auch nicht, und beides ist gleich wahrscheinlich. Für statistisch gut abgesicherte Aus(Voraus)sagen werden daher Irrtumswahrscheinlichkeiten (Signifikanzniveaus) von 5 % und weniger verlangt [1–4]. Dieses Berechnen von Signifikanzniveaus gehört zur analytischen Statistik; bei Angabe dieser Irrtumswahrscheinlichkeit kann sich somit jeder ein Bild von der Zuverlässigkeit der betreffenden Aussage machen.

Die deskriptive Statistik, die zur Veranschaulichung und Quantifizierung von zwischen Messgrößen existierenden Zusammenhängen dient, in unserem Falle sind es Mess- und Modelldaten, ist sehr nützlich, sollte aber durch statistische Auswertungsverfahren abgesichert werden [1–4].

Bevor auf die Beschreibung und Prüfung (statistische Tests) solcher Zusammenhänge – das eigentliche Ziel des Vorhabens ist die Feststellung des Adäquatheitsgrades des untersuchten Modells und dessen statistische Absicherung – eingegangen wird, sollen nachstehend die Kriterien zur Beurteilung der Homogenität, d. h. der Zusammengehörigkeit, einzelner (Mess)Daten in der *gleichen* Grundgesamtheit und deren praktischer Einsatz kurz dargelegt werden. Der sich für weitergehende Probleme der analytischen Statistik interessierende Leser wird auf die exzellenten und ausgesprochen praxisbezogenen Ausführungen von [1, 4] hingewiesen.

3.1
Statistische Kennwerte und Prüfverfahren

Es ist ein weit verbreiteter Irrtum, dass erst sehr viele Messungen brauchbare, statistisch gesicherte Aussagen zulassen.

▪ Merksatz: *Kleine, aber keine systematischen Fehler aufweisende Stichproben können ebensolch gut abgesicherte Aussagen liefern, wenn hierfür statistische Prüftests eingesetzt werden.*

Charakteristisch für die Beurteilung einer Datenreihe sind der arithmetische Mittelwert $\bar{X}$, die (Näherungs-)Standardabweichung s und der Stichprobenumfang n. Damit können statistische Tests durchgeführt werden. Diese entscheiden, ob [2]:
- das Datenmaterial Ausreißer enthält;
- getrennte Datengruppen, welche aber aus gleichen Experimentbedingungen resultieren, statistisch homogen sind und deswegen zu gemeinsamen Datengruppen zusammengefasst werden dürfen;
- sich die Mittelwerte und/oder die Standardabweichungen von Datengruppen unterscheiden und nicht zur selben Grundgesamtheit gehören.

Es ist einfach zu verlangen, dass die Ergebnisse quantitativer Messungen statistisch homogen, d. h. die Einzelwerte normal verteilt und frei von systematischen Fehlern sein müssen, da dies nur durch besonderen arbeits- und messtechnischen Aufwand, falls überhaupt, erreicht werden kann.

Der Prüfung auf systematische Fehler, meist durch Entnahme, Vorbehandlung oder Aufbewahrung der Proben verursacht, sollte man jedoch einen großen Stellenwert einräumen und durch „Detektivarbeit" solche Fehlerquellen stoppen [4]. Liegen wenige Messergebnisse vor (n < 5), so kann auch ein Ausreißertest unterbleiben; wird n ≥ 5, so kann (muss aber nicht) ein solcher Test durchgeführt und unter Umständen der Ausreißer eliminiert werden, dies insbesondere dann, wenn die Hinzuziehung des Ausreißers zu physikalisch unsinnigen Folgen im Modell bzw. beim technischen Sachverhalt führt [3, 4].

Was die Homogenität der Daten betrifft, so haftet solchen aus mikrobiellen Prozessen stammenden Messergebnissen von Natur aus eine große Streuung an und bei in der Regel geringem Zahlenmaterial wird eine Prüfung auf Normalverteilung weder sinnvoll, noch nötig sein [3]. Die Testergebnisse fallen dann nämlich so unscharf aus, d. h. die Entscheidungsbereiche sind so breit, dass es auf tatsächlich vorhandene Normalverteilung einzelner Werte nicht ankommt [2].

Stammen hiermit gebildete Mittelwerte aus Gruppen von Wiederholmessungen, die ihrerseits bei einem unter gleichen Bedingungen durchgeführten Experiment gewonnen wurden, dann dürfen sie unter diesen Voraussetzungen als normalverteilt gelten, und es dürfen die herkömmlichen statistischen Prüfverfahren angewandt werden [2, 3]. Die analytische Statistik kennt auch parameterfreie Tests (Wilcoxon, Kruskal und Wallis, etc.), die in der Biologie häufig zur Anwendung kommen. Bei der Modellbildung des Substratabbaus oder der Biomasseproduktion reichen jedoch die herkömmlichen Testverfahren aus (siehe Abschnitt 3.1.2), um eine recht gute statistische Absicherung zu gewährleisten [5].

Vollständigkeitshalber werden die wichtigsten statistischen Kennwerte und ihre Anwendung durch Rechenbeispiele nachstehend definiert und erläutert.

3.1.1
Statistische Kennwerte

Zur Beurteilung einer Stichprobe gelten folgende statistische Kennwerte als erforderlich:

$\bar{X}$ ist der arithmetische Mittelwert einer Messreihe; für sich allein erlaubt der $\bar{X}$-Wert aber keine Aussage über die Güte eines Resultats, denn $\bar{X} = 10,00$ kann aus den Einzelwerten 6; 8; 14; 12; 5 und 15 oder genau so gut aus den Einzelwerten 9,999; 10,002; 10,000; 10,001 und 10,000 stammen.

$\sum_{1}^{n} x_i$ ist die Summe einzelner Messwerte binnen des Stichprobenumfangs.

n ist der Stichprobenumfang oder die Zahl einzelner Messungen und wird benötigt, um alle weiteren statistischen Größen zu berechnen. Für sich allein ist n ohne Aussagewert für das Resultat selbst, denn in beiden oben gewählten Beispielen war n = 6;

s ist die Näherungsstandardabweichung einer *Stichprobe*, und im Gegensatz hierzu wird σ als die Standardabweichung der *Grundgesamtheit* definiert; an sich stellt s die Summe der quadratischen Abweichungen der Daten von ihrem Mittelwert dar, die man durch (n−1) dividiert und aus dessen Ergebnis man die quadratische Wurzel zieht. Für sich alleine sagt s auch nichts über die Qualität eines Resultats aus. In Verbindung mit $\bar{X}$ aber wird der Variationskoeffizient V = s/$\bar{X}$ definiert, der nun ein sofortiges Maß für die auf den Mittelwert bezogene Streuung einzelner Ergebnisse liefert.

s^2 ist die Varianz, d. h. das Quadrat der Standardabweichung

$$s^2 = \frac{1}{n-1} \cdot \sum (\bar{X} - x_i)^2$$

Die Varianz wird hauptsächlich im englischen Sprachraum benutzt und hat den Vorteil, dass sie immer einen positiven Wert hat, wohingegen s kleiner oder größer als Null ausfallen kann;

T ist der Streubereich der *Einzelwerte*, als T = s × t definiert, worin t der Student-Faktor ist [1–4]. Dieser t-Wert hängt von der gewünschten statistischen Sicherheit P [%] und dem Freiheitsgrad df = n−1 (falls es sich um eine einzige Gruppe handelt) oder df = $n_1 + n_2 - 2$ (falls es sich um einen statistischen Vergleich von zwei Gruppen handelt) ab; näheres hierüber im Abschnitt 3.1.2.

■ Merksatz: *Der Streubereich T besagt, dass P% aller Einzelmessungen, deren Mittelwert im Resultat angegeben wurde, im Bereich von $\bar{x}$ + T und $\bar{x}$ − T zu erwarten sind.*

$T/\sqrt{n}$ bezeichnet den Streubereich (auch Vertrauensbereich bei der gewählten Sicherheit P%) des „wahren" Mittelwertes μ der *Grundgesamtheit*, aus der die untersuchte Stichprobe mit den Kennwerten $\bar{x}$, s und n stammt.

Die Angabe eines statistischen Einzel-Messergebnisses müsste daher in der Standardform [2] als Resultat $\bar{x} = \pm T; (\pm s; P\%; n)$ bzw. der Vertrauensbereich (das Konfidenzintervall) des wahren Mittelwertes der Messreihe als $\mu = \bar{x} \pm ts/\sqrt{n}$ bei P% und df = n – 1 angegeben werden. Das Konfidenzintervall wird umso enger, und erlaubt desto genauere Aussagen über den wahren Wert der Grundgesamtheit, je größer der Stichprobenumfang, d. h. auch die Freiheitsgrade df und die angenommene Irrtumswahrscheinlichkeit $\alpha = 1 – P$ sind (Tab. 3–1).

Rechenbeispiel: Für die obig angeführten Daten der ersten Reihe (6; 8; 14; 12; 5; 15) sollen die statistischen Kennwerte für P = 95 % angegeben werden. Für df = 5 und P = 95 % ergibt sich aus Tab. 3–1 ein Studentwert t = 2,571; die weitere statistische Datenauswertung führt zu:

n = 6; $\bar{x}$ = 10,00; s = ±4,242 64; T = ±4,242 64 × 2,571 = ±10,907 827.

Mit 95 %iger Wahrscheinlichkeit liegt dann der Einzelwert bei x_i = 10,00 ± 10,907 827, und für den wahren Mittelwert gilt der Bereich: μ = 10,0 ± 10,907 827/$\sqrt{6}$ = 10,00 ± 4,453 1. Das bedeutet, dass der gefundene arithmetische Mittelwert $\bar{x}$ sich genau so gut auf 14,453 1 oder 5,546 9 hätte belaufen können.

Für die zweite Zahlenreihe (9,999; 10,002; 10,000; 10,001; 10,000; 10,001) resultiert bei df = 5, P = 95 % und t = 2,571:

$\bar{x}$ = 10,00; s = ±0,002 097 56; T = ±0,002 097 56 × 2,571 = ±0,005 392 83

Für den Einzelwert gilt dann x_i = 10,00 ± 0,005 392 83 und für den Vertrauensbereich des Mittelwertes folgt dann μ = 10,00 ± 0,002 097 56 × 2,571/$\sqrt{6}$ = 10,00 ± 0,194 142. Mit anderen Worten, mit 95 %iger Wahrscheinlichkeit hätte $\bar{x}$ auch bei 9,997 902 440 oder 10,002 097 56 und der wahre Mittelwert im Bereich: μ = 10,00 ± 0,194 142 liegen können.

Wichtig ist bei der Auswertung von aus solchen Vergleichs-, Wiederhol- oder Parallelbestimmungen bestehenden Datengruppen, dass systematische Fehler größtenteils eliminiert wurden; eigentlich können solche Auswertungsverfahren geradezu zur Entdeckung solcher methodenbedingter Fehler dienen, sofern zuverlässige Analysenverfahren vorliegen, ein geübtes Personal die Proben entnimmt, diese bearbeitet und die Daten statistisch auswertet. Alle im Kapitel 2 dargelegten, aus der Bioreaktortechnik stammenden Rechenbeispiele sind solche aus 2- bis 5facher Parallelbestimmung resultierenden Mittelwerte für die Hauptvariablen, die aber, wie bereits erwähnt, dem Ausreißertest sowie der Prüfung der Normalverteilung nicht mehr unterzogen wurden, und man setzte diese Mittelwerte als solche in die Massenbilanzen ein.

Tab. 3–1 Der Student-Faktor in Abhängigkeit von Freiheitsgraden df und angenommener Irrtumswahrscheinlichkeit α (t-Tabelle).

df	5,0%	1,0%	0,1%	df	5,0%	1,0%	0,1%	df	5,0%	1,0%	0,1%
1	12,706	63,657	636,619	51	2,008	2,676	3,492	110	1,982	2,621	3,381
2	4,303	9,925	31,599	52	2,007	2,674	3,488	120	1,980	2,617	3,373
3	3,182	5,841	12,924	53	2,006	2,672	3,484	130	1,978	2,614	3,367
4	2,776	4,604	8,610	54	2,005	2,670	3,480	140	1,977	2,611	3,361
5	2,571	4,032	6,869	55	2,004	2,668	3,476	150	1,976	2,609	3,357
6	2,447	3,707	5,959	56	2,003	2,667	3,473	160	1,975	2,607	3,352
7	2,365	3,499	5,408	57	2,002	2,665	3,470	170	1,974	2,605	3,349
8	2,306	3,355	5,041	58	2,002	2,663	3,466	180	1,973	2,603	3,345
9	2,262	3,250	4,781	59	2,001	2,662	3,463	190	1,973	2,602	3,342
10	2,228	3,169	4,587	60	2,000	2,660	3,460	200	1,972	2,601	3,340
11	2,201	3,106	4,437	61	2,000	2,659	3,457	210	1,971	2,599	3,337
12	2,179	3,055	4,318	62	1,999	2,657	3,454	220	1,971	2,598	3,335
13	2,160	3,012	4,221	63	1,998	2,656	3,452	230	1,970	2,597	3,333
14	2,145	2,977	4,140	64	1,998	2,655	3,449	240	1,970	2,596	3,332
15	2,131	2,947	4,073	65	1,997	2,654	3,447	250	1,969	2,596	3,330
16	2,120	2,921	4,015	66	1,997	2,652	3,444	260	1,969	2,595	3,328
17	2,110	2,898	3,965	67	1,996	2,651	3,442	270	1,969	2,594	3,327
18	2,101	2,878	3,922	68	1,995	2,650	3,439	280	1,968	2,594	3,326
19	2,093	2,861	3,883	69	1,995	2,649	3,437	290	1,968	2,593	3,324
20	2,086	2,845	3,850	70	1,994	2,648	3,435	300	1,968	2,592	3,323
21	2,080	2,831	3,819	71	1,994	2,647	3,433	310	1,967	2,592	3,322
22	2,074	2,819	3,792	72	1,993	2,646	3,431	320	1,967	2,591	3,321
23	2,069	2,807	3,768	73	1,993	2,645	3,429	330	1,967	2,591	3,320
24	2,064	2,797	3,745	74	1,993	2,644	3,427	340	1,967	2,590	3,319
25	2,060	2,787	3,725	75	1,992	2,643	3,425	350	1,967	2,590	3,319
26	2,056	2,779	3,707	76	1,992	2,642	3,423	360	1,967	2,590	3,318
27	2,052	2,771	3,690	77	1,991	2,641	3,421	370	1,966	2,589	3,317
28	2,048	2,763	3,674	78	1,991	2,640	3,420	380	1,966	2,588	3,316
29	2,045	2,756	3,659	79	1,990	2,640	3,418	390	1,966	2,588	3,316
30	2,042	2,750	3,646	80	1,990	2,639	3,416	400	1,966	2,588	3,315
31	2,040	2,744	3,633	81	1,990	2,638	3,415	410	1,966	2,587	3,314
32	2,037	2,738	3,622	82	1,989	2,637	3,413	420	1,965	2,587	3,314
33	2,035	2,733	3,611	83	1,989	2,636	3,412	430	1,965	2,587	3,313
34	2,032	2,728	3,601	84	1,989	2,636	3,410	440	1,965	2,586	3,313
35	2,030	2,724	3,591	85	1,988	2,635	3,409	450	1,965	2,586	3,312
36	2,028	2,719	3,582	86	1,988	2,634	3,407	460	1,965	2,586	3,312
37	2,026	2,715	3,574	87	1,988	2,634	3,406	470	1,965	2,585	3,311
38	2,024	2,712	3,566	88	1,987	2,633	3,405	480	1,965	2,585	3,311
39	2,023	2,708	3,558	89	1,987	2,632	3,403	490	1,965	2,585	3,310
40	2,021	2,704	3,551	90	1,987	2,632	3,402	500	1,965	2,585	3,310
41	2,020	2,701	3,544	91	1,986	2,631	3,401	510	1,965	2,585	3,310
42	2,018	2,698	3,538	92	1,986	2,630	3,399	520	1,965	2,585	3,309
43	2,017	2,695	3,532	93	1,986	2,630	3,398	530	1,964	2,584	3,309
44	2,015	2,692	3,526	94	1,986	2,629	3,397	540	1,964	2,584	3,309
45	2,014	2,690	3,520	95	1,985	2,629	3,396	550	1,964	2,584	3,308
46	2,013	2,687	3,515	96	1,985	2,628	3,395	560	1,964	2,584	3,308
47	2,012	2,685	3,510	97	1,985	2,627	3,394	570	1,964	2,584	3,308
48	2,011	2,682	3,505	98	1,984	2,627	3,393	580	1,964	2,584	3,307
49	2,010	2,680	3,500	99	1,984	2,626	3,392	590	1,964	2,584	3,307
50	2,009	2,678	3,496	100	1,984	2,626	3,390	600	1,964	2,584	3,307

df	5,0%	1,0%	0,1%
610	1,964	2,584	3,307
620	1,964	2,584	3,306
630	1,964	2,584	3,306
640	1,964	2,584	3,306
650	1,964	2,583	3,306
660	1,964	2,583	3,305
670	1,964	2,583	3,305
680	1,963	2,583	3,305
690	1,963	2,583	3,304
700	1,963	2,583	3,304
710	1,963	2,583	3,304
720	1,963	2,583	3,304
730	1,963	2,582	3,304
740	1,963	2,582	3,303
750	1,963	2,582	3,303
760	1,963	2,582	3,303
770	1,963	2,582	3,303
780	1,963	2,582	3,303
790	1,963	2,582	3,303
800	1,963	2,582	3,302
810	1,963	2,582	3,302
820	1,963	2,582	3,302
830	1,963	2,582	3,302
840	1,963	2,582	3,302
850	1,963	2,582	3,302
860	1,963	2,582	3,302
870	1,963	2,581	3,301
880	1,963	2,581	3,301
890	1,963	2,581	3,301
900	1,963	2,581	3,301
910	1,963	2,581	3,301
920	1,963	2,581	3,301
930	1,963	2,581	3,301
940	1,962	2,581	3,301
950	1,962	2,581	3,301
960	1,962	2,581	3,301
970	1,962	2,581	3,300
980	1,962	2,581	3,300
990	1,962	2,581	3,300
1000	1,962	2,581	3,300
1500	1,962	2,579	3,297
2000	1,961	2,578	3,295
3000	1,961	2,577	3,294
4000	1,961	2,577	3,293
5000	1,960	2,577	3,292
6000	1,960	2,577	3,292
7000	1,960	2,576	3,292
8000	1,960	2,576	3,292
9000	1,960	2,576	3,292
10000	1,960	2,576	3,291

3.1.2
Statistische Prüfverfahren

Die Kunst der analytischen Statistik besteht darin, aufgrund möglichst weniger Beobachtungen (Stichprobenumfang) möglichst gut abgesicherte Schlussfolgerungen über die Grundgesamtheit, d. h. die wahren Zahlenwerte, zu ziehen [3, 4]. Wie der t-Test bei der Beurteilung einer Stichprobe eingesetzt wird, ist im Abschnitt 3.1.1 bereits erläutert worden. Da bei der Modellbildung durch Einsatz gewonnener Geschwindigkeitskoeffizienten in die entsprechenden Massenbilanzen nunmehr Modellvoraussagen ermöglicht werden, stellt sich die Frage, ob und wie ein statistischer Vergleich zwischen den Modellvoraussagen und den gemessenen Werten durchgeführt werden kann. In der Statistik spricht man in diesem Falle von „Vergleich von Stichproben" und Verwerfung oder Annahme der „Nullhypothese" mit einer gewissen, anzugebenden Irrtumswahrscheinlichkeit. Da solche Stichproben, wie bereits erläutert, von Mittelwert, Standardabweichung und Probenumfang charakterisiert sind, besteht die Aufgabe darin, entweder aus einem statistischen Vergleich dieser Kennwerte oder/und dem paarweisen Vergleich einzelner Werte zweier Datenreihen, Modellvoraussage und Messwert zu vergleichen. Zu diesem Zweck werden in der Statistik zwei Hypothesen formuliert [1, 3, 4].

- **Hypothese H0:** *Die bei Mittelwerten und Standardabweichungen der Stichproben beobachteten Unterschiede sind zufällig zustande gekommen, d. h. die Stichproben gehören zur gleichen Grundgesamtheit, oder anders ausgedrückt, das gewählte reaktionstechnische Modell erweist sich als adäquat zur Beschreibung des Reaktorverhaltens.*

- **Hypothese H1:** *Die Unterschiede bei Mittelwerten und Standardabweichungen sind nicht zufällig zustande gekommen; die Stichproben entstammen verschiedenen Grundgesamtheiten, d. h. das Modell erweist sich als nicht adäquat.*

Bezeichnet man die wahren Mittelwerte und die wahren Standardabweichungen beider Stichproben mit μ_1 und μ_2, resp. σ_1 und σ_2, so kann man die beiden Hypothesen kurz wie folgt beschreiben [1, 3]:

H0: $\mu_1 = \mu_2$ und $\sigma_2 = \sigma_2$
H1: $\mu_1 \neq \mu_2$ und $\sigma_2 \neq \sigma_2$

Wird aufgrund einer statistischen Analyse (siehe weitere Ausführungen) die Nullhypothese (H0) verworfen, so spricht man von der Wahrscheinlichkeit (Angabe in Prozent oder zwischen 0 und 1 variierend), sich dabei geirrt zu haben. Bei welcher Irrtumswahrscheinlichkeit man sich entschließt, die Nullhypothese zu verwerfen, bleibt im Prinzip jedem selbst überlassen und hängt entscheidend von der Art des zu untersuchenden Sachverhaltes ab. Je mehr man eine Fehlentscheidung vermeiden will, desto niedriger wählt man die Grenze der Irrtumswahrscheinlichkeit, unterhalb derer man die Nullhypothese verwirft. In der Wissenschaft und Technik hat sich dennoch ein einheitlicher Sprachgebrauch eingebürgert.

> ■ Merksatz: **Aussagen, die mit einer Irrtumswahrscheinlichkeit kleiner oder gleich 5 % behaftet sind, nennt man signifikant, solche mit einer Irrtumswahrscheinlichkeit kleiner oder gleich 1 % heißen sehr signifikant und solche mit einer Irrtumswahrscheinlichkeit kleiner oder gleich 0,1 % höchstsignifikant.**

Die Tabelle 3–2 fasst diese Definitionen und deren Symbolisierung zusammen.

Tab. 3–2: Zusammenhang zwischen der angenommenen Irrtumswahrscheinlichkeit α und ihrer Interpretation.

Irrtumswahrscheinlichkeit	Bedeutung	Symbolisierung
$\alpha > 5\%$ P < 95 %	nicht signifikant (ns)	ns
$\alpha \leq 5\%$ P ≥ 95 %	signifikant	*
$\alpha \leq 1\%$ P ≥ 99 %	sehr signifikant	**
$\alpha \leq 0,1\%$ P ≥ 99,9 %	höchst signifikant	***

In der analytischen Statistik können zur Prüfung der Nullhypothese mehrere Signifikanztests eingesetzt werden, nach denen eine gewisse Prüfgröße berechnet wird. Diese Prüfgrößen werden in der Literatur meist mit einheitlichen Buchstaben gekennzeichnet: z, t, F und χ^2 (Chiquadrat) [1–4, 6], und die theoretischen Grundlagen sämtlicher statistischer Tests samt den betreffenden Verteilungen darin ausführlich dargelegt. Der an statistischen Feinheiten wahrlich interessierte Leser wird insbesondere auf [1] verwiesen. Im Folgenden wird die Handhabung einiger nach Meinung des Verfassers sich als recht gut erwiesener Prüfverfahren zur Beurteilung des Adäquatheitsgrades eines Modells aufgeführt [5] und mit Rechenbeispielen belegt. Es sollen dabei die Messergebnisse mit den entsprechenden Modellvoraussagen verglichen werden, um zu erkunden, ob beide Datenreihen zur gleichen Grundgesamtheit gehören, d. h. dass die Adäquatheit des Modells statistisch abgesichert werden kann.

Vergleich von Varianzen, F-Test: Der F-Test dient zur Beurteilung der Absolutwerte von Varianzen/Standardabweichungen zweier in sich homogener, d. h. ausreißerfreier, Datengruppen $x_{E1} \ldots x_{En}$ und $x_{M1} \ldots x_{Mn}$, wobei die Varianz das Quadrat der Standardabweichung s ist. Man benötigt die Anzahl der Einzeldaten n_E, s_E und die Experiment-Werte sowie n_M und s_M der von Modellvoraussagen gebildeten Datenreihe. Zu berechnen ist die Prüfgröße (PF), welche mit den vom Freiheitsgrad df = n – 1 abhängigen statistischen Faktoren F (Tab. 3–3) zu vergleichen ist.
Anmerkung: Diejenige Datengruppe mit s und n kommt als Zähler in Betracht, welche das größere s enthält; also gehört n_E zum größeren s_E. Das ist wichtig!

$$\mathrm{PF} = \left(\frac{s_E}{s_M}\right)^2 \geq 1; \quad \text{PF-Werte dürfen nie kleiner als 1 sein!}$$

Folgende Datenreihen stehen zur Verfügung:

Experiment	Modellvoraussage
$X_{E1} = 30{,}62$	$X_{M1} = 30{,}45$
$X_{E2} = 30{,}31$	$X_{M2} = 30{,}30$
$X_{E3} = 30{,}85$	$X_{M3} = 30{,}52$
$X_{E4} = 30{,}35$	$X_{M4} = 30{,}41$
–	$X_{M5} = 30{,}35$
$n_E = 4$	$n_M = 5$
$s_E = +0{,}252\,5$	$s_M = +0{,}085\,6$

$$\text{Prüfgröße PF} = \left(\frac{0{,}2525}{0{,}0856}\right)^2 = 8{,}701$$

Der Vergleich erfolgt mit F($\alpha = 5\,\%$); F($\alpha = 1\,\%$); F($\alpha = 0{,}1\,\%$) für $df_1 = n_1 - 1$ und $df_2 = n_2 - 1$, d. h. im hier gewählten Beispiel für $df_1 = 3$ und $df_2 = 4$.

Hieraus lässt sich für $df_1 = 3$ und $df_2 = 4$ ablesen:
F($\alpha = 5\,\%$) = 6,59
F($\alpha = 1\,\%$) = 16,69
F($\alpha = 0{,}1\,\%$) = 56,18

Interpretation: Wenn PF kleiner als F($\alpha = 5\,\%$) resultiert, so bedeutet dies, dass ein Unterschied zwischen s_E und s_M nicht feststellbar ist; ist PF größer oder gleich F($\alpha = 5\,\%$), jedoch kleiner als F($\alpha = 1\,\%$), dann gilt, dass s_E wahrscheinlich unterscheidbar von s_M ist. Wird festgestellt, dass PF größer oder gleich F($\alpha = 1\,\%$), jedoch kleiner als F($\alpha = 0{,}1\,\%$), dann gilt, dass s_E signifikant unterscheidbar von s_M ist. Sollte PF größer oder gleich F($\alpha = 0{,}1\,\%$) sein, dann bedeutet dies, dass s_E hochsignifikant unterscheidbar von s_M ist. Da PF = 8,70 größer als F($\alpha = 5\,\%$) = 6,59 ist, aber kleiner als F($\alpha = 1\,\%$) = 16,69, so ist s_E wahrscheinlich unterscheidbar und zwar größer als s_M. Man darf daher beide Datengruppen nicht zusammenfassen, d. h. das Modell ist in dieser ersten Annäherung nicht adäquat!

Diskussion: Man sollte weitere Messungen bzw. Modellauswertungen durchführen, um ein umfangreicheres Datenmaterial zu bekommen. Der F-Test erfordert zahlreiche Wiederhol- und Vergleichsmessungen, wenn er scharf sein soll [1, 3]. Lautet z. B. danach das Ergebnis:

$n_E = 5$; $s_E = 0{,}344$; $n_M = 5$; $s_M = 0{,}085\,6$, dann wird diesmal PF = 16,15.

Da diesmal bei $df_1 = 4$ und $df_2 = 4$ sich aus Tab. 3–3 ergibt:

F($\alpha = 5\,\%$) = 6,39
F($\alpha = 1\,\%$) = 15,98
F($\alpha = 0{,}1\,\%$) = 53,44

Tab. 3-3: Der Verteilungsfaktor F in Abhängigkeit von Freiheitsgraden F: df_1 und df_2 sowie konstanter Irrtumswahrscheinlichkeit α.

F-Tabelle für $\alpha = 5\%$ df_1

df_2	1	2	3	4	5	6	7	8	9	10
1	161,40	199,50	215,70	224,60	230,20	234,00	236,80	238,00	240,50	241,90
2	18,51	19,00	19,16	19,25	19,30	19,33	19,35	19,37	19,38	19,40
3	10,13	9,55	9,28	9,12	9,01	8,94	8,89	8,85	8,81	8,79
4	7,71	6,94	6,59	6,39	6,26	6,16	6,09	6,04	6,00	5,96
5	6,61	5,79	5,41	5,19	5,05	4,95	4,88	4,82	4,77	4,74
6	5,99	5,14	4,76	4,53	4,39	4,28	4,21	4,15	4,10	4,06
7	5,59	4,74	4,35	4,12	3,97	3,87	3,79	3,73	3,68	3,64
8	5,32	4,46	4,07	3,84	3,69	3,58	3,50	3,44	3,39	3,35
9	5,12	4,26	3,86	3,63	3,48	3,37	3,29	3,23	3,18	3,14
10	4,96	4,10	3,71	3,48	3,33	3,22	3,14	3,07	3,02	2,98
11	4,84	3,98	3,59	3,36	3,20	3,09	3,01	2,95	2,90	2,85
12	4,75	3,89	3,49	3,26	3,11	3,00	2,91	2,85	2,80	2,75
13	4,67	3,81	3,41	3,18	3,03	2,92	2,83	2,77	2,71	2,67
14	4,60	3,74	3,34	3,11	2,96	2,85	2,76	2,70	2,65	2,60
15	4,54	3,68	3,29	3,06	2,90	2,79	2,71	2,64	2,59	2,54
16	4,49	3,63	3,24	3,01	2,85	2,74	2,66	2,59	2,54	2,49
17	4,45	3,59	3,20	2,96	2,81	2,70	2,61	2,55	2,49	2,45
18	4,41	3,55	3,16	2,93	2,77	2,66	2,58	2,51	2,46	2,41
19	4,38	3,52	3,13	2,90	2,74	2,63	2,54	2,48	2,42	2,38
20	4,35	3,49	3,10	2,87	2,71	2,60	2,51	2,45	2,39	2,35
21	4,32	3,47	3,07	2,84	2,68	2,57	2,49	2,42	2,37	2,32
22	4,30	3,44	3,05	2,82	2,66	2,55	2,46	2,40	2,34	2,30
23	4,28	3,42	3,03	2,80	2,64	2,53	2,44	2,37	2,32	2,27
24	4,26	3,40	3,01	2,78	2,62	2,51	2,42	2,36	2,30	2,25
25	4,24	3,39	2,99	2,76	2,60	2,49	2,40	2,34	2,28	2,24
26	4,23	3,37	2,98	2,74	2,59	2,47	2,39	2,32	2,27	2,22
27	4,21	3,35	2,96	2,73	2,57	2,46	2,37	2,31	2,25	2,20
28	4,20	3,34	2,95	2,71	2,56	2,45	2,36	2,29	2,24	2,19
29	4,18	3,33	2,93	2,70	2,55	2,43	2,35	2,28	2,22	2,18
30	4,17	3,32	2,92	2,69	2,53	2,42	2,33	2,27	2,21	2,16
31	4,16	3,30	2,91	2,68	2,52	2,41	2,32	2,25	2,20	2,15
32	4,15	3,29	2,90	2,67	2,51	2,40	2,31	2,24	2,19	2,14
33	4,14	3,28	2,89	2,66	2,50	2,39	2,30	2,23	2,18	2,13
34	4,13	3,28	2,88	2,65	2,49	2,38	2,29	2,23	2,17	2,12
35	4,12	3,27	2,87	2,64	2,49	2,37	2,29	2,22	2,16	2,11
40	4,08	3,23	2,84	2,61	2,45	2,34	2,25	2,18	2,12	2,08
45	4,06	3,20	2,81	2,58	2,42	2,31	2,22	2,15	2,10	2,05
50	4,03	3,18	2,79	2,56	2,40	2,29	2,20	2,13	2,07	2,03
60	4,00	3,15	2,76	2,53	2,37	2,25	2,17	2,10	2,04	1,99
70	3,98	3,13	2,74	2,50	2,35	2,23	2,14	2,07	2,02	1,97
80	3,96	3,11	2,72	2,49	2,33	2,21	2,13	2,06	2,00	1,95
90	3,95	3,10	2,71	2,47	2,32	2,20	2,11	2,04	1,99	1,94
100	3,94	3,09	2,70	2,46	2,31	2,19	2,10	2,03	1,97	1,93
150	3,90	3,06	2,66	2,43	2,27	2,16	2,07	2,00	1,94	1,89
200	3,89	3,04	2,65	2,42	2,26	2,14	2,06	1,98	1,93	1,88
300	3,87	3,03	2,63	2,40	2,24	2,13	2,04	1,97	1,91	1,86
400	3,86	3,02	2,63	2,39	2,23	2,12	2,03	1,96	1,90	1,85
500	3,86	3,01	2,62	2,39	2,23	2,12	2,03	1,96	1,90	1,85
1000	3,85	3,00	2,61	2,38	2,22	2,11	2,02	1,95	1,89	1,84
5000	3,84	3,00	2,61	2,37	2,22	2,10	2,01	1,94	1,88	1,83

F-Tabelle für $\alpha = 5\%$ df_1

df_2	12	14	16	18	20	30	40	50	100	5000
1	243,90	245,40	246,50	247,30	248,00	250,10	251,10	251,80	253,00	254,30
2	19,41	19,42	19,43	19,44	19,45	19,46	19,47	19,48	19,49	19,50
3	8,74	8,71	8,69	8,67	8,66	8,62	8,59	8,58	8,55	8,53
4	5,91	5,87	5,84	5,82	5,80	5,75	5,72	5,70	5,66	5,63
5	4,68	4,64	4,60	4,58	4,56	4,50	4,46	4,44	4,41	4,37
6	4,00	3,96	3,92	3,90	3,87	3,81	3,77	3,75	3,71	3,67
7	3,57	3,53	3,49	3,47	3,44	3,38	3,34	3,32	3,27	3,23
8	3,28	3,24	3,20	3,17	3,15	3,08	3,04	3,02	2,97	2,93
9	3,07	3,03	2,99	2,96	2,94	2,86	2,83	2,80	2,76	2,71
10	2,91	2,86	2,83	2,80	2,77	2,70	2,66	2,64	2,59	2,54
11	2,79	2,74	2,70	2,67	2,65	2,57	2,53	2,51	2,46	2,41
12	2,69	2,64	2,60	2,57	2,54	2,47	2,43	2,40	2,35	2,30
13	2,60	2,55	2,51	2,48	2,46	2,38	2,34	2,31	2,26	2,21
14	2,53	2,48	2,44	2,41	2,39	2,31	2,27	2,24	2,19	2,13
15	2,48	2,42	2,38	2,35	2,33	2,25	2,20	2,18	2,12	2,07
16	2,42	2,37	2,33	2,30	2,28	2,19	2,15	2,12	2,07	2,01
17	2,38	2,33	2,29	2,26	2,23	2,15	2,10	2,08	2,02	1,96
18	2,34	2,29	2,25	2,22	2,19	2,11	2,06	2,04	1,98	1,92
19	2,31	2,26	2,21	2,18	2,16	2,07	2,03	2,00	1,94	1,88
20	2,28	2,22	2,18	2,15	2,12	2,04	1,99	1,97	1,91	1,84
21	2,25	2,20	2,16	2,12	2,10	2,01	1,96	1,94	1,88	1,81
22	2,23	2,17	2,13	2,10	2,07	1,98	1,94	1,91	1,85	1,78
23	2,20	2,15	2,11	2,08	2,05	1,96	1,91	1,88	1,82	1,76
24	2,18	2,13	2,09	2,05	2,03	1,94	1,89	1,86	1,80	1,73
25	2,16	2,11	2,07	2,04	2,01	1,92	1,87	1,84	1,78	1,71
26	2,15	2,09	2,05	2,02	1,99	1,90	1,85	1,82	1,76	1,69
27	2,13	2,08	2,04	2,00	1,97	1,88	1,84	1,81	1,74	1,67
28	2,12	2,06	2,02	1,99	1,96	1,87	1,82	1,79	1,73	1,66
29	2,10	2,05	2,01	1,97	1,94	1,85	1,81	1,77	1,71	1,64
30	2,09	2,04	1,99	1,96	1,93	1,84	1,79	1,76	1,70	1,62
31	2,08	2,03	1,98	1,95	1,92	1,83	1,78	1,75	1,68	1,61
32	2,07	2,01	1,97	1,94	1,91	1,82	1,77	1,74	1,67	1,60
33	2,06	2,00	1,96	1,93	1,90	1,81	1,76	1,72	1,66	1,58
34	2,05	1,99	1,95	1,92	1,89	1,80	1,75	1,71	1,65	1,57
35	2,04	1,99	1,94	1,91	1,88	1,79	1,74	1,70	1,63	1,56
40	2,00	1,95	1,90	1,87	1,84	1,74	1,69	1,66	1,59	1,51
45	1,97	1,92	1,87	1,84	1,81	1,71	1,66	1,63	1,55	1,47
50	1,95	1,89	1,85	1,81	1,78	1,69	1,63	1,60	1,52	1,44
60	1,92	1,86	1,82	1,78	1,75	1,65	1,59	1,56	1,48	1,39
70	1,89	1,84	1,79	1,75	1,72	1,62	1,57	1,53	1,45	1,36
80	1,88	1,82	1,77	1,73	1,70	1,60	1,54	1,51	1,43	1,33
90	1,86	1,80	1,76	1,72	1,69	1,59	1,53	1,49	1,41	1,30
100	1,85	1,79	1,75	1,71	1,68	1,57	1,52	1,48	1,39	1,29
150	1,82	1,76	1,71	1,67	1,64	1,54	1,48	1,44	1,34	1,23
200	1,80	1,74	1,69	1,66	1,62	1,52	1,46	1,41	1,32	1,19
300	1,78	1,72	1,68	1,64	1,61	1,50	1,43	1,39	1,30	1,15
400	1,78	1,72	1,67	1,63	1,60	1,49	1,42	1,38	1,28	1,13
500	1,77	1,71	1,66	1,62	1,59	1,48	1,42	1,38	1,28	1,12
1000	1,76	1,70	1,65	1,61	1,58	1,47	1,41	1,36	1,26	1,09
5000	1,75	1,69	1,65	1,61	1,57	1,46	1,40	1,35	1,25	1,05

3.1 Statistische Kennwerte und Prüfverfahren

F-Tabelle für α = 1 %

df_2	df_1=1	2	3	4	5	6	7	8	9	10
1	4052	4999	5403	5625	5764	5859	5928	5981	6022	6056
2	98,50	99,00	99,17	99,25	99,30	99,33	99,36	99,37	99,39	99,40
3	34,12	30,82	29,46	28,71	28,24	27,91	27,67	27,49	27,35	27,23
4	21,20	18,00	16,69	15,98	15,52	15,21	14,98	14,80	14,66	14,55
5	16,26	13,27	12,06	11,39	10,97	10,67	10,46	10,29	10,16	10,05
6	13,75	10,92	9,78	9,15	8,75	8,47	8,26	8,10	7,98	7,87
7	12,25	9,55	8,45	7,85	7,46	7,19	6,99	6,84	6,72	6,62
8	11,26	8,65	7,59	7,01	6,63	6,37	6,18	6,03	5,91	5,81
9	10,56	8,02	6,99	6,42	6,06	5,80	5,61	5,47	5,35	5,26
10	10,04	7,56	6,55	5,99	5,64	5,39	5,20	5,06	4,94	4,85
11	9,65	7,21	6,22	5,67	5,32	5,07	4,89	4,74	4,63	4,54
12	9,33	6,93	5,95	5,41	5,06	4,82	4,64	4,50	4,39	4,30
13	9,07	6,70	5,74	5,21	4,86	4,62	4,44	4,30	4,19	4,10
14	8,86	6,51	5,56	5,04	4,69	4,46	4,28	4,14	4,03	3,94
15	8,68	6,36	5,42	4,89	4,56	4,32	4,14	4,00	3,89	3,80
16	8,53	6,23	5,29	4,77	4,44	4,20	4,03	3,89	3,78	3,69
17	8,40	6,11	5,18	4,67	4,34	4,10	3,93	3,79	3,68	3,59
18	8,29	6,01	5,09	4,58	4,25	4,01	3,84	3,71	3,60	3,51
19	8,18	5,93	5,01	4,50	4,17	3,94	3,77	3,63	3,52	3,43
20	8,10	5,85	4,94	4,43	4,10	3,87	3,70	3,56	3,46	3,37
21	8,02	5,78	4,87	4,37	4,04	3,81	3,64	3,51	3,40	3,31
22	7,95	5,72	4,82	4,31	3,99	3,76	3,59	3,45	3,35	3,26
23	7,88	5,66	4,76	4,26	3,94	3,71	3,54	3,41	3,30	3,21
24	7,82	5,61	4,72	4,22	3,90	3,67	3,50	3,36	3,26	3,17
25	7,77	5,57	4,68	4,18	3,85	3,63	3,46	3,32	3,22	3,13
26	7,72	5,53	4,64	4,14	3,82	3,59	3,42	3,29	3,18	3,09
27	7,68	5,49	4,60	4,11	3,78	3,56	3,39	3,26	3,15	3,06
28	7,64	5,45	4,57	4,07	3,75	3,53	3,36	3,23	3,12	3,03
29	7,60	5,42	4,54	4,04	3,73	3,50	3,33	3,20	3,09	3,00
30	7,56	5,39	4,51	4,02	3,70	3,47	3,30	3,17	3,07	2,98
31	7,53	5,36	4,48	3,99	3,67	3,45	3,28	3,15	3,04	2,96
32	7,50	5,34	4,46	3,97	3,65	3,43	3,26	3,13	3,02	2,93
33	7,47	5,31	4,44	3,95	3,63	3,41	3,24	3,11	3,00	2,91
34	7,44	5,29	4,42	3,93	3,61	3,39	3,22	3,09	2,98	2,89
35	7,42	5,27	4,40	3,91	3,59	3,37	3,20	3,07	2,96	2,88
40	7,31	5,18	4,31	3,83	3,51	3,29	3,12	2,99	2,89	2,80
45	7,23	5,11	4,25	3,77	3,45	3,23	3,07	2,94	2,83	2,74
50	7,17	5,06	4,20	3,72	3,41	3,19	3,02	2,89	2,78	2,70
60	7,08	4,98	4,13	3,65	3,34	3,12	2,95	2,82	2,72	2,63
70	7,01	4,92	4,07	3,60	3,29	3,07	2,91	2,78	2,67	2,59
80	6,96	4,88	4,04	3,56	3,26	3,04	2,87	2,74	2,64	2,55
90	6,93	4,85	4,01	3,53	3,23	3,01	2,84	2,72	2,61	2,52
100	6,90	4,82	3,98	3,51	3,21	2,99	2,82	2,69	2,59	2,50
150	6,81	4,75	3,91	3,45	3,14	2,92	2,76	2,63	2,53	2,44
200	6,76	4,71	3,88	3,41	3,11	2,89	2,73	2,60	2,50	2,41
300	6,72	4,68	3,85	3,38	3,08	2,86	2,70	2,57	2,47	2,38
400	6,70	4,66	3,83	3,37	3,06	2,85	2,68	2,56	2,45	2,37
500	6,69	4,65	3,82	3,36	3,05	2,84	2,68	2,55	2,44	2,36
1000	6,66	4,63	3,80	3,34	3,04	2,82	2,66	2,53	2,43	2,34
5000	6,64	4,61	3,79	3,32	3,02	2,81	2,64	2,51	2,41	2,32

F-Tabelle für α = 1 %

df_2	df_1=12	14	16	18	20	30	40	50	100	5000
1	6106	6143	6170	6192	6209	6261	6287	6303	6334	6365
2	99,42	99,43	99,44	99,44	99,45	99,47	99,47	99,48	99,49	99,50
3	27,05	26,92	26,83	26,75	26,69	26,50	26,41	26,35	26,24	26,13
4	14,37	14,25	14,15	14,08	14,02	13,84	13,75	13,69	13,58	13,47
5	9,89	9,77	9,68	9,61	9,55	9,38	9,29	9,24	9,13	9,02
6	7,72	7,60	7,52	7,45	7,40	7,23	7,14	7,09	6,99	6,88
7	6,47	6,36	6,28	6,21	6,16	5,99	5,91	5,86	5,75	5,65
8	5,67	5,56	5,48	5,41	5,36	5,20	5,12	5,07	4,96	4,86
9	5,11	5,01	4,92	4,86	4,81	4,65	4,57	4,52	4,41	4,31
10	4,71	4,60	4,52	4,46	4,41	4,25	4,17	4,12	4,01	3,91
11	4,40	4,29	4,21	4,15	4,10	3,94	3,86	3,81	3,71	3,60
12	4,16	4,05	3,97	3,91	3,86	3,70	3,62	3,57	3,47	3,36
13	3,96	3,86	3,78	3,72	3,66	3,51	3,43	3,38	3,27	3,17
14	3,80	3,70	3,62	3,56	3,51	3,35	3,27	3,22	3,11	3,01
15	3,67	3,56	3,49	3,42	3,37	3,21	3,13	3,08	2,98	2,87
16	3,55	3,45	3,37	3,31	3,26	3,10	3,02	2,97	2,86	2,76
17	3,46	3,35	3,27	3,21	3,16	3,00	2,92	2,87	2,76	2,66
18	3,37	3,27	3,19	3,13	3,08	2,92	2,84	2,78	2,68	2,57
19	3,30	3,19	3,12	3,05	3,00	2,84	2,76	2,71	2,60	2,49
20	3,23	3,13	3,05	2,99	2,94	2,78	2,69	2,64	2,54	2,42
21	3,17	3,07	2,99	2,93	2,88	2,72	2,64	2,58	2,48	2,36
22	3,12	3,02	2,94	2,88	2,83	2,67	2,58	2,53	2,42	2,31
23	3,07	2,97	2,89	2,83	2,78	2,62	2,54	2,48	2,37	2,26
24	3,03	2,93	2,85	2,79	2,74	2,58	2,49	2,44	2,33	2,21
25	2,99	2,89	2,81	2,75	2,70	2,54	2,45	2,40	2,29	2,17
26	2,96	2,86	2,78	2,72	2,66	2,50	2,42	2,36	2,25	2,13
27	2,93	2,82	2,75	2,68	2,63	2,47	2,38	2,33	2,22	2,10
28	2,90	2,79	2,72	2,65	2,60	2,44	2,35	2,30	2,19	2,07
29	2,87	2,77	2,69	2,63	2,57	2,41	2,33	2,27	2,16	2,04
30	2,84	2,74	2,66	2,60	2,55	2,39	2,30	2,25	2,13	2,01
31	2,82	2,72	2,64	2,58	2,52	2,36	2,27	2,22	2,11	1,98
32	2,80	2,70	2,62	2,55	2,50	2,34	2,25	2,20	2,08	1,96
33	2,78	2,68	2,60	2,53	2,48	2,32	2,23	2,18	2,06	1,94
34	2,76	2,66	2,58	2,51	2,46	2,30	2,21	2,16	2,04	1,91
35	2,74	2,64	2,56	2,50	2,44	2,28	2,19	2,14	2,02	1,89
40	2,66	2,56	2,48	2,42	2,37	2,20	2,11	2,06	1,94	1,81
45	2,61	2,51	2,43	2,36	2,31	2,14	2,05	2,00	1,88	1,74
50	2,56	2,46	2,38	2,32	2,27	2,10	2,01	1,95	1,82	1,69
60	2,50	2,39	2,31	2,25	2,20	2,03	1,94	1,88	1,75	1,60
70	2,45	2,35	2,27	2,20	2,15	1,98	1,89	1,83	1,70	1,54
80	2,42	2,31	2,23	2,17	2,12	1,94	1,85	1,79	1,65	1,50
90	2,39	2,29	2,21	2,14	2,09	1,92	1,82	1,76	1,62	1,46
100	2,37	2,27	2,19	2,12	2,07	1,89	1,80	1,74	1,60	1,43
150	2,31	2,20	2,12	2,06	2,00	1,83	1,73	1,66	1,52	1,34
200	2,27	2,17	2,09	2,03	1,97	1,79	1,69	1,63	1,48	1,28
300	2,24	2,14	2,06	1,99	1,94	1,76	1,66	1,59	1,44	1,23
400	2,23	2,13	2,05	1,98	1,92	1,75	1,64	1,58	1,42	1,19
500	2,22	2,12	2,04	1,97	1,92	1,74	1,63	1,57	1,41	1,17
1000	2,20	2,10	2,02	1,95	1,90	1,72	1,61	1,54	1,38	1,12
5000	2,19	2,09	2,00	1,94	1,88	1,70	1,60	1,53	1,36	1,07

Tab. 3-3: Fortsetzung.

F-Tabelle für α = 0,1 %

df₂	1	2	3	4	5	6	7	8	9	10
1										
2	998,5	999,0	999,2	999,2	999,3	999,3	999,4	999,4	999,4	999,4
3	167,0	148,5	141,1	137,1	134,6	132,8	131,6	130,6	129,9	129,2
4	74,14	61,25	56,18	53,44	51,71	50,53	49,66	49,00	48,47	48,05
5	47,18	37,12	33,20	31,09	29,75	28,83	28,16	27,65	27,24	26,92
6	35,51	27,00	23,70	21,92	20,80	20,03	19,46	19,03	18,69	18,41
7	29,25	21,69	18,77	17,20	16,21	15,52	15,02	14,63	14,33	14,08
8	25,41	18,49	15,83	14,39	13,48	12,86	12,40	12,05	11,77	11,54
9	22,86	16,39	13,90	12,56	11,71	11,13	10,70	10,37	10,11	9,89
10	21,04	14,91	12,55	11,28	10,48	9,93	9,52	9,20	8,96	8,75
11	19,69	13,81	11,56	10,35	9,58	9,05	8,66	8,35	8,12	7,92
12	18,64	12,97	10,80	9,63	8,89	8,38	8,00	7,71	7,48	7,29
13	17,82	12,31	10,21	9,07	8,35	7,86	7,49	7,21	6,98	6,80
14	17,14	11,78	9,73	8,62	7,92	7,44	7,08	6,80	6,58	6,40
15	16,59	11,34	9,34	8,25	7,57	7,09	6,74	6,47	6,26	6,08
16	16,12	10,97	9,01	7,94	7,27	6,80	6,46	6,19	5,98	5,81
17	15,72	10,66	8,73	7,68	7,02	6,56	6,22	5,96	5,75	5,58
18	15,38	10,39	8,49	7,46	6,81	6,35	6,02	5,76	5,56	5,39
19	15,08	10,16	8,28	7,27	6,62	6,18	5,85	5,59	5,39	5,22
20	14,82	9,95	8,10	7,10	6,46	6,02	5,69	5,44	5,24	5,08
21	14,59	9,77	7,94	6,95	6,32	5,88	5,56	5,31	5,11	4,95
22	14,38	9,61	7,80	6,81	6,19	5,76	5,44	5,19	4,99	4,83
23	14,20	9,47	7,67	6,70	6,08	5,65	5,33	5,09	4,89	4,73
24	14,03	9,34	7,55	6,59	5,98	5,55	5,23	4,99	4,80	4,64
25	13,88	9,22	7,45	6,49	5,89	5,46	5,15	4,91	4,71	4,56
26	13,74	9,12	7,36	6,41	5,80	5,38	5,07	4,83	4,64	4,48
27	13,61	9,02	7,27	6,33	5,73	5,31	5,00	4,76	4,57	4,41
28	13,50	8,93	7,19	6,25	5,66	5,24	4,93	4,69	4,50	4,35
29	13,39	8,85	7,12	6,19	5,59	5,18	4,87	4,64	4,45	4,29
30	13,29	8,77	7,05	6,12	5,53	5,12	4,82	4,58	4,39	4,24
31	13,20	8,70	6,99	6,07	5,48	5,07	4,77	4,53	4,34	4,19
32	13,12	8,64	6,94	6,01	5,43	5,02	4,72	4,48	4,30	4,14
33	13,04	8,58	6,88	5,97	5,38	4,98	4,67	4,44	4,26	4,10
34	12,97	8,52	6,83	5,92	5,34	4,93	4,63	4,40	4,22	4,06
35	12,90	8,47	6,79	5,88	5,30	4,89	4,59	4,36	4,18	4,03
40	12,61	8,25	6,59	5,70	5,13	4,73	4,44	4,21	4,02	3,87
45	12,39	8,09	6,45	5,56	5,00	4,61	4,32	4,09	3,91	3,76
50	12,22	7,96	6,34	5,46	4,90	4,51	4,22	4,00	3,82	3,67
60	11,97	7,77	6,17	5,31	4,76	4,37	4,09	3,86	3,69	3,54
70	11,80	7,64	6,06	5,20	4,66	4,28	3,99	3,77	3,60	3,45
80	11,67	7,54	5,97	5,12	4,58	4,20	3,92	3,70	3,53	3,39
90	11,57	7,47	5,91	5,06	4,53	4,15	3,87	3,65	3,48	3,34
100	11,50	7,41	5,86	5,02	4,48	4,11	3,83	3,61	3,44	3,30
150	11,27	7,24	5,71	4,88	4,35	3,98	3,71	3,49	3,32	3,18
200	11,15	7,15	5,63	4,81	4,29	3,92	3,65	3,43	3,26	3,12
300	11,04	7,07	5,56	4,75	4,22	3,86	3,59	3,38	3,21	3,07
400	10,99	7,03	5,53	4,71	4,19	3,83	3,56	3,35	3,18	3,04
500	10,96	7,00	5,51	4,69	4,18	3,81	3,54	3,33	3,16	3,02
1000	10,89	6,96	5,46	4,65	4,14	3,78	3,51	3,30	3,13	2,99
5000	10,84	6,92	5,43	4,62	4,11	3,75	3,48	3,27	3,10	2,97

F-Tabelle für α = 0,1 %

df₂	12	14	16	18	20	30	40	50	100	5000
1										
2	999,4	999,4	999,4	999,4	999,4	999,5	999,5	999,5	999,5	999,5
3	128,3	127,6	127,1	126,7	126,4	125,4	125,0	124,7	124,1	123,5
4	47,41	46,95	46,60	46,32	46,10	45,43	45,09	44,88	44,47	44,06
5	26,42	26,06	25,78	25,57	25,39	24,87	24,60	24,44	24,12	23,79
6	17,99	17,68	17,45	17,27	17,12	16,67	16,44	16,31	16,03	15,75
7	13,71	13,43	13,23	13,06	12,93	12,53	12,33	12,20	11,95	11,70
8	11,19	10,94	10,75	10,60	10,48	10,11	9,92	9,80	9,57	9,34
9	9,57	9,33	9,15	9,01	8,90	8,55	8,37	8,26	8,04	7,82
10	8,45	8,22	8,05	7,91	7,80	7,47	7,30	7,19	6,98	6,77
11	7,63	7,41	7,24	7,11	7,01	6,68	6,52	6,42	6,21	6,00
12	7,00	6,79	6,63	6,51	6,40	6,09	5,93	5,83	5,63	5,42
13	6,52	6,31	6,16	6,03	5,93	5,63	5,47	5,37	5,17	4,97
14	6,13	5,93	5,78	5,66	5,56	5,25	5,10	5,00	4,81	4,61
15	5,81	5,62	5,46	5,35	5,25	4,95	4,80	4,70	4,51	4,31
16	5,55	5,35	5,20	5,09	4,99	4,70	4,54	4,45	4,26	4,06
17	5,32	5,13	4,99	4,87	4,78	4,48	4,33	4,24	4,05	3,85
18	5,13	4,94	4,80	4,68	4,59	4,30	4,15	4,06	3,87	3,67
19	4,97	4,78	4,64	4,52	4,43	4,14	3,99	3,90	3,71	3,52
20	4,82	4,64	4,49	4,38	4,29	4,00	3,86	3,77	3,58	3,38
21	4,70	4,51	4,37	4,26	4,17	3,88	3,74	3,64	3,46	3,26
22	4,58	4,40	4,26	4,15	4,06	3,78	3,63	3,54	3,35	3,15
23	4,48	4,30	4,16	4,05	3,96	3,68	3,53	3,44	3,25	3,06
24	4,39	4,21	4,07	3,96	3,87	3,59	3,45	3,36	3,17	2,97
25	4,31	4,13	3,99	3,88	3,79	3,52	3,37	3,28	3,09	2,89
26	4,24	4,06	3,92	3,81	3,72	3,44	3,30	3,21	3,02	2,82
27	4,17	3,99	3,86	3,75	3,66	3,38	3,23	3,14	2,96	2,76
28	4,11	3,93	3,80	3,69	3,60	3,32	3,18	3,09	2,90	2,70
29	4,05	3,88	3,74	3,63	3,54	3,27	3,12	3,03	2,84	2,64
30	4,00	3,82	3,69	3,58	3,49	3,22	3,07	2,98	2,79	2,59
31	3,95	3,78	3,64	3,53	3,45	3,17	3,03	2,94	2,75	2,55
32	3,91	3,73	3,60	3,49	3,40	3,13	2,98	2,89	2,70	2,50
33	3,87	3,69	3,56	3,45	3,36	3,09	2,94	2,85	2,66	2,46
34	3,83	3,65	3,52	3,41	3,33	3,05	2,91	2,82	2,63	2,42
35	3,79	3,62	3,48	3,38	3,29	3,02	2,87	2,78	2,59	2,39
40	3,64	3,47	3,34	3,23	3,14	2,87	2,73	2,64	2,44	2,24
45	3,53	3,36	3,23	3,12	3,04	2,76	2,62	2,53	2,33	2,13
50	3,44	3,27	3,14	3,04	2,95	2,68	2,53	2,44	2,25	2,03
60	3,32	3,15	3,02	2,91	2,83	2,55	2,41	2,32	2,12	1,90
70	3,23	3,06	2,93	2,83	2,74	2,47	2,32	2,23	2,03	1,80
80	3,16	3,00	2,87	2,76	2,68	2,41	2,26	2,16	1,96	1,73
90	3,11	2,95	2,82	2,71	2,63	2,36	2,21	2,11	1,91	1,67
100	3,07	2,91	2,78	2,68	2,59	2,32	2,17	2,08	1,87	1,62
150	2,96	2,80	2,67	2,56	2,48	2,21	2,06	1,96	1,74	1,48
200	2,90	2,74	2,61	2,51	2,42	2,15	2,00	1,90	1,68	1,40
300	2,85	2,69	2,56	2,46	2,37	2,10	1,94	1,85	1,62	1,31
400	2,82	2,66	2,53	2,43	2,34	2,07	1,92	1,82	1,59	1,27
500	2,81	2,64	2,52	2,41	2,33	2,05	1,90	1,80	1,57	1,24
1000	2,77	2,61	2,48	2,38	2,30	2,02	1,87	1,77	1,53	1,17
5000	2,75	2,59	2,46	2,36	2,27	2,00	1,84	1,74	1,50	1,09

so bedeutet dies, dass gleichzeitig F(α = 1 %) < PF und PF < F(α = 0,1 %). Nach Substitution der entsprechenden Werte 15,98 < 16,15 < 53,44 lässt sich schlussfolgern, dass nunmehr s_E signifikant größer als s_M ist; deshalb dürfen die Wertegruppen X_{E1} bis X_{E5} und X_{M1} bis X_{M5} nicht zusammengefasst werden, d. h. eine Gesamtstandardabweichung darf nicht berechnet werden, da, auf die Standardabweichung bezogen, sich die Ergebnisse der beiden Quellen statistisch signifikant voneinander unterscheiden. Sollten beide Messstellen bzw. Laboratorien das gleiche Objekt bzw. Produkt untersucht haben, so hat das Labor 1 mit signifikant größerer Streuung gearbeitet. Sollte es sich hierbei um dieselbe Messmethode gehandelt haben, dann hat das Labor 1 schlichtweg weniger zuverlässig gearbeitet. Man müsste dort eine (zufällige) Fehlerquelle finden können. Und wenn dieses Labor 1 sogar an einem Ringversuch teilgenommen hat, und die anderen Labors stimmen bezüglich der erhaltenen Standardabweichung s so überein, dass ein signifikanter s-Unterschied nicht festgestellt werden kann, so muss der Beitrag des Labors 1 eliminiert werden. Wenn PF $\geq$ F(α = 5 %) gefunden wird, dann sind die Aussagen des nachstehend folgenden t-Testes nur bedingt brauchbar. Ist PF $\leq$ (α = 5 %), so ist ein Unterschied zwischen s_E und s_M nicht feststellbar; dann ist aber auch die Zusammenfassung von s_E und s_M zu einem s_{gesamt} zulässig, d. h. sie gehören zur gleichen Grundgesamtheit, resp. das Modell ist adäquat.

Vergleich von Mittelwerten, t-Test: Der t-Test nach Student dient zum Vergleich zweier unabhängiger Stichproben aus normalen Grundgesamtheiten hinsichtlich ihrer Mittelwerten. Es wird hiermit objektiv beurteilt, ob sich zwei Mittelwerte $\bar{x}_E$ und $\bar{x}_M$ real unterscheiden und ob gegebenenfalls die Mittelwerte zu einem Gesamtmittelwert $\bar{x}$ zusammengefasst werden dürfen. Es wird vorausgesetzt, dass das Datenmaterial ausreißerfrei ist. Man benötigt für diesen t-Test die statistischen Kenngrößen der Datenreihen: n_E, $\bar{x}_E$, s_E, und n_M, $\bar{x}_M$, s_M sowie das Ergebnis des F-Tests. Zu berechnen ist die Prüfgröße PG, deren Wert mit jenen von dem Freiheitsgrad df = $n_1 + n_2 - 2$ abhängigen, zur Student-Verteilung gehörenden t-Werten statistisch zu vergleichen ist (Tab. 3–1), sowie die eventuell gemeinsame Standardabweichung s_d:

$$PG = \left| \frac{\bar{x}_E - \bar{x}_M}{s_d} \right| \cdot \sqrt{\frac{n_E \, n_M}{n_E + n_M}}$$

$$s_d = \sqrt{\frac{(n_E - 1)s_E^2 + (n_M - 1)s_M^2}{n_E + n_M - 2}}.$$

Daten: n_E = 5; $\bar{x}_E$ = 30,445; s_E = 0,193 und n_M = 6; $\bar{x}_M$ = 30,611; s_M = 0,169. Es folgt zuerst die Berechnung von s_d und danach die der Prüfgröße PG:

$$s_d = \sqrt{\frac{4 \times 0,193^2 + 5 \times 0,169^2}{5 + 6 - 2}} = \pm 0,18006$$

$$PG = \left| \frac{30,445 - 30,611}{0,18006} \right| \sqrt{\frac{5 \cdot 6}{5 + 6}} = 1,522$$

Danach folgt der statistische Vergleich des obigen Zahlenbeispiels bei jeweils t(α = 5 %), t(α = 1 %), t(α = 0,1 %) und df = $n_1 + n_2 - 2 = 5 + 6 - 2 = 9$; in der Tab. 3–1 lässt sich erneut ablesen:

t(α = 5 %) = 2,262
t(α = 1 %) = 3,250
t(α = 0,1 %) = 4,781

Entscheidungskriterien: Bei PG < t(α = 5 %) ist ein statistisch begründeter Unterschied zwischen $\bar{x}_E$ und x_M nicht feststellbar. Bei PG ≥ t(α = 5 %) und PG < t(α = 1 %) unterscheidet sich $_E$ wahrscheinlich von $_M$. Wird PG ≥ t(α = 1 %) und gleichzeitig bleibt PG < t(α = 0,1 %), dann besteht statistisch ein signifikanter Unterschied zwischen $\bar{x}_E$ und $\bar{x}_M$. Sollte die resultierende PG ≥ t(α = 0,1 %) sein, dann unterscheiden sich $\bar{x}_E$ und $\bar{x}_M$ hochsignifikant voneinander. Diese Prüfung hat technisch-wirtschaftliche Folgen, indem sich das Modell als ganz inadäquat erweist.

■ Merksatz: *Besteht zwischen $\bar{x}_E$ und $\bar{x}_M$ ein signifikanter Unterschied, dann dürfen die beiden Mittelwerte nicht zu einem Gesamtmittelwert $\bar{x}$ vereinigt werden, da sie zu verschiedenen Grundgesamtheiten gehören.*

In unserem Zahlenbeispiel ergibt sich, dass zwischen $\bar{x}_E$ und $\bar{x}_M$ aber kein Unterschied besteht, so dass man die Einzeldaten zu Gesamtdaten zusammenfassen kann, vorausgesetzt, der F-Test erweist, dass sich die jeweiligen Standardabweichungen ebenfalls nicht unterscheiden; wie die Prüfung nach dem F-Test zu führen ist, wird nachstehend erläutert. Dabei ist zu beachten, dass bei der PF-Berechnung, die niedrigere Standabweichung immer im Nenner stehen muss. Demnach wird:

$$PF = \frac{s_E}{s_M}^2 = \left(\frac{0,193}{0,169}\right)^2 = 1,30419 \, .$$

Für $df_1 = n_1 - 1 = 4$ und $df_2 = n_2 - 1 = 5$ folgt aus Tab. 3–3:

F(α = 5 %) = 5,19
F(α = 1 %) = 11,39
F(α = 0,1 %) = 31,09

■ Merksatz: *Da PF = 1,304 kleiner als F(α = 5 %) = 5,19 ausfiel, dürfen die Einzeldaten $\bar{x}_E$, n_E, s_E mit $\bar{x}_M$, n_M, s_M zu Gesamtkenndaten $\bar{x}$, n, s zusammengefasst werden. Mit anderen Worten, die zwei Datenreihen gehören zur gleichen Grundgesamtheit, d. h., dass die Modellvoraussage das Experiment gut wiedergibt und das reaktionstechnische Modell sich als adäquat erweist.*

Differenzen-t-Test: Dieser äußerst scharfe statistische Test dient dem Feststellen eindeutiger Unterschiede zwischen Datenreihen, die paarweise (Experiment / entsprechende Modellvoraussage) ausgewertet werden [1–4]. Man benötigt hierfür die Anzahl paralleler Einzeldaten n = n_E = n_M, die parallelen Daten x_{Ei}, x_{Mi} sowie die Mittelwerte $\bar{X}_E$ und $\bar{X}_M$. Die bei diesem Test erforderliche Prüfgröße lässt sich nach [2] wie folgt berechnen:

$$PG = \left| \frac{(\bar{x}_M - \bar{x}_E)\sqrt{n}}{\sqrt{[1/(n-1)] \times \Sigma(\Delta x_i - \Delta \bar{x})^2}} \right|$$

Es liegen folgende Mess- und statistisch bearbeitete Datenreihen vor:

Experiment	Modellvoraussage	ΔX_i	$\Delta X_i - \Delta \bar{X}$
30,40	30,45	+0,05	−0,10
30,15	30,25	+0,10	−0,05
30,60	30,85	+0,25	+0,10
30,05	30,20	+0,15	0,00
30,25	30,40	+0,15	0,00
30,40	30,60	+0,20	+0,05
$\bar{X}_E$ = 30,308	$\bar{X}_M$ = 30,458	$\Delta \bar{X} = \bar{X}_M - \bar{X}_E = 0,15$	

worin: ΔX_i = Modelleinzelwert − Experimenteinzelwert bei jedwedem *parallelen Datenpaar*;

und: $\Delta \bar{X} = \bar{X}_M - \bar{X}_E$ (Differenz der *Mittelwerte* beider Datenreihen, d. h. $\Delta \bar{X}$ = Mittelwert aller Modellvoraussagen − Mittelwert aller exp. Messdaten).

Durch Substitution erlangt man:

$$PG = \frac{0,150 \times \sqrt{6}}{\sqrt{\frac{1}{5} \times \Sigma(0,1^2 + 0,05^2 + 0,1^2 + 0^2 + 0^2 + 0,05^2)}} = 5,197$$

Für df = n − 1 = 5 lässt sich aus der Tab. 3–1 ablesen:

t(α = 5 %) = 2,57,
t(α = 1 %) = 4,03,
t(α = 0,1 %) = 6,86.

Ergebnis: Weil t(α = 0,1 %) > PG > t(α = 1 %) gilt, resultiert, dass $\bar{x}_M$ signifikant größer als $\bar{x}_E$ ausfällt. Demzufolge liefert das Modell statistisch signifikant höhere Werte als das Experiment. Dies ist aus der Aufschlüsselung einzelner Werte wenig ersichtlich, da Δx_i immer nur ein Zeichen aufwies, d. h. die hohe Streuung der Einzelwerte offenbar an systematischen *Differenzen* von Probenpaar zum Probenpaar liegt. Das gewählte reaktionstechnische Modell kann demnach statistisch nur ungenügend abgesichert werden und ist daher zu verwerfen In der Praxis hat man oft den Fall, dass bei manchen Datenreihen nur einer der beiden zu einem Wertpaar gehörenden Werte vorhanden ist. Dann ist dieser Wert nach dem Aufbau des Differenzen-t-Tests für abhängige Stichproben nutzlos, da ihm ja sein Pendant bei der Differenzenbildung fehlt. Solche Einzelwerte sind deshalb ganz zu eliminieren und der Test nur auf die restlichen Wertpaare zu beziehen.

Zur Durchführung solcher Tests ist abschließend zu bemerken, dass, streng wissenschaftlich gesehen, ihre Anwendbarkeit auf der Annahme normalverteilter Datenreihen beruht (siehe auch Abschnitt 3.1). Sollte, aus welchen Gründen auch immer, eine statistische Prüfung unter Ausschluss dieser Annahme durchzuführen sein, so kennt die Statistik so genannte „verteilungsfreie Tests" als Ersatz für den t-Test, wie z. B. den Wilcoxon-Test, den Friedmann-Test, den Mann- und Whitney-Test, etc. Die Beschreibung solcher Anwendungsfälle würde aber den Rahmen dieses Beitrages sprengen. Der interessierte Leser wird daher auf die insbesondere in [1] enthaltenen, diesbezüglichen Ausführungen verwiesen.

3.2 Regressionsrechnung

Während die geschilderten statistischen Prüfverfahren den Grad der Zusammengehörigkeit von Einzeldaten oder zweier Datenreihen zur gleichen Grundgesamtheit bestimmen, kann man mit Hilfe der Regressionsrechnung die Art des Zusammenhanges beschreiben, quantifizieren und statistisch absichern. Für den sich mit der Erstellung und Prüfung reaktionstechnischer Modelle befassenden Ingenieur- oder Naturwissenschaftler ist gerade dieser Aspekt das ihn am meisten Interessierende, da der sich hier herausstellende Grad des Zusammenhanges zwischen zwei Variablen die Adäquatheit seines Modells bestätigt, oder auch nicht.

Tab. 3–4: Beurteilung der Korrelationsgüte einer statistischen Regression auf der Basis des Korrelationskoeffizienten; nach [1].

Schwankungsbreite	Beurteilung der Korrelationsgüte
$0{,}0 \leq r_k \leq 0{,}2$	Unabhängigkeit oder sehr geringe Korrelation
$0{,}2 \leq r_k \leq 0{,}5$	sehr geringe bis geringe Korrelation
$0{,}5 \leq r_k \leq 0{,}7$	geringe bis mittlere Korrelation
$0{,}7 \leq r_k \leq 0{,}95$	mittlere bis hohe Korrelation
$0{,}95 \leq r_k \leq 1{,}0$	sehr hohe Korrelation

Nun ist dabei in der Bioverfahrenstechnik stets mit der Wirkung zufälliger Faktoren, vor allem mit der biologischen Variabilität der Biomasse einerseits und Messfehlern andererseits zu rechnen, so dass die Regressionsdiagramme (vgl.

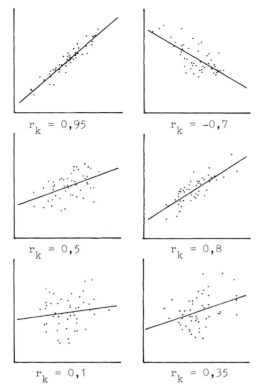

Abb. 3–1: Korrelationsdiagramme mit eingezeichneten Regressionsgeraden und Angaben von dazu gehörenden Korrelationskoeffizienten rk ; nach [1].

Kapitel 2 und 4), die die experimentell gefundene Interdependenz zwischen den zwei Variablen darlegen, meistens aus einem mehr oder weniger streuenden Punkteschwarm bestehen (Abb. 3–1).

Damit ergibt sich zunächst die Aufgabe einem solchen Punkteschwarm die optimale Gerade, man bezeichnet sie als Regressionsgerade von y auf x, zuzuordnen. Nach Gauß wird unter allen möglichen Geraden, die hierbei gelegt werden können, diejenige als optimal bezeichnet, bei der die Summe der Abweichungsquadrate zwischen den Punkte- und zugehörigen Geradenordinaten ein Minimum wird [1–4]. Setzt man die Gleichung der Regressionsgeraden in der Form

$$y = a + bx \tag{3-1}$$

an, wobei b die Steigung der Geraden und a der Ordinatenabschnitt sind, so führt diese Minimierungsbedingung zu [1]:

$$b = \frac{\Sigma x_i y_i - \frac{1}{n}(\Sigma x_i \times \Sigma y_i)}{\Sigma x_i^2 - \frac{1}{n}(\Sigma x_i)^2} \tag{3-2}$$

und

$$a = \frac{1}{n} \times \Sigma y_i - \frac{b}{n} \times \Sigma x_i \qquad (3\text{-}3)$$

Die Güte der Anpassung lässt sich in der Praxis am häufigsten durch den Korrelationskoeffizienten

$$r_k = \frac{\Sigma x_i y_i - y \Sigma x_i}{\sqrt{/\Sigma x_i^2 - \bar{x}_i \Sigma x_i)(\Sigma y_i^2 - y \Sigma y_i)}} \qquad (3\text{-}4)$$

und seltener (für streng wissenschaftliche Beweisführungen) durch die Fehlerabschätzung für a und b ausdrücken [7]. Die dazu erforderlichen mathematischen Beweisführungen können in Lehrbüchern der Statistik nachgelesen werden, z. B. [8]. Zur Beschreibung der Größe des Korrelationskoeffizienten haben sich bereits Begriffe eingebürgert [1], die in Tab. 3–4 aufgeführt und zur besseren Veranschaulichung auch in Abb. 3–1 graphisch dargestellt wurden.

Weil zur Zeit nicht jeder Abwasserfachmann mit dem Einsatz von Computern zur Lösung von Regressionen vertraut ist, bleibt das Ziel dieses Beitrages, zuerst die Anwendung von Linearisierungsverfahren als einfachsten Weg zur Modellerstellung zugänglich zu gestalten, dies vor allem wegen des bedeutend größeren Anwenderkreises von Taschenrechnern und der Einfachheit mit deren Umgang. Ein solcher wissenschaftlicher Taschenrechner weist in der Regel eine eingebaute lineare Regressionsrechnung auf und liefert somit sofort die Werte für a, b und r_k. Da sich im Regelfall die Punktwolke mehr oder weniger streuend zu beiden Seiten der Regressionsgeraden erstreckt (Abb. 3–1), ist die Bestimmung eines y-Wertes aus dem x-Wert (Gl. 3–1) mit einer Schwankung versehen. Es ist aber möglich, zu dem nach Gl. 3–1 berechneten Wert y ein Konfidenzintervall (Vertrauensbereich) anzugeben – vgl. Abschnitt 3.1.1. Mit vorzugebender Wahrscheinlichkeit liegt dann der zu erwartende Funktionswert in diesem Bereich. Da diese Berechnung kaum bei üblichen wissenschaftlichen Taschenrechnern, sondern nur in Computerprogrammen anzutreffen ist, wird nachfolgend nur kurz darauf eingegangen und anschließend das Verfahren an einem Rechenbeispiel erläutert. Zur Bestimmung der Intervallgrenzen werden folgende Hilfsgrößen berechnet [4]

$$C_1 = \Sigma x_i^2 - \frac{1}{n} \cdot \left[\Sigma x_i\right]^2 \qquad (3\text{-}5)$$

$$C_2 = \Sigma y_i^2 - \frac{1}{n} \cdot \left[\Sigma y_i\right]^2 \qquad (3\text{-}6)$$

$$C_3 = \Sigma \left(x_i \cdot y_i\right) - \frac{1}{n} \cdot \Sigma x_i \cdot \Sigma y_i \qquad (3\text{-}7)$$

$$C_4 = \frac{C_3^2}{C_1} \qquad (3\text{-}8)$$

$$C_5 = \sqrt{\frac{C_2 - C_4}{n - 2}} \qquad (3\text{-}9)$$

Dann ist die Abweichung y_0 gegenüber einem beliebigen x-Wert [4]

$$\pm y_0 = t_{(\alpha = \%)} \times C_5 \times \sqrt{1 + \frac{1}{n} + \frac{(x - \bar{x})}{C_1}} \qquad (3-10)$$

mit α [%] als vorgegebener Irrtumswahrscheinlichkeit, $t_{(\alpha=\%)}$ als dem zu diesem α gehörigen t-Wert bei df = n–2 Freiheitsgraden (Tab. 3–1), $\bar{x}$ als dem arithmetischen Mittelwert der unabhängigen Variablen und n als Anzahl der Daten. Betrachtet man Gl. 3–10, so merkt man, dass $(x-\bar{x})/C_1$ relativ sehr klein ist, da der Zähler aus dem Quadrat einer Abweichung vom Mittelwert, der Nenner hingegen aus der Summe der Abweichung aller n Werte besteht. Der Fehler beim Weglassen dieses Terms ist demnach umso geringer, je größer n ist. Dies gibt also die Möglichkeit, eine vom betrachteten x-Wert unabhängige Formel für y_0 zu benutzen:

$$\pm y_0 = t_{(\alpha = 5)} \times C_S \times \sqrt{1 + 1/n} \qquad (3-11)$$

Neben der Regressionsgeraden selbst kann man also zwei parallele Linien ziehen, die das vorgegebene Konfidenzintervall begrenzen. Benutzt man die x-abhängige Formel (Gl. 3–10), so ist dies mit merklich mehr Rechenarbeit verbunden, um die zwei Hyperbelkurven des gewählten Vertrauensbereiches mittels vieler x-Werte zu ermitteln. Bei n ≥ 8–10 fällt die Hyperbel sehr flach aus und kann ohne weiteres durch eine Gerade ersetzt werden, deren Verlauf sich erheblich leichter berechnen lässt (Gl. 3–11).

Da zur Beurteilung der Regressionsgüte nicht nur der Regressionskoeffizient, sondern die Minimierung der Summe der Fehlerquadrate einen vor allem physikalisch beachtlich klareren Einblick gewährt, wurde bei der Erarbeitung entsprechender Programmlistings für den Computereinsatz auch darauf eingegangen, da, ganz gleich wie der Punkteschwarm beschaffen ist, durch diesen stets eine über die Gaußsche Vorschrift definierte Regressionsgerade bestimmt und die Summe der Fehlerquadrate entsprechend berechnet werden kann. Um den Grad der statistisch nunmehr festgestellten linearen Korrelation zwischen y und x, d. h. die Güte der Anpassung [5] anzugeben, wird im Rahmen dieses Beitrages einfachheitshalber zuerst auf den Korrelationskoeffizienten r_k Bezug genommen (Gl. 3–4). Dieser Parameter hat seine Grenzen bei r_k = –1 oder r_k = +1, wenn eine absolute lineare Korrelation zwischen den beiden Variablen besteht, und nimmt den Wert r_k = 0 bei stochastischer Unabhängigkeit an [1–4]. Ist r_k negativ, so bedeutet dies einen gegenläufigen Zusammenhang, d. h. je größer der x-Wert ist, desto kleiner wird der y-Wert; ist r_k positiv, so besteht ein gemeinsam zunehmend verlaufender Zusammenhang.

Die Tabelle 3–5 fasst die anfallenden Haupt- und Hilfsdaten zur statistischen Datenauswertung einer etwas längeren Versuchsperiode zusammen und wird im späteren Rechenbeispiel herangezogen. Wie aber hieraus schon ersichtlich, drängt sich der Gedanke auf, den Sprung vom Taschenrechner zum Computereinsatz mit hierfür geeigneter Software zu schaffen. In den nachfolgenden Programmen für lineare und nicht-lineare Regressionsberechnung wurde diesem Gedanken nachgegangen und entsprechende Listings erstellt (Tab. 3–6 bis 3–8).

Tab. 3–5: Zusammenstellung der Haupt- und Hilfsvariablen bei der statistischen Datenauswertung einer CSTR-Belebungsanlage mit Schlammrückführung.

n_i	TOC-Konzentrationen		Hilfsvariablen		
	Zulauf	Auslauf	x_i^2	y_i^2	$x_i \times y_i$
1	180	72	32400	5184	12960
2	175	83	30625	6889	14525
3	179	98	32041	9604	17542
4	162	52	26244	2704	8424
5	170	84	28900	7056	14280
6	180	94	32400	8836	16920
7	176	95	30976	9025	16720
8	159	85	25281	7225	13515
9	169	59	28561	3481	9971
10	170	76	28900	5776	12920
11	172	60	29584	3600	10320
12	192	93	36864	8649	17856
13	179	79	32041	6241	14141
14	173	81	29929	6561	14013
15	170	55	28900	3025	9350
16	180	62	32400	3855	11160
17	168	86	28224	7396	14448
18	179	94	32041	8836	16826
19	173	70	29929	4900	12110
20	182	88	33124	7744	16016
$\sum_1^n$	$\Sigma x_1 = 3488$	$\Sigma y_1 = 1566$	$\Sigma x_i^2 = 609364$	$\Sigma y_i^2 = 126576$	$\Sigma x_i y_i = 274017$

Tab. 3–6: Vereinfachtes Programmlisting für lineare Regressionen, mit Angabe der Gleichung und der Summe der Fehlerquadrate.

```
0000000000000000000000000000000
0 REM "REGLIN" EBER/EDERER 810628
1 REM*****************************
2 REM** REGRESSION NACH EINER    **
3 REM** GERADEN Y = A + B*X      **
9 REM*****************************
1000 DIM X(100),Y(100),W(100)
1100 INPUT "WIEVIEL WERTEPAARE"; N
1200 FOR I=1 TO N
1300 PRINT "Y(";I;")" , X(";I;"> ";
1400 INPUT Y(I),X(I)
1700 NEXT I
1800 PRINT
2000 S1=N
2100 S2=0:S3=0:S3=0:S4=0:S5=0
2200 FOR I=1 TO N
2300 S2=S2+X(I)
2400 S3=S3+Y(I)
2500 S4=S4+X(I)*X(I)
2600 SS=S5+Y(I)*X(I)
2700 NEXT I
3000 D1=S1*S4S2*S2
3100 D2S3*S4S5*S2
3200 D3=S1*S5S2*S3
4000 A=D2/D1
4100 B=D3/D1
5000 PRINT "DIE REGRESSIONSGERADE HEISST"
5100 PRINT " Y = ";A;" + ";B;" * X"
6000 S=0
6100 FOR I=1 TO N
6200 S=S+(Y(I)(A+B*X(I)))↑2
6300 NEXT I
6500 PRINT:PRINT "SUMME DER FEHLERQUADRATE =";S
9999 END

RUN
WIEVIEL WERTEPAARE? 7
Y( 1 ), X( 1 ) ? 1,0
Y( 2 ), X( 2 ) ? 3.1,.9
Y( 3 ), X( 3 ) ? 4.8,1.98
Y( 4 ), X( 4 ) ? 7.2,3.05
Y( 5 ), X( 5 ) ? 8.9,4.2
Y( 6 ), X( 5 ) ? 11,5.02
Y( 7 ), X( 7 ) ? 12.7,6.3
```

DIE REGRESSIONSGERADE HEISST

   Y = 1.22961069 + 1.86912472 * X

SUMME DER FEHLERQUADRATE = .453344113

READY.

Die statistischen Fehlerbereiche für die so bestimmten a- und b-Parameter werden mit Hilfe von D- und T-Ausdrücken bestimmt:

$$D = n \sum_{ii=1}^{n} x_i^2 - \left(\sum_{i=1}^{n} x_i\right)^2 = N \cdot \Sigma_4 - \Sigma_2^2$$

$$T = \sqrt{\sum_{i=1}^{n} (y_i - a - bx_i)^2 / (n-2)} = \mathrm{SQR}\left[S/(N-2)\right]$$

Fehler von a: T × SQR(S4/D) und Fehler von b: T × SQR(N/D) werden programmiert in Tab. 3–7, siehe dazu Zeilen 4000, 4100 und 6610. Anstatt den Korrelationskoeffizienten r_k als Kriterium zur Güte der Anpassung dieser linearen Regression anzugeben, wurde in diesem Programm die Summe der Fehlerquadrate hierfür kalkuliert. In Tabelle 3–7 werden zusätzlich noch die Vertrauensbereiche für a und b berechnet, ein Vorgehen, das in der Regel nur bei der Berechnung von Reaktionsparametern durch Anpassung an *nicht*-lineare Regressionen üblich ist; ein solches Programmlisting wird daher in der Tab. 3–8 präsentiert und mit erklärenden Anmerkungen zum Programmablauf vollständigkeitshalber ergänzt [7]. Nichtsdestotrotz habe man auch in der Tab. 3–7 diese a- und b-Fehler ausgedrückt, s. hierbei die Zeilen „A" und „B" nach dem Befehl RUN.

Tab. 3–7: Programmlisting für lineare Regressionen, mit Angabe der Fehlerabschätzung von a und b, der kleinsten Summe der Fehlerquadrate und von Regressionsvoraussagen.

```
0 REM "REGLIN4" EBERT/EDERER 820506
1 REM***********************************
2 REM** REGRESSION NACH EINER GERADEN **
3 REM** MIT ANGABE DER FEHLER DER     **
4 REM** PARAMETER A UND B             **
S REM** DIES ENTSPRICHT DER STANDARD- **
6 REM** ABWEICHUNG, DAHER UNBEDINGT   **
7 REM** ANZAHL DER MESSWERTE ANGEBEN  **
8 REM***********************************
9 REM** REGRESSION MIT GEWICHTEN      **
10 REM***********************************
1000 DIM X(100),Y(100),W(100)
1010 A$="
1020 E$=CHR$(145)
```

3.2 Regressionsrechnung | 145

```
1100 INPUT "WIEVIEL WERTEPAARE";N
1120 FÜR I1 TO N:W(I)=1 :NEXT I
1140 PRINT :PRINT "WOLLEN SIE AUCH GEWICHTE EINGEBEN "
;:INPUT B$
1200 FÜR I=1 TO N
1300 PRINT " Y(";I;") = "; :INPUT Y(I) :PRINT E$;
1330 PRINT A$ :PRINT E$;
1350 PRINT " Y(" ;I; ") =" ;Y(I);
1400 PRINT " X(" ;I; ") =";: INPUT X(I):PRINT E$;
1450 IF B$< >"JA" THEN GOTO 1615
1490 PRINT A$:PRINT E$;
1500 PRINT " Y(";I;") =" ;Y(I);
1600 PRINT " X(";I;") =" ;X(I);
1610 PRINT " W(;I;") = ": INPUT W(I):PRINT E$;
1615 PRINT A$ : PRINT E$;
162Q PRINT " Y(";I;") =";Y(I);
1630 PRINT " X(";I;") =";X(I);
1640 PRINT " W(";I;") =";W(I);
1700 NEXT I
2000 S1=0
2100 S2=0;S3=0;S4=0;S5=0
2200 FOR I=1 TO N
2250 S1=S1+W(I)
2300 S2=S2+X(I)* W(I)
2400 S3=S3+Y(I)* W(I)
2500 S4=S4+X(I)* X(I)* W(I)
2600 S5=S5+Y(I)* X(I)* W(I)
2700 NEXT I
3000 D1=S1*S4S2*S2
3100 D2=S3*S4S5*S2
3200 D3=S1*S5S2*S3
4000 A=D2/D1
4100 B=D3/D1
5000 PRINT " DIE REGRESSIONSGERADE HEISST"
5100 PRINT " Y = ";A;" + ";B;"* X"
6000 S=0
6100 FOR I=1 TO N
6200 S=S+W(I)*Y(I)(A+B*X(I)))↑2
6300 NEXT I
6500 PRINT: PRINT "SUMME DER FEHLERQUADRATE =";S
6600 DSQR(S/(N2))
6605 PRINT: PRINT "GESAMTSTANDARDABWEICHUNG =";D
6610 DA=D*SQR(S4/D1) :DB=D*SQR(S1/D1)
6620 PRINT: PRINT "ANZAHL DER MESSWERTE =";N:PRINT
6630 PRINT "A = ";A;" +/- ";DA:PRINT
6640 PRINT "B = ";B;" +/ ";DB;PRINT
7000 PRINT:PRINT "WOLLEN SIE DIE EINGEGEBENEN UND DIE"
7100 PRINT "THEORETISCHEN WERTE IM VERGLEICH SEHEN ";
7200 INPUT A$
```

```
7300 IF A$="JA" THEN GOTO 8000
7500 GOTO 8400
8000 PRINT
8050 PRINT "   X   Y(GEMESSEN)   Y(THEORETISCH) "
8100 FOR I=1 TO N
8200 PRINT X(I),Y(I),A+B*X(I)
8300 NEXT I
8400 PRINT:PRINT "WOLLEN SIE YWERTE ZU EINZUGEBENDEN"
8500 PRINT "XWERTEN DER REGRESSIONSGERADEN WISSEN ";
8600 INPUT A$
8700 IF A$="JA" THEN GOTO 9000
8800 GOTO 9999
9000 PRINT "XWERT " ;:INPUT X:PRINT E$;
9050 PRINT" ":PRINT E$;
9100 PRINT "Y(" ;X;") = ";A+B*X
9200 GOTO 9000
9999 END

RUN
WIEVIEL WERTEPAARE? 4

WOLLEN SIE AUCH GEWICHTE EINGEBEN? JA
Y(1)= 4.1  X(1)= 2.1  W(1)= .5
Y(2)= 8.1  X(2)= 3.9  W(2)= 3
Y(3)= 9.9  X(3)= 5.1  W(3)= 10
Y(4)= 12.1 X(4)= 5.8  W(4)= 1

DIE REGRESSIONSGERADE HEISST

Y = .536199933 + 1.86448743 *X

SUMME DER FEHLERQUDRATE = 1.09079431

GESAMTSTANDARDABWEICHUNG = .738510093

ANZHL DER MESSWERTE = 4

A = .536199933 +/ 1.26927237

B = 1.86448743 +/ .261514500

WOLLEN SIE DIE EINGEGEBENEN UND DIE
THEORETISCHEN WERTE IM VERGLEICH SEHEN? JA

     X    Y(GEMESSEN)      Y(THEORETISCH)
    2.1      4.1              4.45162355
    3.9      8.1              7.30770093
    5.1      9.9             10.0450858
    5.3     12.1             11.3502271
```

```
WOLLEN SIE YWERTE ZU EINZUGEBENDEN
XWERTEN DER REGRESSIONSGERADEN WISSEN

? JA

Y(1)    =    1.3282875
Y(2)    =    4.2651748
Y(17)   =   32.2324863
Y(55)   =  103.083009
Y(0)    =     .536199933
Y(7.23) =   14.0164441

XWERT?
```

Erläuterungen zur Listing-Erstellung in den Tab. 3–6 und 3–7: In Zeile 1000 werden der X- und der Y-Vektor dimensioniert. In der nächsten Zeile wird die Anzahl der Messwertpaare N eingegeben. Dieses N wird für die folgende Eingabeschleife als maximaler Wert benötigt. Die Eingabeschleife für die x- und y-Werte läuft von Zeile 1200 bis 1700. Ab Zeile 2000 beginnt die Berechnung der Summen. Zuerst wird S1 = N gesetzt. In der FOR-NEXT-Schleife von Zeile 2200 bis 2600 werden die in der Formel benötigen Summen aufaddiert. Dazu werden die entsprechenden Variablen vor Beginn der Schleife gleich Null gesetzt. Aus diesen Summen werden in Zeile 3000 der Nenner, in den Zeilen 3100 und 3200 die entsprechenden Zähler der obigen Formeln für a und b gebildet. Anschließend werden a und b berechnet und ausgegeben(Gl. 3–2 und 3–3). Die Schleife am Ende des Programms (Zeile 6100 bis 6300) berechnet die Summe der Fehlerquadrate, die mit der letzten Zeile auf den Bildschirm geschrieben wird. In diesem Programm ist der Eingabeteil um die Eingabemöglichkeit für die Wichtung jedes Messpunkts erweitert. Die Gewichte werden vor der Eingabe der Messwerte auf 1 gesetzt. Wird keine Wichtung eingegeben, wird diese automatisch gleich 1 gesetzt. Die zentrale Schleife von Zeile 2200 bis 2700 ist in jeder Zeile um die Multiplikation mit dem Gewicht erweitert. Hinzugekommen ist die Zeile 2250, in der die Summe der Gewichte berechnet wird, die anstatt der Anzahl der Messwerte in die Regressionsformel eingeht. In den weiteren Zeilen bis 6500 findet sich eine Änderung gegenüber dem früheren Programm nur bei der Fehlerquadratsummenberechnung durch die Multiplikation mit dem Gewicht. Hier endet das 3-6a-Listing und Vermögen des Programms. In den folgenden Zeilen des 3-6b-Listings werden nach den obigen Formeln die Gesamtstandardabweichung (Zeile 6600) und die Fehler der Parameter a und b (Zeile 6610) berechnet und auf dem Bildschirm ausgegeben. In Zeile 7200 wird eingegeben, ob die Tabelle der Messwerte zusammen mit den theoretischen y-Werten ausgegeben werden soll. Wird diese Frage bejaht, so erfolgt der Ausdruck in den Zeilen 8000 bis 8400. Schließlich wird noch die Möglichkeit geboten, zu beliebigen x-Werten die entsprechenden theoretischen y-Werte ausgedruckt zu erhalten (Zeile 8400 bis 9200). Die Sonderzeichen in den Zeilen 1330, 1490, 1615 und 9100 bedeuten Cursorbewegungen zur besseren Übersichtlichkeit des Ausdruckes am Bildschirm. Die Güte der Anpassung dieser linearen Regression (Tab. 3–7) wird in diesem Programm anstatt durch den Korrelationskoeffizienten r_k durch die Summe der Fehlerquadrate angegeben. Dieses Vorgehen ist allerdings nur bei der Berechnung von Reaktionsparametern durch Anpassung an nicht–lineare Regressionen üblich; in der Tab. 3–8 wird vollständigkeitshalber auch ein solches Programmlisting präsentiert und mit erklärenden Anmerkungen zum Programmablauf ergänzt [7].

Tab. 3–8: Programmlisting für nicht-lineare Regressionen, mit Angabe der Fehlerabschätzung, der kleinsten Summe der Fehlerquadrate und des Korrelationskoeffizienten.
In unserem Rechenbeispiel lautet die Regressionsgleichung:

$y = k_1 \times \exp[-k_2 \times x] + k_1 \times k_2$

Die Funktion muss mit den Variablen Y, X und K(1), K(2), etc.
programmiert werden und sieht als Programmzeile wie folgt aus:

50200 Y = K(1) * EXP (-K(2)* X)+K(1)×K(2)

Und nun das Programmlisting:

```
0 REM "NICHT-LINEARE REGRESS.3"/EBERT/EDERER 831212
1 REM*******************************************
2 REM** NICHT-LINEARE REGRESSION MIT            **
3 REM** HILFE DES MEHRDIMENSIONALEN             **
4 REM** NEWTON-VERFAHRENS                       **
5 REM** ###################################     **
6 REM** FUNKTION NACH DER REGREDIERT            **
7 REM** WIRD IN ## 50200 ##                     **
8 REM** DATENPAARE IN ## 60000 ## FF            **
9 REM** ANZAHL DER PARAMETER                    **
10 REM*  IN ## 20100 ##                         **
19 REM*******************************************
100 DIM A(20,20), B(20,20),U(20,20)
110 DIM V(20,20),W(20,20)
200 DIM X(20),X9(20),F(20),F9(20)
210 DIM F0(20),H(20),K(20)
220 DIM XX(100),YY(100)
250 GOTO 20000
300 REM*****************************
305 REM** MATRIZEN INVERSION       **
310 REM** EINGABE IN MATRIX A( )   **
320 REM** AUSGABE IN MATRIX W( )   **
350 REM*****************************
400 FOR I = 1 TO N
420 FOR J = 1 TO N
460 B(I,J) = 0
```

```
480 V(I,J) = 0
500 IF I< >J THEN GOTO 600
520 B(I,J) = 1
540 V(I,J) = 1
600 NEXT J
620 NEXT I
1000 FOR Z = 1 TO N
1050 S = 0
1100 REM SUCHE NACH DEM PIVOTELEMENT
1120 FOR I = Z TO N
1150 IF S>ABS(A(I,Z)) THEN GOTO 1300
1200 S=ABS(A(I,Z))
1250 T=1
1300 NEXT I
2000 REM VERTAUSCHEN DER ZEILEN Z MIT T
2050 FOR I=1 TO N
2100 S=A(Z,I) :A(Z,I)=A(T,I) :A(T,I)=S
2200 NEXT I
2300 IF ABS(A(Z,Z))>1E-30 THEN GOTO 2400
2350 PRINT" DIE MATRIX IST NICHT INVERTIERAR" :END
2400 V(Z,Z)=0 :V(T,T) = 0
2450 V(Z,T)=1:V(T,Z) = 1
3000 REM GAUSS-JORDAN-ELIMINIERUNG
3100 FOR I = 1 TO N
3200 FOR J = 1 TO N
3300 IF I = Z THEN GOTO 4000
3350 IF J = Z THEN GOTO 4500
3400 U(I,J)=A(I,J)-A(Z,J)*A(I,Z)/A(Z,Z)
3500 GOTO 5000
4000 IF I=J THEN GOTO 4350
4500 U(I,J)=-A(I,J)/A(Z,Z)
4100 GOTO 5000
4350 U(Z,Z)=1/A(Z,Z)
4400 GOTO 5000
4500 U(I,Z)=A(I,Z)/A(Z,Z)
5000 NEXT J
5050 NEXT I
5100 REM MATRIZEN MULTIPLIKATION
5110 REM B = V*B
5200 FOR I=1 TO N
5250 FOR J=1 TO N
5300 W(I,J)=0
5350 FOR K=1 TO N
5400 W(I,J)=W(I,J)+V(I, K)*B(K,J)
5450 NEXT K:NEXT J:NEXT I
5500 FOR I=1 TO N:FOR J=1 TO N
5550 B(I,J)=W(I,J)
5600 NEXT J :NEXT I
6000 FOR I=1 TO N
```

```
6050 FOR J=1 TO N
6100 A(I,J)=U(I,J)
6200 V(I,J)=0
6250 IF I=J THEN V(I,J)=1
6300 NEXT J : NEXT I
6500 NEXT Z
7000 REM ERGEBNIS DURCH MULTIPLIKRTION
7010 REM VON MRTRIX A MIT DER PERMUTA-
7020 REM TIONSMATRIX B
7100 FOR I=1 TO N
7200 FOR J=1 TO N
7300 W(I,J)=0
7400 FOR K=1 TO N
7500 W(I,J)=W(I,J)+A(I,K)*B(K,J)
7600 NEXT K :NEXT J :NEXT I
7700 RETURN
12000 REM****************************
12010 REM**    ## FUNKTION ##       **
12020 REM**    HIER DIE FUNKTIONEN   **
12030 REM**    EINGEBEN DEREN NULL   **
12040 REM**    STELLEN GESUCHT WERDEN **
12050 REM**    ( DS/DK(J) )          **
12060 REM****************************
12100 FOR J=1 TO N:K(J)=X(J) : NEXT J
12200 GOSUB 30000 F0=SS
12300 FOR J=1 TO N:DJ=ABS(X(J)/1E4)+1E-8
12400 K(J)=K(J) +DJ : GOSUB 30000
12410 F(J)=SS: K(J) = K(J)-2*DJ :GOSUB 30000
12500 F(J) = (F(J)-SS)/2/DJ
12600 K(J)=X(J) :NEXT J
12999 RETURN
15000 REM******************************
15010 REM** BERECHNUNG DER PARTIELLEN **
15020 REM** ABLEITUNGEN               **
1s03e REM** AN DER STELLE X9() IN A() **
15040 REM** ( D(DS/DK(J))/DK(I) )     **
15050 REM******************************
15100 FOR I=1 TO N :X(I)=X9(I) :NEXT I
15120 GOSUB 12000 :REM FUNKTIONEN
15160 FOR I=1 TO N:F9(I)=F(I) :NEXT I
15200 FOR I3=1 TO N:DI=ABS(X(I3)/1E4) + 1E-8
15210 X(I3)=X(I3)+DI :GOSUB 12000
15240 FOR J3=1 TO N:A(J3,I3)=F(J3)
1S260 NEXT J3:X(I3)=X9(I3):NEXT I3
15300 FOR I3=1 TO N:DI=ABS(X(I3)/1E4)+1E-8
15310 X(I3)=X(I3)-DI :GOSUB 12000
1S340 FOR J3=1 TO N:A(J3,I3)=(A(J3,I3)-F(J3))/2/DI
15360 NEXT J3:X(I3)=X9(I3) :NEXT I3
15999 RETURN
```

```
19000 REM**************
19010 REM** AUSDRUCK **
19020 REM**************
19100 PRINT
19120 FOR I=1 TO N
19140 PRINT"K(";I;") =";X9(I); " +/-";SQR(ABS(W(I,I)*SS/(NP-N)))
19160 REM PRINT" F(";I;")=";F9(I)
19180 NEXTI
19185 PRINT "FEHLERQUADRATSUMME"
19190 RETURN
20000 REM******************
20010 REM** HAUPTPROGRAMM **
20020 REM******************
20100 N=2
20130 FF=1;SM=1E30
20150 GOSUB 25D00
20200 PRINT "EINGABE DER GESCHÄTZTEN PARAMETER"
20220 PRINT
20300 FOR I=1 TO N; PRINT"K(";I;") = ";
20320 INPUT X(I) :X9(I)=X(I); NEXT I
20400 GOSUB 15000:REM BER. PART. ABL.
20450 REM GOSUB 19000;REM AUSDRUCK
20500 GOSUB 300:REM MATRIZENINVERSION
20600 FOR I=1 TO N:H(I)=0
20700 FOR J=1 TO N:H(I)=H(I)+W(I,J)*F9(J)
20720 NEXT J:NEXT I
20750 GOSUB 19000:REM AUSDRUCK
20800 GOSUB 35000:REM OPTIMIERUNGSFAKTOR
21000 FOR I=1 TO N:X9(I)=X9(I)-FF*H(I) :NEXT I
21100 GOTO 20400
25000 REM********************
25010 REM** DATEN EINLESEN  **
25015 REM** IN XX() UND YY()**
25080 REM********************
25100 READ NP
25200 FOR I=1 TO NP:READ XX(I),YY(I)
25300 NEXT I
25400 RETURN
30000 REM****************************
30010 REM** BERECHNUNG DER SUMME    **
30020 REM** DER ABWEICHUNGSQUADRATE **
30100 REM****************************
30200 SS=0
30300 FOR I = 1 TO NP
30350 X=XX(I) : GOSUB 50000:Y=Y-YY(I)
30400 SS=SS+Y*Y: NEXT I
30500 RETURN
```

```
35000 REM****************************
35010 REM** BERECHNUNg DES         **
35020 REM** OPTIMIERUNGSFAKTORS FF **
35100 REM****************************
35200 FF=.60:FM=0 :DF=.5
35310 GOSUB 35600
35320 IF SS<SM THEN SM=SS:FM=FF :FF=FF+DF :GOTO 35310
35330 FF=FM-DF
35335 GOSUB 35600
35340 IF SS<SM THEN SM=SS:FM=FF:FF=FFDF :GOTO 35335
35360 FOR J=1 TO 7
35380 DF=DF/2
35390 FF=FM+D :GOSUB 35600
35400 IF SS<SM THEN SM=SS:FM=FF :GOTO 35430
35410 FF=FMDF:GOSUB 35600
35420 IF SS<SM THEN SM=SS:FM=FF
35430 NEXT J
35450 FF=FM
35500 RETURN
35600 FOR I=1 TO N:K(I)=X9(I)-FF*H(I) :NEXT I
35620 GOSUB 30000
35630 REM PRINT SS,FF
35650 RETURN
50000 REM**********************
50010 REM** FUNKTION NACH DER **
50020 REM** REGREDIERT WIRD   **
50100 REM**********************
50200 Y= K(1)*EXP(-K(2)*X)+K(1)*K(2)
50999 RETURN
60000 REM**************************
60010 REM** ANZAHL DER DATENPAARE **
60020 REM** DATENPAARE            **
60030 REM** DATA X , Y            **
60100 REM**************************
61000 DATA 6
62010 DATA 0,2
62020 DATA 1,1.368
62030 DATA 2,1.1359
62040 DATA 3,1.04979
62050 DATA 0.5,1.6065
62060 DATA 1.5,1.2231
63999 END
RUN

EINGABE DER GESCHÄTZTEN PARAMETER

K(1) = ? 2
K(2) = ? 3
```

K(1) = .95522558 ± 1.05701092 E03
K(2) = 1.08858183 ± 1.7068308 E03

FEHLERQUADRATSUMME=1.09920664 E03

K(1) = .997126581 ± 2.05415639 E03
K(2) = 1.0033201 + 4.03904685 E03

FEHLERQUADPATSUMME= 1.72847357 E05

K(1) = .9556503 ± 7.02568177 E05
K(2) = 1.00006179 ± 1.30844947 E04

FEHLERQUADRATSUMME= 1.97393405 E08

K(1) = 1.00004353 ± 6.59745293 E05
K(2) = .999023981 ± 1.2243266 E04

FEHLERQUADRATSUMME= 1.66993773 E08

K(1) = 1.00004354 ± 6.59757223 E05
K(2) = .999992396 ± 1.22425229 E−08

FEHLERQUADRATSUMME= 1.66993743 E08

BREAK IN 30300

READY.

Erläuterungen zur Listing-Erstellung in der Tab. 3–8: Das Programm besitzt zusätzlich ein Unterprogramm (Zeilen 30000 bis 30500), in dem die Summe der Fehlerquadrate berechnet und in die Variable SS abgespeichert wird. Die Messwertpaare (x_i, y_i) stehen in den Variablen XX(I) und YY(I). Zur Berechnung der theoretischen y-Werte wird von der Zeile 30350 aus mit GOSUB 50000 die Funktion $f(x_i, k_1, ..., k_n)$, nach der regrediert werden soll, aufgerufen. Sie lautet in unserem Beispielprogramm:

$$y = k_1 \times e^{-k_2 X} + k_1 \times k_2$$

Die Funktion muss mit den Variablen Y, X und K(1), K(2), etc. programmiert werden und sieht als Programmzeile wie folgt aus:

50200 Y = K(1) * EXP(−K(2)*X) + K(1) * K(2).

Die partiellen Ableitungen der Fehlerquadratsumme $\delta S/\delta k_j$ werden in der Subroutine von Zeile 12000 bis 12999 über einen Differenzenquotienten berechnet. Dazu wird die Fehlerquadratsumme für die aktuellen Parameter k_j berechnet und in der Variablen F0 abgespeichert (Zeile 12200). Dann wird ein Parameter k_j um eine kleine Größe DJ vergrößert und wieder die Fehlerquadratsumme berechnet

(Zeilen 12300 und 12400). Nach Abspeichern der Fehlerquadratsumme in F(J) wird eine neue Fehlerquadratsumme mit einem um DJ verringerten Parameter k_j errechnet (Zeile 12410). Die Differenz dieser beiden Fehlerquadratsummen dividiert durch 2 * DJ ist eine Näherung für die partielle Ableitung $\delta S/\delta k_j$ und wird in der Variablen F(J) aufgehoben (Zeile 12500). In der ersten Zeile dieses Unterprogramms (Zeile 12100) werden zuerst die Variablen K(J) = X(J) gesetzt. Der Grund dafür ist, dass das unverändert übernommene Programm MNEWTON3 mit den Unbekannten X(J) arbeitet, während jetzt für die Regression die Parameter K(J) verwendet werden, die jene zu bestimmenden Größen sind. Das Hauptprogramm ab Zeile 20000 ist im Kern unverändert. Nur die Unbekannten heißen für den Benutzer in der INPUT-Abfrage jetzt K(J) und nicht mehr X(J). Das Ausgabeunterprogramm 19000 wird erst in der Zeile 21050 aufgerufen. Dort werden neben den aktuellen Parametern k_j auch deren geschätzte Standardabweichungen und die Fehlerquadratsumme ausgedruckt. In der Zeile 20800 wird das Unterprogramm 35000 zur Ermittlung des optimierten Korrekturfaktors FF aufgerufen. Die Berechnung erfolgt sehr ähnlich wie im Programm MNEWTON3. Es wird der Faktor FF gesucht, für den die Summe der Abweichungsquadrate am kleinsten wird. Diese Suche läuft in einer J-Schleife von Zeile 35360 bis 35430 mit jeweils halbierter Schrittweite. Durch die hier vorgegebene siebenfache Ausführung wird FF ziemlich genau berechnet. Dies kostet Rechenzeit und ist in vielen Fällen nicht nötig. Am Beginn des Hauptprogramms in der Zeile 20150 wird noch zusätzlich das Unterprogramm ab Zeile 25000 zum Einlesen der Messwertpaare in die Variablen XX(I) und YY(I) aufgerufen. Diese Wertepaare stehen ab Zeile 60000 in einer DATA-Anweisung. Die erste Zahl davon ist die Anzahl der Wertpaare und die folgenden Zahlen werden als (x_i, y_i)-Werte eingelesen.

Zusammengefasst sei wiederholt, was der Benutzer verändern muss, um sein eigenes Regressionsproblem mit dem Programm NL-REGR3 zu lösen:

1. Alle DATA–Anweisungen ab Zeile 60000 müssen durch eine eigene Wertpaareanzahl und eigene Messwertepaare ersetzt werden;
2. Zeile 20100: N = 2 muss ersetzt werden durch die Anzahl der Parameter k_j, die bestimmt werden sollen;
3. In Zeile 50200 muss diejenige Funktion programmiert werden, nach der regrediert werden soll;
4. Außerdem kann das Unterprogramm 35000 zur Berechnung des Optimierungsfaktors FF verändert werden, um eventuell ein schnelleres Ergebnis zu erreichen.

An dem abgedruckten Beispiel sieht man, dass die Fehlerquadratsumme fast bei jedem Iterationszyklus um eine 10er-Potenz abnimmt. Das kann bei einer realen Aufgabe nicht immer erwartet werden; denn das angegebene Beispiel ist konstruiert und die angeblichen Messwerte liegen genau auf der theoretischen Kurve. Wegen der üblichen Messwertstreuung geht die Fehlerquadratsumme häufig nicht gegen Null. Die partiellen Ableitungen $\delta S/\delta k_j$ jedoch, die im Programm als F(J) ausgegeben werden, müssen bei einem erfolgreichen Regressionslauf gegen Null konvergieren.

Zwecks Abrundung des Bildes wurde in der Tab. 3–9 auch ein Programmlisting zur Nullstellen–Bestimmung präsentiert, welches im Kapitel 2 bei der Bestimmung des Verweilzeitverhaltens bereits benötigt wurde, da relativ wenige Taschenrechner diese Berechnung erlauben.

Tab. 3–9: Programmlisting (HP-BASIC) zur Nullstellen-Berechnung nach dem Newtonschen Algorithmus; nach [7], von den Verfassern modifiziert.

```
5  PRINT "FUNKTION PRUEFEN!";: GOTO 10
10 DEF FNF(X) = 2 * X - 2 * X ^ 2 * (1 - EXP(-1/X) S
15 INPUT " S = ? "; S
20 INPUT "OBERE GRENZE" ; O
25 INPUT"UNTERE GRENZE" ; U
30 INPUT "ZWISCHENERGEBNISSE ?" ; A $
35 X0 = U : X1 = 0
40 Y0 = FNF (X0)
45 Y1 = FNF(X1)
50 IF ABS(X0 - X1) < ABS(X0 * E ^ (-8)) THEN 80
55 IF ABS (Y0 - Y1) < ABS(Y0 * 1.E - 25) THEN 20
60 X = X1 - (X1 - X0)/(Y1 - Y7) * Y1
65 IF A $ < > "Y" THEN 75
70 PRINT " X0 = "; X0 ;: PRINT " Y0 = "; Y0;: PRINT " X1 = "; X1;: PRINT "Y1 = "; Y1
75 X0 = X1: X1 = X : GOTO 40
80 PRINT "NULLSTELLE = "; (X0 + X1)/2
85 PRINT "FUNKTIONSWERT = "; (Y0 + Y1)/2
90 END

RUN

FUNKTION PRUEFEN! S = 0,364 (das ist eine Eingabe!)
OBERE GRENZE = 2
UNTERE GRENZE = 0,1
ZWISCHENERGEBNISSE ? N
NULLSTELLE = 2,376 E 1.
FUNKTIONSWERT = 0,000 E 0
```

Erläuterungen zur Listing-Erstellung in der Tab. 3–9: Das in der Tabelle 3–9 aufgelistete Programm ist sehr kurz; die Funktion, deren Nullstelle gesucht werden soll (Gl. 2–2), steht in Zeile 10, worin mit X die Unbekannte definiert wird, in diesem Falle D/ul. Es werden danach Schätzwerte der oberen und unteren Grenze eingegeben (die Nullstelle muss nicht unbedingt dazwischen liegen). Für die beiden zuletzt errechneten x-Werte werden dann in den Zeilen 40 und 45 die dazugehörigen Funktionswerte berechnet. Von Zeile 40 bis Zeile 75 läuft die Iterationsschleife. In Zeile 50 steht die programmierte Genauigkeitsabfrage. Sind die beiden letzten x-Werte nahe genug beieinander, so springt das Programm von hier zur Datenausgabe in die Zeile 80. In Zeile 55 wird abgefragt, ob die beiden Funktionswerte sehr ähnlich sind. Ist dies der Fall (eine nahezu waagerechte Sekante) so werden vom Benutzer neue Anfangswerte verlangt, indem zur Zeile 20 und Zeile 25 zurückgesprungen wird. Der neue x-Wert wird in Zeile 60 berechnet. In der Zeile 75 wird der vorvorletzte x-Wert, der in der Variablen X∅ stand, gelöscht, indem die Variable X_0 mit dem vorletzten x-Wert durch die Anweisung X∅ = X_1 überschrieben wird. In die Variable X1 wird dann der Wert der letzten x-Berechnung geschrieben. Dadurch wird die Variable X wieder für einen neuen Iterationsschritt frei, und das Programm springt zurück zur Zeile 40. In der INPUT-Zeile 30 wird nach der Antwort JA (Y) oder NEIN (N) gefragt. Die Antwort wird mit dieser INPUT-Anweisung in die Text-Variable A$ geschrieben. In der Zeile 65 wird mit einer programmierten IF-Anweisung automatisch festgestellt, ob der Inhalt dieser Textvariablen A$ vom Y verschieden ist. Ist das der Fall, so überspringt das Programm die PRINT-Zeile 70, in der das Zwischenergebnis ausgegeben wird. Ist das nicht der Fall, so läuft das Programm die Zeilen 70, 80, 85 durch, und bei jedem Iterationsdurchlauf wird das Zwischenergebnis in Zeile 70 so lange ausgegeben, bis dieses unter „Obere Grenze" – Zeile 20 und „Untere Grenze" – Zeile 25 liegt. Geschieht dies nach üblicherweise 10–15 Iterationsdurchläufen nicht, so muss der Betreiber ein sich „Tot-Umschleifen" stoppen (Zeile 90), andere Ausgangswerte eingeben (Zeilen 20 und 25) und durch erneuten RUN-Befehl das Programm nochmals starten.

Für Leser, die mit dem Umgang mit Computern und zudem der Erstellung von Programmen einigermaßen vertraut sind und gewisse Syntaxregeln ihres eigenen Computer-Basics beherrschen, lassen sich diese ziemlich viel Schreibarbeit erfordernden Listings im HP- und größtenteils auch Commodore-Basic in die Programmiersprache ihres Computers umschreiben und zur gezielt einsetzen.

Fallstudie: Bei konstantem Durchsatzvolumenstrom und Rücklaufverhältnis wurden in einem mit Biomasserücklauf arbeitenden CSTR die Zu- und Auslaufkonzentrationen an organisch gebundenem Kohlenstoff gemessen, die zusammen mit Hilfsvariablen in der Tab. 3–5 zusammengestellt wurden. Hieraus werden der Reihe nach die benötigten Hilfsvariablen abgelesen und folgende Hilfsparameter berechnet [1]:

$$C_1 = 609364 - \frac{1}{20} \times 3488^2 = 1056{,}8,$$

$$C_2 = 126576 - \frac{1}{20} \times 1566^2 = 3958{,}2,$$

$$C_3 = 274017 - \frac{1}{20} \times 3488 \times 1566 = 906{,}6,$$

$$C_4 = 906{,}6^2 / 1056{,}8 = 777{,}7,$$

$$C_5 = \sqrt{(3958{,}2 - 777{,}7)/(20 - 2)} = 13{,}29.$$

Der Mittelwert wird dann = 3488/20 = 174,4 und aus der Tab. 3–1 resultiert, dass t(α = 5 % und df = 18) = 2,101. Die Schwankungsbreite gegenüber dem Mittelwert wird daher (Gl. 3–1):

$$\pm y_0 = 2{,}101 \times 13{,}29 \times \sqrt{1 + 1/20} = 28{,}61$$

Das 95 %ige Konfidenzintervall erstreckt sich bei ±28,61 mg/l gegenüber jenen aus der Regressionsgeraden jeweils resultierenden Funktionswerten.

Die Steigung der Geraden ergibt sich zu (Gl. 3–2):

$$b = \frac{244017 - \frac{1}{20} \cdot 3488 \cdot 1566}{609364 - \frac{1}{20} \cdot 3488^2} = \frac{C_3}{C_1} = \frac{906{,}6}{1056{,}8} = 0{,}858$$

und der Ordinatenabschnitt zu (Gl. 3–3):

$$a = \frac{1}{20} \times 1566 - \frac{0{,}858}{20} \times 3488 = -71{,}3$$

so dass die Regressionsgleichung folgende mathematische Form als Resultat erhält:

$$y = -71{,}3 + 0{,}858x$$

Das 95 %ige Konfidenzintervall für die y-Werte beträgt demnach:

$$y = -71{,}3 + 0{,}858x \pm 28{,}61$$

d. h. bei einer Zulaufkonzentration von 180 mg/l TOC kann die zu erwartende Auslaufkonzentration mit 95 %iger Wahrscheinlichkeit zwischen rund 54 bis 112 mg/l schwanken. Eine solche Schwankungsbreite ist verfahrenstechnisch gesehen als unbefriedigend zu erachten, d. h. bei dem durchgeführten Versuch müssen auch andere Variablen, wie Temperatur, Schlammalter, Biomassekonzentration oder (Ver)Änderung des Substrates, etc., eine zusätzliche Rolle gespielt haben. Ist dies der Fall, so trägt das untersuchte Modell nur durch die Einstellung der Verweilzeit als einzige Einflussvariable der Streuung der Auslaufwerte zu wenig Rechnung und muss erweitert werden. Die Unadäquatheit des Modells lässt sich auch aus dem resultierenden Korrelationskoeffizienten abschätzen (Gl. 3–4):

$$r_k = \frac{274017 - 1566/20 \cdot 3488}{\sqrt{(609364 - 3488/20 \cdot 3488)(126576 - 1566/20 \cdot 1566)}} = \frac{906{,}6}{2045} = 0{,}443$$

woraus ersichtlich wird, dass es sich hierbei um eine niedrige Korrelationsgüte handelt (Tab. 3–4).

3.3
Zwischenbemerkungen zu statistischen Auswertungsverfahren

Bei der Auswertung einzelner Messergebnisse oder beim Vergleich unterschiedlicher Datenreihen erweisen sich die statistischen Auswertungs- und Prüfverfahren als eine unabdingbare Hilfe, da sich nur auf diese Weise die Reproduzierbarkeit des untersuchten Vorhabens bzw. die Adäquatheit des Modells absichern lässt. Einige Merkregeln zur Anwendung statistischer Methoden sollen abschließend hervorgehoben werden.

> ■ Merksatz:
> - *Die statistische Bearbeitung einer Versuchsreihe beseitigt niemals systematische Fehler bei Durchführung oder Erhebung [1];*
> - *Die Signifikanz oder die angenommene Irrtumswahrscheinlichkeit stellen nur Vereinbarungen dar und sollten bei der Interpretation der Ergebnisse angegeben werden [1–4];*
> - *Extrapolationen des untersuchten experimentellen Bereiches sollten vermieden werden, da kein Modell, sei es auch statistisch hoch abgesichert, die ungeheure Kompliziertheit biologischer Vorgänge über deren Gesamtbreite wiedergeben kann, sondern immer nur für einen Teilbereich [5];*
> - *Die statistische Auswertung und die Absicherung von Voraussagen müssen auf einer physikalisch begründeten Annahme (Modellgleichung) fußen, da ein statistisch abgesicherter stochastischer Zusammenhang noch kein Beweis für einen kausalen Zusammenhang sein muss. Die Nicht-Berücksichtigung dieses Aspektes kann leicht zu „Scheinkorrelationen" führen [1, 4], die eigentlich nur partielle Korrelationen mit so genannten „Störvariablen" darstellen [1, 4]. Die Statistik kennt Prüfverfahren zur Ermittlung solcher partiellen Korrelationskoeffizienten, die auch den Ausschluss von Störvariablen erlauben; ihre Darlegung in diesem Kapitel ist jedoch nicht nötig, da die reaktionstechnischen Modelle aus Massenbilanzen resultieren, die ihrerseits auf physikalischer Basis beruhen.*

Die Statistik kann dabei nur helfen, gewisse, wegen der Komplexität des Prozessmechanismus einzeln nicht quantifizierbare Annahmen über Ursache/Wirkungsvorgänge „in-Brutto" zu analysieren und womöglich abzusichern bzw. zu verwerfen.

Wie einerseits die deskriptive Statistik mit ihrer Datenanalyse, Häufigkeitsverteilungsarten und angesichts der Datenanzahl und deren Streubereichen, Vergleiche von arithmetischen Mittelwerten mit Median- und Modalwerten sowie durch statistische Testverfahren gewisse Schlüsse in der technologischen Prozessanalysis ermöglicht, so liefert andererseits die Regressionsrechnung die Basis zur statistischen Absicherung jener Modellvoraussagen, die durch Einflechtung solch experimenteller Daten in mathematisch formulierte Modellvorstellungen entstehen, und qualifiziert diese in adäquat oder verwerflich. Wie dies bei der Prozessanalyse der Wachstums-, Substratabbau- und Sauerstoffverbrauchskinetik angewandt werden kann, wurde bereits in Kapitel 2 abgehandelt und soll in den Kapiteln 4 bis 6 und 8 bis 11 noch ausführlicher zum Tragen kommen.

Wie aber – dank in Labormaßstab bis Pilotanlagen erzielter Ergebnisse über deren im Lichte der Modelldenkweise erfolgende Processanalysis – die „statistische Keule" zur quantitativen Klärung vieler Processmechanismen beiträgt und so dem Planer/Forscher auch den notwendigen Überblick verschafft, um *gezielte* Computersimulationen über tech.-wirt. nunmehr *begründete* Planungsparameter durchzuführen und deren Zusammenspiel bei der Modernisierung hydraulisch überlasteter Kläranlagen zu erkunden [9], all dies können interessierte Planerbüros nicht nur diesem Abschnitt (Abb. 3–2 bis 3–4), sondern vor allem ausgesprochen technisch detailliert dem Abschnitt 6.4.1 entnehmen.

Aus diesen Abbildungen wird nur das Ausmaß ungewöhnlicher hydraulischer Schwankungsbreiten des Abwasseranfalls ersichtlich, die ohne Anwendung statistischer Datenauswertungsmethoden eine optimale planerische Lösung erheblich erschweren!

Viel schwierigere Fragen warfen die baulich-technologischen Engpässe bei der Umsetzung modellmäßig gewonnener Erkenntnisse in die Planung auf; dies führte letztendlich zum Planungsentwurf eines weitestgehend automatisierten Klärwerkbetriebs – an Details interessierte Leser werden auf [9] und Kapitel 10 dieses Handbuches verwiesen.

160 | 3 Statistische Datenauswertungsverfahren

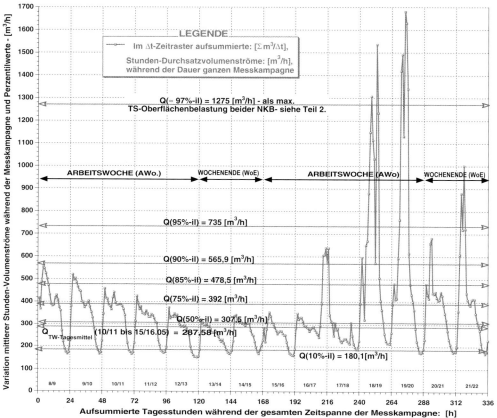

Abb. 3–2: Graphostatistische Datenverarbeitung von Stunden-Volumenströmen binnen der ganzen Messkampagne, und Auftragung von Prognosen für 10 %-, 50 %-, 75 %-, 85 %-, 90 %- und 95 %-ige Perzentilwerte.

Statistische Kennzahlen	- X1 - Q: Mo-8/9.05 [m³/h]	- X2 - Q: Di-9/10.05 [m³/h]	- X3 - Q: Mi-10/11.05 [m³/h]	- X4 - Q: Do-11/12.05 [m³/h]	- X5 - Q: Fr-12/13.05 [m³/h]	- X6 - Q: Sa-13/14.05 [m³/h]	- X7 - Q: So-14/15.05 [m³/h]
Minimum	166	165	170	152	167	167	159
Maximum	520	458	425	375	323	343	354
Summe, d. h. [m³ pro Tag]	8621	8050	7251	6395	5934	6311	6047
Anzahl von Daten	24	24	24	24	24	24	24
Arithmetischer-Mittelwert	359,2	335,4	302,1	266,5	247,2	263	252
Medianwert	383	380,5	333,5	288,5	263	284	261,5
Quadratischer-Mittelwert	375,56	348,17	311,81	275,96	251,76	268,89	257,99
Standardabweichung	112	95,4	78,8	73,3	48,5	57,4	56,7
Varianz	12534,6	9100	6203,5	5378,6	2347,9	3291,6	3211,6
Standardfehler	22,9	19,5	16,1	15	9,9	11,7	11,6
10%iger Perzentilwert	180,9	173,7	175,8	154	172,9	180,4	165,4
25%iger Perzentilwert	257,5	240	217	187,5	207,5	212	207
75%iger Perzentilwert	447	393	350	330,5	291	308	285,5
90%iger Perzentilwert	496,8	421,3	380,3	343,6	302,8	326,3	327,1

Statistische Kennzahlen	- X8 - Q: Mo-15/16.05 [m³/h]	- X9 - Q: Di-16/17.05 [m3/h]	- X10 - Q: Mi-17/18.05 [m³/h]	- X11 - Q: Do-18/19.05 [m³/h]	- X12 - Q: Fr-19/20.05 [m³/h]	- X13 - Q: Sa-20/21.05 [m³/h]	- X14 - Q: So-21/22.05 [m³/h]
Minimum	241	186	212	171	174	168	167
Maximum	639	637	1535	1680	681	1001	929
Summe, d. h. [m³ pro Tag]	8374	6330	14897	15438	8808	9736	8901
Anzahl von Daten	24	24	24	24	24	24	24
Arithmetischer-Mittelwert	348,9	263,8	620,7	643,2	367	405,7	370,9
Medianwert	295	235,5	492	423	408,5	372,5	364,5
Quadratischer-Mittelwert	368,88	278,25	735,68	811,97	391,56	462,33	407,40
Standardabweichung	122,3	90,6	403,4	506,2	139,4	226,5	172,2
Varianz	14954,9	8205,2	162729	256208,5	19442,2	51324,3	29667,2
Standardfehler	25	18,5	82,3	103,3	28,5	46,2	35,2
10%iger Perzentilwert	265	195,1	214,9	174	177,9	180,5	184,4
25%iger Perzentilwert	282,5	219	287	252,5	232	222	249,5
75%iger Perzentilwert	340,5	294,5	954,5	946,5	437	426,5	426
90%iger Perzentilwert	604,4	318,7	1241,6	1504,9	496	736,8	506,4

3.3 Zwischenbemerkungen zu statistischen Auswertungsverfahren | 161

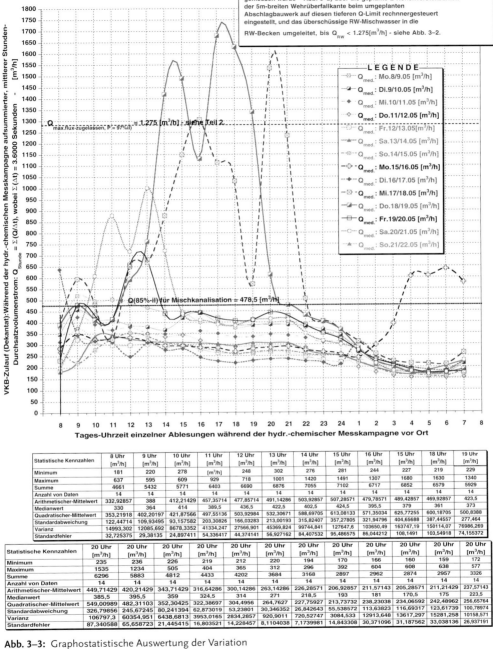

Abb. 3–3: Graphostatistische Auswertung der Variation aufsummierter, einzelner Stunden-Durchsatzvolumenströme während eines 24h-Tageszyklus in der Messkampagne.

162 | 3 Statistische Datenauswertungsverfahren

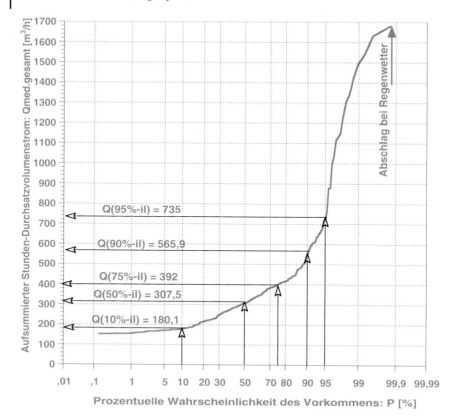

Mean:	Std. Dev.:	X 15 : Qmed. total [m3/h] Std. Error:	Variance:	Coef. Var.:	Count:
360,4	234,3	12,8	54919,5	65	336
Minimum:	Maximum:	Range:	Sum:	Sum of Sqr.:	# Missing:
152	1680	1528	121093	62039449	384
t 95%:	95% Lower:	95% Upper:	t 90%:	90% Lower:	90% Upper:
25,1	335,2	385,5	21,1	339,3	381,5
t 99,5%:	99,5% Lower:	99,5% Upper:	# < 10th %:	10th %:	25th %:
36,1	324,3	396,5	34	180,1	226
50th %:	75th %:	90th %:	# > 90th %:	Mode:	Geo. Mean:
307,5	392	565,9	34	•	317,3

Abb. 3–4: Wahrscheinlichkeitsverteilung gemessener Stunden-Durchsatzvolumenströme und Prognosen für 10%-, 50%-, 75%-, 90%- und 95%-ige Perzentilwerte.

Literaturverzeichnis Kapitel 3

[1] Zöfel, P. : Statistik in der Praxis, Gustav Fischer Verlag, Stuttgart (1985).

[2] Kaiser, R., Gottschalk, G.: Elementare Tests zur Beurteilung von Messdaten. B.l.-Hochschultaschenbücher, Band 774 (1971).

[3] Fuchs, G.: Mathematik für Mediziner und Biologen. Heidelberger Taschenbücher, Band 54, Springer-Verlag, Berlin (1979).

[4] Wallis, W., A., Roberts, H., V.: Methoden der Statistik, Rowohlt-Verlag, (1980).

[5] Braha, A.: Zur Anwendung reaktionstechnischer Modelle bei der Beschreibung der aeroben biologischen Reinigung eines Industrieabwassers in Labor- und Pilotmaßstab, TU Berlin, Fachbereich für Verfahrenstechnik, D 83 (1986).

[6] Gottschalk, G., Kaiser, R., E.: Einführung in die Varianzanalyse und Ringversuche. B.l.-Hochschultaschenbücher, Band 775, Bibl. Inst. Mannheim (1976).

[7] Ebert, K., Ederer, H.: Computeranwendungen in der Chemie. Zweite Auflage, VCH-Verlagsgesellschaft mbH, Weinheim (1985).

[8] Ludwig, R.: Methoden der Fehler- und Ausgleichsrechnung., Vieweg-Verlag, Braunschweig (1969).

[9] Braha, A., Groza, G.: Modernisierung von Kläranlagen – Teil 1, Teil 2 und Teil 3, Das Gas und Wasserfach, GWF, Heft 5, Mai (2004), S.336/349, Heft 6, Juni (2004), S. 413/423 und Heft 7–8, Juli-August (2004).

4
Bakterienmischpopulationen und Stoffumwandlungsprozesse bei multiplen Abwassersubstraten

4.1
Biomassenzuwachs/Bestimmungsverfahren

Unter Wachstum versteht man die mit einer Vergrößerung und/oder Teilung von Zellen einhergehende, irreversible Zunahme der lebenden Substanz. Für die Beobachtung, die Messung oder die quantitative Auswertung des Bakterienwachstums stehen grundsätzlich zwei Methoden zur Verfügung, die entweder auf der Bestimmung der Anzahl der Zellen oder deren Masse basieren. Angesichts der Tatsache, dass in der Regel die Zunahme der Zellzahl direktproportional zu deren Trockenmasse variiert, wird in der Abwassertechnik auf die aufwändige Bestimmung der Gesamt- oder Lebendkeimzahl verzichtet und stattdessen die Messung eines summarischen Parameters, der Zelltrockenmasse (Trockensubstanz), so gut wie ausschließlich angewandt [1–3].

Andere, die Bestimmung des Protein- oder Stickstoffgehaltes einbeziehende Methoden konnten sich trotz ihrer besseren naturwissenschaftlichen Basis bisher nicht durchsetzen. Hauptgrund hierfür ist die Tatsache, dass sowohl der Protein- wie auch der Stickstoffgehalt pro Zelle im Verlauf des Wachstums variieren können. Er unterscheidet sich vor allem bei wachsenden und ruhenden Zellen, und seine Angabe kann deshalb ebenfalls nichts Genaueres über die Menge an aktiver Biomasse als die übliche Bestimmung der Zelltrockenmasse bedeuten [4].

Zur Quantifizierung dieses aktiven Anteils der im Belebtschlamm existierenden Bakterienheteropopulationen ist die Anwendung eines bedeutend strengeren konservativen Parameters erforderlich, welcher auf Umgebungseinflüsse, wechselnde Milieubedingungen oder den Stoffwechselzustand der Populationen nicht

Moderne Abwassertechnik. Alexandru Braha und Ghiocel Groza
Copyright © 2006 WILEY-VCH Verlag GmbH & Co. KGaA, Weinheim
ISBN: 3-527-31270-6

reagiert; hierfür wäre vielmehr die DNA[1)] und kaum das ATP[2)] geeignet [4], obwohl es hierzu auch anders lautende Meinungen gibt [5, 6]. Der erheblich größere Laboraufwand wiegt diese zur Zeit noch umstrittene bessere Repräsentativität solcher Bestimmungen offensichtlich nicht auf, so dass die Angabe des volatilen Anteils an Zelltrockensubstanz (oTS – im Deutschen bzw. MLVSS – im Englischen) als Maß für die Konzentration an aktiver Biomasse immer noch aufrechterhalten wird [1–3]. Auch kürzlich entwickelte Apparaturen zur quasi-kontinuierlichen Bestimmung der endogenen Atmung der Biomasse haben sich im rauen Dauerbetrieb der Kläranlagen bisher noch nicht durchgesetzt [7].

Dass die ganze Menge an Trockenmasse oder ihr Glühverlust nicht nur aus aktiver Biomasse bestehen kann, liegt auf der Hand, da je nach der Feststoffabscheidung durch Sandfang und Vorklärbecken sowie der Aufenthaltszeit der Biomasse im Reaktor bei Systemen mit Biomasserückführung eine Anreicherung mit biologisch inaktiven Bestandteilen in der Biomasse auftritt, kann das Verhältnis aktive Biomasse zu Trockenmasse in weiten Bereichen variieren. Zur besseren Quantifizierung der Bakterienmasse wurde in [8] die Einführung des abbaubaren Anteils der Trockenmasse und deren Koppelung mit dem Schlammalter, dem Schlammertrag Y, der hydraulischen Verweilzeit und dem Geschwindigkeitskoeffizienten des Bakterienverfalls (k_d) vorgeschlagen. Da bei zahlreichen Untersuchungen verschiedener Belebtschlämme [1, 2] ein quasi-konstanter abbaubarer Anteil bei der Belebtschlammkonzentration gefunden wurde (≈ 0,77), lässt sich für ein total durchmischtes Becken (CSTR) eine gut angenäherte Approximierung der effektiven Biomasse ausrechnen [9]:

$$X = \sqrt{\frac{\theta_c Y(S_0 - S)}{0{,}77\,\tau\,(1 + k_d \theta_c)}} \tag{4-1}$$

In [8] wurde diese Beziehung durch Messungen von Adenosin-Triphosphat (ATP), Dehydrogenase-Enzym (TTC) sowie auch über mikroskopische Zählverfahren (*plate counts*) oder/und auch O_2-Zehrungsgeschwindigkeiten bestätigt und

---

1) **DNA** – Abkürzung für Desoxyribonukleinsäure (deutsch), resp. für Desoxyribonucleic acid (engl.), eine Notation, die sich – anstelle von DNS im dt. Sprachgebrauch, doch auch bei uns einbürgert. DNA ist eine in allen Lebewesen vorkommende Nukleinsäure, die den Träger der genetischen Information (stoffliche Substanz der Gene) darstellt. Durch Bestimmung der DNA-Konzentration in Belebtschlammproben *unterschiedlichen* Schlammalters wird diese Größe als jene den *biologisch aktiven* Anteil in der jeweils betreffenden Belebtschlammprobe quantitativ erfasst, und für diesen Belebtschlamm bekannten Schlammalters auch *kennzeichnend*.

2) **ATP** – Abkürzung für Adenosin-Triphosphat; ATP ist eine Kombination zwischen Adenosin (Baustein von Nukleinsäuren und von Coenzymen) und drei Molekülen Phosphorsäure. Die ATP entsteht bei Energie liefernden Reaktionen, und – durch Übertragung einer Phosphorsäuregruppe auf verschiedene darauf ansprechende Substratkomponenten, lässt sich die im ATP gespeicherte Energie nun auch als ein experimentell *quantifizierbares* Merkmal in der Atmungskette der *biologisch aktiven* Biomasse erfassen. Ergo: Durch Bestimmung der ATP-Konzentration in Belebtschlammproben bekannten Schlammalters, gelten diese Werte als ein Charakteristikum des *biologisch aktiven* Anteils in der jeweiligen Belebtschlammprobe, d. h. auch ihr bekanntes Schlammalter *kennzeichnend*.

vereinfachend als Funktion nur des Schlammalters graphisch dargestellt (Abb. 4–1).

Danach weist ein Belebtschlamm, der 15–20 Tage alt ist, durchschnittlich nur noch 75 % der Anfangsaktivität auf. Bedingung hierfür ist aber, dass es sich dabei um einen an den Abbau des Substrates voll adaptierten Belebtschlamm handelt (vgl. Abschnitt 1.1.2 und 1.1.3).

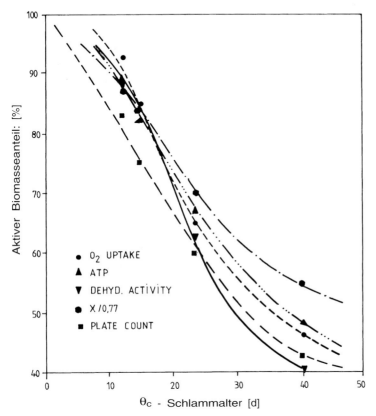

Abb. 4–1: Abhängigkeit des Anteils an aktiver Biomasse in Belebtschlämmen identischer TS-Konzentration, als Funktion ihres Schlammalters; nach [8].
Legende (Aufschlüsselung der Messverfahren):O2 UPTAKE = O2 - Zehrungsgeschwindigkeit; nach [1,2,3,7]
ATP = Konzentration an Adenosintriphosphat; nach [4,5,6]
DEHYD. ACTIVITY = Aktivität des Dehidrogenase-Enzims TTC; nach [19]
X/0,77 = Aktiver Biomasseanteil berechnet nach Gl. 4–1; nach [1,2,8,9]
PLATE COUNT = Anzahl von Bakterienkollonien (Petri-Verfahren); nach [18].

4.2
Multiple Substrate und deren analytische Bestimmung

Zur Kennzeichnung der organischen Belastung eines Abwassers und Beurteilung der Abbauleistung eines biologischen Reinigungsverfahrens wird als unmittelbares Maß in der Regel ein äquivalenter Sauerstoffverbrauch angegeben, sei es chemischer (CSB) oder biochemischer Natur (BSB), oder es wird der so genannte „organisch gebundene Kohlenstoff" (TOC – *total organic carbon*) hierfür verwendet [1–3, 10].

Ohne auf die Vor- und Nachteile der Verwendung solcher Summen statt Einzelparametern näher einzugehen, der interessierte Leser wird auf diesbezügliche detaillierte und grundsätzliche Aspekte dieses Problems in [1] hingewiesen, ist an dieser Stelle zu erwähnen, dass trotz immer weiter verfeinerter Analysemethoden, wegen der Vielfalt organischer Substratkomponenten, die Anwendung summarischer Parameter zur Kennzeichnung der organischen Belastung eines Abwassers noch immer den größten Stellenwert behält.

Hinzugefügt werden muss allerdings noch die Tatsache, dass sich in der letzten Zeit wegen des umständlichen Vorgehens ein immer deutlicherer Trend zum Verzicht auf die BSB_5-Bestimmung abzeichnet, an deren Stelle der Kurz-BSB tritt [11], dies vor allem bei Betriebsstörungen in der biologischen Stufe der Kläranlage. Die Anwendung von auf BSB_5-Bestimmungen basierenden Analyseverfahren hat allerdings nur dann Aussagekraft, und dies gilt zuallererst bei organisch verschmutzten Industrieabwässern, wenn zur Beimpfung der Proben auch daran bereits akklimatisierte Bakterien zur Verfügung stehen [1–3, 10]. Zur Modellerstellung wird daher auf die schnellere Bestimmung dafür zuverlässiger, immer noch einen summarischen Charakter aufweisender Parameter „rein" chemischer Natur, wie CSB und TOC, mehr Wert gelegt und ihre Bestimmung bevorzugt verwendet.

Von Sonderfällen, wie der Verfolgung des Abbauverhaltens bestimmter schwer abbaubarer Substratkomponenten, abgesehen, dürfte die Bestimmung der BSB_5, CSB oder TOC in der Regel ausreichen, um über das für Bioreaktoren gewählte reaktionstechnische Modell wissenschaftlich-technisch adäquate Prozesssimulationen statistisch abzusichern.

4.3
Allgemeine Bemerkungen zur Anwendung von Summenparametern bei der Modellbildung

Zur Verwendung solcher Summenparameter ist anzumerken, dass nach Einzeichnung der Messdaten in bestimmten Koordinatensystemen und deren Anpassung an die angewandte Modellgleichung deren grapho-analytische Regredierung gleichungsspezifische Werte liefert, aus denen sich die modellmäßig gesuchten biokinetischen Koeffizienten gewinnen lassen. Dabei stellt sich u. a. die Frage, ob die Substratkonzentrationen in ungeklärten, abgesetzten oder filtrierten Abwasserproben bestimmt worden sind. Dieses wird insbesondere dann zu einem Problem, wenn das untersuchte Abwasser hohe Konzentrationen an suspendierten Stoffen organischer Natur aufweist. In einem solchen Fall hätte man mit 2 Arten von Substraten zu rechnen, die der suspendierten oder kolloidal dispergierten und die der gelösten Stoffe. Auf diesen Aspekt wurde in Deutschland schon 1971 eingegangen [12] und dabei festgestellt, dass die große Streuung der Reaktionskoeffizienten beim städtischen Abwasser hauptsächlich wegen *unterschiedlicher Versuchsbedingungen* entstanden ist, da einmal mit Rohabwasser und ein anderes mal mit dekantiertem oder sogar filtriertem Abwasser gearbeitet wurde.

Bei der Veröffentlichung von biokinetischen Koeffizienten eines Abwassers muss daher nicht nur die Art des verwendeten Summenparameters angegeben werden, sondern es muss auch darauf hingewiesen werden, ob und in welcher Weise eine Feststoffabtrennung erfolgte. Eine gute Reproduzierbarkeit der Messwerte und damit auch der Geschwindigkeitskoeffizienten wird man daher nur dann erreichen, wenn die Substratkonzentration, wie zur Zeit in den USA schon üblich [1–3, 8], an membranfiltrierten Proben ermittelt wird, so dass sich diese nur auf die molekular gelösten Substrate bezieht [13]. Denn die Annahme, dass die Abbaukinetik des organischen Anteils der Schwebestoffe im Zulauf zum Belebungsbecken identisch mit der der gelösten Stoffe sei, ist sicher nur selten gerechtfertigt. Für eine korrekte Bilanzierung des organischen Substrates sollten daher möglichst filtrierte Proben verwendet werden.

Da es sich in der biologischen Abwasserreinigung bei den Mikroorganismen um Mischkulturen sowie um unterschiedliche Abwasserzusammensetzungen mit zahlreichen Komponenten (komplexe Substrate) handelt, sind für die resultierenden Prozesskonstanten lediglich quasi-konstante Werte zu erwarten [14], die, wie in Abschnitt 2.5 bereits angedeutet, statistisch abgesichert werden müssen.

Im Labormaßstab kommt je nach den im technischen Maßstab in Erwägung gezogenen Verfahrensschemata auch eine entsprechende Gestaltung des Versuchsstandes mit Bioreaktoren gleichen Typs zum Einsatz (vgl. Abschnitt 2.1 und 2.2). Die zwei Extremfälle solcher Batch-scale-Untersuchungen statischer oder absatzweiser Betrieb (Batchreaktor oder *batch-culture*), resp. dynamischer oder kontinuierlicher Betrieb (*continuous culture*) sowie der Einfluss des jeweiligen Betriebsverhaltens auf den Verlauf des Bakterienwachstums und Substratabbaus werden nachstehend reaktionstechnisch analysiert.

4.4
Kinetik mikrobieller Prozesse bei suspendierter Biomasse

4.4.1
Statische Kulturen (*batch culture*)

Diese Betriebsart spielt in der Abwassertechnik eine äußerst geringe Rolle, da sie nur bei *sequencing batch reactors* [2] eingesetzt wird. Im Gegensatz hierzu spielt sie in der Bioverfahrenstechnik eine viel größere Rolle, da die Mehrheit der biotechnologischen Prozesse auf chargenweisen Ansätzen basiert. Bei kinetischen Untersuchungen im Labormaßstab werden aber auch in der biologischen Abwassertechnik solche Batchansätze angewandt, vor allem wegen ihres geringen Bedarfs an Abwasser sowie der geringen erforderlichen Zeitspanne, um eine Aussage über das reaktionskinetische Abbauverhalten des untersuchten Abwassersubstrates zu erzielen [15]. Nach [2] durchläuft beim Batchverfahren das Wachstum mehrere charakteristische Phasen (Abb. 4–2).

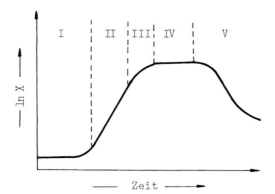

Abb. 4–2: Phasen eines mikrobiellen Batch-Wachstumsprozesses als Logarithmus der Zelldichte gegen die Zeit aufgetragen.
I: lag-Phase; **II**: Exponentielle Phase; **III**: Übergangsphase; **IV**: stationäre Phase; **V**: Absterbephase; nach [16].

Nach einer Adaptations- oder lag-Phase, in welcher keine Zunahme der Zellzahl (oder auch der Zellmasse) zu verzeichnen ist, folgt eine Phase mit sehr raschem Wachstum. In dieser zweiten Phase nimmt die Zellzahl exponentiell zu; man nennt diesen Abschnitt daher die exponentielle Wachstumsphase. Trägt man nicht die Zellzahl (Zellkonzentration, Zelldichte), sondern deren Logarithmus auf, so ergibt sich ein gerader Kurvenabschnitt (Bereich II in Abb. 4–2); im Hinblick darauf wird diese Phase gelegentlich auch „logarithmisch" genannt. In einem geschlossenen System kann das Wachstum aber nicht beliebig fortgesetzt werden. Es bricht mehr oder weniger abrupt ab, und zwar als Folge des Substratmangels, der Anhäufung toxischer Substanzen oder eventuell der Veränderung der Umweltbedingungen. Über eine Übergangsphase mündet die exponentielle in die stationäre Phase ein. Je nach Art der Wachstumslimitierung ist diese Phase länger oder kürzer. In der stationären Phase hat die Kultur ihre maximale Zellkonzentration erreicht. Diesem Abschnitt kann sich noch eine Absterbephase anschließen, in welcher eine (ggf. exponentielle) Abnahme der Zellzahl erfolgen kann.

Jede Phase kann für die Auslegung eines Bioprozesses interessant sein. So kann das Hauptaugenmerk bei der Auslegung eines optimalen Prozesses darauf liegen, die lag-Phase zu verkürzen, die Teilungsrate zu optimieren und damit die

Prozessdauer zu verkürzen. Es kann aber auch darum gehen, den Übergang in die stationäre Phase zu verzögern. Um diese einzelnen Phasen optimal planen zu können, werden in der Folge diejenigen Variablen beschrieben, welche den Prozess beeinflussen können [1, 2].

4.4.1.1 Die Adaptations- oder lag-Phase

Wachsende Zellen, die als Impfgut in eine neue Umgebung transferiert werden, erleben einen „Schock" [16]. Dieser Schock, hervorgerufen durch die neue Umgebung, kann für die Zellen unterschiedliche Folgen haben. Die Dauer der Adaptationsphase kann unter anderem auf dem Mechanismus der Enzyminduktion beruhen. Werden die Zellen (im Impfgut) beispielsweise in ein Medium transferiert, welches eine neue Kohlenstoffquelle enthält, so kann es sein, dass die Enzyme, welche deren Abbau ermöglichen, zunächst synthetisiert werden müssen – vgl. Abschnitt 1.1.2 und 1.1.3 sowie [3]. Aus dem gleichen Grund kann die Veränderung der Konzentration eines Nährstoffes eine verlängerte lag-Phase hervorrufen. Liegt in dem neuen Medium eine erhöhte Konzentration des limitierenden Stoffes vor, so werden sowohl Zeit als auch Substrat benötigt, um die zusätzlich notwendige Enzymmenge zu synthetisieren [14].

Viele Enzyme benötigen zur Entfaltung ihrer Aktivität bestimmte Moleküle (Vitamine, Cofaktoren) oder Ionen (Aktivatoren), welche die Zellmembran sehr gut passieren. Wird nun eine kleine Impfmenge in ein großes Volumen gebracht, so diffundieren diese Moleküle durch die Zellumhüllung in die Flüssigkeit und stehen dem Zellmetabolismus vorerst nicht mehr zur Verfügung. Dies ist der Fall, wenn das zu beimpfende Medium diese Stoffe nicht gelöst enthält oder wenn sich die Ionenstärke im neuen Medium wesentlich von derjenigen im Impfgut unterscheidet. Das Resultat ist wiederum eine lange lag-Phase. Diese dauert so lange, bis die Zellen die entsprechenden Moleküle wieder synthetisiert haben [16].

Das Alter der Vorkultur hat ebenfalls einen sehr großen Einfluss auf die Dauer der lag-Phase. Stammt das Impfgut aus einer alten Vorkultur, in welcher die Organismen bereits in der stationären Phase sind, so muss sich die Zelle zunächst durch Enzymsynthesen auf die neuen Wachstumsbedingungen einstellen. Schließlich spielt die Größe des Impfgutes eine Rolle. Dabei ist zwischen der absoluten Impfgröße und den im Impfgut enthaltenen teilungsfähigen Zellen zu unterscheiden. In einem optimalen Impfgut können bis zu 99 % der Zellen teilungsfähig sein, während diese Zahl in älteren Kulturen deutlich tiefer liegen kann. Unter optimalen Bedingungen sollten alle lebensfähigen Zellen eine kurze Adaptationszeit haben [16].

Da in der Abwassertechnik vorwiegend mit Biomasse- oder Teilstromrückführung arbeitende, meist total durchmischte Bioreaktoren eingesetzt werden, ist die lag-Phase relativ kurz. Trotz PFR-Verhaltens ist auch bei den Tropfkörpern, d. h. bei Reaktoren mit immobilisierter Biomasse, diese lag-Phase ebenfalls kurz, da der sequentielle Abbau unterschiedlicher Substratkomponenten von in der Höhe des Füllmaterials daraufhin entsprechend spezialisierten Bakterienstämmen getätigt wird [3]. Wird ein Labor-Batchreaktor zur Erkundung der Abbaukinetik bei komplexen Substraten eingesetzt, so muss hierfür ein bereits adaptiertes Impfgut (Belebtschlamm) als Ansatz dienen, da sonst durch die lange lag-Phase die Kinetik verfälscht wird [17].

4.4.1.2 Exponentielles Wachstum

Am Ende der Adaptationsphase sind die Zellen an die neuen Umweltbedingungen adaptiert. Das Wachstum der Zellen ist in der exponentiellen Phase ausschließlich durch interne Faktoren (z. B. zellinterne Enzymkonzentrationen bzw. Enzymaktivitäten) bestimmt. Externe Faktoren (Substratkonzentrationen, Reaktorparameter usw.) spielen in dieser Phase keine Rolle. Sie bestimmen zwar, ebenso wie die Art des Substrates, die spezifische Wachstumsgeschwindigkeit, haben aber darüber hinaus keinen Einfluss auf die Form der Wachstumskurve. Allgemein folgt das Wachstum von Zellen häufig dem Gesetz einer Reaktion 1. Ordnung in Bezug auf die Biomasse X [1, 2, 8, 9, 13–17], d. h.

$$r_X = \frac{dX}{dt} = \mu X \tag{4-2}$$

In dieser Differentialgleichung ist X die Zelldichte, der Quotient aus der Trockenmasse aller in der Nährlösung vorhandenen Zellen und dem Volumen der Nährlösung; sie wird üblicherweise in $[gS^{-1}]$ angegeben, dX/dt ist die momentane Änderung der Zelldichte mit der Zeit, die Wachstumsgeschwindigkeit mit der Einheit $[h^{-1}]$ (vgl. auch Abschnitt 2.1.3.2).

Nach Überwindung der Adaptationsphase steigt μ vom Anfangswert $\mu_0 \approx 0\ h^{-1}$ meist sehr rasch auf einen Maximalwert $\mu_{max.}$, der für das jeweilige System einen charakteristischen Wert hat und über die Hauptphase des Wachstums konstant bleibt. Jetzt gilt:

$$r_X = \frac{dX}{dt} = \mu_{max.} X \tag{4-3}$$

und solange $\mu_{max.}$ konstant ist, kann man zu

$$\ln \frac{X}{X_0} = \mu_{max.}\ t \tag{4-4}$$

integrieren, was sich auch als

$$X = X_0 \exp(\mu_{max.} t) \tag{4-5}$$

schreiben lässt. Die Zelldichte wächst also exponentiell mit der Zeit an, und zwar umso schneller, je größer $\mu_{max.}$ ist. Dies ist der Bereich des exponentiellen Wachstums. In ihm regulieren ausschließlich zellinterne Vorgänge das Wachstum. Die Zeit, die zur Verdoppelung der Zelldichte benötigt wird, heißt Verdoppelungszeit t_d. Im Bereich des exponentiellen Wachstums erhält man sie auf einfache Weise, indem man $X = 2X_0$ in Gl. 4-4 einsetzt, d. h. dass

$$\ln \frac{2X_0}{X_0} = \mu_{max.} \, t_d \qquad (4-6a)$$

oder:

$$t_d = \frac{\ln 2}{\mu_{max.}} \qquad (4-6b)$$

Die maximale spezifische Wachstumsgeschwindigkeit $\mu_{max.}$ und die Verdopplungszeit t_d sind die wichtigsten Parameter zur Beschreibung des exponentiellen Wachstums. $\mu_{max.}$ ist dabei unter optimalen Bedingungen eine für jeden Organismus spezifische Größe, welche letztendlich genetisch fixiert ist. Diese maximale spezifische Wachstumsgeschwindigkeit variiert beträchtlich von Spezies zu Spezies und ist zudem noch abhängig von der jeweiligen Kohlenstoff- und Energiequelle. Tabelle 4–1 gibt einige Beispiele für spezifische Wachstumsgeschwindigkeiten verschiedener Organismen.

Tab. 4–1: Maximale spezifische Wachstumsgeschwindigkeiten $\mu_{max.}$ und Verdopplungszeiten t_d für optimale Bedingungen (Glucose als Kohlenstoff- und Energiequelle); nach [16]

Organismus	Optimale Temperatur (°C)	$\mu_{max.}$ (h^{-1})	t_d (d)
Bacillus stearothermophilus	60	0,18	3,8
Escherichia coli	40	0,35	2,0
Bacillus subtilis	40	0,43	1,6
Cadida tropicalis	30	0,60	1,1

Die graphische Darstellung des exponentiellen Wachstums geschieht zweckmäßig durch Auftragen des Logarithmus der Zelldichte als Funktion der Wachstumszeit (an die Stelle der Zelldichte kann auch die Zellmasse oder die Zellkonzentration treten). In dieser semilogarithmischen Betrachtung erscheint die Wachstumskurve in der exponentiellen Phase als Gerade (Abb. 4–3). Diese Darstellung ist in der Mikrobiologie sehr verbreitet. Die Steigung der so dargestellten Wachstumskurve ergibt direkt die maximale spezifische Wachstumsgeschwindigkeit $\mu_{max.}$.

Führt die semilogarithmische Darstellung zu keiner Geraden, so kann aus dem Verlauf entnommen werden, ob die Zellpopulation mit zunehmender oder abnehmender spezifischer Wachstumsgeschwindigkeit wächst (Abb. 4–4).

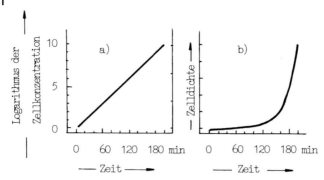

Abb. 4–3: Wachstum von einzelligen Mikroorganismen: a) im halblogarithmischen Maßstab; b) im nichtlogarithmischen Maßstab; nach [16].

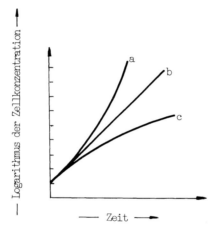

Abb. 4–4: Halblogarithmische Darstellung des Wachstums: a) exponentiell zunehmende, spezifische Wachstumsgeschwindigkeit; b) direktproportional zunehmende, spezifische Wachstumsgeschwindigkeit; c) nach dem Hyperbelgesetz zunehmende, spezifische Wachstumsgeschwindigkeit; nach [16].

4.4.1.3 Übergangsphase

Es erhebt sich nun die Frage, wie lange die exponentielle Wachstumsphase dauert. In Abbildung 4–2 ist bereits angedeutet, dass diese nun in eine weitere Phase, die Übergangsphase, übergeht. Dieser Übergang findet vor allem aus zwei Gründen statt. Entweder ist ein essentieller Nährstoff aufgebraucht oder das Wachstum wird durch die Bildung eines toxischen Produktes gestoppt [1, 2, 18]. In aeroben Bioprozessen ist allerdings auch sehr oft der Sauerstoff-Nachschub der limitierende Faktor, der bei sehr hohen Substrat- und Biomassekonzentrationen ein exponentielles Weiterwachsen verhindert [7, 13, 16, 18].

Unter der Voraussetzung, dass in einem Wachstumssystem nur die Substratkonzentration das Wachstum begrenzt (d. h. auch der Sauerstoff-Nachschub sichergestellt ist), ist diese Übergangsphase sehr kurz. Dies bedeutet, dass die Zellen so lange mit der maximalen spezifischen Wachstumsgeschwindigkeit wachsen, bis das limitierende Substrat eine sehr geringe Konzentration aufweist. Diese Abhängigkeit der spezifischen Wachstumsgeschwindigkeit μ von der Substratkonzentration S ist in Abb. 4–5 gezeigt und kann vereinfachend in zwei Abschnitte gegliedert werden:

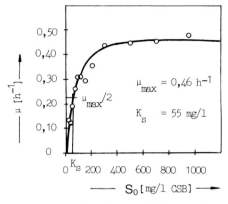

Abb. 4–5: Darstellung der spezifischen Wachstumsgeschwindigkeit μ einer Mischpopulation als Funktion des wachstumslimitierenden Substrates bei städtischem Abwasser; nach [16].

- in einen Bereich niedriger Konzentration, in welchem die spezifische Wachstumsrate sehr stark von der die Zelle umgebenden Substratkonzentration abhängt.
- Dieser Zusammenhang kann mathematisch in die gleiche Form gebracht werden wie der Ausdruck für die enzymkatalysierte Umsetzung eines Monosubstrates (vgl. Abschnitt 2.1.3.1 und 2.1.3.2)

Dieser Zusammenhang kann mathematisch in die gleiche Form gebracht werden wie der Ausdruck für die enzymkatalysierte Umsetzung eines Monosubstrates (vgl. Abschnitt 2.1.3.1 und 2.1.3.2)

$$\mu = \mu_{max.} \frac{S}{K_S + S} \tag{4-7}$$

wobei
S   die Substratkonzentration (g/L),
K_S die Sättigungskonstante (g/L),
μ   die spezifische Wachstumsgeschwindigkeit (h^{-1}) und
$\mu_{max.}$ die maximale spezifische Wachstumsgeschwindigkeit (h^{-1}) sind.

K_S, auch als Halbwertskonstante bezeichnet, ist diejenige Substratkonzentration, bei welcher die Wachstumsrate ihren halbmaximalen Wert hat

($\mu = 1/2\mu_{max}$). Gleichung 4–7, bekannt als „Monod-Gleichung", ist ein wertvolles Hilfsmittel zur Beschreibung und Quantifizierung des Überganges von der exponentiellen in die stationäre Phase. Bei komplexen Substraten und heterogenen Bakterienpopulationen können sich aber nicht alle Zellen gleichzeitig in der exponentiellen Wachstumsphase befinden. Ein Teil davon stirbt ab, andere Zellen gehen wieder in die Lysis, so dass eine gewisse Abnahme der Zellmasse eintritt [1–3, 8, 9, 13–18]; dies wird mit dem Begriff Bakterienverfall (*endogeneous decay*) oder/und Erhaltungsstoffwechsel definiert – Näheres hierüber in [18–20].

In [20] wird diese Zellmasseabnahme als direktproportional mit der Konzentration an Biomasse variierend angenommen und durch folgenden, von der Monod-Gleichung differierenden, kinetischen Ansatz ausgedrückt (vgl. Abschnitt 2.1.3.2, Gl. 2–52 bis 2–57)

$$(r_X/X)_{Netto} = \mu_{netto} = \mu_{max.} \frac{S}{K_S + S} - k_d \tag{4–8}$$

mit k_d als Geschwindigkeitskoeffizient der Verfallsrate, X als Konzentration an Biomasse, S als Substratkonzentration, K_S als Sättigungskonstante, $\mu_{max.}$ als maximaler Bakterienwachstumsgeschwindigkeit, μ_{netto} als der Netto-Zuwachsrate (*net specific growth rate*) und, definitionsgemäß, mit $(r_X)_{netto}$ als spezifischer Bakterienwachstumsrate. Diese hyperbolische Funktion wurde in Abb. 4–6 graphisch dargestellt.

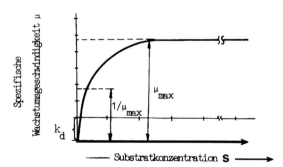

Abb. 4–6: Darstellung der spezifischen Wachstumsgeschwindigkeit μ als Funktion der wachstumslimitierenden Substratkonzentration **S** und Berücksichtigung des Erhaltungsstoffwechsels; nach [1].

Angesichts der Tatsache, dass der Bakterienzuwachs durch Substratabbau entsteht, lässt sich für die exponentielle Phase folgende, verfahrenstechnisch häufig angewandte Beziehung aufstellen [21]:

$$r_X = -r_S Y \tag{4–9}$$

worin Y bekanntlich die Schlammertragskonstante darstellt.

Nimmt man, wie in [22] postuliert, analog zur Definition der Bakterienwachstumsrate einen ähnlichen hyperbolischen Verlauf für die Substratabbaugeschwindigkeit an (vgl. Abschnitt 2.1.3.1 Gl. 2–39) und wird die Bakterienverfallsrate vernachlässigt [15], so entsteht ein Gleichungssystem mit zwei Differentialgleichungen

$$-\frac{dS}{dt} = \mu_{max.} \frac{SX}{Y(K_S + S)} \tag{4-10}$$

$$\frac{dX}{dt} = \mu_{max.} \frac{SX}{K_S + S} \tag{4-11}$$

Nach Dividieren der Gl. 4–11 durch Gl. 4–10 lässt sich für die hieraus entstandene Differentialgleichung dX/dS = f($\mu_{max.}$, K_S, Y, X, S) eine geschlossene Lösung finden [18]:

$$X - X_0 = Y(S_0 - S) \tag{4-12}$$

Wird hingegen auch die Bakterienverfallsrate in der Gl. 4–11 berücksichtigt (siehe auch Gl. 4–8), so resultiert [23]:

$$X - X_O = Y(1 - k_d/\mu_{max})(S_O - S) + Y \times k_d \times K_S \ln(S/S_0)/\mu_{max} \tag{4-13}$$

Steht bei dem untersuchten System die Produktion an Biomasse im Vordergrund (vgl. Abschnitt 1.2.1.1), so empfiehlt es sich, die Verfallsrate zu berücksichtigen und mit der Gl. 4–13 zu arbeiten. Wird das Hauptaugenmerk auf den Substratabbau gerichtet, üblicher Fall in der biologischen Abwasserreinigung, so kann die Gl. 4–12 Anwendung finden und der Biomassezuwachs als direktproportional mit dem abgebauten Substrat variierend berücksichtigt werden [1–3, 8, 13–15, 17, 20–23].

Dabei darf nicht übersehen werden, dass die während des Batchversuchs neu entstandenen Zellen sich ihrerseits am Abbau beteiligen und den Reaktionsverlauf hiermit beschleunigen. Um Wiederholungen möglichst zu vermeiden, wird auf diesbezügliche Ausführungen im Abschnitt 2.1.3, Gl. 2–47a und 2–47b hingewiesen; der interessierte Leser wird außerdem auf den Übersichtsbeitrag [15] verwiesen. Wichtig ist dabei zu bemerken, dass über das algebraische Gleichungssystem:

$$t\mu_{max} = -\frac{YK_S}{YS_0 + X_0} \ln \frac{S}{S_0} + \left(1 + \frac{K_S Y}{YS_0 + X_0}\right) \ln \left(\frac{Y(S_0 - S)}{X_0} + 1\right) \tag{4-14}$$

$$X = Y(1 - k_d/(\mu_{max}))(S_0 - S) + Y \times k_d \times K_S \times \ln(S/S_0)/\mu_{max} + X_0 \tag{4-15}$$

zuerst der Zeitverlauf der Substratkonzentration ermittelt werden kann (Nullstellenbestimmung für S aus Gl. 4–14 erforderlich – vgl. Kapitel 3), wonach durch dessen Substitution in die Gl. 4–15 sich auch die entsprechende Variation der Biomasse berechnen lässt. Voraussetzung hierfür ist selbstverständlich die experimentelle Ermittlung bzw. die Kenntnis der Reaktionsparameter μ_{max}, K_S, Y und k_d, ein Aspekt, über den in Abschnitt 2.1.3 bereits ausführlich berichtet wurde.

Die aufgestellten Modellgleichungen 4–14 und 4–15 gelten sowohl für aerobe, wie auch für streng anaerobe Prozesse (vgl. Abschnitt 2.1.3, 2.1.4 und 2.2); die biokinetischen Geschwindigkeitskoeffizienten liegen bei der Nitrifikation und Anaerobie jedoch um etwa eine Potenz tiefer als beim aeroben Substratabbau; Näheres hierüber in [1, 2, 8, 13, 14, 18, 20, 22]. Handelt es sich bei der Durchführung des Batchversuchs um Prozesse, bei denen eine Sauerstofflimitierung oder ein deswegen verursachter Leistungsabfall streng vermieden werden soll, so ist auch eine Prozessanalyse des Sauerstoffeintrages durchzuführen [13]. Ausgehend von der allgemeinen O_2-Massenbilanz, wegen Notationen vgl. auch Abschnitt 2.4, lässt sich schreiben [25]:

$$\frac{dC}{dt} = k_S A(C_S - C) - r_{O2} - \frac{Q}{v}(C - C_i) \qquad (4\text{–}16)$$

Da in dem Batchreaktor die O_2-Zehrungsgeschwindigkeit r_{O2} von der sich im Zeitverlauf ändernden Substrat- und Biomassekonzentration abhängt (Abschnitt 2.1.3.5), lässt sich die Gl. 4–16 nicht integrieren, wenn für r_{O2} die Gl. 2–78 und 2–79 gelten sollen. Um trotzdem zu einer geschlossenen Lösung für die C-Zeitvariation zu gelangen, wird in [25] anstatt des hyperbolischen Michaelis-Menten-Ansatzes (Gl. 2–79), ein Reaktionsverlauf 1. Ordnung sowohl beim Substratabbau wie auch für r_{O2} vorgeschlagen (vgl. Abschnitt 2.1.2.2); demnach folgt

$$r_{O2} = a_1 S(t) + b_1 X(t) \qquad (4\text{–}17)$$

worin a_1 und b_1 Reaktionskonstanten und $S(t)$ und $X(t)$ die mit der Zeit variierende Substratkonzentration, resp. Biomassekonzentration sind, d. h. $a_1 \times (t)$ stellt den für den Zellaufbau und $b_1 \times X(t)$ jenen für die endogene Atmung benötigten Sauerstoffverbrauch dar. Da bei den meisten in der biologischen Abwassertechnik auftretenden Fällen die Variation der Zellmasse im Vergleich mit jener des Substrates vernachlässigt werden kann, kann in erster Approximierung $b_1 \times X(t) = R_C$ = const. angenommen werden [25]; dann wird:

$$r_{O2} = a_1 S(t) + R_c \qquad (4\text{–}18)$$

und weil ferner für den Substratabbau eine Reaktion 1. Ordnung angenommen wurde, wird auch

$$\frac{dS(t)}{dt} = -K_1 X(t) \qquad (4\text{–}19)$$

Nach Integration der Gl. 4–19 und Substitution der Lösung in Gl. 4–18 resultiert

$$r_{O2} = r_{O2(t=0)} \exp(-K_1 X t) + R_c \qquad (4\text{-}20)$$

Nach weiterer Substitution der Gl. 4–20 in die Gl. 4–16 und Wegfall ihres Kontinuitätsterms (Batchreaktor) resultiert die geschlossene Lösung für die O_2-Zeitvariation [25]

$$C = C_R - \left(C_R - C_0 - \frac{r_{O2\,(t=0)}}{k_L a - K_1 X}\right) \exp(-k_L a\, t) - \frac{r_{O2\,(t=0)}}{k_L a - K_1 X} \exp(-K_1 X_1 t) \quad (4\text{–}21)$$

worin
$C_R = C_\infty - R_C/(k_L a)$, $r_{O2\,(t=0)}$ die O_2-Zehrungsgeschwindigkeit bei $S = S_0$ und $X = X_0$ (Ausgangsbedingungen), K_1 der Geschwindigkeitskoeffizient des Substratabbaus nach einer Reaktion 1. Ordnung sowie C_∞, C, $k_L a$, und t wie im Abschnitt 2.4. sind.

Die Prüfung der Modellgleichung 4–21 verlangt eine vorab erfolgte Ermittlung von ($k_L a$) und (C_∞) im Labormaßstab, deren experimentelle Durchführung im Rechenbeispiel 2 des Abschnitts 2.4 bereits erläutert wurde (Gl. 2–102 bis 2–105).

4.4.1.4 Stationäre Phase

In der stationären Phase hat die Zelldichte das Maximum erreicht. Die maximal mögliche Zelldichte ist eine charakteristische Größe für die stationäre Phase. Oft gibt man den Zuwachs an Zellmasse zwischen Impfen und stationärer Phase, dividiert durch die Abnahme des Substrates über die gleiche Zeitspanne, als „Ausbeute" (Zellausbeute) an. Die zu erwartende Zelldichte kann mit dem Ausbeutefaktor aus der Substrat-Anfangskonzentration berechnet werden. Dies ist allerdings nur unter der Voraussetzung möglich, dass alle anderen Nährlösungsanteile im Überschuss vorhanden sind und dass keine toxischen Produkte angehäuft werden [16].

4.4.1.5 Absterbephase

Bei der bisherigen Betrachtung wurde vorwiegend die Population als Ganzes betrachtet; man darf hierbei aber die einzelne Zelle nicht vergessen. Eine Zellpopulation ist ja nie homogen, und die Batch-Kurve ist eine Übersichtsdarstellung eines sehr komplexen Systems. Die Verschiedenheit der einzelnen Zellen wird vor allem in der stationären sowie in der Absterbephase deutlich. Schon in der stationären Phase wachsen einige Zellen nach, während andere bereits absterben. Tot ist eine Zelle dann, wenn sie sich irreversibel nicht mehr reproduzieren kann.

Sehr oft lysieren die abgestorbenen Zellen, und die Zellinhaltsstoffe (Kohlenhydrate, Aminosäuren und andere Komponenten) treten in die Kulturflüssigkeit ein und dienen wiederum als Substrat für andere wachsende Zellen. Derartige „kannibalische" Vorgänge können in der stationären Phase über eine gewisse Zeit zur Aufrechterhaltung einer konstanten Zelldichte dienen [16]. Diese Phase ist jedoch nur ein Übergang zur Absterbephase. Zur Absterbephase selbst liegen nur sehr wenige Untersuchungen vor. Das mag darin begründet sein, dass in fast allen Biomasseherstellungsprozessen die Absterbephase nicht von Interesse ist. Die meisten Prozesse werden schon in der exponentiellen Phase oder zu Beginn der stationären Phase abgebrochen. Bei den mit Schlammmineralisation arbeitenden Belebungsanlagen aber wird der Prozess gezielt in den Zustand der Absterbephase geführt, um den Schlammanfall zu verringern [1–3, 8, 14].

4.4.2
Kinetik dynamischer Kulturen (*continuous culture*)

Diese Verfahrensweise spielt eine große Rolle in der biologischen Abwasserreinigung, da wegen der erheblichen Volumenströme (m^3/s) die Vorteile kontinuierlicher Anlagen voll zur Geltung kommen. So ist allgemein bekannt, dass die Produktivität kontinuierlicher Systeme größer als die entsprechender Batch-Züchtungen ist. Daneben haben kontinuierliche Kulturen den Vorteil einer zeitlich konstanten Produktqualität, kleiner Reaktorvolumina und einer weniger arbeitsaufwändigen Bedienung [1–3, 8, 14, 16, 24]. Die kontinuierliche Kultur bietet verfahrenstechnisch die einzigartige Möglichkeit, Mikroorganismen über längere Zeit bei einer gegebenen spezifischen Wachstumsgeschwindigkeit zu halten. Im Labor-Maßstab eröffnet dies die Möglichkeit, andere physiko-chemische Parameter (z. B. Temperatur, pH-Wert oder Sauerstoff-Partialdruck) zu variieren und dabei die Auswirkungen auf das Wachstum zu überprüfen. Bei sonst konstanten Reaktionsbedingungen kann umgekehrt auch die spezifische Wachstumsgeschwindigkeit ($0 < k < \mu_{max}$) frei verändert werden. In beiden Fällen spricht man von Shift-Techniken. Es ist experimentell möglich, einen Parameter sprunghaft zu verändern und dabei die Antwortfunktion des Stoffwechsels der wachsenden Zellen zu studieren [16].

4.4.2.1 CSTRs ohne Biomasserückführung
Wird zur Erkundung der Reaktionskinetik ein CSTR ohne Rückführung eingesetzt (Chemostat-System), so lassen sich hierbei folgende Massenbilanzen aufstellen (vgl. Abschnitt 2.1.3)

$$\frac{dS}{dt} V = QX_0 - QX + V(r_X). \tag{4–22}$$

$$\frac{dX}{dt} V = QS_0 - QS + V(-r_S). \tag{4–23}$$

Mit Gleichung 4–8 wird

$$r_X = \mu_{max.} \frac{SX}{K_S + S} - k_d X \tag{4–24}$$

und unter Berücksichtigung der Gl. 4–9 wird auch

$$-r_S = -\mu_{max.} \frac{SX}{Y(K_S + S)} = \frac{S_0 - S}{\tau} \tag{4–25}$$

Unter Annahme stationärer Verhältnisse, dX/dt = 0 und −dS/dt = 0, Vernachlässigung der mit dem Zulauf in den CSTR eingeleiteten Biomasse, $X_0 \ll X$, und Durchführung von Zwischenrechnungen resultiert [1] durch Substitution der Gl. 2–24 in Gl. 4–22:

$$\frac{1}{\tau} = \mu_{max} \cdot \frac{S}{K_S + S} - k_d \tag{4–24a}$$

und aus der Gl. 4–23 folgt [1]

$$\frac{S_0 - S}{\tau X} = \mu_{max} \frac{S}{Y(K_S + S)} \tag{4–5a}$$

Darin ist τ die hydraulische Verweilzeit (τ = V/Q) und die anderen Notationen wie vorher. Wird Gleichung 4–24a nach [S/(K$_S$ + S)] aufgelöst und dieser Ausdruck in die Gl. 4–25a substituiert, so lassen sich hieraus für X und S folgende Beziehungen aufstellen [1]:

$$X = \frac{Y(S_0 - S)}{1 + k_d \tau} \tag{4–26}$$

$$S = \frac{K_S(1 + \tau k_d)}{\tau(\mu_{max.} - k_d) - 1} \tag{4–27}$$

Somit können bei nunmehr ermittelten Werten der kinetischen Koeffizienten μ_{max}, k_d, Y und K_S (vgl. Abschnitt 2.1.3) die sich im Reaktor einstellende Biomassekonzentration X und die Auslaufkonzentration S vorausgesagt werden. Dabei ist auch die Besonderheit autokatalytisch verlaufender Reaktionsprozesse zu beachten [13, 16, 18], da aus der Gl. 4–27 hervorgeht, dass bei CSTRs die sich darin einstellende Substratkonzentration unabhängig von der Zulaufkonzentration ist. Veränderungen von S_0 äußern sich einzig in Veränderungen der Biomassekonzentration in dem Bioreaktor, ein Fliessgleichgewichtszustand vorausgesetzt, d. h. Übergangsphasen (*transient state conditions*) werden nicht berücksichtigt.

Wird $\tau \mu_{max} < 1$ eingestellt, so tritt der Auswascheffekt zutage [16], d. h. es wird mehr Biomasse ausgeschwemmt als bei der im Bioreaktor eingestellten Reaktionszeit durch entsprechenden Substratabbau überhaupt entstehen kann, so dass der biologische Abbau aussetzt [16].

4.4.2.2 CSTRs mit Biomasserückführung

Normalerweise ist die sich in einem CSTR ohne Biomasserückführung einstellende Biomassekonzentration durch die Konzentration des limitierenden Substrates und die Verweilzeit im Reaktor gegeben. Die Biomassezuwachsgeschwindigkeit (ΔX/τ) (in der Biotechnologie wird statt dessen die Produktivität (DX) verwendet, worin D als Verdünnungsrate (D = 1/τ) definiert ist) erreicht dabei das Maximum bei der für die "*continuous culture*" minimalen Aufenthaltszeit $\tau_{min.} \approx 1/\mu_{max}$. Soll (ΔX/τ) weiter erhöht werden, muss auch die Biomassekonzentration im Reaktor durch Rückführung erhöht werden. Solche kontinuierlichen Systeme mit

Biomasserückführung (Schlammrücklauf in der Abwassertechnik) ermöglichen Volumendurchsätze, welche bedeutend größer sind als die maximale Zuwachsrate der Mikroorganismen.

> ■ Merksatz: *Für den Verfahrensingenieur ist es dabei wichtig zu wissen, dass hierdurch die Raum-Zeit-Ausbeute des Reaktors erhöht, d. h. auch der umbaute Raum (Reaktorvolumen) verkleinert werden kann.*

Setzt man für ein solches CSTR mit Rückführung voraus, dass der Reaktor total durchmischt ist, unter stationären Betriebsbedingungen arbeitet, in der Biomasse-Trenneinheit (Nachklärbecken in der Abwassertechnik) kein weiterer Abbau erfolgt und dem Reaktor keine aktive Biomasse außer der mit dem Rücklauf zugeführt wird, so wird in [22] für ein solches System der Begriff Aufenthaltszeit der Biomasse θ_c (*biomass retention time* – Schlammalter in der Abwassertechnik) definiert (vgl. Abschnitt 2.1.2)

$$\theta_c = \frac{XV}{Q_w X_w + (Q - Q_w) X_e} \qquad (4\text{-}28)$$

worin (XV) die Gesamtbiomasse M im Reaktor, $(Q_w X_R)$ die aus der Belebungsanlage periodisch/täglich/stündlich/kontinuierlich ausgekreiste Menge an Biomasse (MT^{-1}) und X_e die mit dem NKB-Auslauf das System verlassende Biomassekonzentration sind. Um Wiederholungen zu vermeiden, lässt sich in Anlehnung an die Gl. 2–52 bis 2–60 schreiben (siehe weitere Ausführungen), dass für einen mit Biomasserückführung und stationär arbeitenden CSTR folgende Gesetzmäßigkeit gilt [1, 2, 22]:

$$\frac{1}{\theta_c} = Y \frac{S_0 - S}{\tau X} - k_d = \mu_{max} \frac{S}{K_S + S} - k_d. \qquad (4\text{-}29)$$

Da bei einem CSTR der Ausdruck $[(S_0 - S)/(\tau X)]$ die auf die Biomasse bezogene Substratabbaugeschwindigkeit darstellt, und damit als differentieller Ansatz der Substratabbaugeschwindigkeit $(-dS/dt) = r_S$ gilt (vgl. Abschnitt 2.1.3.1 und Gl. 2–44), lässt sich nach Durchführung einiger Zwischenrechnungen aus einer vereinfachten Form der Gl. 4–29

$$\frac{1}{\theta_c} = \mu_{max} \frac{S}{K_S + S} - k_d. \qquad (4\text{-}30)$$

die Auslaufkonzentration von CST-Belebtschlammreaktoren herleiten [1, 2, 13, 15, 17, 22, 30]:

$$S = \frac{K_S(1 + k_d \theta_C)}{\theta_C(\mu_{max.} - k_d) - 1} \qquad (4\text{-}31)$$

■ Merksatz: **Ein Vergleich mit Gl. 4–27 zeigt, dass, ähnlich wie bei Chemostat-Systemen, die Auslaufkonzentration unabhängig von der Zulaufkonzentration ist.**

Durch eine für den Bioreaktor aufgestellte Substrat-Massenbilanz lässt sich nach Durchführung von Zwischenrechnungen auch die sich im Reaktor einstellende Biomassekonzentration ermitteln [1, 2, 22] – siehe auch Gl. 4–26:

$$X = \frac{\theta_C}{\tau} \cdot \frac{Y(S_0 - S)}{1 + k_d \theta_C} \tag{4-32}$$

Da, wie schon erwähnt, für eine Reaktion 1. Ordnung (Gl. 2–18) der Ansatz

$$(r_S/X) = K_1 S \tag{4-33}$$

und bei Reaktionen variierender Reaktionsordnung (Gl. 2–39) der Ansatz

$$r_S/X = \mu_{max.} \frac{S}{(K_S + S)} \tag{4-34}$$

im allgemeinen gilt (vgl. Abschnitt 2.1.2.2 und 2.1.2.3), sowie dass bei einem CSTR mit Biomasserückführung (Gl. 2–44)

$$r_S/X = (S_0 - S)/(\tau X) \tag{4-35}$$

gilt, lässt sich durch Substitution der Gl. 4–33 in die Gl. 4–30 unter Berücksichtigung der Gl. 4–34 und 4–35 auch schreiben, dass beim nach einem Reaktionsverlauf 1. Ordnung modellierbaren Substratabbau zwischen Schlammalter und Substratabbau folgende Beziehung besteht [2]:

$$\frac{1}{\theta_C} = Y K_1 S - k_d \tag{4-36}$$

woraus sich die Auslaufkonzentration ableiten lässt:

$$S = \frac{1 + k_d \theta_C}{Y K_1 \theta_C} \tag{4-37}$$

Werden im CSTR-System verschiedene Werte für das Schlammalter eingestellt, das System stationär betrieben und die entsprechenden Substratkonzentrationen gemessen, so kann zuerst durch Auftragung der Messwerte in einem Koordinatensystem $(1/\theta_C)$ gegen S das Produkt (YK_1) als Steigung und k_d als Ordinatenabschnitt der so entstandenen Regressionsgeraden berechnet werden (Gl. 4–36). Der Geschwindigkeitskoeffizient K_1 lässt sich seinerseits (vgl. Abschnitt 2.1.2.2 und Gl. 4–35) durch Einzeichnung der Messwerte in einem Koordinatensystem (r_S/X) gegen S als Steigung der so entstandenen Regressionsgeraden ermitteln; hiernach kann $Y = YK_1/K_1$ berechnet und dieses vereinfachte reaktionstechnische Modell statistisch abgesichert werden (vgl. Abschnitt 2.1.2 und 2.1.3 sowie im Abschnitt 5.1.1 die Abb. 5–3 und Abb. 5–5).

In Anlehnung an Gl. 4–21 und 4—25 kann auch in einem mit Rückführung arbeitenden CSTR-System ein Auswascheffekt eintreten. Dies geschieht dann, wenn $\theta_C \mu_{max.} < 1$ (Gl. 4–31). Der minimale Wert für das Schlammalter, bei dem die Biomasse ausgewaschen zu werden beginnt, wird mit notiert und lässt sich mit Hilfe folgender Beziehungen approximieren [2]:

$$\frac{1}{\theta_C^m} = \mu_{max} \qquad \text{(aus Gl. 2–58)} \qquad (4\text{–}38)$$

$$\frac{1}{\theta_C^m} = \mu_{max} \frac{S_0}{K_S + S_0} - k_d \qquad \text{(aus Gl. 4–30)} \qquad (4\text{–}39)$$

$$\frac{1}{\theta_C^m} = Y K_1 S_0 - k_d \qquad \text{(aus Gl. 4–36)} \qquad (4\text{–}40)$$

Sind durch kinetische Laborversuche die Reaktionsparameter K_S, k_d, μ_{max} und Y, resp. Y, K_1 und k_d für das untersuchte Substrat einmal bekannt und statistisch abgesichert, kann mit Hilfe der Gl. 4–31 bzw. 4–37 und der Gl. 4–32, bei vorab gewählten θ_C- und τ-Werten, das sich im CSTR einstellende Wertpaar S und X vorausgesagt werden.

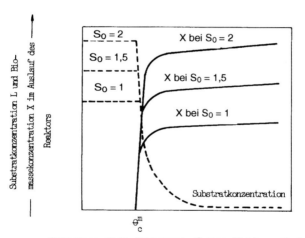

Abb. 4–7: Auswirkung der Substratkonzentration im Zulauf auf das Reaktionsverhalten eines CSTR mit Biomasserückführung; nach [1].

Aus Abbildung 4–7 lässt sich in Abhängigkeit vom Schlammalter der Einfluss der Zulaufkonzentrationen S_0 auf den Verlauf des Substratabbaus ersehen sowie das minimale Schlammalter θ_C^m erkennen, unter dem kein Substratabbau erfolgt.

■ Merksatz: **Aus dem Verlauf der Abbaukurve resultiert auch, dass, wie aus Gl. 4–37 und Gl. 4–31 ebenfalls ersichtlich, theoretisch keine Abhängigkeit zwischen der Zulauf- und Auslaufkonzentration besteht. Für einen vorgegebenen θ_C^m-Wert geht eine Erhöhung der Zulaufkonzentration mit einer Zunahme der Biomassekonzentration im Reaktor einher, das CSTR-System ist daher selbst regulierend und die Auslaufkonzentration bleibt quasi unverändert [1, 2, 8, 13, 14, 16, 22].**

In modernen reaktionstechnischen Betrachtungen [13] wird, ebenfalls von Substrat- und Biomassebilanzen ausgehend, nicht mehr der Einfluss des Schlammalters, sondern der des Rezirkulationsverhältnisses $R = Q_0/Q_{RS}$, des im Nachklärbecken erreichten Aufkonzentrierungsgrades der Biomasse $n_E = X_t/X$ und der vorab gewählten Aufenthaltszeit t_V auf die Auslaufkonzentration S und die minimale Aufenthaltszeit/Auswaschzeit $\tau_{kr.}$ quantifiziert:

$$S = \frac{K_S \tau k_d (1 + R - n_E R)}{t_V(\mu_{max.} - k_d) - (1 + R - n_E R)} \tag{4–41}$$

$$\tau_{kr.} = \frac{(K_S + S_0)(1 + R - n_E R)}{S_0(\mu_{max} - k_d) - K_S k_d} \tag{4–42}$$

Diese Modellgleichungen 4–26, 4–27, resp. 4–31 , 4–32, sowie 4–36 bis 4–42 gelten, wie auch im Abschnitt 4.4 erwähnt, sowohl für aerobe wie auch für streng anaerobe Prozesse. Die O_2-Limitierung kann selbstverständlich auch bei CSTRs einen möglichen Leistungsabfall bedingen. Zur Prozessanalyse dieses Falles wird z. B. in [13] eine Doppelsubstratkinetik für die O_2-Massenbilanz aufgestellt. Da hieraus keine in S geschlossene Lösung hervorgeht, wird für die O_2-Zehrungsgeschwindigkeit der vereinfachte Ansatz (Gl. 2–78 und Notationen wie im Abschnitt 2.1.3.5)

$$r_{O2} = Y_{02} r_S + K_e X \tag{4–43}$$

angewandt, worin (siehe auch Gl. 2–79)

$$r_S = \mu_{max.} \frac{SX}{Y(K_S + S)} \tag{4–44}$$

ist. Durch Substitution in die allgemeine O_2-Massenbilanz (Gl. 2–100)

$$\frac{dC}{dt} V = k_L a (C_s - C) V - (Y_{O2} r_S + K_e X) V - Q(C - C_i) \tag{4–45}$$

und unter Berücksichtigung, dass im Zulauf zum Bioreaktor $C_i = 0$ ist, resultiert nach Durchführung von Zwischenrechnungen für den stationär betriebenen CSTR:

$$C = \frac{k_L a C_S - Y_{O2} \mu_{max.} \frac{SX}{Y(K_S + S)} - K_e X}{1/\tau + k_L a} \tag{4–46}$$

Zur Prüfung dieser Modellgleichung sind im Labormaßstab vorab folgende Größen zu ermitteln: ($k_L a$) und C_S (Rechenbeispiel 1 im Abschnitt 2.4) sowie Y_{O_2} und K_e (Rechenbeispiel im Abschnitt 2.1.3.5) und auch μ_{max}, Y und K_S (Rechenbeispiel im Abschnitt 2.1.3.2). Durch Substitution der Messdaten in Gl. 4–46 und Vergleich der gemessenen mit den berechneten C-Werten lässt sich die Aussagekraft des Modells statistisch absichern.

Das Problem der O_2-Limitierung gewinnt vor allem bei Aufstellung von CSTR-Kaskaden an Bedeutung, da sich bei den in den ersten Reaktoren herrschenden hohen Substratkonzentrationen der O_2-Eintrag und nicht die Substratabbaukinetik als geschwindigkeitslimitierend erweisen könnte [13].

In [9, 13, 26] werden die Vorteile von CSTR-Kaskaden gegenüber einstufigen CSTRs dargelegt. So wird hierbei erwähnt, dass durch die in jedem Reaktor herrschenden, gestaffelt eingestellten Konzentrationssprünge den verschiedenen Bakterienstämmen gleichmäßigere und hierdurch auch günstigere Umgebungsbedingungen geschaffen werden; Folge hiervon sind eine höhere Vermehrungsrate und Raum-Zeit-Ausbeute. Die Modellgleichungen zum Substratabbau in Kaskadenschaltungen samt praxisbezogenen Rechenbeispielen wurden bereits ausführlich in Abschnitt 2.1.3.2 erläutert. Um Wiederholungen möglichst zu vermeiden, wird daher auf diesen Abschnitt und die darin erwähnten Literaturstellen hingewiesen. An dieser Stelle soll nochmals betont werden, dass im Labormaßstab durchgeführte kinetische Untersuchungen unter ähnlicher Verfahrens- und Reaktorgestaltung zu erfolgen haben, wie sie auch für den großtechnischen Maßstab gelten [9, 14]. Darunter fallen Ein- oder Mehrstufigkeit, Batch- oder Durchlaufbetrieb, Art der Vorbehandlung, das hydrodynamische Verhalten des Bioreaktors (vgl. Abschnitt 2.1.1) und die installierte, im Labormaßstab angewandte Leistungsdichte [16]. Auf diesen, einen großen Einfluss auf den Durchmisch- und Stofftransportvorgang in Bioreaktoren ausübenden, Parameter wurde im Abschnitt 2.1.1 bereits indirekt Bezug genommen, indem man das hydrodynamische Verhalten des Reaktors analysierte und seinen Einfluss auf den Verlauf autokatalytischer Reaktionen quantifizierte. Wie sich nun die Energiedichte eines Reaktors auf dessen reaktionstechnisches Verhalten, vor allem auf den Sauerstofftransportvorgang, auswirken kann, soll nachstehend kurz dargelegt werden.

4.4.2.3 Energiedichte, Scherkräfte und Belüften

Oft besteht die erste Aufgabe des Verfahrensingenieurs darin, die Anforderungen, die ein aerober Prozess an die Belüftung stellt, zu berechnen bzw. eine bereits im Labormaßstab darauf ausgerichtete Versuchsplanung und Modellbildung zu erstellen. Es sei daran erinnert, dass über die Grundlagen des Sauerstofftransportes im Abschnitt 2.4 und die Kinetik des Sauerstoffverbrauches im Abschnitt 2.1.3.3 berichtet wurde.

Die Sauerstoffbedürfnisse von Bioreaktoren unterscheiden sich je nach deren Einsatzgebiet erheblich voneinander. Die Tabelle 4–2 stellt z. B. die Anforderungen eines biologischen Abwasserreinigungsprozesses denen einer aeroben Züchtung von Bakterienmasse gegenüber [16].

Tab. 4–2: Typische Sauerstoffbedürfnisse einer biologischen Abwasserreinigungsanlage und eines mikrobiellen industriellen Prozesses; nach [16]

Begriffsbezeichnung	Biologische Abwasserreinigung	Mikrobieller Prozess
Substratkonzentration	200–300 mg · L^{-1}	20.00–30.000 mg · L^{-1} (2–5 %)
Spezifischen Sauerstoffaufnahme Q_{O2}	0,5 mmol · g^{-1} · h^{-1}	2–7 mmol · g^{-1} · h^{-1}
Konzentration der Mikroorganismen	2–3 g · l^{-1}	10–30 g · L^{-1}
Volumetrisches Sauerstoffbedürfnis	1–2 mmol · L^{-1} · n^{-1}	100 mmol · L^{-1} · h^{-1}
Leistungseintrag fürs Belüften	0,02 kW · m^{-3}	0,75–25 kW · m^{-3}

Obwohl bei Belebtschlammreaktoren sehr oft die Schlammkonzentration durch Biomasserückführung erhöht wird, beträgt die Zellkonzentration meistens nur etwa 1/10 derjenigen eines industriellen mikrobiellen Prozesses. Zudem sind die Organismen im Abwasserprozess oft sehr alt, so dass die Respirationsrate ebenfalls eine Größenordnung kleiner ist. Entsprechend klein kann die Belüftungskapazität von Belüftungsbecken für die Abwasserbehandlung dimensioniert werden. Schließlich sind auch die Scherkräfte, welche bei einer Belüftungsvorrichtung für die Abwasserreinigung eingesetzt werden, klein zu halten, weil die vorhandenen Flocken (Zellaggregate) nicht zerstört werden dürfen.

Da in den meisten Fällen eine Erhöhung des Gasdurchsatzes, z. B. bei Druckluftbelüftung mit oder ohne zusätzliches mechanisches Rühren, den Sauerstofftransport verbessert, wäre es nahe liegend, Bioreaktoren immer mit großen Belüftungsraten zu betreiben. Obwohl dies im Prinzip richtig ist, ist doch Vorsicht am Platze. Einmal können große Luftmengen Schaumprobleme verursachen, zum anderen ist es schwierig, große Luftmengen homogen zu dispergieren. Ein beträchtlicher Anteil der Luft wird nämlich in Form großer Blasen im Reaktor aufsteigen. Diese Blasen tragen wenig zur Vergrößerung der Phasengrenzfläche bei. In der Tat kann der $k_S a$-Wert mit steigender Luftmenge wegen dieser großen Blasen sogar kleiner werden. Ferner wird durch die große Luftmenge der Kohlendioxid-Partialdruck klein sein. Da es aber mikrobielle Systeme gibt, welche zum Wachstum einen höheren Kohlendioxid-Partialdruck benötigen, kann es aus diesem Grund notwendig sein, die Belüftungsmenge sogar klein zu halten [27]. Die Versorgung des Reaktors mit Belüftungsluft durch den Kompressor benötigt Energie. Diese Energie wird bei der Belüftung auf die Nährlösung im Bioreaktor übertragen. In einem konventionellen, gerührten und belüfteten Bioreaktor beträgt diese Energie normalerweise ca. 5–10 % des gesamten Leistungseintrages. In Bioreaktorsystemen ohne mechanische Durchmischung, z. B. Belebungsbecken mit Druckluftbegasung oder Blasensäulen in der Verfahrenstechnik, umfasst dieser Anteil 100 % [16].

So ist ein mechanisches Durchmischen des Bioreaktors immer dann von Vorteil, wenn große $k_L a$-Werte erreicht werden sollen/müssen. Durch das Rühren werden nicht nur koaleszierende Gasblasen zerteilt, sondern auch größere Zellaggregate (Flocken oder Zellklumpen) zerkleinert. Speziell in Flüssigkeiten mit hohen Viskositäten oder mit nicht newtonschem Fließverhalten bewirkt ein intensives Durchmischen eine homogene Verteilung des Gases.

Die Zunahme von (k_La) bei intensivierter Durchmischung basiert vorwiegend auf der Vergrößerung der Grenzfläche a. Der Filmkoeffizient k_L wird durch das Rühren nur wenig beeinflusst, denn die relative Geschwindigkeit zwischen Gasphase und Flüssigkeit ist bestimmt durch die Differenz der Dichten zwischen Gasphase und Flüssigphase und weniger durch die eigentliche Turbulenz. Die Turbulenz bewirkt die Verkleinerung der Blasendurchmesser d_b und damit natürlich die Vergrößerung des Gasrückhaltevermögens und der Grenzfläche a. Schließlich verleihen die Turbulenzballen im Bioreaktor dem Inhalt eine abwärtsgerichtete Strömung, welche auch die Gasblasen am Entweichen hindert [16, 26].

Die Intensität der Turbulenz als Folge des Durchmischens wird bekanntlich durch die Reynoldszahl (Re) beschrieben

$$Re = \frac{(\text{Charakteristische Länge}) (\text{Charakteristische Geschwindigkeit}) \cdot \rho}{\eta} \quad (4\text{--}47)$$

wobei ρ und η die Dichte bzw. die dynamische Viskosität des zu durchmischenden Systems darstellen. Große Reynoldszahlen bedeuten turbulente Strömungsverhältnisse, sehr kleine Reynoldszahlen sind charakteristisch für laminare Strömungen. Zur Beschreibung der Turbulenz in Bioreaktoren wird üblicherweise der Rührerdurchmesser D_i als charakteristische Länge eingesetzt und als charakteristische Geschwindigkeit ($N \times D_i$), die lineare Rührerspitzengeschwindigkeit, wobei N der Rührerdrehzahl entspricht. Somit entsteht aus Gl. 4–47

$$Re = \frac{N \cdot D_i^2 \cdot \rho}{\eta} \quad (4\text{--}48)$$

Ähnlich der Charakterisierung der Rührerspitzengeschwindigkeit als ($N \times D_i$) kann als Produkt der Rührerspitzengeschwindigkeit und der Rührerfläche auch die Pumpkapazität des Rührers berechnet werden:

$$\text{Pumpkapazität} = (N \times D_i)(D_i)^2 = N \times D_i^3 \quad (4\text{--}49)$$

Schließlich ist die Leistungsaufnahme des Rührers proportional zum Produkt aus kinetischer Energie und Pumpkapazität, Leistungsaufnahme $\approx$ (kinetische Energie) $\times$ (Pumpkapazität), d. h. $P \approx \rho \times (N \times D_i)^2 \times N \times D_i^3$, so dass letztendlich

$$P \approx \rho \times N^3 \times D_i^5 \quad (4\text{--}50)$$

wird.

Die Proportionalität in Gl. 4–50 gilt im Bereich großer Reynoldszahlen, also im turbulenten Gebiet. Werden einheitliche Dimensionen eingesetzt, so wird der Proportionalitätsfaktor dimensionslos, er wird Leistungskennzahl (Ne) genannt und lässt sich berechnen und ausdrücken [26]:

4.4 Kinetik mikrobieller Prozesse bei suspendierter Biomasse

$$\text{Leistungskennzahl } Ne = \frac{P}{\rho N^3 \cdot D_i^5} \qquad (4\text{--}51)$$

Der Zusammenhang zwischen Leistungskennzahl (Ne) und Reynoldszahl (Re) ist in Abb. 4–8 dargestellt. Bioreaktionen werden üblicherweise im Bereich großer Turbulenzen durchgeführt.

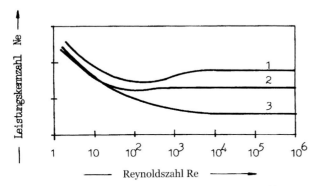

Abb. 4–8: Zusammenhang zwischen der Leistungskennzahl Ne und der Reynoldszahl Re, dargestellt für 3 verschiedene Rührertypen: 1: Scheibenrührer; 2: Blattrührer; 3: Propellerrührer; nach [1].

Die Größe von (Ne) ist abhängig vom Rührertyp. Bei $Re \geq 5 \times 10^3$ hat der Scheibenrührer eine Leistungskennzahl von $Ne \approx 6$, während beim Propellerrührer $Ne \approx 4$ [16, 26]. Die aktuelle Leistungsaufnahme eines Rührers nimmt mit zunehmender Belüftung des Nährmediums ab. Wie in Abbildung 4–9 dargestellt, ist eine Abnahme um 1/3 des vollen Leistungsbedarfs nichts Außergewöhnliches.

Dieser Zusammenhang wird oft als Funktion einer dimensionalen Belüftungskennzahl dargestellt. Diese Zahl ist der Quotient aus der volumetrischen Gasflussmenge Q und der volumetrischen Pumpkapazität des Rührers [$Q/N \times D_i^3$]. Die (selbst bei kleinen Belüftungsraten) sehr abrupte Leistungsabnahme beim Blattrührer zeigt das Überfluten des Rührers mit Gas an. In [16] wird für das Verhältnis zwischen der Leistungsaufnahme im begasten Zustand P_G und derjenigen im unbegasten Zustand P folgende empirische Korrelation aufgeführt:

$$P_G = C(P \times N \times \times Q^{-0.56})^{0.45} \qquad (4\text{--}52)$$

wobei C eine Proportionalitätskonstante darstellt.

Die durch mechanisches Rühren alleine oder gemeinsam mit Druckluftbegasung hervorgerufenen Scherkräfte sind sehr schwierig zu beschreiben. Die Scherkräfte, welche beim Zerteilen oder Koaleszieren von Gasblasen wirken, entstehen in der flüssigen Phase durch Druckschwankungen und durch Geschwindigkeitsgradienten zwischen nahe gelegenen Flüssigkeitselementen und sind niemals homogen über den Reaktorinhalt verteilt.

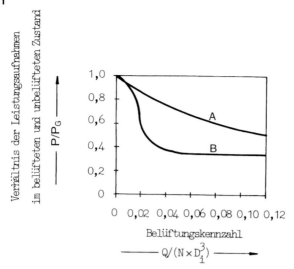

Abb. 4–9: Leistungsaufnahme eines Rührers als Funktion der Belüftungsintensität: A = 1 Scheibenrührer, B = 2 Blattrührer; P einspricht der Leistungsaufnahme unbelüftet, P G derjenigen im belüfteten Zustand; nach [16]

Zu große Scherkräfte können in biologischen Systemen verheerende Auswirkungen haben. So werden pflanzliche oder tierische Zellen durch Scherkräfte zerstört. Auch der Metabolismus von filamentösen Mikroorganismen kann durch mechanische Schädigungen empfindlich gestört werden [16]. Hingegen sind beim Belebtschlammverfahren praktisch keine mechanischen Schädigungen bekannt [1–3, 8, 14].

Alle Untersuchungen an Modellen zeigten, dass die Zellzerstörungsgeschwindigkeit von der Frequenz abhängt, mit welcher der Bioreaktorinhalt durch Zonen intensiver Scherkräfte zirkuliert. Man kann deshalb formulieren [16]:

$$k_{Scher} \approx N D_i^3 / V_L \tag{4-53}$$

wobei k_{Scher} die Scherkraftkonstante und V_L das Volumen des Reaktors darstellt. Oft wird auch erwähnt, dass die Scherkräfte proportional sind zum Leistungseintrag pro Volumen sind. Indessen sind Verallgemeinerungen sowohl für verschiedenartige Zellkulturen als auch für verschiedenartige Rührsysteme unzulässig [16].

Der O_2-Eintrag bzw. die O_2-Absorptionskapazität ($k_L a C_\infty$) ist ein wertvolles Maß, um die Belüftungs- und Durchmischungsfähigkeit eines Bioreaktors zu beurteilen. Gleiches gilt für den O_2-Transportkoeffizienten ($k_L a$), welcher allerdings unabhängig von der O_2-Löslichkeit ist.

In den in der allgemeinen Biotechnologie eingesetzten Schüttelkolben findet der O_2-Übergang ausschließlich durch die Oberfläche und eingeschlossene Luftblasen statt. Es darf nicht übersehen werden, dass die O_2-Übergänge in Schüttelkolben oft viel zu klein sind und den biologischen Bedürfnissen selten genügen. Ganz andere Bedingungen herrschen in den üblichen technischen Bioreaktoren. Sowohl theoretisch als auch im Experiment lässt sich zeigen, dass der Gasübergang sowohl von der Leistungsdichte (P_G/V) als auch von der Gasleerrohrgeschwindigkeit V_S abhängt [1, 2, 16, 26, 27]:

$$k_L a \approx (P_G/V)^{0,7 \text{ bis } 0,8} \times (V_S)^{0,6} \qquad (4\text{--}54)$$

Um $k_L a$-Werte von $1\,000\,h^{-1}$ zu erreichen, sind bei Mehrfachrührern Gasleerrohrgeschwindigkeiten bis zu mehreren cms^{-1} notwendig. Gleichzeitig steigen die spezifischen Leistungsaufnahmen bis auf $10\,kW/m^3$ [16].

Bioreaktoren ohne mechanische Durchmischung, d. h. mit Druckluftbegasung funktionierende Belebungsbecken, können einzig bezüglich der Art des Lufteintrages (Konstruktion von Düsen) und bezüglich der Luftmenge optimiert werden. Wie in [1, 2, 8, 26] aufgeführt, sind zwei verschiedene Betriebsbereiche zu unterscheiden. Erstens ein Bereich mit „ruhiger" Belüftung, welcher Gasleerrohrgeschwindigkeiten um 3 bis $5\,cms^{-1}$ umfasst, und zweitens ein turbulenter Bereich für Druckluftbelüftung in Belebungsbecken mit großen Luftmengen. Die Art des Lufteintrages spielt nur im Falle der niedrigen Belüftungsmengen eine Rolle; so variiert ($k_L a$) bei Luftgeschwindigkeiten bis $5\,cms^{-1}$ direkt mit $(V_S)^{0,9}$; die größten erreichbaren ($k_L a$)-Werte liegen hier bei etwa $250\,h^{-1}$ [1–3, 8, 16]. In jedem Fall ist der Zusammenhang zwischen ($k_L a$) und der spezifischen Leistungsaufnahme zu beachten. Angenommen, der ($k_L a$)-Wert in einem gerührten Labor-Reaktor nimmt gemäß $(P_G/V)^{0,8}$ zu, während er in dem anderen Belüftungssystem des technischen Reaktors nur mit dem Exponenten 0,4 steigt, so wird eine Erhöhung des Leistungseintrages im zweiten Falle wenig effizient sein [16].

■ Merksatz: *Aus diesem kurzen Abriss ist ersichtlich, und davor kann noch immer nicht genug gewarnt werden, dass zu richtigen, scale-up-fähigen Aussagen eines Laborversuches bei der Ermittlung der kinetischen Parameter des Substratabbaus, des Schlammzuwachses und deren des O_2-Transportvorgangs, bereits bei der Planung der Versuchsanlage und deren Betriebseinstellung nur auf solche auch im technischen Reaktor üblichen (Betriebs)Experimentbedingungen zu achten ist – Energiedichte beider Systeme allen voran (!), und Verallgemeinerungen mathematisch gewonnener Modellparameter auf Bioreaktoren und Begasungssysteme anderer baulicher oder installationsmäßiger Art, nicht weniger auch unterschiedlicher Betriebsweisen, rund um die Uhr oder 5 Tage/7 Tage/Woche, strengstens zu vermeiden sind.*

Alle diese aus Experimentbedingungen abgeleiteten Formeln haben einen weitgehend empirischen Charakter, da sie einen (technisch interessanten) Teilbereich des Vorganges mit (genügender) statistischer Aussagekraft beschreiben; die Komplexität des mikrobiologischen Gesamtsystems jedoch können sie nicht erfassen [1–3, 9]. Auch bei Bioreaktoren, bei denen es sich hauptsächlich nicht um solche mit dem Problem von Scherkräften, Energiedichte und Belüftungsintensität zusammenhängende Aspekte handelt, gilt, wie im nachstehenden Abschnitt belegt, für den Verfahrensingenieur diese Einschränkung.

4.5
Tropfkörper – Kinetik mikrobieller Prozesse bei auf Füllkörpern immobilisierter Biomasse

Die Nutzung von Bewuchsflächen für die biologische Abwasserreinigung ist mehr als 150 Jahre alt, wobei sich die Bemessung, Gestaltung und technische Entwicklung bis etwa Anfang der 60er Jahre ausschließlich auf empirischen Grundlagen vollzog [3].

Wegen der Komplexität der sich in den Bewuchsflächen (Biofilmen) abspielenden Vorgänge darf es aber nicht verwundern, dass die Erforschung von Wirkungsmechanismen in Biofilmen mit dem Ziel, die auf einem Flächenelement festgestellten Reaktionsabläufe und Abhängigkeiten auf die Gesamtheit eines Festbettreaktors zu übertragen, verstärkt erst in den letzten zwei Jahrzehnten einsetzte [3, 32].

Insgesamt hat die wissenschaftliche/technologische Beschäftigung mit der Einführung von regelmäßig aufgebauten Kunststofffüllungen für solche Bio-Festbettreaktoren, allen voran die Tropfkörper, erheblichen Auftrieb erhalten. Damit stehen im Unterschied zu den früheren, brockengefüllten Tropfkörpern klar definierte Bewuchsflächen, d. h. eine Basis zur besseren Überschaubarkeit der hierin stattfindenden Reaktionsabläufe, zur Verfügung [3].

Auf die komplexe Vielfalt zusammenwirkender Einzelvorgänge und Einflüsse, Stofftransport Luft-Flüssigkeit, Stofftransport Flüssigkeit-Biofilm, Reaktionen im Biofilm, Einfluss der Schichtdicke auf den Reaktionsverlauf, notwendiges Minimum, Verstopfung (*clogging*), Auswaschen der Biomasse, Scale-up, etc., wird in dem führenden Standardwerk für Abwassertechnik in Deutschland [3] auf eine große Anzahl von Literaturstellen verwiesen. Verwunderlich dabei ist die Tatsache, dass trotz einer kurz gefassten Wiedergabe solcher Grundlagenuntersuchungen, die den Einstieg und das Verständnis für reaktionstechnische Zusammenhänge erleichtern sollen, immer noch ausschließlich empirische Parameter, wie die BSB_5-Raumbelastung und hydraulische Oberflächenbeschickung, für städtisches Abwasser empfohlen werden [28]. Dagegen wird kaum auf die Anwendung reaktionstechnischer Modelle verwiesen, bei immer größer gewordenem Anteil darin enthaltener Industrieabwässer eine Notwendigkeit, da der übliche empirische Rahmen für „reines" häusliches Abwasser seit geraumer Zeit gesprengt wird [29]. Im Gegensatz dazu, wie auch bei der Modellierung des

Belebtschlammverfahrens ausgeführt [9], sind solche verfahrenstechnischen Überlegungen in führenden amerikanischen Standardwerken und Publikationen der Abwassertechnik (*sanitary engineering*) in viel größerem Ausmaß einbezogen worden [1, 2, 8, 14, 22, 30], wobei der Erkundung reaktionstechnischer Mechanismen bereits im Labormaßstab ein großer Stellenwert eingeräumt wird [2, 8].

Da in Abschnitt 2.2 der praktische Umgang mit solchen reaktionstechnischen Modellen bereits erläutert wurde, soll in den nachfolgenden Ausführungen der thematische Abriss von Reaktionsabläufen in Festbettreaktoren mit Biofilm kurz dargestellt und auf das Spezifikum solcher Bioreaktoren hingewiesen werden.

Beim Durchströmen des Tropfkörpers, aus verfahrenstechnischer Sicht eines Rohrreaktors (PFR), setzt bei Multikomponentensubstraten ein sequentieller Abbau ein, d. h. den verschiedenen Reinigungs(Abbau)phasen müssen jeweils auch Biozönosen unterschiedlicher Zusammensetzung entsprechen. So wird über solche Zusammenhänge zwischen den abgebauten Substratkomponenten und der Prädominanz gewisser, dafür besser geeigneter Bakterienstämme in der Biozönose bei Belebtschlammreaktoren u. a. ausführlich in [1–3, 14, 31] berichtet. Nur da es sich diesmal um sessile, d. h. auf dem Biofilm des Trägermaterials (Füllung) fixierte und daher auch hoch spezialisierte, Bakterienstämme handelt, treten in der Bildung der Biozönose entlang der Tropfkörperhöhe diese unterschiedlichen Speziesprädominanzen viel stärker auf. Während in den oberen Schichten polysaprobe Bakterienarten vorherrschen, sind im unteren Teil auch Kleinlebewesen des α– und β-mesosaproben Bereiches in größerer Zahl zu finden [3].

Eine solche Abstufung des sich seinerseits durch Rückkoppelungseffekte auf die Biozönose entwickelnden Reinigungsverlaufes, bei dem aber nicht absolut sequentiell, sondern durch Entstehung von Zwischenmetaboliten zum Teil gleichzeitig auch Mischsubstrate von Mikroorganismen aufgenommen werden, wäre durch genaue Kenntnis der biochemischen Kettenreaktionen und Einsatz von Computern ohne weiteres mathematisch erfassbar. Da die ungeheure Kompliziertheit solcher Prozesse aber zu ebenso komplizierten physikalischen Modellen führen würde und dadurch deren Zugänglichkeit, sei es auch für interdisziplinär ausgebildete Abwasserfachleute, zu leiden hätte, werden in der Fachliteratur [1, 2, 7, 8, 9, 13–17, 20, 23, 26, 30, 31] formalkinetische Modelle empfohlen. Solche Modelle bieten häufig eine gute Adäquatheit und sind erheblich leichter zu handhaben. Die darin angewandten reaktionskinetischen Ansätze beruhen meist auf Reaktionsabläufen 1. Ordnung (vgl. Abschnitt 2.1.2.2) oder auf Verläufen mit sich ändernder Reaktionsordnung (vgl. Abschnitt 2.1.3).

4.5.1
Prozessintensivierung – Fallstudie

Im Folgenden soll nun ein solches, sich auf die Wachstumsgeschwindigkeit der Bakterien stützendes Reaktionsmodell des Substratabbaus in Festbettreaktoren mit am Trägermaterial immobilisierter Bakterienmasse reaktionstechnisch analysiert werden. Es ging damals um die Überlastung einer zum Industrie-Klärwerk gehörenden Tropfkörperanlage, bei der aus Platzgründen eine mehr Fläche verlangende, bauwerksmäßige Erweiterung von Anlagen-/-teilen den Unternehmer vor viel zu hohe Investitionskosten gestellt hätte. Aus diesem Grunde sollte der Schwerpunkt der Versuche auf eine Prozess-Intensivierung in der Schlüsselanlage, dem Tropfkörper, gelegt werden. Zur Modellerstellung folgender theoretischer Abriss vorweg:

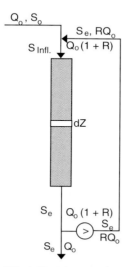

Abb. 4–10: Schematische Darstellung der Mengenströme bei einer mit au angerauhten PP-Kugeln immobilisierter Biorasen/Biomasse/Biofilm gefüllt Glasskolonne (Füllkörperkolonne), abwassertechnisch als Festbett-Biorea definiert (BFBR); nach [32].

In der Tropfkörperanlage (Abb. 4–10) wird ein Rohabwasser der Konzentration S_0 bei einem Durchsatz Q_0 mit dem bereits gereinigten Rücklauf der Konzentration S_e auf die Konzentration S_i verdünnt; der Rücklaufmengenstrom beträgt dabei (RQ_0). Als so verdünnter Zulauf durchströmt das Wasser mit einem Volumenstrom $[Q_0(1 + R)]$ den Festbettreaktor abwärts, wobei durch die Abbautätigkeit der am Trägermaterial fixierten bakteriellen Biomasse eine Reduzierung der Substratkonzentration von S_i auf S_e erfolgt. Durch die Aufstellung einer Massenbilanz des Substrates,

$$\text{Masse im Zulauf} = \text{Masse im Auslauf} + \text{abgebaute Masse}, \tag{4–55}$$

lässt sich für ein Differentialvolumen eines unter stationären Bedingungen arbeitenden Rohrreaktors schreiben [30]:

$$Q_0(1+R)(S+dS) = Q_0(1+R)(S) - \frac{\mu}{Y} M_0, \tag{4–56}$$

wobei die abgebaute Substratmasse als ein zwischen der spezifischen Bakterienzuwachsrate µ und dem Ertragskoeffizienten Y (produzierte Zellmasse/abgebaute Substratmasse) gebildeter Quotient und M_0 die aktive Biomasse in einem Differentialvolumen ist. Wie in [30] ausgeführt, kann M_0 in einem Differential-Reaktorvolumen als Produkt zwischen dessen Höhe dZ, der Reaktorfläche A, der spezifischen Fläche des Füllmaterials a in m^2/m^3, der Stärke des Biofilms d in m und dessen spezifischem Inhalt an aktiver Biomasse X in $kgoTS/m^{-3}$ ausgedrückt werden; dann lässt sich auch schreiben:

$$Q_0(1+R)(S+dS) = Q_0(1+R)S - \frac{\mu}{Y}(a)(X)(d)(A)dZ \tag{4-57}$$

Nach Durchführung von Zwischenrechnungen kann man den Gradienten der Substratabnahme entlang des Reaktors, d. h. die Abbaugeschwindigkeit, herleiten:

$$-\frac{dS}{dt} = \frac{\mu(a)(X)(d)(A)}{YQ_0(1+R)} \tag{4-58}$$

Wenn man andererseits für die spezifische Bakterienwachstumsgeschwindigkeit in einer substratlimitierten Kultur den Monod-Ansatz verwendet (vgl. Abschnitt 2.1.3):

$$\mu = \mu_{max}\frac{S}{K_S + S} \tag{4-59}$$

lässt sich Gl. 4–58 folgendermaßen umschreiben:

$$-\frac{dS}{dZ} = \mu_{max}\frac{(a)(X)(d)(A)}{YQ_0(1+R)}\left(\frac{S}{K_S + S}\right) \tag{4-60}$$

worin μ_{max} und K_S die im Abschnitt 2.2.2 erwähnte Bedeutung haben.

Für die Randbedingungen Z = 0; S = S_i und Z = Z; S = S_e lässt sich diese Differentialgleichung lösen [30]:

$$K_S \ln(S_i/S_e) + (S_i - S_e) = \mu_{max}\frac{(a)(X)(d)(A)}{YQ_0(1+R)} \tag{4-61}$$

Aus der Massenbilanz für das System Tropfkörper + Nachklärbecken (Abb. 4–10) geht andererseits hervor, dass

$$S_i = \frac{(S_0 + RS_e)}{(1+R)} \tag{4-62}$$

Wird Gleichung 4–62 in 4–61 substituiert, so resultiert:

$$K_S \ln\left[\frac{S_0 + RS_e}{S_e(1+R)}\right] + \frac{S_0 + RS_e}{1+R} - S_e = \mu_{max}\frac{(a)(d)(X)(A)(Z)}{YQ_0(1+R)} \tag{4-63}$$

Funktioniert der Festbettreaktor ohne Rücklauf, d. h. R = 0, so wird logischerweise bestätigt, dass wiederum

$$K_S \ln(S_0/S_e) + (S_0 - S_e) = \mu_{max}\frac{(a)(d)(X)(A)(Z)}{YQ_0} \tag{4-64}$$

gilt. Diese Beziehung gleicht der für Batchreaktoren oder ideal längs durchströmte Rohrreaktoren (PFR) geltenden Gesetzmäßigkeit der Substratabnahme beim Belebtschlammverfahren (siehe Gl. 2–42), wobei allerdings das zweite Glied die einen Festbett- und nicht einen Belebtschlammreaktor kennzeichnenden Charakteristika enthält.

Zur einfacheren Bestimmung der Saturationskonstante K_S und des maximalen, auf die Biofilm-Flächeneinheit des Füllmaterials bezogenen Oxidationsvermögens $\mu_{max}/Y \times X \times d = k \times X \times d$, wobei k die maximale Substratabbaurate bezeichnet (siehe Gl. 2–39), kann das in der Verfahrenstechnik angewandte Linearisierungsverfahren herangezogen werden. Dafür dient eine umgeschriebene Form der Gl. 4–64:

$$S_0 - S_e = \frac{k(a)(X)(d)(A)(Z)}{Q_0} - K_S \ln(S_0/S_e) \qquad (4\text{–}65)$$

Diese Gleichungsform entspricht der einer Regressionsgeraden $y = a \pm bx$ und ermöglicht somit die biokinetischen Reaktionsparameter K_S und das Produkt $[(k)(X)(d)]$, das maximale Oxidationsvermögen, zu ermitteln. Diese Vorgehensweise wurde im Abschnitt 2.2.2 ausführlich erläutert und mit Rechenbeispielen belegt; um Wiederholungen zu vermeiden, wird deshalb an dieser Stelle nicht mehr darauf eingegangen.

Zur Prüfung eines solchen Modells konnte in der analysierten Fallstudie ein Halbtechnikums-Festbettreaktor von einer Höhe Z_{BFBR} bis 5 m und einem Durchmesser d_{BFBR} nicht über 10–12 cm aufgestellt und mit sämtlichen Abnahmeventilen sowie Hilfsanlagen ausgestattet werden (siehe Abb. 4–11). Um das theoretische Modell-Versuchsfeld etwas schmaler zu gestalten und hierdurch auch der Platzknappheit in dem verfügbaren Industrie-Areal der Werkskläranlage Rechnung zu tragen, wurde im Labor der Bio-Festbettreaktor ohne Rezirkulation und bei einer in allen Versuchsreihen konstant gehaltenen Oberflächenbeschickung $q_F = 1 \, m^3/m^2/h$ mit dem zu reinigenden Abwasser gespeist. Dadurch trug man auch der Betriebsweise in der technischen Werkskläranlage Rechnung. Da in dem existierenden Chemielabor des Unternehmens sehr wenig Raum zur Durchführung der Abwasserreinigungsversuche zugewiesen werden konnte, wurde anstatt der beabsichtigten 3 Füllbettkolonnen lediglich eine einzige aufgestellt, die allerdings bei $Z_{BFBR} = 5$ m, $Z_{BFBR} = 3$ m und $Z_{BFBR} = 1,5$ m mit den benötigten, automatisierten impulszeitgesteuerten Probennahmeventilen ausgestattet war (siehe Abb. 4–11).

Aus diesen verschiedenen Höhen des Bioreaktors wurden in gleichen Zeitabständen Abwasserproben entnommen (etwa 5 ml/Impuls) und zu einer mehrstündigen (Tages)Durchschnittsprobe zusammengefasst und analysiert (BSB_5 im Membranfiltrat). Diese für jede Höhe bestimmten BSB_5-Messwerte des gereinigten Abwassers S_e sind in der Tab. 4–3 als arithmetischer Mittelwert, Standardabweichung und Anzahl der Daten/Versuchsreihe zusammengefasst worden.

Die Beurteilung der Modelladäquatheit (Regressionsgüte) erfolgte durch Einzeichnung der auf die betreffende Kolonnenhöhe bezogenen Tagesmittelwerte in einen Graph mit dem Koordinatensystem $(S_0 - S_e)$ gegen $[\ln(S_0/S_e)]$, ein Vorgehen, demzufolge die Parameter der drei darauf angepassten Regressionsgeraden ermittelt und statistisch abgesichert werden konnten (siehe Abb. 4–12). Wie ersichtlich ist die Übereinstimmung zwischen den Messwerten und dem Modell sehr gut (Korrelationskoeffizient!), womit sich das präsentierte reaktionstechnische Modell auch als adäquat erweist, um das Substratabbauverhalten in einem mit gleichem Füllmaterial versehenen und bei gleicher Oberflächenbeschickung, resp. Raumbelastung betriebenen Festbettreaktor(en) zu beschreiben.

Hätten die Regressionsgeraden niedrige Korrelationskoeffizienten aufgewiesen (r_k so wäre das vorgeschlagene Modell zu verwerfen gewesen. Oder man hätte mit einem rein empirischen Ansatz, wie z. B. in [3] empfohlen, $S_{AUSLAUF} = f(B_R)$ oder $S_{AUSLAUF} = f(Q_0/A \times$ Schadstoffkonzentration) weitere Versuche durchführen müssen. Falls technisch beabsichtigt, hätte man das reaktionstechnische Verhalten auch unter Rücklaufbedingungen untersuchen können, um dabei zu erkunden, ob mit der Reduzierung der Durchtropfzeit andere, vom Modell nicht berücksichtigte Einflüsse komplexen Charakters (Kurzschlussströmung, Flutung des Reaktors, übermäßiges Ausspülen der Biomasse, etc.) in Erscheinung treten und den Betrieb stören. Bei der modellmäßig untersuchten Fallstudie handelte es sich um eine biologische Abwasserreinigung eines hochkonzentrierten Industrieabwassers in einem seit vielen Jahren ohne Rezirkulation klärwerksmäßig betriebenen Tropfkörper, bei dem weder eine zu niedrige Oberflächenbeschickung noch die Aufstellung einer Rezirkulat-Pumpstation in Frage kamen. Es war allerdings von Anfang an zu überlegen, ob nicht an verschiedenen Höhen des Laborreaktors zusätzlich Luft oder Sauerstoff zugeführt werden sollte [32], damit keine O_2-Limitierung auftritt und die Kinetik verfälscht [13, 26].

Im Vergleich zu Pilotanlagen sollten auch diese Laborversuche zur richtigen Gestaltung des technischen Reaktors führen können [13, 26, 32]. Aus diesem Grunde wurden bei $Z = 3$ m und $Z = 1,5$ m in der Reaktorkolonne entsprechende Belüftungskörper mit reinem Sauerstoff eingebaut und das einzuspeisende Abwasser auch im Vorratsbehälter 5 mit Sauerstoff angereichert (Abb. 4–11). Es empfiehlt sich schon deshalb, reaktionskinetische Versuche mit dem betreffenden Abwasser vorab zu führen, am aller einfachsten im Labormaßstab, um damit das Versuchsfeld von vornherein einzuschränken. Nachstehend wird die Prüfung des Modells auf ein aus der Antibiotikaherstellung stammendes, hochkonzentriertes Abwassersubstrat vorgenommen [9] und die resultierenden biokinetischen Koeffizienten des in einem Festbettreaktor eintretenden Substratabbaus dargelegt.

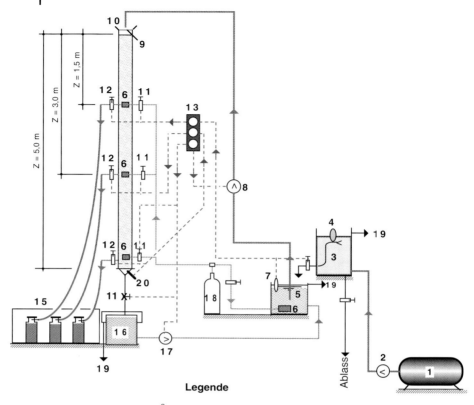

Legende

1 Vorratskessel (V = 3 m^3)
2 Umfüllpumpe (Q = 0,7 m^3/h)
3 Absetzbehälter (V = 0,2 m^3)
4 Schwimmer
5 Vorratsbehälter (V = 0,2 m^3)
6 Poröser Steinbelüfter
7 O$_2$-Sonde mit Schwimmer
8 Level- und Zeitgesteuerte Dosierpumpe
9 Durchlochtes Prallblech
10 Festbettreaktor
11 Zeitgesteuerte Zulaufventile
12 Zeitgesteuerte Probennahmeventile
13 Schaltpult mit Prozessleitsystem
14 Probennahmebehälter (V = 5 l)
15 Kühlschrank
16 Durchlaufbehälter (V = 10 l)
17 Rücklauf-Dosierpumpe
18 Sauerstoffflasche
19 Überlauf zur Kanalisation
20 O$_2$-Messsonde
— Wasserführung
--- Schalt- und Regelkreise
— Sauerstoffzuführung

Abb. 4–11: Schematische Darstellung des Halbtechnikums-Festbettreaktors zur Ermittlung der Modellparameter des CSB-Abbaus unter der Annahme einer Formalkinetik variierender Reaktionsordnung; nach [5, 36] von den Verfassern modifiziert.

4.5 Tropfkörper – Kinetik mikrobieller Prozesse bei auf Füllkörpern immobilisierter Biomasse

Tab. 4–3: Zusammenstellung experimentellen Ergebnisse und Rechenwerte beim Laborbetrieb einer als Bio-Festbettreaktor (BFBR) dienenden, auf 3 Reaktorhöhen segmentierten Füllkörperkolonne, deren aus flächen-angerauten Polypropylenkugeln bestehenden Füllung sich unzählige immobilisierte Biorasen-/Biofilm-Besiedelungsnester anhafteten und Abwassersubstrat reinigend wirkten.
Techn.-hydraulische Betriebsbedingungen:
BFBR-Höhen: $Z = 5$ m; $Z = 3$ m; $Z = 1,5$ m; $d_{BFBR} = 0,010$ m; $A_{BFBR} = 0,00784$ m^2;
$Q_0 = 0,00784$ [m^3/h]; $q_F = 1,0$ m^3/m^2/h.
Füllung: PP-Kugeln von $\varnothing = 20$ mm; spez. Gesamtfläche = 157 m^2/m^3;
$\varepsilon = 0,4764$ m^3/m^3; Äquiv. Durchmesser freier Durchströmkanäle $d_{Äqv.} = 0,01213$ m.
BFBR-Einarbeitung: 14 Tage Werks-Vorbetrieb (ohne Analysen).

S_0 kgBSB$_5$/m^3	Std. Abw. s (S_0) kg/m^3	S_e kg/m^3	Std. Abw. s (S_e) kg/m^3	S_0/S_e	ln(S_0/S_e)	S_0-S_e kg/m^3	R Q_R/Q_0	i Anzahl von Daten	Z BFBR Höhe m	B_R kgBSB$_5$/m^3/d
				$Z = 5,0$ m: BSB$_5$-Medianwerte, statistische Kenndaten und Betriebswerte.						
2,803	0,195	1,367	0,085	2,051	0,7181	1,436	0	7	5,0	13,44
1,815	0,115	0,618	0,066	2,937	1,0774	1,197	0	15	5,0	8,70
1,219	0,088	0,237	0,021	5,144	1,6377	0,982	0	9	5,0	5,85
0,973	0,081	0,143	0,019	6,804	1,9175	0,830	0	15	5,0	4,67
0,607	0,008	0,051	0,015	11,902	2,4267	0,556	0	15	5,0	2,91
0,493	0,059	0,033	0,012	14,939	2,7040	0,460	0	9	5,0	2,36
0,373	0,048	0,020	0,008	18,650	2,9258	0,353	0	9	5,0	1,79
0,298	0,042	0,013	0,007	22,923	3,1322	0,285	0	9	5,0	1,43
				$Z = 3,0$ m: BSB$_5$-Medianwerte, statistische Kenndaten und Betriebswerte.						
2,803	0,195	1,955	0,930	1,434	0.3603	0,848	0	7	3,0	22,40
1,815	0,115	1,070	0,081	1,696	0.5285	0,745	0	15	3,0	14,50
1,219	0,088	0,573	0,053	2,127	0.7549	0,646	0	9	3,0	9,75
0,973	0,081	0.416	0,049	2,339	0.8497	0,557	0	15	3,0	7,78
0,607	0,080	0.190	0,027	3,195	1.1615	0,417	0	15	3,0	4,85
0,493	0,059	0,143	0,025	3,448	1.2377	0,350	0	9	3,0	3,93
0,373	0,048	0,093	0,017	4,011	1.3899	0,280	0	9	3,0	2,98
0,298	0,042	0,064	0,018	4,656	1.5382	0,234	0	9	3,0	2,38
				$Z = 1,5$ m: BSB$_5$-Medianwerte, statistische Kenndaten und Betriebswerte.						
2,803	0,195	2,343	0,277	1,1963	0.1793	0,460	0	7	1,5	44,80
1,815	0,115	1,375	0,149	1,3200	0.2776	0,440	0	15	1,5	29,00
1,219	0,088	0,789	0,112	1,5276	0.4237	0,421	0	9	1,5	19,50
0,973	0,081	0,609	0,075	1,5977	0.4686	0,364	0	15	1,5	15,57
0,607	0,080	0,305	0,048	1,9902	0.6882	0,302	0	15	1,5	9,70
0,493	0,059	0,198	0,031	2,4899	0.9122	0,295	0	9	1,5	7,87
0,373	0,048	0,135	0,027	2,7630	1.0163	0,238	0	9	1,5	5,97
0,298	0,042	0,101	0,023	2,9505	1.0820	0,197	0	9	1,5	4,77

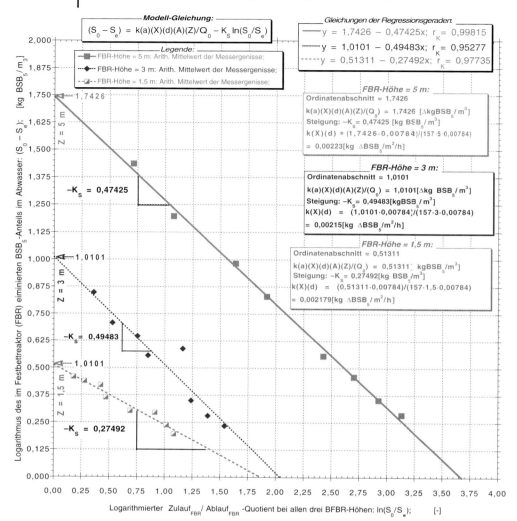

Abb 4–12: Linearisierungsform der Modellgleichung zur Ermittlung der Prozessparameter des BSB-Abbaus in Festbettreaktoren (Füllkörpersäulen) mit immobilisiertem Biomassezuwachs (-biofilm) auf PP-Kugeln $\varnothing = 20$ mm.

4.5.2
Versuchsplanung und -durchführung

Zur Durchführung der Vorversuche war eine Versuchsanlage aufzubauen, welche rund um die Uhr betrieben werden sollte (Abb. 4–11). Wegen der relativ hohen BSB5-Konzentration des anfallenden Industrieabwassers (BSB5 empfahl es sich von vornherein dieses als Konzentrat-Vorrat bereitzustellen und diesem ein BSB5-Verdünnungswasser in gewissen Verhältnissen beizumengen. Auf diese Weise, bei gleichbleibender Oberflächenbeschickung und existierenden Vor-Ort-Kläranlagenverhältnissen (kaum Platz für eine Pumpstation für Abwasser-Rezirkulation), konnte der Reaktor mit unterschiedlichen Raumbelastungen aber ohne Teil-Rückführung des biologisch-mechanisch gereinigten Ablaufes zum Tropfkörper betrieben werden.

Um wegen Platzknappheit auch in dem Industrielabor den Platzbedarf für die Abwasserreinigungsversuche so weit wie möglich einzuschränken, wurde eine einzige Füllkörperkolonne aufgestellt und diese so konstruiert (Abb. 4–11), dass aus verschiedenen Reaktorhöhen, 1,5 m, 3,0 m und 5,0 m, in der Tab. 4–3 als $Z=5$ m; $Z=3$ m und $Z=1,5$ m bezeichnet, nun automatisch zeitgesteuerte Stichproben entnommen und zu einer entsprechenden Tagesdurchschnittsprobe zusammengefasst werden konnten. Jede der acht so eingestellten Versuchsperioden verfolgte, modellmäßigbedingt, auch unterschiedlichen BSB_5-Zulaufkonzentrationen, dies aber bei binnen jeder Versuchsperiode konstanter Bio-Festbettreaktorhöhe (BFBR) und erfasste eine Zeitspanne zwischen 7 und 15 Tagen. So kam es auch zu einer ebensolchen Anzahl von Tagesdurchschnittsproben deren Ergebnisse statistisch ausgewertet werden konnten [34].

Um der Verstopfungsgefahr vorzubeugen wurde das aus dem VKB-Ablauf der Werkskläranlage stammende, organisch noch sehr hoch belastete Abwasser (CSB-Kontrolle) zuerst in den Gesamtvorratsspeicher eingefüllt. Mit den hieraus entnommenen Mengen wurde täglich ein Zwischenbehälter aufgefüllt und darin etwa eine Stunde absetzen gelassen. Danach wurde dieser Überstand in ein 200-l-Fass umgefüllt, mit entsprechenden (CSB-Kontrolle) Mengen an Verdünnungswasser (NKB-Ablauf der Werkskläranlage) vermischt und unter kontinuierlicher Zufuhr von gasförmigem O_2 auf 10–15 mgO_2/l gehalten (CSB-Kontrolle und Entnahme zur BSB_5-Bestimmung S_0). Dieses mit Sauerstoff angereicherte Abwasser wurde mit Hilfe einer zeitgesteuerten Dosierpumpe (6 Impulsdosierungen von je 4 Sek./Minute) in den oberen Teil des Reaktors durch einen mit Löchern versehenen Prallteller gefördert und rieselte sodann von seiner Fläche herunter.

Um nicht unter O_2-Limitierung zu gelangen, wurde in denselben Höhen wie die Probenahme und von einer im Ablaufstrom eingebauten O_2-Messsonde geregelt gasförmiger Sauerstoff zugeführt, damit das gereinigte Abwasser noch mindestens 0,5–1,5 mg/l Sauerstoff enthalten sollte. Die Probenahme in den verschiedenen Reaktorhöhen geschah mit Hilfe von zeitgesteuerten Ablassventilen, wobei das abfließende Wasser in 5-l-Kanistern abgefangen und in all diesen Proben das Membranfiltrat durch 3fache BSB_5-Parallelbestimmung analysiert wurde ($S_{e,Z=5m}$; $S_{e,Z=3m}$; $S_{e,Z=1,5m}$).

Die Reaktorfüllung bestand aus Polypropylenkugeln mit $\varnothing = 20$ mm, deren Oberfläche stark aufgeraut wurde, um das Anhaften des Biofilms zu erleichtern. Demnach besaß die Füllung theoretisch eine spezifische Oberfläche $a = 157$ m^3/m^2, bei entsprechender Porosität $\varepsilon = 0,476$ m^3/m^3 [17] (siehe Tab. 4–3). Die Animpfung und Akklimatisierung der Biomasse im Reaktor fing mit dem NKB-Ablauf der Werkskläranlage an, dessen Konzentration mit zunehmenden VKB-Ablaufanteilen erhöht wurde. Sie erstreckte sich über eine Zeitspanne von etwa 7 Wochen, wobei der Industrieabwasseranteil in Abstufungen von 10–15 % in der Woche erfolgte.

Zwischen den acht verschiedenen Versuchsreihen lagen Übergangsphasen von 2 bis 5 Tagen, währenddessen durch Einstellungsarbeiten und Laboranalysen das Einsetzen quasi-stationären Bedingungen der 9 Versuchsperiode angestrebt wurde, ohne dabei die erzielten Messwerte in die statistische Auswertung hereinzunehmen.

4.5.3
Diskussion der Modellergebnisse

Aus Tabelle 4–3 und Abb. 4–12 ist ersichtlich, dass durch Einsetzen der Perioden-Mittelwerte in die Gl. 4–65 dem analysierten, reaktionstechnischen Modell eine statistisch sehr gut abgesicherte Adäquatheit bestätigt werden kann.

Dabei konnte festgestellt werden, dass bei gleich bleibender Oberflächenbeschickung sich die Höhe des Reaktors oder die Durchtropfzeit praktisch kaum auf [k(X)(d)] auswirken: $0{,}00215 \leq k(X)(d) \leq 23\,kg\,oTS/m^2/h$. Im Gegensatz dazu stehen aber die aus dem Modell resultierenden Saturationskonstanten: $0{,}27492 \leq K_S \leq 0{,}49483\,kg\,BSB_5/m^3$. Dass der angewandte Oberflächenbeschickungsbereich sich auf die Modell-Saturationskonstante auswirkt, geht auch aus Abb. 4–13 hervor, deren Ergebnisse aus Auswertungen von Tropfkörperanlagen technischer Größenordnung stammen und von Keinath und Vanielista [30, S. 295] nachdrücklich erwähnt werden. Dies alles dürfte für den planenden Ingenieur die wichtige Erkenntnis liefern, dass im Pilot-Experiment nicht erkundete q_F- und Z-Bereiche die Modell-Reaktionskinetik quantitativ beeinflussen und unerwartete Folgen bei Planung/Betrieb der Großanlage nach sich ziehen können.

Reaktionstechnisch interpretiert bestätigt dies, dass der Substratabbau, als autokatalytischer Prozess betrachtet [1, 4–8, 11, 12], sich nach einer zwischen Null ($K_s \ll S$) und Eins ($K_s \gg S$) variierenden Reaktionsordnung entlang des Reaktors entwickelt, wobei die angewandte Raumbelastung in diesem untersuchten Falle praktisch kaum, die Höhe des Reaktors und dessen hydraulische Beaufschlagung aber eine maßgebende Rolle spielen. Durch die vorgenommene O_2-Begasung, anstatt der bei herkömmlichen Tropfkörpern praktizierten natürlichen Konvektionslüftung, konnte bei verschiedenen Reaktorhöhen, aber konstant eingehaltener Oberflächenbeschickung $q_F = 1\,m^3/m^2/h$, mit sehr stark variierenden Raumbelastungen bei ebensolchen BSB_5-Abbaugraden, ohne in den Bereich der Sauerstofflimitierung zu gelangen und ebenfalls ohne dass während einer Versuchsperiode in den Hohlräumen eine Verstopfung oder Pfützenbildung auftrat, gefahren werden. Folgende, in Tab. 4–3 und Abb. 4–12 aufgeführten Mess- und Rechenergebnissen belegen es:

$4{,}77 < B_R < 44{,}80\,kg\,BSB_5/m^3/d$ – beim 1,5 m hohen Reaktor
$2{,}38 < B_R < 22{,}40\,kg\,BSB_5/m^3/d$ – beim 3,0 m hohen Reaktor
$1{,}43 < B_R < 13{,}44\,kg\,BSB_5/m^3/d$ – beim 5,0 m hohen Reaktor.

$66{,}1 > BSB_5 > 16{,}40\,\%$ – beim 1,5 m hohen Reaktor
$78{,}6 > BSB_5 > 30{,}25\,\%$ – beim 3,0 m hohen Reaktor
$95{,}6 > BSB_5 > 51{,}34\,\%$ – beim 5,0 m hohen Reaktor.

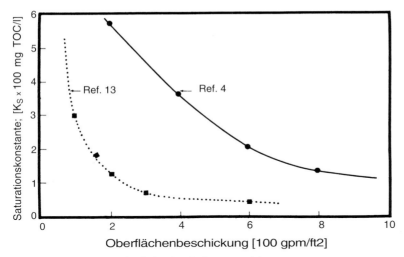

Abb. 4–13: Einfluss der Oberflächenbeschickung q_F auf die Saturationskonstante K_S bei Tropfkörper-Reaktoren; nach [30, S. 295].

Wie aus [3] zu entnehmen ist, wurden darin 2 Literaturstellen aufgeführt, aus denen hervorgeht, dass der K_S-Wert auch von der Höhe der spezifischen Oberflächenbeschickung q_F abhängen sollte (Abb. 4–13). Umso adäquater fallen dann die eigenen Modellversuche auf, aus denen eine solche zusätzliche Abhängigkeit *nicht* hervorging.

Ergänzend hierzu muss jedoch erwähnt werden, dass man nach Beendigung jeder Versuchsreihe den Festbettreaktor mit 200 l gereinigten Abwassers etwa 2 Stunden beaufschlagte ($q_F \approx 3\,m^3/m^2/h$), wonach mit einer nicht ausgewerteten 2tägigen Übergangsphase zur nächsten Versuchsperiode begonnen wurde. Wegen der guten Gasdispergierung in der Reaktorfüllung konnte mit einem unter $0{,}75\,kg\,O_2/kg_5\Delta BSB_5$ liegenden mittleren Gesamt-Sauerstoffverbrauch gearbeitet werden, was für eine durchaus vertretbare Wirtschaftlichkeit dieses mit reinem Sauerstoff intensivierten Reinigungsverfahrens im Vergleich zur herkömmlichen Luft-Konvektionsströmung oder baulichen Erweiterungen spricht.

> ■ Merksatz: **Die durchgeführten Halbtechnikumsversuche zeigten, dass die bei Tropfkörperanlagen bereits bekannten verfahrenstechnischen Vorteile, störungsfreie Behandlung bestimmter Abwasserarten, die beim Belebungsverfahren z. B. durch Blähschlammbildung Schwierigkeiten bereiten [35], durch Anwendung von Kunststofffüllungen verstärkt ausgenutzt werden können. Soll dies mit einer angestrebten Intensivierung des Reinigungsvorganges, d. h. einer höheren Reaktor-Raum-Zeit-Ausbeute einhergehen, so lässt sich dieses Vorhaben durch richtige Versuchsplanung und -durchführung bereits im Labor-**

maßstab erreichen. Dabei kann zu Scale-up-Zwecken das vorgeschlagene reaktionstechnische Modell zuerst getestet und, bei genügender statistischer Sicherheit, auch angewandt werden [16]. Dafür ist, bei obligat ähnlicher Reaktorhöhe und hydraulischer Beaufschlagung, vor allem aber der Einsatz der gleichen Struktur des Trägermaterials wie im technischen Reaktor eine Grundvoraussetzung, da solchen, im Labor getesteten Simulationsmodellen, eine gute, dennoch nur auf gleiche Betriebsbedingungen im technischen Reaktor wie im Experiment beschränkte Adäquatheit zugeordnet werden kann [13, 30, 36].

Literaturverzeichnis Kapitel 4

1 Metcalf and Eddy: Wastewater Engineering, McGraw-Hill Book Company, 2nd Edition, New York (1979)
2 Benefield, L., D., Randall, C., W.: Biological Process Design for Wastewater Treatment. Prentice-Hall Inc., New York (1980)
3 ATV-Handbuch: Biologische Abwasserreinigung, Band IV, 4. Auflage, Verlag Wilhelm Ernst & Sohn, Berlin (1997).
4 Thomanetz, E., Sperandio, A., Bardke, D: Ist ATP ein geeigneter Biomasseparameter für belebte Schlämme? Das Gas und Wasserfach, Heft 2 (1982), S. 96/101
5 Thomas, S., Riegler, G.: Erfahrung mit der Beobachtung des Gehaltes an ATP bei der Klärschlammstabilisierung. Das Gas und Wasserfach, Heft 1 (1985), S. 27/35
6 Roe, P. Jr., Bhagat, S. K.: Adenosine-Triphosphate as a Control Parameter for Activated Sledge Processes, J.S.P.C.F., Vol. 54, No. 3, March (1982), S. 244/254
7 Heckershoff, H., Wiesmann, U.: Ein neues Messgerät für die Betriebskontrolle und Regelung von Belebtschlammanlagen. Teil 1 und Teil 2 Korrespondenz Abwasser, Heft 6 und Heft 7 (1986)
8 Eckenfelder, W. W. Jr.: Principles of Water Quality Management. CBI Publishing Company Incorp., Boston (1980)
9 Braha, A.: Zur Anwendung reaktionstechnischer Modelle bei der Beschreibung der aeroben biologischen Reinigung eines Industrieabwassers im Labor- und Industriemaßstab. Dissertation, D83, TU Berlin (1986)
10 Koppe, P., Stozek, A.: Kommunales Abwasser. Vulkan-Verlag, Essen (1986)
11 Riegler, G.: Kontinuierliche Kurzzeit-CSB-Messung. Korrespondenz Abwasser, Heft 4 (1984), S 369/377
12 Kayser, R.: Beitrag zur Berechnung des Überschussschlammanfalls beim Belebungsverfahren. Öster. Abw. Rundschau, Folge 5 (1971), S.73/78
13 Wiesmann, U.: Kinetik der aeroben Abwasserreinigung durch Abbau von organischen Verbindungen und durch Nitrifikation. Chemieingenieurtechnik, 58 (1986), Heft 6, S. 464/474
14 Gaudy, F. G., Gaudy, E. T.: Mixed Microbial Populations Acvances in Biochemical Engineering, 2, Springer-Verlag, Berlin (1972)
15 Braha, A., Hafner, F.: Use of Batch Reactors to Model Biokinetics. Water Research, Vol. 21, No. 1 (1987), S. 73/81
16 Einsele, A., Finn, R. K., Samhaber, W.: Mikrobiologische und biochemische Verfahrenstechnik. VCH Verlagsgesellschaft mbH, Weinheim (1965)
17 Braha, A.: Über die Kinetik des Substratabbaus bei instationär betriebenen Bioreaktoren; Vergleich mit „continuous culture". Biotech-Forum, Heft 3 (1987), S. 132/135
18 Pirt, S. J.: Principles of Microbes and Cell Cultivation. Halsted Press, a Division of John Wiley & Sons, Inc., New York (1975)

19 Dawes, E. A., Ribbons, D. W.: The Endogeneous Metabolism of Microorganisms. Ann. Rev. Microbiol., Vol. 16 (1962), S. 241/249
20 Van Uden, N.: Transport-Limited Growth in the Chemostat and its Competitive Inhibition; A Theoretical Treatment, Arch. Microbiol., Vol. 58 (1967), S. 311/332
21 Sherrard, J. H.: Kinetics and Stoichiometry of Wastewater Treatment. Depart. of Civ. Eng. Virginia Polytechn. Inst. and State University, Blacksburg, Va (1977)
22 Lawrence, A. W., McCarty, P.: Unified Basis for Biological Treatment Design and Operation. Journal of San. Eng. Div., SA3, June (1970), S. 757/778
23 Braha, A., Hafner, F.: Über die Anwendbarkeit eines erweiterten Monod-Ansatzes beim Belebtschlammverfahren. Abwassertechnik, Heft 2 (1986), S. 33/35
24 Wilkinson, J. F.: Introduction to Microbiology. Halsod Press, New York (1977)
25 Hwang, H. J., Stenstrom, M. K.: Evaluation of Fine-Bubble Alpha Factors in Near Full-Scale Equipment. Journal of Water Pollution Control Federation, Volume 57, Number 12, December (1985), S. 1142/1151
26 Putnaerglis, A.: Einfluss der Sauerstoffkonzentration und der Stufenzahl auf den aeroben Substratabbau in Belebtschlammreaktorkaskaden. Dissertation, TU Berlin (1986)
27 Zlokarnik, M.: Rührtechnik, Bayer AG, Leverkusen, Ingenieurbereich AP/v: (1972)
28 ATV-Regelwerk, Arbeitsblatt A 135: Grundsätze für die Bemessung von einstufigen Tropfkörpern und Scheibentauchtropfkörpern mit Anschlusswerten über 500 Einwohnergleichwerten (2000)
29 Mehrstufige Abwasserreinigung. Workshop an der Ruhruniversität Bochum, 11. Nov. (1983)
30 Keinath, Th. M., Wanielista, M. P.: Mathematical Modeling for Water Pollution Control Processes. Ann Arbor Science Publishers, Inc., Michigan (1975). S. 271–277
31 Braha, A.: Über die Abbaukinetik von komplexen Substraten in Mischbeckenkaskaden. Wasser, Luft und Betrieb, Heft 6 (1986)
32 Braha, A.: Biokinetisches Modell für Festbettreaktoren. Wasser, Luft und Betrieb, Heft 1/2 (1987), S. 21/25
33 Levenspiel, O.: Chemical Reaction Engineering. Sec. Ed., John Wiley & Sons, New York (1972), S. 57–107
34 Braha, A., Groza, G.: Belebungsanlagen – Ein Feedback-Dimensionierungsverfahren, Wasser, Luft und Betrieb, Teil 1, Heft 7/8 (2000), S. 33/36
35 atv: Lehr- und Handbuch der Abwassertechnik, Band IV, 4. Auflage, Verlag Ernst & Sohn, Berlin (1995), S. 90–194.
36 Braha, A.: Bioverfahren in der Abwassertechnik. Bauverlag GmbH in Udo Pfriemer-Verlag, Wiesbaden und Berlin (1988).

5
Durchführung kinetischer Untersuchungen mittels Labor- und Halbtechnikums-Belebtschlammreaktoren

Die Prozessanalyse und die technische Entwicklung eines mikrobiellen Stoffumwandlungsprozesses unterscheiden sich von jenen eines chemischen Prozesses nicht grundsätzlich; folgende Schritte dürften dabei allgemein charakteristisch sein [1, 2]:
 a) Versuche im Labormaßstab zur grundlegenden Abklärungen des Prozesses, ggf. erste Ansätze zur Ermittlung des geschwindigkeitslimitierenden Faktors;
 b) Versuche im Halbtechnikums-/Pilotmaßstab, welche vor allem die Gewinnung von Planungsdaten unter Betriebsbedingungen, ggf. Erstellung eines reaktionstechnischen Modells, zum Ziel haben;
 c) Entwurf eines technischen Reaktors, dessen Auslegung, ggf. auch Prozessoptimierung, durch Einfließen von aus Labor- und Pilotmaßstab gewonnenen Erkenntnissen festgelegt werden kann.

Diesem, für Errichtung von Neuanlagen spezifischen Vorgehen, stehen in der Praxis der Abwassertechnik meist jedoch ganz anders gerichtete Aufgaben gegenüber, wie z. B. einen bereits in technischer Größe laufenden bioverfahrenstechnischen Prozess unter Zuhilfenahme einer Pilotanlagen zu verbessern, und weit weniger über im Labormaßstab leichter (und billiger) durchführbare Untersuchungen (*scaling-down*) und Einführung der Modelldenkweise Prozessmechanismen zu klären, um *so* das Gleiche zu erreichen. Hierzu ist allerdings vorweg zu bemerken, dass bei solchen enzymatisch bedingten Stoffumwandlungsprozessen die Reaktionen autokatalytisch verlaufen [2–5], daher spielen bei deren Entwicklung auch die Strömungsverhältnisse bzw. das Verweilzeitverhalten des Reaktors (vgl. Abschnitt 2.1.1) eine wichtige Rolle.

> „*Since these processes are all autokatalytic, each particular temperature, mean residence time and contacting pattern favors one of the reactions which dominates and swamps all the other reactions*"

Moderne Abwassertechnik. Alexandru Braha und Ghiocel Groza
Copyright © 2006 WILEY-VCH Verlag GmbH & Co. KGaA, Weinheim
ISBN: 3-527-31270-6

[3, S. 198], eine Bedingung, die sowohl bei der Scale-up- wie auch bei der Scale-down-Problematik Berücksichtigung finden muss, wenn das angewandte Simulationsmodell adäquat sein soll.

In der biologischen Abwasserreinigung wurden schon in den 50er und 60er Jahren die ersten reaktionstechnischen Substratabbaumodelle vorgeschlagen und im Labormaßstab geprüft [6–9] sowie in einigen Standardwerken namhafter Autoren übernommen [5, 10–14]. Den Durchbruch solcher nicht mehr auf reiner oder Halbempirie basierender Dimensionierungsverfahren leiteten Lawrence und McCatry [15] erst 1970 ein, indem auf der Basis besonders sorgfältig durchgeführter Laboruntersuchungen die Anwendbarkeit kinetischer Ansätze von autokatalytischen Reaktionen auf Belebtschlammreaktoren nachgewiesen wurde. Beinahe gleichzeitig dazu führten aber andere Laborversuche [16] zu dem überraschenden Ergebnis, dass sich, je nach Typ des eingesetzten Bioreaktors (CSTR oder Batchreaktor), beim selben Abwasser unterschiedliche Werte für den Reaktionsgeschwindigkeitskoeffizienten des Substratabbauprozesses ergaben. Diese Beobachtung wurde auch auf die biologische Industrie-Abwasserreinigung [29] in mehrjährigem Betrieb von ein- und mehrstufigen Pilotanlagen unterschiedlicher Bauart bestätigt [18]. Angesichts solcher von den Grundsätzen der chemischen Verfahrenstechnik abweichenden, bei der Verfolgung der Abbaukinetik von komplexen Substraten durch mikrobielle Mischpopulationen gemachten Beobachtungen sind in Ergänzung zu den Abschnitten 2.1.1, 4.2 und 4.4 einige Präzisierungen hinsichtlich des Prozessverlaufes in unterschiedlichen Reaktortypen anzubringen [19].

So stellt die Verwendung von Batch-Kulturen an Stelle der in der Biotechnologie üblicherweise verwendeten kontinuierlichen Kulturen ein kostengünstigeres und vor allem ein bei weitem rascheres Verfahren zur modellmäßigen Erfassung der biokinetischen Parameter in Bioreaktoren dar. Dies geht schon daraus hervor, dass im Vergleich zu einem Durchlauf-Reaktor, der möglicherweise noch mit Biomasserückführung betrieben wird (Belebtschlammreaktoren), nicht nur am apparativen Aufwand, sondern zuallererst am Zeitaufwand gespart wird, da die erforderlichen Übergangszeiten zwischen den einzelnen Betriebseinstellungen zur Akklimatisierung der Biomasse an die neuen Betriebsbedingungen nicht mehr benötigt werden [19].

So sind bei Versuchen unter Verwendung eines Mischbeckens (CSTR) relativ lange Übergangszeiten bis zum Eintreten eines stationären Betriebsverhaltens bzw. bis zum Erreichen einer akklimatisierten Schlamm-Biozönose erforderlich. Dieser Vorsprung ist zeitaufwändig, insbesondere wegen der in Klärschlämmen anwesenden, unterschiedlichen Bakterienstämme, die beim Abbau der verschiedenen Komponenten eines Mischsubstrates miteinander konkurrieren. Allerdings ist hier zu beachten, dass es bei dieser Alternative (z. B. Untersuchung der Eliminationskinetik organischer Substrate unter Verwendung eines leicht zu bedienenden, aber von instationären Bedingungen charakterisierten Batchreaktors) zu Adaptationssprüngen in der Biomasse kommt. Wesentliche Veränderungen der vorherrschenden Spezies können nach zyklischen oder zufallsbedingten Änderungen des Substrates und daher auch in der Struktur der Biozönose eintreten. Im diskontinuierlich betriebenen Reaktor laufen somit solche Anpassungsprozesse der Biomasse während der gesamten Reaktionsdauer ab, weil die verbleibenden Komponenten eines Mischsubstrates dem biologischen Abbau immer weniger zugänglich sind. Dies wurde in [4] festgestellt, und in [19–21] wurde auf die Auswirkung des durch die unterschiedlichen Fließbedingungen im spiralförmig durchströmten Längsbecken (PFR) oder im Mischbecken (CSTR) geprägten Verweilzeitverhaltens auf den Reaktorverlauf hingewiesen. Auf diese Weise muss es bei beiden Reaktortypen zwangsläufig auch zu unterschiedlichen Reaktionsabläufen kommen, wie experimentell nicht nur in [14, 15, 19, 26] nachgewiesen wurde.

Dieser Punkt bedarf noch zusätzlicher Erläuterungen.

■ Merksatz: *Die von der Reaktionszeit bedingte Abnahme der Substratkonzentration in einem Batchreaktor ist jener in einem idealen Rohrreaktor (plug-flow-reactor) zurückgelegten Fließstrecke gleichzusetzen. Demnach kommt es auch hier zu einem sequentiell verlaufenden Abbau der verschiedenen Substratkomponenten im Reaktor und damit auch zu einer kontinuierlichen Adaptation der im Belebtschlamm enthaltenen heterogenen Bakterienpopulationen. Am leichtesten biologisch abbaubare Inhaltsstoffe werden also in einem Batchreaktor schon nach einer kurzen Reaktionszeit bzw. in der Anlaufzone des Längsbeckens eliminiert, während Substratbestandteile, die einer biologischen Reinigung weniger zugänglich sind, erst gegen Ende der Reaktionsdauer bzw. in der Ablaufzone des Längsbeckens eliminiert werden [20].*

Ein ganz anderer Reaktionsverlauf ist auch wegen des in einem Mischbecken stattfindenden Konzentrationssprunges im Hinblick auf die Endkonzentration zu beobachten. Hier nimmt die Elimination der verschiedenen Substratkomponenten einen parallelen Verlauf [20] an, so dass die Anpassung der Biomasse im Vergleich zum PFR weit weniger sprunghaft erfolgt. Freilich liegen in diesen beiden Beckentypen aus diesem Grunde auch vollkommen unterschiedliche Spezies von Bakterienpopulationen vor. Durch die üblicherweise in der Abwassertechnik zur Formulierung der Substratkonzentration (CSB, TOC, BSB_t) oder der Bakterienkonzentration im Belebtschlamm (MLVSS) verwendeten Summenparameter ist aber keine Unterscheidung der aus verschiedenen Reaktortypen resultierenden Beschaffenheit des biologisch behandelten Abwassers oder der Biomasse möglich. Darüber hinaus konnte experimentell nachgewiesen werden [21, 22], dass die Schlammzusammensetzung in Abhängigkeit vom verwendeten Reaktortyp, und dies selbst bei ungefähr gleicher Substratkonzentration, recht unterschiedlich ausfällt. Man kann also davon ausgehen, dass das Profil des Konzentrationsverlaufes je nach der Intensität der Längsvermischung (*back-mixing*) in einem real funktionierenden Längsbecken auch spezifische lokale Bedingungen für die entsprechende Biomasse schafft. Aus diesem Grunde dürften sich, je nach der Art des verwendeten Reaktortyps, erhebliche Unterschiede für die Spezieszusammensetzung im Belebtschlamm und hierdurch auch für das Abbauverhalten bei Multikomponentensubstraten ergeben [19–22]. Dies wurde von Toerber [23] sogar im technischen Maßstab festgestellt, indem durch Probennahme entlang eines PFR eine Verringerung des Reaktionsgeschwindigkeitskoeffizienten festgestellt werden konnte.

Mit solchen kontroversen Aspekten konfrontiert, wird in [11, 12] vor der Extrapolierung von k-Batchversuchswerten auf Reaktoren anderer Art gewarnt und zwecks korrekter Ermittlung der k-Werte für den Labormaßstab die Aufstellung mehrerer kontinuierlich beschickter Versuchsstränge mit jeweils unterschiedlichen τ-Werten oder bei den aus dem Betrieb von Pilot- oder technischen Anlagen gewonnenen Daten die Hinzuziehung von Parametern hydraulischer Natur (Dispersionskennzahl) empfohlen (vgl. Abschnitt 2.1.2.2).

Da in halbtechnischen und technischen Belebtschlammreaktoren die idealisierten Fälle des Rohrreaktors (Gl. 2–22) oder des Rührkessels (Gl. 2–23) bei dem häufig angenommenen Verlauf einer Reaktion 1. Ordnung nie zur Erfassung des Substratabbaus [6–14, 17–19, 23] auftreten, liegt der Dispersionskoeffizient (vgl. Abschnitt 2.1.1 und Gl. 2–21) zwischen $D \geq \bar{u}l \times 4$ bei gut gebauten Mischbecken und $D/\bar{u}l \leq 0{,}1$ bei gut gebauten Längsbecken [11]. *Häufig jedoch nähern sich nur scheinbar gut längs durchflossene Belebungsbecken mit Spiralströmung, durch eine augenscheinlich nicht wahrnehmbare starke Rückvermischung bedingt, mehr der Charakteristik eines Rührkessels als derjenigen eines Rohrreaktors an.* Wird der Geschwindigkeitskoeffizient auf der Basis solcher aus dem Betrieb einer technischen Belebungsanlage stammender Daten approximiert, so müssen die darin herrschenden hydrodynamischen Zustände bzw. jene die Intensität der Rückvermischung charakterisierende Dispersionskennzahl bei seiner Berechnung berücksichtigt werden [11, 12, 19] und der Reaktionsgeschwindigkeitskoeffizient aus Gl. 2–21 und nicht aus Gl. 2–23 bzw. Gl. 2–22 berechnet werden [11]; um langwierige Berechnungen und numerische Lösungen zu vermeiden, wurden in der Fachliteratur Nomogramme erstellt [24] bzw. werden die mit Computerprogrammen vertrauten Leser auf die in Tab. 3–6 bis Tab. 3–9 enthaltenen Programmlistings verwiesen.

Wegen der äußerst schwer ins Gewicht fallenden Versuchsplanung bei der Durchführung kinetischer Untersuchungen sowie der damit verknüpften Scale-up- und Scale-down-Problematik wird nachstehend auch auf die Darlegung eines aus der Praxis der Abwassertechnik stammenden Falles eingegangen (rechnergesteuertes Großklärwerk Iasi (Rumänien) und die Modellbildung des Substratabbaus im Lichte der in Kapitel 2 bis 4 enthaltenen Ausführungen, vom Labor- zum Pilotmaßstab, ausführlich erläutert.

Auf diese Weise soll dargelegt werden, wie sich die entscheidenden Systemeigenschaften halbtechnischer Belebtschlammreaktoren mit dem im Labormaßstab überprüften reaktionstechnischen Modelle quantitativ beschreiben lassen, eine unumgängliche Forderung auf die man nicht verzichten kann, wenn man der Modelldenkweise auch in der Umweltbiotechnologie mehr Geltung verschaffen will [25].

5.1
Versuche in einstufigen Halbstechnikums-Belebtschlammreaktoren

Die folgenden Ausführungen beziehen sich auf die aus dem Einsatz von zwei im Halbtechnikums-Maßstab eingesetzten Belebtschlammreaktoren (Batch- bzw. CSTR-Durchlaufbetrieb) resultierenden Messergebnisse und behandeln deren Einbindung in mehrere kinetische Reaktionsmodelle. Dabei wird der Schwerpunkt auf die Versuchsplanung und -durchführung sowie die Interpretation der Mess- bzw. Modelldaten gelegt; Reaktionsmechanismen oder technologische Betrachtungen theoretischer Natur werden in der Regel nur in ihrer finalen Form übernommen, da auf den entsprechenden Abschnitt verwiesen wird.

5.1.1
Versuchsplanung und -durchführung

Zur Durchführung von Abbauversuchen im Durchlaufbetrieb (Abb. 5–1) wurde die in der Abwassertechnik übliche, aus einem total durchmischten Belebtschlammreaktor (8) und einem Nachklärbecken (12) von $\phi = 25$ cm bestehende Belebungsanlage benutzt, welche in einem temperierten Raum (T = 20 °C) aufgestellt wurde. Zur Rückführung der im Nachklärbecken abgesetzten Biomasse in den CSTR sowie zur feineren Einstellung der TS-Konzentrationen diente (statt des üblichen Airlift-Systems) eine regelbare Exzenterschneckenpumpe (13), mit deren Hilfe ein präzises Schlamm-Rücklaufverhältnis eingehalten werden konnte.

Diese Belebungsanlage wurde ihrerseits mittels der Dosierpumpe (7) aus einem 100 Liter großen Behälter (6) mit einem organisch verunreinigten Industrie-Abwasser gespeist, welches folgendermaßen aufbereitet wurde. Die in einem ebenfalls 100 Liter großen Fass (4) gesammelten, kontinuierlich entnommenen (1,2) Abwasserproben (24 h/Tag) ließ man zuerst 3–4 Stunden absetzen, und aus dem so geklärten Überstand wurde jedes mal 1 Liter in den zur Aufbereitung der Gesamt-Mischprobe für die nachträglich gestarteten Batchversuche aufgestellten Sammelbehälter manuell eingeführt. Danach wurden in einer Höhe von 5–10 cm unterhalb des sich senkenden Wasserspiegels in (4) mittels einer mobilen Hand-Fasspumpe etwa 80–100 Liter in den Zulauf-Vorratsbehälter (6) des Belebtschlammreaktors umgefüllt und darin die Konzentration an suspendierten Stoffen (Suspensgehalt) sowie die CSB- und TOC-Konzentrationen im Filtrat (Membranfiltration) analysiert. Auf diese Weise konnte man sowohl stündliche Schwankungen in der Abwasserzusammensetzung wie auch den Einfluss großer Konzentrationen an suspendierten Stoffen auf die Beschaffenheit des CSTR-Belebtschlammes weitgehend vermeiden. Der ganze 24-stündige Auslauf aus der Laborversuchsanlage ist in einem anderen Behälter aufgefangen (15) und sein Inhalt auf suspendierte Stoffe (Homogenisat) und CSB, TOC (Filtrat) hin analysiert worden [17, 29]. Der Anlagebetrieb war auf SPS (3) programmiert, die jeden Tag entsprechende IST-Protokolle ausdruckten.

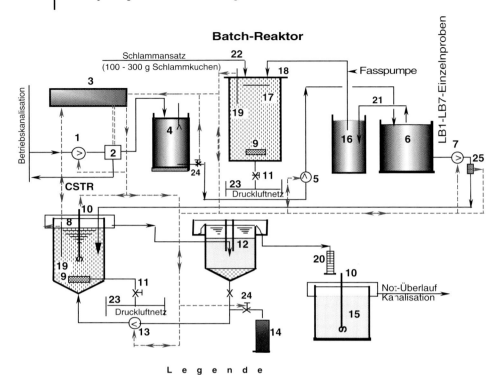

Abb. 5–1: Prinzipskizze der Halbtechnikum-Belebtschlammreaktoren und Anordnung der Probenahmestellen beim Batch- und einstufigen Durchlaufbetrieb; nach [14, 29].

Während des etwa 16-monatigen Versuchszeitraumes hat man in dem CSTR-Durchlaufreaktor sieben, aus jeweils 15 bis 22 Betriebstagen bestehende Versuchsperioden (LB1 bis LB7) mit mittleren Verweilzeiten von 4 bis 17,5 Stunden eingestellt (Tab. 5–1) und dabei die Substratkonzentrationen im CSTR-Zulauf und NKB-Auslauf der Anlage sowie die sich einstellenden oTS-Konzentrationen verfolgt.

Tab. 5–1: 1.stufiger CSTR; Zusammenstellung statistisch ausgewerteter Konzentrationen aller Versuchsperioden: LB 1 bis LB 7 – siehe Abb. 5–3, Abb. 5–5a, Abb. 5–5b; nach [1, 3, 17, 29].

Lfd.	Bezeichnung		LB1	LB2	LB3	LB4	LB5	LB6	LB7
1	τ [h]		17,5	15,0	12,5	10,0	7,5	5,0	4
2	X_V	$\bar{x}$	4,91	4,05	4,80	4,83	4,5	4,79	4,44
3	[kgoTS/m³]	s	0,35	0,40	0,65	0,65	0,15	0,61	0,42
4		i	15	10	10	12	10	12	10
5	S_0 (CSTR-Zul.)	$\bar{x}$	0,890	0,855	0,885	0,915	0,872	0,843	0,810
6	[kg CSB/m³]	s	0,058	0,080	0,072	0,068	0,049	0,068	0,071
7		i	22	21	19	23	15	22	19
8	S (CSTR-Abl.)	$\bar{x}$	0,116	0,137	0,157	0,190	0,240	0,291	0, 321
9	[kg CSB/m³]	s	0,006	0,017	0,013	0,009	0,019	0,021	0,039
10		i	22	21	19	23	15	22	19
11	S_0 (CSTR-Zul.)	$\bar{x}$	0,283	0,286	0,329	0,313	0,290	0,288	0,249
12	[kg TOC/m³]	s	0,014	0,027	0,031	0,022	0,019	0,026	0,023
13		i	22	21	19	23	15	22	19
14	S (CSTR-Abl.)	$\bar{x}$	0,039	0,046	0,056	0,065	0,074	0,096	0,109
15	[kg TOC/m³]	s	0,002	0,005	0,006	0,004	0,006	0,006	0,13
16		i	22	21	19	23	15	22	19

Notationen:
τ - Reaktionszeit (theoretische Aufenthaltszeit im CSTR: $V_{CSTR}/Q_{Zul.}$)
X_V - Biomassekonzentration im Reaktor, als Trockenmasse ausgedrückt
S_0 - Zulaufkonzentration des CSTR (Membranfiltrat)
S - Auslaufkonzentration des CSTR (Membranfiltrat)
$\bar{x}$ - Arithmetischer Mittelwert während einer LB-Versuchsperiode
s - Standardabweichung
i - Stichprobenumfang einer LB-Versuchsperiode.

Zur Ermittlung der Reaktionsordnung bzw. Erstellung reaktionskinetischer LB-Modelle mittels einstufiger CSTR-Belebungsanlagen dienten zuerst die in Tab. 5–1 und Tab. 5–2, sinngemäß nachher in Tab. 5–3 bis Tab. 5–5 zusammengefassten Messdaten und Hilfsvariablen, deren Einzeichnung in verschiedenen Koordinatensystemen und Anpassung an Regressionsgeraden auch die Modellkoeffizienten lieferte (Abb. 5–2a, Abb. 5–2b, Abb. 5–3 sowie Abb. 5–5 und Abb. 5–6). Das während jeder Versuchsperiode angestrebte Schlammalter variierte im Perioden-Durchschnitt zwischen 3,5 und 11,5 Tagen (Tab. 5–4 und Tab. 5–5) und wurde über automatisch (24) erfolgte Entnahme aus dem Rücklaufschlamm (14) sowie durch Überwachung des Schlammpegels im Nachklärbecken eingestellt, um Zwischenspeicherungen möglichst zu vermeiden. Parallel dazu wurde täglich die Konzentration an suspendierten organischen Stoffen in Zu- und Auslauf der CSTR-Anlage (Tab. 5–4) sowie auch die oTS-Konzentration im Reaktor verfolgt (Tab. 5–1) und in die Bilanzierung der

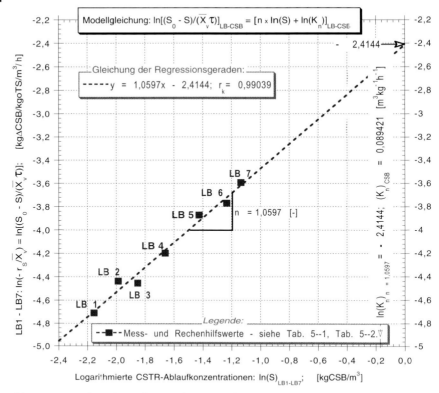

Abb. 5–2a: Ermittlung der Reaktionsordnung n und des Geschwindigkeitsbeiwertes K_n bei Verfolgung des CSB-Abbaus in einstufigen CSTR-Belebungsanlagen während aller LB-Versuchsperioden (Einsatz von Periodenmittelwerten – siehe Tab. 5-1); nach [3, 17, 29].

Schlammproduktion aufgenommen (Tab. 5–4 und Tab. 5–5 sowie Abb. 5–4). Während aller Versuchsperioden wurde über die Belüftungskerze (9) Luftsauerstoff im Überschuss zugeführt, so dass während der ganzen Zeit in (8) die O_2-Konzentration über 6,5 mg/l lag (19). Dies wurde insbesondere bei der Umstellung von einer Versuchsperiode auf die andere, d. h. während der 1–2 Wochen dauernden Übergangsphase, durch Sondierungsmessungen mehrmals am Tag kontrolliert und später routinemäßig 1 mal/Tag geprüft (20).

Zur Ermittlung der Reaktionsordnung und der Reaktionskonstanten beim CSB- und sondierungshalber auch beim TOC-Abbau in der CSTR-Belebungsanlage wurden unter stationären Bedingungen deren spezifische Reaktionsgeschwindigkeiten $(-r_S/X)_{n,CSB}$, resp. $(-r_S/X)_{n,TOC}$ mit Gl. 2–32 in die Form einer Potenzregression [3] überführt (mit $K_m = K_n \bar{X}$) – siehe auch Abb. 5–2a und Abb. 5–2b:

$$\frac{S_0 - S}{\tau X_v} = K_m S^n - k_d \qquad (5\text{-}1)$$

wobei anfangs die Bakterienabsterberate k_d vernachlässigt wurde, da experimentell bedingt $k_d \ll [(S_0 - S)/(\tau X_v)]$ zu erwarten war. Über die Einzeichnung der Messergebnisse (Tab. 5–1) und Rechenhilfswerte (Tab. 5–2) als Periodenmittelwerte in einem doppellogarithmischen Koordinatensystem $[(S_o - S)/\tau]$ gegen $[\ln S]$ wurden die jeweils dem CSB- und TOC-Abbau angepassten Regressionsgeraden analysiert (siehe Abb. 5–2a und Tab. 5–2).

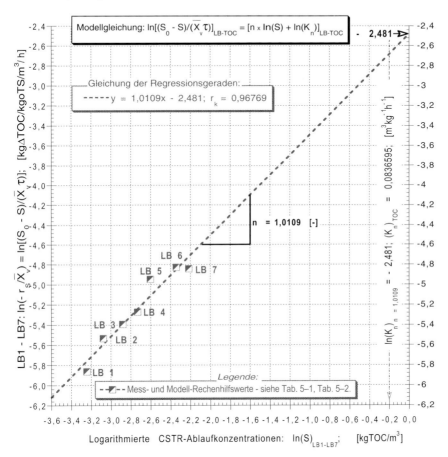

Abb. 5–2b: Ermittlung der Reaktionsordnung **n** und des Geschwindigkeitsbeiwertes K_n bei Verfolgung des TOC-Abbaus in einstufigen CSTR-Belebungsanlagen; nach [17, 29].

Tab. 5–2: CSB- und TOC-Abbau in CSTR-Belebungsanlagen bei Annahme eines Reaktionsverlaufes n. Ordnung. Zusammenstellung der zur Linearisierung der Gl. 5–1 in doppellogarithmischen Koordinatensystemen erforderlichen $\bar{X}$-Hilfsrechenwerte aller Versuchsperioden: LB 1 bis LB 7 – siehe Abb. 5–2a und 5–2b; nach [1, 3, 17, 29].

Zeitraum/Parameter		LB1	LB2	LB3	LB4	LB5	LB6	LB7
$(S_0 - S)/(\bar{X}_v \tau)$	CSB	0,00901	0,01182	0,01163	0,01501	0,02081	0,02305	0,0273
$\ln[(S_0 - S)/(\bar{X}_V \tau)]$		-4,7096	-4,43796	-4,45417	-4,1990	-3,8725	-3,7702	-3,5923
$\ln(S)$		-2,1542	-1,98777	-1,85151	-1,6607	-1,4271	-1,2344	-1,1363
$(S_0 - S)/(\bar{X}_v \tau)$	TOC	0,00284	0,00395	0,00455	0,00513	0,00711	0,00802	0,00788
$\ln[(S_0 - S)/(\bar{X}_V \tau)]$		-5,8641	-5,53404	-5,39263	-5,2718	-4,9462	-4,8262	-4,8431
$\ln(S)$		-3,2442	-3,07911	-2,88240	-2,7334	-2,6036	-2,3434	-2,2164

Die statistische Auswertung der so linearisierten Potenzregressionen führte zu folgenden Ergebnissen (vgl. auch Abb. 2–19):

CSB: $K_n = 0{,}089\,421\ [m^3 kg^{-1} h^{-1}]$,
$n = 1{,}059\,7\ [-]$,
$r_k = 0{,}990\,39$,

TOC: $K_n = 0{,}083\,659\,5\ [m^3 kg^{-1} h^{-1}]$,
$n = 1{,}010\,9\ [-]$,
$r_k = 0{,}967\,69$.

In Anbetracht der Tatsache, dass aus dieser Auswertung eine Reaktionsordnung $n \approx 1$ hervorging, wurde einfachheitshalber $n = 1$ angenommen und die Substratelimination zuerst nach einem Reaktionsverlauf 1. Ordnung modelliert. Durch Einzeichnen erwähnter Mess- und Rechenhilfswerte als Periodenmittelwerte LB1 bis LB7 ins Koordinatensystem $[(S_O - S)/(\tau \bar{X}_V)]_{LB}$ gegen $(S)_{LB}$ und deren Anpassung an eine CSB-Regressionsgerade der Modellgleichung $(r_S/\bar{X}_V)_{LB} = [K_1 S - k_d]_{LB}$ konnten bei der Erstellung des CSB-Abbaumodells binnen aller untersuchten LB-Bereiche für K_1 und k_d folgende statistisch hoch abgesicherte Werte ($r_k = 0{,}991\,29$) ermittelt werden (Abb. 5–3):

CSB: $K_1 = 0{,}086\,952\ [m^3 kg^{-1} h^{-1}]$,
$-k_d = -0{,}001\,056\,9\ [h^{-1}]$.

Hiernach wird ersichtlich, dass bei kontinuierlicher Einleitung von bereits über die VKB der vorhandenen Industrie-Großkläranlage gelaufenem und zusätzlich statisch noch mal abgesetztem, dennoch nicht absolut suspensafreiem Abwasser (Tab. 5–3, Sp. 2) in eine einstufige CSTR-Belebungsanlage der darin einsetzende CSB-Substratabbauprozess sich recht gut unter der vereinfachenden Annahme einer Reaktion 1. Ordnung modellieren lässt. Dabei konnten bei Verweilzeiten von 4 bis 17,5 Stunden und bei zwischen 4–5 g/l variierenden oTS-Konzentrationen in dem adaptierten Belebtschlamm, siehe die statistischen X_v-Charakteristika

5.1 Versuche in einstufigen Halbstechnikums-Belebtschlammreaktoren | 217

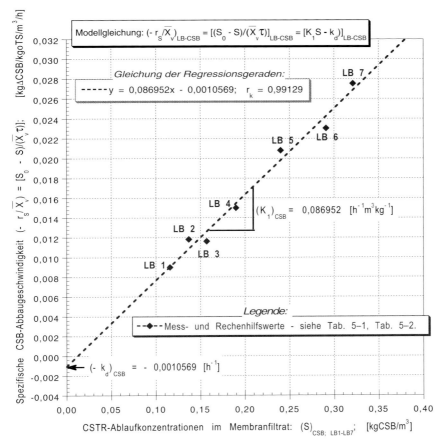

Abb. 5–3: CSTR-Belebungsanlagen mit Biomasserückführung: Ermittlung des Geschwindigkeitsbeiwertes K_1 und der Biomasseabsterberate k_d bei der Modellerstellung des CSB-Abbaus unter Annahme eines reaktionskinetischen Verlaufs 1. Ordnung (Einsatz von Perioden-Mittelwerten – siehe Tab. 5–1 und Tab. 5–2) ; nach [1, 3, 17, 29].

bei LB1 bis LB7 in der Tab. 5–1, die Modellparameter K_1 und k_d der CSB-Substratelimination mit sehr guter statistischer Aussagekraft ermittelt werden [17, 29].

Bei der Ermittlung der Biomasseertragsrate Y allerdings, soll auch der in den CSTR gelangende Input des TS-Massenstroms aus der Vorklärung herangezogen werden. Da bei der in der Praxis des Kläranlagenbetriebes üblichen Vorgehensweise nicht nach effektiver Biomasse X, sondern nach Summenparametern, wie oTS-Konzentrationen/-Massenströmen geregelt wird, sollte der im VKB-Ablauf vorhandene, der CSTR-Belebungsanlage zufließende oTS-Massenstrom nicht mehr vernachlässigt werden $X_{VKB-Abl.} > 0$ kgoTS/m^3. Aus einer Massenbilanz für das System Belebungsbecken-Nachklärbecken geht hervor (siehe dazu Abb. 5–4):

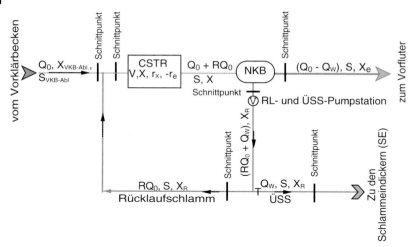

Abb. 5–4: Grundparameter und Schnittstellen (exemplarisch aufgeführt) zur Durchführung von Massenstrom-Bilanzen in einer einstufigen CSTR-Belebungsanlage

$$[(r_X)V]_{CSTR} + Q_{VKB\text{-}Abl.}\, X_{VKB\text{-}Abl.} = Q_W\, X_R + (Q_o - Q_W)X_e \quad (5\text{-}2)$$

| Input: Biomasse (oTS-Massenstrom Substratabbau) | + | Input: TS (oTS-Massenstrom des VKB Abwassers) | = | Output: TS (oTS-Massenstrom in dem ÜSS-Abzug) | + | Output: TS (dem NKB-Ablauf) |

Nach anschließendem Dividieren der Gl. 5–2 durch $(VX)_{CSTR}$ und einigen Berechnungen lässt sich die tatsächliche Bakterienwachstumsrate $(r_X/X)_{CSTR}$ mit dem betrieblich-effektiven Schlammalter $(\theta_c)_{Betrieb}$, siehe Gl. 4–28, in Zusammenhang bringen [18]:

$$(r_X/X)_{CSTR} = (1/\theta_c)_{Betrieb} - [Q_{VKB\text{-}Abl.}\, X_{VKB\text{-}Abl.}/(VX)]_{Betrieb} \quad (5\text{-}3)$$

Demzufolge gilt für das effektive Schlammalter nun auch:

$$(1/\theta_c)_{Betrieb} = (r_X/X)_{CSTR} + [Q_{VKB\text{-}Abl.}\, X_{VKB\text{-}Abl.}/(VX)]_{Betrieb} \quad (5\text{-}4)$$

Bei der Regredierung der Mess-/Betriebswerte ist in diesem Falle zu beachten, dass zur Ermittlung von Y und k_d das zu wählende Koordinatensystem aus $(r_X/\bar{X}_V)_{CSTR} = [1/\theta_c - Q_{VKB\text{-}Abl.}\, X_{VKB\text{-}Abl.}/(V\bar{X}_V)]_{Betrieb}$ gegen $[(S_0 - S)/(\tau\, \bar{X}_V)]_{Betrieb}$ bestehen muss, siehe Abb. 5–5, um den Netto-Biomassenzuwachs mit dessen „wahren" kinetischen Parametern reaktionstechnisch zu analysieren.

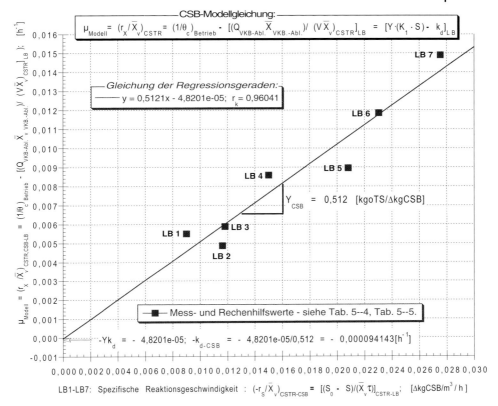

Abb. 5–5: Modellmäßige Ermittlung durch den CSB-Abbau in CSTR-Belebungsanlagen mit Biomasserückführung hervorgehender Schlammertragskoeffizienten Y und der Biomasseabsterberate k_d; Annahmen: 1) reaktionskinetischer Verlauf 1. Ordnung beim CSB-Abbau; 2) Berücksichtigung des TS-Massenstrominputs aus dem VKBAblauf zur CSTR-Belebungsanlage; 3) Versuchsperiode: LB1 bis LB7; 4) Einsatz von Perioden-Mittelwerten; nach [4, 5, 11, 18] – siehe Tab. 5–4 und Tab. 5–5.

Daraus ist ersichtlich, dass bei der Erstellung des CSB-Abbaumodells binnen des untersuchten LB-Bereiches, unter der Annahme einer Reaktion 1. Ordnung für den CSB-Abbau in CSTR-Belebungsanlagen *und Berücksichtigung des VKB-Suspensaablaufs* für Y und $(-k_d)$ folgende statistisch gut abgesicherte Werte ($r_k = 0{,}960\,41$) resultierten:

$Y_{CSB-L} = 0{,}512\,[\text{kgoTS}/\Delta\text{kgCSB}]$

$-k_{d,CSB-LB} = -0{,}000\,094\,1\,[\text{h}^{-1}]$

Zur Modellbildung mit Hilfe reaktionstechnischer Ansätze variierender Reaktionsordnung (van-Uden-Kinetik – vgl. Abschnitt 2.1.3.1) ging man bei bereits bekannter Bakterienbsterberate k_d (Abb. 5–5) von einer umgeschriebenen Form aus:

$$1/\theta_c + k_d = \mu_{max} S/(K_S + S) \tag{5-5}$$

Durch Umkehrung dieser Funktion und einige Zwischenrechnungen lässt sie sich in eine linearisierte Form bringen:

$$[(r_X/\bar{X}_V) + k_d]^{-1} = 1/\mu_{max.} + K_S \times (1/\mu_{max.}) \times (1/S) \tag{5-6}$$

die man zur Bestimmung der Reaktionskoeffizienten K_s und $\mu_{max.}$ verwenden kann, siehe auch Gl. 2–39 und 2–44.

In einem Koordinatensystem $[(r_X/\bar{X}_V) + k_d]^{-1}$ gegen (1/S), siehe Abb. 5–6, können demnach die LB-Mess- und Rechenhilfsdaten eingezeichnet und die Parameter der daran angepassten Regressionsgeraden statistisch ausgewertet werden. Tabelle 5–3 fasst die aus dem Betrieb derselben CSTR-Belebungsanlage hervorgegangenen, zur Prüfung des Modells erforderlichen Daten zusammen.

Tab. 5–3: Labor-CSTR: Modellierung der CSB-Substratelimination über die van-Uden-Kinetik, mitsamt Zusammenstellung der Rechenwerte zur Linearisierung der Modellgleichung – siehe Abb. 5–5 und Abb. 5–6; nach [17, 29]

Parameter	Zeitraum		LB1	LB2	LB3	LB4	LB5	LB6	LB7
$\dfrac{1}{(r_x/X_v)+k_d}$	[h]	CSB	178,702	167,401	201,309	115,313	110,527	83,741	66,712
1/S [l/gCSB]			8,62	7,30	6,374	5,26	4.17	3,44	3,11
$(r_X/\bar{X}_V)$	$[d^{-1}]$	CSB	0,13204	0,14111	0,11696	0,20587	0,21487	0,28434	0,35749
$(-r_S/\bar{X}_V)$	$[\Delta gCSB/(l.h)]$		0,00901	0,01182	0,01163	0,01501	0,02081	0,02305	0,0273
k_d	$[d^{-1}]$		0,002259432 – siehe Abb. 5–5a!						

Notationen:
$\bar{X}_V$ Mittlere Konzentration an Biomasse in CSTR [kgoTS/m^3]
S_0 und S_e Mittlere LB-Konzentration der CSTR-Belebungsanlage [kgCS3/m^3]
k_d Biomasse-Absterberate [d^{-1}]

Anmerkung: Alle Grössen als Periodenmittelwerte ausgedrückt.

Die Kenndaten der hierdurch entstandenen Regressionsgeraden sehen dabei wie folgt aus (Abb. 5–6):

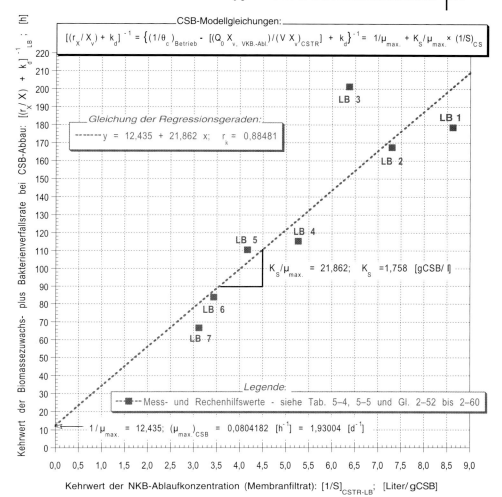

Abb. 5–6: Modellmäßige Ermittlung von durch CSB-Abbau in CSTR-Belebungsanlagen mit Biomasserückführung hervorgehenden $\mu_{max.}$- und K_S-Werten; Annahmen: Reaktionskinetischer Verlauf variierender Ordnung unter Berücksichtigung des oTS-Massenstrominputs aus dem VKB-Ablauf zur CSTR-Belebungsanlage – siehe Tab. 5–3, Tab. 5–4, Tab. 5–5; nach [18].

Diskussion der Ergebnisse: Die Steigung dieser Regressionsgeraden liefert $K_S/\mu_{max.}$ = 21,862 gCSB/l/h bei einem Ordinatenabschnitt $1/\mu_{max.}$ = 12,435 h; hieraus resultiert der äußerst niedrige Wert des maximalen Wachstums $\mu_{max.}$ = 0,080 418 2 h^{-1} und als Saturationskonstante ergibt sich K_S = 1,758 gCSB/l, allerdings bei einer für Halbtechnikums-Versuche recht knappen Korrelationsgüte r_K = 0,884 91. Hierdurch wird aber über den van-Uden-Ansatz auch die Annahme eines Reaktionsverlaufes 1. Ordnung bestätigt, indem auf die für das untersuchte Abwasser geltende Bedingung $K_s \gg S$ hingewiesen wird. Um eine noch bessere Annäherung für K_s zu erreichen hätte man über eine starke Erhöhung der eingestellten Auslaufkonzentrationen in den Bereich der fehlenden Substratlimitierung gelangen müssen [4], ein Vorhaben, welches jedoch angesichts der hierin gestellten Aufgabe (zusätzliches Mit-Hereinführen der Nitrifikation/Denitrifikation bei der existierenden vollbiologischen Reinigung eines bestimmten Industrie-Abwassers) keine praktische Bedeutung erlangt hätte [17, 29].

Zur Ermittlung des kinetischen Parameter Y nach dem Modell variierender Reaktionsordnung gesellt sich die Erfassung des vom Schlammalter und der Reaktionszeit auf die Substratelimination ausgeübten Einflusses hinzu, vgl. hierzu Abschnitt 4.4.2.2. Dafür wurde der durch den Substratabbau entstandene und 7 mal/Woche aus dem System entfernte Überschussschlamm über die in Tab. 5–4 und Tab. 5–5 aufgeführten Biomassebilanzen festgehalten.

Dazu wären noch folgende Präzisierungen anzubringen. Die, sich in der Belebungsanlage (ohne Nachklärbecken) befindende, organische Trockensubstanz [Masse] ließ sich durch Multiplizieren des Reaktorvolumens (diesmal nur 10 Liter) mit der darin herrschenden oTS-Konzentration ausrechnen; per Definition resultiert (Gl. 4–28):

$$(\theta_C)_{Betrieb} = \frac{V_{Reaktor} \cdot X_{Reaktor} \, [kg]}{Q_W \cdot X_R + (Q_0 - Q_W) X_e \, [kg/d]} [d] \qquad (5-7)$$

worin $(Q_W \times X_R)$ der gesamten, mehrmals täglich dem NKB entnommenen oTS-Masse/d und $[(Q_0 - Q_W)X_e]$ der mit dem NKB-Ablauf abgetriebenen Biomasse [goTS/d] entsprach. Die Ermittlung der somit festzustellenden Abhängigkeit zwischen Y und k_d einerseits und dem eingestellten Schlammalter sowie der dabei gemessenen CSB-Elimination andererseits kann mit Hilfe der Gl. 2–60 durchgeführt werden, indem die verfügbaren Datenpaare und Hilfsvariablen in das Koordinatensystem $(r_X/\bar{X}_V)_{LB}$ gegen $(-r_S/\bar{X}_V)_{LB}$ eingezeichnet werden; die Steigung der darauf statistisch angepassten Regressionsgeraden liefert dann den Y-Wert und der Ordinatenabschnitt die $(-k_d)$-Größe (Abb. 5–5).

Diskussion der Ergebnisse: Bei $r_k = 0{,}960\,41$ resultiert als Steigung der Regressionsgeraden Y = 0,512 [kgoTS/kgΔCOD-Filtrat] und als Ordinatenabschnitt $Yk_d = -4{,}8201 \times 10^{-5}$ h^{-1}, woraus $k_d = 0{,}000\,0941$ h^{-1}. Daraus ist ersichtlich, dass auf der Basis des CSB-Abbaumodells variierender Reaktionsordnung auch die kinetischen Parameter Y und k_d mit hoher statistischer Absicherung ermittelt werden konnten [17, 29].

Tab. 5-4: Zusammenstellung der Messergebnisse und der Rechenhilfswerte zur Ermittlung der Schlammproduktion über Biomasse-Bilanzen in 1.stufigen CSTR-Belebungsanlagen (Abb. 5-4) während aller LB-Versuchsperioden – siehe auch Tab. 5-5 sowie Abb. 5-3, Abb. 5-5, Abb. 5-6; nach [17, 18, 29].

Parameter	Q_0 [l/d]		X_0: Konzentration im VKB$_{Abl}$ zum CSTR [goTS/l]			X_e: Konzentration im NKB$_{Abl\text{-}Filtrat}$ [goTS/l]			Entnahme(14) + $Q_0 X_e$ Biomasse-Output [goTS/d]			$(\Delta X)_{Mod.}$ - Schlammzuwachs: [Sp.8 +Sp.1·(Sp.5 − Sp.2)]$_{LB}$ [goTS/d]	
	1	2	3	4	5	6	7	8	9	10	11	12	13
Zeitraum	$\bar{x}$	$\bar{x}$	s	i	$\bar{x}$	s	i	$\bar{x}$	s	i	$\bar{x}$	s	i
LB1	13,9	0,038	0,0101	15	0,017	0,0103	13	7,0115	0,1130	15	6,4833	1,017	15
LB2	16,3	0,037	0,0113	10	0,018	0,0111	10	6,3153	0,1991	10	5,7122	1,025	10
LB3	19,2	0,019	0,0092	10	0,021	0,0115	10	5,9789	0,1232	10	5,6141	1,203	10
LB4	24,1	0,028	0,0115	12	0,024	0,0082	12	10,619	0,2886	12	9,9442	0,355	12
LB5	32,3	0,033	0,0122	10	0,038	0,0122	10	9,768	0,3212	10	8,7021	0,783	10
LB6	48,2	0,048	0,0124	12	0,024	0,0201	12	15,933	0,4922	12	13,6194	1,925	12
LB7	60,1	0,046	0,0132	10	0,029	0,0180	10	18,638	0,3725	10	15,8734	1,701	10

Notationen

Q_0 Durchsatzvolumenstrom/LB mit täglicher Kalibrierung der Dosierpumpe (7) und Handprüfung (20) – siehe Abb. 5-1.
X_0 oTS-Konzentration im VKB-Ablauf
X_e oTS-Konzentration im NKB-Ablauf
ΔX Im Versuch ermittelter Biomassezuwachs
$\bar{x}$, s, i statistische Notationen: Arithmetischer Mittelwert, Standard-Abweichung, Anzahl von Daten

Tab. 5-5: Zusammenstellung der in einer CSTR-Belebungsanlage gewonnenen Daten zum Auseinanderhalten des betrieblichen Schlammalters: θ_C-Betrieb ≈ $(1/\mu)$ – siehe [5, 7, 11, 14, 15], von der Biomasse-Zuwachsgeschwindigkeit: $\mu_{Mod.} = (r_X/\bar{X}_v)_{Mod.-CSTR}$, indem definitionsmässig: $(1/\theta_C)_{Betrieb} = (r_X/\bar{X}_v)_{Betrieb} = [\bar{X}_{VKB\text{-}Abl.} \cdot Q_o]/(\bar{X}_v \cdot V)_{CSTR\,Mod.-CSTR} + [(\bar{X}_{VKB\text{-}Abl.} \cdot Q_o)/(\bar{X}_v \cdot V)_{CSTR}]_{Betrieb}$ gilt – siehe dazu Tab. 5–1 bis Tab. 5–4 und Abb. 5–4 sowie Abb. 5–5, Abb. 5–6; nach [18].

Parameter	$V_{CSTR} \cdot \bar{X}_{v,CSTR}$ [goTS]	Bio-Zuwachs: $[\Delta \bar{X}_v]_{LB\text{-}Betrieb}$ [goTS/ ΔgCSB/d]	LB-Betrieb ausgekreist [goTS/d]	(θ_C)Betrieb [d] (Sp.1/Sp.3)	$(1/\theta_C)$Betrieb [d⁻¹]	$(-r_S/\bar{X}_v)$ CSB-Betrieb $(-r_S/\bar{X}_v) = [(S_0 − S)/(\tau \bar{X}_v)]_{LB}$ [(Δkg CSB/(kgoTS.τ)]	τ [h]	$\mu_{Modell} = (1/\theta_C)$ Betrieb − $(\bar{X}_0 Q_0)/(Sp.1)$ [(kgΔoTS/(kgoTS.τ)]	τ [h]	$[\Delta \bar{X}_v]_{LB}$-Modell $(r_X/\bar{X}_v) \cdot (Sp.1)$ [goTS/(δCSB·d)]
Versuch	$\bar{x}$ 1	$\bar{x}$ 2	$\bar{x}$ 3	$\bar{x}$ 4	$\bar{x}$ 5	6	τ [h] 7	8	τ [d] 9	$\bar{x}$ 10
LB1	49,1	6,48330	7,0115	7,0028	0,1428	0,00901	0,21619	0,00550	0,13204	6,48328
LB2	40,5	5,71220	6,3153	6,4103	0,1560	0,01182	0,28368	0,00588	0,14111	5,71490
LB3	48,0	5,61410	5,9789	8,0283	0,1246	0,01163	0,27912	0,00487	0,11696	5,61408
LB4	48,3	9,94420	10,619	4,5488	0,2198	0,01501	0,36025	0,00858	0,20587	9,94347
LB5	40,5	8,70210	9,768	4,1459	0,2412	0,02081	0,49936	0,00895	0,21488	8,70270
LB6	47,9	13,61940	15,933	3,0063	0,3326	0,02305	0,55315	0,01185	0,28434	13,61986
LB7	44,4	15,87340	18,638	2,3823	0,4198	0,02753	0,66081	0,01490	0,35749	15,87274

Notationen:

V	CSTR-Reaktorvolumen; [V = 10 Liter]
$\bar{X}_{v\text{-}LB}$	Biomassekonzentration im Reaktor während einer Versuchsperiode; [goTS/l]
$\Delta \bar{X}$	Betrieblicher Biomassezuwachs = ausgekreiste Biomasse – $(Q_{VKB\text{-}Abl}\bar{X}_{VKBAbl})$; [goTS/d]
$(\theta_C)_{Betrieb}$	Betriebliches Schlammalter; [h] oder [d]
$(-r_S/\bar{X}_v)$	Spezifische CSB-Abbaugeschwindigkeit; $(-r_S/\bar{X}_v)_{CSTR} = [(S_0−S)/(\tau \bar{X}_v)]_{CSTR}$; $[(kg\Delta CSB)/(kgoTS.\tau)]$
$(r_X/\bar{X}_v)$	Spezifische Biomasse-Zuwachsgeschwindigkeit beim CSB-Abbau in CSTR-Belebungsanlagen:
$(r_X/\bar{X}_v)_{CSTR}$	= μ = Y [(S₀ − S)/(τ$\bar{X}_v$) - $k_{d}]_{CSTR}$ = $[\mu_{max}$ · S/(K_S + S) − $k_d]_{CSTR}$; [(Δkg CSB/(kgoTS.τ)], wobei τ in [h] oder [d];
$\bar{X}_V$	Abkürzung für den mittleren organischen Anteil der CSTR-Belebtschlammkonzentration;[goTS/l]
$\bar{x}$	statistische Notation für den arithmetischen Mittelwert einer LB-Messreihe

5.1.2
Batchreaktor – Versuchsplanung/-durchführung

Wie in Abschnitt 5.1.1 bereits kurz erwähnt, wurde aus den während des gesamten Versuchszeitraumes LB1 bis LB7 anfallenden Abwässern eine jedem Zeitraum entsprechende Perioden-Mischprobe zusammengesetzt und bis zu ihrem Einsatz in einem temperierten Kühlraum (T = 5 °C) aufbewahrt. Diese Mischprobe diente zur Füllung des aus Plexiglas gefertigten, parallelepipedförmigen (0,5 × 0,2 × 0,5) und in demselben thermostatisierten Laborraum wie die Durchlaufanlage aufgestellten 40 Liter fassenden Batchreaktors (17) – siehe Abb. 5–1. Die Belüftung erfolgte mittels einer sich über die ganze Länge des Bodens erstreckenden und bis zu dessen Tiefe eintauchenden Belüftungskerze (9), mit deren Hilfe die aus dem Werknetz entnomme Druckluft die ganze Zeit über einen knapp unterhalb der Sättigungsgrenze liegenden Sauerstoffpegel ($\approx$ 6 mg/l) gewährleistete (19).

Bei der Durchführung des Batchversuches ging man folgendermaßen vor. Bei eingeschalteter Belüftung wurde mit der mobilen Fasspumpe der Reaktor (17) mit der Periodenmischprobe aufgefüllt (40 Liter) und dabei die O_2-Konzentration gemessen, welche in einigen Minuten auf die Sättigungsgrenze empor schnellte (19). Danach wurde ein mobiler Laborrührer angeschlossen und unter starken Rührbedingungen der vorher abgewogene Belebtschlammkuchen (22) dem über eine mobile Fasspumpe in den Batchreaktor (17) geförderten Abwasser zugegeben (1–2 Minuten). *Dieser Schlammkuchen bestand aus der am Ende jeder Versuchsperiode (LB1 bis LB7) sich noch in der CSTR-Durchlaufanlage (8,12) befindlichen Biomasse, die über Vakuum-Filtration auf Büchner-Trichtern mit Weißbandpapier entwässert* in den Batchreaktor (17) gelangte, und zwar *als ein an das biologisch abzubauende Abwasser-Multikomponentensubstrat (erster Batch-Reaktionspartner) aus den jeweiligen Perioden-Mischproben (16) voll adaptierter, zweiter Batch-Reaktionspartner (22).*

Trotz intensiver Rührbedingungen bei dieser Biomassezugabe ging in der Regel die O_2-Konzentration in (17) bis auf knapp unter 1 mgO_2/l zurück (1–2 Minuten), pendelte sich nach etwa 15–20 Minuten wieder auf 6–6,5 mgO_2/l ein und blieb SPS-gesteuert (siehe Abb. 5–1, Pos. (3)) quasi konstant. Nach 15 Minuten erfolgte erste Probennahme, der Rührer wurde herausgenommen und die weitere Durchmischung des Reaktorinhaltes fand lediglich über die Belüftungskerze (9) statt.

Um die Verdunstungsverluste während der langen Belüftungszeit (96 h bei TOC-Verfolgung – siehe Abb. 5–7) zu reduzieren, ist der Batchreaktor mit einer etwa 90% seiner Gesamtfläche erfassenden Glasplatte (18) abgedeckt worden. Die Probennahme erfolgte mittels Pipettierens von jeweils 1–50 cm^3 aus dem Batchreaktor-Abwasserschlammgemisch, dessen Filtrat zur TOC-/CSB-Analyse in Doppelbestimmung diente. Die Bestimmung der oTS-Konzentration erfolgte ihrerseits in dem Sediment auf dem Filterpapier (Glühverlust bei 605 °C). Anlässlich der Batch-Versuche unterzog man das Abwasserschlammgemisch auch einer 96-stündigen Dauerbelüftung und man beobachtete die TOC- und oTS-Variation während dieser ganzen Zeit (Tab. 5–6).

Tab. 5–6: Zusammenstellung des TOC-Konzentrationsverlaufes bei in Batch-Belebtschlammreaktoren erfolgten Langzeit-Belüftungsversuchen von Abwasserbelebtschlammgemischen – siehe Abb. 5–7; nach [17, 29]

Zeit t [h]	$[(S/S_0)_{TOC}]_{LB1-.LB7}$ Statistische Merkmale aller LB-Versuchsreihen			**TOC-Konzentrationsverlauf bei in Batch-Belebtschlammreaktoren erfolgten Langzeit-Belüftungsversuchen: [gTOC/l]						
	$\bar{X}$	s	i	LB1	LB2	LB3	LB4	LB5	LB6	LB7
0	1	0	7	0,277	0,281	0,319	0,296	0,281	0,273	0,228
0,25	0,968	0,0041	6	0,270	0,272	0,308	0,286	0,272	–	0,220
0,50	0,942	0,0103	7	0,266	0,264	0,298	0,278	0,263	0,255	0,217
1,0	0,885	0,0112	7	0,249	0,249	0,281	0,261	0,250	0,244	0,197
2,0	0,790	0,0096	7	0,222	0,221	0,248	0,233	0,223	0,219	0,178
3,0	0,708	0,0173	7	0,198	0,197	0,222	0,207	0,199	0,203	0,158
4,0	0,618	0,0498	7	0,172	0,174	0,195	0,184	0,183	0,186	0,119
5,0	0,540	0,0622	6	0,158	0,154	0,173	0,161	0,172	–	0,097
6,0	0,473	0,0526	6	0,144	1,141	0,155	0,142	–	0,131	0,085
7,5	0,404	0,0353	6	0,119	0,119	0,126	0,121	–	0,118	0,077
10,0	0,294	0,0203	7	0,075	0,078	0,096	0,088	0,092	0,084	0,073
12,5	0,216	0,0206	7	0,065	0,061	0,072	0,060	0,058	0,080	0,065
15,0	0,166	0,0092	7	0,048	–	0,051	0,049	0,051	0,082	0,060
24,0	0,088	0,0212	6	0,019	0,030	0,036	0,033	0,047	0,119	0,056
27,5	0,097	0,0280	6	0,023	0,029	0,036	0,043	0,041	0,121	0,062
31,0	0,106	0,0391	6	0,029	0,037	0,043	0,049	0,043	0,127	0,080
48,0	0,083	0,0193	7	0,051	0,042	0,053	0,042	0,057	0,121	0,097
55,0	0,074	0,0234	7	0,057	0,030	0,061	0,038	0,049	0,083	0,107
72,0	0,056	0,0252	7	0,049	0,053	0,058	0,029	0,041	0,121	0,099
96,0	0,039	0,0125	7	0,040	0,051	0,069	0,028	0,032	0,091	0,073
$(X_v)_0$ - Mess: $[goTS/l]_{t=0[h]}$				5,88	4,315	4,198	4,197	3,632	7,31	7,88
*X_v: $[goTS/l]_{t=96[h]}$				4,685	3,567	3,019	3,456	3,013	6,016	6,139

* für oTS-Zwischenkonzentrationen siehe Tab. 5–7;
** TOC- und X_v-Analysen in Doppelbestimmung an jeweils 50 ml/Messzeit entnommenen Proben;
$\bar{X}$, s, i übliche statistische Notationen – siehe Kap. 3.

Die Modellerstellung erfolgte allerdings nur auf CSB-Basis und wurde auf 24 Stunden begrenzt, da wie die Ergebnisse zeigten, sich nach etwa 28 Stunden starke Lysisprozesse abzeichneten und periodische TOC-Anhebungen hervorriefen (Abb. 5–7).

Zur Modellierung der Substratabbaukinetik wäre ebenfalls von einer Reaktion n-ter Ordnung auszugehen gewesen, um dabei n und K_n unter den Bedingungen des Batchversuches zu ermitteln. In Anbetracht der Tatsache, dass sich die in diesem Falle anzuwendende Formel (Gl. 2–31) nicht linearisieren lässt und sich bei

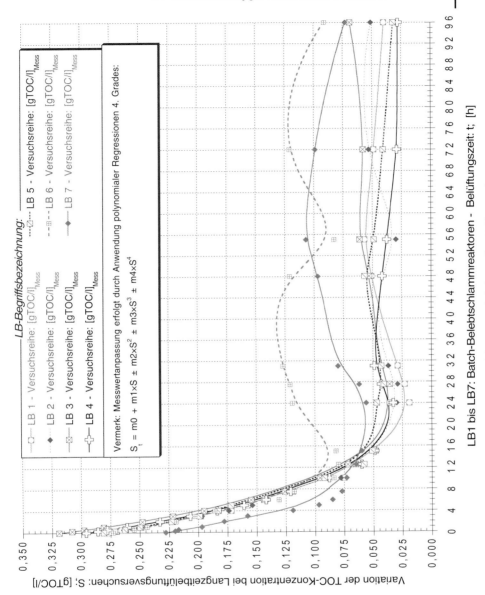

Abb. 5–7: Abnahme der TOC-Konzentration während der Langzeitbelüftung aller LB-Abwasserbelebtschlammgemische in den Halbtechnikums-Batchreaktoren – siehe Tab. 5–6; nach [17, 29].

der Anwendung des Rührkessel-Modells herausgestellt hatte, dass n ≈ 1, wurde n = 1 angenommen und der CSB-Substratabbau danach modelliert [4, 5, 11, 12, 14, 17, 21, 25, 26, 29]:

$$(-r_S/X_0)_{LB} = [K_1 S - k_d]_{LB} \tag{5-8}$$

Die Tabelle 5–6 fasst die nach Ablauf verschiedener Belüftungszeiten in dem filtrierten Abwasserschlammgemisch gemessenen TOC-Konzentrationen zusammen; siehe hierzu auch Abb. 5–7.

Zu dem Modellierungsvorgehen ist vorweg zu bemerken, dass im Falle eines modellmäßig angenommenen exponentiellen Zeitansatzes für die Modellierung der CSB-Abnahme vorausgesetzt wird, dass:

$$(CSB)_t = m1 \times \exp(-m2 \times t_{Mess}) \tag{5-9}$$

Diese Beziehung lässt sich linearisieren, indem man sie logarithmiert:

$$\ln(CSB_{Mess}) = \ln(m1) - m2 \times t_{Mess} \tag{5-10}$$

Durch die Einzeichnung der Messwertpaare $[\ln(CSB_{Mess})];t_{Mess}$ in einem Koordinatensystem $[\ln(CSB_{Mess})]$ gegen t_{Mess} und Anpassung dieser Punkte an eine übliche Regressionsgerade liefert ihr Ordinatenabschnitt den $[\ln(m1)]$-Wert und die negative Steigung würde direkt den $(-m2)$-Koeffizienten angeben. Insofern wird der Verlauf $S = CSB_{Mod.} = m1 \times \exp(-m2 \times t_{Mess})$ diesmal bei bereits bekannten und statistisch abgesicherten (m1)- und (–m2)-Koeffizienten statistisch abgesichert. In diesem Falle griff man jedoch auf das in Tab. 3–8 gelistete Programm zurück und erhielt die Koeffizienten (m1) und (–m2) direkt (siehe weitere Ausführungen). Durch weitere Differenzierung der $(CSB_{Mod.}) = f(t_{Mess})$, gezielt nach denselben Zeitabläufen zu denen CSB_{Mess} auch analytisch bestimmt wurde:

$$(dS_{Mess.}/dt_{Mess}) = -(-m2)(m1)\exp(-m2 \times t), \tag{5-11}$$

gleicht dies verfahrenstechnisch der CSB-Abbaugeschwindigkeit: $(-r_S)$!

Da die genaue Kenntnis zeitentsprechender X-Werte mit manchmal recht großen Unsicherheiten behaftet ist, wird üblicherweise mit der spezifischen Reaktionsgeschwindigkeit für die Ausgangsbedingungen der Biomasse:

$$(-r_S/X_0) = (dS/dt)/X_0 = -[(-m2)(m1)\exp(-m2 \times t)]/X_0 = K_1 S - k_d \tag{5-12}$$

verfahren, um den Prozess zu modellieren; die Mess- und Rechenhilfswerte aller sieben LB-Batchversuche, die all diese Schritte ermöglichen, sind in Tab. 5–7 bis Tab. 5–9 aufgelistet.

Das Ergebnis dieser Anpassung an exponentielle Ansätze und die resultierenden Modellkoeffizienten sowie die entsprechenden Korrelationsgüten sind Abb. 5–8a bis Abb. 5–8c zu entnehmen.

Tab. 5-7: Zeit-Variation der CSB- und oTS-Konzentrationen in den Halbtechnikums-Batchreaktoren bei den 24-stündigen Belüftungsversuchen nach dem Belebtschlammverfahren (Ergebnisse aus der Analyse des Abwasserschlammgemischs jeweils 50 ml-Probe/Reaktionszeit betragende Probevolumen (Doppelbestimmung) – siehe Abb. 5–1 sowie Abb. 5–8a bis Abb. 5–8f und Abb. 5–9a, Abb. 5–9b; nach [17, 29].

Verlauf am Abwassersubstrat S [gCSB/l] und Biomasse X_v [goTS/l] gemessener Konzentrationen in den Halbtechnikums-Belebtschlamm-Batchreaktoren bei deren 24-stündigen Belüftung:

Zeit t [h]	LB1 CSB_{Mess}	LB1 X_{vMess}	LB2 CSB_{Mess}	LB2 X_{vMess}	LB3 CSB_{Mess}	LB3 X_{vMess}	LB4 CSB_{Mess}	LB4 X_{vMess}	LB5 CSB_{Mess}	LB5 X_{vMess}	LB6 CSB_{Mess}	LB6 X_{vMess}	LB7 CSB_{Mess}	LB7 X_{vMess}
0	1,011	5,881	1,030	4,316	1,170	4,197	1,086	4,021	1,031	3,682	1,002	7,310	0,834	7,880
0,25	0,952	-	0,997	4,334	1,129	4,221	1,049	-	0,997	-	-	-	0,807	-
0,50	0,905	5,999	0,968	-	1,093	-	1,019	4,043	0,964	3,670	0,935	7,307	0,796	7,901
1,0	0,862	5,780	0,913	4,370	1,030	4,378	0,957	4,111	0,917	3,557	0,895	7,309	0,722	-
2,0	0,814	6,059	0,810	-	0,909	-	0,854	4,204	0,818	3,754	0,803	7,419	0,653	7,902
3,0	0,726	6,087	0,722	-	0,814	-	0,759	4,211	0,730	3,804	0,744	7,482	0,579	8,023
4,0	0,631	6,124	0,638	-	0,715	-	0,675	4,289	0,671	3,837	0,682	7,526	0,436	8,013
5,0	0,579	6,188	0,565	4,572	0,634	4,538	0,590	4,318	0,631	3,900	-	-	0,356	8,188
6,0	0,528	-	0,418	-	0,568	-	0,521	-	-	-	0,480	7,507	0,312	8,153
7,5	0,436	-	0,436	-	0,462	-	0,444	4,511	-	-	0,433	7,603	0,282	8,289
10,0	0,375	6,382	0,386	4,870	0,352	4,631	0,323	4,448	0,337	4,027	0,308	7,632	0,231	8,308
12,5	0,338	-	0,324	4,904	0,264	4,702	0,220	4,476	0,213	4,108	0,213	7,784	0,202	8,144
15,0	0,291	6,245	0,269	4,825	0,187	4,767	0,180	4,489	0,187	4,173	0,184	7,740	0,139	8,179
24,0	0,171	6,285	0,173	4,767	0,132	4,819	0,121	4,561	0,099	4,203	0,100	7,816	0,085	8,299
*$Y_{Mod.}$	0,56998		0,68378		0,54291		0,58308		0,663218		0,55893		0,57134	
$(X_0)_{Mod.}$	5,8895		4,312		4,2289		4,0005		3,6106		7,2919		7,8635	

* Zur modellmäßigen Ermittlung von Y_{Modell} und $(X_0)_{Modell}$ und deren statistischer Absicherung siehe Abb. 5–6d und Gl. 2–47b.

Tab. 5–8: Zusammenstellung der nach dem exponentiellen Ansatz: $[(CSB)_{t, X0 = cst}]_{LB} = [m1 + exp(-m2 \times t_{Mess})]_{LB}$ berechneten CSB-Konzentrationsvoraussagen sowie spezifischen Reaktionsgeschwindigkeiten: $\{[(-dS/dt)/X_0]_{f=(m1, m2, tMess)}\}_{LB} = [(-m2 \times m1 \times exp(-m2 \times t_{Mess})/X_0]_{LB} = \{[r_S/X_0]_{S=f(t)}\}_{LB}$ bei den Langzeit-Belüftungsversuchen in Halbtechnikums-Batchreaktoren nach dem Belebtschlammverfahren – siehe auch Abb. 5–9a; nach [3, 17, 29]

| Zeit t [h] | \multicolumn{2}{c}{LB1-Modellwerte} | | \multicolumn{2}{c}{LB2-Modellwerte} | \multicolumn{2}{c}{LB3-Modellwerte} | \multicolumn{2}{c}{LB4-Modellwerte} | \multicolumn{2}{c}{LB5-Modellwerte} | \multicolumn{2}{c}{LB6-Modellwerte} | \multicolumn{2}{c}{LB7-Modellwerte} |

Nach einem exponentiellen Ansatz modellierte S-Konzentrationen: $\{[gCSB]/l\}_{f=(m1, m2, t)LB}$ und spez. CSB-Abbaugeschwindigkeiten: $\{[(-dS/dt)/X_0]_{f=(m1, m2, t)}\}_{LB} = \{r_S/X_0]_{S=f(m1, m2, t)}\}$ in den Halbtechnikums-Batchreaktoren aller LB-Versuche – siehe Abb. 5–8a, 5–8b, 5–8c.

Zeit t [h]	CSB	$(-dS/dt)/X_0$	CSB	$(-dS/dt)/X_0$	CSB	$(-dS/dt)/X_0$	CSB	$(-dS/dt)/X_0$	CSB	$(-dS/dt)/X_0$	CSB	$(-dS/dt)/X_0$	CSB	$(-dS/dt)/X_0$
0	0,959	0,01491	1,001	0,02397	1,160	0,03290	1,082	0,0322	1,028	0,03102	1,015	0,01644	0,833	0,014723
0,25	0,937	0,01457	0,975	0,02336	1,126	0,03194	1,050	0,03125	1,000	0,03017	0,985	0,01596	0,804	0,014219
0,50	0,916	0,01424	0,950	0,02276	1,093	0,03100	1,019	0,03033	0,973	0,02934	0,956	0,01549	0,777	0,013733
1,0	0,875	0,01361	0,902	0,02162	1,030	0,02921	0,960	0,02857	0,920	0,02776	0,901	0,01460	0,725	0,012809
2,0	0,799	0,01242	0,814	0,01949	0,915	0,02593	0,852	0,02534	0,823	0,02484	0,801	0,01297	0,630	0,011143
3,0	0,729	0,01133	0,734	0,01758	0,812	0,02302	0,756	0,02249	0,737	0,02223	0,711	0,01152	0,548	0,009694
4,0	0,665	0,01034	0,662	0,01585	0,721	0,02044	0,670	0,01995	0,659	0,01989	0,632	0,01024	0,477	0,008434
5,0	0,607	0,00944	0,597	0,01429	0,640	0,01815	0,595	0,01770	0,590	0,0178	0,561	0,00909	0,415	0,007337
6,0	0,554	0,00862	0,538	0,01289	0,568	0,01611	0,528	0,01570	0,528	0,01593	0,499	0,00808	0,361	0,006383
7,5	0,483	0,00751	0,461	0,01104	0,475	0,01348	0,441	0,01312	0,447	0,01348	0,418	0,00676	0,293	0,005180
10,0	0,384	0,00598	0,356	0,00852	0,353	0,01001	0,327	0,00973	0,339	0,01021	0,311	0,00503	0,207	0,003657
12,5	0,306	0,00476	0,275	0,00658	0,262	0,00743	0,242	0,00722	0,256	0,00774	0,231	0,00374	0,146	0,002581
15,0	0,243	0,00378	0,212	0,00508	0,195	0,00552	0,180	0,00535	0,194	0,00586	0,172	0,00278	0,103	0,001822
24,0	0,107	0,00166	0,084	0,00201	0,067	0,00189	0,061	0,00182	0,071	0,00216	0,059	0,00096	0,029	0,000520
m1	0,95884		1,0006		1,1603		1,0817		1,0281		1,0118		0,83293	
m2	0,09143		0,10338		0,11901		0,11963		0,11109		0,11842		0,13929	
$(X_0)_{Mod.}$	5,8895		4,3136		4,2289		4,0005		3,6106		7,2919		7,8635	

m1, m2 sind Koeffizienten des exponentiellen CSB-Modellansatzes (Abb. 5–8a, 5–8b, 5–8c); zur X_0-Modellermittlung siehe Abb. 5–8d.

Tab. 5-9: Zusammenstellung von auf der Basis des exponentiellen Ansatzes berechneten Reaktionsgeschwindigkeiten: [(-dS/dt)/X_0]$_{S=f(t)}$ = [-(-m2 × m1 × exp(-m2 × t$_{Mess}$)]$_{LB}$ ggn. jenen formalkinetischer Natur: [(-r$_S$/X$_0$)$_{S=f(t)}$]$_{LB}$ = [K$_1$·S$_{Mess}$ - k$_{dLB}$]$_{LB}$, bei den in Halbtechnikums-Batchreaktoren geführten Belüftungsversuchen nach dem Belebtschlammverfahren – siehe Abb. 5–8a, Abb. 5–8b, Abb. 5–8c, Abb. 5–8d sowie Abb. 5–9b; nach [3, 17, 29].

Halbtechnikums-Batchreaktoren: Vergleichende Zusammenstellung spezifischer Modell-Reaktionsgeschwindigkeiten:

$$[(-dS_{Mess}/dt)_{S=f(t)}]/X_0]_{LB} = [(-r_S/X_0)_{S=f(t)}]_{LB} = [K_1 S_{Mess} - k_{dLB}] \text{ binnen aller LB-Versuche:}$$

Zeit t [h]	LB1		LB2		LB3		LB4		LB5		LB6		LB7	
	K$_1$·S-k$_d$	(-dS/dt)/X$_0$	K$_1$·S-k$_d$	(-dS/dt)/X$_0$	K$_1$·S-k$_d$	(-dS/dt)/X$_0$	K$_1$·S-k$_d$	(-dS/dt)/X$_0$	K$_1$·S-k$_d$	(-dS/dt)/X$_0$	K$_1$·S-k$_d$	(-dS/dt)/X$_0$	K$_1$·S-k$_d$	(-dS/dt)/X$_0$
0	0,0158	0,0149	0,0243	0,0240	0,0287	0,0329	0,0301	0,0322	0,0305	0,0310	0,0164	0,0164	0,0180	0,0147
0,25	0,0148	0,0146	0,0228	0,0234	0,0270	0,0319	0,0284	0,0312	0,0287	0,0302	0,0154	0,0160	0,0169	0,0142
0,50	0,0141	0,0142	0,0217	0,0228	0,0257	0,0310	0,0269	0,0303	0,0273	0,0293	0,0146	0,0155	0,0161	0,0137
1,0	0,0134	0,0136	0,0206	0,0216	0,0244	0,0292	0,0256	0,0286	0,0260	0,0278	0,0139	0,0146	0,0153	0,0128
2,0	0,0127	0,0124	0,0194	0,0195	0,0231	0,0259	0,0242	0,0253	0,0245	0,0248	0,0131	0,0130	0,0144	0,0111
3,0	0,0113	0,0113	0,0173	0,0176	0,0205	0,0230	0,0216	0,0225	0,0219	0,0222	0,0117	0,0115	0,0128	0,0097
4,0	0,0098	0,0103	0,0150	0,0158	0,0178	0,0204	0,0187	0,0199	0,0190	0,0199	0,0101	0,0102	0,0111	0,0084
5,0	0,0089	0,0094	0,0137	0,0143	0,0163	0,0181	0,0171	0,0177	0,0175	0,0178	0,0093	0,0091	0,0102	0,0073
6,0	0,0081	0,0086	0,0124	0,0129	0,0148	0,0161	0,0156	0,0157	0,0159	0,0159	0,0084	0,0081	0,0093	0,0064
7,5	0,0067	0,0075	0,0102	0,0110	0,0122	0,0135	0,0128	0,0131	0,0132	0,0135	0,0069	0,0068	0,0076	0,0052
10,0	0,0057	0,0060	0,0087	0,0085	0,0104	0,0100	0,0110	0,0097	0,0113	0,0102	0,0059	0,0050	0,0065	0,0037
12,5	0,0051	0,0048	0,0078	0,0066	0,0094	0,0074	0,0099	0,0072	0,0102	0,0077	0,0053	0,0037	0,0058	0,0026
15,0	0,0044	0,0038	0,0067	0,0051	0,0080	0,0055	0,0085	0,0053	0,0088	0,0059	0,0045	0,0028	0,0050	0,0018
24,0	0,0025	0,0017	0,0037	0,0020	0,0045	0,0019	0,0048	0,0018	0,0052	0,0022	0,0025	0,0010	0,0028	0,0005
K$_1$	0,015843		0,0244570		0,0287660		0,03010123		0,0301130		0,0164990		0,0180810	
-k$_d$	-0,0002413		-0,00046693		-0,000363980		-0,000296370		+0,00002681!		-0,00026854		-0,00029218	
**m1	0,95884		1,0006		1,1603		1,0817		1,0281		1,0148		0,83293	
**m2	0,09143		0,10338		0,11901		0,11963		0,11109		0,11842		0,13929	
*X$_{0\text{-Mod.}}$	5,8895		4,3136		4,2289		4,0005		3,6106		7,2919		7,8635	

* für oTS-Zwischenkonzentrationen siehe Tab. 5–7; zur Ermittlung statistisch abgesicherter Modellparameter K$_1$ und k$_d$ siehe Abb. 58c sowie Abb. 5–9b, für (X$_t$)$_{0 - Mod.}$ siehe Abb. 5–8d;

** zur Ermittlung von m1 und m2 als Koeffizienten des exponentiellen Modellansatzes bei der Einzeichnung/Regredierung gemessener CSB-Konzentrationen siehe Abb. 5–8a, Abb. 5–8b, Abb. 5–8c sowie Abb. 5–9a.

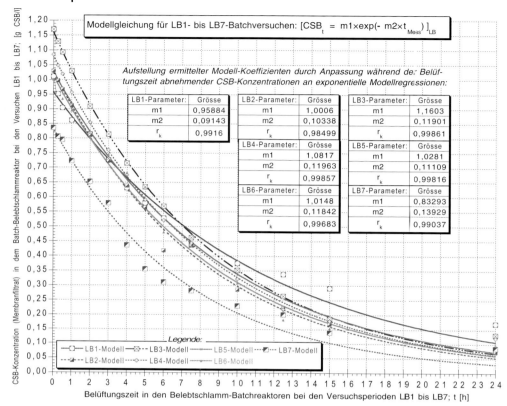

Abb. 5–8a: Nach einer exponentiellen Zeitfunktion erfolgten Modellerstellung der Variation von CSB-Konzentrationswerten beim Belebtschlammverfahren in Batch-Halbtechnikumsreaktoren bei den Versuchen LB1 bis LB7: $[CSB_{(t)} = m1 \times exp(-m2 \times t)]_{LB}$ und Auflistung entsprechender $[m1, -m2]_{LB}$-Koeffizienten bei Angabe deren statistischen Absicherung: r_k – siehe Tab. 5–6b; nach [3, 5, 29, 32].

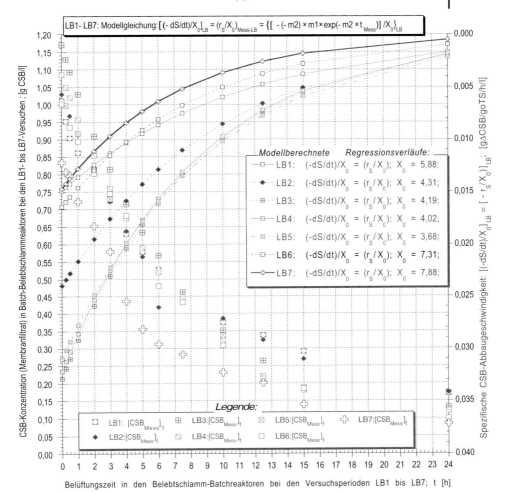

Abb. 5–8b: Aus dem sich als adäquat erweisenden exponentiellen Modellansatz zur Erfassung des CSB-Abbaus als Prozessverlauf gemäß einer Reaktion 1. Ordnung (untere Abszisse, linke Ordinate), die nun hervorgehenden Modellberechnung der spezifischen Aufbaugeschwindigkeit: $(-r_S/X_0)_{LB1\,bis\,LB7}$ = $\{[(CSB_{Mod.}/dt)]/X_0\}_{LB1\,bis\,LB7}$ als Differential nach Zeit: $[(CSB_{Mod.}/dt)/X_0]_{LB1\,bis\,LB7}$ = $\{-[(-m2) \times m1 \times \exp(-m2 \times t]/X_0\}_{LB1\,bis\,LB7}$ (LB-Kurvenfamilie, rechte Ordinate); nach [3], von den Verfassern modifiziert.

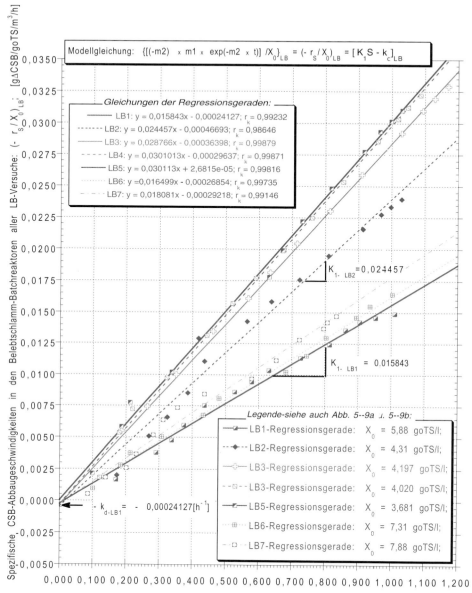

Abb. 5–8c: Synoptische Darlegung mittels Batch-Belebtschlammreaktoren ermittelter reaktionstechnischer Parameter des van-Uden-Ansatzes als Funktion von gemessenen CSB-Konzentrationsabnahmen während aller LB-Versuche – siehe auch Tab. 5–7, Tab. 5–8, Tab. 5–9 sowie Abb. 5–8a, Abb. 5–8b und Abb. 2–31; nach [3, 5, 11, 14, 29, 31].

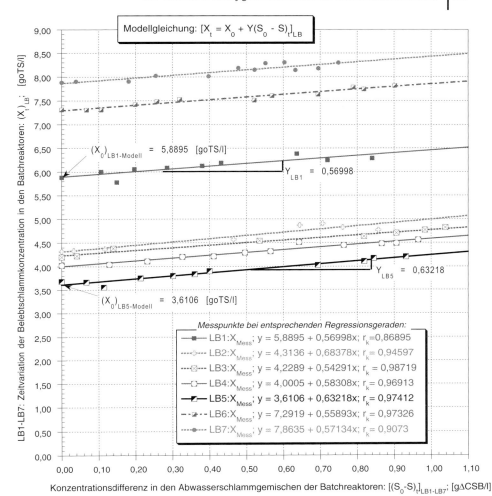

Abb. 5–8d: Ermittlung der Koeffizienten des Schlammertrags Y bei dem einem angenommenen Reaktionsverlauf 1. Ordnung entsprechenden CSB-Abbau nach dem Belebtschlammverfahren in Batchreaktoren – siehe Tab. 5–7; nach [5, 6, 8, 18].

Die Schlammertragskonstante Y ließ sich ihrerseits mit Hilfe der Gl. 2–47b durch Zeit-Messungen der oTS-Konzentrationen modellmäßig direkt ermitteln (Tab. 5–7, Abb. 5–8d).

Diese reaktionstechnisch vereinfachte Modell-Annahme einer Reaktion 1. Ordnung ermöglichte bei der Analyse resultierender formalkinetischer Parameter (beachte die Regressionsgleichungen in Abb. 5–8a bis Abb. 5–8d) zu statistisch hoch absicherten Y, K_1, k_d und $\mu = (r_X/X) = Y(-r_S/X)$ zu gelangen. Eine zusätzliche

236 | *5 Durchführung kinetischer Untersuchungen*

statistische Absicherung erfolgte über die Anwendung des t-Testes (siehe Kapitel 3), indem $[(-dS_0/dt)/X_0]_{t=0}$ über den exponentiellen Ansatz gerechnet:

$[(r_{S0}/dt)/X_0]_{t=0} = (K_1 S_0 - k_d)_{t=0}$, reaktionskinetisch als $(K_1, k_d, S_0, X_0)_{t=0}$-Funktion ermittelt, für jede LB-Periode geprüft wurden [3]. Es konnten hierbei keine statistischen Differenzen bei diesen Datenreihen (Tab. 5–7, Tab. 5–8 bzw. Tab. 5–9) festgestellt werden – siehe dazu Abb. 5–8e.

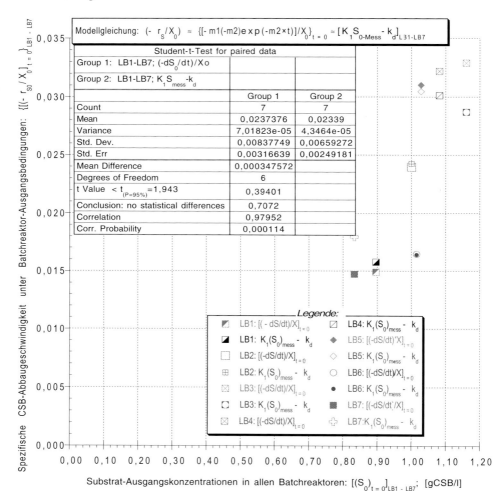

Abb. 5–8e: Grapho-analytische und statistische Prüfung eventuell signifikanter Unterschiede zwischen Voraussagen des exponentiellen Ansatzes und denen einer Formalkinetik 1. Ordnung/van-Uden in Hinblick auf die CSB-Abbaugeschwindigkeiten unter den Ausgangsbedingungen des Batch-Belebtschlammverfahrens bei allen sieben LB-Experimentversuchen; nach [3] – siehe im Abschnitt 3.1.2 auch das Rechenbeispiel 2 sowie die Datenreihen in Tabelle 5–9!

Präzisierung: Da das angewandte Kaleyda-Graph-Programm keine Eingriffe in alle Spalten zwecks Eintrags korrespondierender deutscher Begriffe gestattet, wird gebeten, bei evtl. Unklarheiten auf Kap. 3 dieses Buches mitsamt dessen Bibliographie zurückzugreifen!

Ähnlich verfahren wurde auch mit den LB-Datenreihen $[CSB_{t\text{-Mess}}]_t$; $[CSB_{t\text{-Mod.}}]_t = [m1 \times \exp(-m2 \times t_{Mess})]_{LB}$ (siehe Tab. 5–8 und Abb. 5–8f), und der t-Test bestätigte auch diesmal die Adäquatheit exponentieller Modellansätze im Falle des CSB-Abbaus in Halbtechnikums-Belebtschlamm-Batchreaktoren aller sieben LB-Versuchsreihen, indem die „Korrelation" beider Datenreihen sogar auf 0,995 49 hochschnellte.

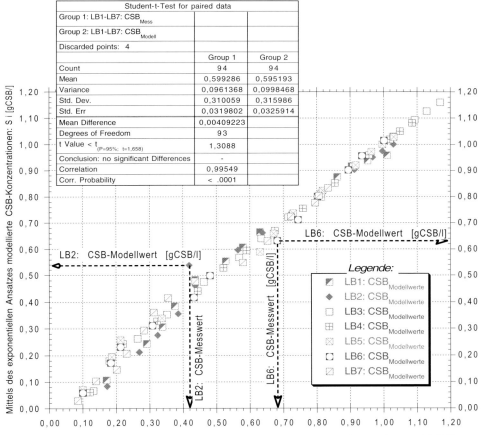

Abb. 5–8f: Grapho-analytische und statistische Prüfung eventuell signifikanter Unterschiede zwischen den Voraussagen des exponentiellen Ansatzes und den gemessenen CSB-Konzentrationen bei der 0–24h-Belüftung der Batch-Belebtschlammreaktoren bei allen sieben LB-Versuchen; – siehe auch Abschnitt 3.1.2, Rechenbeispiel 2 sowie die entsprechenden Datenreihen in Kap. 5: Tabellen 5–7, Tab. 5–8 und Tab. 5–9; nach [3, 17, 29].

Präzisierung: Da das angewandte Kaleyda-Graph-Programm keine Eingriffe in alle Spalten zwecks Eintrags korrespondierender deutscher Begriffe gestattet, wird gebeten, bei evtl. Unklarheiten auf Kap. 3 dieses Buches mitsamt dessen Bibliographie zurückzugreifen!

Diskussion der Ergebnisse: Aus Abbildung 5–8a geht hervor, dass die im Laufe der Zeit im Belebtschlamm-Batchreaktor einsetzende Abnahme der $[CSB_{Mess}]_{LB}$-Werte sich nach einer Formalkinetik 1. Ordnung recht gut erfassen sowie hoch absichern ließ ($r_k > 0{,}984\,99$). Die Differenzierung der resultierenden y_1-Regressionsgleichungen nach t [3]:

$$(dy_1/dt)_{LB} = [-(-m2) \times m1 \times \exp(-m2 \times t)]_{LB} \tag{5–13}$$

ließ verfahrenstechnisch die Ermittlung der CSB-Abbaugeschwindigkeit: $[(-r_S)X]_{LB}$ in der betreffenden LB-Versuchsperiode zu:

$$[(-r_S)X]_{LB} = [(dy_1/dt)]_{LB} = [(dS/dt)]_{LB}, \tag{5–14}$$

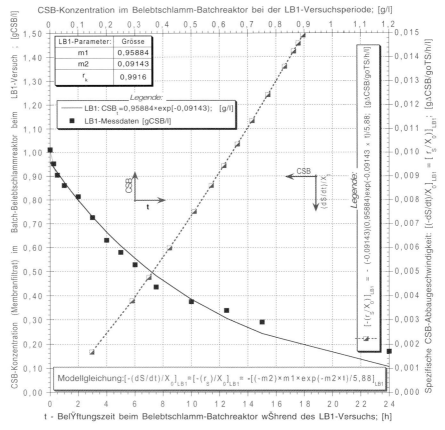

Abb. 5–9a: Zusammenhang zwischen dem angepassten exponentiellen Ansatz zur modellmässigen Erfassung der Variation von LB1-CSB-Konzentrationen als ausschließlich einer Zeitfunktion – siehe Abb. 5–6 mit den darin aufgeführten Modellkoeffizienten und Abb. 5–7b, worin die Parameter der Formalkinetik einer Reaktion 1. Ordnung beim CSB-Abbau in Batch-Belebtschlammreaktoren ermittelt und statistisch abgesichert werden – siehe Tab. 5–7, Tab. 5–8 und Tab. 5–9; nach [3, 32 – von den Verfassern weiterentwickelt].

deren Variation aus der oberen Abszisse und rechten Ordinate der Abb. 5–8b ersichtlich wurde. Auch Abbildung 5–8c verdeutlichte, dass über Einzeichnung der Mess- und Hilfsvariabeln in das Koordinatensystem $(-r_S/X_0)$ gegen $[CSB_{Mess}]_{LB}$-Konzentration jeweils mit $[f(t, m1, m2, X_0) = \text{const.}]_{LB}$ statistisch hoch abgesicherte $[K_1, k_d, Y]_{LB}$-Werte ($r_k \gg 0{,}991\,46$) sowie Schlammertragskoeffizienten Y bei immerhin mehr als zufrieden stellend einzustufenden $r_k \geq 0{,}868\,95$ resultierten (siehe Abb. 5–8d).

Um die Detailprozedur anschaulich zu gestalten, wurden die betreffenden Daten eines einzigen Batchversuchs, LB1, in Abb. 5–9a und Abb. 5–9b modellmäßig einzeln verarbeitet.

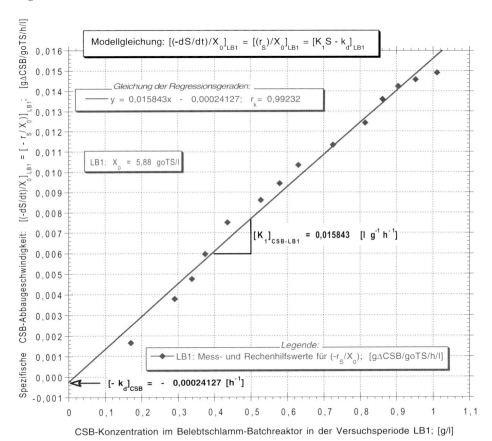

Abb. 5–9b: Ermittlung reaktionstechnischer Parameter unter Annahme einer Reaktion 1. Ordnung beim CSB-Abbau in den Batch-Belebtschlammreaktoren während der LB1-Versuchsperiode - siehe Tab. 5–7, Tab. 5–8 und Tab. 5–9 sowie Abb. 5–8a; nach [3].

Diskussion der Ergebnisse: Es resultierten bei $r_k = 0{,}991\,6$ die Koeffizienten $m1 = 0{,}959\,84$ und $m2 = -0{,}091\,43$, sodass sich sämtliche Modellvoraussagen berechnen ließen:

$CSB_{Mod.} = 0{,}958\,84 \times \exp[-0{,}091\,43 \times t_{Mess}]$; [gCSB/l]
$[(r_S/X_0)]_{LB1} = -[(-0{,}091\,43)(0{,}958\,84)\exp(-0{,}091\,43 \times t)]/5{,}88$; [g$\Delta$CSB/goTS/h/l]
$(K_1)_{LB1} = 0{,}015\,843$ [lg^{-1}h^{-1}] und $k_d = 0{,}000\,241\,27$ [h^{-1}] bei $r_k = 0{,}992\,32$.

Die Modellerstellung nach der vereinfacht angenommenen Formalkinetik 1. Ordnung sowie teilweise auch der variierender Reaktionsordnung bestätigte insofern die hieraus hervorgehenden Modellparameter zum CSB-Abbau, als zu abwassertechnischen Planungszwecken durchweg einsetzbar.

5.1.3
Zwischenbemerkungen zu einstufigen Belebtschlammreaktoren bei der Industrie-Abwasserreinigung

Nach Durchführung dieser ersten Abbauversuche in Labor- und Halbtechnikums-Maßstab lassen sich folgende Hauptaspekte hervorheben:

- Unter Einsatz der experimentellen Versuchsergebnisse in das CSTR-Modell ließen sich die Parameter K_1, Y, und k_d berechnen und hiermit statistisch hoch abgesicherte Modellvoraussagen über den CSB-Eliminationsverlaufes bzw. die Schlammproduktion durchführen. Die Modellierung der Substratelimination mittels der van-Uden-Kinetik (Abb. 5–6) führte bei geringerer Korrelationsgüte $r_k = 0{,}884\,81$ zu physikalisch fraglichen Werten für K_S und insbesondere für μ_{max}. Hierdurch wurde die Möglichkeit der Modellierung des Substratabbaues nach einer Reaktion 1. Ordnung umso mehr bestätigt.
- Die parallel dazu im Standversuch (*batch-culture*) durchgeführten Belüftungsversuche gestatteten eine zufrieden stellende Beschreibung der CSB-Substratabbaukinetik, wenn sich die Belüftungsdauer höchstens bis auf etwa 24 h erstreckte. Bei längeren Belüftungszeiten traten, sicher von Biomasse-Rücklösungsvorgängen bewirkt, TOC-Konzentrationserhöhungen in der flüssigen Phase auf, wodurch sich die erwartete Abnahme der Restverschmutzung in der Reaktionszeit verschlechterte (Abb. 5–7). Unter 24-stündiger Belüftungsdauer ließen sich unter Zugrundelegung eines Reaktionsablaufes 1. Ordnung beim CSB-Abbau und Schlammzuwachs die Modellkoeffizienten K_1, Y und k_d mit hoher statistischer Absicherung ermitteln.
- Bei dem Vergleich von aus einstufigen CSTR-Belebungsanlagen bzw. aus Batchversuchen resultierenden Werten für K_1, Y und k_d stellten sich zwei wichtige Erkenntnisse heraus: eine hohe Übereinstimmung bei den Y- und k_d-Rechenwerten sowie ein merklicher Unterschied in der Absolutgröße der K_1-Werte. Demnach lag die mittels des einstufigen CSTR-Belebtschlammverfahrens

ermittelte K_1-Reaktionskonstante um ein Mehrfaches höher als die aus Batchreaktoren Hervorgehende, vgl. Abb. 5–3 mit Abb. 5–8c. Eine von der Art des Versuchsaufbaus herrührende, diese überraschende Feststellung aufklärende Ursache konnte nicht gefunden werden, da beide Reaktoren voll durchmischt waren und mit dem gleichen Belebtschlamm sowie unter O_2-Überschuss betrieben wurden! *Hiermit scheinen die eigenen Untersuchungen jene in [16] aufgestellte Hypothese über die Auswirkungen der in einem Batchreaktor fortwährend benötigten Bakterien-Adaptationsstufen (um immer schwieriger biologisch abzubauende Substratkomponenten anzugreifen) auf den darin einsetzenden Reaktionsverlauf zu bestätigen (kleiner K_1-Wert). Da andererseits durch den die Funktionsart eines CSTR charakterisierenden Konzentrationssprung auf die darin herrschende End-Substratkonzentration, die sich quasi kaum unterscheidenden Konzentrationsschwankungen auch erheblich gleichmäßigere Selektiondrücke/Lebensbedingungen der CSTR-Bakterienspezies als in einem PFR oder einem mit niedriger Dispersion arbeitenden Belebungsbecken hydraulisch bedingen, werden auch Adaptionssprünge der CSTR-Biomasse an unterschiedliche Substratkonzentrationen/-zusammensetzungen beachtlich kleineren Ausmaßes benötigt. Daher: In einem CSTR setzt eine ausgewogen erhöhte Bakterien(schlamm)aktivität deshalb ein, weil sich zahlreiche Adaptionssprünge von Bakterienstämmen an variierenden Substratkonzentrationen/-arten während der Durchströmung eines Längsbelebungsbeckens erübrigen.* Solche Adaptationsvorgänge beim Abbau von Multikomponentensubstraten durch Bakterienmischpopulationen sind in der Abwassertechnik als Änderungen der spezifischen Abbauleistung eines bestimmten Belebtschlammes bei eintretender Änderung des Substrates bekannt [28, S. 251] und werden auf die Eigenschaft der enzymatischen Adaptation von Bakterien zurück geführt. Diese besteht darin, dass bei Vorliegen eines bestimmten Nahrungsangebotes diejenigen Enzyme nach teilweise kurzer Induktionszeit vermehrt gebildet werden, welche zum Abbau oder Umbau (Reservestoffe) des jeweiligen Nahrungsangebotes benötigt werden. Sofern sich dieses erneut (ver)-ändert, werden über eine „induzierbare Enzym-Synthese" diese Fermente zurückgebildet und der Anpassungsvorgang an das veränderte Substrat, bzw. an dessen abzubauende Restkomponenten, wiederholt sich. Inwieweit solche Überlegungen auf ein zwischen diesen zwei Extremfällen der benötigten Adaptationssprünge, keine Rückvermischung (PFR) und vollkommene Durchmischung (CSTR), mit quantifizierbarer (bekannter) Einschränkung der axialen Dispersion arbeitendes Bioreaktorsystem zutreffen und wie sich dieses auf die Einschränkung der Längsvermischung auswirkt, wird nachstehend mittels einer vierstufigen CSTR-Kaskade untersucht.

5.2
Versuche in einer Halbtechnikums-Mischbeckenkaskade

Folgende Ausführungen beziehen sich auf die resultierenden Daten einer aus vier Belebtschlammreaktoren (CSTR) bestehenden, in Durchlaufbetrieb funktionierenden Mischbeckenkaskade. Wegen der bei den einstufigen Belebtschlammreaktoren beobachteten Adäquatheit eines Reaktionsverlaufes 1. Ordnung wurde diese Modellbildung auch hier beibehalten, ergänzt durch die Tests des van-Uden-Ansatzes. Die Koeffizienten K_1, Y und k_d wurden durch Probennahme aus jedem Reaktor sowohl in einer einzelnen Stufe wie auch in der entsprechenden Kaskadenschaltung ermittelt [29]. Parallel dazu hat man durch Einsatz von Computerprogrammen für nicht-lineare Regressionen (Tab. 3–8) auch das zur Beschreibung von Reaktionen variierender Ordnung geeignete van-Uden-Modell (vgl. Abschnitt 2.1.3.1) mit dem vereinfachenden Modell 1. Ordnung auf seine Adäquatheit hin geprüft [30] – siehe hierzu die aufgegliederten CSTRs in Tab. 5–10.

5.2.1
Beschreibung der Anlage und Versuchsplanung

Zur Durchführung der Versuche (Abb. 5–10) wurden die programmierten Funktionsbedingungen (Schaltpult) geprüft, wonach das gravitationale Durchfließen der Kaskade mit Abwasserschlammgemisch begann und die vier gleich großen, mit Rührern (5) versehen ($\approx$ 200 min^{-1}) Belebtschlammreaktoren (3) und das Nachklärbecken (7) ihren Betrieb anfingen. Die Zuspeisung mit dem zu reinigenden Industrieabwasser erfolgte aus dem Vorratsbehälter (1) (welcher mit einer vorher gut abgesetzten, kontinuierlich entnommenen Tagesdurchschnittsprobe aufgefüllt worden war). Über die Dosierpumpe (2) wurde das zuerst im Klärwerk des Bauherrn vorgeklärte und danach unter Versuchsbedingungen nochmals abgesetzte, praktisch suspensafreie Abwasser (unter 2 mgoTS/l) aus (1) in den ersten Reaktor der Kaskade eingeleitet. In denselben Reaktor floss auch der Rücklaufschlamm hinein, dessen Menge mit Hilfe der Dosierpumpe (8) in einem präzisen Verhältnis zum Abwasserzulauf gehalten werden konnte. Das Abwasserschlammgemisch durchfloss mit freiem Gefälle die darauf folgenden CSTR-Reaktoren (3), trennte sich vom Belebtschlamm in dem Nachklärbecken (7) und gelangte in den Auslauf-Abfangbehälter (10). Zusätzlich zu den Dosierpumpen (2) und (8) erfolgte eine Ausliterung mit dem Messzylinder (12) bei Einstellung jeder Versuchsperiode, um hierdurch eventuell auftretende Schwankungen des Durchsatzes zu beheben.

Die Entnahme des Überschussschlammes geschah programmgesteuert (16) aus dem Hauptstrom zwischen den CSTRs mittels der Impulsventile (13) automatisch in die Abfangbehälterchen (14), etwa 3 l/d, und manuell aus dem Rücklaufschlamm (9, 15), etwa 1 l/d, wobei man in dem Nachklärbecken (9) die ganze Zeit versuchte, einen möglichst quasi-konstanten Schlammspiegel aufrechtzuerhalten. Der O_2-Pegel wurde in allen Reaktoren der Kaskade kontinuierlich verfolgt (11). Die Belüftung geschah mit Hilfe poröser, an das Druckluftnetz (6) angeschlossener Belüftungskörper (4). Die Bakterienkonzentrationen lagen zwi-

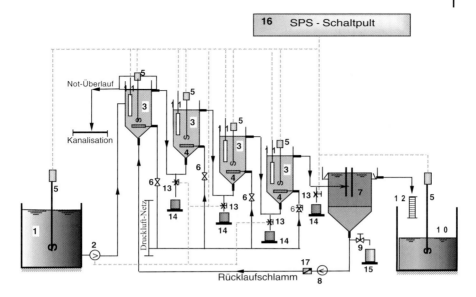

Abb. 5–10: Prinzipschema der vierstufigen Halbtechnikums-Mischbeckenkaskade.

Legende

1 - Vorratsbehälter mit weißbandfiltriertem VKB - Ablauf der Industrie-Kläranlage (V=0,1m³)
2 - Regelbare Schlauchpumpe (Q ≤ 15 l/h)
3 - Bioreaktoren (V = 10 Liter/CSTR)
4 - Belüftungskerze
5 - Rührer (L = 250 W)
6 - Druckabbauventile
7 - Nachklärbecken (V=0,016m³, q_A ≤ 0,5 m/h)
8 - Regelbare Rücklaufschlammpumpe (Q ≤ 5 l/h)
9 - ÜS-Schlammentnahmeventil
10 - NKB-Ablauf-Auffangbehälter(V=0,1m³)
11 - Sauerstoff-Messsonden
12 - Auslitterung
13 - Impuls-Ventile zur Probenahme
14 - Gefäße mit Faltenfiltern
15 - Sammelgefäß für ausgekreisten ÜSS
16 - SPS-Schaltpult fürs Prozessleitsystem
17 - Rückschlagklappe

Begriffsbezeichnungen;

ÜSS - Überschussschlamm
SPS - **S**peicher-**P**rogrammierbare-**S**teuerungen (Prozessleitsystem)
------- Kabelführungstrassen des Prozessleitsystems

schen 3,8 und 5,3 g/l als Glühverlust; der eintretende Substratabbau sollte bei jeder der nun auf jeweils 2, 3, 4, 6 und 8 h/Reaktor betragenden Reaktionszeit eingestellten Versuchsperioden verfolgt werden, was aber in den Perioden 4 und 5 wegen starker Lysis zur Abkoppelung von CSTR 3 und CSTR 4 führte – siehe Tab. 5–10. Jede Versuchsperiode umfasste die gleiche Anzahl von Betriebstagen, wobei nach jeder vierten Stunde während der Tagesschicht (zweimal/Schicht) und nach jeder achten Stunde während der Abend- und Nachtschicht (einmal/Schicht) die Gefäße (14) aus jedem Reaktor separat entnommen, das Volumen gemessen, anschließend in eine Flasche für die Reaktor-Tagesdurchschnittsprobe zusammengetan, bis zur Analyse am darauf folgenden Tag kühl aufbewahrt und nachher die Masse an oTS/d und die CSB-Konzentration im Filtrat bestimmt wurden – siehe Tab. 5–10a und 5–10b.

Tab. 5-10a: Zusammenstellung der Mess- und Modell-Rechenhilfswerte für jeden Reaktor der zweistufigen CSTR-Kaskade (CSB-Abbau) – siehe grapho-analytische Bewertung in Abb. 5–11, Abb. 5–12, Abb. 5–13a und Abb. 5–13b; nach [29]

VKB$_{Abl}$ mgX$_v$/d	S$_0$ mg/l	S$_{infl.}$ mg/l	CSTR 1 Versuchsergebnisse $\bar{X}_V$ mg/l	S$_1$ mg/l	$-r_S/\bar{X}_V$ mg/g/h	$r_S/\bar{X}_V$ mg/g/h	CSTR 1 Modellvoraussage van-Uden $r_S/\bar{X}_V$ mg/g/h	S$_1$ mg/l	CSTR 1 Modellvoraussage 1. Ordnung $-r_S/\bar{X}_V$ mg/g/h	S$_1$ mg/l	CSTR 2 Versuchsergebnisse S$_2$ mg/l	$-r_S/\bar{X}_V$ mg/g/h	$r_S/\bar{X}_V$ mg/g/h	CSTR 2 Modellvoraussage van-Uden $r_S/\bar{X}_V$ mg/g/h	S$_2$ mg/l	CSTR 2 Modellvoraussage 1. Ordnung $-r_S/\bar{X}_V$ mg/g/h	S$_2$ mg/l	$\Sigma(\Delta X_v)_{rCSTR 1-5}$ + NKB$_{Abtrieb}$ - VKB$_{Abl.}$ mgoTS/d	$(\theta_c)_{Betrieb}$ [d]
1152	1216	1014	4,49	582	48,11	11,19	10,16	558	52,24	582	397	20,6	4,816	4,720	397	22,67	397	–	–
1248	1169	973	4,86	566	41,87	10,83	9,873	517	50,80	566	381	19,0	4,621	4,528	381	21,76	381	–	–
1440	1205	1002	4,44	564	49,77	10,79	9,837	554	50,63	564	390	19,6	4,597	4,636	390	22,27	390	–	–
1632	1237	1028	4,88	553	48,67	10,55	9,639	544	49,64	553	353	20,5	4,463	4,193	353	20,16	353	–	–
1824	1187	987	4,38	549	50,00	10,46	9,567	549	49,28	549	356	22,0	4,414	4,229	356	20,33	356	–	–

Versuchsperiode 1: $Q_0 = 4$ [l/h]; $R = 0,25$; $RQ_0 = 0,25 \cdot Q_0 = 1,0$ [l/h]; $\tau_0 = V/Q_0 = 10/4 = 2,5$ [h]; $\tau_{Effektiv} = \tau_0/(1+R) = 2$ [h] / Reaktor

1089	1124	919	3,76	425	43,79	7,70	7,334	425	38,15	425	246	15,9	2,897	2,914	246	14,05	246	–	–
1410	1077	881	3,88	408	40,64	7,32	7,028	408	36,62	408	236	14,8	2,688	2,794	236	13,48	236	–	–
1538	964	790	3,60	373	38,61	6,53	6,398	373	33,48	373	212	14,9	2,257	2,507	212	12,11	212	–	–
833	1137	930	3,82	437	43,02	7,97	7,550	437	39,23	437	249	14,4	3,045	2,949	249	14,22	249	–	–
1153	1171	957	3,81	452	44,18	8,30	7,820	452	40,57	452	253	17,4	3,229	2,997	253	14,45	253	–	–

Versuchsperiode 2: $Q_0 = 2,67$ [l/h]; $R = 0,25$; $RQ_0 = 0,25 \cdot Q_0 = 0,67$ [l/h]; $\tau_0 = V/Q_0 = 10/2,67 = 3,75$ [h]; $\tau_{Effektiv} = \tau_0/(1+R) = 3$ [h] / Reaktor

624	1224	992	3,95	393	37,91	6,983	6,758	393	35,276	393	201	12,1	2,504	2,375	201	11,48	201	–	–
768	1169	947	4,08	382	34,62	6,736	6,560	382	34,288	382	193	11,6	2,368	2,280	193	11,02	193	–	–
960	1279	1037	3,80	398	42,04	7,094	6,848	398	35,724	398	207	12,6	2,565	2,447	207	11,82	207	–	–
1056	1138	922	3,98	368	34,80	6,423	6,308	368	33,032	368	188	11,3	2,196	2,220	188	10,74	188	–	–
912	1161	941	4,04	362	35,83	6,288	6,200	362	32,493	362	196	10,3	2,122	2,316	196	11,19	196	–	–

Versuchsperiode 3: $Q_0 = 2$ [l/h]; $R = 0,25$; $RQ_0 = 0,25 \cdot Q_0 = 0,5$ [l/h]; $\tau_0 = V/Q_0 = 10/2 = 5$ [h]; $\tau_{Effektiv} = \tau_0/(1+R) = 4$ [h] / Reaktor

Tab. 5–10a: (Fortsetzung)

	Versuchsperiode 4: $Q_0 = 1{,}39$ [l/h]; $R = 0{,}20$; $RQ_0 = 0{,}20 \cdot Q_0 = 0{,}28$ [l/h]; $\tau_0 = V/Q_0 = 10/1{,}39 = 7{,}2$ [h]; $\tau_{Effektiv} = \tau_0/(1 + R) = 6$ [h] / Reaktor										
734	1267	5,33	325	23,52	5,457	325	29,17	6,2	1,665	1,490	127	11578	9,207
634	1206	5,12	307	23,42	5,210	307	27,56	6,1	1,442	1,407	120	9839	10,41
567	1174	5,55	302	21,95	5,120	302	27,11	5,3	1,380	1,454	124	10325	10,75
734	1098	5,41	293	19,87	4,958	293	26,30	5,5	1,269	1,335	114	10493	10,31
834	1174	5,20	292	21,64	4,940	292	26,21	5,4	1,256	1,442	123	9938	10,46
	Versuchsperiode 5: $Q_0 = 1{,}04$ [l/h]; $R = 0{,}20$; $RQ_0 = 0{,}20 \cdot Q_0 = 0{,}21$ [l/h]; $\tau_0 = V/Q_0 = 10/1{,}04 = 9{,}66$ [h]; $\tau_{Effektiv} = \tau_0/(1 + R) = 8$ [h] / Reaktor										
1048	1097	4,68	225	18,88	3,733	225	20,20	3,9	0,424	0,916	79	6768	13,83
948	1270	4,68	258	21,72	4,327	258	23,16	4,6	0,834	1,012	87	8167	11,46
1123	1402	4,46	296	24,83	5,012	296	26,57	5,5	1,306	1,143	98	9519	9,371
824	1337	4,91	280	21,67	4,724	280	25,13	4,8	1,107	1,084	93	9121	10,77
948	1182	4,97	273	19,89	4,597	273	24,50	4,5	1,021	1,096	94	9059	10,97

	CSTR-Nr.	CSTR 1	CSTR 2
	Modell-Koeffizienten		
Y [ΔgoTS/gΔCSB] – van-Uden		0,20057	0,20947
-k_d [h⁻¹] – van-Uden		-0,00024842	-0,00033654
K_1 [l·g⁻¹·h⁻¹] – Modell 1. Ordnung		0,089764	0,05711
-k_d [h⁻¹] - Modell 1. Ordnung		-0,0015835	-0,00013729

Notationen:
$S_{Infl.}$ $(S_0 + RS_4)/(1 + R)$; $[(-r_S/(\tau\bar{X}_V)]_{CSTR.} = [(S_{Zul.} - S_{Abl.})/(\tau\bar{X}_V)]_{CSTR} ; (-r_X/\bar{X}_V)_{van-Uden} = [Y(S_{Zul.} - S_{Abl.}/(\tau\bar{X}_V) - k_{d}]_{CSTR};$
     $[(-r_S/(\tau\bar{X}_V)]_{Modell\ 1.Ord.} = (K_1S_{Abl.} - k_d)_{CSTR-Nr.}$; siehe Abb. 5–11 und Abb. 5–12.
S_0 CSB-Konzentration im Zulauf der Kaskade vor der Vermischung mit dem Rücklaufschlamm
S_1 bis S_4 Auslaufkonzentrationen der betreffenden CST-Reaktoren (Membranfiltrat).
Q_0 Durchsatzvolumenstrom zur Kaskade vor der Vermischung mit dem Rücklaufschlamm.
$(\Delta X_V)_{Kaskade}$ Σ(Entnahme/Reaktor) – VKB$_{Abl.}$ + NKB$_{Abtrieb}$ [mgoTS/d]; $(r_X/X)_{CSTR\ und\ Perioden-Tag} = [(\Delta X)_{CSTR\ und\ Perioden-Tag}/(10.X_V)]/24$; [h⁻¹]
$(\theta_C)_{Betrieb}$ Schlammalter beim CSTR-Kaskadenbetrieb; in Perioden 4 und 5 wurde nur eine Doppelkaskade betrieben;
VKB$_{Ablauf}$ ist der oTS-Input in die Kaskade [mg/d]
NKB$_{Ablauf}$ ist der oTS-Verlust [mg/d]

Tab. 5–10b: Zusammenstellung der Mess- und Modell-Rechenhilfswerte für jeden Reaktor der vierstufigen CSTR-Kaskade – siehe Tab. 5–10a mit CSTR1 und CSTR2 und die grapho-analytische Bewertung in Abb. 5–11, 5–12, 5–13a, 5–13b; nach [29]

VKB_{Abl} mgoTS/d	CSTR 3									CSTR 4							$(\Sigma(\Delta X_v)_{CSTR\,1\text{-}5}$ $+ NKB_{Abtrieb}$ $- VKB_{Abl.}$ mgoTS/d	$(\theta_c)_{Betrieb}$ [d]
	Versuchsergebnisse				Modellvoraussage				Versuchsergebnisse				Modellvoraussage					
					van-Uden		1. Ordnung						van-Uden		1. Ordnung			
	S_3 mg/l	$-r_S/\bar{X}_v$ mg/g/h	$r_x/\bar{X}_v$ mg/g/h	S_3 mg/l	$-r_S/\bar{X}_v$ mg/g/h	S_3 mg/l	$-r_S/\bar{X}_v$ mg/g/h	S_3 mg/l	S_4 mg/l	$-r_S/\bar{X}_v$ mg/g/h	$r_x/\bar{X}_v$ mg/g/h	$r_x/\bar{X}_v$ mg/g/h	S_4 mg/l	$-r_S/\bar{X}_v$ mg/g/h	S_4 mg/l		
\multicolumn{18}{l}{Versuchsperiode 1: $Q_0 = 4$ [l/h]; $R = 0{,}25$; $RQ_0 = 0{,}25 \cdot Q_0 = 1{,}0$ [l/h]; $\tau_0 = V/Q_0 = 10/4 = 2{,}5$ [h]; $\tau_{Effektiv} = \tau_0/(1+R) = 2$ [h] / Reaktor}																	
1152	275	13,6	3,008	275	11,46	275	11,46	205	7,8	1,895	1,777	205	8,6	205	25367	7,080
1248	256	12,9	2,966	256	10,67	256	10,67	189	6,9	1,672	1,654	189	7,8	189	26257	7,404
1440	268	13,7	3,042	268	11,17	268	11,17	198	7,9	1,900	1,723	198	8,4	198	25778	6,827
1632	259	9,6	1,918	259	10,80	259	10,80	190	7,1	1,374	1,662	190	7,9	190	26755	7,296
1824	252	11,9	2,216	252	10,51	252	10,51	186	7,5	1,580	1,631	186	7,6	186	25471	6,878
\multicolumn{18}{l}{Versuchsperiode 2: $Q_0 = 2{,}67$ [l/h]; $R = 0{,}25$; $RQ_0 = 0{,}25 \cdot Q_0 = 0{,}67$ [l/h]; $\tau_0 = V/Q_0 = 10/2{,}67 = 3{,}75$ [h]; $\tau_{Effektiv} = \tau_0/(1+R) = 3$ [h] /Reaktor}																	
1089	146	8,9	1,450	146	6,09	146	6,09	95	4,3	0,879	0,932	95	3,24	95	16021	9,388
1410	152	7,2	1,336	152	6,34	152	6,34	98	4,6	0,820	0,955	98	3,35	98	16965	9,148
1538	140	6,7	1,743	140	5,84	140	5,84	91	4,5	1,033	0,901	91	3,11	91	16146	8,918
833	151	8,6	1,647	151	6,30	151	6,30	100	4,5	0,982	0,970	100	3,42	100	15837	9,649
1153	153	11,1	1,888	153	6,38	153	6,38	101	4,5	1,108	0,978	101	3,45	101	17896	8,516
\multicolumn{18}{l}{Versuchsperiode 3: $Q_0 = 2$ [l/h]; $R = 0{,}25$; $RQ_0 = 0{,}25 \cdot Q_0 = 0{,}5$ [l/h]; $\tau_0 = V/Q_0 = 10/2 = 5$ [h]; $\tau_{Effektiv} = \tau_0/(1+R) = 4$ [h] /Reaktor}																	
624	109	5,8	1,183	109	4,54	109	4,54	61	3,0	0,640	0,671	61	2,08	61	13217	11,95
768	104	5,4	1,230	104	4,34	104	4,34	58	2,8	0,604	0,648	58	1,98	58	13782	11,84
960	133	6,2	1,290	133	5,55	133	5,55	67	3,0	0,696	0,717	67	2,29	67	14461	10,51
1056	100	5,5	1,297	100	4,17	100	4,17	59	2,6	0,699	0,656	59	2,02	59	14363	11,08
912	104	5,7	1,202	104	4,34	104	4,34	62	2,6	0,650	0,679	62	2,12	62	13598	11,88

Tab. 5–10b: (Fortsetzung)

Versuchsperiode 4: $Q_0 = 1{,}39$ [l/h]; $R = 0{,}20$; $RQ_0 = 0{,}20 \cdot Q_0 = 0{,}28$ [l/h]; $\tau_0 = V/Q_0 = 10/1{,}39 = 7{,}2$ [h]; $\tau_{Effektiv} = \tau_0/(1+R) = 6$ [h] /Reaktor

734	129*		9,207
634	131*	Lysis im CSTR 3!	10,41
567	148*	Abkoppelung von CSTR 3 und CSTR 4	10,75
734	140*	Modellauswertung nur bei CSTR 1 + CSTR 2 + NKB!	10,31
834	131*		10,46

Versuchsperiode 5: $Q_0 = 1{,}04$ [l/h]; $R = 0{,}20$; $RQ_0 = 0{,}20 \cdot Q_0 = 0{,}21$ [l/h]; $\tau_0 = V/Q_0 = 10/1{,}04 = 9{,}66$ [h]; $\tau_{Effektiv} = \tau_0/(1+R) = 8$ [h] /Reaktor

1048	107*		13,83
948	71*	Erneut Lysis im CSTR 3!	11,46
1123	80*	Abkoppelung von CSTR 3 und CSTR 4	9,371
824	103*	Modellauswertung nur bei CSTR 1 + CSTR 2 + NKB!	10,77
948	87		10,97

Modell-Koeffizienten

CSTR-Nr.	CSTR 3	CSTR 4
Y [ΔgoTS/gΔCSB] – van-Uden	0,20647	0,22941
- k_d [h^{-1}] - van-Uden	-0,00019988	-0,001448
K_1 [l·g^{-1}·h^{-1}] - Mod.ell 1. Ordnung	0,041682	0,034144
- k_d [h^{-1}] - Modell 1. Ordnung	+0,0016229!	+0,00090044!

Notationen:

$S_{Infl.}$ $(S_0 + RS_4)/(1 + R)$; $[(-r_S/\bar{X}_V)_{1.\,Ord.}]_{CSTR.} = [(S_{Zul.} - S_{Abl.})/(\tau\bar{X}_V)]_{CSTR.}$; $(-r_S/\bar{X}_V)_{van-Uden} = [Y \cdot (S_{Zul.} - S_{Abl.})/(\tau\bar{X}_V)]_{CSTR.}$; $[(-r_S/(\tau\bar{X}_V)]_{Modell\,1.\,Ord.}$
     $= (K_1 S_{Abl.} \cdot k_d)_{CSTR-Nr.}$; siehe Abb. 5–11 und Abb. 5–12.

S_0 CSB-Konzentration im Zulauf der Kaskade vor der Vermischung mit dem Rücklaufschlamm

S_1 bis S_4 Auslaufkonzentrationen der betreffenden CST-Reaktoren (Membranfiltrat).

Q_0 Durchsatzvolumenstrom zur Kaskade vor der Vermischung mit dem Rücklaufschlamm

$(\Delta X_V)_{Kaskade}$ Σ(Entnahme/Reaktor) – VKB$_{Abl.}$ + NKB$_{Abtrieb}$; [mgoTS/d]; $(r_S/X)_{CSTR\,und\,Perioden-Tag} = [(\Delta X)_{CSTR\,und\,Perioden-Tag}/(10·Xv)]/24$; [h^{-1}]

$(\theta_C)_{Kaskade}$ Schlammalter beim CSTR-Kaskadenbetrieb; in Perioden 4 und 5 wurde nur eine Doppelkaskade betrieben;

VKB$_{Ablauf}$ ist der oTS-Input in die Kaskade [mg/d]; NKB$_{Ablauf}$ ist der oTS-Verlust [mg/d]

$(\theta_C)_{Betrieb}$ Schlammalter beim CSTR-Kaskadenbetrieb; in Perioden 4 und 5 wurde nur eine Doppelkaskade betrieben; VKB$_{Ablauf}$ der oTS-Input in
     die Kaskade [mg/d]; NKB$_{Ablauf}$ ist der oTS-Verlust [mg/d]

Nach mittels SPS (16) programmierter Einstellung des jede neue Versuchsperiode charakterisierenden Abwasserdurchsatzes und der Probennahmen wurde während einer sich bis zu 2 Wochen erstreckenden Übergangszeit mehrmals überprüft, ob sich der neue, quasi-stationäre Betriebszustand eingestellt hatte. Erst danach schloss sich die neue Versuchsperiode dem Gesamtversuchszeitraum der Datenauswertung an. Dabei ließ sich schon gegen Ende dieser Übergangsphasen experimentell feststellen, dass die gemessenen Unterschiede zwischen den Belebtschlammkonzentrationen jedes einzelnen Reaktors der Kaskade und denjenigen rechnerisch ermittelten Biomassekonzentrationen, die nach Zumischung des Rücklaufschlammes mit dem VKB-Ablauf vor Einleitung in den CSTR 1 der Kaskade theoretisch resultierten, voneinander um wesentlich mehr als die vorher vermuteten ± 5% differierten! Aus diesem Grunde wurden die Tagesmittelwerte der Belebtschlammkonzentration *jedes* einzelnen CSTR im Kaskadenbetrieb nur über direkte oTS-Messung in den unter jeden CSTR liegenden Sammelbehälterchen vorgenommen – siehe Abb. 5–10. Die Einstellung der Luftzufuhr geschah in der Regel während der Tagesschicht, und die Konzentration des gelösten Sauerstoffs lag während aller ausgewerteten Versuchszeiträume in keinem der vier Reaktoren unter 4 mg/l.

Weil ab der Einstellung einer Gesamt-Verweilzeit von 24 h (6 h/Reaktor) eine Lysis der Bakterien bereits in dem dritten Reaktor der Kaskade auftrat (siehe Tab. 5–10b), wurden CSTR 3 und CSTR 4 abgekoppelt und in den Perioden 4 und 5 der Betrieb auf Doppelkaskade + NKB umgestellt.

5.2.2
Datenauswertung und Diskussion der Ergebnisse

5.2.2.1 **Kurzer theoretischer Abriss**

Unter Berücksichtigung des bei Systemen mit Biomasserückführung eintretenden Bakterienverfalls lässt sich für die Netto-Zuwachsrate in einer substratlimitierten Bakterienkultur folgende Gesetzmäßigkeit aufstellen (Gl. 2–57):

$$r'_x = \mu_{max.} \frac{SX}{K_S + S} - k_d X \tag{5–15}$$

Da zwischen dieser Bakterienwachstumsrate r_x und der Substratabbaurate $(-r_S)$ folgender Zusammenhang besteht (vgl. Gl. 2–54)

$$r'_x = Y(-r_S) = -Y(r_S) \tag{5–16}$$

muss für die dieser Wachstumskinetik entsprechenden Substratabbaurate auch gelten [30]:

$$r_S = \mu_{max.} \frac{SX}{Y(K_S + S)} - k_d \frac{X}{Y} \tag{5–17}$$

Bekanntlich lässt sich für jeden beliebigen Reaktor einer unter stationären Bedingungen arbeitenden Mischkaskade eine Substrat-Massenbilanz aufstellen; für CSTR 1 z. B. lautet diese:

$$0 = Q_0(1 + R) \times S_0' + V(r_S) - Q_0(1 + R) \times S_1. \tag{5–18}$$

Unter Berücksichtigung der Gl. 5–18, Dividieren durch $[Q_0(1 + R)]$, Einsetzen von $\{\tau = V/[Q_0(1 + R)]\}$ und Durchführung einiger Zwischenberechnungen resultiert für denselben Reaktor:

$$\frac{S_0' - S_1}{\tau X} = \mu_{max.} \frac{S_1}{Y(K_S + S_1)} - k_d \frac{1}{Y} \tag{5–19}$$

Sollte, wie in vielen Fällen in der Abwassertechnik üblich, $\mu_{max.} \gg k_d$ [4, 5, 8–15] gelten, dann lässt sich die Gl. 5–19 vereinfachen; (k_d/Y) kann vernachlässigt werden und die Bilanzgleichungen für eine zweistufige Kaskade sähen wie folgt aus (vgl. Abschnitt 2.1.3.2):

$$(S_0' - S_1)(K_S + S_1) = \tau \bar{X} S_2 \mu_{max.}/Y \tag{5–20}$$

für den ersten CSTR und weiter

$$(S_1 - S_2)(K_S + S_2) = \tau \bar{X} S_2 \mu_{max.}/Y \tag{5–21}$$

für den zweiten CSTR.

Wird darin $S_1/S_0' = a_1$; $S_2/S_0' = a_2$; $K_S/S_0' = b$ und $(\mu_{max.}/Y)/S_0' = c$ notiert und die Gl. 5–20 durch S_0' dividiert, so resultiert für den ersten CSTR [30]:

$$(1 - a_1)(b + a_1) = \tau \bar{X} \times c \times a_1 \tag{5–22}$$

und für den zweiten CSTR (Gl. 5–21):

$$(a_1 - a_2)(b + a_2) = \tau \bar{X} \times c \times a_2. \tag{5–23}$$

Die Auflösung der Gl. 5–22 nach a_1 führt zu:

$$a_1 = \frac{1}{2}(1 - b - \tau \bar{X} c) + \sqrt{\frac{1}{4}(1 - b - \tau \bar{X} c)^2 + b} \tag{5–24}$$

für den ersten CSTR und per Analogie resultiert ferner:

$$a_2 = \frac{1}{2}(a_1 - b - \tau \bar{X} c) + \sqrt{\frac{1}{4}(a_1 - b - \tau \bar{X} c)^2 + a_1 b} \tag{5–25}$$

für den zweiten CSTR.

Wenn man drei Reaktoren hätte und $S_3/S_0' = a_3$ bezeichnen würde, wäre

$$a_3 = \frac{1}{2}(a_2 - b - \tau \bar{X} c) + \sqrt{\frac{1}{4}(a_2 - b - \tau \bar{X} c)^2 + a_2 b} \tag{5–26}$$

für den dritten CSTR.

Demnach gilt in dem allgemeinen Fall einer N-stufigen Kaskadenschaltung für den letzten CSTR [30]:

$$a_N = \frac{1}{2}(a_{N-1} - b - \tau \bar{X} c) + \sqrt{\frac{1}{4}(a_{N-1} - b - \tau \bar{X} c)^2 + a_{N-1} \cdot b} \qquad (5-27)$$

Hieraus ist ersichtlich, dass es bei bekannter Verweilzeit in einer Stufe τ sowie der mittleren Belebtschlammkonzentration in der Kaskade $\bar{X}$ und bei Aufrechterhaltung einer quasi konstanten Zulaufkonzentration S_0' (auch durch angemessene Änderung des Rücklaufverhältnisses einstellbar) sowie bekannten Zu- und Auslaufkonzentrationen der letzten Stufe möglich wird, die biokinetischen Koeffizienten K_s und (μ_{max}/Y), nicht aber (μ_{max}) und Y separat, in der ganzen Kaskade zu ermitteln. Sind diese einmal bekannt, lassen sich alle Auslaufkonzentrationen S_i sowie der Umsatz in der ganzen mit Rücklauf arbeitenden Kaskade berechnen:

$$S_0' - S_N = \mu_{max} \frac{\tau X}{Y} \left(\frac{S_1}{K_S + S_1} + \frac{S_2}{K_S + S_2} + \cdots \frac{S_N}{K_S + S_N} \right) \qquad (5-28)$$

Da es sich beim Durchfließen der Kaskadeneinheiten auch um einen in jeder Stufe stattfindenden sequentiellen Abbau des Mischsubstrates handelt (Diauxie), was sicherlich mit einer Anreicherung an immer schwieriger abzubauenden Substratkomponenten einhergeht, waren Auswirkungen auf die biokinetischen Koeffizienten nicht auszuschließen. Um jedoch zu einem kompletten Bild für das Abbauverhalten des untersuchten Abwassers zu gelangen, wurde auf diese Vereinfachung verzichtet und der CSB-Abbau in jedem einzelnen Reaktor reaktionstechnisch verfolgt – siehe Tab. 5–10a und Tab. 5–10b.

Das Problem bestand somit in der CSB-Bestimmung der Zu- und Auslaufkonzentrationen sowie des organischen Anteils der in jeder Einheit der 4-/zweistufigen CSTR-Kaskade vorhandenen Belebtschlammkonzentration und der Messung der täglichen Schlammproduktion/Reaktor (Probenahme-Sammelbehälter (14)). Da das Abwasser aus demselben Großchemie-Unternehmen stammte wie beim CSB-Abbau in den vorher beschriebenen einstufigen CSTRs und Batch-Belebtschlammreaktoren, wurde hierfür eine Reaktion 1. Ordnung angenommen. Bekanntlich lässt sich dann die in jedem CSTR der Kaskadenschaltung einsetzende spezifische CSB-Eliminationsgeschwindigkeit (Membranfiltrat) ausdrücken als (Gl. 4–35):

$$(-r_S/X_v)_{CSTR-Nr.} = [(S_{Zulauf} - S_{Ablauf})/(\tau \times X_v)]_{CSTR-Nr.} = (K_1 S - k_d)_{CSTR-Nr.} \qquad (5-29)$$

Was die direkte Ermittlung der Schlammzuwachsgeschwindigkeit in jedem CSTR betrifft, so gilt ferner:

$$\text{Zuwachs/CSTR} = \text{Entnahme/CSTR} + NKB_{Abtrieb} - VKB_{Abl.-Zufuhr} \quad [\text{mgoTS/d}] \qquad (5-30)$$

oder reaktionstechnisch in $[\text{mg}\Delta\text{oTS}/(\text{goTSd})]_{CSTR}$ ausgedrückt (Gl. 2–57 und Gl. 2–60):

$$\mu = (r_X/X)_{CSTR} = (\text{Zuwachs/CSTR})/(X_v \times V)_{CSTR} = [Y \times (-r_S/X_v) - k_d]_{CSTR}. \qquad (5-31)$$

Im Gegensatz zu der nicht linearisierbaren Gl. 5–10 lassen sich die Gl. 5–29 und Gl. 5–31 durch das Einsetzen von Messergebnissen (Tab. 5–10) an Regressionsgeraden anpassen und so die Modellkoeffizienten Y, K_1 und k_d ermitteln – siehe auch Abb. 5–11 bis Abb. 5–13a.

> ■ Merksatz: *Zur Anwendung dieser in der Abwassertechnik üblicherweise verwendeten Summenparameter für das Substrat (CSB) oder die Biomasse (X_v) sollte nochmals kurz darauf hingewiesen werden, dass deren Bestimmung keine spezifischen, sondern summarische Ergebnisse über den Verlauf des Substratabbaues liefert, daher mit gewissen Unzulänglichkeiten behaftet ist und nichts über die Art der Substratkomponenten oder die „wahre" Konzentration an aktiver Biomasse und ihre Natur aussagt.*

In der Fachliteratur (vgl. Abschnitt 4.3) wird daher zur Charakterisierung der Biomasse auf andere, wissenschaftlich zutreffende Bestimmungen hingewiesen (organisch gebundener Stickstoff, ATP, TTC, DNA, etc.). Der dafür notwendige Zeit- und Kostenaufwand zur Einbürgerung solcher anspruchsvollen Laboreinsätze als Routine-Bestimmung/-Verwendung steht jedoch kaum in sinnvollem Verhältnis zu einer auf diesen üblichen Summenparametern basierenden formalkinetischen Modellerstellung/-simulation [25], noch ließen sich, von sehr unterschiedlich ausfallenden Industrieabwasseranteilen verursacht, Planungskriterien für andere Abwässer gewinnen [5, 14].

5.2.2.2 CSTR-Kaskade – Messergebnisse und Modellvoraussagen

Zu den in der Tabelle 5–10a und 5–10b zusammengestellten Mess- und Modellwerten sowie zu Abb. 5–11 bis Abb. 5–13a ist folgendes zu bemerken [30].

Weil, wie vermutet, es sich beim Durchfließen der Kaskadeneinheiten auch um einen in jeder Stufe stattfindenden sequentiellen Abbau des Mischsubstrates handelte (Diauxie), was sicherlich mit einer Anreicherung an Metaboliten und immer schwieriger abzubauenden Substratkomponenten einherging, variierte auch K_1 von Reaktor zu Reaktor erheblich, von $(K_1)_{CSTR1}$ = 0,089 764 m³/h/kgoTS zu $(K_1)_{CSTR4}$ = 0,034 144 m³/h/kgoTS. Wegen sich bei höheren Aufenthaltszeiten anbahnender Lysis geriet der Koeffizient der Verfallsrate k_d in CSTR3 und CSTR4 sogar in sehr niedrigen Positivbereich, $(k_d)_{CSTR3}$ = 0,001 622 9 h⁻¹ und $(k_d)_{CSTR4}$ = 0,000 90 h⁻¹. Dies dürfte ohne weiteres darauf hindeuten, dass beim untersuchten Abwasserschlammgemisch viel Zellmaterial abgestorbener Zellen lysierte und somit die Zellinhaltsstoffe als Substrat für andere wachsende Zellen dienten. Solche „kannibalischen" Vorgänge [2], in der Bioverfahrenstechnik bekannt, konnten jedoch bei längeren Verweilzeiten (über 6 Stunden/Reaktor) die festgestellte, stark eintretende Lysis nicht mehr ausgleichen, und die CSB-Konzentration stieg schon im dritten Reaktor der Kaskade an. Demnach konnte in den Perioden 4 und 5 zum CSB-Abbau nur eine CSTR-Doppelkaskade betrieben werden.

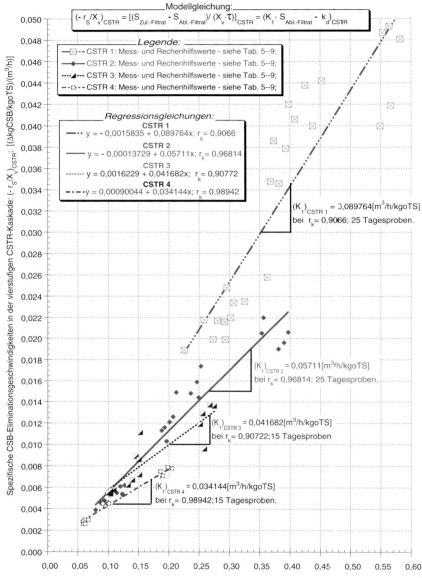

Abb. 5–11: Erfassung des Substratabbaus über das Modell einer Reaktion 1. Ordnung – Ermittlung des Geschwindigkeitsbeiwertes K_1 und der Absterberate k_d in jedem CSTR einer vierstufigen Belebtschlammkaskade; nach [29, 30, 32] – siehe Tab. 5–7 und Abb. 5–10.

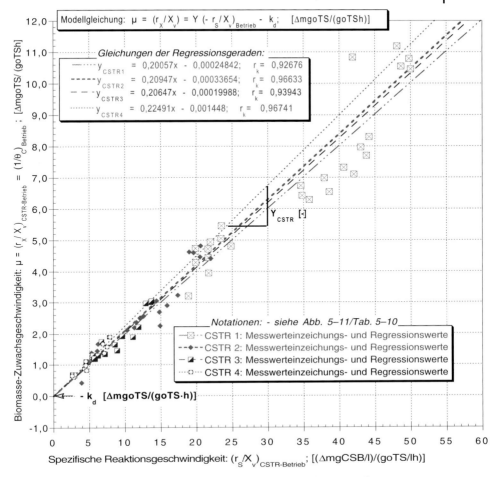

Abb. 5–12: Erfassung des Substratabbaus über das Modell einer Reaktion 1. Ordnung zur Ermittlung der Schlammertragskonstanten $Y_{CSTR-Nr.}$ – das sind die entsprechenden Steigungen, und der Absterberate $k_{d,\,CSTR-Nr.}$ – das sind die Ordinatenabschnitte der in Abb. 5–12 aufgeführten Regressionsgeraden, in jedem CSTR der vierstufigen Belebtschlammkaskade – siehe Tab. 5–10 und Abb. 5–8d sowie Abb. 5–11; nach [5, 11, 14, 32].

Aus Abbildung 5–12 wird ersichtlich, dass ganz im Gegenteil zu K_1 der von der Steigung der Regressionsgeraden ($\mu = Y \times (r_S/X_v) - k_d$) ausgehende Schlammertragskoeffizient beinahe unverändert blieb: $Y_{CSTR1} = 0{,}200\,57$ [-] bis $Y_{CSTR4} = 0{,}224\,91$ [-], und dies bei $r_k \geq 0{,}926\,7$. Die durch die Ordinatenabschnitte mitgelieferten k_d-Werte dieser Linearisierungsform blieben allerdings im spezifischen, sehr niedrigen Negativbereich: $(k_d)_{CSTR1} = -0{,}000\,248\,42\ h^{-1}$ bis $(k_d)_{CSTR4} = -0{,}001\,448\ h^{-1}$.

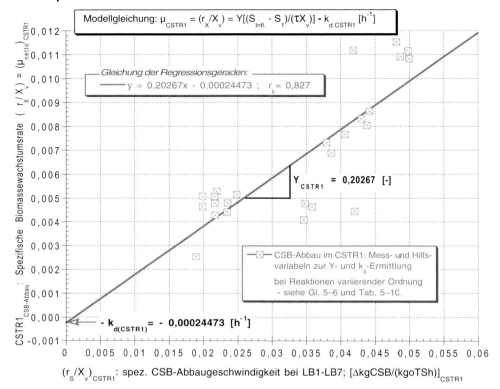

Abb. 5–13a: Spezifische CSB-Abbaugeschwindigkeit im CSTR 1 der Mischbeckenkaskade während aller 5 Versuchsperioden: $(-r_S/X)_{CSTR\,1}$; [ΔkgCSB/(kgoTSh)] – vgl. mit Abb. 5–13b, Abb. 5–12 und Tab. 5–10.

Diese in Abbildung 5–13a dargestellte, nur für den CSTR1 vorgenommene Datenauswertung anhand diesmal auf direkt gemessenen μ-Messwerten basierender Modellgleichung (Gl. 5–6), $(r_X/X_v)_{CSTR1} = Y\,[(S_{infl.} - S_1)/(\tau X_v)] - k_d$, bestätigte die vorherige Größenordnung von Y und k_d, allerdings bei einem merklich niedrigeren Regressionskoeffizienten ($r_k = 0{,}827$), indem die Steigung der Regressionsgeraden den Wert: $Y_{CSTR1} = 0{,}202\,67$ [-] und der Ordinatenabschnitt $(k_d)_{CSTR1} = -0{,}000\,244\,73$ h^{-1} lieferte – vgl. mit Abb. 5–12.

Da nunmehr Y_{CSTR1} und $(k_d)_{CSTR1}$ bekannt waren, konnte in Abb. 5–13b nunmehr auch Gl. 5–17 des van-Uden-Ansatzes linearisiert werden:

$$S_1[Y \times (-r_{S1}/X_v) + k_d]^{-1} = (K_S/\mu_{max.}) + (1/\mu_{max.}) \times S_1 \tag{5–32}$$

Durch Einzeichnung der Mess- und Rechenwerte aller 5 Versuchsperioden (Tab. 5–10) in einem Koordinatensystem $\{S_1/[Y \times (-r_{S1}/X_v) + k_d]\}$ gegen (S_1) ergaben sich aus der angepassten Regressionsgeraden erwartungsgemäß sehr hohe

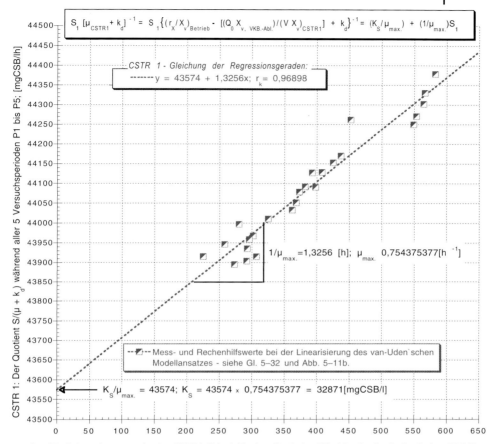

Abb. 5–13b: CSB-Modellabbau beim CSTR 1 in einer Kaskaden-Belebungsanlage und Ermittlung der Modellparameter K S und μ max. nach einer liniarisierten Form der van-Uden-Formalkinetik variierender Reaktionsordnung bei dem während aller 5 Versuchsperioden verlaufenden CSB-Abbau in dem CSTR 1 der Kaskadenschaltung – siehe Gl. 5–17 und Tab. 5–7; nach [31].

Werte für die CSB-Saturationskonstante, K_S = 32.871 mgCSB/l, bei einem durch die Steigung gelieferten $\mu_{max.}$-Kehrwert = 1,325 6 h, also eine im üblichen Wachstumsbereich liegende maximale Wachstumsrate $\mu_{max.}$ = 0,754 4 h^{-1}. Diese statistisch abgesicherten (r_k = 0,968 98) sehr hohen K_S-Werte lieferten indes auch die Begründung für die modellmäßige Annahme einer Reaktionskinetik 1. Ordnung für den CSB-Abbau – siehe auch Gl. 2–40 und 2–41.

Obwohl diese Wahl eines reaktionstechnischen Modells nach einer Reaktion 1. Ordnung eine den Verlauf autokatalytischer Prozesse stark vereinfachende Annahme zur Erfassung der Substratelimination darstellt [5, 30], konnten vom CSTR1 zum CSTR4 sehr stark abnehmende K_1-Werte, $K_1 \approx \mu_{max.}/(YK_S)$, festgestellt werden. Dies lässt die Vermutung auf in der CSTR-Kaskade ebenfalls abnehmende $\mu_{max.}$-Werte zu, da Y praktisch konstant blieb (Tab. 5–10a und Tab. 5–10b sowie Abb. 5–12 und Abb. 5–13a); über schwankende/zunehmende K_S-Werte war nur bei Reaktoren mit immobilisierter Biomasse einiges bekannt – siehe Abschnitt 4.5. So zeigen doch diese Versuche, dass auch ein Ausweichen auf reaktionstechnische Modelle 1. Ordnung eine recht gute Beschreibung des Substratabbaues gewährleisten kann [29–32].

5.2.2.3 Zwischenbemerkungen zum Substratabbau in Mischbeckenkaskaden

Soll bei Multikomponentensubstraten der Substratabbau in einer Kaskade von Belebtschlammreaktoren untersucht werden, so ist zu dessen korrekter Erkundung eine dieselbe Zahl von Reaktoren aufweisende CSTR-Kaskade aufzustellen wie im technischen Maßstab geplant; die Berechnung der biokinetischen Koeffizienten, resp. des K_1-Wertes ist in jedem Reaktor und keineswegs mit Hilfe eines einzigen CSTR [29] durchzuführen! Der in diesem einzigen CSTR stattfindende Sprung auf die Endkonzentration schafft bei Multikomponenten-Substraten und heterogenen Bakterienpopulationen gleichmäßigere Lebensbedingungen für die Bakterien [31], eine fortwährende Anpassung an die sich von Stufe zu Stufe (ver)-ändernde Substratzusammensetzung (phänotypische Adaptation) wird nicht mehr benötigt [16], und somit setzt eine erhöhte Bakterientätigkeit ein.

■ Merksatz: *Die Übertragung solcher nur in einem CSTR gewonnener K_1-Werte auf Rührkesselkaskaden, ein in der chemischen Verfahrenstechnik übliches Vorgehen [1, 3], führt sicherlich zur abwassertechnischen Unterdimensionierung des beabsichtigten Kaskadenreaktors [29, 30].*

Treten bei längeren Verweilzeiten in einer solchen Mischbeckenkaskade sogar Lysisvorgänge in den letzten Stufen auf, so ist deren Anzahl entsprechend zu reduzieren und auf das ursprüngliche Konzept der Stufenzahl zu verzichten [29].

5.3
Schlussfolgerungen zur Modellerstellung/-übertragung auf Bioreaktoren in der Klärtechnik

Die reaktionskinetischen Untersuchungen bestätigen insgesamt, dass die in der Bioverfahrenstechnik angewandten Michaelis-Menten-Modelle für autokatalytische Reaktionen, ggf. auch das vereinfachende Modell einer Reaktion 1. Ordnung, erfolgreich zur Modell-Voraussage des zu erwartenden Substratabbaues in Belebtschlammreaktoren eingesetzt werden können. Die Modellrechnungen führen zu genaueren Ergebnissen als die Bemessung nach Tabellenwerten [28], da sie über die im Versuch ermittelten biokinetischen Parameter auch die Abbaubarkeit des speziellen Abwassers mit dem Reaktortyp quantifiziert verbinden.

5.3 Schlussfolgerungen zur Modellerstellung/-übertragung auf Bioreaktoren in der Klärtechnik

Weil sich nach sorgfältigen Messungen im Labor- oder Halbtechnikums-Maßstab nicht selten die Möglichkeit erschließt, auf die zeitaufwändigen und teueren abwassertechnisch üblichen Pilotanlagen verzichten zu können, misst man dieser Modelldenkweise auch eine große technisch-wirtschaftliche Bedeutung bei.

Dennoch: Vor Abhandlung dieser besonders wichtigen Up-scaling-Thematik ist ganz ausdrücklich eine Reihe wissenschaftlich-technischer Klarstellungen zu beachten. Die Abbildung 5–3 und Abb. 5–5 sowie Abb. 5–11 bis Abb. 5–13b stellen auf grapho-analytischem Weg [31] adäquate Modellvoraussagen dar und erlauben beim Abbau desselben Abwassers auch den direkten Vergleich zwischen jenen aus den Batchreaktoren, einstufigen CSTRs und CSTR-Kaskaden resultierenden, statistisch hoch abgesicherten Modellkoeffizienten untereinander. Und dem folgte die große Überraschung: **Trotz streng wissenschaftlich erfolgter Anwendung verfeinerter statistischer Kurvenanpassungsmodelle bei der modellmäßigen Auswertung erzielter Laborergebnisse resultierten kaum identische Modellkoeffizienten** [17, 19, 30, 31]!

Indessen: Auf diese in der chemischen Verfahrenstechnik seit langer Zeit bekannte Besonderheit autokatalytisch verlaufender Reaktionen weist der weltberühmte Verfahrenstechniker Octave Levenspiel mehr als deutlich hin [3, S. 198]:

> *„Since these processes are all autocatalytic, each particular temperature, mean residence time, and contacting pattern favors one of the reactions which dominates and swamps all the other reactions."*

- Hieraus wird zuallererst ersichtlich, wie eminent wichtig zur Scaling-up-Problematik das hydrodynamische Verhalten des Reaktors bei dem Reaktionsverlauf autokatalytischer Prozesse ist [19, 27, 31]. Vor einer **direkten** Modell-Übertragung von statistisch hoch abgesicherten Versuchsergebnissen biokinetischer Natur auf Großanlagen muss daher **mit Nachdruck gewarnt werden**, dies umso audrücklicher dann, wenn die in Belebtschlammreaktoren erzielten Ergebnisse aus Versuchen stammen, die nicht nur am gleichen Reaktortyp, und auch *nicht* unter weitgehend ähnlich einer *der Großanlage planerisch anvisierten technischen Betriebsweise* durchgeführt wurden (Abschnitt 5).

- Zu den Übertragbarkeitsbedingungen gehört auch die Art der zu planenden Suspensa-Trennung in den Vor- und Nachbehandlungsstufen, da dies auf die Art und den Verlauf der Aufkonzentrierung suspendierter Belebtschlammteilchen wirkt und daher auch bei der Planung berücksichtigt werden muss. Denn: Das Sedimentationsverhalten in den Vorklärbecken wie auch das des Belebtschlammes in den NKB beeinflusst nicht nur in Belebungsbecken die benötigten Konzentrationsbereiche und Verweilzeiten stark – siehe weitere Ausführungen zur solids flux theory der Biomassetrennung in Kapiteln 7–10.

- Des Weiteren muss bei der Scale-up-Problematik auch beachtet werden, dass die Leistungsdichte (W/m^3) beider Reaktoren: Versuchsreaktor und Belebungsbecken in der Großanlage **im nahen Bereich liegen sollte**. Wegen der Tatsache, dass in Versuchsanlagen in der Regel um Zehnerpotenzen höher liegende Bereiche der Leistungsdichte oder Turbulenz eingestellt werden (**kW/m^3**) – davon verursacht werden im Versuchsmaßstab auch massiv höhere Geschwindigkeitskoeffizienten gemessen [10] –, verdient Letzteres einen besonderen Stellenwert. Da beim Belebtschlammverfahren die Substratelimination in den Großanlagen bei beachtlich niedrigeren technischen Leistungsdichten als in den üblichen wasserchemischen Versuchslaboratorien erfolgt (weit unter 100–200 W/m^3 - Reaktorvolumen), müssen sich bei solchen allzu stark differierenden Leistungsdichten unweigerlich auch sämtliche Stoffübergangs- und Phasengrenzflächenvorgänge auf die Phasengrenzfläche von Teilchenkonglomeraten bzw. Gasblasen auswirken, und unabdingbar auch den Reaktionsverlauf in diesen zwei Arten von Belebtschlammreaktoren beachtlich verändern.
- Im krassen Unterschied zu den aeroben Versuchsanlagen, bei denen eine ausreichende Versorgung mit Sauerstoff/Luftsauerstoff kaum Schwierigkeiten bereitet, könnte eine ausreichende Versorgung mit Sauerstoff bei in großtechnischem Maßstab betriebenen streng-aeroben Anlagen nicht immer gesichert sein. Nicht zuletzt ist dieser Aspekt ausdrücklich zu erwähnen, da bei den relativ hohen und nicht selten auch nicht nur mäßig toxisch wirkenden Konzentrationen in Industrieabwässern ein Mangel an Sauerstoff [25] zur erheblichen Verlangsamung der Reaktion oder sogar zum Störfall führen kann [35].
- Vor allem bauliche Bedingungen vor Ort und die Art der Montage verschiedener technologisch-hydraulischer Vorrichtungen bei der in Vor- und Nachbehandlungsstufen stattfindenden Suspensa-Trennung können ganz unerwünschte Effekte sowohl auf die Biomassekonzentration als auch auf das ganze Klär- und Aufkonzentrierungsverhalten der Suspension hervorrufen. Solche evtl. örtlichen Engpässe müssen auch bei der Planung berücksichtigt werden, denn das Klär-, Absetz- und Kompressionsverhalten der Schlämme in den Vorklärbecken wie auch in den Nachklärbecken kann die in dem Belebungsbecken benötigten Konzentrationsbereiche an aktiver Biomasse X stark bedingen und sich nicht selten auch auf die Nachklärbecken erstrecken – siehe weitere Ausführungen zur solids flux theory der Biomassetrennung in den Kapiteln 7–10.

Im Kapitel 6 wird vorgeführt, wie im Labormaßstab erhaltene kinetische Parameter zuerst zur Bemessung und nachher zum rechnergesteuerten Betrieb eines Großklärwerkes verwendet werden können und wie der Substratabbau mit Modell-Biokoeffizienten wie jenen der Reaktions- und Wachstumsgeschwindigkeit auf der Basis des Schlammalters eine automatische Betriebsführung übernimmt. Dass in der Siedlungswasserwirtschaft die Akzeptanz zur Übernahme biokinetischer Modellkoeffizienten in die Planung und Steuerung von Großkläranlagen einen dornenvollen Weg sowie jahrzehntelange Ablehnung der in den USA bereits zur Routine gewordenen reaktionstechnischen Modelldenkweise hinter sich lassen musste, soll in der Einleitung des Beitrages mit einigen Simulationsversuchen grapho-analytischer Natur untermauert werden.

Literaturverzeichnis Kapitel 5

1 Lehrbuch der chemischen Verfahrenstechnik. 5. Auflage, VEB Deutscher Verlag für Grundstoffindustrie, Leipzig (1985)
2 Einsele, A., Finn, R. K., Sambaber, W.: Mikrobiologische und biochemische Verfahrenstechnik. VCH Verlagsgesellschaft mbH, Weinheim (1985)
3 Levenspiel, O.: Chemical Reaction Engineering. 2nd Edition, John Wiley & Sons, Inc., New York (1972)
4 Gaudy, F. G., Gaudy, E. T.: Mixed Microbial Populations. Advances in Biochemical Engineering, 2, Springer-Verlag, Berlin (1972)
5 Benefield, L. D., Randall, C. W.: Biological Process Design for Wastewater Treatment. Prentice-Hall Inc., New York (1980)
6 McKinney, R. E. and al.: Design and Operation of a Complete Mixing Activated Sludge System. Sew. & Ind. Wastes, 30, 287 (1958)
7 McKinney, R. E.: Mathematics of Complete Mixing Activated Sludge. Jour. San. Ü Eng. Div. Proc. Amer. Soc. Civil Engr., 88, SA 3, 87 (1962)
8 Eckenfelder, W. W. Jr., O'Connor, D. J.: The Aerobic Treatment of Organic Wastes. Proc. 9th Ind. Waste Conf., Purdue Univ. Lafayette, Ind. Ext. Serv. 87, 39 (1955)
9 Eckenfelder, W. W. Jr., McCabe, B. J.: Process Design of Biological Oxidation Systems for Industrial Waste Treatment. Pergamon Press, New York (1960)
10 Eckenfelder, W. W. Jr., Goodmann, L. B., Englande, A. J.: Scale-Up of Biological Wastewater Treatment Reactors. Advances in Biochemical Eng., Springer-Verlag Berlin (1972)
11 Arceivala, S. J.: Wastewater Treatment and Disposal. Marcol Decker Inc., New York, pp. 561–654 (1981)
12 Curi, K. W. W., Eckenfelder, W. W.: Theory and practice of biological wastewater treatment. Edited by Sijthoff & Alphen aan den Rijn/Netherlands pp. 261–272 (1980)
13 Eckenfelder, W.W.: Principles of water quality management. CBI Publishing Company, Incorp., Boston, pp. 161–211 (1980)
14 Metcalf & Eddy: Inc. Wastewater Engineering, Second Edition, McGraw-Hill Book Company, New York, pp. 414–442 (1979)
15 Lawrence, A. W., McCatry, P.: Unified Basis for Biological Treatment Design and Operation Journal of San. Eng. Division, SA 3 (1970). No. 6, pp. 757–778
16 Tucek, D., Chudoba, J.: Purification Efficiency in Aeration Tanks with complete Mixing and Piston Flow. Wat. Rescarch (1969), 3, pp. 559–570
17 Braha, A., Hafner, F.: Anwendbarkeit reaktionstechnischer Modelle zur Beschreibung des Substratabbaus mittels Labor-Belebtschlammreaktoren.

GIT-Fachzeitschrift für das Laboratorium, Heft 5 und Heft 6 (1986)
18 Braha, A., Groza, G., Braha, I.: Modernisierung der Großkläranlage der Landeshauptstadt Iasi, wlb (Wasser, Luft und Boden, Heft 1–2 (1998)
19 Braha, A.: Über die Kinetik des Substratabbaus durch mikrobielle Mischpopulationen. Biotech-Forum, Heft 1 (1987)
20 Moser, F., Theofilou, J., Wolfbauer, O.: Das Konzept des Röhrenverfahrens zur biologischen Abwasserreinigung. Österreich. Abw. Rundschau, Folge 5 (1978)
21 Moser, F.: Ein Rohrreaktor zur Abwasserreinigung. Verfahrenstechnik, Heft 11 (1977)
22 Murphy, K. L.: Significance of Flow Patterns and Mixing in Biological Waste Treatment Biotechn. Bioeng. Symposium 2 (1971)
23 Toerber, E. and al.: Comparison of completely mixed and plug-flow biological systems. J.W.P.C.F., 46, 1995–2014 (1974)
24 Braha, A.: Einfluss der Dispersion auf die Kaskadenschaltung real arbeitender Belebungsanlagen. Wasser, Luft und Betrieb, Heft 10 (1986)
25 Wiesmann, U.: Kinetik der aeroben Abwasserreinigung durch Abbau von organischen Verbindungen und durch Nitrifikation. Chemie-Ing.-Technik, Heft 6 (1986)
26 Moser, A.: Die Kinetik der biologischen Abwasserreinigung. GWF, Heft 9 (1974)
27 Braha, A., Hafner, F.: Über die Anwendbarkeit eines erweiterten Monod-Ansatzes beim Belebtschlammverfahren. Abwassertechnik, Heft 2 (1986)
28 Lehr- und Handbuch der Abwassertechnik, 3. Auflage, Band IV, Verlag W. Ernst & Sohn, Berlin (1985)
29 Braha, A.: Zur Anwendung reaktionstechnischer Modelle bei der Beschreibung der aeroben biologischen Reinigung eines Industrieabwassers in Labor- und Pilotmaßstab. Dissertation, TU Berlin, D83 (1986)
30 Braha, A.: Über die Abbaukinetik von komplexen Substraten in Mischbeckenkaskaden. Wasser, Luft und Betrieb, Heft 6 (1986)
31 Braha, A.: Über die Kinetik des Substratabbaus bei instationär betriebenen Bioreaktoren; Vergleich mit „continuous culture". Biotech-Forum, Heft 3 (1987)
32 Braha, A.: Pilot-Anlagen in der Abwassertechnik: Notwendigkeit oder Scaling-Up-Problematik bei Planern? Wasser, Luft und Betrieb, Heft 7/8 (2002), S. 26/32.
33 Keinath, Th., M., Wanielista, M., P.: Mathematical Modeling for Water Pollution Control Processes. Ann Arbor Science Publishers, Inc., Michigan (1975). S. 221–271
34 Ghose, T., K., Fichter, A, Blakebrough, N: Advances in Biochemical Engineering, Springer-Verlag, Berlin-New-York (1972), S. 97/143
35 Braha, A., Groza, G.: Toximeter der 3. Generation identifiziert Hemmung und Toxizität und schätzt die Leistungsreserve der Kläranlage, Das Gas- und Wasserfach, Heft 6, Juni (2003), S. 435/443.

6
Das Lawrence-McCarty-Modell

6.1
Das Schlammalter als Planungs- und Betriebsregelgröße

Obwohl es im angelsächsischen Sprachraum seit etwa 1949 den Begriff Schlammalter gab, wofür am häufigsten *Mean Cell Residence Time* (MSRT), *Solids Retention Time* (SRT) oder *Biological Solids Retention Time* (BSRT) gebraucht wurde [1], gelang es Lawrence und McCarty [2] erst 1970 mit einigen bis dahin existierenden Unklarheiten über dessen Definition aufzuräumen und erstmalig das Schlammalter in der Prozessanalyse biologischer Abwasserreinigungsverfahren einzusetzen. Ihre Prozessanalyse bauten die Autoren auf der Grundüberlegung auf, dass die biologische Abwasserbehandlung als ein autokatalytisch verlaufender Stoffumwandlungsprozess anzusehen sei, der mit Hilfe formalkinetischer Ansätze und deren Einbindung in Massenbilanzen statistisch abgesicherte Modell-Koeffizienten liefern müsste. Das als grundsätzliche Betriebsregelgröße konzipierte Schlammalter-Modell, durch periodisches Auskreisen einer konstanten Fraktion des Belebungsbeckeninhalts das Schlammalter als einfache hydraulische Regelgröße zu verwenden, bildete die sich herauskristallisierende Möglichkeit, was bereits 1971 von Walker [3] in großtechnischem Maßstab eingesetzt und bestätigt werden konnte. Reaktionstechnisch klar konturiert stieß das Lawrence-McCarty-Modell, trotz gewisser technisch/mathematischer Vereinfachungen – siehe weitere Ausführungen auf eine breite Akzeptanz in den USA [1, 4, 5]. Hierzulande wurde 1991 das Schlammalter ins atv-Arbeitsblatt A-131 [6] aufgenommen, allerdings nur als Nebenparameter bei Nitrifikation/Denitrifikation; diese Tendenz wurde auch in der neuen 2000er Fassung beibehalten [7]. Dass das Schlammalter in die atv-Planungsrichtlinien doch übernommen wurde, ist uneingeschränkt zu begrüßen, unverständlich bleibt allerdings die Tatsache, dass in den wichtigsten abwassertechnischen Standardwerken hierzulande [8, 9] mit keinem Wort die geistigen Väter der von Missverständnissen bereinigten Deutung des Schlammalters in der biologischen Abwassertechnik erwähnt werden; dazu folgende, u. E. längst fällige Klarstellung.

Gemäß [2] führt eine Biomasse-Bilanz bei einem sich im Fließgleichgewicht befindlichen System, Belebungsbecken + Nachklärbecken (Schnittpunkte 1, 5, 6 in der Abb. 6–1), zu dem Zusammenhang:

Moderne Abwassertechnik. Alexandru Braha und Ghiocel Groza
Copyright © 2006 WILEY-VCH Verlag GmbH & Co. KGaA, Weinheim
ISBN: 3-527-31270-6

$$\theta_C = (X)_T/(\Delta X/\Delta t)_T = XV/[Q_W X_R + (Q - Q_W)X_e] \tag{6-1}$$

Bei $\Delta t \to 0$ und Einsatz formalkinetischer Ansätze autokatalytischen Typs lässt sich bekanntlich die Substratabbaugeschwindigkeit als $(-r_S) = dS/dt$ und die Netto-Bakterienwachstumsrate als $r_X = dX/dt = (\mu - k_d)X = Y(-r_S)$ definieren; das Schlammalter wird dann nach [2] zu

$$\theta_C = 1/(\mu - k_d) = 1/(r_X/X) = \{\mu_{max}.S/(K_S + S) - k_d\}^{-1} \tag{6-2}$$

umdefiniert. Die Autoren hoben die Wichtigkeit des so definierten θ_C-Begriffs als Planungs- und Betriebsparameter von Belebungsanlagen hervor, indem sie detaillierte, auf das Verweilzeitverhalten des Belebungsbeckens (Extremfälle: vollkommene Rückvermischung, CSTR, und keine Rückvermischung, PFR) aufbauende Substrat- und Biomasse-Bilanzen erstellten. Hierbei setzten sie idealisierte Bedingungen voraus:
- quasi-stationären Betrieb $(dX/dt)V = (dS/dt)V = 0$;
- keine O_2-Limitierung im Belebungsbecken;
- keine Biomasse-Speicherung im Nachklärbecken;

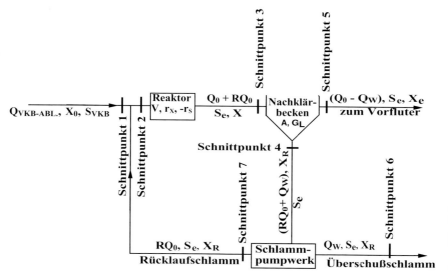

Abb. 6–1: Konzeptskizze zur allgemeinen Erstellung von Massenbilanzen für suspendierte Biomasse (X) oder gelöstes organisches Substrat (S) bei Förderung des ÜSS nur zur statischen Schlammeindickung; nach [2]

- kein weitergehender Substratabbau im Nachklärbecken (das abbaubare Substrat liegt nur in gelöster Form vor);
- der Inhalt an aktiver Biomasse des vorgeklärten Abwassers sei gleich Null ($X_0 = 0$).

Aus der Substrat-Massenbilanz eines CSTR an den Schnittpunkten 2 und 3 in Abb. 6–1:

$$Q_0 S_{VKB\text{-}Abl.} \quad + \quad RQ_0 S_e \quad = \quad (Q_0 + RQ_0) S_e \quad + \quad V(-r_S)$$

Substrat-Input $\quad$ + $\quad$ Substrat-Input durch $\quad$ = $\quad$ Substrat-Output $\quad$ + $\quad$ Substrat-Output
$VKB_{Abl.}$ $\qquad\qquad$ RLS aus $\qquad\qquad\qquad$ (Reaktor-Auslauf) $\qquad\quad$ (Substratabbau im
$\qquad\qquad\qquad$ Nachklärbecken $\qquad\qquad\qquad\qquad\qquad\qquad\qquad\qquad$ Bioreaktor)

sowie Substitution von $V/Q = t$ und Dividieren durch X wird die biomassebezogene Substratabbaugeschwindigkeit ($-r_S/X$) abgeleitet:

$$-r_S/X = \frac{S_0 - S_e}{tX} \tag{6–3}$$

Nach einer weiteren CSTR-Biomasse-Bilanz an den Schnittpunkten 2, 5, 6 und einigen Zwischenberechnungen lassen sich gemäß [2] folgende Gleichungspaare ableiten (mathematisch interessierte Leser werden auf ausführliche Details in [2] sowie Gl. 2–52 bis Gl. 2–60 in diesem Buch verwiesen):

$$\frac{1}{\theta_c} = Y \frac{S_0 - S_e}{tX} - k_d = \frac{1}{Y} \mu_{max.} \frac{S_e}{K_S + S_e} - k_d \tag{6–4}$$

Hieraus lassen sich S_e und (tX) ableiten:

$$S_e = \frac{K_S[(1/\theta_C) + k_d]}{\mu_{max} - [(1/\theta_C) + k_d]} \tag{6–5}$$

$$tX = \frac{Y(S_0 - S_e)}{1 + k_d \theta_c} \times \theta_C. \tag{6–6}$$

Nach Substitution von S_e aus Gl. 6–5 in die Gl. 6–6 resultiert:

$$tX = \theta_C Y \frac{S_0[\mu_{max.} - (1/\theta_c + k_d)] - K_S(1/\theta_c + k_d)}{(1 + k_d \theta_c)[\mu_{max.} - (1/\theta_c + k_d)]}. \tag{6–7}$$

Gleichung 6–5 suggeriert, dass bei bekannten Prozessparametern $\mu_{max.}$, Y, K_S und k_d sowie einem angenommenen θ_c-Wert modellmäßig der zu erwartende S_e-Wert im Ablauf eines CSTR theoretisch unabhängig von der Zulaufkonzentration S_0 berechnet werden kann. Wie ferner aus Gl. 6–7 ersichtlich, würden dann bei einem konstant aufrechtzuerhaltenden θ_c-Wert höhere bzw. niedrigere S_0-Zulaufkonzentrationen dazu führen, dass sich im Fließgleichgewicht auf den (tX)-Wert auswirkend auch im Bioreaktor entsprechend höhere/niedrigere X-Biomassekonzentrationen einpendelten und dies keine essentiellen S_e-Wert-Veränderungen nach sich ziehen würde. Ein Zitat aus [14, S. 140] ist eindeutig:

> ... for a given value of θ_c, higher substrate concentrations in the influent will result in higher steady-state biomass concentrations in the aeration tank while the effluent substrate concentration remains essentially unchanged.

Dieser den Ablauf autokatalytischer Reaktionen charakterisierende Aspekt einer theoretischen Unabhängigkeit zwischen Substratzulauf- und -ablaufkonzentration in einem Bio-CSTR (auf Schwankungen der Zulaufkonzentration durch (Ver)Änderung der Biomasse zu reagieren) verliehe auch die Möglichkeit θ_c = const. als hydraulische Regelgröße einzusetzen, indem man eine konstante Fraktion des Belebungsbeckeninhalts periodisch auskreist. Ferner wird auch die Bedeutung der Bakterien-Auswaschrate erwähnt, was physikalisch bei jenem Schlammalter einträte, bei dem die Biomasse rascher als ihre Zuwachsrate aus dem System entfernt würde.

> ....the residence time at which the cells are washed out or wasted from the system faster than they can reproduce".

Sollte dies der Fall sein, dann wäre die Auslauf- der Zulaufkonzentration gleichzusetzen, da theoretisch keine Mikroorganismen mehr dabei wären, um das Substrat überhaupt zu metabolisieren, also:

$$\frac{1}{(\theta_c)_{Minimum}} = \mu_{max.} S_0/(K_S + S_0) - k_d \qquad (6-8)$$

Die Autoren verweisen aber darauf, dass für ein sicheres Funktionieren des Belebungsbeckens das 2 bis 20fache des $(\theta_c)_{Min.}$-Wertes betragende Sicherheitskoeffizienten für $(\theta_c)_{PLANUNG}$ zu wählen sind. Bei ihrer reaktionstechnischen Analyse für den Extremfall eines Rohrreaktors (PFR) führten sie einige, aus heutiger, technisch-wirtschaftlicher Sicht nicht mehr modell-adäquate, simplifizierende Bedingungen ein, um die Integration über die Verweilzeit durchführen zu können:

- die Biomassekonzentration erfährt entlang des PFR keinen Zuwachs, bleibt also mathematisch konstant und hat den arithmetischen Mittelwert $(X_{Zul.} + X_{Abl.})/2 = X_{mittel}$ und dieser Wert muss auch in die Gl. 6–6 (dies aber gilt nicht für Gl. 6–7) anstatt des darin vorgesehenen X-Wertes substituiert werden;
- es müssen ferner $\theta_c/t \geq 5$ und R < 1 sein, und die Differentialgleichung $-r_S = dS/dt$ wird der finiten Form $\Delta S/\Delta t = (S_0 - S_e)/t$ gleichgesetzt.

Diese angenäherte, in S_e implizierte Lösung lautet dann (siehe mathematische Details in [2]):

$$1/\theta_c = \frac{\mu_{max.} (S_o - S_e)}{(S_o - S_e) + K_S \ln (S_o/S_e)} - k_d \qquad (6-9)$$

wobei S_e, die geforderte Auslaufkonzentration, nicht mehr über Gl. 6–5, sondern bei bekannter S_0 als resultierendes Wertpaar $S_e;(1/\theta_c)$ aus Gl. 6–9 zu berechnen ist. Das so errechnete Wertpaar ist dann in Gl. 6–6 einzusetzen und so kann der modellmäßig erforderliche (tX_{Mittel})-Wert berechnet werden. Dabei ist zu beachten, dass $t_{PFR} = V/[(1 + R)Q]$ gilt. Zur PFR- versus CSTR-Alternative wird in [2] ausdrücklich darauf hingewiesen, dass wegen viel besseren CSTR-Puffervermögens bei Schockbelastungen sowie in großtechnischen Belebungsbecken nicht zu vermeidender Rückvermischung (*back-mixing*) die Unterschiede im Verweilzeitverhalten beider Reaktortypen praktisch verwischt würden.

> *„.... so that the equations for the completely mixed system could well be used for plug-flow systems. This is a conservative procedure as any deviation from complete mixing towards plug flow would result in a somewhat higher effluent quality".*

Um eine Verbindungsbrücke zwischen CSTR-Belebungsbecken und deren Nachklärbecken zu schlagen, wird in [2] auf für die Schnittpunkte 2 und 3 geltende Biomassenbilanzen zurückgegriffen (Abb. 6–1):

$QX_0 + RQX_R$	+	$r_X V$	=	$Q(1 + R)X$
Input	+	Input	=	Output
($VKB_{Abl.}$ + Rücklaufschlamm)		(Biomassezuwachs)		(Auslauf Bioreaktor)

Nach Einsetzen von $r_X = (1/\theta_c)X$ (siehe Gl. 6–3), Vernachlässigung des Biomasse-Inputs durch vorgeklärtes Abwasser ($X_0 = 0$) (siehe weitere diesbezügliche Ausführungen) und Auflösung nach $(1/\theta_c)$ resultiert:

$$1/\theta_C = (Q/V)[1 + R - R(X_R/X)]. \qquad (6\text{–}10)$$

Hieraus sollte nach [2] der Zusammenhang zwischen eingeplantem Schlammalter und entsprechender Konzentration X des Belebtschlamms im Reaktor bzw. dessen im NKB-Schlammabzug erreichbarer X_R–Konzentration ersichtlich werden. Wird, wie in der Kläranlagenpraxis üblich, X in gTS/l- oder goTS/l-Abwasserschlammgemisch angegeben (siehe Kapitel 4), resp. X_R in gTS- oder goTS- per Liter Sediment in einem 1 l-Messzylinder nach halbstündiger Absetzzeit abgelesen, so wird auf den Ansatz $(X_R)_{max.} = 10^6/SVI$ verwiesen, worin SVI als ml Schlammvolumen/gTS bzw. -/goTS angegeben wird, betont sei aber: *„.... more accurate values of X_R should be used when possible".*

6.2
Modell-Erweiterung und Fallstudien bei Ingenieur-Büros

6.2.1
Theoretische Grundüberlegungen

Zum Substratabbauverhalten in einem PFR wurden in [10, 11] analytisch und verfahrenstechnisch bessere Lösungen als in [2] aufgestellt (Gl. 2–47a und Gl. 2–47b), bekanntlich aber unter Vernachlässigung von $(-k_d)$. Die mathematisch exakte

PFR-Lösung über den differenziellen van-Uden-Ansatz, in [1] zitiert, wurde 1993 in [12] angegeben. Man geht von den Ausgangsbedingungen t = 0; S = S_0; X = X_0 aus; die Lösungen lauten:

$$t = (1/A_1)\{\ln(S - A_2) - \ln A_3 - A_4[\ln(A_5 - S) - \ln A_6]\} \quad (6\text{–}11a)$$
$$X = X_0 + Y(S_0 - S), \quad (6\text{–}11b)$$

worin folgende Notationen gelten:

$$A_1 = -[(\mu_{max.} - k_d)/(\mu_{max.} K_s)] [-k_d K_s + (\mu_{max.} - k_d)S_0 + (\mu_{max.} - k_d)(X_0/Y)] \quad (6\text{–}11c)$$
$$A_2 = k_d K_s/(\mu_{max.} - k_d) \quad (6\text{–}11d)$$
$$A_3 = S_0 - k_d K_s/(\mu_{max.} - k_d) \quad (6\text{–}11e)$$
$$A_4 = (\mu_{max.} - k_d)(S_0 + X_0/Y + K_s)/(\mu_{max.} K_s) \quad (6\text{–}11f)$$
$$A_5 = S_0 + X_0/Y \quad (6\text{–}11g)$$
$$A_6 = X_0/Y. \quad (6\text{–}11h)$$

Die Anwendbarkeit dieser Lösung zur Beurteilung biologischer Substratabbaubarkeit eines Abwassers ist nur durch Computereinsatz (siehe Programmlisting in Tab. 3–9) möglich, da Gl. 6–11a nicht linearisierbar ist.

Die in [2] vertretene Auffassung (Gl. 6–10), dass $(X_R)_{max.}$ = 10^6/SVI trotz unterschiedlicher hydraulischer Beschickungen und Feststoffbelastungen sowie Bauart der Nachklärbecken eine auch vom ganzen Sedimentationsverhalten des betreffenden Belebtschlammes unabhängige Quasi-Konstante sei, stellt eine heute nicht mehr vertretbare Modell-Simplifizierung der Nachklärbeckenfunktion dar. Die Anwendung der „*limiting solids flux theory*" nach der Yoshioka-Methodik [13] wurde deshalb schon in den 70er Jahren in den USA [1] und hierzulande bereits 1982 präsentiert [14], allerdings in der umständlichen Hand-Methodik zur Kurvenanpassung und ohne Bezug auf die Haupt-Charakteristika der Belebtschlammflocke, wie eben der SVI-Wert selbst. Anno 2000 wurde unter Heranziehung der in den Nachklärbecken stattfindenden Massensedimentation das Modell in [15] erweitert, indem ein Zusammenhang zwischen θ_C sowie (tX) als Hauptparametern des Belebungsbeckens und (SF_L) („*limiting solids flux*" [1, 4, 5, 16]) mathematisch ausgedrückt werden sollte. Zu diesem Zweck wurde folgendermaßen verfahren. Die Biomassenbilanz für das Nachklärbecken (Abb. 6–1, Schnittpunkte 3, 5, 6, 7) lässt sich bei quasi-stationären Bedingungen schreiben:

$(Q_0 - Q_W)X_e$ +	RQ_0X_R	+	Q_WX_R	=	$Q_0(1 + R)X$
(Output NKB-Ablauf.)	(Output-NKB:Schlammrücklauf)		(Output-NKB: ÜSS)		(Input NKB-Zulauf)

Definitionsgemäß gilt aber (Gl. 6–1):

$$VX/\theta_C = Q_W X_R + (Q_0 - Q_W)X_e \quad (6\text{–}12)$$

Indem man zu beiden Glieder der Gl. 6–12 den Ausdruck (RQ_0X_R) addiert, resultiert:

$$VX/\theta_C + RQ_0X_R = RQ_0X_R + Q_WX_R + (Q_0 - Q_W)X_e = A \times SF_L + (Q_0 - Q_W)X_e \quad (6-13)$$

Darin stellt die Summe $(Q_WX_R + RQ_0X_R)$ (siehe Schnittpunkt 4) den über die NKB-Oberfläche A durchzusetzenden, von der Oberflächenbeschickung (Q_0/A), der Schlammabzugsrate (RQ_0/A) sowie den durch *in situ* ermittelte physikalisch-hydraulische Schlammabsetzcharakteristika limitierten, spezifischen Feststoffmassenstrom („*limiting solids flux*") (SF_L) dar. Nach einigen Zwischenberechnungen geht der wichtigste Zusammenhang zwischen den Hauptparametern der Biologie: θ_C und (tX), und denen der Nachklärstufe: A, SF_L und X_R, hervor:

$$1/\theta_C = \frac{(Q_0-Q_W)X_e + A \cdot SF_L - RQ_0X_R}{(Q_0tX)} \quad (6-14)$$

Damit lässt sich über jenes zu planende/benötigte Rücklaufschlammverhältnis R vorweg eruieren, ob die planerisch/betrieblich benötigte Konzentration X an aktiver Biomasse in dem/den Belebungsbecken überhaupt erreicht werden kann. Die Größen (SF_L), R und X_R, allerdings auch die in Belebungsbecken überhaupt einstellbare Konzentration an aktiver Biomasse X sind von den Absetzcharakteristika des betreffenden Belebtschlammes während der Massensedimentation abhängig. Ihre modellmäßige Ermittlung sowie die Modellsimulationen gemäß der „*limiting solids flux theory*" werden in den nachfolgenden Kapiteln separat abgehandelt.

6.2.2
Anwendung des erweiterten Schlammalter-Modells

Die auf dem Hauptparameter-Schlammalter basierende Dimensionierung eines aeroben Bio-CSTR bestünde demnach aus der Ermittlung der vier Reaktionsparameter, $\mu_{max.}$, K_S, k_d, Y, in Labor- oder Halbtechnikums-Maßstab (siehe abgehandelte Fallstudien in den Abschnitten 6.2, 6.4 und 6.5) und der Wahl eines zur Erzielung der benötigten S_e-Konzentration geeigneten Schlammalters θ_c, um bei bekannter Zulaufkonzentration S_o sowie energetisch/bauwerksmäßig vertretbaren Rücklaufverhältnissen R auf die erforderliche hydraulische Aufenthaltszeit t bei der gewählten Biomassekonzentration X zu kommen. Was das Problem der Übertragbarkeit in Labor- und Kleinpilotanlagen erlangter kinetischer Koeffizienten auf Großreaktoren betrifft, so wurden von Eckenfelder et al. [17, pp. 174/179] die von Mancini, Barnhart und Quirk durchgeführten kinetischen Versuche an Bioreaktoren in Labor- und Prototyp-Maßstab eingehend geprüft und deren Übertragbarkeit auf Großreaktoren bestätigt.

> „*The kinetic and the sludge production plots show reasonably good agreement between predicted and observed results.*"

Da wirtschaftlich und klärtechnisch bedingt *obere* t-, R- und (Q_0/A)-Grenzwerte und wegen mikrobiologisch schlechter Absetzeigenschaften (ungenügende Freisetzung die (Flockulation fördernder, extrazellulärer Polymere samt evtl. Biomasse-Auswascheffekten) auch *untere* X-, X_R- und θ_c-Grenzwerte auferlegt werden, können (tX) bzw. $(V/Q)X$ und θ_c nur in planerisch sinnvollen Bereichen variiert werden, indem man über Modell-Simulationen wirtschaftlich-technisch sinnvolle Größen für t, V, R, A und X vorab eruiert.

6.2.3
Modellmäßige Prozessanalyse der Messergebnisse

Wie bereits angedeutet, wurde anhand von in Labor-Mikropilotmaßstab erzielten Ergebnissen an den Abwasserbelebtschlammgemischen zweier neulich untersuchter kommunaler Kläranlagen (BB1 und BB2) – siehe dazu [18, 19] – dem erweiterten Lawrence-McCarty-Modell auch in Deutschland Rechnung getragen. Das BB1-Abwasser und der BB1-Belebtschlamm ($\theta_c \approx 15$ d) stammten aus einer quasi nur häusliches Abwasser behandelnden Kläranlage, frachtmäßig allerdings mit einem etwa 7–10%igen CSB-Deponiesickerwasseranteil belastet. Das BB2-Abwasser und der BB2-Belebtschlamm ($\theta_c \approx 25$ d) stammten aus einer anderen kommunalen Kläranlage, die einen über 50%igen CSB-Anteil aus der Lebensmittelindustrie enthielt.

Tab. 6–1: Zusammenstellung der Messergebnisse zur Ermittlung der Sinkgeschwindigkeit der Phasentrennfläche während des gleichmäßigen Absetzens: v_0, als Funktion der Ausgangskonzentration des Belebtschlammes: C_0, wobei $v_0 \, C_0 = SF_B$ – „batch solids flux" – siehe Abb. 6–2 bis Abb. 6–6 sowie Kap. 10; nach [1–4, 12, 13, 14, 18, 19].

BB 1: $\bar{X}_B$ = arith. Mittelwert/Bereich; n = 14/Bereich; $(s/\bar{X})_{\text{Alle Bereiche}} \leq 2{,}3\,\%$					
C_0 - Bereichsbreite	1,2–1,3	1,75–2,0	2,5–2,7	3,5–3,75	5,0–5,5
$v_0 = \Delta h/\Delta t$ [m/h]	3,890	3,387	2,520	1,255	0,797
C_0 [kgoTS/m³]	1,225	1,767	2,655	3,650	5,300
SF_B [kgoTS/m²/h]	4,765	5,985	6,691	4,581	4,224

BB 2: $\bar{X}_B$ = arith. Mittelwert/Bereich; n = 14/ Bereich; $(s/<\bar{X})_{\text{Alle Bereiche}} \leq 3{,}9\,\%$					
C_0 – Bereichsbreite	1,2 – 1,3	1,75 – 2,0	2,5 – 2,7	3,5 – 3,75	5,0 – 5,5
$v_0 = \Delta h/\Delta t$ [m/h]	4,436	3,387	2,520	1,311	0,297
C_0 [kgoTS/m³]	1,370	1,750	2,681	3,510	5,460
SF_B [kgoTS/m²/h]	6,077	5,927	6,756	4,602	1,622

Tabelle 6–1 fasst die Messwerte während einer in 2-Liter-Messzylindern durchgeführten Absetz-Messkampagne während der gleichmäßigen Absetzphase (siehe Details in Kapitel 10). Aus Abbildung 6–2 und Abb. 6–3, in denen jeweils die formalkinetischen Modellkoeffizienten aufgelistet sind, wird ersichtlich, dass die

Abwässer trotz quasi gleicher Belastung (E + EGW ≈ 20 000 vor der Biologie) bei ihren Multikomponentensubstraten und den entsprechenden heterogenen Bakterienpopulationen recht unterschiedliche kinetische Koeffizienten (in Abb. 6–2 bis Abb. 6–6 sind diese im Laborversuchsmaßstab ermittelten Koeffizienten jeweils aufgeführt) und daher auch ein merklich differierendes CSB-Abbauverhalten aufwiesen.

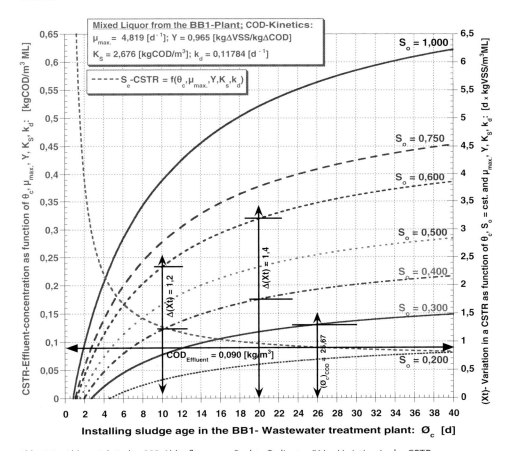

Abb. 6–2: Abhängigkeit der CSB-Ablaufkonzentration (S_e) und der Schlammarbeit (tX) von dem BB1-Schlammalter (Gl. 6–5 und Gl. 6–7); deutsche Bezeichnung des Koordinatensystems: Abszisse: eingestelltes Schlammalter in der Kläranlage BB 1: θ_C [d]
Linke Ordinate: CSTR-Auslaufkonzentration (Membranfiltrat) als Funktion von θ_C, $\mu_{max.}$, Y, K_S, k_d; [kgCSB/(kgoTS/m³)]

Rechte Ordinate: (Xt) – Variation in der CSTR - Auslaufkonzentration (Membranfiltrat) als Funktion von θ_C, bei S_o = cst, $\mu_{max.}$, Y, K_S, k_d; [d·kgoTS/m³)]
Merke: Die kinetischen Modell-Parameter beim CSB-Abbau im BB1-Abwasserschlammgemisch sind im Graph tabellarisch aufgeführt worden.

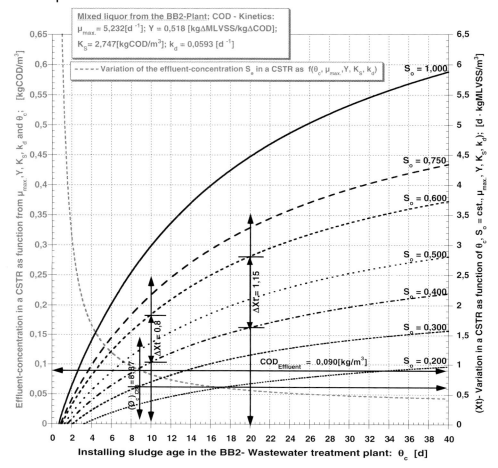

Abb. 6–3: Abhängigkeit der CSB-Ablaufkonzentration (S_e) und der Schlammarbeit (tX) von dem BB2-Schlammalter (Gl. 6–5 und Gl. 6–7); deutsche Bezeichnung des Koordinatensystems: Abszisse: eingestelltes Schlammalter in der Kläranlage BB 2; θ_C [d].
Linke Ordinate: CSTR-Auslaufkonzentration (Membranfiltrat) als Funktion von θ_C, $\mu_{max.}$, Y, K_S, k_d; [kgCSB/(kgoTS/m³)].

Rechte Ordinate: (Xt) – Variation der CSTR - Auslaufkonzentration (Membranfiltrat) als Funktion von θ_C, bei S_o = cst, $\mu_{max.}$, Y, K_S, k_d; [d · kgoTS/m³)].
Merke: Die kinetischen Modell-Parameter beim CSB-Abbau im BB2- Abwasserschlammgemisch sind im Graph tabellarisch aufgeführt worden.

So wären bei θ_c = 20 d und S_0 = 400– 600 mgCSB/l in den beiden Kläranlagen, bei BB1-Schlammarbeitswerte (Xt) = 1,8–3,2 kgoTS/(m³d) erforderlich und die entsprechenden Biomasseschwankungen würden sich bei Δ(Xt) = 1,4 autokatalytisch einpendeln. Bei BB2 hingegen würden unter gleichen Bedingungen (Xt)-Werte von lediglich 1,65–2,85 bzw. Δ(Xt) = 1,2 einsetzen. Bei θ_c = 10 d und ähnlichen S_0-Schwankungen lägen bei BB1 die (Xt)-Werte bei 1,25–2,35 und

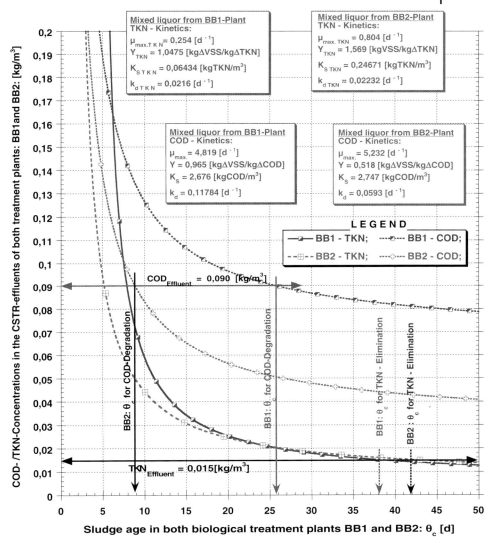

Abb. 6–4: Modellmässiger Verlauf des CSB-Abbaus und der TKN-Elimination in den CSTRs mit Biomassenrückführung der Kläranlagen BB1 und BB2, als Funktion der jeweilig einzustellenden Rechenwerte (Gl. 6-5), und Schätzung jeweils einzustellender Werte des Schlammalters, um CSB = 0,09 kg/m³ und TKN = 0,015 kg/m³ in den BB1- bzw. BB2-CSTRs-Ausläufen zu erreichen; deutsche Bezeichnung des Koordinatensystems: Abszisse: einzustellendes Schlammalter in BB1 und BB 2; θ_C [d]. Linke Ordinate: CSTR-Auslaufkonzentrationen für CSB und TKN (Membranfiltrat) in BB1 und BB 2 als Funktion von θ_C, μ_{max}, Y, K_S, k_d in den jeweiligen Abwasserschlammgemischen; [kgCSB/(kgoTS/m³)] bzw. [kgTKN/(kgoTS/m³)].

Merke: Die kinetischen Modell-Parameter bei CSB- und TKN-Abbau in den BB1- und BB2-Abwasserschlammgemischen sind im Graph tabellarisch aufgeführt worden.

$\Delta(Xt) = 1{,}1$ kgVSS/m³MLd. Bei BB2 wäre allerdings eine Schlammarbeit (Xt) von nur 1,15–1,85 erforderlich bzw. die modellmäßige Biomasse-Selbstregulierung würde sich bei $\Delta(Xt) = 0{,}7$ dkgVSS/m³ einpendeln (Volatile Suspended Solids = oTS).

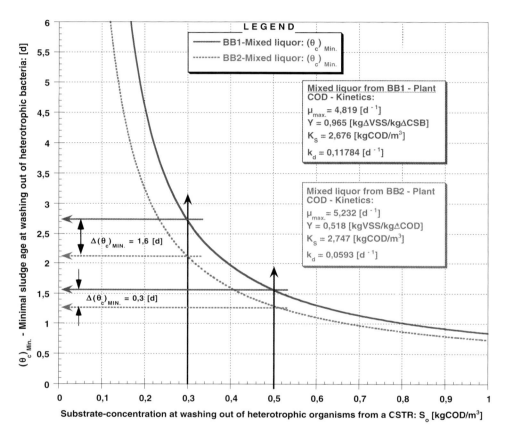

Abb. 6–5: Modellmässiger Verlauf des minimalen Schlammalters (Gl. 6-8), um beim CSB-Abbau jene Bakterienauswaschraten in den CSTRs mit Biomassenrückführung der Kläranlagen BB1 und BB2 zu vermeiden, als Funktion variierender $S_0 \approx S_e$ - Rechenwerten (Gl. 6-5) und Schätzung sich jeweils einstellender Werte des Schlammalters bei $S_0 = 0{,}5$ und/oder $S_0 = 0{,}3$ [kg CSB/m³] in den BB1- bzw. BB2-CSTRs; deutsche Bezeichnung des Koordinatensystems: Abszisse: CSTR-Konzentrationen [kgCSB/(kgoTS/m³)] im Membranfiltrat beim Einsetzen der Bakterienauswaschrate (Gl. 6-8). Linke Ordinate: minimales-Schlammalter beim Einsetzen der Auswaschrate heterotropher Bakterien; θ_c [d].

Merke: Die kinetischen Modell-Parameter beim CSB-Abbau in den BB1- und BB2-Abwasserschlammgemischen sind im Graph tabellarisch aufgeführt worden.

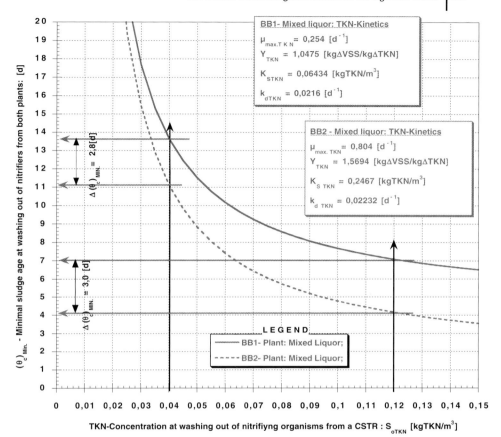

Abb. 6–6: Modellmässiger Verlauf des minimalen Schlammalters (Gl. 6-8), um bei der biologischen TKN-Elimination die Bakterienauswaschraten in den CSTRs mit Biomassenrückführung der Kläranlagen BB1 und BB2 zu vermeiden, als Funktion variierender $S_0 \approx S_e$ - Rechenwerte (Gl. 6-5) und Schätzung sich jeweils einstellender Werte des Schlammalters für $S_0 = 0{,}04$ und/oder $S_0 = 0{,}12$ [kgTKN/m³]; deutsche Bezeichnung des Koordinatensystems: Abszisse: CSTR-Konzentrationen [kgTKN/(kgoTS/m³)] im Membranfiltrat beim Einsetzen der Auswaschrate nitrifizierender Bakterien (Gl. 6-8).
Linke Ordinate: minimales-Schlammalter in beiden Kläranlagen beim Einsetzen der Auswaschrate nitrifizierender Bakterien; θ_c [d].
Merke: Die kinetischen Modell-Parameter bei der biologischen TKN-Elimination in den BB1- und BB2-Abwasserschlammgemischen sind im Graph tabellarisch aufgeführt worden.

Der Unterschied bei der CSB- und TKN-Elimination in den beiden Abwasserschlammgemischen wird noch deutlicher, wenn man Abb. 6–4 betrachtet und jenes Schlammalter abliest, um Grenz-Ablaufwerte von 90 mgCSB/l, resp. 15 mgTKN/l zu erreichen: $(\theta_{c\,CSB})_{BB1} \approx 26$ d und $(\theta_{c\,TKN})_{BB1} \approx 38$ d, resp. $(\theta_{c\,CSB})_{BB2} \approx 9$ d und wegen der niedrigen TKN/CSB-Verhältnisse bei BB2 (TKN/CSB < 0,025) nicht unerwartet auch $(\theta_{c\,TKN})_{BB2} \approx 42$ d. Der hohe Anteil an schwerabbaubaren CSB-Verbindungen des Deponiesickerwasseranteils bei BB1 einerseits, und die hohe CSB-Abbaugeschwindigkeit der aus der Lebensmittelindustrie stammenden Substratkomponenten bei BB2 andererseits, machen sich hierbei mehr als deutlich bemerkbar.

Diese im Vergleich zu BB2 beachtlich tiefer liegenden CSB- und TKN-Abnahmegeschwindigkeiten von BB1-Substratkomponenten (was auch entsprechend niedrig liegende Zuwachsraten chemo-hetero- sowie chemo-autotropher Bakterien bedeutet) gehen auch aus Abb. 6–5, resp. Abb. 6–6 hervor; es wird daraus ersichtlich, dass z. B. bei einer im Zulauf zu erwartenden Konzentration $S_{0\,CSB}$ = 300 mg/l bzw. $S_{0\,TKN}$ = 40 mg/l, die $(\theta_c)_{Min.}$-Werte beider Kläranlagen recht unterschiedlich ausfallen: $(\theta_c)_{Min.\,CSB} \approx 2{,}7$ d bei BB1, resp. $(\theta_c)_{Min.\,CSB} \approx 2{,}1$ d bei BB2 und $(\theta_c)_{Min.\,TKN} \approx 13{,}6$ d bei BB1 bzw. $(\theta_c)_{Min.\,TKN} \approx 11$ d bei BB2. Mit anderen Worten, um der Gefahr einer Bakterienauswaschung in den beiden Abwässern vorzubeugen, wären bei ungefähr gleichen $S_{0\text{-}CSB}$- und $S_{0\text{-}TKN}$-Werten wesentlich höhere $(\theta_c)_{Min.\text{-}Wert}$e bei BB1 als bei BB2 abzusichern. Dieser $(\theta_c)_{Min.}$-Unterschied würde sich mit Zunahme von $S_{0\text{-}CSB}$ bei den heterotrophen Bakterien verringern (siehe $(\Delta\theta_c)_{Min.}$-Werte in Abb. 6–5, aber bei den nitrifizierenden Bakterien mit der Zunahme von $S_{0\text{-}TKN}$ ab etwa 40 mgTKN/l etwas vergrößern (siehe $(\theta_c)_{Min.}$-Werte in Abb. 6–6). In beiden Fällen aber würde sowohl bei sinkenden als auch bei steigenden Substratkonzentrationen die Gefahr einer Biomasseauswaschung bei BB1 wesentlich rascher auftreten als bei BB2.>

6.3
Schlussbetrachtungen zum Schlammalter-Modell

Die in [2] angenommene Postulierung, dass in vorgeklärtem Abwasser die Menge an aktiver Biomasse gleich Null sei und der Abbau nur in Belebungsbecken stattfände, dürfte bei der Modell-Prüfung auf organisch hoch belastete Abwässer als vernachlässigbares Manko gelten. Da in der Praxis bei der Ermittlung der Schlammproduktion mit TS oder oTS, anstatt mit modellmäßig-aktiver Biomasse X gearbeitet wird, sollte jedoch bei vor der biologischen Stufe organisch wenig bis mittelmäßig belasteten Abwässern (CSB < 300–500 mg/l) auch der Durchschleusen-Effekt der Biomasse aus der Vorklärung ($Q_{VKB\text{-}Abl.} X_o$) berücksichtigt werden, dessen Vernachlässigung nach [20] zur inkorrekten Prüfung der Modell-Eignung führt. Bei der Modellformalkinetik sollte deshalb $(r_X/X)_{Mod.} = 1/(\theta_c)_{Betrieb} - [Q_0 X_0 / (VX)]_{Betrieb}$ eingesetzt werden.

Auch die Modell-Annahme, dass in den Nachklärbecken keine Biomasse-Akkumulation stattfände [2], widerspricht betrieblichen Erfahrungen. Solange aber durch übliche Stoßbelastungen verursachte TS-Kleinakkumulationen in Nachklärbecken zu keinem Schlammabtrieb führen, ist es nach 1978er Feld-Untersuchungen [21] unwesentlich, ob auf der Basis der Biomasse des gesamten Systems $(\theta_c)_T$ oder nur der Biomasse im Belebungsbecken $(\theta_c)_{BB}$ berechnet wird, da $(\theta_c)_{BB}/(\theta_c)_T \approx 0{,}95 \approx$ const. Die weitere Modell-Annahme, dass sich das abzubauende Substrat ausschließlich in gelöster Form befände, ist für kommunales Abwasser physikalisch-chemisch sicher nicht richtig, solange man sich auf unfiltrierte Proben bezieht. Werden jedoch filtrierte Proben (Weißbandfilter) zur

Modell-Bildung/-Prüfung herangezogen, so hat diese Annahme nach [1, 2, 4, 5, 10, 12, 14, 17–19] einen zufrieden stellenden Bestand aus reaktionstechnisch/analytischer Sicht.

Der Grundannahme, dass im System quasi-stationäre Verhältnisse zur Zeit der Messung vorlägen, kann mit Hilfe computerisierter MSR- und EDV-Ausrüstung durch hohe Mess-, d. h. auch Bilanzierungsfrequenzen, in einem modellmäßig genügend feinen Zeitraster (1–2 Minuten mit 1 bis 30 Einzelmessdaten und derer Mittelung) zufrieden stellend Rechnung getragen werden [18, 19].

Das abwassertechnisch klar konturierte Lawrence-McCartysche Schlammalter-Modell stieß trotz seiner technisch-mathematischen Vereinfachungen auf eine breite Akzeptanz im angelsächsischen Sprachraum. In [1, S. 143/147] werden von Riesing (1971), Grau, Grady und Williams (1975) gezielt angelegte Untersuchungen zum θ_c-Modell zitiert, wonach sich bei Monosubstraten die Ablaufkonzentration eines CSTR tatsächlich als unabhängig von dessen Zulaufkonzentration erwies (Riesing 1971), wohingegen bei Abbau von Multikomponentensubstraten durch heterogene Bakterienmischpopulationen und/oder hydraulische Schockbelastungen nicht-/teil-metabolisierte Zulaufkomponenten in den Ablauf durchschlugen (Grau, Grady und Williams 1975). Dieses Phänomen sei allerdings nicht nur hydraulischen, sondern auch mikrobiologischen Ursachen zuzuordnen, da sich naturgemäß bei den mit Substrat-(Ver)Änderungen einhergehenden Biomasse-Adaptationssprüngen auch eine phäno- und genotypische „Bakterien-Hysteresis" nicht vermeiden lässt. Weil in CSTRs die Abbauprozesse quasi-parallel und nicht wie in einem PFR sequentiell verlaufen, ist ein CSTR-Durchschleusen-Effekt (noch) reagierender Multikomponentensubstrate in den Nachklärbecken betrieblich erwiesen (Denitrifikationsvorgänge vor allem).

Bedeutende Wissenschaftler [5, S. 626] erwähnen Untersuchungen von Roper et al., wonach bei hydraulischen Stoßbelastungen hohe θ_c-Werte eine bedeutend wichtigere Abpufferungsrolle spielen als hohe t-Werte.

> „Modelling studies have shown that the mass of substrate
> escaping during a transient period is highly dependent upon the
> steady-state θ_C but almost completely independent of t."

In diesem Sinne wurde aus der Sicht heutiger, wissenschaftlich-technischer Erkenntnisse der Versuch unternommen, das in [2] aufgestellte Schlammaltermodell für Belebtschlammreaktoren physikalisch-mathematisch zu erweitern. Nun stellte sich bei der Untersuchung der COD- und TKN-Elimination sowie der Massensedimentation im Labor-Mikropilotmaßstab bei den aus unterschiedlichen kommunalen Kläranlagen etwa gleicher (E + EGW)-Größe stammenden Abwasser- und Belebtschlammproben heraus, dass diese ein beachtlich unterschiedliches CSB-Abbauverhalten aufwiesen. Bei der heutigen Diversität der an kommunale Kanalisation angeschlossenen Indirekteinleiter ist ihr Mischeffekt auf die Biologie nicht voraussehbar. Es wäre daher volkswirtschaftlich förderlich, bei den atv-Planungsrichtlinien zur Dimensionierung von Belebungsbecken die Einbeziehung abwassertechnischer Laboratorien zur Lieferung von Geschwindigkeitsbeiwerten aus Abbauversuchen vor Ort zu empfehlen, um so den Planern einen fundierten Modell-Einblick in die wichtigsten Prozessmechanismen zu ermöglichen. Angesichts der heutigen Mikroprozessortechnik wäre das leicht in die Praxis von Ingenieurbüros und Wasserlaboratorien umzusetzen.

Notationen

Symbol	Bezeichnung	Dimension
A	Oberfläche des Nachklärbeckens	L^2
$A_{transversal}$	Durchflussfläche/Querfläche eines PFR: = B × H	L^2
B	Breite eines Durchlauf-PFR	L
C	Beliebige Konzentration an suspendierter Biomasse	ML^{-3}
COD	Abkürzung für den chemischen Sauerstoff-Bedarf sämtlicher oxidierbarer Substratkomponenten nach der Bichromatmethode	ML^{-3}
CSTR	Durchlauf-Reaktortyp mit theoretisch vollkommener Durchmischung/ Rückvermischung (totales Mischbecken)	[-]
$(dX/dt)V = 0$	Keine Variation der Biomasse im System bei theoretisch vollkommenen stationären Betriebsbedingungen	$MT^{-1}L^3$
$(dS/dt) V = 0$	Keine Substratvariation im System bei theoretisch vollkommenen stationären Betriebsbedingungen	$MT^{-1}L^3$
Δ	Differenz im Allgemeinen	
$(\Delta X/\Delta t)_T$	Aus dem System per Zeiteinheit ausgeschleuste Biomasse	MT^{-1}
$(\Delta X/\Delta t)_T/(X)_T$	Kehrwert des Schlammalters: $1/\theta_C$	T^{-1}
SF_L	Durch die Einstellung von C_L-Konzentrationsschichten in der Schlammmasse den Feststofftransport zum Schlammabzug limitierter Feststofffluss (*limiting solids flux*)	$ML^{-2}T^{-1}L$
k	Spezifisches Schlammvolumen im Michaels-Bolger-Modell, mit SVI (USA-Definition) oder mit dem Schlammverdünnungsindex $ISV_{Ver.}$ (in Deutschland) keinesfalls identisch (Schlammkompression u. Wasserzwischenräume bei SVI-Bestimmung nicht vermeidbar)	L^3M^{-1}
k_d	Bakterienabsterbegeschwindigkeit oder die per Zeiteinheit ins gelöste Substrat übergehende, lysierende Bakterienmasse	T^{-1}
K_S	Die Substrat-Saturationskonstante im Ansatz für autokatalytische Reaktionsabläufe: $(\mu - k_d) = \mu_{max}.S/[(K_S + S) - k_d]$	ML^{-3}
	Spezifische Netto-Bakterienwachstumsgeschwindigkeit im System, modell-definiert als $m = m_{max}.S/[(K_S + S) - k_d]$ oder als $\mu = (dX/dt)_T/X$	T^{-1}
$(\mu - k_d)X$	Netto-Zuwachsrate an Biomasse im System; auch als $(\mu - k_d)X = Y(-r_S)$ definierbar	$ML^{-3}T^{-1}$
$\mu_{max.}$	Max. Brutto-Bakterienwachstumsgeschwindigkeit beim uneingeschränkten Substratangebot	T^{-1}
n	Agglomerierungskoeffizient des Michaels-Bolger-Modells	
NKB	Abkürzung für Nachklärbecken	[-]
PFR	Durchlauf-Reaktortyp mit vollkommen fehlender Rückvermischung, was theoretisch in Becken mit Kolbenströmung oder Rohrreaktoren stattfindet	[-]
Q	Zulauf-Volumenstrom im allgemeinen	L^3T^{-1}
Q_0	Zulauf-Volumenstrom des Bio-CSTR	L^3T^{-1}

Symbol	Bezeichnung	Dimension
Q_{RLS}	Rücklaufschlamm-Volumenstrom	L^3T^{-1}
Q_W	Abgezogener Überschussschlamm-Volumenstrom	L^3T^{-1}
Q_0/A	Oberflächenbeschickung des Nachklärbeckens	LT^{-1}
$r_S = -dS/dt$	Abbaugeschwindigkeit gelöster Substratkomponenten	$ML^{-3}T^{-1}$
$r_X = dX/dt$	Brutto-Bakterienwachstumsrate im System	$ML^{-3}T^{-1}$
R	Rücklaufschlammverhältnis: $R = Q_{RLS}/Q_0$	[%]
$(RQ_0 + Q_W)/A$	Abzugsgeschwindigkeit des RLS + ÜSS	LT^{-1}
S	Die das Bakterienwachstum limitierende Substratkonzentration im Bioreaktor oder Substratkonzentration im Allgemeinen	ML^{-3}
S_e	Substratkonzentration in einem CSTR oder in dem Auslauf eines PFR, resp. in deren NKB-Ablauf	ML^{-3}
S_0	Substratkonzentration im Zulauf eines CSTR oder PFR, vor Vermischung mit dem Rücklaufschlamm	ML^{-3}
t	Zeitablauf in einem Batch-Reaktor, resp. entlang eines PFR: t = PFR-Länge/$[(Q_0 + RQ_0)/$(PFR-Breite × Wasserhöhe)$]$ oder die Verweilzeit in einem CSTR: $\tau = V/Q$	T
TKN	Abkürzung für den in Substratkomponenten gebundenen Stickstoff in reduzierter Form (*Total Kjeldahl Nitrogen*)	ML^{-3}
θ_C	Schlammalter, definiert als theoretische Aufenthaltszeit der Biomasse im Bio-CSTR: $\theta_C = XV/[Q_W X_R + (Q - Q_W)X_e]$	T
U	Schlammabzugsgeschwindigkeit aus dem NKB: $U = RQ/A$	LT^{-1}
ÜSS	Abkürzung für den Überschussschlamm	
v_0	Ausgangs-Sinkgeschwindigkeit des Schlammspiegels bei einer sich absetzenden Suspension oder die Leerrohrgeschwindigkeit eines durch ein fluidisiertes Schlammbett gleicher Konzentration aufsteigenden Wasserstroms	LT^{-1}
v_P	Freie Modell-Sinkgeschwindigkeit der Einzelflocke bzw. die benötigte Leerrohrgeschwindigkeit des aufsteigenden Wasserstroms, um die Partikel im Schwebezustand zu halten	LT^{-1}
v_{Mittel}	Mittlere Durchflussgeschwindigkeit des Abwasserschlammgemisches in einem Durchlauf-PFR: $v_{Mittel} = Q(1 + R)/A_{transversal}$	LT^{-1}
V	Reaktorvolumen	L^3
VKB	Abkürzung für Vorklärbecken	[-]
X	Netto-Biomassekonzentrationen im Bio-CSTR im Allgemeinen; wird als MLSS/l oder als MLVSS/l angegeben	ML^{-3}
X_e	Netto-Biomassekonzentration im NKB-Ablauf; wird als MLSS/l oder als MLVSS/l angegeben	ML^{-3}
X_R	Netto-Biomassekonzentration im NKB-Schlammabzug; wird als MLSS/l oder als MLVSS/l angegeben	ML^{-3}
X_T	Netto-Gesamtbiomasse; wird als MLSS oder als MLVSS angegeben	M
Y	Bakterienertragskonstante oder auf die abgebaute Substratmasseneinheit bezogener Zuwachs an Biomasse	$\Delta X/\Delta S$

6.4
Automatische Betriebsführung auf der Grundlage reaktionstechnischer Modelle

6.4.1
Aufgabenstellung beim Großklärwerk Iasi

Es handelte sich hierbei um einen Technologie-Transfer zur Modernisierung der Großkläranlage der Landeshauptstadt Iasi (Rumänien) [22] – zu den Eckdaten siehe Abb. 6–7. Zu den wichtigsten Indirekteinleitern zählten eine Schweine-Massentierhaltung (250 000 Stück/Jahr) und ein Antibiotika-Kombinat, deren veraltete Vorbehandlungsanlagen eigene Betriebsstörungen kaum richtig abfangen konnten und zur Lahmlegung der städtischen Kläranlage führten; dieses stellte besondere Planungs- und Ausführungsbedingungen zum Schutze biologischer Stufen auf. Es wurde deshalb eine „intelligente" Toximeter-Anlage entwickelt [23], welche das Verhältnis der anfallenden abbaubaren Substratkomponenten zu den toxisch wirkenden Komponenten ständig quantifiziert, hierdurch häufigen falschen Alarm erspart und die (noch) in die Biologie zuzulassende Menge an vorgeklärtem Abwasser regelt

6.4.2
Ist-Zustand der örtlichen Gegebenheiten in Iasi

Zu der technisch-wasserrechtlichen Seite des Vorhabens sei nur kurz zu erwähnen (siehe Abb. 6–7), dass das geplante Automatisierungssystem, nachstehend mit ABF bezeichnet, als Haupteinheiten die Radial-Vorklärbecken beider Linien ($A_{VKB1/1-4}$ = 797 m^2/Stück, $V_{VKB1/1-4}$ = 2.072 m^3/Stück und $A_{VKB2/1-4}$ = 1.091 m^2/Stück, $V_{VKB2/1-4}$ = 2.728 m^3/Stück), die Belebungsanlage (V_{BB} = 2 Linien × 8 Reaktoren/Linie × 3.024 m^3/Reaktor = 48 434 m^3), die Nachklärung mit 6 Längsklärbecken in der Linie 1 ($A_{NKB1/1-6}$ = 1 130 m^2/Stück, $V_{NKB1/1-6}$ = 4 068 m^3/Stück) und 2 Radialbecken in der Linie 2 ($A_{NKB2/1-2}$ = 3 108 m^2/Stück, $V_{NKB2/1-2}$ = 13 180 m^3/Stück), die Rücklaufschlammpumpen mit einer installierten Förderleistung Q_{RW} = 6,6 m^3/s und die 4 ÜSS-Eindicker ($V_{SE/1-4}$ = 1 150 m^3/Stück, $A_{SE/1-4}$ = 314 m^2/Stück) erfasst.

In der zu modernisierenden Kläranlage sollte eine vollbiologische Reinigung mit den Ablaufwerten $CSB_{Bichromat}$ ≤ 97 mg/l, BSB_{5-ATH} ≤ 15 mg/l bei weitgehender Stickstoffelimination erfolgen. Das Schlammalter als Hauptleitparameter musste ABF-seitig in den beiden Linien der damaligen Kläranlage identisch eingestellt werden. Nachstehend soll kurz auf die verfahrenstechnischen Grundlagen der vorgesehenen Modell-Betriebsführungsarten eingegangen werden.

6.4.3
Betriebliche Grundüberlegungen zur ABF

Es sei an dieser Stelle betont, dass der Betrieb eines hochtechnologisch ausgerüsteten Klärwerkes den Betreiber nicht ausschließt, wie irrtümlicherweise immer noch weit verbreitet angenommen, sondern es bindet ihn via Computer-

6.4 Automatische Betriebsführung auf der Grundlage reaktionstechnischer Modelle

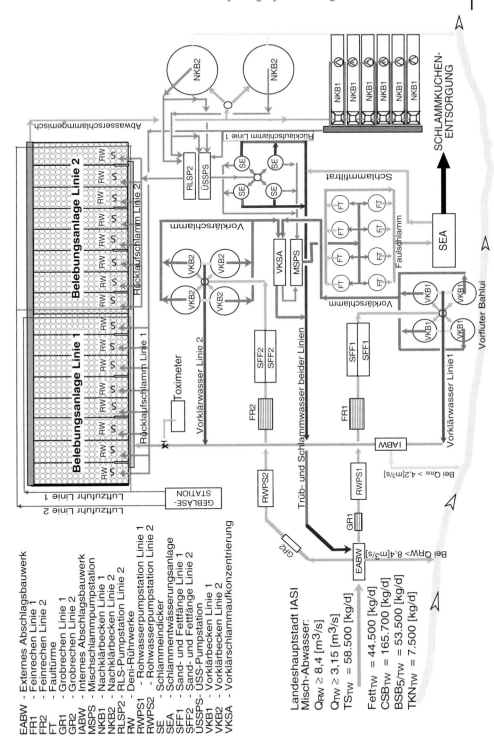

EABW - Externes Abschlagsbauwerk
FR1 - Feinrechen Linie 1
FR2 - Feinrechen Linie 2
FT - Faultürme
GR1 - Grobrechen Linie 1
GR2 - Grobrechen Linie 2
IABW - Internes Abschlagsbauwerk
MSPS - Mischschlammpumpstation
NKB1 - Nachklärbecken Linie 1
NKB2 - Nachklärbecken Linie 2
RLSP2 - RLS-Pumpstation Linie 2
RW - Deni-Rührwerke
RWPS1 - Rohwasserpumpstation Linie 1
RWPS2 - Rohwasserpumpstation Linie 2
SE - Schlammeindicker
SEA - Schlammentwässerungsanlage
SFF1 - Sand- und Fettfänge Linie 1
SFF2 - Sand- und Fettfänge Linie 2
ÜSSPS - ÜSS-Pumpstation
VKB1 - Vorklärbecken Linie 1
VKB2 - Vorklärbecken Linie 2
VKSA - Vorklärschlammaufkonzentrierung

Landeshauptstadt IASI
Misch-Abwasser:
$Q_{RW} \geq 8,4 \ [m^3/s]$
$Q_{TW} \geq 3,15 \ [m^3/s]$
$TS_{TW} = 58.500 \ [kg/d]$
$Fett_{TW} = 44.500 \ [kg/d]$
$CSB_{TW} = 165.700 \ [kg/d]$
$BSB5_{TW} = 53.500 \ [kg/d]$
$TKN_{TW} = 7.500 \ [kg/d]$

Abb. 6-7: Kläranlage Iasi/Rumänien: Blockschema Modernisierung.

Dialog in den Prozess umso mehr ein, als dieser den aufgelisteten Computer-Lösungsvorschlägen zustimmen soll oder auch nicht. Der Betreiber muss dieses dennoch nicht nur verstehen, sondern er muss auch Online-Geräte sowie Messsonden prüfen, bei Bedarf nachkalibrieren, etc. und im Ausnahmefall auch auf Handsteuerung übergehen können. Die ausführliche Präsentation des ganzen ABF-Programms würde den Rahmen dieses Beitrages mit Sicherheit sprengen. Deshalb wird im Folgenden lediglich auf dessen Grundaufgabenstellung beim CSB-Abbau in den CST-Belebtschlammreaktoren eingegangen.

6.4.4
ABF – verfahrenstechnische Beschreibung

Zur Betriebsführung in der Kläranlage in Iasi das Folgende vorweg, für das Kernstück der gesamten Anlage wurde als Leitparameter das Schlammalter im System θ_C [d] festgelegt, dessen Abhängigkeit von der Temperatur sich über die Beziehung [1]:

$$(\theta_C)_{T\,°C\,SYSTEM} = (\theta_C)_{Soll,20\,°C}\,\varnothing^{(20-T°)}\,[d] \quad (6\text{--}15a)$$

bei einem Temperaturkoeffizienten $\varnothing$ zwischen 1,00 und 1,04 berechnen lässt; beim Iasi-Abwasser wurde wegen dessen „Reaktionsfreundlichkeit" $\varnothing = 1{,}025$ eingesetzt. Unabhängig von in den Belebungsbecken herrschender Temperatur werden auf dem Monitor $(\theta_C)_{SOLL,T\,°C}$ [d], $(\theta_C)_{Betrieb,T\,°C}$ [d], und $(\theta_C)_{SOLL,T°=20\,°C}$ [d] kontinuierlich visualisiert.

Zu den sich auf Ermittlung von Prozesskonstanten stützenden Modellvoraussagen dank ihrem statistisch abgesicherten Einsatz in Massenbilanzen und dem Vergleich dieser Modellvoraussagen gegen in der Kläranlage tatsächlich gemessene Werte bei automatisierter Betriebsführung (ABF), Folgendes vorweg:

In der Software für die Kläranlage wurden drei auf dem Schlammalter als Leitparameter basierende Betriebsarten eingebaut, welche per Tastatureingabe aktiviert bzw. deaktiviert werden können:

$(\theta_C)_{MODELL,T=20\,°C}$ – EIN; $(\theta_C)_{MODELL,T=20\,°C}$ – AUS;
$(\theta_C)_{emp.,T=20\,°C}$ – EIN; $(\theta_C)_{emp.,T=20\,°C}$ – AUS;
$(\theta_C)_{Handbetrieb,T=20\,°C}$ – EIN; $(\theta_C)_{Handbetrieb,T=20\,°C}$ – AUS.

6.4.4.1 Die $(\theta_C)_{Modell\,T=20\,°C}$ -Prozessführung

Diese Betriebsweise beruht auf dem Einsatz des ausführlich beschriebenen, formalkinetischen van-Uden-Ansatzes in Massenbilanzen, wonach dank vom Computer festgelegten Koordinatensystemen und einer automatisch erfolgten Einzeichnung von Betriebsdaten mitsamt deren Anpassung an Regressionsgeraden die Ermittlung üblicher statistisch abgesicherter Modell-Geschwindigkeitsbeiwerte des CSB-Substratabbaus ($\mu_{max.}$ [d^{-1}], Y_{CSB} [-], $(K_S)_{CSB}$ [kgCSB/m^3] und $(k_d)_{CSB}$ [d^{-1}]) im 2-Minuten-Takt abgeliefert und am Monitor visualisiert werden. Als Modell-Prüfzeitspanne gelten zwei halbstündige, im 2-Minuten-Takt gleitende

6.4 Automatische Betriebsführung auf der Grundlage reaktionstechnischer Modelle

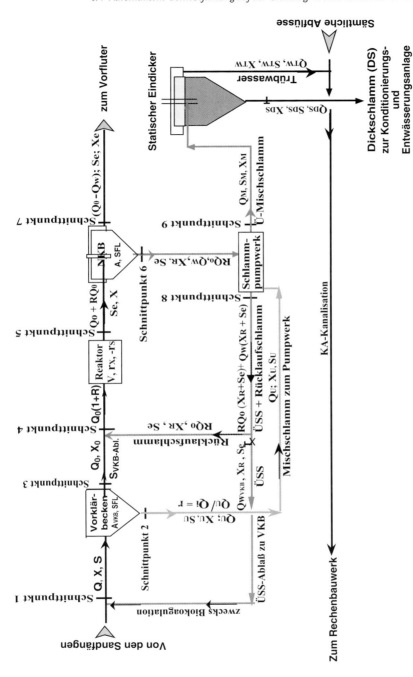

Abb. 6–8: Kläranlage Iasi – Konzeptskizze der in 2-Minutentakt erfolgenden, rechnergestützten Erstellung von Massenbilanzen für suspendierte Biomasse (X) oder gelöstes organisches Substrat (S) – siehe Abb. 6–11 und Abb. 6–12, beim Abzweigen des ÜSS zur Teil-Rückführung in die Vorklärung und/oder bei dessen ganzer Förderung in die statische Schlammeindickung.

Regressionsgeraden, währenddessen ebenfalls sich alle 2 Minuten ändernde halbstündige Mittelwertpaare (Q_O, Q_W, S_0, S_e, X, X_W, X_e, X_0, $R_{extern.}$, R_{intern}) als Betriebsdaten dem Masterrechner zugeleitet werden. Diese Mittelwerte bestehen aus jeweils 15 Einzelmessungen und werden in Massenbilanzen für Substrat und Biomasse eingesetzt, die so überdefinierten Gleichungssysteme werden regrediert und die resultierenden Modellkoeffizienten zu Modellvoraussagen eingesetzt. Bei den X-Massenbilanzen der $(\theta_C)_{Modell\ T=20°C}$-Prozessführung kam man, wenn auch etwas spät, zur nicht mit der Literatur konformen Auffassung [20], die durch im VKB_{Ablauf} abgetriebene Suspensateilchen dem Bioreaktor zufließende Suspensa-Belastung in der Modellbildung nicht mehr zu vernachlässigen (Abb. 6–8).

Bei der 2-minütig ausgelegten Messzeitintervall-Mittelung durfte in guter Annäherung gelten, dass im System quasi-stationäre Bedingungen herrschen; dann lässt sich als Massenbilanz des Substrates S für den Bioreaktor schreiben:

$$Q_0 S_0 \;+\; RQ_0 S_e \;-\; (Q_0 + RQ_0) S_e \;-\; [V(-r_S)]_{BB} = 0; \qquad (6\text{–}15b)$$

Substrat-Input: VK-Abwasser und RLS aus den NKB
Substrat-Output: Abwasserbelebtschlammgemisch zu den NKB
Substrat-Output: (Substratabbau in Belebungsbecken)

Nach Substitution von $(V/Q_0)_{BB} = \tau$ und einigen Zwischenberechnungen lässt sich die biomassebezogene Substratabbaugeschwindigkeit $(-r_S/X)$ ableiten:

$$(-r_S/X) = \frac{S_0 - S_0}{\tau X} \; [kg\,\Delta CSB/(dkgTS_{BB})] \qquad (6\text{–}16)$$

Über eine Bilanz der Biomasse X, diesmal für das (Reaktor + NKB)-System (Schnittstelle 4, 6, 7):

$$[Q_0 X_{vkb} + RQ_0 X_R] \;+\; [V(r_X)]_{BB} \;-\; [RQ_0 X_R] \;-\; [(Q_0 - Q_W)X_e + Q_W X_R] = 0 \qquad (6\text{–}17)$$

Input: (Biomasse aus VKB_{Ablauf} und RLS)
Input: (Biomassezuwachs durch Substratabau)
(RLS-Abzug)
Output: (Biomasse im NKB_{Ablauf} ÜSS-Abzug aus NKB)

lässt sich nun der Biomassezuwachs im ganzen System herleiten:

$$[V(r_X)]_{BB} = (Q_0 - Q_W)X_e + Q_W X_R - Q_0 X_{VKB} \qquad (6\text{–}18)$$

Bei der in den Standardwerken der Abwassertechnik [1, 4, 5] üblichen Vernachlässigung der im VKB_{Ablauf} enthaltenen Biomasse ($X_{VKB-Abl.} \approx 0$) und anschließendem Dividieren der Gl. 6–18 durch $(VX)_{BB}$ resultiert:

$$r_X/X = \frac{(Q_0 - Q_W)X_e + Q_W X_R}{(VX)_{BB}} \; [kg\Delta X/(kgXd)] \qquad (6\text{–}19)$$

Per Definition gilt bekanntlich für das Schlammalter (θ_c):

$$\theta_c = \frac{(VX)_{BB}}{(Q_0 - Q_W)X_e + Q_W X_R} \; [d]. \qquad (6\text{–}20)$$

6.4 Automatische Betriebsführung auf der Grundlage reaktionstechnischer Modelle

Quasi-stationäre Betriebszustände vorausgesetzt, muss die biomassebezogene Schlammzuwachsrate jener aus dem System ausgekreisten bekanntlich gleichen, also (Gl. 2–58):

$$r_X/X = \frac{1}{\theta_c} \ [d^{-1}] \tag{6-21}$$

In Anlehnung an den kinetischen van-Uden-Modellansatz [1, 4, 5] lässt sich abschließend schreiben (Gl. 2–57):

$$r_X/X = \frac{1}{\theta_c} = \mu_{max.} \frac{S_e}{K_S + S_e} - k_d \tag{6-22}$$

Weil, ebenfalls definitionsgemäß, $r_X = Y(-r_S)$, lässt sich unter Berücksichtigung der Gl. 6–16 und 6–22 schreiben (siehe Gl. 2–60):

$$-r_S/X = \frac{S_0 - S_e}{\tau X} = \mu_{max.} \frac{S_e}{Y(K_S + S_e)} - \frac{k_d}{Y} \tag{6-23}$$

und bei erneuter Berücksichtigung der Gl. 6–16 wird:

$$\frac{1}{\theta_c} = Y \frac{S_0 - S_e}{\tau X} - k_d. \tag{6-24}$$

Zeichnet man die Betriebswertpaare S_0; X; S_e; τ; θ_c in einem Koordinatensystem $(1/\theta_c)$ gegen $[(S_0 - S_e)/(\tau X)]_{BB}$ ein und passt diese einer der Gl. 6–24 entsprechenden Regressionsgeraden an, so liefert deren Steigung die Schlammertragsrate Y [-], und der Ordinatenabschnitt gibt den $(-k_d)$-Wert [d^{-1}] an. Eine erneute, aber erst nach Linearisierung der Gl. 6–24 anwendbare Methodik besteht aus der Dateneinzeichnung in einem diesmal anders gewählten Koordinatensystem $[1/\theta_c + k_d]^{-1}$ gegen $(1/S_e)$, dann gestattet diese durch grapho-analytische Umkehrung der Gl. 6–22 gebildete zweite Regressionsgerade:

$$[1/\theta_c + k_d]^{-1} = 1/\mu_{max.} + K_S/\mu_{max.} \times 1/S_e \tag{6-25}$$

den Ordinatenabschnitt als $(1/\mu_{max.})$ und als Steigung $(K_S/\mu_{max.})$ zu ermitteln; hieraus lassen sich sofort die Parameter $\mu_{max.}$ und K_S berechnen und die Güte des Modells statistisch beurteilen. In Abbildung 6–9 und Abb. 6–10 wurden bei der kinetischen Prozess-Analyse eines ganzen Tages-Betriebszyklus, die an den Schnittstellen 3–7 (siehe Abb. 6–8) im Halbstundentakt/24h gewonnenen 48 Durchschnittsproben/30 Minuten/Schnittstelle der Wertpaare Q_0; S_0; X; S_e; τ; θ_c; $X_{VKB-Abl}$ vom Master-Rechner der Kläranlage ausgewertet und regrediert. Dies erfolgte zunächst bei der zur Fachliteratur konformen, üblichen Vernachlässigung des in $Q_{VKB-Abl.}$ enthaltenen TS-Massenstroms.

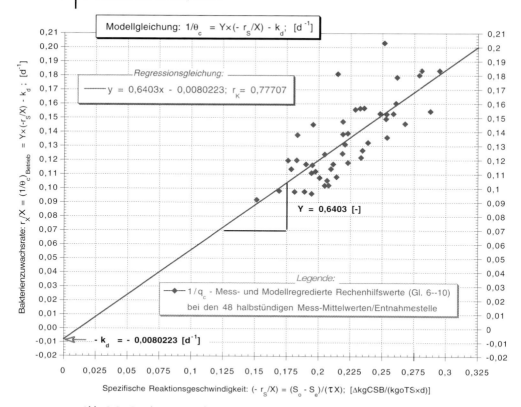

Abb. 6–9: Grapho-statistische Datenauswertung zur Ermittlung von **Y** und **k$_d$** durch Anpassung von aus dem Großklärwerk Iasi binnen eines 24h-Betriebszyklus stammenden Datenpaaren (48 halbstündigen Proben/Messstelle) an eine Modell-Regressionsgerade (Gl. 6–10); Annahme: Fachliteraturkonforme Vernachlässigung des im VKB$_{Ablauf}$ enthaltenen Biomassestroms: $X_{VKB.-Abl.} \sim 0$ [kgoTS/m³]; nach [14].

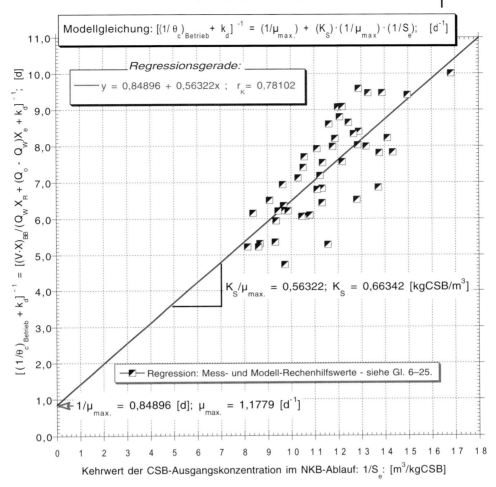

Abb. 6–10: Grapho-statistische Datenauswertung zur Ermittlung von μ_{max} und K_S durch Anpassung von aus dem Großklärwerk Iasi binnen eines 24h-Betriebszyklus stammenden Datenpaaren aus 48 halbstündigen Proben/Messstelle an eine Modell-Regressionsgerade (Gl. 6–25); Annahme: Fachliteraturkonforme Vernachlässigung des im VKB_{Ablauf} enthaltenen Biomassestroms: $X_{VKB.-Abl.} \sim 0$ [kgoTS/m³]; nach [1,4,5].

Bei statistisch abgesicherten Prozessparametern, das Modell ist allerdings nur bei positiven Werten für K_S, Y, μ_{max} sowie bei $k_d \ll \mu_{max}$ physikalisch sinnvoll und greift in die ABF erst ab $r_k \geq 0{,}875$ ein, wird bei $(1/\theta_c)_{Betrieb} \sim (1/\theta_c)_{Modell}$ auch $(1/\theta_c)_{Betrieb} \sim \mu_{max} CSB_{SOLL}/(K_S + CSB_{SOLL}) - k_d$ [d^{-1}]. Hieraus würde sich dann die Modellvoraussage für die NKB-Substratkonzentration herleiten lassen (siehe auch Gl. 6–5):

$$(S_e)_{Modell} = \frac{K_S(1 + k_d \theta_c)}{\theta_c(\mu_{max} - k_d) - 1} \text{ [kgCSB/m}^3\text{]}. \qquad (6\text{–}26a)$$

Im Rahmen der geplanten ABF sollte diese Voraussage mit dem gemessenen halbstündigen Mittelwert $CSB_{Mess\ BB}$ verglichen werden. Betragen hierbei die entsprechenden Wert-Differenzen höchstens ±15%, so behält/übernimmt automatisch das reaktionskinetische Modell die Prozessführung für die nächsten 360 s. Bei jenen aus Abb. 6–9 und Abb. 6–10 hervorgehenden physikalisch sinnvollen Koeffizienten der beiden Regressionen lagen aber die Korrelationsgüten erstaunlicherweise merklich unter der Grenze für die Übernahme der ABF.

Diskussion der Ergebnisse: Die Steigung der Regressionsgeraden aus Abb. 6–9 ergibt Y = 0,634 03 [-] bei einem Ordinatenabschnitt $(-k_d)$ = –0,008 022 3 d^{-1}, dies allerdings bei recht geringem r_k = 0,777 07. Die Steigung der Regressionsgeraden aus Abb. 6–10 ergibt $(K_S/m_{max.})$ = 0,563 22 $kgCSB/m^3/d$ und der Ordinatenabschnitt beträgt $(1/m_{max.})$ = 0,848 96 d. Hieraus lassen sich k_{max} = 1,177 9 d^{-1} und K_S = 0,663 42 $kgCSB/m^3$ als Modellkoeffizienten berechnen, aber ebensolcher bei geringer Korrelationsgüte: r_k = 0,781 02. In Abbildung 6–9 und Abb. 6–10 wurde allerdings die CBS-Modellprüfung nach der üblichen, fachliteraturkonformen Vernachlässigung des im VKB-Ablauf enthaltenen oTS-Massenstroms vorgenommen, obwohl man zur Reduzierung der organischen Belastung in Belebungsbecken einen Teil des ÜSS gezielt in die VKB ableitete! Denn: Hierdurch soll bereits in VKB eine weitergehende Biokoagulation org. Primär-Teilchen mit VKB-Substratkomponenten bewirkt werden! Naturgemäß müsste dann aber dieser VKB_{Abl} einen mit org. Feinstteilchen merklich mehr angereicherten Suspensaabtrieb enthalten, den man als die nachgeschalteten Belebungsbecken belastenden Suspensastrom aus anfangs erwähnten Gründen jedoch vernachlässigte! Wird dies aber in einer Biomasse-Bilanz für das System Belebungsbecken-Nachklärbecken diesmal berücksichtigt (Abb. 6–8):

$$[(r_X)V]_{BB} + Q_0 \cdot X_{VKB-Abl} = Q_W X_R + (Q_0 - Q_W)X_e \quad [kgoTS/d] \quad (6-27)$$

Input: Biomasse (TS-Zuwachs durch Substratabbau)	Input: TS (TS-Massenstrom des VKB-Abwassers)	Output: TS (TS-Massenstrom in dem ÜSS-Abzug)	Output: TS (TS-Massenstrom dem NKB-Ablauf)

lässt sich nach anschließendem Dividieren durch $(VX)_{BB}$ die „reine" Bakterienwachstumsrate bestimmen:

$$(r_X/X)_{Mod.} = (1/\theta_c)_{Betrieb} - (Q_0 \times X)_{VKB-Abl}/(VX)_{BB} \quad (6-28)$$

Demzufolge gilt auch:

$$(1/\theta_c)_{Betrieb} = (r_X/X)_{Mod.} + [Q_0 \times X)_{VKB-Abl}/(VX)_{BB}]_{Betrieb}. \quad (6-29)$$

Bei der Modellerstellung über die übliche Regredierung der $(S_0; X; S_e; \tau; \theta_c)$-Mess-/Betriebswertpaare ist dann allerdings zu beachten, dass zur Ermittlung

6.4 Automatische Betriebsführung auf der Grundlage reaktionstechnischer Modelle

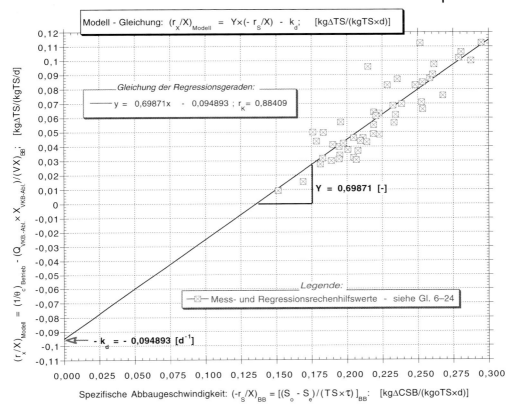

Abb. 6–11: Grapho-statistische Datenauswertung zur Modellierung der Netto-Schlammzuwachsrate unter Berücksichtigung des im vorgeklärten Abwasser enthaltenen TS-Massenstroms: Ermittlung von **Y** und **k_d** durch Anpassung der einem 24h-Betriebszyklus entnommenen Datenpaare aus 48 halbstündigen Proben/Messstelle an eine Regressionsgerade (Gl. 6–24); man merkt, dass diesmal r_k = **0,88409**; nach [20]

von Y und k_d diesmal das zu wählende Koordinatensystem aus $[(r_X/X)_{Modell} = (1/\theta_c)_{Betrieb} - (QX_0)_{VKB-Abl.}/(VX)_{BB}]$ gegen $[(S_o - S_e)/(\tau X)]_{BB}$ bestehen muss (siehe Abb. 6–11), wohingegen für den Netto-Biomassenzuwachs mit dessen „wahren" kinetischen Parametern zur Ermittlung von $(\mu_{max.})$ und K_S das zur Datenlinearisierung benötigte Koordinatensystem aus $\{[r_X/X + k_d]^{-1} = [(1/\theta_c)_{Betrieb} - (Q_0X)_{VKB-Abl.}/(VX)_{BB} + k_d]^{-1}\}$ gegen $(1/S_e)_{BB}$ bestehen muss (siehe Abb. 6–12). Nachstehend deren Bestimmung.

Modellierung der Netto-Schlammzuwachsrate über Ermittlung von $\mu_{max.}$ und K_S bei *Berücksichtigung* des im vorgeklärten Abwasser enthaltenen TS-Massenstroms, über Anpassung der Mess- und Betriebsdaten eines Tageszyklus im Großklärwerk Iasi, 48 halbstündige Mittelwerte/Entnahmestelle, an eine Regressionsgerade; man merke, dass nach Anpassung an eine Regressionsgerade $k_{max.}$ = 1,660 d^{-1} und k_s = 0,8758 kg CSB/m^3, und dass der Regressionskoeffizient viel größer ist: r_k = 0,8848 als in der Abb. 6-10.

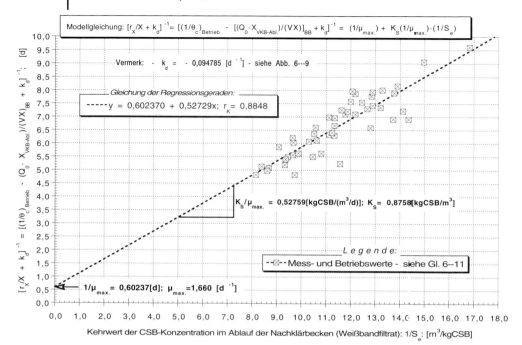

Abb. 6–12: Modellierung der Netto-Schlammzuwachsrate über die Ermittlung von $\mu_{max.}$ und K_S bei Berücksichtigung des im vorgeklärten Abwasser enthaltenen TS-Massenstroms, über Anpassung der Mess- und Betriebsdaten eines Tageszyklus im Großklärwerk |AS|: 48 halbstündige Mittelwerte/Entnahmestelle, an eine Regressionsgerade; man merke, dass $r_k = 0{,}8848$!

Falls im Betrieb $(\theta_c)_{Betrieb} \sim (\theta_c)_{Modell}$ gilt:

$$(\theta_c)_{Betrieb} \sim (\theta_c)_{Modell.} = [\mu_{max.}S_e/(K_S + S_e) - k_d + (Q_0 X)_{VKB\text{-}Abl.}/(VX)_{BB}]^{-1} \quad (6\text{--}30)$$

und hieraus lässt sich die Modellvoraussage für die Substratkonzentration im NKB-Ablauf treffen:

$$(S_e)_{Modell} = \frac{K_S(1/\theta_c - (Q_0 X)_{VKB\text{-}Abl.}/(VX)_{BB} + k_d)}{\mu_{max.} - k_d - [1/\theta_c - (Q_0 \cdot X)_{VKB\text{-}Abl.}/(VX)_{BB}]} \; [kgCSB/m^3] \quad (6\text{--}31)$$

Wird bei einer Biomassenbilanz für das Nachklärbecken (Abb. 6–8):

$$Q_o(1+R)X \quad - \quad [(Q_o - Q_W)X_e + Q_W X_R] \quad - \quad RQ_o X_R = 0 \quad [kgoTS/d] \quad (6\text{--}32)$$

Input: Biomasse (Abwasserbelebt Schlammgemisch aus dem BB)   Output: Biomasse (Belebtschlamm – Entzug durch NKB-Ablauf und ÜSS)   Output: Biomasse (RLS-Abzug aus NKB)

auch die Definition für das Schlammalter (Gl. 6–20) berücksichtigt, lassen sich nach einigen simplifizierenden Berechnungen das einzustellende Rücklauf-

6.4 Automatische Betriebsführung auf der Grundlage reaktionstechnischer Modelle

schlammverhältnis R_{Modell} und die Volumenströme für den Rücklaufschlamm Q_{RLS} und den auszukreisenden Überschussschlamm $Q_{ÜSS} = Q_W$ herleiten:

$$R_{Modell} = \frac{X(Q_o - 1/\theta_c \cdot V)}{Q_o(X_R - X)} \tag{6-33}$$

$$Q_{Mod.-RLS} = \frac{X_{BB}\left[Q_0 - V_{BB}/(\theta_C)_{Modell}\right]}{(X_R - X_e)} \quad [m^3/d] \tag{6-34}$$

$$Q_{Mod.-ÜSS} = \frac{(VX)_{BB}/(\theta_C)_{Modell} - (Q_0 X_e)_{Betrieb}}{(X_R - X_e)_{Betrieb}} \quad [m^3/d]. \tag{6-35}$$

Durch Substitution so nun ermittelter Konstanten in Gl. 6–31 und Gl. 6–4 lässt sich $(\theta_c)_{Modell} = (1/\mu)_{Modell}$, $(S_e)_{Modell}$, $(r_X/X)_{Modell} = Y(-r_S/X)_{Modell}$ berechnen und mit dem einsprechenden halbstündigen $(\theta_C)_{Betrieb} = \{\mu_{max}.(S_e)_{Modell}/[K_S + (S_e)_{Modell}] - k_d - [Q_O X_O/(VX)]_{Betrieb}\}^{-1}$ vergleichen; werden folgende Bedingungen erfüllt:

$$0{,}95(\theta_C)_{Betrieb} < (\theta_C)_{Modell} < 1{,}05(\theta_C)_{Betrieb} \quad [d], \tag{6-36}$$
$$3{,}0 < X_{BB} < 4{,}75 \; [kgTSm^3], \tag{6-37}$$
$$0{,}95(S_e)_{Betrieb} \leq (S_e)_{Modell} \leq 1{,}05(S_e)_{Betrieb} \; [kgCSB/m^3], \tag{6-38}$$
$$0{,}95(S_e)_{Sollwert,\,T=20°C} \leq (S_e)_{Modell} \leq 1{,}05(S_e)_{Sollwert,\,T=20°C} \; [kgCSB/m^3] \tag{6-39}$$

so übernimmt/beibehält $(\theta_C)_{Modell,\,T°C}$ die Prozessführung und folgende betriebliche Parameter werden beibehalten/in 5-Minuten-Takt umgestellt:

$$R_{Betrieb} = R_{Modell} = \frac{X(Q_o - V_{BB}/(\theta_C)_{MODELL})}{Q_o(X_R - X)} \tag{6-33a}$$

$$Q_{RLS-Betrieb} = Q_{Modell-RLS} = \frac{X_{BB}\left[Q_0 - V_{BB}/(\theta_C)_{Modell}\right]}{(X_R - X_e)} \quad [m^3/d] \tag{6-34a}$$

$$Q_{ÜSS-Betrieb} = Q_{Modell-ÜSS} = \frac{(VX)_{BB}/(\theta_C)_{Modell} - Q_0 X_e}{(X_R - X_e)} \quad [m^3/d] \tag{6-35a}$$

und seine Bio-Koeffizienten werden für zunächst 600 s auf dem Monitor eingeblendet. Sollte bei der erwähnten Regressionsgeraden $r_k < 0{,}875$ für mindestens 600 s eintreten, so schaltet der Rechner automatisch das Modell für die nächsten 10 Minuten nach $(\theta_C)_{emp.\,T°C}$ um, d. h. es gilt nun $(\theta_C)_{emp.\,T°C} = (\theta_C)_{Betrieb,\,T°C}$.

Die Prozessführung nach $(\theta_C)_{Modell,\,T°C}$ tritt so solange in den Hintergrund bis neue 2-Minuten-Wertpaare, die „alten" Wertpaare ersetzend, den Verlauf der halbstündigen Regressionsgeraden für mindestens 600 s sinnvoll (ver)ändern, und auch bei erneutem $r_k \geq 0{,}875$ übernimmt automatisch das $(\theta_C)_{Modell,\,T°C}$ die Prozessführung wieder und der Zyklus wiederholt sich.

Wird per Tasteneingabe die Prozessführung nach $(\theta_C)_{Modell,\,T°C}$ ausgeschaltet (Passwort erforderlich), so übernimmt $(\theta_C)_{emp.\,T°C}$ automatisch die Prozessführung.

6.4.4.2 Die $(\theta_C)_{emp.,T=20°C}$-Prozessführung

Dazu einleitend Folgendes: Führt das reaktionstechnische θ_C-Modell, wegen physikalisch nicht sinnvoller Prozessparameter, ungenügender Korrelationsgüte, oder man habe den Kläranlagen-Betrieb per Hand bei wenig befriedigenden Betriebsergebnissen über längere Zeit gefahren und man wolle nun wieder auf die automatische Prozessführung zurückgreifen, so *kann* jederzeit auf die automatische Leitgröße $(\theta_C)_{Empirisch-SOLL}$ übergegangen werden. Der erforderliche Einstellungsbefehl hierfür $(\theta_C)_{SOLL}$-EIN wurde über eine entsprechende Funktionstastenzuordnung am Rechner programmiert; die Prozessführung nach reaktionstechnischen Modellen im System muss allerdings vorher, ebenfalls per Tastendruck, ausgeschaltet worden sein: $(\theta_C)_{MODELL}$-AUS bzw. $(\theta_C)_{emp.}$-AUS.

Die $(\theta_C)_{emp.,T=20°C}$-Prozessführung verlangt die Vorgabe eines $(\theta_C)_{emp.,T=20°C}$-SOLL-Wertes, der einmal im Betrieb eingegeben sich automatisch einstellt. Dieser betreffende, in der Sollwert-Tabelle angegebene Leitwert des Schlammalters gilt bei Eingabe nur für 20 °C, d. h. ist gleich $(\theta_C)_{SOLL, 20°C}$, wird aber alle 4 Stunden an die herrschenden Reaktionstemperaturen in den entsprechenden Belebungsbecken angepasst (Gl. 6–15a). Ist dabei $(S_e)_{Betrieb} \geq 1{,}05(S_e)_{SOLL}$ bei $X_{BB} \leq 3{,}0$ kgoTS/m³, so wird vom Rechner veranlasst, dass die Funktionsbedingungen den Gl. 6–33a und 6–34a gehorchen, nicht aber auch Gl. 6–35a, indem die Überschussschlammentnahme für 30 Minuten auf die Hälfte des bis dahin geförderten ÜSS-Volumenstroms herunter gefahren wird. Dies alles geschieht mittels der vom Rechner im 10-Minuten-Takt angesteuerten Rückschlammpumpen und Rückmeldung (Monitor) zur Betriebswarte.

Wird währenddessen $(S_e)_{Betrieb} \leq 0{,}95(S_e)_{SOLL}$, so werden die Pumpeneinstellungen beibehalten und in Übereinstimmung mit den Bedingungen der Gl. 6–35a auch die ÜSS-Pumpen wieder eingeschaltet. Hatte sich währenddessen $(S_e)_{Betrieb} \leq 1{,}05(S_e)_{SOLL}$ eingestellt, bleibt die $(\theta_C)_{emp.\,T°C}$-Prozessführung weiterhin tätig solange die Betriebszustände den Gl. 6–33 bis 6–39 sowie Gl. 6–33a bis Gl. 6–35a genügen. Wird die Grundbedingung $(3{,}0 > X_{BB} > 4{,}5)_{Betrieb}$ nicht erfüllt, dann schreitet $(\theta_C)_{emp.\,T°C}$-Modell ein über die aus dem Schlammalter abgeleitete Beziehung (Gl. 6–20):

$$X_{BB} = (\theta_C)_{emp.\,T°C} [Q_W X_R + (Q_0 - Q_W) X_e]/V_{BB}\ [\text{kgTS/m}^3]$$

und reduziert/erhöht im Einklang mit Gl. 6–33a die Biomasserückführung; R variiert im 10-Minuten-(Ver)Änderungs-Takt. Wird $(3{,}0 \leq X_{BE} \leq 4{,}5)_{Betrieb}$ wieder erreicht, so gelten dann ausschließlich nur noch die Bedingungen der Gl. 6–33 bis Gl. 6–39 und Gl. 6–33a bis Gl. 6–35a.

Die Prozessführung nach $(\theta_C)_{emp.\,T=20°C}$ kann über die Tastatur mit $(\theta_C)_{emp.\,T=20°C}$-AUS aufgehoben werden und über die Tastatur der Befehl zur Prozessführung $(\theta_C)_{Handbetrieb\,T°C}$-EIN eingegeben werden.

6.4.4.3 Prozessführung nach $(\theta_C)_{Handbetrieb,T=20°C}$

Soll $(\theta_C)_{Handbetrieb,T=20°C}$-EIN als Prozessführungsart eingeleitet werden (Passwort erforderlich), so erscheint am Monitor „$(\theta_C)_{Handbetrieb,T=20°C}$-Handbetrieb" und der

Betrieb muss nun manuell erfolgen, indem sämtliche Betriebszustände aufgelistet werden und der Betreiber (Dialog) aufgefordert wird geeignete Maßnahmen zu ergreifen (Auflistung am Monitor). Wird dem keine Folge geleistet, wird der Prozess für eine halbe Stunde unter den bereits vorhandenen Betriebszuständen weitergeführt, wonach sich die Aufforderung wiederholt. Nach 3 nicht erfolgten Betreiberbefehlen wird ein Ist-Protokoll erstellt und der Betrieb läuft als solcher weiter. Es liegt auf der Hand, dass jederzeit auf Automatik umgeschaltet werden kann und dann dient die letzte halbe Stunde als Ausgangsbedingung.

6.5
ABF – IASI – Bemerkungen/Ausblick

Die bisherige mehrjährige Abwicklung des Projektes erbrachte folgende Erkenntnisse:
- Die Modellsteuerung der Iasi-Kläranlage benötigte folgende MSR-Ausstattung: 3 CSB-Online-Geräte, 2 NO_3-N- und 2 NH_4-N-Online-Geräte, insgesamt 27 TS-Messwertaufnehmer, welche bezeichnenderweise ohne Unterbrechung von Volumenströmen gewartet werden können und dazu auch mit eigenen ausgestattet sind, ferner 16 ebenfalls selbstreinigende O_2-Messsonden, 224 Luft-E-Dosierventile bzw. 47 Wasser-/Schlamm-E-Regelventile, 42 MID-Geräte für Abwasser- und Schlammführungen und 26 Echolotsonden für Wasser-/Schlamm-Level. Durch diese MSR-Bestückung und Betriebsautomatisierung konnten bereits vorhandene Bauwerksvolumina vollständig ausgenutzt werden.
- Über eine engmaschige Kooperation von Chemikern, Biologen, Finanzspezialisten, Maschinenbau- und MSR-Ingenieuren sowie Verfahrenstechnikern konnte ein im Ausland vorzunehmendes Hochtechnologie-Vorhaben „vom Fleck" bewegt und abgewickelt werden.
- Für die Länder Ost-Europas sollte die „Latte" bei Hochtechnologie-Ansprüchen ohne weiteres unserem Level entsprechen. Voraussetzung hierfür ist die Bereitschaft des ausländischen Investors nunmehr auch in der Klärtechnik hoch qualifiziertes Personal einzusetzen, schulen zu lassen und nicht zuletzt auch entsprechend zu bezahlen; hierbei ist der adäquaten Wartung von Maschinen und MSR-Gerätschaften eine Schlüsselstellung einzuräumen.
- Durch hoch technisierte maschinelle Ausrüstung und MSR-Geräte sowie entsprechende Software-Entwicklung können, und an der Schwelle des 21. Jahrhundert sollen auch, wesentliche Einsparungen an Bauwerks- und Baugrundbedarf bewirkt werden. Gerade den nicht reichen Ländern Ost-Europas sollte ein Hochtechnologie-Transfer zugute kommen, um nicht jahrzehntelang wiederholt Lehrgeld zu bezahlen.

Notationen

Symbol	Bezeichnung	Dimension
BSB_5	Biochemischer Sauerstoff-Bedarf nach 5 Tagen Inkubationszeit und Zugabe von Alylthioharnstoff	$[kgO_2 m^{-3}]$
CSB	Chemischer Sauerstoff-Bedarf nach der Kaliumbichromat-methode – (*Chemical Oxigen Demand – COD*)	$[kgO_2 m^{-3}]$
k_d	Bakterienverfallsrate im van-Uden-Modellansatz oder bei Abbaureaktionen 1. Ordnung	$[h^{-1}$ oder $d^{-1}]$
K_S	Halbsättigungskonstante im van-Uden-Modellansatz: $\mu = \mu_{max.} \cdot S/(K_S + S) - k_d$	$[kgSm^{-3}]$
$\mu_{max.}$	Maximale Brutto-Wachstumsgeschwindigkeit der Biomasse im Reaktor; nach dem van-Uden-Modellansatz	$[d^{-1}]$
μ	Bakterienwachstumsrate	$[kg\Delta TS/(kgTSd)]$
Q	Durchsatzvolumenstrom im Allg.	$[L^3 T^{-1}]$
$Q_{VKB\text{-}Abl.}$	Volumenstrom im VKB-Ablauf	$[L^3 T^{-1}]$
$Q_0; Q_{BB}$	Zulauf-Volumenstrom des Belebungsbeckens	$[L^3 T^{-1}]$
$Q_W; Q_{ÜSS}$	Volumenstrom des der RLS-Führung entzogenen Schlammzuwachses, als ÜSS definiert:	$[L^3 T^{-1}]$
NKB	Kurzbezeichnung für Nachklärbecken	[-]
$-r_S/X$	Auf die Biomasseneinheit bezogene Substratabbau-geschwindigkeit	$[kg\Delta CSB/(kgTSd)]$
r_X/X	Auf die Biomasseneinheit bezogene Bakterienwachstums-geschwindigkeit	$[kg\Delta TS/(kgTSd)]$
r_{ST}	Reaktionsgeschwindigkeit bei T °C	$[kg\Delta M d^{-1}]$
r_{S20}	Reaktionsgeschwindigkeit bei 20°C	$[kg\Delta M d^{-1}]$
ø	Temperatur-Aktivitätskoeffizient	[-]
r_k	Regressionskoeffizient (Statistik); eine die Güte/den Grad der Abhängigkeit zwischen variablen Größen angebende Zahl: bei $r_k = 0$ kein, bei $r_k = \pm 1$ ein 100%iger Zusammenhang	[-]
R	Kurzbezeichnung fürs Rücklaufschlammverhältnis: $R = Q_{RLS}/Q_0$	[-]
RLS	Kurzbezeichnung des Rücklaufschlamms	[-]

Symbol	Bezeichnung	Dimension
S	Substratkonzentration im Allg.	$[kgSm^{-3}]$
S_0	Zulauf-Substratkonzentration eines CSTR, aus Substrat-bilanzgründen der $S_{VKV.Abl.}$ gleichend; bei Batchreaktoren $S_0 = S_{t=0}$ (Ausgangsbedingungen), bei PFR ist $S_0 = (S_{VKV.Abl} + RS_{RLS})/(1 + R)$	$[kgSm^{-3}]$
S_e	Substratkonzentration im NKB-Ablauf einer CSTR-Belebungsanlage, daher auch $S_e = S_{RLS}$	$[kgSm^{-3}]$
S_t	Substratkonzentration in einem Batchreaktor nach der Reaktionszeit t	$[kgSm^{-3}]$
TKN	Konzentration an Kjeldahl-Stickstoff	$[kgTKNm^{-3}]$
TS	Konzentration an Trockensubstanz im Belebtschlamm oder Biomasse/-film (*Suspended Solids*)	$[kgTSm^{-3}]$
oTS	Konzentration an organischer Trockensubstanz im Belebtschlamm oder Biomasse/-film (*Volatile Suspended Solids*)	$[kgoTSm^{-3}]$
τ	Theoretische CSTR-Verweilzeit: $\tau_{BB} = V_{BB}/Q_0$;	[h] oder [d]
t	Reaktionszeit bei Batchreaktoren; bei PFR ist $t_{BB} = V_{BB}/[(1+R)Q_0]$	[h] oder [d]

ÜSS	Kurzbezeichnung für Überschussschlamm	[-]
V	Nutzvolumen einer Kläranlagen-Einheit	[m^3]
V$_{BB}$	Volumen des Belebungsbeckens	[m^3]
VKB	Kurzbezeichnung für Vorklärbecken	[-]
X	Konzentration an effektiver Biomasse im Reaktor bzw. Reaktorablauf	[kgTS oder oTS·m^{-3}]
X$_0$	Konzentration an effektiver Biomasse im Zulauf von CSTR-Belebungsanlagen nach Einmündung des RLS; bei Batchreaktoren: $X_0 = X_{t=0}$, bei PFR: $X_0 =$ (X$_{VKV-Abl.}$ + RX$_R$)/(1 + R)	[kgTS oder oTS·m^{-3}]
X$_e$	Konzentration an abgetriebener Biomasse im Ablauf des Nachklärbeckens	[kgTS oder oTS·m^{-3}]
X$_R$	Konzentration an effektiver Biomasse im Schlammabzug des NKB	[kgTS oder oTS·m^{-3}]
X$_{VKB-ABL}$	Konzentration an Suspensa im Ablauf des Vorklärbeckens	[kgTS oder oTS·m^{-3}]
Y	Bakterienertragskoeffizient im van-Uden-Modellansatz oder bei Abbaureaktionen von 1. Ordnung	[kgΔTS/kgΔS]
θ$_C$	Schlammalter – siehe Definitions-Gl. 6–20	[h oder d]
(θ$_C$)$_{MODELL}$	Modellwert des Schlammalters bei dessen Einsatz in der ABF in Iasi oder formalkinetisch μ = 1/(θ$_C$)$_{MODELL}$	[d]
θ$_{C\ Empirisch-SOLL}$	Vorgeschriebener Sollwert des Schlammalters bei seinem Einsatz in der ABF in Iasi; siehe Abschnitt 6.4.4	[d]
θ$_{CHandbetrieb-20°}$	Einzugebender Sollwert des Schlammalters beim Handbetrieb in Iasi; siehe Abschnitt 6.4.4	[d]

Literaturverzeichnis Kapitel 6

1 Metcalf & Eddy: Wastewater Engineering. 2. Edition, McGraw-Hill Book Company, (1979), New York, pp. 712–719.

2 Lawrence, A., W. and McCarty, P., L.: Unified Basis for Biological Treatment Design and Operation. Journal of San.-Eng.-Division, (1970), ASCE, 96, pp. 757–778.

3 Walker, L., f.: Hydraulically Controlling Solids Retention Time in Activated Sludge Process. Journal of Water Pollution Control Federation, 43 (1971), pp. 1845.

4 Benefield, L., R. and Randall, C., W.: Biological Process Design for Wastewater Treatment. Prentice Hall, Inc., N. J. 07632 (1980), pp. 131–280.

5 Arceivala, S., J.: Wastewater Treatment and Disposal. Marcel Dekker, Inc., New-York (1981), pp. 601–658.

6 ATV-Regelwerk. Arbeitsblatt A-131: Bemessung von einstufigen Belebungsanlagen ab 5000 Einwohnerwerten. GFA-Verlag, Bad Honnef (1991).

7 ATV-DVWK-Regelwerk. Arbeitsblatt A-131: Bemessung von einstufigen Belebungsanlagen. GFA-Verlag, Bad Honnef (2000).

8 Imhoff, K. und Imhoff, K., R.: Taschenbuch der Stadtentwässerung, 27. Auflage, R. Oldenbourg-Verlag, München, Wien (1990), pp. 222–237.

9 ATV-Handbuch Lehr- und Handbuch der Abwassertechnik: Biologisch-chemische und weitergehende Abwasserreinigung, Band 4, 3 Auflage, Verlag Wilhelm Ernst & Sohn, Berlin(1985).

10 Wilderer, P.: Reaktionskinetik in der biologischen Abwasseranalyse. Karlsruher Berichte zur Ingenieurbiologie (1976), Heft 8, pp. 54–60.

11 Moser, F.: Ein Rohrreaktor zur Abwasserreinigung. Verfahrenstechnik No. 11(1977), pp. 670–673.

12 Braha, A., Groza, G., Braha, I.: Vorbehandlungsverfahren zur biologischen Reinigung eines hoch belasteten Chemieabwassers. wlb Wasser, Luft und Boden, Heft 7/8 (1993), pp. 29/36.

13 Yoshioka, N., Hotta. S., Tanaka, S., Naitu, S. and Tsugami, S.: Continuous Thickening of Homogeneous Flocculated Slurries, Chem. Eng., (Tokyo), vol. 21 (2), 66 (1957).

14 Wiesmann, U., Binder, H.: Biomass Separation from Liquids by Sedimentation and Centrifugation. Reprint from Advances in Biochemical Engineering, Vol. 24, Springer-Verlag Berlin, Heidelberg, New York Printed in GDR, S. 149/150 (1982).

15 Braha, A., Groza, G.: Bemessung von Nachklärbecken – Ist die 1999er Fassung der A-131 noch zeitgemäß? wlb Wasser, Luft und Boden, Heft 5, (2000), pp. 28–33.

16 Braha, A., Groza, G.: Bemessung von Nachklärbecken: Absetzversuche vor Ort können zu beachtlichen Einsparungen führen, wlb Wasser, Luft und Boden, Heft 7/8 (2001), pp. 56–62.

17 Eckenfelder, W., W., Goodmann B., B. and Englande, A., G.: Scale-Up of Biological Wastewater Treatment Reactors, Part B.: Mathematical Models and Design Example and Part C.: Evaluation of Laboratory Bench Scale and Pilot Plant Data for Progress Design. Advances in Biochemical Engineering 2, Springer-Verlag, Berlin-Heidelberg-New York (1972), pp. 152/180.

18 Braha, A., Murgociu, O.: Rechnergestützte Prozessleittechnik in biologischen Kläranlagen. wlb, Wasser, Luft und Boden, Heft 5 (1992), pp. 40/47.

19 Braha, A., Murgociu, O., Braha, I.: Basic-Engineering zur Modernisierung des Gruppenklärwerks Kriftel – 2. Zwischenbericht. Schwarzbachverband Main-Taunus (1995). Unveröffentlichte Studie.

20 Speitel, E., G., Hughes, M., M.: Considerations in Modelling Activated Sludge Process. Journal of San.-Eng.-Division, ASCE, EE5, (1982), pp. 990/1002.

21 Stall, T., R., Sherrard, J., H.: Evaluation of Control Parameters for the Activated Sludge Process. Journal of Water Pollution Control Federation, 50 (1978), pp. 450/455.

22 Braha, A., Groza, G., Braha, I.: Modernisierung der Großkläranlage der Landeshauptstadt Iasi, wlb (Wasser, Luft und Boden, Heft 1/2 (1998), S. 30/36.

23 Braha, A., Groza, G.: Toximeter der 3. Generation identifiziert Hemmung und Toxizität und schätzt die Leistungsreserve der Kläranlage, Das Gas- und Wasserfach, GWF, Heft 6, Juni (2003), S. 435/443.

7
„State of the Art" in der Klärtechnik und Bio-Verfahrenstechnik

7.1
Einleitender Überblick

Im Geiste interdisziplinärer Kooperation ist die Frage, ob die Wahl von A-131-Tabellenwerten oder die modellmäßige Einflechtung der Formalkinetik mit „limiting solids flux"-Verfahren zur Dimensionierung von Belebungsbecken/Nachklärbecken besser sei, obsolet. In einem bemerkenswerten Feldversuch [1] befassten sich die Autoren mit der Anwendbarkeit der alten 1991er ATV-A-131-Planungsrichtlinie auf horizontal durchströmte Nachklärbecken und kamen u. a. zu Feststellungen wie:

> „Die Untersuchung von Abhängigkeiten mit diesen 20 Tagessätzen, z. B. zwischen Rücklaufschlammkonzentration und Schlammindex, lieferte ernüchternde Ergebnisse – einige allgemein anerkannte Zusammenhänge konnten nicht wieder gefunden werden." [1, S. 1875]

Als wichtiges Ergebnis ihrer Versuche kommentieren die Autoren ferner:

> „Die Untersuchung von 122 Datensätzen ... macht deutlich, dass die Betriebswerte sehr häufig außerhalb der Anwendungsgrenzen der Bemessungsrichtlinien liegen. Das betrifft in erster Linie das Vergleichsschlammvolumen und den Schlammindex". [1, S. 1878]

Siehe Stellungnahme dazu in [2] sowie die darauf ausgerichtete Antwort der Autoren in [3].

Auch in der 1999er-Vorankündigung der neuen ATV-Planungsrichtlinie [4] basiert die Dimensionierung der Klärfläche ausschließlich auf dem Schlammvolumenindex, 75 l/kgTS ≤ ISV ≤ 180 l/kgTS. Hierzu wird in [4, S. 251] bemerkt:

> „Es ist Aufgabe und planerische Freiheit des Ingenieurs den Schlammindex treffend anzunehmen."

Moderne Abwassertechnik. Alexandru Braha und Ghiocel Groza
Copyright © 2006 WILEY-VCH Verlag GmbH & Co. KGaA, Weinheim
ISBN: 3-527-31270-6

Allerdings ließe sich weiteren Auffassungen wie [4, S. 254]

> „... es wurde auch gefragt, weshalb im Arbeitsblatt keine Details zur Bemessung der Belüftungseinrichtungen (z. B. realistische Werte für die Sauerstoffausnutzung) eingebracht wurden. Die Antwort ist einfach: Das Arbeitsblatt wäre entweder ein Handbuch geworden oder es wäre unvollständig geblieben."

wegen erwähnter Unvollständigkeit nicht nur für diesen Bereich zustimmen. Diese Planungsrichtlinie weist bedauerlicherweise ein markantes Auslassen moderner Modelldenkweise auf [5, 6] und verweist ausdrücklich den Planer, ISV-Werte aus A-131-Tabellen zu treffen, statt bei der empfohlenen Grundlagenermittlung [4, S. 242/243] für die „Plausibilitätskontrolle anhand von Erfahrungswerten" nahe zulegen, dass hierzu auch die Substratabbau- und Belebtschlammabsetz-Charakteristika des betreffenden Abwassers gehören [5, 6, 7].

Dass in der modernen Klärtechnik beim planerischen Vorgehen zur Behandlung von Abwasser-Suspensionen, in denen bei der Planung von Vor- und Nachklärbecken einzig und allein die Oberflächenbeschickung (NKB) oder die Verweilzeit und die Oberflächenbeschickung (VKB) als Dimensionierungskriterien dienen, anstatt dafür die Erfassung des ganzen Verhaltens von sich als Teilchen-Schwarm absetzenden, ausflockenden und verformbaren Partikeln *in situ* anzustreben, nicht eine einzige „heilige Kuh" der Pionierzeit, sondern eine ganze „Herde" derer „geschlachtet" werden müsste, wurde schon 1976 voller Ironie abgehandelt [8].

Im Sinne solcher abwassertechnisch notwendig gewordener Verfahrensmodernisierungen wurde bereits 1978 berichtet [9], dass zur Entlastung nach geschalteter, biologischer Stufen eine Flockungsmittelzugabe in Vorklärbecken vorgenommen werden könne. Dasselbe Thema wurde 2001 erneut aufgegriffen [10], indem die Autoren auch ein reaktionskinetisches Modell zur Erfassung der durch Flockungsmittelzugabe in Vorklärbeckenzuläufen bewirkten Substratelimination entwickelten. Jüngst widmeten sich auch die Autoren dieses Handbuches derselben Thematik und bemerkten infolge eigener Versuche mit einem Industrieabwasser [11], dass egal ob über Chemo- oder Biokoagulation erwirkt, das eliminierte Substrat in zusätzliche VKB-Schlammmasse überführt wird. In Vorklärbecken führt dies meistens zu einer Schwarmsedimentation, weshalb ein Überdenken der Funktionsweise und Planung erforderlich ist, da als Hauptparameter nicht mehr die Aufenthaltszeit, sondern die *„solids-flux-limiting-concentration"* die Fläche des Vorklärbeckens bedingt. Mit Hilfe einer auf dem Gelände eines Industriebetriebs errichteten Labor-Durchlaufanlage wurde die Übereinstimmung im Labormaßstab erzielter Ergebnisse mit der Modellvoraussage aus der Sicht der Feststoff-Flusstheorie geprüft und hierbei eine über 95% liegende Übereinstimmung dokumentiert [11] – siehe dazu die Detailsausführungen in Kapitel 9.

In ihrer 2001er, weit über den planerischen Stand bei Vorklärbecken kommunaler Kläranlagen hinausgehenden Thematik hierzulande wurde sogar von Siedlungswasserwissenschaftlern bemerkt [10, S. 341]:

> „Zur Leistungssteigerung der Gesamtanlage sehr flexibel einsetzbar ist die Erhöhung der Absetzleistung im Vorklärbecken durch Vorfällung/Flockung bei niedrigen bis mittleren Dosierungen, die auch in neue Steuer- und Regelkonzepte der biologischen Stufe integriert werden kann."

Darunter wird von den Betreffenden die Koppelung eines formalkinetischen VKB-Absetzmodells mit dem IAWQ-Modell der biologischen Stufe verstanden [10, S. 344]. Indem sie den Einfluss der Zeit auf den Reaktionsablauf erkannten und dies mit Hilfe einer Formalkinetik 1. Ordnung modellierten, prüften sie dies im Labormaßstab in sechs unterschiedlichen Kläranlagen-Zuläufen aus dem Großraum Karlsruhe. Sie gelangten hierdurch zu statistisch sehr hoch abgesicherten ($r_k > 0,95$) Modellvoraussagen über den Einfluss des Geschwindigkeitskoeffizienten und der Koagulantendosis auf die dimensionslose Restverschmutzung (C/C_0) in dem Überstand labordekantierter Proben. Auf dieser Basis ließen sich mittels Modellsimulation über 80%ige Reduktionen ($C/C_0 < 20\%$) im Überlauf von Vorklärbecken sowohl bei der nicht sedimentierbaren Suspensafraktion als auch bei CSB- und $NH_4.N$-Elimination und deren Überführung in eine Primärschlammmasse nachweisen. Die Autoren schlussfolgern hieraus, dass [10, S. 347]:

> „Die Ergebnisse der dynamischen Simulation legen nahe, bei der Leistungsverbesserung von Kläranlagen eine „vorsichtige" Vorfällung/Flockung im niedrigen bis mittleren Dosierbereich, der vorher in Vorversuchen zu überprüfen ist, und falls möglich mit einem verkleinerten Vorklärbecken mit Durchflusszeiten von 0,5–1 Stunde zu betreiben".

Unerwartet wird im Beitrag aber kaum darauf eingegangen, dass sowohl bei Flockungsmittel-Zugabe als auch bei einer ÜSS-Teilzufuhr in die Vorklärbecken (im Ausland als „Biocoagulation-Step" häufig praktiziert, in Deutschland als „AB-Verfahren" recht sporadisch eingesetzt) die nachfolgende Biologie entlastet wird. Da in solchen Vorklärbecken nun zusätzlich eine Biokoagulation, d. h. eine im Minutenbereich verlaufende Agglomerierung früher nicht absetzbarer Teilchen entsteht, der VKB-Bereich üblicher Hunderter mgTS/l wird diesmal bei weitem überschritten und geschwindigkeitslimitierend wirken nicht mehr die Prozessmechanismen des VKB-üblichen „discret settling", sondern diejenigen der Massensedimentation/Schwarmsedimentation.

Der Massensedimentation, allerdings nur auf NKB-Konzentrationsbereiche beschränkt, widmet sich der neu erschienene Arbeitsbericht der Arbeitsgruppe ATV-DVWK-KA 5.2 [12], mit fachlichen Kommentaren ergänzt [4]. Dieser Bericht baut allerdings auf einer umfangreichen IAWQ-Synopsis auf [13], in der ausführlich über die insbesondere im angelsächsischen Sprachraum verbreitete „solids flux theory" [14], aber vor allem die Herausbildung von Isotachen in NKB referiert wird. Darin wird versucht die Grundlagen der numerischen NKB-Modellierung abzuhandeln und verschiedene technologisch-hydraulische Aspekte mit Hilfe von dafür programmierten 1D-, 2D- und 3D-Simulationsmodelllen zu analysieren, allerdings technisch etwas überraschend bemerkt [15, S. 996]

> „Da die Gestaltung des Beckens und interne Vorgänge nicht berücksichtigt werden können, ist die Optimierung baulicher Details und die Vorhersage der Ablaufqualität grundsätzlich unmöglich"

Gerade aber in der Simulierung von auf Isotachen und das Verweilzeitverhalten des Klärbeckens einwirkenden Einleitungs-/Überlauf-/Schlammabzugsformen besteht doch der Sinn solch numerischer Simulationsmodelle am Computer. Auch die Analyse der Durchströmungsvorgänge binnen sich absetzender Schlammschichten dürfte wohl zu den so genannten „internen Vorgängen" gehört haben, doch hierauf wird in [12, 13, 15] überhaupt nicht eingegangen. Dafür spricht ein anderes Zitat wahre Bände [15, S. 998]:

> „Modelle zur Beschreibung des Schlammverhaltens können nicht als Resultat der numerischen Simulation anfallen, sie müssen als Eingabe zur Verfügung gestellt werden"

In der Siedlungswasserwirtschaft scheint damit die Unkenntnis der Prozessmechanismen beim Durchströmen absetzender, in tieferen Schlammschichten sich sogar verformender Partikelschwärme ausgerechnet dasjenige Hindernis zu sein, um numerischen Computersimulationen und nicht zeitraubenden Feld-Messungen Geltung zu verschaffen.

In der hiesigen Klärtechnik blieb die von Coe und Clevenger bereits 1916 erarbeitete *„limiting solids flux"*-Theorie [14] unverständlicherweise ohne jegliches Echo. Das trifft sogar das namhafteste deutsche Standardwerk zur mechanischen Abwasserbehandlung [16], in dem diese von Coe und Clevenger entworfene [14] und von Yoshioka [17] bis Michaels und Bolger [18] abwassertechnisch bearbeitete und geprüfte Fest-Flüssig-Gesetzmäßigkeit in Hinblick auf die den Feststoffvolumenstrom begrenzenden Schichtkonzentrationen, „C_L-limiting values", nicht einmal erwähnt wurde.

Mitte 2000 brachte nun die ATV (Abwassertechnische Vereinigung Deutschlands) eine ihrer wichtigsten Planungsrichtlinien heraus [19], bei deren Durchsicht allerdings eine bedeutsame Selbsteinschränkung auffällt [19, S. 6]:

> „Das Arbeitsblatt gilt für Abwasser, das im Wesentlichen aus Haushaltungen stammt oder aus Anlagen, die gewerblichen oder landwirtschaftlichen Zwecken dienen, sofern die Schädlichkeit dieses Abwassers mittels biologischer Verfahren mit gleichem Erfolg wie bei Abwasser aus Haushaltungen vermindert werden kann"

Der Schlammvolumenindex (SVI) behält weiterhin seine Schlüsselstellung und auch diesmal wurden als Bestandteil bei der „Grundlagenermittlung jegliche Substratabbau- und Absetzversuche vor Ort" ausgenommen und die *„limiting solids flux theory"* [14, 17, 18, 21–30] glänzte auch diesmal durch Abwesenheit. Angedeihen ließ man der 2000er A-131-Version [19] lediglich einige Änderungen bei der Bemessung von Nachklärbecken; der minimale ISV-Grenzwert wurde um noch 10 l/kgTS herabgesetzt, der maximale ISV-Grenzwert um 5 l/kgTS angehoben und der Oberflächenbeschickungs-Bereich (q_{SV}) um plus 50 l/(m²h) verlagert. Demnach wird die ISV-Wahl innerhalb des Bereiches 75 ≤ ISV ≤ 180 l/kgTS bei maximal zugelassenen Schlammvolumenbeschickungen 500 ≤ q_{SV} ≤ 650 l/(m²h) als Planungsbasis empfohlen und hierzu bemerkt [4, S. 251]:

> „Es ist Aufgabe und planerische Freiheit des Ingenieurs
> den Schlammindex treffend anzunehmen".

7.2
Kommentar/Ausblick

Wegen unzähliger Gewerbe- und Industrieabwasser-Einleiter ins kommunale Kanalnetz dürfte dies aber für die allerwenigsten Kläranlagenerweiterungen hierzulande gelten. Demnach müsste die zuständige Wasserbehörde oder das beauftragte Ingenieurbüro dasjenige kommunale Abwasser auch untersuchen, inwieweit dies tatsächlich auch der Fall ist. Bekanntlich unterscheiden sich die Industrie-Einwohnergleichwerte nicht nur in ihrer Natur, sondern vor allem durch ihren Mischeffekt auf die Biozönose und daher auch auf das Absetzverhalten des entsprechenden Belebtschlammes, beachtlich voneinander. Dies ist ohne Versuche zumindest im Labormaßstab kaum voraussehbar. Dieser Unkenntnis tragen die meisten Siedlungswasserplaner Rechnung, indem beachtliche Sicherheitskoeffizienten in Kauf genommen werden; hierzu ein entsprechender A-131-Verweis [19, S. 5]

> „Dieses Arbeitsblatt ist eine wichtige, jedoch nicht die einzige
> Erkenntnisquelle für fachgerechte Lösungen (hört, hört!). Durch
> seine Anwendung entzieht sich niemand der Verantwortung für
> eigenes Handeln oder für die richtige Anwendung im konkreten
> Fall; dies gilt insbesondere für den sachgerechten Umgang mit
> den im Arbeitsblatt aufgezeigten Spielräumen."

Und in Ermangelung empfohlener experimenteller Untersuchungen wird der Planer einfach darauf verwiesen, einen „sachgerechten Umgang mit den im Arbeitsblatt aufgezeigten Spielräumen" zu pflegen und je nach dem Industrieabwasseranfall aus A-131-Tabellen „günstige" oder „ungünstige" ISV-Werte und hierauf fußende Schlammvolumenbeschickungen auszuwählen.

Eine ISV-Tabellenwahl lediglich anhand „günstig" oder „ungünstig" (wann und wie viel ist günstig oder ungünstig?) benoteter Industrieabwasseranteile [31, S. 250] bringt sicher keinen Planer dazu, Belebungsanlagen samt deren NKB wirtschaftlicher zu planen. Statt dessen wäre es volkswirtschaftlich gesehen viel angebrachter gewesen, den planenden Ingenieur-Büros nahe zulegen, dass neben der empfohlenen „Plausibilitätskontrolle anhand von Erfahrungswerten" [31, S. 242/

243] auch die Substratabbau- und die Absetzcharakteristika des betreffenden Belebtschlammes zur „Grundlagenermittlung" gehören.

Mit den Ergebnissen von Feldversuchen zur Anwendbarkeit der 1991er- und 2000er-Versionen der Planungsrichtlinie A-131 auf Zwischenklärbecken (ZKB) befasste man sich kürzlich auch in [32]; darunter fallen Feststellungen auf wie [32, S. 70]:

> „Aufgrund der geringen Datenmenge und der schlechten Korrelation konnte bei den Messungen keine klare Beziehung zwischen Schlammvolumenraum- bzw. Oberflächenbeschickung und Feststoffkonzentration im Ablauf festgestellt werden".

Aus der Sicht des Verfahrensingenieurs ist ein erneuter statistisch nicht belegbarer Zusammenhang zwischen Schlammindex und Feststoffkonzentration im ZKB-Ablauf hervorzuheben, dies wohlgemerkt nicht einmal über Schleichwege wie Schlammvolumenraum- bzw. Oberflächenbeschickung erzielbar. Wird diese Feststellung in Verbindung mit den vorherigen Hauptkommentaren aus [1] betrachtet, so dürfte sich die Beibehaltung des Vergleichsschlammvolumen (SVI) und der Schlammvolumenbeschickung als alleinige Planungsparameter doch als schon fraglich genug erwiesen haben. Dessen ungeachtet wird von der ATV gemäß der 2000er A-131-Version sogar ein Programm für Siedlungswasserwirtschaftler angeboten [33].

Weil die Bemessung von Vor- bzw. Nachklärbecken nach Tabellenwerten [31] oder nach der „solids flux method" [14, 17, 18, 21–30] mit ihrer Anknüpfung an die Größe des Belebungsbeckens starke technisch-wirtschaftliche Folgen nach sich zieht [5, 6, 34], soll aus abwassertechnischer Sicht in den Kapiteln 10 und 11 eine im Lichte der „limiting solids flux method" zu Planungszwecken erweiterte graphoanalytische Analyse zum ganzen Sedimentationsverhalten ausflockender Partikeln dargelegt werden [5, 6, 13, 34, 35].

Literaturverzeichnis Kapitel 7

1 Born, W. und Frechen, F., B.: Untersuchung einiger Aspekte bei Bemessung horizontal durchströmter Nachklärbecken. Korr.-Abwasser, Heft 12 (1999). S. 1874/1879.

2 Braha, A.: Bemessung von Nachklärbecken – zu stark vereinfacht? Leserforum, Korr.-Abwasser, Heft 3, März (2000), S. 428/430.

3 Born, W., Frechen F., B.: Replik, Leserforum, Korr.-Abwasser, Heft 3, März (2000), S. 430/431.

4 Kayser, R.: Das neue ATV-A131: Bemessung von einstufigen Belebungsanlagen. 17 ATV-Schriftenreihe; 28/29 Sept. Mainz (1999), S. 241/255.

5 Benefield, L., D. and Randall, C., W.: Biological Process Design for Wastewater Treatment, Prentice-Hall, Inc., NJ 07632 (1980), S. 201/210.

6 Metcalf and Eddy: Wastewater Engineering. McGraw-Hill Book Company. Sec. Edition, New York (1979).

7 Braha, A., Groza, G., Braha, I.: Belebungsanlagen – Dimensionierung nach gezielt geplanten (Mikro) Pilotanlagen oder nach A-131? Wasser, Luft und Boden, Heft 6, Juni (1994), S. 24/32.

8 Dick, R., I.: Folklore in the Design of Final Settling Tanks. Journal WPCF, Vol. 48, No. 4, April (1976), pp. 633/644.

9 Bischofberger, W., Ruf, M., Hruschka, H., Hegemann, W.: Anwendung von Fällungsverfahren zur Verbesserung der Leistungsfähigkeit biologischer Kläranlagen. Teil II Berichte aus Wassergütewirtschaft und Gesundheitsingenieurwesen. München (1978), H 22.

10 Wolter, C., Hahn, H., H: Absetzvorgänge in Vorklärbecken und deren Einflüsse auf die Leistung der biologischen Stufe. KA – Wasserwirtschaft, Abwasser, Abfall 2001(48) Nr. 3, S. 541/348.

11 Braha, A., Groza, G.: Effizientere Vorklärbecken: Kostengünstige Leistungsanhebung biologischer Kläranlagen bei Abwassern mit erhöhtem Gehalt an Suspensa - Teil 1 und Teil 2. WLB Wasser Luft und Boden, Heft 3/4 (2002), S. 24/S0 und S. 36/39.

12 ATV-DVWK-Arbeitsgruppe KA 5.2.: Grundlagen und Einsatzbereich der numerischen Nachklärbecken-Modellierung, Langfassung. GFA-Verlag, Bad Honnef, März (2000).

13 Ekama, G., A., Barnard, J., L., Günthert, F., W., Krebs, P., McCorquodale, J., A., Parker, D., S. und Wahlberg, E., J.: Secondary settling Tanks: theory, modelling, design and operation. IAWQ Scientific and Technical Report No. 6, Int. Assoc. Of Water Quality, London, England. ISBN 1-900222-03-5. März (2000).

14 Coe, H., S. und Clevenger, G., H.: Determining Thickener Areas, Trans. AIME, vol. 55, no. 3 (1916).

15 Krebs, P., Armbruster, M., Rodi, W.: Numerische Nachklärbecken-Modelle. KA-Wasserwirtschaft, Abwasser, Abfall, Heft 7 (2000), S. 985/999.

16 ATV-Handbuch: Mechanische Abwasserreinigung, 4 Auflage, Verlag Wilhelm Ernst & Sohn, Berlin (1997), S. 170/210.

17 Yoshioka, N., Hotta, S., Tanaka, S., Naitu, S. and Tsugami, S.: Continuous Thickening of Homogeneous Flocculated Slurries, Chem. Eng., (Tokyo), vol. 21 (2), 66 (1957).

18 Michaels, D. and Bolger, J.: The sedimentation speeds and volumes of the caolin flocks. Ind. And Chem. Eng. Fund., No. 1 (1962).

19 ATV-DVWK-Regelwerk: Arbeitsblatt ATV-DVWK – A-131 Bemessung von einstufigen Belebungsanlagen. GFA-Verlag, Bad Honnef, Mai (2000).

20 ATV: Arbeitsblatt A-131. Bemessung von einstufigen Belebungsanlagen ab 10.000 EGW, Regelwerk der ATV, St. Augustin, Febr. (1991).

21 Fitch, B.: Sedimentation Process Fundamental Trans. American Institute for Mining Eng., 223, pp. 129/137.

22 Tarrer, A., R. and al.: A Model for Continuous Thickening. Ind. Chem. Eng. Fund., no. 4 (1974).

23 Turner, P., S. and Glasser, D.: Continuous Thickening in Pilot Plant. Ind. Chem. Eng. Fund., no. 1 (1976).

24 Vesilind, A.: The Design of Thickener from Batch Settling Tests — Practical Application. Water and Sewage Works: 115, Sept (1968), pp. 418/419.

25 Vesilind, A.: Design of Prototype Thickeners from Batch Settling Tests – Theoretical Considerations. Water and Sewage Works: 115, July (1968), pp. 302/307.

26 Fitch, B.: Current Theories and Thickener Design. Reprinted for Dorr Oliver Inc., Reprint no. 2027 (1975).

27 Shannon, P., T. und Tory, E., M.: Settling of Slurries Industrial and Engineering Chemistry, 57: No. 2 (1965), pp. 18/25.

28 Tarrer, A., R. and al.: A Model for Continuous Thickening. Ind. Chem. Eng. Fund., no. 4 (1974).

29 Jennings, S., L., Grady, C., P., L., JR.: The Use of Final Clarifier Models in Understanding and Anticipating Performance Under Operational Extremes, Proc. 27th. Ind. Waste Conf., Purdue University, West Lafayette Ind., pp. 221/241 (1972).

30 Severin, B., F. and Poduska, R., A.: Prediction of clarifier sludge blanket failure. Journal Water Pollution Control Federation, April (1985), pp. 285/290.

31 Kayser, R.: Das neue ATV-A131: Bemessung von einstufigen Belebungsanlagen. ATV-Bundes- und Landesgruppen-Tagung Hessen/Rheinlandpfalz/Saarland, 28/29 Sept. (1999), Mainz. Publiziert in der 17 ATV-Schriftenreihe, S. 241/255, GFA-Verlag, Bad Honnef.

32 Born, W., Sobirey, A., Frechen, F., B., Möller, S.: Leistung und Bemessung von Zwischenklärbecken. KA – Wasserwirtschaft, Abwasser, Abfall, 2001 (48), S. 70/76.

33 ATV-DVWK – Regelwerk, GFA-Gesamtverzeichnis 2001: Belebungs-Expert, Software zum Arbeitsblatt ATV-DVWK-A-131, S. 56.

34 Braha, A., Groza, G.: Belebungsanlagen und ihre Nachklärbecken: Ein Feedback-Dimensionierungsverfahren – Teil 1 und Teil 2, Wasser, Luft und Boden, Heft 7/8, Heft 9 (2000), S. 33/36 bzw. S. 35/40.

35 Braha, A., Groza, G.: Bemessung von Nachklärbecken: Absetzversuche vor Ort können zu beachtlichen Einsparungen führen. Wasser, Luft und Boden, Heft 7/8, (2001), S. 56/62.

8
Fest-Flüssig-Trennung in statischen Klärern und Eindickern

8.1
Abwassertechnische Klassifizierung von Suspensionen

Das Phänomen wurde aus abwassertechnischer Sicht erstmalig von Fitch [1] beschrieben, seine damaligen Beobachtungen sind bis heute in den anerkannten Standardwerken der Abwassertechnik zu finden [2–5]. Fitch – damals bei der USA-Firma Dorr-Oliver beschäftigt – machte auf ganz gekennzeichneter Weise die Beobachtung, dass die sich im Abwasser suspendierten Teilchen von der Art ihrer Natur, Konzentration und Tendenz zum Koagulieren einerseits, aber auch von der Schwerkrafteinwirkung größerer sich bereits abgesetzter und auf/über dem Boden des Trennapparates liegender Suspensamassen andererseits verhalten. Als Folge dieses Kompressionsdrucks können ganz ungeahnte Verformbarkeits-/Kompressibilitätseigenschaften bei den untersten Schlammschichten zum Tragen kommen, Prozessmechanismen, deren technologische Entwicklungsgesetze damalig kaum bekannt waren! Von diesen Faktoren ausgehend (Abb. 8–1) lassen sich die Absetzvorgänge in 4 Klassen einteilen [1–5]:

Klasse 1: Solange die Dispersion eine verhältnismäßig niedrige Suspensakonzentration mit ebensolcher geringen Neigung zur Flockenbildung aufweist, können sich die Teilchen unbeeinflusst voneinander absetzen (*discrete settling*). Die Herausbildung einer klaren Phasentrennfläche ist hierbei nicht erkennbar.

Klasse 2: Diese Klasse erfasst Abwässer mit ebenfalls niedrigen (bis zu einigen Hundert Milligramm/l) Konzentrationen an suspendierten Stoffen, auch wenn darunter Suspensa-Arten überwiegen, die während der Absetzzeit Flockulationseigenschaften entwickeln (vor allem kolloidal dispergierte Teilchen organischen Ursprungs). Dann beginnen aus Einzelteilchen Flockenkonglomerate (Makrovoide) zu entstehen, die ihre Größe und Sinkgeschwindigkeit ändern und sich daher immer schneller absetzen („*flocculent discret settling*"). Bei solchen relativ niedrigen Konzentrationen ist dann bei Suspensionen überwiegend mineralischer Natur noch keine Phasentrennfläche erkennbar, bei übrigen VKB-Zuläufen, die in der Regel ausflockbare organische Teilchen beinhalten, ist diese Phasentrennfläche, wenn auch schwach ausgeprägt, schon ab etwa 500 mgTS/l dennoch

Moderne Abwassertechnik. Alexandru Braha und Ghiocel Groza
Copyright © 2006 WILEY-VCH Verlag GmbH & Co. KGaA, Weinheim
ISBN: 3-527-31270-6

304 | *8 Fest-Flüssig-Trennung in statischen Klärern und Eindickern*

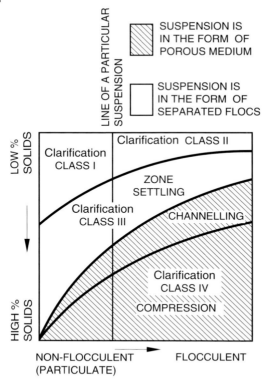

Abb. 8–1: Klassifizierbarkeit und Ablauf von Absetzvorgängen in der Abwassertechnik; Übernahme der Originaldarstellung aus Fitch [1] – siehe dazu die technologische Processanalyse/-Diskussion im Abschnitt 8.1 des Handbuches.

erkennbar und ein Absinken als einzelne Teilchen-Aggregate (Makrovoide) ist nicht mehr ohne gegenseitige Behinderung möglich; die so genannte Massensedimentation mit ihrer zusehends deutlicher erkennbaren Phasentrennfläche setzt ein. Charakteristisch für diese Phase der Schwarmsedimentation ist trotz weiteren Absinkens die (kurzzeitige) Aufrechterhaltung einer quasi-konstanten Sinkgeschwindigkeit („*zone settling*") – siehe Abb. 8-2 und [1, 4–12].

Klasse 3: Bei weiterem Absinken in den üblichen graduierten 1- oder 2-Liter-Sedimentationszylindern bewirkt ab einer gewissen Absetzzeit die vom Zylinderboden stetig aufwärts steigende Feststoffkonzentration eine zunehmende Verringerung der Sinkgeschwindigkeit der Phasentrennfläche; das zwischen den einzelnen Teilchenkonglomeraten bestehende Geschwindigkeitsfeld wird durch die sich nun verdrängenden Teilchenkonglomeraten gestört. Man spricht hier vom „behinderten Absetzen" oder „*hindered settling*" [1–5] (siehe z. B. Abb. 9–1). Bei in Durchlaufanlagen sich weiterhin absetzenden Suspensionen können die in eine Schicht gewisser Konzentration „C_L" (*solids flux limiting concentration* – siehe

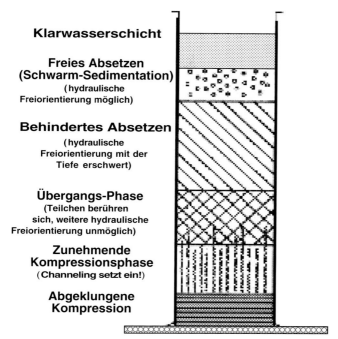

Abb. 8–2: Synchrone Darstellung auftretender Phasen bei Schwarmsedimentation in einem Messzylinder; nach [1]

Abschnitt 10.1) eingetretenen Flocken diese Schicht nicht mehr mit der gleichen, sondern mit immer kleiner werdenden Geschwindigkeiten verlassen [3]. Solche Vorgänge spielen sich in den Nachklärbecken von Belebungsanlagen oder in den oberen Schlammschichten von statischen Eindickern ab; gelangen die Klärer an die Grenze ihrer hydraulischen oder technologischen Feststoff-Belastbarkeit, dann macht sich wegen Herausbildung „kritischer" C_L-Schlammschichtkonzentrationen die Bremsung des Massenvolumenstroms zum Schlammabzug besonders stark bemerkbar. Anstatt erwarteter Schlammaufkonzentrierung setzt zuerst ein pulsierendes Flockenfiltern ein, bei dessen Abreißen es bis zum Abtrieb von Schlammwolken mit dem Überlauf (*thickener failure*) kommen kann [1, 5–12], siehe dazu Abb. 8–3a bis Abb. 8–3c.

Klasse 4: Zu dieser Absetzklasse gehören in der Dispersion so dicht aneinander liegende Suspensateilchen, dass durch die Wirkung der Schwerkräfte die Struktur der Einzelflocke verloren geht und das befreite Abwasser solange immer langsamer (durch *„channeling"* auch eruptionsartig) aufwärts gedrückt wird, bis die Strukturkonsolidation in der Schlammmasse abklingt [1, 13, 14].

In hydraulisch stark belasteten VKB spielen sich vorwiegend solche den Klassen 1 und 2, und bei überhöhter Feststoffbelastung häufig sogar solche der Klasse 3 zuzuordnenden Absetzvorgänge ab; in Nachklärbecken hingegen überwiegt die Klasse 3.

Dennoch: In den oberen NKB-Klarwasserschichten findet allerdings in kaum geringem Ausmaß auch ein auf Mikro-Ausflockungsprozessen feinstdispergierter Biomasseteilchen basierendes, der Klasse 1 klar zuzuweisendes Absetzen statt.

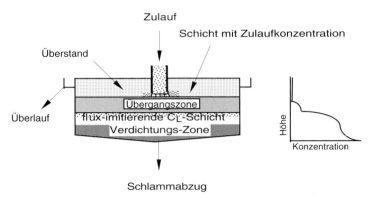

Abb. 8-3a: Das Verhalten normalbelasteter Klärer; nach [1]

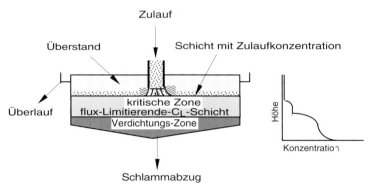

Abb. 8–3b: Das Verhalten leicht überlasteter Klärer; nach [1]

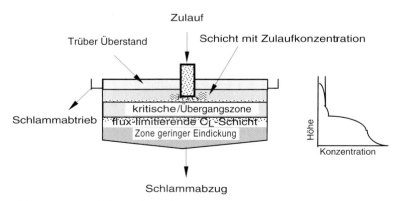

Abb. 8–3c: Das Verhalten stark überlasteter Klärer – beachte den Schlammabtrieb im Überlauf, wie aus dem rechts abgebildeten Konzentrationsprofil ersichtlich; nach [1].

Bei ausgeprägter Überdimensionierung von NKB setzen markant große, zur Klasse 4 gehörende Verdichtungszonen ein (wegen anoxischer Verhältnisse entsteht darin eine kaum kontrollierbare, höchst unerwünschte Denitrifikation mit durch N_2-Freisetzung verursachtem Schlammauftrieb [15]). In den statischen Eindickern sollte neben der Klasse 3 vor allem die Klasse 4 zur Geltung kommen [2–4].

8.2
Modellerstellung für Fest-Flüssig-Trenneinheiten

Da sich in den Klärbecken der Abwassertechnik nach Auslaufen der Suspension aus dem Einlaufbauwerk diese ganze Palette an Konzentrationen abspielt, lässt sich ein Abbild solcher Sedimentationsabläufe durch Messung von TS-Konzentrationen und Ausgangsgeschwindigkeiten sowie der praktisch abgeklungenen Konsolidationshöhen in mehreren Absetzsäulen zufrieden stellend wiedergeben.

Die Bedingung zur Verschaffung eines verfahrenstechnischen Gesamtüberblicks über den ganzen Absetzvorgang im Labormaßstab setzt voraus, dass die Sedimentationssäulen eine genügende Höhe aufweisen, etwa 1,5 bis 2,5 m [9–12, 14], bei Durchmessern (Wandeffekt!) von mindestens 6,5 cm, und eine genügende Massenkonzentration ($c > 250$–300 mg TS/l), damit die in der Säule enthaltene Suspensamasse auch genügend Druck auf den Boden ausübt, um die Flockenkarkasse darüber liegender Schlammschichten zu „beschädigen" [13, 14] – siehe Ausführungen in Kapitel 11.

8.3
Zwischenbemerkungen/Ausblick

Bevor auf ingenieurmäßige Ausführungen zur Modell-Erstellung und die darauf aufbauende Analyse einzelner Prozessmechanismen eingegangen werden soll, dürfte sicherlich von interdisziplinärem Interesse sein, das Sedimentations- und Fluidisationsverhalten dispergierter Feststoffteilchen im Lichte des „*limiting suspended solids flux*" zu analysieren, in spe jene gravitational-hydraulischen Ursachen herauszufinden, die dem Feststoffdurchsatz bzw. seinem Fluidisieren Grenzen auferlegen.

Literaturverzeichnis Kapitel 8

1 Fitch, B.: Sedimentation Process Fundamental Trans. American Institute for Mining Eng., 223, pp. 129/137.
2 Benefield, L., D. and Randall, C., W.: Biological Process Design for Wastewater Treatment, Prentice-Hall, Inc., NJ 07632 (1980), S. 201/210.
3 Metcalf and Eddy: Wastewater Engineering. McGraw-Hill Book Company. Sec. Edition, New York (1979).
4 ATV-Handbuch: Mechanische Abwasserreinigung, 4 Auflage, Verlag Wilhelm Ernst & Sohn, Berlin (1997), S. 170/210.
5 Ekama, G., A., Barnard, J., L., Günther F., W., Krebs, P., McCorquodale, J., A., Parker, D., S. und Wahlberg, E., J. : Secondary settling Tanks: theory, modeling, design and operation. IAWQ Scientific and Technical Report No. 6, Int. Assoc. Of Water Quality, London, England. ISBN 1-900222-03-5. March (2000).
6 Tarrer, A., R. and al.: A Model for Continuous Thickening. Ind. Chem. Eng. Fund., no. 4 (1974).
7 Turner, P., S. and Glasser, D.: Continuous Thickening in Pilot Plant. Ind. Chem. Eng. Fund., no. 1 (1976).
8 Vesilind, A.: The Design of Thickener from Batch Settling Tests- Practical Application. Water and Sewage Works: 115, Sept. (1968), pp. 418/419.
9 Vesilind, A.: Design of Prototype Thickeners from Batch Settling Tests – Theoretical Considerations. Water and Sewage Works: 115, July (1968), pp. 302/307.
10 Fitch, B.: Current Theories and Thickener Design. Reprinted for Dorr-Oliver Inc., Reprint no. 2027 (1975).
11 Shannon, P., T. und TORY, E., M.: Settling of Slurries. Industrial and Engineering Chemistry, 57: No. 2 (1965), pp. 18/25.
12 Kurgaev, E., V.: Osnowi teorii i rasciota ostwetlitelei. Gos. Izd. po stroit. ii architekt., Moskva (1962).
13 Stobbe, G.: Über das Verhalten von belebtem Schlamm in aufsteigender Wasserbewegung. Institut für Siedlungswasserwirtschaft der TH Hannover, Heft 18, (1964).
14 Braha, A., Groza, G.: Einbindung der Kompression bei den Belebtschlämmen der Speicherzone in die Flux-Theorie. Teil 1 und Teil 2. Wasser, Luft und Boden, Heft 1/2, Jan. (2001), S. 35/41 und Heft 3, März, S. 26/31.
15 Schneider, Dries, Roth, Baumann, Drobig: Grundlagen für den Betrieb von Belebungsanlagen mit gezielter Stickstoff- und Phosphorelimination. Verlag ATV-DVWK, Stuttgart (2004).

9
Gleichmäßiges Absetzen versus Fluidisation

9.1
Theoretische Grundüberlegungen

Zwischen dem mit einer quasi-konstanten Geschwindigkeit v_0 erfolgenden Absinken des Schlammspiegels im Bereich des gleichmäßigen Absetzens und dessen Schweben bei gleicher Aufstiegsgeschwindigkeit des durchströmenden Wassers besteht nach vielen Autoren, darunter weltbekannten wie Richardson-Zaki [1], Michaels-Bolger [2], Tesarik [3], Edeline [4], Kasatkin [5], Garside und Al-Dibouni [6], oder Davies- Dollimore [7], Kurgaev [8] und anderen, weniger bekannt wie Stobbe [9] oder Braha und Groza [10], kein Unterschied, solange sich in diesem Suspensa-Schwarm die Partikeln hydrodynamisch noch frei orientieren können, umso auch jener um sie herum strömenden Flüssigkeit den geringsten Widerstand zu bieten; die wahre Aufstieggeschwindigkeit des Stromes ist dann $v_C = Q/A_C$, worin A_C die frei durchflossene Fläche bezeichnet. Nimmt durch Zufuhr weiterer Flocken die Anzahl von Partikeln zu oder wird die hydraulische Beaufschlagung gesteigert, so nimmt die frei durchströmte Volumeneinheit ab, die wahre Durchflussgeschwindigkeit in den Kanälen v_C entsprechend zu und die Phasengrenze geht in eine Schlammwolke über.

Unter den Begriffen „gleichmäßiges Absetzen" oder „Schwarmsedimentation" (*zone settling*) bei einer sich absetzenden Schlammsäule wird bekanntlich [1–10, 17] jene Absetzphase verstanden, bei der sich die Phasentrennfläche mit einer konstanten Sinkgeschwindigkeit bewegt, die ihrerseits bei steigenden Teilchen-Ausgangskonzentrationen kleiner wird – siehe Abb. 9–1a und 9–1b.

Dabei ist hervorzuheben, dass zwischen dieser im Standrohrversuch zu beobachtenden Absetzphase und dem durch Zufuhr von suspensafreiem Dekantat erzeugten Fluidisierungszustand in der gleichen Suspension hydraulisch gesehen keine Unterschiede bestehen, da sich die Partikel noch frei orientieren können und die nachfolgende Phase des behinderten Absetzens, durch fortwährend eintretende Verlangsamung der Sinkgeschwindigkeit bemerkbar, noch nicht erreicht wurde. Wird bei einer sich absetzenden Suspension ein aufwärts strömender, suspensafreier Wasserstrom in den unteren Teil der Kolonne eingeleitet, so kann man den Schlammspiegel in einer gewissen Höhe aufrechterhalten. Wird die hydraulische Belastung zu klein, so bilden sich immer größer werdende Risse in

Moderne Abwassertechnik. Alexandru Braha und Ghiocel Groza
Copyright © 2006 WILEY-VCH Verlag GmbH & Co. KGaA, Weinheim
ISBN: 3-527-31270-6

der Schlamm-Masse heraus, wodurch das Wasser mit erhöhter Geschwindigkeit das Schwebebett aufwärts durchströmt (*channeling*); bei erneuter Anhebung des Klarwasser-Durchsatzes lässt sich dann eine gleichmäßige Fluidisierung des Schlammbettes nicht mehr herbeiführen. Bei Belebtschlämmen wurde dies hierzulande in [9] glänzend bewiesen.

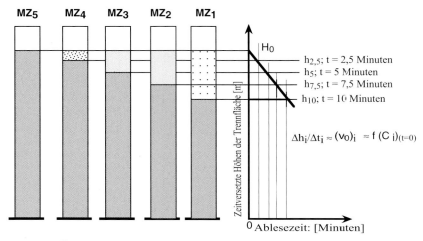

Abb. 9–1a: Über die Einstellung gleicher Ausgangsbedingungen: $C_1 \approx C_2 \approx C_3 \approx C_4 \approx C_5$ [gTS/l] in einer Reihe gleichgroßer Messzylinder lässt sich die Sinkgeschwindigkeit der Phasentrennläche während des gleichmäßigen Absetzens in jedem dieser Messzylinder ermitteln; man merkt, dass sie bei den so eingestellten Ausgangsbedingungen auch einen konstanten v_0-Wert aufweist.

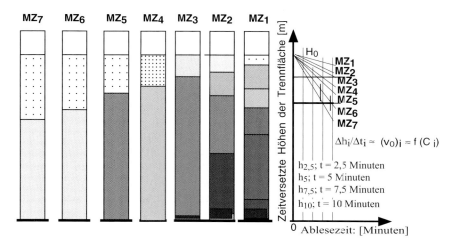

Abb. 9–1b: Durch Einstellung unterschiedlicher Ausgangsbedingungen in einer aus 7 gleichgroßen Messzylindern bestehenden Messreihe: $C_1 > C_2 > C_3 > C_4 > C_5 > C_6 > C_7$ ergeben sich auch 7 unterschiedliche Sinkgeschwindigkeiten der Phasentrennfläche während der Phase des gleichmäßigen Absetzens, die ihrerseits auch unterschiedlich lange andauert.

Typisch ist dieses Phänomen insbesondere bei der Kompressionseindickung [8, 12, 13, 16], da bei dieser letzten Phase des Absetzverhaltens der Kompressionsdruck (-höhe) und der beim Durchströmen der Suspensamasse entstandene hydraulische Widerstand des freigesetzten Wassers zu Hauptparametern des Prozesses werden, da jene das gleichmäßige Absetzen oder den Fluidisierungszustand charakterisierenden Parameter ihre Bedeutung verloren haben [8, 12, 13, 16]. Die nachfolgenden Ausführungen werden sich deshalb zunächst auf die modellmäßige Erfassung der Durchströmungsvorgänge sich in der Phase des gleichmäßigen Absetzens/Wirbelschicht befindlichen Suspensa-Schwärme im Lichte der „*limiting-solids-flux-theory*" beziehen; die während der Kompressionsphase sich entwickelnden Prozessmechanismen und die Modell-Erstellung werden im Kapitel 11 separat abgehandelt und mit experimentellen Ergebnissen statistisch abgesichert.

9.2
Modellansätze bei Absetz-/Fluidisierungsprozessen

Hierbei ist aber besonders hervorzuheben, dass zur Charakterisierung solcher, in der Wasseraufbereitungs- und Abwassertechnik aus zahlreichen Komponenten bestehenden, Schlammflocken der Begriff des mittleren Flockendurchmessers oder des Medianwertes der Summenlinien der Teilchengrößenverteilung verwendet wird [5], da der Durchmesser einzelner Flocken von der Turbulenz stark beeinflusst wird und eine gewisse Variation bis zum Eintreten eines dynamischen Gleichgewichtes aufweist.

Aus diesem Grunde können bei nicht bekanntem mittlerem Durchmesser d_P in ausflockenden Partikel-Schwärmen nicht, wie bei sich absetzenden oder fluidisierten festen Teilchen üblich, direkte Messverfahren angewandt werden [4, 5, 8, 10, 17, 19]. Dies ist aber der Regelfall in der Wasser- und Abwassertechnik. Deshalb wird eine Reihe von Modellgleichungen aus der Fachliteratur zitiert [1–8, 12, 17] und teils auch angewandt, in denen die Porosität ε mit der freien Absetzgeschwindigkeit der Einzelteilchen v_P und der dazu gehörenden Sinkgeschwindigkeit der Phasentrennfläche v_0 (d. h. auch derjenigen Leerrohrgeschwindigkeit, bei der die Phasentrennfläche ihre Höhenlage bei derselben Porosität behält) verflochten wird. Zur Bestimmung von Porosität/Flockenvolumen wird in [3] durch Anwendung der elektrometrischen Methode die wahre Durchströmgeschwindigkeit v_C direkt gemessen und die entsprechende Porosität flockenhaltiger Suspensionen rechnerisch ermittelt. Stobbe [9] filtriert die Suspension und gibt das Flockenvolumen als Differenz zwischen dem eingesetzten Suspensionsvolumen und der nach der Filtration resultierenden Filtratmenge an. Edeline [4] zentrifugiert die Suspension und bezeichnet das Kuchenvolumen als das von Flocken belegte Gesamt-Flockenvolumen (C_V). Physikalisch betrachtet vermögen lediglich diese indirekten Methoden sowie jene, von Tesarik [3] entwickelte, direkte Messung des Flockenvolumens im nicht komprimierten Zustand diese Ermittlung vorzunehmen. Die so berechnete freie Sinkgeschwindigkeit v_P einzelner fester Partikel oder Flockenkonglomerate mit mittlerem Durchmesser d_P wird indes auch von der Art der Schwarm-Durchströmung abhängen, wobei die Re-Zahl und der Wasserinhalt der Einzelflocke eine äußerst wichtige Rolle spielen [1, 6, 7].

Um bei der Analyse der Schwarm-Sedimentation/-Fluidisierung zahlreiche Annäherungsberechnungen zur Ermittlung von d_P sowie $(Re)_P$ zu vermeiden, wurde von Garside und Al-Dibouni [6] eine im Bereiche $10^{-3} \leq (Re)_P \leq 10^5$ geltende, auf über 1 000 Einzelexperimenten basierende, rein empirische Korrelation erarbeitet (Fehlerquoten unter ±2,8%):

$$[v_0/(\varepsilon v_P) - \varepsilon^{4,14}]/[A - v_0/(\varepsilon v_P)] = 0{,}06[(Re)_P]^{(\varepsilon + 0{,}2)}: \qquad (9\text{–}1)$$

Bei $\varepsilon \leq 0{,}85$ gilt $A = 0{,}8\varepsilon^{1,28}$ und bei $\varepsilon > 0{,}85$ sollte $A = \varepsilon^{2,65}$ angenommen werden; werden allerdings Fehler um ±7,8% erlaubt, so ist $A = \varepsilon^{1,68}$ über den gesamten ε-Bereich einzusetzen. Wird hierbei das RZ-Modell berücksichtigt (siehe nachstehende Ausführungen, Gl. 9–10), so lässt sich der Zusammenhang: $v_0/(\varepsilon v_P) = v_P \varepsilon^n/(\varepsilon v_P) = \varepsilon^{(n-1)}$ nach Meinung der Verfasser erkennen; nach Substitution in die Gl. 9–1 lässt sich $(Re)_P$ direkt berechnen:

$$(Re)_P = \{(\varepsilon^{(n-1)} - \varepsilon^{4,14})/[0{,}06(A - \varepsilon^{(n-1)})]\}^{[1/(\varepsilon + 0{,}2)]} \qquad (9\text{–}2)$$

Aus der Definition $(Re)_P = v_P d_P/\nu$ kann dann $d_P = \nu(Re)_P/v_P$ unter Berücksichtigung des ganzen, sich vom laminaren bis hin zum turbulenten Bereich erstreckenden $(Re)_P$-Zahlbereichs abgeleitet werden, ohne auf den arbeitsintensiven „trial and error"-Umweg über die Ar- und Eu-Kennzahlen [5] angewiesen zu sein. Aus diesem Grunde wurde Gl. 9–2 als Berechnungsnomogramm konzipiert und so grapho-analytische Lösungen ermöglicht – siehe Nomogramm A:

Hieraus wird ersichtlich, dass bei Schwarmporositäten $\varepsilon \leq 0{,}985$ und bei $5{,}0 \geq n \geq 4{,}0$ die Durchströmungsprozesse sämtlicher im Lichte der RZMB-Modelltheorie analysierten Schwarmsedimentationsprozesse (siehe nachstehende Gl. 9–10 und Gl. 9–11) kaum dem Bereich laminarer Schwarmdurchströmung, $(Re)_P \leq 0{,}2$, zugeordnet werden können. Erst bei $10{,}0 \geq (Re)_P \geq 1{,}0$ macht sich eine gewisse $(Re)_P = $ const.-Zone im Bereich $0{,}80 \leq \varepsilon \leq 0{,}985$ bemerkbar. Demnach scheint $(Re)_P$ erst ab $0{,}15 \leq \varepsilon \leq 0{,}80$ mit der Porosität zu variieren, indem mit ihrer Abnahme bei gleichzeitiger Verringerung von n eine Verlagerung des Schnittpunktes n = const. mit $(Re)_P = 0{,}2$ in die Richtung hierfür benötigter, niedrigerer ε-Werte erfolgt. Ausnahme hierbei ist der Fall n = 5, wenn der gesamte erfasste Kurvenbereich bei $(Re)_P \leq 2$ liegt. So verhalten sich auch die Kurven $[v_P d_P]_{n\,=\,\text{const.}} = f(\varepsilon)$ (siehe rechte Ordinate), deren Schnittpunkte mit den entsprechenden $[(Re)_P]_{n\,=\,\text{const.}}$-Werten sämtlich auf einer Geraden $[v_P \dot{c}_P] \approx 6 \times 10^{-4}$ bzw. $(Re)_P \approx 0{,}2$ liegen und sich mit abnehmenden n-Werten zu ebenfalls hierfür benötigten, niedrigeren Porositäten bewegen. Bei sinkenden n- und steigenden ε-Werten bewegt sich die $[v_P d_P]$-Funktion allerdings in die Richtung höherer $(Re)_P$-Zahlen hin.

9.2 Modellansätze bei Absetz-/Fluidisierungsprozessen

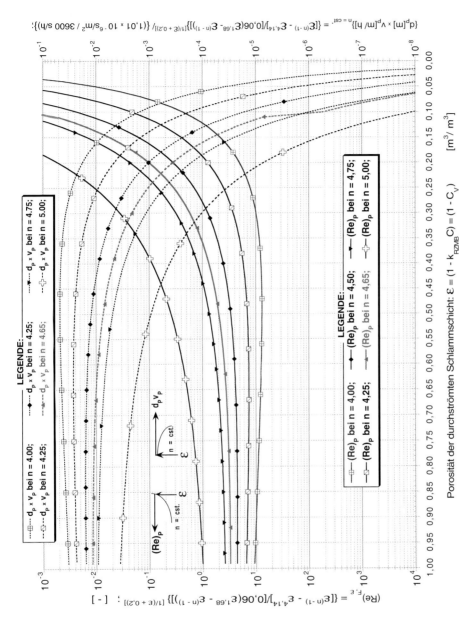

Nomogramm A: Empirisches Nomogramm zur Ermittlung der $(Re)_F$ und des dazu gehörenden $(d_F \times v_P)$-Produktes in $[m \times m/h]$ in einem voll-fluidisierten Suspensaschwarm, ausschließlich als Funktion dessen Porosität ε und der kinematischen Zähigkeit des aufsteigenden Wasserstroms; nach Garside-al-Dibouni [6], von den Autoren umgearbeitet.

Bei einer aus Gl. 9–2 resultierenden $(Re)_P$–Zahl sowie quasi-laminarer Durchströmung des Partikelschwarms, $(Re)_P \leq 1$, kann in Anlehnung ans Stockes'sche Gesetz [5]:

$$v_P = d_F^2 g(\rho_s - \rho_W)/(18\eta_W) = (Re)_P \eta_W/(d_P \rho_W) \tag{9-3}$$

der entsprechende Partikeldurchmesser d_P auch analytisch exakt berechnet werden [5]:

$$d_P = \sqrt[3]{\frac{Re_P \cdot 18\eta_W^2}{\rho_W(\rho_s - \rho_W)g}} \tag{9-4a}$$

Sollte $2 \leq (Re)_P \leq 10^4$ resultieren (Gl. 9–2), was in der Abwassertechnik höchstenfalls in Sandfängen auftreten kann, dann kann aufbauend auf der von Fair, Geyer und Okun (zitiert in [12–14]) erstellten Formel: $\zeta_C = 24/(Re)_P + 3/[(Re)_P]^{0,5} + 0,34$, der mittlere Durchmesser d_P über folgende Gleichung berechnet werden:

$$d_P = (Konstante)^{-0,333} \times [(Re)_P \eta_w \rho_w]^{0,667} \tag{9-4b}$$

mit Konstante $= [4g/(3\zeta_C)] \times [(\rho_S - \rho_W)/\rho_W]$.

Da es sich in den nachstehenden Ausführungen nicht um körnige (feste), sondern um überwiegend ausgeflockte Suspensateilchen handelt, muss anstatt der Feststoff-(Korn)-Dichte ρ_S nunmehr ρ_F stehen. Diese Dichte nicht eingedickter Flocken lässt sich, von der Massenbilanz in der Flocke ausgehend, berechnen [8]:

$$\rho_F = \rho_W + (1 - \rho_W/\rho_S)C_{S(P=0)} \tag{9-5}$$

Ferner lässt sich auch das Volumenverhältnis zwischen dem in den Flocken(-Konglomeraten) enthaltenen Wasser und dem darin eingeschlossenen Feststoff berechnen:

$$(W_F)_{P=0} = [\rho_F - (C_S)_{P=0}]/(C_S)_{P=0} \approx \rho_S/(C_S)_{P=0} \tag{9-6a}$$

bzw. als Massenverhältnis ausgedrückt:

$$(G_F)_{P=0} = (W_F)_{P=0}/\rho_F \approx 1/(C_S)_{P=0}. \tag{9-6b}$$

Zu den formalkinetischen Modellansätzen zur Beschreibung des Schwarm-Sedimentations- bzw. -Fluidisierungsverhaltens einer ausflockenden Suspension an sich, gehören:

Der Ansatz von Vesilind (zitiert in [14, part 3–8]):

$$v_0 = v_P \exp(-k_{exp}C) \tag{9-7}$$

Dieser Ansatz weist den Vorteil einer einfachen Linearisierbarkeit auf, indem man jene im Versuchsbetrieb einer bei verschiedenen Belastungen gefahrenen, weitgehend automatisierten Labor-Fluidisierungsanlage (Abb. 9-2) gemessenen Datenpaare C; v_0 samt jeweiligen Rechenhilfsvariablen (Tab. 9-1 und Tab. 9-2), in Koordinatensystemen [ln(v_0)] gegen C eingezeichnet und sie an entsprechende Regressionsgeraden anpasst. In Abb. 9-3a und Abb. 9-3b lassen sich die wohl hohen Regressionsgüten nach erfolgter Anpassung beider Datenreihen (Tab. 9-1; Tab. 9-2) an das Vesilind-Modell erkennen. Wie aus Abb. 9-3a und 9-3b ersichtlich, liefert der Ordinatenabschnitt den ln(v_p)-Wert, und das spezifische Schlammvolumen lässt sich aus der Steigung der Regressionsgeraden $-k_{Exp.}$ berechnen.

Tab. 9–1: Zusammenstellung von im fluidisierten Bett erzielten Messergebnissen bei einem mit Ca(OH)$_2$ vorbehandelten Industrie-Vorklärschlamm (MR1-Messreihe).

	Messreihe 1			
H_0/h_i [-]	C_i-Bett [kgTS/m^3]	$(v_0)_i = Q_i/A$ [m/h]	ln(C_i) [kgTS/m^3]	ln[$(v_0)_i$] [kgTS/m^3]
1,00	2,1310	3,5830	0,75659	1,27620
2,54	0,8389	5,7400	–0,17566	1,74746
2,07	1,0300	4,8900	0,02956	1,58719
1,36	1,5692	4,5000	0,45057	1,50408
1,03	2,0719	3,6400	0,72847	1,29198
0,869	2,4525	3,2100	0,89711	1,16627
0,710	3,0001	2,7100	1,09865	0,99695
0,670	3,1815	2,3980	1,15735	0,87464
0,703	3,0313	2,5100	1,10899	0,92028
0,533	3,9974	1,9000	1,38564	0,64185
0,450	4,7377	1,7200	1,55555	0,54232
0,410	5,1962	1,3300	1,64793	0,28518
0,370	5,7591	1,2200	1,75078	0,19885
0,328	6,4955	0,8300	1,87111	–0,18633
0,231	9,2207	0,5600	2,22145	–0,57982
0,210	10,143	0,4200	2,31678	–0,86750
0,189	11,251	0,3880	2,42046	–0,94675

Notationen:
Kursiv gedruckte Zahlenwerte wurden nicht ausgewertet;
„–" bedeutet Störung;
d ist die Bezeichnung für den Durchmesser der Fluidisierungssäule; d = 15 cm;
$Q_i/A = (v_0)_i$ bezeichnet die Leerrohrgeschwindigkeit des das Schwebebett aufwärts durchströmenden Wasservolumenstroms;
H_0/h_i gibt den Quotienten Ausgangs-Schwebebetthöhe/Schwebebetthöhe niedrigerer Höhenlagen bei der Durchführung der nacheinander laufenden Reihenuntersuchungen zur Fluidisierung an;
C_i ist die berechnete Suspensakonzentration bei unterschiedlichen Höhenlagen der Phasentrennfläche (h_i), die durch verschiedene Einstellungen des Durchsatzvolumenstroms stabilisiert wurden;
$C_i = 1/(H_0/h_i) \times C_{H_0/hi\,=\,1}$.

9 Gleichmäßiges Absetzen versus Fluidisation

Tab. 9-2: Zusammenstellung von im fluidisierten Bett erzielten Messergebnissen aller 5 Messreihen bei einem mit $Ca(OH)_2$ vorbehandelten Primärschlamm-Abwassergemisch, welches aus einer Industrieabwasser-Kläranlage stammte.

H_0/h_i [-]	Messreihe 1			Messreihe 2			Messreihe 3			Messreihe 4			Messreihe 5		
	C – Bett [kgTS/m³]	$v_0 = Q/A$ [m/h]	H_0/h_i [-]	C – Bett [kgTS/m³]	$v_0 = Q/A$ [m/h]	H_0/h_i [-]	C – Bett [kgTS/m³]	$v_0 = Q/A$ [m/h]	H_0/h_i [-]	C – Bett [kgTS/m³]	$v_0 = Q/A$ [m/h]	H_0/h_i [-]	C – Bett [kgTS/m³]	$v_0 = Q/A$ [m/h]
1,00	2,1310	3,583	1,0000	2,4510	3,3082	1,00	1,8830	3,932	1,00	1,750	4,0624	1,000	1,806	4,0417
2,54	0,8389	5,740	3,4555	0,7093	5,4571	–	–	–	–	–	–	–	–	–
2,07	1,0300	4,890	2,3340	1,0501	4,9733	–	–	–	–	–	–	–	–	–
1,36	1,5692	4,500	1,7505	1,4002	4,4614	3,76	0,5008	6,173	–	–	–	–	–	5,930
1,03	2,0719	3,640	1,1700	2,0949	3,7198	2,81	0,6701	5,687	–	–	–	2,341	0,4013	5,610
0,869	2,4525	3,210	1,0030	2,4437	3,1884	1,88	1,0016	5,193	1,89	0,9115	4,710	1,898	0,7718	4,690
0,710	3,0001	2,710	0,7791	3,1424	2,7183	1,39	1,3547	4,797	1,1200	1,378	4,170	1,121	0,9556	3,910
0,670	3,1815	2,390	0,7281	3,3626	2,3913	0,93	2,0247	4,013	0,67	1,944	3,640	0,673	1,612	3,120
0,703	3,0313	2,510	0,6389	3,8364	2,1563	0,75	2,5107	3,440	0,58	2,574	3,120	0,581	2,696	2,600
0,533	3,9974	1,900	0,5900	4,1540	1,9110	0,59	3,1915	2,933	0,54	3,070	2,660	0,541	3,114	2,340
0,450	4,7377	1,720	0,56710	4,3152	1,7066	0,54	3,4870	2,580	0,51	3,431	2,340	0,509	3,344	2,080
0,410	5,1962	1,330	0,45010	5,4455	1,3592	0,49	3,8429	2,326	0,43	3,804	2,110	0,432	3,541	1,820
0,370	5,7591	1,220	0,41001	5,9779	1,0628	0,47	4,0064	2,062	0,37	4,070	1,870	0,371	4,200	1,560
0,328	6,4955	0,830	0,37000	6,6243	0,8482	0,44	4,2795	1,841	0,33	4,487	1,670	0,328	4,881	1,300
0,231	9,2207	0,560	0,27889	8,7884	0,5914	0,35	5,3800	1,466	0,30	5,469	1,330	0,30	5,473	1,040
0,210	10,143	0,420	0,23002	10,656	0,3993	0,32	5,8844	1,147	0,27	6,034	1,040	0,27	6,020	0,780
0,189	11,251	0,388	0,21003	11,670	0,2947	0,30	6,2767	0,915	0,23	6,481	0,830	0,231	6,689	0,740
													7,852	

Notationen:

Kursiv gedruckte Zahlenwerte wurden nicht ausgewertet;

„–" bedeutet Störung; d ist die Bezeichnung für den Durchmesser der Fluidisierungssäule; d = 15 cm;

$Q_l/A = (v_0)_i$ bezeichnet die Leerrohrgeschwindigkeit des die Schwebebett aufwärts durchströmenden Wasservolumenstroms;

H_0/h_i gibt den Quotienten Ausgangs-Schwebebetthöhe/Schwebebetthöhe niedrigerer Höhenlagen bei der Durchführung der nacheinander laufenden Reihenuntersuchungen zur Fluidisierung an;

C_i ist die berechnete Suspensakonzentration bei verschiedenen Höhenlagen der Phasentrennfläche (h_i), die durch verschiedene Einstellungen des Durchsatzvolumenstroms stabilisiert wurden; $C_i = 1/(H_0/h_i) \times C_{H0/hi=1}$.

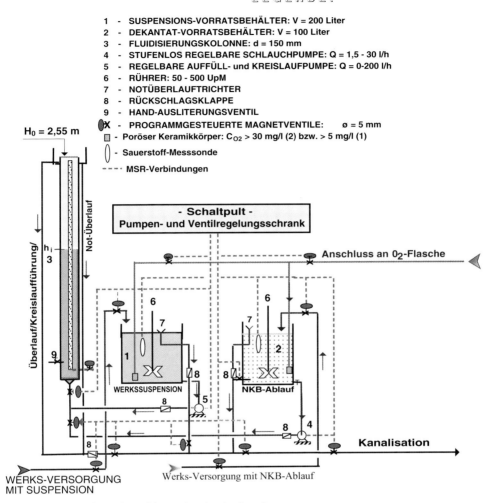

Abb. 9–2: Konzeptskizze der auf dem Industriegelände aufgestellten, mit Prozessleitsystemen ausgestatteten Halbtechnikums-Fluidisierungsanlage; siehe auch Tab. 9–1 und Tab. 9–2 mit den experimentellen Ergebnissen (MR).

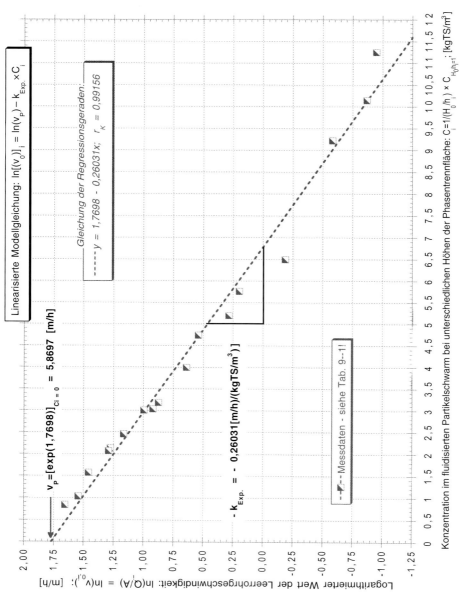

Abb. 9-3a: Linearisierungsform des exponentiellen Ansatzes $v_0 = v_P \times \exp(-k_{Exp} C_i)$ zur Ermittlung der statistischen Absicherung der Modell-Parameter: k_{Exp}, v_P, und des Adäquatheitsgrades der Regressionsgüte: $r_K = 0{,}99156$.

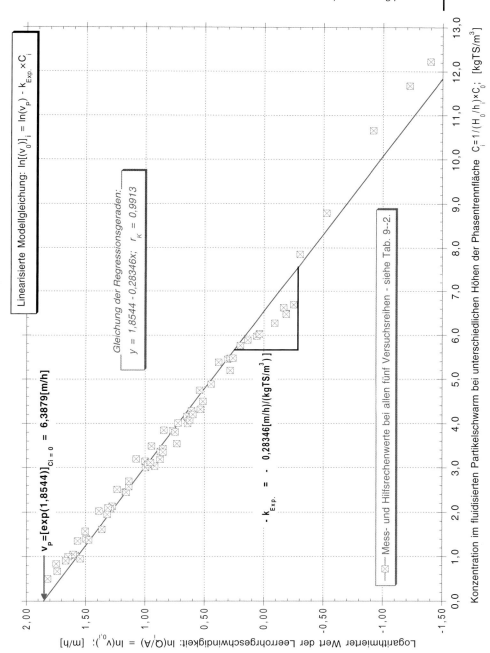

Abb. 9.3b: Linearisierungsform des exponentiellen Ansatzes $v_0 = v_P \times \exp(-k_{Exp.} C)$ bei Ermittlung der Modell-Parameter: $k_{Exp.}$, v_P, mitsamt statischer Absicherung der Adäquatheit/Regressionsgüte des Modellansatzes: $r_K = 0{,}99156$.

Wie hieraus ersichtlich wurden vor allem physikalisch sinnvolle Modellkoeffizienten und nicht nur hohe r_k-Werte ermittelt, was seine Adäquatheit in beiden diesen Fällen bestätigt.

Der Kurgaev-Ansatz [8]:

$$v_0 = v_P \left[(1 - k_{KURG.}\, C)\right]^4 / \left[1 + (k_{KURGAEV} \cdot C)^2\right] \tag{9–8}$$

wurde in einem sich vom Labor- bis zum technischen Maßstab erstreckenden, wasser- und abwassertechnischen Bereich ausflockender Suspensionen geprüft. Darin sind ebenfalls 2 Modellparameter physikalischer Natur: v_P und $C_v = (1 - \varepsilon)$ enthalten. Dadurch lassen sich die Partikelstruktur und das Schwarm-Durchströmungsverhalten modellmäßig erfassen. Da sich allerdings der Ansatz nicht in eine linearisierte Form überführen lässt, ist die Regredierung von Messdaten (Tab. 9–2, Abb. 9-4) nur über Computer-Programme für nicht-lineare Regressionen durchführbar – siehe Kapitel 3, Tab. 3–8.

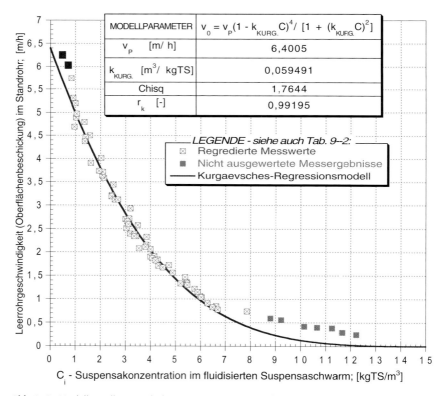

Abb. 9–4: Modellerstellung nach dem Kurgaev-Ansatz – siehe Tab. 9–2; nach [6]

Der auf einer empirischen Potenz-Regression basierende Dick-Young-Ansatz: $v_0 = gC^{-h}$ (zitiert in [19, S. 285]) gestattet allerdings in einem Koordinatensystem [ln(v_0)] gegen (lnC) seine Linearisierung, d. h. es ist einfach zu den Modell-Parametern g und h zu gelangen, wobei physikalisch g gleich v_P und h gleich SVI zu setzen sind (Abb. 9–5, Tab. 9–1). Modell-Angaben über Partikelstruktur und Durchströmungscharakteristika des sich gleichmäßig/behindert absetzenden Partikelschwarms oder eines fluidisierten Suspensaschwarms (Schwebebett) werden dadurch ermöglicht. Trotz unrealistisch anmutender SVI-Werte [14] und eigener Untersuchungen zufolge (Tab. 9–1), wurde dennoch auch dieser Ansatz weiter analysiert (Kapitel 11).

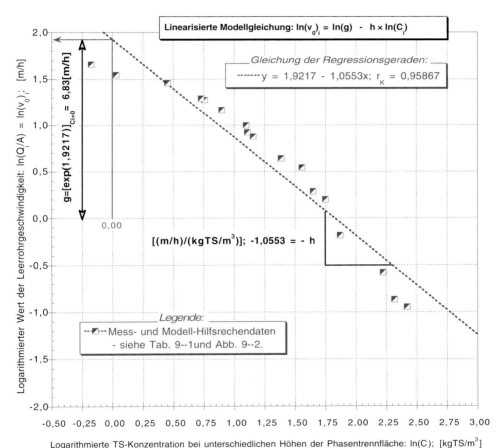

Abb. 9–5: Linearisierung des empirischen Sedimentationsansatzes von Dick und Young: $v_0 = gC^{-h}$, Anpassung experimentell erlangter Wertpaare (v_0)–(C_i) – siehe Abb. 9–2 und Tab. 9–1 – an die Regressionsgerade, grapho-analytische Berechnung von **g** und **-h** sowie deren statistische Absicherung: $r_k = 0{,}95867$; nach Severin [19].

Takács (zitiert in [14 part 3.9 bis 3.16 und 20, S. 998]) stellt als Modellansatz eine doppelexponentielle Ansatz-Gleichung auf:

$$v_0 = v_P \exp^{-n4(C - fnsX0)} - v_P \exp^{-n2(C - fnsX0)} \qquad (9-9)$$

Dieser nicht linearisierbare Modellansatz baut auf die Einhaltung sehr kleiner TS-Konzentrationen im Ablauf von Nachklärbecken/Überstand von Standrohren auf ($C_\ddot{U}$). Trotz seiner Kompliziertheit wurde auch dieser Ansatz auf seine Tauglichkeit zur Modellerstellung auf der Basis experimentell gewonnener Daten (siehe Tab. 9–2) mit den zusammengefassten Mess-Wertpaaren C_i; v_0 aller 5 Versuchsreihen (M1 bis M5) getestet. Durch ihre nach der Methode kleinster Fehlerquadratsumme erfolgte Anpassung an die Gl. 9–4 (siehe dazu das Programmlisting in Tab. 3–8) entstand die in Abb. 9–6 dargelegte nicht-lineare Regression

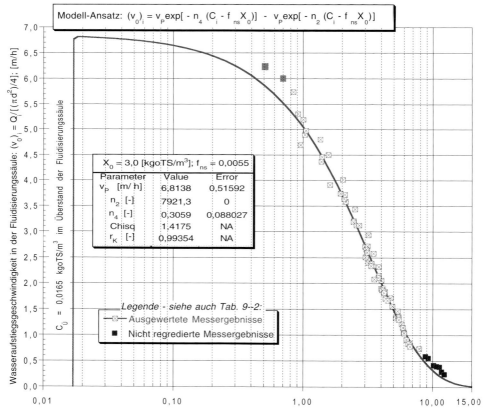

Abb. 9–6: Modellerstellung nach dem Takacs-Ansatz bei den Annahmen: $X_0 = 3$ und $f_{ns} = 0{,}0055$ im Zulauf zum CST-Belebtschlammreaktor – siehe Tab. 9–2 und Gl. 9–4; nach [24]

mit ihren grapho-analytisch, statistisch abgesicherten Modellkoeffizienten. Darin sind C_i, v_0, v_P wie früher, n_2 und n_4 sind zusätzliche Modell-Geschwindigkeitsbeiwerte und $f_{nS} = 0{,}005\,5$ kgoTS/m^3 stellt jene nicht sedimentierbare Suspensafraktion der Ausgangs-/Zulaufkonzentrationen dar; hier als Eingabe $X_0 = 3{,}0$ kgoTS/m^3.

Zu den sich sehr gut bewährenden Absetz- und Fluidisierungsmodellen gehört vor allem das Richardson-Zaki-Modell [1]:

$$v_0 = v_P \varepsilon^n = v_P \varepsilon^{4,65}. \tag{9-10}$$

Auf der darin festgestellten Abhängigkeit zwischen v_0 und v_P aufbauend wurde von Michaels und Bolger [2] die Eignung des RZ-Modell-Ansatzes in einer für flockenhaltige Schlämme etwas abgewandelten Form (im Folgenden als RZMB-Modell bezeichnet) analysiert:

$$v_0 = v_P (1 - k_{RZMB}\, C)^{4,65} \tag{9-11}$$

worin $\varepsilon = (1 - k_{RZMB}\, C)$ und dabei festgestellt, dass für $(Re)_P > 0{,}2$ der Exponent $n \neq 4{,}65$ sein kann. Lediglich unter der obligaten Voraussetzung $n = 4{,}65$ lässt sich das so vereinfachte RZMB-Modell über Einzeichnung der Mess-Wertpaare (Tab. 9–2) in einem Koordinatensystem [$v_0^{1/4,65}$] gegen C in die Form einer Regressionsgeraden bringen. Deren Ordinatenabschnitt (OA) ist gleich $v_P^{1/4,65}$, woraus $v_P = (OA)^{4,65}$ folgt und mit Hilfe der negativen Steigung der Regressionsgeraden (–SRG) lässt sich auch $k_{RZMB} = (-SRG)/(OA)$ ausrechnen – siehe dazu Abb. 9–7 und Abb. 9–8.

9.3
Bemerkungen zu „*zone-settling*" und Fluidisierungsansätzen

Sowohl das Kurgaev- als auch das RZMB- und das Takács-Modell benötigen den Einsatz mit spezieller Software ausgestatteter Computer, es sei denn, dass die Annahme $n = 4{,}65$ beim linearisierten RZMB-Modell mit physikalisch sinnvollen Modell-Parametern eine sehr hohe Regressionsgüte hervorbringt, die durch die zusätzliche Freigabe von n nicht überboten wird. Angesichts der Regredierungsergebnisse aus mehreren Fallstudien zu absetzenden/fluidisierten Belebtschlammsuspensionen lässt sich feststellen: Der RZMB-Modellansatz liefert bei physikalisch sinnvollen Parametern der Flockencharakteristika auch statistisch sehr hoch abgesicherte Regressionsgüten, deshalb wurde bei der Darstellung der „*limiting solids flux theory*" dessen Modellkoeffizienten der Vorrang eingeräumt – siehe weitere Ausführungen.

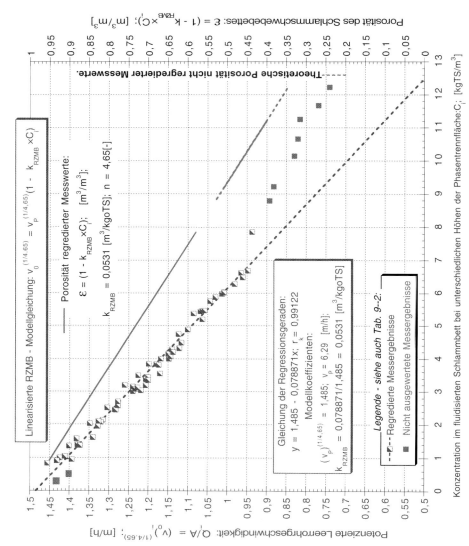

Abb. 9–7: Modellerstellung nach den kombinierten Ansätzen von Richardson-Zaki und Michaels-Bolger (RZMB) bei Annahme eines Teilchen-Agglomerierungskoeffizienten: $n = 4{,}65$ - siehe dazu Gl. 9–10, Gl. 9–11, Tab. 9–2 und Abb. 9–8; nach [1, 2, 10], von den Verfassern modifiziert.

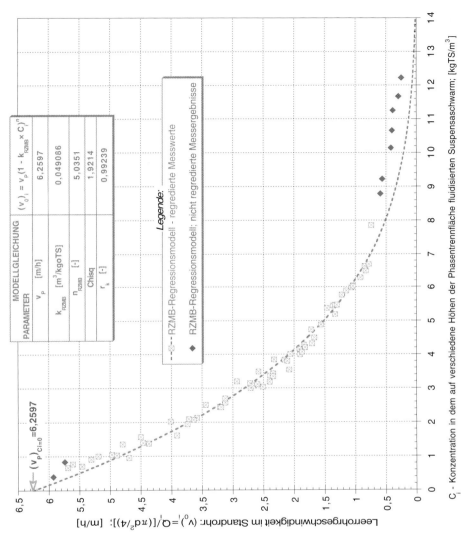

Abb. 9–8: Modellerstellung nach den kombinierten Ansätzen von Richardson-Zaki und Michaels-Bolger (RZMB) bei Freigabe des Teilchen-Agglomerierungskoeffizienten n – siehe dazu Gl. 9–10 und Gl. 9-11 sowie Tab. 9–2 und Abb. 9–7; nach [1, 2, 10], von den Verfassern modifiziert.

Notationen

Symbol	Bezeichnung	Dimension
A	Theoretisch durchflossene Fläche (Standrohr/Klärer)	[m^2]
A$_C$	Tatsächlich durchflossene Fläche (Standrohr/Klärer)	[m^2]
C$_i$	Beliebige Suspensa-/Biomasse-Konzentration	[kgoTS/m^3]
C$_L$	Limitierende, d. h. den abwärts gerichteten Massenvolumenstrom des Belebtschlammes abbremsende, sich im Nachklärbecken bildende Schlammschicht-Konzentration	[kgoTS/m^3]
C$_V$	Spezifisches Feststoffvolumen: $C_V = 1 - \varepsilon$	[%] oder [-]
C$_{S(P=0)}$	Volumetrische Flockenkonzentration in nicht komprimiertem Zustand	[m^3/m^3]
d$_F$	Medianwert des Modell-Flockendurchmessers	[mm]
ε	Porosität oder die Aufsummierung sämtlicher in der Volumeneinheit einer Suspension durchflossener Freivolumina: $\varepsilon = (1 - k_{RZMB}C) = (1 - C_v)$	[%] oder [-]
g	Empirischer Parameter bei dem Modell einer Potenzregression; $v_0 = gC^{-h}$	[-]
GV	Glühverlust, den organischen Anteil suspendierter Teilchen definierend;	[-]
h	Empirischer Parameter bei dem Modell einer Potenzregression: $v_0 = gC^{-h}$	[-]
ISV	Schlammvolumenindex, bestimmt nach der Verdünnungsmethode (physikalisch nur bedingt dem k$_{RZMB}$-Wert gleichzusetzen, da Kompressionsvorgänge nicht auszuschließen sind);	[m^3/kgoTS]
k$_{Exp.}$	Reaktionskonstante beim Modell der exponentiellen Regression: $v_P = v_P \exp(-k_{Exp.}C)$;	[m/h/kgoTS/m^3)]
k$_{RZMB}$	Spezifisches Flockenvolumen beim Michaels-Bolger-Modell (physikalisch nur bedingt dem ISV-Wert gleichzusetzen, da bei diesem Kompressionsvorgänge miterfasst werden);	[m^3/kgoTS]
MB	Abkürzung für das Michaels-Bolger-Modell: $v_0 = v_P(1 - k_{RZME}C)^{4,65}$	
n	Koeffizient der Flockenagglomerierung beim Richardson-Zaki-Modellansatz; n = 4,65	[-]
Q$_0$	Abwasservolumenstrom im Zulauf zu dem Belebungsbecken	[m^3/h]
Q$_{VKB-Abl.}$	Abwasservolumenstrom im VKB-Zulauf	[m^3/h]
Q$_{RLS}$	Volumenstrom der Biomasserückführung aus Nachklärbecken in das Belebungsbecken zurück.	[m^3/h]
q$_A$	Oberflächenbeschickung des Nachklärbeckens (Q/A), d. h. auf die Oberfläche des Klärbeckens bezogener Abwasservolumenstrom.	[m^3/(m^{2}h)]
q$_{SV}$	Schlammvolumenbeschickung: $q_{SV} = Q/A \cdot X \, k_{RZMB}$, d. h. auf die NKB-Oberfläche bezogener Volumenstrom freisuspendierter Belebtschlammflocken org. Natur, von denen höchstens $k_{RZMB} \cdot SF_L \cdot GV$ zum Schlammabzug gelangen kann;	[m^3/(m^{3}h)/m^2]
R	Rücklaufschlammverhältnis in der Belebungsanlage: $R = Q_F/Q_0$	[-]
r	VKB-Rücklaufschlammquotient: $r = Q_U/Q_i$	[-]
r$_K$	Regressionskoeffizient (Statistik)	[-]
RZ	Abkürzung für den Richardson-Zaki-Modellansatz: $v_0 = v_P\varepsilon^n$, wobei $\varepsilon = (1 - k_{RZMB}C) = (1 - C_v)$	
RZMB	Abkürzung für den Richardson-Zaki-Michaels-Bolger-Modellansatz: $v_0 = v_P(1 - k_{RZMB}C)^{4,65}$;	

Symbol	Bezeichnung	Dimension
SF	*Solids flux* (Feststoffdurchsatz), wobei sich die Indizes B auf Batch-, T auf Gesamt-, U auf durch Schlammabzug bewirkten Feststofftransport, und L auf den durch C_L-Herausbildung limitierten Feststoffdurchsatz beziehen.	[kgoTS/(m³h)]
oTS	Abkürzung für den organischen Anteil suspendierter-/fluidisierter (Belebtschlamm)-Flocken, dem Biomassebegriff zu gleichzusetzen	
U	Durch Schlammabzug hydraulisch bewirkte, abwärtsgerichtete Suspensionsgeschwindigkeit (*bulk downward Velocity*. U = RQ/A)	[m/h]
X	Biomassekonzentration in Belebungsbecken	[kgoTS/m³]
X_R	Von der C_L-Konzentrationsschicht bedingte oTS-Konzentration im NKB-Schlammabzug (*under-flow*)	[kgoTS/m³]
X_U	Von der C_L-Konzentrationsschicht bedingte oTS-Konzentration im VKB-Schlammabzug (*under-flow*)	[kgoTS/m³]
X_i	Biomassekonzentration im VKB-Zulauf	[kgoTS/m³]
v_0	Sinkgeschwindigkeit der Phasentrennfläche eines Abwasserschlammgemisches bekannter Konzentration während dessen gleichmäßigen Absetzens in 2-l-Messzylindern; gleichzusetzen mit der Leerrohrgeschwindigkeit beim fluidisierten Schwebebett	[m/h]
v_P	Sinkgeschwindigkeit sich im Schwarm frei bewegender Flockenagglomerate (*terminal / free settling velocity*)	[m/h]

Griechische Symbole

η_W	Dynamische Viskosität des Wassers bei 20 °C: $\eta_W = 1{,}01 \times 10^{-3}$;	[N. Sek./m²]
ν	Kinetische Viskosität des Wassers bei 20 °C: $\nu = 1{,}01 \times 10^{-6}$;	[m²/s]
ρ_C	Dichte des zweiphasigen Systems;	[ML⁻³]
ρ_W	Dichte des Wassers;	[ML⁻³]
$(\rho_F)_{P=0}$	Dichte der Suspensaflocken in dem nicht eingedickten Zustand;	[ML⁻³]
ρ_S	Dichte der im Wasser suspendierten Feststoffe;	[ML⁻³]

Literaturverzeichnis Kapitel 9

1 Richardson, F. and Zaki, W., N.: Sedimentation and Fluidisation. Trans. Inst. Chem. Eng., London, 32 (1954).

2 Michaels, D. and Bolger, J.: The sedimentation speeds and volumes of the caolin flocks. Ind. and Chem. Eng. Fund., No. 1 (1962).

3 Tesarik, J.: Geschwindigkeiten in Flockenwirbelschichten und Aufenthaltszeiten in Schlammkontaktanlagen. Wasserwirtschaft-Wassertechnik, No. 13, (1963).

4 Edeline, F.: Représentation du comportement des boues activeés en sédimentation et en fluidisatioin. Cebedeau, Mars (1964).

5 Kasatkin, A.: Procese si aparate principale in industria chimica. Ed. 2, Editura technica, Bukarest (1963), S. 94/104.

6 Garside, J. and Al-Dibouni, M. R.: Velocity-voidage relationship for fluidisation and sedimentation in solids liquid systems. Ind. Eng. Chem. Process Des. Dev., No. 2 (1977).

7 Davies, L., Dollimore, D.: Theoretical and experimental values for the parameter „k" of the Kozeny-Carman equation, as applied to sedimenting suspen-

sion. Jour. Phys. D, Appl. Phys. (1980), 13 (11), 2013/2020 (Engl.).
8 Kurgaev, D., F.: Osnovi teorii i rasciota osvettitelei. Gosud. Izdatel. Liter. Po stroitel, arhitekt, i stroitel material, Moskwa, (1962).
9 Stobbe, G.: Dissertation - Über das Verhalten von belebtem Schlamm in aufsteigender Wasserbewegung. Institut für Siedlungswasserwirtschft der TH Hannover, Heft 18, (1964).
10 Braha, A., Groza, G.: Pilotanlagen in der Abwassertechnik: Notwendigkeit oder Scaling-Up-Problematik bei Planern? Wasser, Luft und Boden, Heft 7–8 (2002), S. 26/32.
11 Arceivala, S., J.: Wastewater Treatment and Disposal, Marcel Dekker, Inc., New York (1981), pp. 601–658.
12 Benefield, L., D. and Randall, C., W.: Biological Process Design for Wastewater Treatment, Prentice-Hall, Inc., NJ 07632 (1980), S. 201/210.
13 Metcalf and Eddy: Wastewater Engineering. McGraw-Hill Book Company. Sec. Edition, New York (1979).
14 Ekama, G., A., Barnard, J., L., Günthert, F., W., Krebs, P., McCorquodale, J., A., Parker, D., S. und Wahlberg, E., J.: Secondary settling Tanks: theory, modelling, design and operation. IAWQ Scientific and Technical Report No. 6, Int. Assoc. Of Water Quality, London, England. ISBN 1-900222-03-5. March (2000).
15 Dick, R., Ewing, B., B.: Evaluation of Activated Sludge Thickening Theories. Journ. San. Div. Proc., SA 4 Aug. (1967), pp. 9/29.
16 Braha, A., Groza, G.: Einbindung der Kompression bei den Belebtschlämmen der Speicherzone in die Flux-Theorie – Teil 1 und Teil 2. Wasser, Luft und Boden, Heft 1/2 (2001), S. 35/41 und Heft 3 (2001), S. 26/31.
17 Bhatty, I., Davies, L., Dollimore, D. and Zahedi, A., H.: The use of hindered settling data to evaluate Particle Size or Floc Size and the Effect of Particle-Liquid Association on such Sizes. Surface Technology, 15 (1982), pp. 323–344 (Engl.).
18 Jennings, S., L., Grady, C., P., L., JR.: The Use of Final Clarifier Models in Understanding and Anticipating Performance Under Operational Extremes. Proc. 27th. Ind. Waste Conf., Purdue University, West Lafayette Ind., pp. 221/241 (1972).
19 Severin, B., F. and Poduska, R., A.: Prediction of clarifier sludge blanket failure. Journal Water Pollution Control Federation, April (1985), pp. 285/290.
20 Krebs, P., Armbruster, M., Rodi, W.: Numerische Nachklärbecken-Modelle. KA-Wasserwirtschaft, Abwasser, Abfall, Heft 7 (2000), S. 985/999.

10
Die „*limiting-solids-flux-theory*" – Fallstudien

10.1
Theoretische Aspekte

Zur Prozessanalyse ist vorweg zu bemerken, dass in einem Absetzbecken jede sich darin absetzende Schlammschicht eine absolute, durch die Konzentration C bedingte Absetzgeschwindigkeit v hat und somit einen „*batch flux*" $SF_B = vC$ herbeiführt. Durch Schlammabzug besitzt diese Schlammschicht außerdem auch eine abwärts gerichtete relative Sinkgeschwindigkeit: $U = (RQ_0 + Q_W)/A$, mit einem sich ebenfalls abwärts bewegenden Feststoffstrom: $SF_U = UC = [(RQ_0 + Q_W)/A]C$. Darin stellt Q_0 den CSTR-Zulaufvolumenstrom vor Einmündung des Rücklaufschlammes dar, R ist das Schlammrücklaufverhältnis, ferner ist Q_W der ausgekreiste ÜSS-Volumenstrom und A ist die Oberfläche des Klärers; der gesamte Massenstrom „*total suspended solids flux*" (SF_T) [1–12] wird dann zu:

$$SF_T = UC + vC = [(RQ_0 + Q_W)/A]C + vC. \tag{10-1}$$

Wird für die Abhängigkeit zwischen v und C das RZMB-Absetzmodell übernommen (siehe auch Gl. 9–11):

$$v_0 = v_P(1 - k_{RZMB}C)^n \tag{10-2}$$

worin v_0 die Sinkgeschwindigkeit der Phasentrennfläche während des gleichmäßigen Absetzens einer Suspension/Leerrohrgeschwindigkeit eines voll-fluidisierten Suspensabettes, v_p die Sinkgeschwindigkeit von Einzelflocken/-teilchen, k_{RZMB} das spezifische Teilchenvolumen (bei Belebtschlämmen dem SVI-Wert irrtümlicherweise gleichgesetzt), C_i und $(v_0)_i$ sind jene bei den 5 Fluidisierungsversuchsreihen erlangten Mess-Wertpaare (Tab. 9–2) und n ist ein dimensionsloser Agglommerierungsfaktor, der bei nicht verformbaren Partikeln 4,65 beträgt [13,14], bei ausflockenden Partikeln aber auch darüber/darunter liegen kann – siehe Abb. 10–1.

Wird Gleichung 10–2 in Gl. 10–1 substituiert, dann folgt:

$$SF_T = v_P(1 - k_{RZMB} C)^n \times C + [(RQ_0 + Q_W)/A]C. \tag{10-3}$$

Moderne Abwassertechnik. Alexandru Braha und Ghiocel Groza
Copyright © 2006 WILEY-VCH Verlag GmbH & Co. KGaA, Weinheim
ISBN: 3-527-31270-6

Diese Funktion hat ein Minimum bei C_L. Die Differenzierung nach C und Null-Gleichsetzung der partiellen Ableitung (siehe [15]):

$$0 = \frac{\partial SF_T}{\partial C} = v_P(1 - k_{RZMB} C)^n - nk_{RZMB}v_P[(1 - k_{RZMB} C)^{(n-1)} \times C] + [(RQ_0 + Q_W)/A)] \quad (10\text{–}4)$$

liefert nach einigen Berechnungen die Lösung für eine den „*limiting solids flux*" bedingende Suspensakonzentration „C_L" in impliziten Form:

$$v_P(1 - k_{RZMB} C_L)^{(n-1)} \times [k_{RZMB} C_L(n+1) - 1] = (RQ_0 + Q_W)/A \quad (10\text{–}5)$$

Der limitierende Feststoffdurchsatz (SF_L) wird dann zur Bedingung für die Durchsetzbarkeit ($SF_T \leq SF_L$) des an sich maximalen Feststoffdurchsatzes zum Schlammabzug (Gl. 10–3), im besten Falle also:

$$SF_T = SF_L = v_P(1 - k_{RZMB} C_L)^n \times C_L + [(RQ_0+Q_W)/A]C_L. \quad (10\text{–}6)$$

Wird der $[(RQ_0 + Q_W)/A]$-Gegenwert aus Gl. 10–5 in die Gl. 10–6 substituiert, so resultiert nach einigen Zwischenberechnungen:

$$SF_L = k_{RZMB} \times n \times C_L^2 \times v_P(1 - k_{RZMB}C_L)^{(n-1)} \quad (10\text{–}7)$$

Abbildung 10–1 verdeutlicht, dass jeder virtuellen Geraden mit SF_T = const. jeweils zwei unterschiedliche C-Projektionswerte auf der Abszisse entsprechen [6]: Links der (SF_T)-Maxima befindliche C-Werte (*upper conjugate zone*) und rechts befindliche C-Abszissenwerte (*lower conjugate zone*). Viele der so virtuell gezogenen Geraden überschneiden die (SF_T)-Funktionskurven links von deren Absolut-Maxima, also an Punkten, deren Projektionen auf der Abszisse häufig viel niedrigeren Konzentrationen C als dem geplanten (SF_L)-Feststoffdurchsatz entsprechenden C_L-Werten zugeordnet werden können. In einem solchen Fall entstünde eine „*upper conjugate zone*" überhaupt nicht [16], sondern man käme hierdurch lediglich zu einem Zulauf-Verdünnungseffekt. Wird bei einem stark reduzierten spezifischen Feststoffinput ein Kläreindicker flächenmäßig auch hydraulisch unterbelastet: $[Q_0(R + 1)C]/A \ll SF_L$, und die Konzentration C in dessem Zulauf läge dennoch merklich höher als die auf die Abszisse projizierten Überschneidungs-/Konzentrationspunkte anhand des *geplanten* SF_L, würde dieser seine Gültigkeit als limitierender Feststoffdurchsatz zum Schlammabzug verlieren! Denn: Trotz solch höherer Zulauf-Konzentrationen würde sich der *real* herbeigeführte Feststoffdurchsatz (SF_T) als limitierender Faktor auswirken und eine Änderung der dem geplanten SF_L entsprechenden Schlammabzugsrate (RQ_0/A) wird nicht mehr benötigt, da sich diesmal ein anderer C_L-Wert einstellen würde. Dessen Ermittlung wäre aber bei bekannten Charakteristika der Suspension: v_P, k_{RZMB}, n sowie des Belebungsbeckens X, über Gl. 10–17 für einige technisch vertretbaren R- Werte einige neue C_L-Werte zuerst zu eruieren, und bei tech.-wirt. sinnvollen Ergebnissen, mit Hilfe der Gl. 10-12, die „neuen" Schlammabzugsraten zu berechnen. Das sind aber krasse Überdimensionierungsfälle eines Kläreindickers – siehe auch Abb. 8–3a bis 8–3c.

Aus einer Biomassenbilanz für das Nachklärbecken (siehe Abb. 6–1, Schnittpunkte 3, 4, 5 und [11]):

$$[Q_0(1 + R)X]/A = SF_L + [(Q_0 - Q_W)X_e]/A = [(RQ_0 + Q_W)/A)]X_R + [(Q_0 - Q_W)X_e]/A \tag{10–8}$$

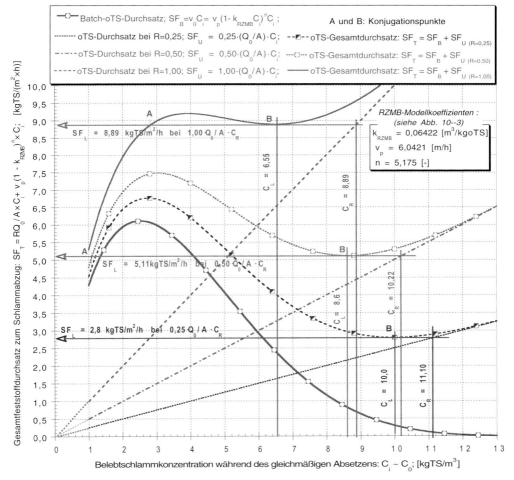

Abb. 10–1: SF T-Variation als Funktion der Sinkgeschwindigkeit der Phasentrennfläche während des gleichmäßigen Absetzens und Einfluss der Schlammabzugsrate auf den durchsetzbaren Feststoffmassenstrom auf 1 m²-Oberfläche. Merke: bei SF_T-Funktionsminima wird $C = C_L$ und $SF_T = SF_L$ – siehe graphische Hilfskonstruktionen! Man merkt, dass bei *zunehmenden* Schlammrücklaufraten (RQ_0/A) die zum Schlammabzug durchsetzbaren, spezifischen Biomassenströme (SF_L) *abnehmen*, wie die entsprechenden C_L-Werte auch; nach [16]

lassen sich ferner bei Substitution der Gl. 10–7 und Gl. 10–5 (rechter Term) in die Biomassebilanz (Gl. 10–8) und Durchführung einiger simplifizierender Berechnungen folgende Haupt-Dimensionierungsparameter der Nachklärstufe und Biologie berechnen:

$$X_R = \frac{k_{RZMB}\, n\, C_L^2}{[k_{RZMB}\, C_L\, (n+1) - 1]} \qquad (10\text{–}9)$$

$$Q_0/A = \frac{v_P(1 - k_{RZMB}\, C_L)^n\, C_L + [Q_W(C_L - X_e)]/A}{(1+R)X - RC_L - X_e} \qquad (10\text{–}10)$$

worin Q_W aus der Definitionsgleichung des Schlammalters und X_e aus Erfahrungswerten ($X_e \leq 20\text{–}30$ mgTS/l) zu schätzen sind:

$$Q_W = \frac{(VX)_{BB}/(\theta_C)_{Betrieb} - (Q_0 X_e)_{Betrieb}}{(X_R - X_e)_{Betrieb}} \eth . \qquad (10\text{–}11)$$

Wird Gleichung 10–10 mit R multipliziert, so erhält man die wegen des Abziehens des Rücklaufschlammes aus dem NKB abwärts gerichtete Abzugsgeschwindigkeit:

$$RQ_0/A = R \cdot \frac{v_P(1 - k_{RZMB}\, C_L)^n\, C_L + [Q_W(C_L - X_e)]/A}{(1+R)X - RC_L - X_e} \qquad (10\text{–}12)$$

und nach erneuter Berücksichtigung der Gl. 10–8, Gl. 10–5 und Gl. 10–7 auch die im Belebungsbecken überhaupt erreichbare Konzentration an Biomasse:

$$X = \frac{k_{RZMB}\, nR\, v_P C_L^2 (1 - k_{RZMB} C_L)^{n-1} + X_e v_P(1 - k_{RZMB} C_L)^{n-1}[k_{RZMB} C_L(n+1) - 1] - (1+R)Q_W X_e/A}{(1+R)\{v_P(1 - k_{RZMB} C_L)^{n-1}[k_{RZMB} C_L(n+1) - 1] - Q_W/A\}} \qquad (10\text{–}13)$$

Durch Multiplizierung der Gl. 10–13 mit Gl. 10–10 ergibt sich die maximal zugelassene Feststoff-Oberflächenbeladung des NKB:

$$\frac{Q_0 X}{A} = \frac{k_{RZMB}\, nR\, v_P C_L^2(1 - k_{RZMB} C_L)^{n-1} + X_e v_P(1 - k_{RZMB} C_L)^{n-1}[k_{RZMB} C_L(n-1) - 1] - (1+R)Q_W X_e/A}{R(1+R)} \qquad (10\text{–}14)$$

■ **Merksatz:** *Wie ersichtlich werden diese Hauptparameter von einer den Feststoff-Durchsatz im Nachklärbecken limitierenden C_L-Konzentration bedingt, darunter fallen auch die zur Dimensionierung der biologischen Stufe herangezogenen X- und X_R-Werte.*

Um die iterative Rechenzeit (Gl. 10–5) zu reduzieren, wurde in [12] über ein mathematisches Verfahren die Berechnung der den Feststoffdurchsatz limitierenden Konzentration C_L in explizierter Form ermöglicht. Dafür wurden in der Gl. 10–8 die Ausdrücke $(Q_W X_e/A)$, (Q_W/A) und (X_e) vernachlässigt; man findet demnach:

$$Rv_P(1 - k_{RZMB}C_L)^n \times C_L/[(1 + R)X - RC_L] = v_P(1 - k_{RZMB}C_L)^{(n-1)}[k_{RZMB}C_L(n + 1) - 1] \quad (10\text{–}15)$$

Nach einer Reihe simplifizierender Berechnungen lässt sich Gl. 10–15 in die Form einer quadratischen Gleichung für C_L bringen:

$$R \times k_{RZMB} \times nC_L^2 - k_{RZMB}X(1 + R)(n + 1)C_L + X(1 + R) = 0 \quad (10\text{–}16)$$

Die Unbekannte C_L ist dann die positive Wurzel dieser Gleichung:

$$C_L = \frac{k_{RZMB}X(1 + R)(n + 1) \pm \sqrt{k_{RZMB}^2 X^2(1 + R)^2(n + 1)^2 - 4Rnk_{RZMB}X(1 + R)}}{2Rk_{RZMB}n} \quad (10\text{–}17)$$

die nur dann einen physikalischen Sinn hat, wenn:

$$1 > k_{RZMB}C_L > \frac{k_{RZMB}X(1 + R)(1 + n)}{2Rn} > \frac{2}{n + 1} \quad (10\text{–}18)$$

Da recht häufig die bereits eingeplanten Biologie-Hauptparameter wie X und R mit den nun ermittelten Absetzmodell-Koeffizienten v_P, n, k_{RZMB} nicht korrelieren (Gl. 10–17: negative Werte unter der Wurzel), bedarf es dann zeitaufwändiger iterativer Simulationen. Wesentlich einfacher lassen sich Modellsimulationen durch C_L-Eingabe in die Gleichungen der betreffenden Hauptparameter (Gl. 10–5, 10–7, 10–9 bis Gl. 11–14) erreichen.

Da in der Fachliteratur die Einflechtung des Takács-Modellansatzes [5]:

$$v_0 = v_P \exp[-n_4(C - f_{ns}X_0)] - v_P \exp[-n_2(C - f_{ns}X_0)] \quad (10\text{–}19)$$

in die Fluss-Theorie bisher nicht gefunden wurde und sehr wahrscheinlich auch nicht erfolgte, werden nachstehend die wichtigsten Rechenschritte aufgeführt. In Anlehnung an Gl. 10–1 gilt nun:

$$SF_T = v_P\{\exp[-n_4(C - f_{ns}X_0)] - \exp[-n_2(C - f_{ns}X_0)]\}C + [(RQ_0 + Q_W)/A]C \quad (10\text{–}20)$$

Die den Feststoffdurchsatz zum Schlammabzug limitierende Konzentration C_L lässt sich über Differenzierung der Gl. 10–20 nach C, Null-Gleichsetzung dieser neuen Differentialgleichung und deren Auflösung nach C ermitteln. Es resultiert als Lösung C_L in impliziter Form:

$$v_P\{(1 - n_2C_L)\exp[-n_2(C_L - f_{ns}X_0)] - (1 - n_4C_L)\exp[-n_4(C_L - f_{ns}X_0)]\} = (RQ_0 + Q_W)/A \quad (10\text{–}21)$$

Über Substitution von $[(RQ_0 + Q_W)/A]$ aus Gl. 10–21 in Gl. 10–20 und Durchführung einiger Zwischenberechnungen lässt sich auch der limitierende Feststoffdurchsatz ableiten:

$$SF_L = v_P C_L^2 \{n_4 \exp[-n_4(C_L - f_{ns}X_0)] - n_2 \exp[-n_2(C_L - f_{ns}X_0)]\} \qquad (10\text{–}22)$$

Bemerkung: Diese Funktion hat für $n_4 > n_2$ ein Maximum im Bereich $0 < C_L < 2/n_2$ und für $n_4 < n_2$ ein Maximum im Bereich $C_L > 2/n_2$.

Bei Vernachlässigung des spezifischen Biomasseverlustes durch den NKB-Ablauf, $(Q_0 - Q_W)X_e/A \leq SF_L$, wird $SF_L = [(RQ_0 + Q_W)/A]X_R$; dann lässt sich über die darin erfolgte Substitution des $[(RQ_0 + Q_W)/A]$-Gegenwertes aus Gl. 10–21 und einige Zwischenberechnungen X_R berechnen:

$$X_R = \frac{C_L^2 \{n_4 \exp[-n_4(C_L - f_{ns}X_0)] - n_2 \exp[-n_2(C_L - f_{ns}X_0)]\}}{n_4 C_L \exp[-n_4(C_L - f_{ns}X_0)] - n_2 C_L \exp[-n_2(C_L - f_{ns}X_0)] - \exp[-n_4(C_L - f_{ns}X_0)] + \exp[-n_2(C_L - f_{ns}X_0)]}$$
$$(10\text{–}23)$$

Ausgehend von $[Q_0(1 + R)X/A] = \{[(RQ_0 + Q_W)/A]X_R + [(Q_0 - Q_W)X_e]/A\}$ und bei Berücksichtigung der Gl. 10–21 lässt sich annähernd auch die zugelassene Oberflächenbeschickung (Q_0/A) ableiten:

$$Q_0/A = \frac{v_P C_L^2 \{n_4 \exp[-n_4(C_L - f_{ns}X_0)] - n_2 \exp[-n_2(C_L - f_{ns}X_0)] - Q_W X_e/A\}}{(1 + R)X - X_e} \qquad (10\text{–}24)$$

Aus Gleichung 10–24 lässt sich durch Multiplikation mit R und Durchführung simplifizierender Zwischenrechnungen die Schlammrücklaufrate (RQ_0/A) herleiten – siehe auch Gl. 10–12:

$$\frac{RQ_0}{A} = R \frac{v_P C_L^2 \{n_4 \exp[-n_4(C_L - f_{ns}X_0)] - n_2 \exp[-n_2(C_L - f_{ns}X_0)] - Q_W X_e/A\}}{(1 + R)X - X_e} \qquad (10\text{–}25)$$

Um die bei einem gewählten C_L-Wert überhaupt erreichbare Biomassekonzentration X im Belebungsbecken zu berechnen, geht man von der Massenbilanz $Q_0(1 + R)X/A = SF_L + [(Q_0 - Q_W)X_e]/A$ aus; bei Berücksichtigung der Gl. 10–21 und nach einigen Berechnungen lässt sich der X-Wert herleiten:

$$X = \frac{v_P C_L^2 \{n_4 \exp[-n_4(C_L - f_{ns}X_0)] - n_2 \exp[-n_2(C_L - f_{ns}X_0)]\} + (Q_0 - Q_W)X_e/A}{(1 + R)Q/A} \qquad (10\text{–}26)$$

Da in der Fachliteratur auch die Einflechtung des in [5] zitierten exponentiellen Modellansatzes von Vesilind – siehe auch Gl. 9–7:

$$v_0 = v_P \exp(-k_{exp} C) \qquad (10\text{–}27)$$

in die Fluss-Theorie wahrscheinlich noch nicht erfolgt ist [1–12], werden nachstehend die wichtigsten Rechenschritte aufgeführt. Dieser Modellansatz weist den Vorteil der Linearisierbarkeit in einem Koordinatensystem [ln($v_0)_i$] gegen (C_i) auf, indem durch Anpassung darin eingezeichneter Wertpaare (Tab. 9–1) an eine Regressionsgerade deren Ordinatenabschnitt den Wert [ln(v_p)] liefert und deren Steigung die Berechnung des speziellen Schlammvolumens $k_{Exp.}$ ermöglicht – siehe Abb. 9–3. In Anlehnung an Gl. 10–1 gilt nun:

$$SF_T = v_P C \exp[-k_{Exp.} C] + [(RQ_0 + Q_W)/A]C \qquad (10\text{–}28)$$

Die den Feststoffdurchsatz zum Schlammabzug limitierende Konzentration C_L lässt sich über Differenzierung der Gl. 10–28 nach C, Null-Gleichsetzung dieser neuen Differentialgleichung und deren Auflösung nach C ermitteln. Es resultiert als Lösung C_L in implizierter Form:

$$(k_{Exp.} C_L - 1)v_P \exp[-k_{Exp.} C_L] = (RQ_0 + Q_W)/A \qquad (10\text{–}29)$$

Über Substitution von [($RQ_0 + Q_W$)/A] (Gl. 10–29) in Gl. 10–28 und Durchführung einiger Zwischenberechnungen lässt sich auch der limitierende Feststoffdurchsatz ableiten:

$$SF_L = k_{Exp.} C_L^2\, v_P \exp[-k_{Exp.} C_L]. \qquad (10\text{–}30)$$

Bemerkung: Diese Funktion hat für $k_{Exp.} C_L - 2 > 0$ ein Minimum und für $k_{Exp.} C_L - 2 < 0$ ein Maximum.

Bei C_L-limitiertem Feststofftransport wird die reale Massenbilanz zu:

$$Q_0(1 + R)X/A = SF_L + (Q_0 - Q_W)X_e/A = [RQ_0 + Q_W)/A]X_R + (Q_0 - Q_W)X_e/A$$
$$(10\text{–}31)$$

Indem man [($RQ_0 + Q_W$)/A] mit seinem Gegenwert aus Gl. 10–29 in Gl. 10–31 substituiert, lässt sich die zugelassene Oberflächenbeschickung (Q_0/A) sowie die beim Abziehen des Rücklaufschlammes abwärts gerichtete Geschwindigkeit im NKB-Schlammabzug (RQ_0/A) ableiten:

$$Q_0/A = \frac{(k_{Exp.} C_L - 1)v_P \exp[-k_{Exp.} C_L] - Q_W/A}{R} \qquad (10\text{–}32a)$$

$$RQ_0/A = (k_{Exp.} C_L - 1)v_P \exp[-k_{Exp.} C_L] - Q_W/A \qquad (10\text{–}32b)$$

Da bei Gleichung 10–31 der Term [($Q_0 - Q_W)X_e/A$] im 2-ten und 3-ten Glied simplifiziert werden kann und für (Q_0/A) dessen Gegenwert aus Gl. 10–32a in die Gl. 10–31 substituiert werden kann, lässt sich nach Durchführung simplifizierender Zwischenrechnungen auch X_R berechnen:

$$X_R = \frac{k_{Exp.}\,C_L^2}{k_{Exp.}\,C_L - 1} \tag{10-33}$$

Um die bei einem gewählten C_L-Wert überhaupt *erreichbare* Biomassekonzentration im Belebungsbecken X sowie die maximal zugelassene TS-Oberflächenbelastung des Nachklärbeckens zu berechnen, geht man von Gl. 10–31 unter Heranziehung der Gl. 10–29 und Gl. 10–30 aus; nach Durchführung simplifizierender Zwischenrechnungen lassen sich X und (Q_0X/A) herleiten:

$$X = \frac{[R\,k_{Exp.}\,C_L^2 + (k_{Exp.}\,C_L - 1)\,X_e]\,v_P\exp[-k_{Exp.}\,C_L] - (1+R)X_e \cdot Q_W/A}{(1+R)\{(k_{Exp.}\,C_L - 1)v_P\exp[-k_{Exp.}\,C_L] - Q_W/A\}} \tag{10-34}$$

$$\frac{Q_0 X}{A} = \frac{[k_{Exp.}\,RC_L^2 + (k_{Exp.}\,C_L - 1)X_e]v_P\exp[-k_{Exp.}\,C_L] - (1+R)X_e Q_W/A}{(1+R)\,R} \tag{10-35}$$

Wie ersichtlich, werden auch bei diesem exponentiellen Modellansatz die Planungs-Hauptparameter allesamt von derselben den Feststoff-Durchsatz im Nachklärbecken limitierenden C_L-Konzentration in ihrer implizierten Form bedingt, darunter fallen auch die zur Dimensionierung der biologischen Stufe herangezogenen X- und X_R-Werte.

Allerdings wurde auch diesmal nach einer Lösung für C_L in explizierter Form gesucht. Dafür wurde bei technologischem Normalbetrieb $SF_L \geq (Q_0 - Q_W)X_e/A$ und $(Q_0 - Q_W)X_e/A \approx 0$ betrachtet. Nach einer Reihe simplifizierender Berechnungen lässt sich das Resultat in die Form einer quadratischen Gleichung für C_L bringen:

$$k_{Exp.}\,C_L^2\,R - (1+R)X\,k_{Exp.}\,C_L + (1+R)X = 0. \tag{10-36}$$

Die Unbekannte C_L ist dann die positive Wurzel dieser Gleichung:

$$C_L = \frac{k_{Exp.}\,X(1+R) \pm \sqrt{k_{Exp.}^2\,X^2(1+R)^2 - 4R\,k_{Exp.}\,X(1+R)}}{2\,R\,k_{Exp.}} \tag{10-37}$$

die nur dann einen physikalischen Sinn hat, wenn auch:

$$X \times k_{Exp} \geq R(4 - X \times k_{Exp.}) \tag{10-38}$$

Wie hieraus ersichtlich schränkt diese Bedingung die Findung technisch sinnvoller Bereiche für C_L merklich ein, was die Prozess-Simulationen unter direkter C_L-Eingabe und grapho-analytische Analyse der auf den Funktionskurven liegenden, real möglichen Lösungen den Vorzug gibt, da schon Bereiche außerhalb der Kurven als technische Lösung hierdurch augenscheinlich ausfallen.

Da in der Fachliteratur die Einflechtung des in [1, 2, 5, 7] zitierten, auf einer empirischen Potenz-Regression basierenden Dick-Young-Ansatz, $v_0 = g \times C^{-h}$, kaum befriedigend gelöst wurde, sollte dies zumindest hier nachgeholt werden.

Erwähnenswert bei diesem Ansatz ist seine leichte Linearisierbarkeit, indem über die Einzeichnung der Messdaten in einem Koordinatensystem [lnv_0] gegen [lnC] und deren Anpassung an eine Regressionsgerade die Ermittlung der Modell-Parameter g und h einfach möglich ist. Modell-Angaben über Partikelstruktur und Durchströmungscharakteristika des sich gleichmäßig/behindert absetzenden Partikelschwarms oder eines fluidisierten Suspensaschwarms (Schwebebett) werden dadurch ermöglicht, dass physikalisch g = v_P und h ≈ SVI entspricht (siehe Abb. 9–5 und Tab. 9–1). Trotz bei bereits analysierten Fällen häufig niedrigerer Korrelationsgüte und physikalisch merklich zu hoch ausfallenden h-Werten [14], auch eigene vergleichende Untersuchungen bestätigten es (Tab. 9–1, vgl. Abb. 9–5 mit Abb. 9–3), wurde dennoch auch dieser Ansatz in die Flusstheorie einbezogen:

$$v_0 = g \times C^{-h} \tag{10–39}$$

In Anlehnung an Gl. 10–1 gilt nun:

$$SF_T = g \times C^{(1-h)} + [(RQ_0 + Q_W)/A]C \tag{10–40}$$

Die den Feststoffdurchsatz zum Schlammabzug limitierende Konzentration C_L lässt sich über Differenzierung der Gl. 10–40 nach C, Null-Gleichsetzung dieser neuen Differentialgleichung und deren Auflösung nach C ermitteln. Es resultiert als Lösung C_L in folgender Form:

$$g(h - 1) \times C_L^{-h} = (RQ_0 + Q_W)/A \tag{10–41}$$

Über Substitution des Gegenwertes von [($RQ_0 + Q_W$)/A] (Gl. 10–41) in Gl. 10–40, in der nun auch C = C_L zu setzen ist, und Durchführung einiger Zwischenberechnungen lässt sich auch der limitierende Feststoffdurchsatz ableiten:

$$SF_L = g \times h \times C_L^{(1-h)} \tag{10–42}$$

Bemerkung: Bei h > 1 nimmt diese Funktion mit C_L monoton ab und weist daher weder Minima noch Maxima auf.

Bei C_L-limitiertem Feststofftransport wird die reale Massenbilanz zu:

$$Q_0(1 + R)X/A = SF_L + (Q_0 - Q_W)X_e/A = [RQ_0 + Q_W)/A]X_R + (Q_0 - Q_W)X_e/A \tag{10–43}$$

Aus Gleichung 10–41 lässt sich leicht die zugelassene Oberflächenbeschickung (Q_0/A) ableiten:

$$Q_0/A = \frac{g(h-1)C_L^{-h} - Q_W/A}{R} \tag{10–44}$$

Da bei Gleichung 10–43 der Term [($Q_0 - Q_W)X_e/A$] im 2-ten und 3-ten Glied simplifiziert werden kann und für (Q_0/A) dessen Gegenwert aus Gl. 10–44 in die

Gl. 10–43 substituiert werden kann, lässt sich nach Durchführung einiger simplifizierender Zwischenrechnungen auch X_R berechnen:

$$X_R = \frac{h \times C_L}{h - 1} \tag{10–45}$$

Um die bei einem gewählten C_L-Wert überhaupt erreichbare Biomassekonzentration im Belebungsbecken X sowie die maximal zugelassene TS-Oberflächenbelastung des Nachklärbeckens zu berechnen, geht man von Gl. 10–43 unter Heranziehung der Gl. 10–41 und 10–44 aus; nach Durchführung simplifizierender Zwischenrechnungen lassen sich noch folgende Hauptparameter ableiten:

$$RQ_0/A = g(h-1)C_L^{-h} - Q_W/A \tag{10–46}$$

$$X = \frac{g[hRC_L + (h-1)X_e]C_L^{-h} - (1+R)X_e Q_W/A}{(1+R)\left[g(h-1)C_L^{-h} - Q_W/A\right]} \tag{10–47}$$

$$\frac{Q_0 X}{A} = \frac{g[hRC_L + (h-1)X_e]C_L^{-h} - (1+R)X_e \cdot Q_W/A}{(1+R)R} \tag{10–48}$$

■ **Merksatz:** *Die „limiting solids flux"-Methode ermöglicht über die experimentelle Ermittlung der Absetzcharakteristika des Belebtschlammes sowohl die Berechnung der Klärfläche als auch des Aufkonzentrierungsgrades des Belebtschlammes unter verschiedenen technisch-hydraulischen Belastungen.*

Mittels hierdurch erzielter Algorithmen für Q_0, t, X und θ_C (Hauptparameter der Biologie) einerseits, und v_P, v_P, n, k, C_L, SF_L, X_R, R und A (Hauptparameter der Nachklärstufe) andererseits (siehe dazu Gl. 6–14), lässt sich per Modellsimulationen sofort quantifizieren, ob sich hierdurch die planerisch gewünschte X-Konzentration im Belebungsbecken überhaupt(!) erreichen lässt und wie hierfür die Nachklärung sowie die RLS- und ÜSS-Pumpstation (RQ_0) zu bemessen ist. Da sich bei den untersuchten Fallstudien die Koeffizienten des RZMB-Modellansatzes als statistisch höher abgesichert als bei anderen ebenfalls untersuchten Ansätzen erwiesen, siehe vorhergehende Ausführungen, wurde modellmäßig meist diesem Ansatz der Vorzug gegeben. Da die C_L-Lösungen kaum einfache Randbedingungen auferlegen und deshalb gewisse Iterationsberechnungen unabdingbar waren, wurde eine C_L-Eingabe vorgezogen, um ihre Auswirkungen auf sämtliche Dimensionierungsparameter zu simulieren. Dies wurde bei den untersuchten Suspensionen so gehandhabt, indem man für technisch sinnvolle (SF_L); (RQ_0/A); (Q_0/A); X; und X_R–Wertpaare die Gl. 10–5 bis Gl. 10–14 als Funktion von C_L und den ermittelten Partikelcharakteristika, n, k und v_P, graphisch löste und so eine entsprechend bessere Veranschaulichung ermöglichte [15].

Nachstehend werden die Prozessmechanismen durch grapho-analytische Prozess-Simulationen in mehreren Fallstudien präsentiert.

10.2
Sedimentation-Fallstudien

10.2.1
Prozessanalyse kompakt ausflockender Partikel

Wie diese Prozessmechanismen mittels Sedimentations-Standversuchen erfasst und über die „*limiting solids flux*"-Methode modellmäßig analysiert werden können, soll auf der Basis experimentell erlangter Daten bei 2 schwereren Belebtschlämmen, BB1 und BB2, keine Vorklärbecken vorhanden, sehr ähnliche ISV-Werte und organische Anteile 72,3% Glühverlust bei BB1, resp. 77,8% Glühverlust bei BB2 gezeigt werden. Die Versuchsergebnisse für beide Belebungsanlagen wurden in Tab. 10–1 zusammengezogen:

Tab. 10–1: Zusammenstellung der Messergebnisse zur Ermittlung der Sinkgeschwindigkeit der Phasentrennfläche während des gleichmäßigen Absetzens: v_0, als Funktion der Ausgangskonzentration des Belebtschlammes: C_0, wobei $v_0 \times C_0 = SF_B$ – „batch solids flux" – siehe auch Abb. 9–1a, Abb. 9–1b und Abb. 10–1; nach [1–4, 12, 13, 14, 18, 19].

C_0-Bereichsbreite	1,2–1,3	1,75–2,0	2,5–2,7	3,5–3,75	5,0–5,5
$(v_0)_i = \Delta h/\Delta t$ [m/h]	3,890	3,387	2,520	1,255	0,797
C_0 [kgoTS/m³]	1,225	1,767	2,655	3,650	5,300
SF_B [kgoTS/m²/h]	4,765	5,985	6,691	4,581	4,224

BB2: $\bar{X}_B$ = arith. Mittelwert/Bereich; n = 14/Bereich; $(s/\bar{X})_{\text{Alle Bereich}} \leq 3,9\%$

C_0-Bereichsbreite	1,2–1,3	1,75–2,0	2,5–2,7	3,5–3,75	5,0–5,5
$(v_0)_i = \Delta h/\Delta t$ [m/h]	4,436	3,187	2,520	1,611	0,297
C_0 [kgoTS/m³]	1,370	1,750	2,681	3,510	5,460
SF_B [kgoTS/m²/h]	6,077	5,577	6,756	5,656	1,622

10.2.1.1 Laborvorschrift – Allgemeines

Die Bestimmung benötigter $v_0;C_0$-Wertpaare erfolgte durch Zeit-Verfolgung der Phasentrennfläche während der Phase des gleichmäßigen Absetzens sedimentierender Belebtschlämme, BB1 und BB2. Dies erfolgte in 2-l-Messzylindern, um die Grundfunktion $v_0 = f(C_i)$ unter Ausgangsbedingungen des Experimentes modellmäßig zu ermitteln. Zur Durchführung der Absetzversuche wurde das vorher instruierte Betriebspersonal der Kläranlage herangezogen. Die $(v_0)_i;(C_0)_i$-Wertpaare/Messreihe stammen aus gemittelten Werten (N = 14 Einzelansätze/Messbereich) bei Variationskoeffizienten ≤ 5,3% (BB1), resp. ≤ 5,9% (BB2) – siehe Tab. 10–1. Durch Einsatz von 5 Messzylindern/Messreihe wurde jede Messreihe auf augenscheinlich $(C_0)_i \approx$ const./Messreihe gebracht (rechnerisch ermittelter

Verdünnungsgrad des Rücklaufschlammes mit NKB-Ablauf, begleitende Laborergebnisse maßgebend). Insofern sollte den 5 vorgeschriebenen oTS-Konzentrationsbereichen/Messreihe/Tag: 1,75–2,0; 2,5–2,7; 3,5–3,75; 5–5,5 goTS/l, d. h. Durchführung von insgesamt 5 Messreihen/Tag, Rechnung getragen werden. Da jede Messreihe bei einer quasi-konstanten TS-Konzentration in den 5 Messzylindern erfolgte, konnten so alle 5 vorgegebenen Konzentrationsbereiche: C1/Messreihe ≠ C2/Messreihe ≠ C3/Messreihe ≠ C4/Messreihe ≠ C5/Messreihe täglich eruiert werden. Die Versuchsdauer erfasste eine Zeitspanne von 2 Wochen, 7-Tage-Woche, und erbrachte somit 14 einzelne Wertpaare $(v_0)_i$ = const., $(C_0)_i$ = const. Für den jeweiligen Konzentrationsbereich. Was $(v_0)_{C = const.}$ Betrifft, dazu Folgendes (siehe dazu Abb. 9–1a und 9–1b): Durch Ablesung der Ausgangshöhe H_0 und der Schlammspiegelhöhen h_i nach jeweils 2,5; 5,0; 7,5; 10 Minuten während der gleichmäßigen Absetzphase bei den jeweiligen Ansatzkonzentrationen, $(C_0)_i \approx$ const./5-Zylindermessreihe, wurden die aus augenscheinlich gezogenen Regressionsgeraden bei allen 4 angegebenen Zeitspannen/Messzylinder resultierenden Sinkgeschwindigkeiten $(\Delta h/\Delta t)_i$ des Schlammspiegels, $(v_0)_i$ = const. Bei $(C_0)_i$ = const., berechnet und gemittelt; dies galt als Einzelwertpaar/Messreihe/Bereich. Aus der statistischen Student-Verteilungsart (Kapitel 3) wurde der jeweilige Medianwert/Messbereich ermittelt; Tab. 10–1 fasst die arithmetischen Mittelwerte all dieser Messergebnisse zusammen.

10.2.1.2 Diskussion der Ergebnisse

In Abbildung 10–2 und Abb. 10–3 wurden auf der Basis der in Tab. 10–1 zusammengezogenen Messergebnisse deren Anpassung ans RZMB-Modell und die statistische Güte der betreffenden Regressionsart aufgeführt. Da die Annahme n = 4,65 bei dem so nun linearisierbar gewordenen RZMB-Ansatz eine lediglich befriedigende Regressionsgüte mit physikalisch sinnvollen Modell-Parametern erbrachte – siehe Abb. 10–2 – führte der Einsatz mit spezieller Software (Tab. 3–8) zur Berechnung nicht-linearer Regressionen ausgestatteter Computer, d. h. unter Freigabe des n-Wertes, zu einer statistisch viel höheren Güte des Modells (Abb. 10–3).

Deshalb wurden bei der weiteren grapho-iterativen Analyse der Einsatz der statistisch hoch abgesicherten Modellparameter, k_{RZMB}, v_P, und n, beibehalten und die Modellsimulation über Gl. 10–5b bis Gl. 10–9b als C_L-abhängig dargestellt. Wie nachstehend aufgeführt, gingen aus der Prozessanalyse beachtliche Unterschiede beim Absetzverhalten der BB1- und BB2-Suspension hervor.

In Abbildung 10–4 wurde der Zusammenhang zwischen den Modell-Parametern und den $(SF_L);(RQ/A)$-Wertpaaren als Planungsparametern bei BB1 und BB2 als Funktion von C_L graphisch dargestellt. Absolut-Maxima machen sich dabei bemerkbar, allerdings bei unterschiedlichen C_L-Werten für BB1 und BB2: Bei BB1 beträgt der maximale (SF_L)-Wert $\approx$ 10 kgoTS/m^2/h bei $C_L \approx$ 5,1 kgoTS/m^3 und die hierzu benötigte maximale Schlammabzugsrate ist $(RQ/A) \approx$ 1,18 m/h. Bei BB2 setzt $(SF_L) \approx$ 10,3 kgoTS/m^2/h als Absolut-Maximum bei merklich niedrigerer $C_L \approx$ 3,9 kgoTS/m^3 ein, allerdings bei einer viel höheren Schlammabzugsrate $(RQ/A) \approx$ 1,5 m/h.

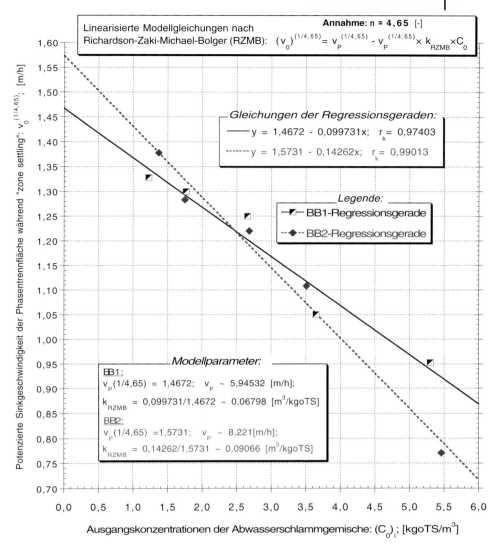

Abb. 10–2: Graphische Darstellung der Anpassung in 2-Liter großen Messzylindern gemessenen Sinkgeschwindigkeiten der Phasentrennfläche während des gleichmäßigen Absetzens (Tab. 10öl/BB1) und an die linearisierte Form der RZMB-Modellgleichung; Annahme: n = 4,65; nach [5, 6, 13, 14, 16]

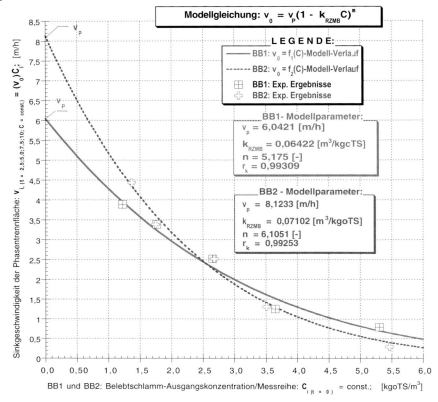

Abb. 10–3: Zusammenhang zwischen Sinkgeschwindigkeit der Phasentrennfläche während des gleichmäßigen Absetzens und deren oTS-Konzentration bei BB1 und BB2 (Freigabe von n, siehe auch Tab. 10–1).

Des Weiteren wird aus Abb. 10–4 ersichtlich, dass jeder virtuellen Geraden mit (SF_L) = const. Oder (RQ_0/A) = const. jeweils zwei unterschiedliche C_L-Projektionswerte auf der Abszisse entsprechen: Links der SF_L- bzw. (RQ_0/A)-Absolut-Maxima befindliche C_L-Werte (*upper conjugate zone*) und rechts befindliche C_L-Abszissenwerte (*lower conjugate zone*), da viele der so gezogenen Geraden die (RQ_0/A)- bzw. (SF_L)-Funktionskurven links von deren Absolut-Maxima überschneiden, also an Punkten, deren Projektionen auf der Abszisse häufig viel niedrigeren, realen Konzentrationen C als dem geplanten (SF_L)-Feststoffdurchsatz bzw.(RQ_0/A)-Schlammabzugsrate entsprechenden C_L-Werten zugeordnet werden können. Physikalisch gesehen bedeutet dies nach [12], dass in einem solchen Fall die „*upper conjugate zone*" überhaupt nicht entstünde; man käme hierdurch lediglich zu einem Zulauf-Verdünnungseffekt. Auch wenn bei einem stark unterbelasteten Kläreindicker dessen Zulauf-Konzentration C höher als diese auf die Abszisse projizierten Überschneidungs-/Konzentrationspunkte läge, würde trotz dieser höheren

Zulauf-Konzentrationen der (SF_L)-Wert seine Gültigkeit verlieren. Dann würde sich der real herbeigeführte Feststoffdurchsatz (SF_T) als limitierend auswirken und eine Änderung der dem geplanten (SF_L) entsprechenden Schlammabzugsrate (RQ/A) wird nicht mehr benötigt.

Zur besseren Veranschaulichung des C_L–Einflusses auf (SF_L), (RQ_0/A), X_R, (Q_0/A) und X wurden zwei Betriebs-/Planungsfälle grapho-analytisch analysiert: (1) – $(SF_L)_{BB1} = (SF_L)_{BB2} = 9{,}5$ und (2) – $(C_L)_{BB1} = (C_L)_{BB2} = 7{,}0$. Wie aus Abb. 10–4 ersichtlich, wird bei $(SF_L)_{BB1} = (SF_L)_{BB2} = 9{,}5$ der aus den Belebungsbecken (Q und X = const.) stammende Feststoff-Output $[Q_0(R+1)X]_{BB1} = [Q_0(R+1)X]_{BB2}$ die NKB mit $A_{BB1} \times 9{,}5 = A_{BB2} \times 9{,}5$ belasten, d. h. $A_{BB1} = A_{BB2}$. Wegen des unterschiedlichen Absetzverhaltens würden sich aber in den Nachklärbecken

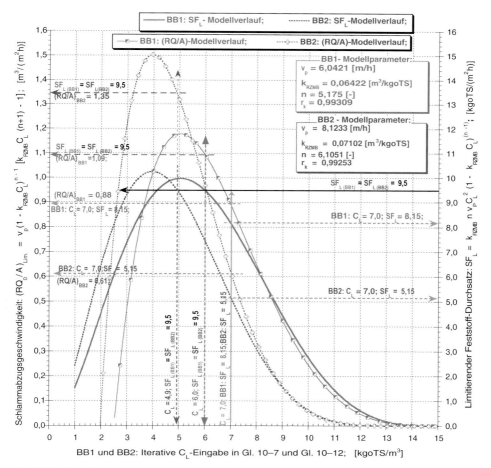

Abb. 10–4: Graphische Berechnung zusammenhängender Parameter $(C_L, SF_L, (RQ_0/A))_{BB1}$ und $(C_L, SF_L, (RQ_0/A))_{BB2}$ und SF_L- und (RQ/A)-Modellsimulation als C_L-abhängig – siehe Gl. 10–7 und 10–12.

$(C_L)_{BB1} \approx 6{,}0$ und $(C_L)_{BB2} \approx 4{,}9$ einstellen, die zu unterschiedlichen Schlammabzügen $(RQ_0/A)_{BB1} \approx 1{,}09$ und $(RQ_0/A)_{BB2} \approx 1{,}35$ bzw. $R_{BB1} \approx 1{,}09$ und $R_{BB2} \approx 1{,}35$ führen. Also, bei der Fallstudie (1) schneidet BB1 energieseitig etwas besser als BB2 ab.

Bei angenommenen $(C_L)_{BB1} = (C_L)_{BB2} \approx 7{,}0$ würden aber $(SF_L)_{BB1} \approx 8{,}15$ und $(SF_L)_{BB2} \approx 5{,}15$ bei $(RQ_0/A)_{BB1} \approx 0{,}88$ und $(RQ_0/A)_{BB2} \approx 0{,}61$ einsetzen. Vorausgesetzt wird, dass auch diesmal derselbe Feststoff-Input aus den Belebungsbecken die NKB belastet: $[Q_0(R + 1)X]_{BB1} = [Q_0(R + 1)X]_{BB2}$; dann gilt auch $A_{BB1} \times 8{,}15 = A_{BB2} \times 5{,}15$, d. h. $A_{BB1} \approx 0{,}63 A_{BB2}$. Somit wäre ein Drittel weniger NKB-Oberfläche bei BB1 als bei BB2 erforderlich und dazu noch wäre $R_{BB1}/R_{BB2} \approx 0{,}923$. Auch bei der Fallstudie (2) schneidet NKB-bauwerkseitig BB1 entschieden günstiger als BB2 ab.

In Abbildung 10–5 wurden jene sich im Schlammabzug einstellenden Biomassekonzentrationen X_R beider Belebtschlämme als Funktion unterschiedlicher C_L–Schichtkonzentration graphisch dargestellt (Gl. 10–9b). Hieraus ist zuallererst ableitbar: Bei einem Betrieb in schon nicht weit links von diesen (RQ_0/A)- oder (SF_L)-Absolut-Maxima liegenden C_L-Bereichen kann unschwer die „*upper conjugate zone*" ausfallen und es kommt dann im NKB lediglich zu einem Verdünnungseffekt. Bei den untersuchten Belebungsanlagen würde sich daher empfehlen, für den NKB-Betrieb die Bereiche höherer, jedoch nicht allzu weit rechts von diesen (SF_L)-Maxima liegender C_L-Werte sowohl für BB1 als auch für BB2 anzustreben.

Aus Abbildung 10–5 geht ferner hervor, dass in niedrigeren C_L-Bereichen bis rund 3 kgoTS/m^3 bei BB2, resp. Bis 4 kgoTS/m^3 bei BB1 die zu erwartenden X_R-Werte stark und ab etwa $(C_L)_{BB1} \geq 6$, resp. $(C_L)_{BB2} \geq 5$ mäßig instabil erscheinen. Sollte bei $[Q_0(R + 1)X]_{BB1} = [Q_0(R + 1)X]_{BB2}$ als Betriebszustand $(SF_L)_{BB1} = (SF_L)_{BB2} = 9{,}5$ angestrebt sein, dann würden sich auch $(RQ_0/A)_{BB2} \approx 1{,}35$ und $(RQ_0/A)_{BB1} \approx 1{,}09$ bei $A_{BB1} \approx A_{BB2}$ (Abb.10–4) und $(X_R)_{BB1} \approx 8{,}7$ bzw. $(X_R)_{BB} \approx 7{,}1$ modellmäßig einstellen und zu $R_{BB1}/R_{BB2} = 1{,}09/1{,}35 = 0{,}807$ d. h. $R_{BB1} = 0{,}807 \times R_{BB2}$ führen. Wird $(SF_L)_{BB1} = (SF_L)_{BB2} = 9{,}5$ angestrebt, dann schneidet BB1 technologisch und energieseitig erneut besser als BB2 ab.

Um ferner $(C_L)_{BB1} = (C_L)_{BB2} = 7{,}0$ in Betrieb oder Planung umzusetzen, bedingt dies bekanntlich auch $(SF_L)_{BB1} \approx 8{,}15$ und $(SF_L)_{BB2} \approx 5{,}15$, $A_{BB1} \approx 0{,}63 \times A_{BB2}$, $(X_R)_{BB1} \approx 9{,}2$ und $(X_R)_{BB2} \approx 8{,}4$ (Abb. 10–5). Weiterhin vorausgesetzt, dass $[Q_0(R + 1)X]_{BB1} = [Q_0(R + 1)X]_{BB2}$ als Feststoff-Input die NKB belastet, würden die besseren BB1-Absetzeigenschaften auch bewirken, dass $R_{BB1}/R_{BB2} \approx 0{,}688$ sein müsste. Bei der gewählten Fallstudie (2) also schneidet weiterhin BB1 nicht nur bauwerkseitig, sondern auch technologisch und energieseitig besser als BB2 ab.

Sollte als Betriebszustand $(SF_L)_{BB1} = (SF_L)_{BB2} = 9{,}5$ bei weiterhin $[Q_0(R + 1)X]_{BB1} = [Q_0(R + 1)X]_{BB2}$ angestrebt sein, dann würden sich auch $(RQ_0/A)_{BB2} \approx 1{,}35$ und $(RQ_0/A)_{BB1} \approx 1{,}09$ bei $A_{BB1} \approx A_{BB2}$ (Abb.10–4) und $(X_R)_{BB1} \approx 8{,}7$ bzw. $(X_R)_{BB2} \approx 7{,}1$ modellmäßig einstellen und bei nun $R_{BB1}/R_{BB2} = 1{,}09/1{,}35 = 0{,}807$ zu $R_{BB1} = 0{,}807 \times R_{BB2}$ führen. Bei gewählter Fallstudie also schneidet BB1 weiterhin auch technologisch und energieseitig besser als BB2 ab.

Schaut man sich die Abb. 10–6 an, so wird das unterschiedliche hydraulische Verhalten von BB1 und BB2 noch auffallender, da die betriebliche Annahme (2)

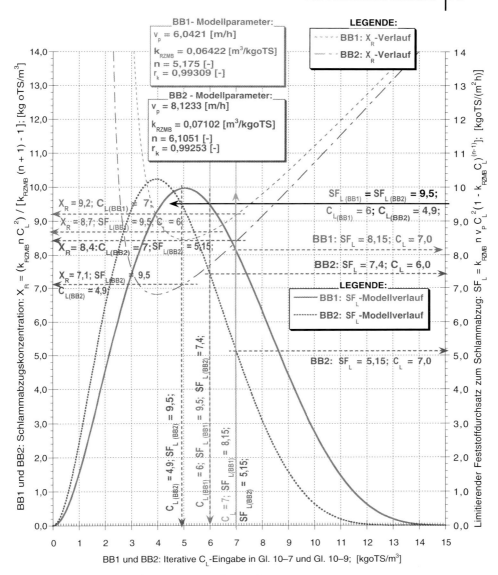

Abb. 10–5: Graphische Berechnung zusammenhängender Wertpaare $(C_L, SF_L, X_R)_{BB1}$ und $(C_L, SF_L, X_R)_{BB2}$ und SF_L- und X_R-Modellsimulation als C_L-Funktion – siehe auch Gl. 10–7 und 10–9.

als Verknüpfungskette $(SF_L)_{BB1} \approx 8{,}15$ und $(SF_L)_{BB2} \approx 5{,}15$; $(RQ_0/A)_{BB1} \approx 0{,}88$ und $(RQ_0/A)_{BB2} \approx 0{,}61$; $A_{BB1} \approx 0{,}63 \times A_{BB2}$; $(X_R)_{BB1} \approx 9{,}2$ und $(X_R)_{BB2} \approx 8{,}4$ und $R_{BB1}/R_{BB2} \approx 0{,}688$ bedingt; das unterschiedliche Absetzverhalten beider Belebtschlämme geht allerdings noch weiter. Bei gleich angestrebten Rückführungen,

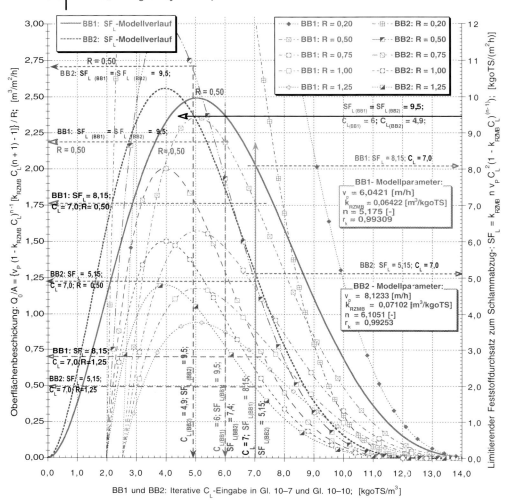

Abb. 10–6: Zusammenhang zwischen den kinetischen Modellwerten k, n, v_p und den entsprechenden Planungsparametern: Oberflächenbeschickung $(Q/A)_{BB1}$, $(Q/A)_{BB2}$ bei variablen $(R)_{BB1}$ bzw. $(R)_{BB1}$; vorgegebenen sind SF_L- und/oder C_L-Werte; siehe auch Gl.10–7 und 10–10.

$R_{BB1} = R_{BB2} = 0{,}50$, führt dies zu stark unterschiedlichen Oberflächenbeschickungen $(Q_0/A)_{BB1} = 1{,}75$ m³/m²/h bzw. $(Q_0/A)_{BB2} = 1{,}25$ m³/m²/h. Würde man nun das Rücklaufverhältnis auf $R_{BB1} \approx R_{BB2} \approx 1{,}25$ anheben, dann wären die benötigten Oberflächenbeschickungen auf $(Q_0/A)_{BB1} \approx 0{,}7$ m³/m²/h und $(Q_0/A)_{BB2} \approx 0{,}5$ m³/m²/h herabzusetzen. Bei gewählten $(C_L)_{BB1} = (C_L)_{BB2} = 7{,}0$ also schneidet BB1 hydraulisch-bauwerksmäßig sowie technologisch und energieseitig besser als BB2 ab.

Soll aber $(SF_L)_{BB1} = (SF_L)_{BB2} = 9{,}5$ bei gleichen Rückführverhältnissen, $R_{BB1} = R_{BB2} = 0{,}50$ angestrebt werden, benötigt BB2 merklich höhere zulässige (Q_0/A)-Werte als BB1. Dies bedeutet allerdings, dass in diesem Falle entsprechend niedrigere X_{BB2}-Werte in der Biologie einsetzen dürfen, was bei gleichen Reaktionsvolumina zu niedrigeren $(tX)_{BB2}$-Werten, also auch zu niedrigerer biologischer Effizienz beim BB2 führt. Demnach dürfen trotz hydraulisch höherer $(NKB)_{BB2}$-Belastbarkeit keine kleineren $(NKB)_{BB2}$-Oberflächen gebaut werden, da hierdurch die Leistungsfähigkeit der BB2-Biologie zurückgeht. Also, trotz scheinbaren Vorzugs einer höheren $(NKB)_{BB2}$-Belastbarkeit schneidet weiterhin BB1 technologisch besser als BB2 ab.

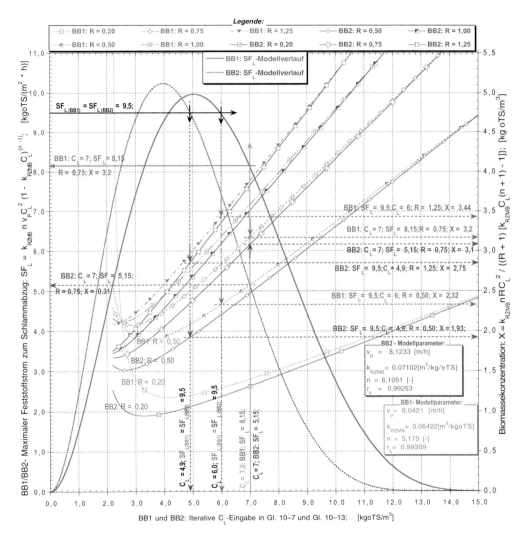

Abb. 10–7: Zusammenhang zwischen den kinetischen Modellwerten k, n, V_P und dem wichtigsten Planungsparameter des Belebungsbeckens: Die Biomassekonzentration $(X)_{BB1}$, $(X)_{BB2}$; $(R)_{BB1}$ bzw. $(R)_{BB1}$ variabel, SF_L- und/oder C_L-Werte vorgegebenen; siehe auch Gl.10–7 und 10–13.

Sieht man sich allerdings auch die Abb. 10–7 an, so wird bei $(C_L)_{BB1} = (C_L)_{BB2} = 7{,}0$ und gewähltem Rücklaufschlammverhältnis $R_{BB1} \approx R_{BB2} \approx 0{,}75$ ersichtlich, dass diesmal quasi-gleiche Biomassekonzentrationen in den Belebungsbecken erreicht werden können $X_{BB1} \approx 3{,}2$ kgoTS/m^3 und $X_{BB2} \approx 3{,}1$ kgoTS/m^3.

Bei allerdings angestrebten $(SF_L)_{BB1} = (SF_L)_{BB2} = 9{,}5$ setzen bekanntlich $(C_L)_{BB1} \approx 6{,}0$ und $(C_L)_{BB2} \approx 4{,}9$ sowie $(RQ_0/A)_{BB2} \approx 1{,}35$ und $(RQ_0/A)_{BB1} \approx 1{,}09$ bei $A_{BB1} \approx A_{BB2}$ ein (Abb.10–4). Bei zusätzlich angenommenen $R_{BB1} = R_{BB2} = 0{,}50$ würden sich $X_{BB1} \approx 2{,}32$ kgoTS/m^3 bzw. $X_{BB2} \approx 1{,}93$ kgoTS/m^3 als Biomassenkonzentration in den Belebungsbecken einstellen (Abb. 10–7). Bei $R_{BB1} = R_{BB2} = 1{,}25$ würden sich $X = 3{,}44$ bei BB1 und höchstens $X = 2{,}75$ bei BB2 erreichen lassen. Dass die neuen Oberflächenbeschickungen auf $(Q_0/A)_{BB1} \approx 0{,}70$ m^3/m^2/h und $(Q_0/A)_{BB2} \approx 0{,}50$ m^3/m^2/h herabgesetzt werden könnten (Abb. 10–6), um bei gleichen NKB-Oberflächenbeschickungen $(SF_L)_{BB1} = (SF_L)_{BB2} = 9{,}5$ zu den Schlammabzügen zu betreiben, spricht umso mehr für BB1, da in BB2 wegen nur niedriger liegend erreichbarer X-Werte die Aufenthaltszeit entsprechend angehoben werden müsste, um keine Leistungseinbusse zu erleiden (siehe Kommentar zur Abb. 10–6).

10.2.1.3 Zwischenbemerkungen

Nach Durchführung von Messungen in 2-l-Messzylindern während des gleichmäßigen Absetzens und Einbindung einzelner Messergebnisse in die „*limiting solids flux*"-Theorie lassen sich folgende Erkenntnisse festhalten:

- Wie aus diesen RZMB-Modellsimulationen ersichtlich ist, ergeben sich bei $C_L = 2/[k_{RZMB}(n + 1)]$ (RQ_0/A)- und (SF_L)-Absolut-Maxima sowie X- und (X_R)-Absolut-Minima (Abb. 10–2 bis Abb. 10–7). Daher ist der C_L-Bereich $1/[k_{RZMB}(n + 1)] \leq C_L \leq 2/[k_{RZMB}(n + 1)]$ betrieblich zu vermeiden, da dies modellmäßig instabile Betriebsbedingungen bewirkt; nur leicht ansteigenden C_L-Werten folgen sehr rasch abnehmende (X_R)- und X-Werte, also technologisch-energetisch ungünstige Betriebsbedingungen. Sollte C_L weiter abnehmen, $C_L = 1/[k_{RZMB}(n + 1)]$, dann entstehen, mathematisch bedingt, vertikale Asymptoten bei X_R und X und bei weiterer Abnahme, $C_L \leq 1/[k_{RZMB}(n + 1)]$ würden die (X_R)- und X-Funktionen in den negativen Bereich ausrutschen, modellmäßig ein physikalischer Unsinn. Sollte im Betrieb $R \leq k_{RZMB}X(n + 1)^2/[4n - k_{RZMB}X(n + 1)^2]$ gewählt werden, dann kann die (Q_0/A)-Funktion sowohl Maxima als auch Minima aufweisen, d. h. man würde die NKB in einem hydraulisch labilen Zustand betreiben. Bei betrieblich angestrebten $R > k_{RZMB}X/(1 - k_{RZMB}X)$ würde sich bei $(C_L)_a = (1 + R)X/R$ eine von Maxima-Minima der Funktion rechts positionierte vertikale (Q_0/A)-Asymptote einstellen, was die Betriebsinstabilität markant anhebt. Ein weiteres, mit verfahrenstechnischen Folgen einhergehendes Modell-Charakteristikum dieser (Q_0/A)-Funktionskurven ist, dass bei

Überschneidungen von $C_L = X$ und $Q_0/A = v_P (1 - k_{RZMB}C_L)^n$ die (Q_0/A)-Abhängigkeit von R wegfällt und dies den Betrieb nur scheinbar vereinfacht. Verfahrenstechnisch sei aber auch diesmal hiervon abzuraten, da in diesem Falle, $C_L < 2/[k_{RZMB}(n + 1)]$, mit den soeben erwähnten, betrieblich unerwünschten Folgen auf den X_R- und X-Bereich gerechnet werden müsste. Um aber den NKB-Betrieb binnen der stabilen, ein rasches Abfallen von X- sowie X_R-Werten vermeidenden C_L-Zone zu führen, wurde bei den analysierten Fallstudien als stabiler Bereich $C_L > 2/[k_{RZMB}(n + 1)]$ gewählt und modellmäßig kommentiert.

- Der Einsatz des RZMB-Absetzmodells bei diesen durch fehlende Vorklärbecken eine merklich kompaktere Flockenstruktur aufweisenden Belebtschlammsuspensionen ermöglichte die Erstellung von Modellsimulationen, aus denen ein beachtlich differenziertes Absetzverhalten beider Suspensionen ersichtlich wurde; dies trotz der quasi-gleichen Hauptbemessungsparameter ISV: $k_{RZMB} \approx$ ISV. Unterschiedliche Werte der Absetzcharakteristika, $v_P = 6{,}041$ m/h, $k_{RZMB} = 0{,}06422$ m³/kgoTS und $n = 5{,}175$ für BB1 sowie $v_P = 8{,}1233$ m/h, $k_{RZMB} \approx 0{,}07102$ m³/kgoTS und $n = 6{,}1051$ für BB2, hatten als Folge, dass bei gleichen hydraulischen und Feststoffbelastungen in beiden modellmäßig vorgeführten Fallstudien BB1 auf allen Gebieten beachtlich besser als BB2 abschnitt. Obwohl als Gesamt-Trockensubstanz gerechnet, die Maxima limitierender Schlammvolumendurchsätze bei $(q_{SV})_{BB1} = 888$ l/(m²h)$_{BB1}$ bzw. $(q_{SV})_{BB1} = 940$ l/(m²h)$_{BB2}$ lagen, schnitt BB1 technisch-wirtschaftlich merklich besser als BB2 ab. Davon ausgehend wäre bei um jeweils 1 500 m³/h steigenden Abwasser-Volumendurchsätzen mit etwa sechsstelligen Euro-Zusatzbeträgen bei Investitionen und vierstelligen Euro-Zusatzkosten/Jahr (Energiekosten) bei BB2 zu rechnen gewesen.

Um die „*limiting-solids-flux*"-Theorie auch in dem Falle zu testen, wenn dank vorgeschalteter großer Vorklärbecken die Belebtschlammflocken eine viel lockerere Makrovoidenstruktur aufweisen müssten, soll nachstehend eine dem entsprechende Fallstudie zur Umplanung zweier Kommunal-Kläranlage modellmäßig analysiert werden.

10.2.2
Fallstudie – Schwach ausflockende Partikel

10.2.2.1 **Allgemein**

Bei ISV-Werten um 0,092 m³/kgoTS mit organischen Anteilen (75,5% Glühverlust bei Anlage A, resp. 76,3% Glühverlust bei Anlage B) handelt es sich um zwei unterschiedliche Kommunal-Kläranlagen, die im Gegensatz zur vorherigen Fallstudie diesmal über quasi-überdimensionierte Vorklärbecken verfügten. Das Abwasserschlammgemisch der Anlage A stammte aus einer etwa 47% „rein" häusliches Abwasser behandelnden kommunalen Kläranlage (35 000 E + EGW als CSB-Anfall zur Biologie), deren CSB-Hauptfracht wiederum zu etwa 30% aus der Milch verarbeitenden Industrie stammte. Das Abwasserschlammgemisch der Anlage B stammte aus einer kommunalen Kläranlage (75 000 E + EGW als CSB-Anfall zur Biologie), an deren zwei Hauptsammlern ein sehr breit gefächertes Industrieabwasserspektrum mit einem Gesamtanteil von rund 50%-CSB-Fracht angeschlossen war. In diese beiden Kläranlagen mündeten aus Mischkanalisationen stammende Abflüsse ein und die Belebungsbecken mussten wegen ungenügender Nitrifikations-/Denitrifikationsleistung erweitert werden. Ziel dieser Laboruntersuchungen war, die Prozessmechanismen des Substratabbau- und Schlammabsetzverhaltens der betreffenden Abwässer zu ermitteln und ein technisch-wirtschaftliches Verfahrensschema zu erarbeiten.

10.2.2.2 Labor-Versuchsdurchführung

Das Absetzverhalten wurde binnen einer Zeitspanne einer 7-Tage-Woche, jeweils eine Sedimentationsversuchsreihe/Tag erfassend, untersucht, indem bei 7 vorgegebenen, unterschiedlichen TS-Ausgangskonzentrationen die Aufstellung von 7 2-l-Messzylindern einmal/Tag erfolgte (siehe auch Abb. 9–1). Als Ur-Suspension diente der Rücklaufschlamm der betroffenen Kläranlage, der, mit dem entsprechenden NKB-Ablauf verdünnt, in 7 unterschiedlichen C_0-Ansatzkonzentrationen zur Messung der C_i ;v_0-Wertpaare diente. Mit Hilfe dieser täglich erfolgten Versuchsreihe wurden bei jedem Messzylinder Messungen der Sinkgeschwindigkeit der Phasentrennfläche während des gleichmäßigen Absetzens als Funktion der darin herrschenden oTS-Ausgangskonzentration vorgenommen; die Laborvorschrift dazu wurde bereits beim im Abschnitt 10.2.1 erläutert (h-Ablesungen bei t = 0; 2,5; 5,0; 7,5 und 10 Minuten bei jedem der 7 Messzylinder und Berechnung von $(\Delta h/\Delta t)_{Ci = const., \Delta t = 10} = (v_0)_{Ci = const.}$). Die so ermittelten $(C_0)_i$;v_0-Wertpaare wurden in der Tab. 10–2 einzeln aufgeführt.

Tab. 10–2: Zusammenstellung experimenteller Messergebnisse während der Phase des gleichmäßigen Absetzens in den 2-Liter-Messzylindern bei den Sedimentationsversuchen mit Abwasserschlammgemischen aus Anlage A bzw. Anlage B – siehe dazu auch Abb. 10–8a bis Abb. 10–12.

	Anlage A				Anlage B		
	$(C_0)_i$ [kgoTS/m³]	$(v_0)_i$ [m/h]	SF_B [kgoTS/m²/h]		$(C_0)_i$ [kgoTS/m³]	$(v_0)_i$ [m/h]	SF_T [kgoTS/m²/h]
Bereich: 1,0 goTS/l	1,050	4,460	4,6834	Bereich: 1,5 goTS/l	1,355	4,530	6,1396
	0,919	4,567	4,1975		1,186	4,857	5,7616
	0,945	4,40	4,1579		1,211	4,71	5,7445
	0,997	4,745	4,7312		1,287	4,575	5,8876
	1,192	4,234	5,0468		1,538	4,134	6,3599
	1,155	4,184	4,8331		1,491	4,484	6,6851
	1,102	4,198	4,6259		1,422	4,358	6,1980
Bereich: 1,5 goTS/l	1,325	3,856	5,1088	Bereich: 2,0 goTS/l	1,710	3,456	5,9097
	1,159	4,179	4,8435		1,496	3,979	5,9521
	1,192	4,094	4,8799		1,538	4,434	6,8214
	1,259	3,943	4,9647		1,625	3,743	6,0828
	1,504	3,825	5,7522		1,941	3,825	7,4241
	1,457	3,684	5,3680		1,880	3,484	6,5522
	1,391	3,969	5,5213		1,795	3,969	7,1261
Bereich: 2,0 goTS/l	1,767	3,103	5,4823	Bereich: 2,5 goTS/l	2,281	3,103	7,0758
	1,546	3,372	5,2128		1,995	3,373	6,7279
	1,590	3,317	5,2740		2,052	3,317	6,8070
	1,679	3,608	6,0580		2,167	2,708	5,8685
	2,006	2,728	5,4720		2,589	2,428	6,2857
	1,943	2,799	5,4379		2,508	2,499	6,2661
	1,855	3,099	5,7496		2,394	2,499	5,9844
Bereich: 2,5 – 3 goTS/l	2,655	2,562	6,8021	Bereich: 3,5 goTS/l	3,427	1,562	5,3525
	2,323	2,488	5,7803		2,998	1,988	5,9613
	2,389	2,821	6,7396		3,083	1,821	5,6151
	2,522	2,289	5,7734		3,255	1,889	6,1494
	3,013	1,842	5,5502		3,889	1,242	4,8302
	2,920	2,322	6,7805		3,769	1,222	4,6058
	2,788	2,039	5,6858		3,598	1,339	4,8196
Bereich: 3,5 – 4,0 goTS/l	3,650	1,749	6,3849	Bereich: 4,5 – 5,0 goTS/l	4,711	0,749	3,5299
	3,194	1,992	6,3637		4,122	0,992	4,0910
	3,285	1,820	5,9790		4,231	0,820	3,4771
	3,372	1,853	6,2476		4,352	0,853	3,7115
	4,143	1,53	6,3371		5,347	0,53	2,8319
	4,015	1,308	5,2504		5,182	0,448	2,3200
	3,830	1,627	6,2299		4,943	0,627	3,0974

Tab. 10–2: Fortsetzung

	Anlage A			Anlage B		
	$(C_0)_i$ [kgoTS/m³]	$(v_0)_i$ [m/h]	SF_B [kgoTS/m²/h]	$(C_0)_i$ [kgoTS/m³]	$(v_0)_i$ [m/h]	SF_T [kgoTS/m²/h]
Bereich: 4,5 goTS/l	4,450	1,156	5,1424	Bereich: 5,5 – 6,0 goTS/l	5,743	0,156	0,8937
	3,894	1,785	6,9496		5,026	0,785	3,9438
	4,005	1,514	6,0636		5,169	0,514	2,6569
	4,228	1,38	5,8329		5,457	0,38	2,0714
	5,051	1,066	5,3822		6,519	0,165	1,0796
	4,895	0,955	4,6734		6,318	0,155	0,9775
	4,673	1,140	5,3291		6,031	0,240	1,4499
Bereich: 5,5 – 6,0 goTS/l	5,300	0,964	5,1071	Bereich: 6,0 – 7,0 goTS/l	6,840	0,096	0,6592
	4,637	0,958	4,4440		5,985	0,259	1,5463
	4,770	0,693	3,3064		6,156	0,193	1,1892
	5,035	0,972	4,8964		6,498	0,132	0,8609
	6,015	0,623	3,7504		7,763	0,033	0,2601
	5,830	0,779	4,5391		7,524	0,049	0,3655
	5,556	0,769	4,2726		7,171	0,077	0,5515

10.2.2.3 Prozessanalyse und Diskussion der Ergebnisse

Nach Anpassung der Messdaten auf mehrere linearisierbare empirische Ansätze, wie $v_0 = v_P \exp[-k_{exp}C]$ oder $v_0 = g \times C^{-h}$, resultierten $r_k = 0{,}987\,41$ bzw. $r_k = 0{,}965\,39$ (Anlage A), resp. $R_k = 0{,}985\,11$ und $r_k = 0{,}933\,76$ (Anlage B), also für Labormaßstab leidlich befriedigende Modell-Güten (Abb. 10–8a und Abb. 10–8b).

Obwohl eine danach erfolgte Anpassung der Messdaten an das bekanntlich nur über die Vorab-Annahme $n = 4{,}65$ linearisierbare RZMB-Absetzmodell (Abb. 10–8c) zu wesentlich höher liegenden Regressionskoeffizienten führte: $r_k = 0{,}987\,91$ (Anlage A) und $r_k = 0{,}992\,62$ (Anlage B) – siehe Abb. 10–8c, erbrachte die Freigabe von n und der Computereinsatz mit Programmen zur nicht-linearen Regression die höchsten Regressionsgüten: $r_k = 0{,}993\,7$ (Anlage A) bzw. $r_k = 0{,}996\,16$ (Anlage B), so dass auch diesmal der RZMB-Ansatz zur Modellsimulation übernommen wurde (Abb. 10–8d).

Wie aus Abbildung 10–8d hervorgeht, resultierten nach Einsatz der Messdaten in die entsprechenden Modellgleichungen und deren Regredierung statistisch sehr hoch abgesicherte Modell-Koeffizienten: $v_P = 5{,}894\,3$ m/h, $k_{RZMB} = 0{,}092\,108$ m³/kgoTS und $n = 3{,}260\,9$ (Anlage A), resp. $v_P = 8{,}007\,9$ m/h, $k_{RZMB} = 0{,}091\,714$ m³/kgoTS und $n = 4{,}477\,5$ (Anlage B). Aus den recht unterschiedlichen $v_0 = f(C_i)$-Kurvenverläufen wird ersichtlich, dass trotz ähnlicher $k_{RZMB} \approx$ ISV-Werte die stärkere Tendenz zur Flockenagglommerierung bei Anlage B (höherer n-Wert) auch zur Herausbildung größerer/schwererer Einzel-Flockenmakrovoide mit höherer Sinkgeschwindigkeit führt: $(v_P)_{\text{Anlage B}} > (v_P)_{\text{Anlage A}}$. Bei niedrigen oTS-Konzentrationen ($\approx 2{,}5$) führen diese sich stärker vernetzenden Flockenstrukturen der Anlage B dazu, dass die Schlammschicht der Anlage A schneller durchströmt wurde als bei

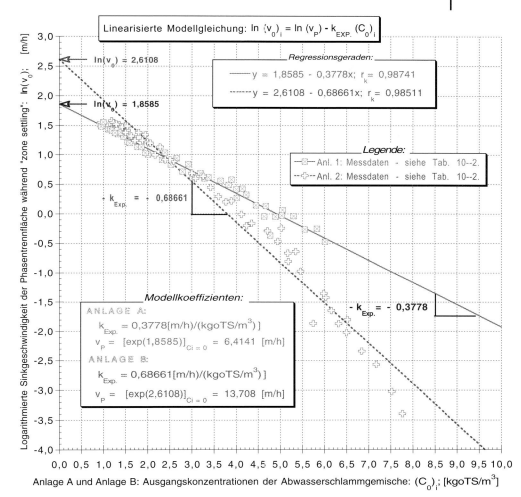

Abb. 10–8a: Linearisierung des exponentiellen Modellansatzes und die resultierenden statistisch abgesicherten Modell-Absetzkoeffizienten bei den Belebtschlämmen der Anlage A bzw. Anlage B – siehe dazu Tab. 10–2.

Anlage B der Fall. Dass sich solche Strukturierungs- und hydraulischen Verhaltensunterschiede auch auf die Durchströmung von Schichten der C_L-Konzentration auswirken müssen, liegt auf der Hand.

Zur besseren Veranschaulichung des Einflusses dieser limitierenden C_L-Konzentration auf (SF_L), X, X_R, (Q_0/A) und (RQ_0/A) wurden dieselben Fallstudien (1) und (2) bei Anlage A und Anlage B analysiert: $(SF_L)_{Anl.\,A} = (SF_L)_{Anl.\,B} = 9{,}5$ bzw. $(C_L)_{Anl.\,A} = (C_L)_{Anl.\,B} = 7{,}0$ (siehe Abb. 10–9).

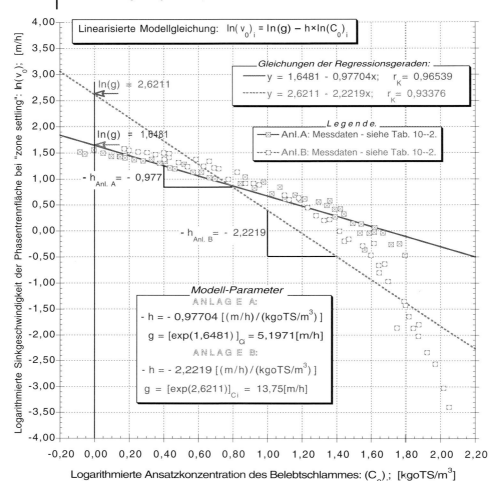

Abb. 10–8b: Linearisierung des auf einer Potenz-Regression basierenden Modellansatzes: $v_0 = g \cdot C_i^{-h}$ und die resultierenden, statistisch abgesicherten Absetzcharakteristika (g) und (-h) bei Anlage A und Anlage B – siehe Tab. 10–2.

Bei $(SF_L)_{Anl.\,A} = (SF_L)_{Anl.\,B} = 9{,}5$ müsste, identisch funktionierende Belebungsbecken vorausgesetzt, auch deren Feststoff-Output $[Q_0(R+1)X]$ die Nachklärbecken mit $A_{Anl.\,A} \times 9{,}5 = A_{Anl.\,B} \times 9{,}5$ belasten; daher auch $A_{Anl.\,A} = A_{Anl.\,B}$. Wegen des unterschiedlichen Absetzverhaltens werden aber in den betreffenden Nachklärbecken $(C_L)_{Anl.\,A} \approx 6{,}5$ und $(C_L)_{Anl.\,B} \approx 5{,}1$ einsetzen. Bei gleichem Rücklaufverhältnis, $R_{Anl.\,A} = R_{Anl.\,B} = 0{,}20$, resultieren $X_{Anl.\,A} \approx 1{,}35$ und $X_{Anl.\,B} \approx 1{,}13$ und bei $R_{Anl.\,A} = R_{Anl.\,B} = 0{,}50$ stellten sich $X_{Anl.\,A} \approx 2{,}73$ und $X_{Anl.\,B} \approx 2{,}27$ ein. Wie ferner aus Abb. 10–10 erkennbar ist, würden auch die im Schlammabzug modellmäßig einsetzenden X_R-Werte untereinander differieren müssen: $(X_R)_{Anl.\,A} \approx 8{,}18$;

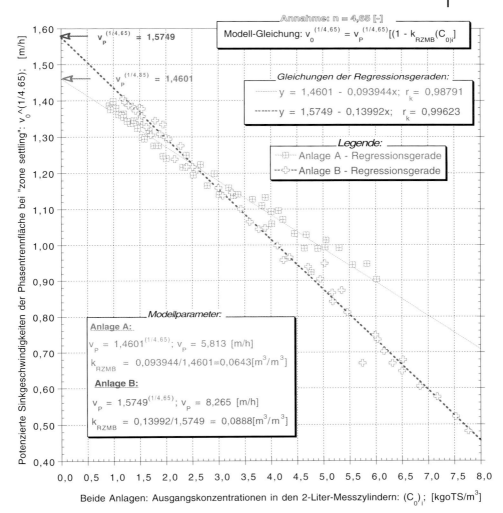

Abb. 10–8c: Anpassung der Messdaten bei Anlage A und Anlage B an die linearisierte Form des RZMB-Modellansatzes – vgl. diese Regressionsgüten mit denen aus Abb. 10–8d.

$(X_R)_{Anl.\,B} \approx 6{,}84$, man beachte die erwähnte (X_R)-Minima-Regel bei $C_L = 2/[k_{RZMB}(n+1)]$. In Abbildung 10–10 ist auch deutlich erkennbar, dass in niedrigeren C_L-Bereichen, d. h. bis rund 4 bei Anlage B, resp. Bis 5 bei Anlage A, die X_R-Werte schon bei kleiner C_L-Herabsetzung ausgesprochen schnell abnehmen, wohingegen bei über das Minima hinaus steigenden C_L-Konzentrationen X_R stetig aber recht langsam bei beiden Suspensionen zunimmt. Dem wurde auch bei den erstellten Planungsstudien Rechnung getragen und nur solche vom Maximum-C_L-Wert rechts liegende C_L-Wertbereiche empfohlen. Bei $[Q_0(R+1)X]_{Anl.\,A} = [Q_0$

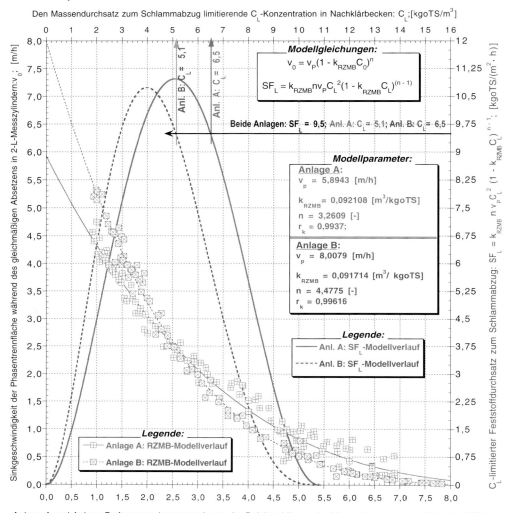

Abb. 10–8d: Zusammenhang zwischen Sinkgeschwindigkeit der Phasentrennfläche des Belebtschlammes – linke Ordinate, und dessen oTS-Konzentration während des gleichmäßigen Absetzens (untere Abszisse), und Einfluss begrenzender oTS-Schlammschichtkonzentrationen C_L (obere Abszisse) auf den Feststoffdurchsatz: SF_L (rechte Ordinate) in Nachklärbecken; Abwasserschlammgemische beider Kläranlagen, k_{RZMB}-, n-, v_P und r_k-Werte wie darin aufgeführt.

$(R + 1)X]_{Anl.\,B}$ wird wegen unterschiedlicher C_L-Schichtkonzentrationen in den Nachklärbecken der Anlage A bzw. Anlage B auch der Feststofffluss zum Schlammabzug unterschiedlich abgebremst, es stellen sich bekanntlich auch unterschiedliche X_R-Werte im Schlammabzug ein (Abb. 10–10) und da auch $R_{Anl.\,A}$

10.2 Sedimentation-Fallstudien | 357

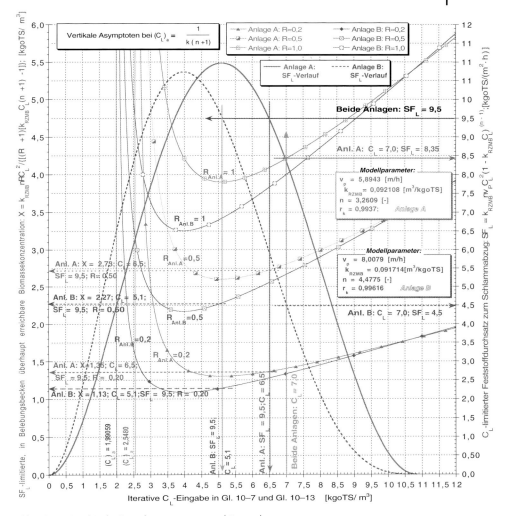

Abb. 10–9: Graphische Berechnung zusammenhängender Wertpaare $(C_L, SF_L, X)_{Anlage\ A}$ und $(C_L, SF_L, X)_{Anlage\ B}$ und deren Variation als C_L- und R-Funktion; siehe auch Gl. 10–13 und Gl. 10–7; nach den Verfassern.

= $R_{Anl.\ B}$, werden sich nun auch unterschiedliche X-Werte im Belebungsbecken einstellen müssen (Abb. 10–9). Sollte bei demselben Abwasseranfall auch die gleiche biologische Effizienz angestrebt werden, dann können/dürfen die Belebungsbecken nicht mehr als gleich groß betrachtet werden.

Soll trotzdem zumindest die Biomassekonzentration in beiden Belebungsbecken identisch bleiben: $X_{Anl.\ A} = X_{Anl.\ B} = 3{,}5$ kgoTS/m³ (Abb. 10–11) und $(SF_L)_{Anl.\ A} = (SF_L)_{Anl.\ B} = 9{,}5$, $A_{Anl.\ A} = A_{Anl.\ B}$, $R_{Anl.\ A} = R_{Anl.\ B}$ weiterhin gelten, dann müssten die

10 Die „limiting-solids-flux-theory" – Fallstudien

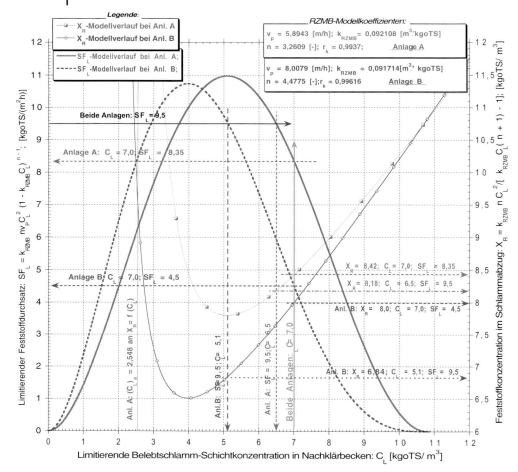

Abb. 10–10: Graphische Berechnung zusammenhängender Wertpaare $(C_L, SF_L, X_R)_{Anlage\,A}$ und $(C_L, SF_L, X_R)_{Anlage\,B}$ und deren Variation als C_L-Funktion; siehe auch Gl. 10–7 und Gl. 10–9; nach den Verfassern.

NKB mit unterschiedlichen Oberflächenbeschickungen beaufschlagt werden (Abb. 10–11). Bei $R_{Anl.\,A} = R_{Anl.\,B} = 0{,}20$ würden $(Q_0/A)_{Anl.\,A} \approx 0{,}67$ und $(Q_0/A)_{Anl.\,B} \approx 0{,}765$ betragen und bei $R_{Anl.\,A} = R_{Anl.\,B} = 0{,}50$ werden $(Q_0/A)_{Anl.\,A} \approx 0{,}97$ und $(Q_0/A)_{Anl.\,B} \approx 0{,}9$.

Damit bei den Bedingungen $Q_{Anl.\,A} = Q_{Anl.\,B}$; $A_{Anl.\,A} = A_{Anl.\,B}$ und $X_{Anl.\,A} = X_{Anl.\,B} = 3{,}5$ auch $[Q_0(R+1)3{,}5/A]_{Anl.\,A} = [Q_0(R+1)3{,}5/A]_{Anl.\,B} = SF_L = 9{,}5$ bleibt, müssen unterschiedliche Rücklaufschlammverhältnisse angewandt werden; dies wird in Abb. 10–12 veranschaulicht. Weil dies bedingende $(C_L)_{Anl.\,A} \approx 6{,}5$ und $(C_L)_{Anl.\,B} \approx 5{,}1$ auch zu verschiedenen Schlammabzugsgeschwindigkeiten $(RQ_0/A)_A \approx 1{,}16$ bzw. $(RQ_0/A)_B \approx 1{,}38$ führen, wird nun $R_{Anl.\,A} \approx 0{,}84 R_{Anl.\,B}$. Daher

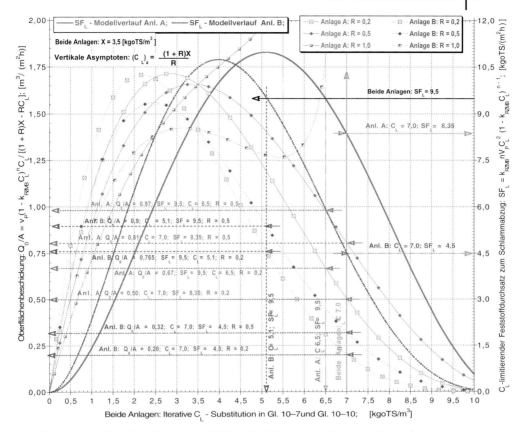

Abb. 10–11: Einfluss formalkinetischer RZMB-Modellwerte k, n, v_P und der limitierenden C_L-Schichtkonzentration auf den Haupt-Planungsparameter Oberflächenbeschickung: $(Q_0/A)_{\text{Anlage A}}$, $(Q_0/A)_{\text{Anlage B}}$ bei variablen Rückführungsverhältnissen: $(R)_{\text{Anlage A}}$ bzw. $(R)_{\text{Anlage B}}$; vorgegebenen sind SF_L-, R- und/oder C_L-Werten; siehe auch Gl. 10–7 und 10–10; nach den Verfassern.

schneidet das Abwasserschlammgemisch der Anlage A energetisch besser als das der Anlage B ab.

Bei der Fallstudie (2) setzen wegen unterschiedlicher Absetzcharakteristika, auch verschiedene „limiting solids flux"-Werte ein: $(SF_L)_{\text{Anl. A}} \approx 8,35$; $(SF_L)_{\text{Anl. B}} \approx 4,5$ (alle Abbildungen). Identische Belebungsbecken und Betriebsbedingungen vorausgesetzt, würden die Nachklärbecken auch mit demselben FeststoffInput aus der Biologie belastet: $[Q_0(R+1)X]_{\text{Anl. A}} = [Q_0(R+1)X]_{\text{Anl. B}} = A_{\text{Anl. A}} \times 8,35 = A_{\text{Anl. B}} \times 4,5$. Hieraus lässt sich $A_{\text{Anl. A}}/A_{\text{Anl. B}} \approx 0,54$ ableiten. Daher schneidet in diesem Falle das Abwasserschlammgemisch der Kläranlage A investitionsseitig erheblich besser als das der Anlage B ab. Unter Beibehaltung gleicher Rückführungsverhältnisse ließen sich aber, wie in Abb. 10–9 erkennbar (wegen Verkomplizierung der Darstellung aber nicht mehr eingezeichnet), ledig-

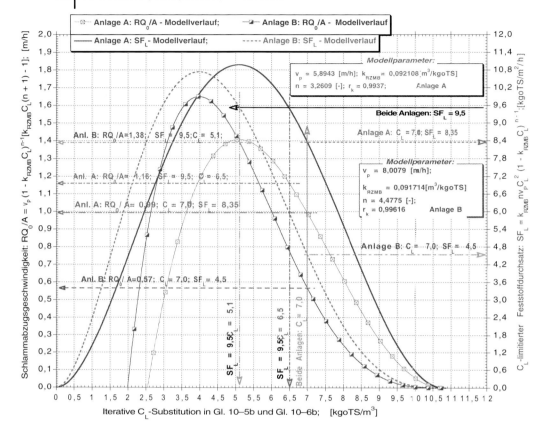

Abb. 10–12: Graphoanalytische Modellsimulation quantitativ zusammenhängender Parameter (C_L, SF_L, $(RQ_0/A)_{Anlage\,A}$) einerseits und (C_L, SF_L, $(RQ_0/A)_{Anlage\,B}$ und SF_L- und (RQ_0/A) andererseits – siehe Gl. 10–7 und 10–12; nach den Verfassern.

lich wenig von jenen beim Fall $C_L = 6,5$ dargestellten unterscheidende X-Werte im Belebungsbecken erreichen. Das unterschiedliche Verhalten beider Belebtschlämme in Hinblick auf die erreichbare Aufkonzentrierung geht etwas deutlicher aus Abb. 10–10, $(X_R)_{Anl.\,A} \approx 8{,}42$; $(X_R)_{Anl.\,B} \approx 8{,}0$, und am deutlichsten aus dem Vergleich der Oberflächenbeschickungen in Abb. 10–11 hervor. Für $X_{Anl.\,A} = X_{Anl.\,B} = 3{,}5$ und bei $R_{Anl.\,A} = R_{Anl.\,B} = 0{,}20$ resultiert $(Q_0/A)_{Anl.\,A} \approx 0{,}50$ und $(Q_0/A)_{Anl.\,B} \approx 0{,}20$, wohingegen bei $R_{Anl.\,A} = R_{Anl.\,B} = 0{,}50$ $(Q_0/A)_{Anl.\,A} \approx 0{,}81$ und $(Q_0/A)_{Anl.\,B} \approx 0{,}32$ zugelassen werden. Die bei $Q_{Anl.\,A} = Q_{Anl.\,B} = Q_0$ und $X_{Anl.\,A} = X_{Anl.\,B} = X$ einzustellenden Schlammabzugsgeschwindigkeiten, damit $Q_0(R_{Anl.\,A} + 1)X = Q_0(R_{Anl.\,B} + 1)X$ bestehen bleibt, werden in Abb. 10–12 veranschaulicht.

Bei $C_L = 7{,}0$ in beiden Anlagen bewirkt dies bekanntlich unterschiedliche Feststoffdurchsätze $(SF_L)_{Anl.\,A} \approx 8{,}35$ und $(SF_L)_{Anl.\,B} \approx 4{,}5$. Dem lässt sich durch die jeweilig benötigten Schlammabzugsgeschwindigkeiten, $(RQ_0/A)_{Anl.\,A} \approx 0{,}98$ bzw.

$(RQ_0/A)_{Anl.\ B} \approx 0,57$, bei Beibehaltung identischer Massenvolumenströme in den Zuläufen der Nachklärbecken beider Anlagen, Rechnung tragen, indem in beiden Nachklärbecken deren Oberflächenverhältnis $A_{Anl.\ A}/A_{Anl.\ B} \approx 0,54$ sein muss; daher deutliche NKB-Bauvorteile bei der Anlage A. Bei $(SF_L)_{Anl.\ A} = (SF_L)_{Anl.\ B} = 9,5$ müsste, identisch funktionierende Belebungsbecken vorausgesetzt, auch deren Feststoff-Output $[Q_0(R + 1)X]$ die NKB mit $A_{Anl.\ A} \times 9,5 = A_{Anl.\ B} \times 9,5$ belasten; daher $A_{Anl.\ A} = A_{Anl.\ B}$. Wegen des unterschiedlichen Absetzverhaltens werden aber in den betreffenden Nachklärbecken $(C_L)_{Anl.\ A} \approx 6,5$ und $(C_L)_{Anl.\ B} \approx 5,1$ einsetzen mit der Folge, dass $(RQ_0/A)_{Anl.\ A} \approx 1,16\ m^3/m^2/h$ und $(RQ_0/A)_{Anl.\ B} \approx 1,38\ m^3/m^2/h$; also auch unter dieser Voraussetzung wäre bei der Anlage A mit deutlichen, diesmal energetischen Vorteilen zu rechnen.

10.2.2.4 Zwischenbemerkungen

Bei quasi-gleichen Werten der Schlammvolumenindizes, $ISV \approx k_{RZMB} = 0,092\ 108\ m^3/kgoTS$ bei der Kläranlage A, resp. $ISV \approx k_{RZMB} = 0,091\ 714\ m^3/kgoTS$ bei der Kläranlage B, ließen sich dennoch große Unterschiede bei der freien Sinkgeschwindigkeit v_P, $v_P = 5,894\ 3$ (Anlage A) und $v_P = 8,007\ 9$ (Anlage B), und dem Agglomerierungsfaktor n, $n = 3,260\ 9$ (Anlage A) bzw. $n = 4,477\ 5$ (Anlage B), beobachten. Die modellmäßig resultierenden, beachtlich differierenden technologischen Folgen für die Planungs- oder Betriebsbedingungen der jeweiligen Belebungsanlagen, Anlage A und Anlage B, wurden in Abb. 10–8c bis Abb. 10–12 grapho-analytisch dargestellt und entsprechend kommentiert.

10.3
Schlussbemerkungen zur Modellerstellung mittels Sedimentationsversuchen

Zur Beurteilung der Massensedimentation verschiedener Belebtschlämme reicht der einfache Vergleich einzelner Modellparameter nicht aus. Vielmehr ist mittels $v_0 = f(C_i)$-Funktionsverläufen über eine größere Konzentrationspalette und anhand eines Modells deren ganzes Zusammenspiel während einzelner Prozessphasen der Massensedimentation separat zu ermitteln. Umso mehr ist eine Verallgemeinerung so gewonnener Dimensionierungsparameter auf das Verhalten nicht untersuchter, aber ähnliche Werte aufweisende Einzelparameter von Belebtschlämmen (nicht nur ISV) wissenschaftlich-technisch nicht statthaft.

Für planende Ingenieure und Wassereinleitegenehmigung erteilende Wasserbehörden, aber vor allem für betroffene Bauherren ist es technisch-wirtschaftlich sinnvoll, bei der Bemessung der Nachklärbecken die Abhängigkeit zwischen Oberflächenbeschickung, Feststoffbelastbarkeit und Rücklaufschlammverhältnis von dem entsprechenden Schlammaufkonzentrierungsgrad zu kennen. Eine einfach aus A-131-Tabellen hierfür zu treffende Auswahl ist der physikalisch untermauerten „limiting solids flux"-Theorie anhand *in situ* bestimmter Versuchsergebnisse daher entschieden unterlegen.

> **Merksatz:** *Die „limiting solids flux"-Methode ermöglicht über die experimentelle Ermittlung der Absetzcharakteristika des Belebtschlammes sowohl die Berechnung der Klärfläche als auch des Aufkonzentrierungsgrades des Belebtschlammes unter verschiedenen technisch-hydraulischen Belastungen.*

Ein Betrieb bei $C_L < 2/[k(n + 1)]$ ist vorweg zu vermeiden, da hierbei die niedrigsten X_R-Werte bei hohen Schlammabzugsraten (RQ_0/A) auftreten. Mittels hierdurch erzielter Algorithmen zwischen θ_C, t und X (Hauptparameter der Biologie) sowie v_P, n, k, C_L, (SF_L), X_R, (RQ_0/A) und (Q_0/A) (Hauptparameter der Nachklärstufe) lässt sich die Grundbedingung prüfen (siehe auch Gl. 6–14):

$$1/\theta_C = \frac{(Q_0 - Q_W)X_e + A \cdot SF_L - RQ_0 X_R}{(Q_0 t X)}$$

und so auch quantifizieren, ob sich hierdurch beim eingeplanten θ_C-Wert auch die X-Konzentration im Belebungsbecken überhaupt erreichen ließe und wie hierfür die Nachklärung zu bemessen sei. Die bei manchen Ingenieur-Büros ungenügende Kenntnis physikalischer Modell-Gesetzmäßigkeiten bei der Massensedimentation sollte nicht weiterhin über (zu)hohe Sicherheitskoeffizienten erkauft werden, wenn seit Jahrzehnten bekannt ist, dass in Nachklärbecken C_L-Schichtkonzentrationen den Feststoffdurchsatz abbremsen und der so limitierte (SF_L)-Wert die Einstellung geplanter Biomassekonzentrationen X im Belebungsbecken wegen mit Q_0, R, X_R und A kausal verknüpfter Modell-Koeffizienten (Gl. 10–9) verhindern kann(Gl. 10–13). Insofern müsse man mit Überschneidungspunkten arbeiten/simulieren, welche auf den entsprechenden C_L-abhängigen Funktionskurven liegen und physikalisch-technisch sinnvoll sind.

Für den planenden Ingenieur ist es technisch-wirtschaftlich aufschlussreicher, die Abhängigkeit der Sinkgeschwindigkeit der Phasentrennfläche von der entsprechenden Schlammkonzentration zu kennen, als die Bemessung auf den einzigen Parameter ISV zu stützen; dem allerdings dürfte ein (noch) nicht ganz dornenfreier Weg bevorstehen, da dies die Mitwirkung der ATV-Hauptausschüsse 2.5 und 2.6 zur Einführung in die hiesige Siedlungswasserwirtschaft voraussetzt. Die Unkenntnis physikalischer Modell-Gesetzmäßigkeiten bei der Massensedimentation sollte nicht weiterhin über (zu)hohe Sicherheitskoeffizienten erkauft werden, wenn seit 88 Jahren (!) bekannt ist, dass in Absetzapparaten sogar zwei Schlammschichten unterschiedlicher Konzentrationen C_L den Feststoffdurchsatz abbremsen und dies mit direkt verknüpften Absetz-Koeffizienten die Einstellung geplanter Biomassekonzentrationen im Bioreaktor verhindert oder einen massiven Schlammabtrieb mit dem NKB-Ablauf hervorrufen kann. Die in [17, S. 251] vertretene Auffassung, dass bei höheren ISV-Werten die hieraus errechneten kleineren Klärflächen durch quasi-direktproportional größere Volumina oder bei niedrigeren ISV-Werten die ebenfalls errechneten größeren Klärflächen durch kleinere NKB-Volumina kompensiert werden, ist physikalisch nicht statthaft. Die Klärfläche, nicht das Volumen des Nachklärbeckens, sichert den limitierenden Feststoff-

Durchsatz, wohingegen die Gesamthöhe des Nachklärbeckens (und so auch dessen Volumen) zur Gewährleistung der Flockungszone (Höhe), der Sicherheitshöhe der Klarwasser- und der Trenn- und Speicherzone sowie speziell der Eindickhöhe „h_4" (siehe [18, S. 197]) ein quasi-konstantes und bei nach A-131 höher gewählten ISV-Werten sogar als Höhen-Summe steigendes [15, S. 251], technologisch bedingendes Muss darstellt.

Die analysierten Fallstudien zeigten, dass eine Verallgemeinerung aus Modellen gewonnener Dimensionierungsparameter auf das Verhalten nicht untersuchter Belebtschlämme, man denke nur an unterschiedliche/spezielle Industrieabwasseranteile, wissenschaftlich-technisch und dementsprechend auch wirtschaftlich nicht statthaft ist. Die früher erwähnte, bemerkenswerte Publikation von Born und Frechen [19] bestätigte im Feld-Versuchsmaßstab auch hierzulande, dass allein die ISV-Anwendbarkeit nach A-131 wohl ernüchternd ausfällt.

Bei Klärbecken ermöglicht die „*limiting solids flux*"-Methode über die Berechnung der Klärfläche die über Massensedimentation erreichbare Aufkonzentrierung des Belebtschlammes zu ermitteln und so einen kontinuierlich aufrechtzuerhaltenden kompatiblen Algorithmus zwischen Q_0 und X (Hauptparameter der Biologie) sowie v_P, n, k, C_L, (SF_L), X_R, X, und (Q_0/A) (Hauptparameter der Nachklärstufe). Die NKB-Tiefe an sich ist praktisch ausschließlich von strömungs- und bauwerkstechnischen Aspekten sowie Trenn-, Speicher- und Sicherheitshöhen bedingt. Obwohl in [18, S. 287/289] über die Auswirkung des Verweilzeitverhaltens eines Klärbeckens auf dessen hydraulische und prozesstechnische Charakteristika referiert wird, glänzen in A-131 jegliche Hinweise für den Planer durch Abwesenheit. Nach [20] scheint es so zu sein, dass auch im strömungs- und konstruktionstechnischen Bereich diese Richtlinie stark verbesserungsbedürftig ist.

> *„Im Arbeitsblatt ATV-131 (1991) und in den Berichten des ATV-Fachausschusses 2.5 (1997) sind allgemeine Angaben zur Bemessung von Nachklärbecken enthalten. Diese unterscheiden jedoch kaum nach den Auswirkungen verschiedener Beckenformen, Einläufe, Ausläufe, Schlammabzüge und Räumerkonstruktionen."*

Vorläufiges Fazit: Im Geiste interdisziplinärer Kooperation ist die Frage, ob zur Dimensionierung der Nachklärbecken die Wahl eines A-131-Tabellenwertes oder das *„limiting solids flux"*-Verfahren zur Erfassung des Belebtschlamm-Verhaltens bei der Massensedimentation besser sei, an sich obsolet. In [1, 2, 5, 15, 16] sind viele Literaturstellen aufgeführt worden, woraus ersichtlich ist, dass auf internationaler Ebene bereits vor knapp drei Jahrzehnten die Adäquatheit des *„limiting solids flux"*-Modells klärtechnisch abgehandelt worden ist. Der im Chemieingenieurwesen seit über einem halben Jahrhundert angewandten Modelldenkweise [21] nun den Einstieg in die moderne Abwassertechnik zu verschaffen, ist eine recht schwierige Kunst. Sie verlangt eine einsichtsvolle neue Handhabung der Fachsprache zwecks leichteren „Verdrängens" vieler alteingesessener und hiermit auch (zu) bequem gewordener Dimensionierungsgrundsätze. Das Schlagen der hierfür erforderlichen interdisziplinären Brücke stellt an sich nur den zweiten

Schritt dar; der dritte und letzte Schritt, die Umsetzung in die Praxis unserer Abwassertechnik, wird wahrscheinlich erst unter dem wirtschaftlichen Druck der Bauherren erfolgen. Man braucht nur an die Anhänglichkeit vieler Siedlungswasserwirtschaftler an die Schlammbelastung [22] zu denken, um sich den (noch)dornenvollen Weg der Massenflusstheorie in die Siedlungswasserwirtschaft vorzustellen. Diesem bescheidenen Aufsatz einen solchen Status einzuräumen, beanspruchen die Autoren keineswegs. Sie setzen ihre Hoffnung vielmehr auf den obigen dritten Schritt für „Maßgeschneidertes" – sprich zumindest Mikropilotversuche – und auf den hieraus entstehenden Druck zur interdisziplinären Arbeit; dixi. Technologisch ganz anders verhält sich die Sachlage bei den statischen Schlammeindickern, wo sich überwiegend eine Sedimentation der Klasse 4 abspielen sollte und die hierin einsetzende „*channeling*" und Kompressionseindickung ganz anderen, aber noch immer der Flusstheorie unterstellten Gesetzmäßigkeiten folgt. Dem wurde separat (Kapitel 11) Rechnung getragen [23], indem ein Kompressions-Modell präsentiert und mit Batch- und Durchlauf-Versuchsergebnissen untermauert wurde.

Notationen

Symbol	Bezeichnung	Dimension
A	Oberfläche des Nachklärbeckens	[m^2]
X	Biomassekonzentration in Belebungsbecken	[kgoTS/m^3]
C$_L$	Limitierende, d. h. den abwärts gerichteten Massenvolumenstrom des Belebtschlammes abbremsende, sich im Nachklärbecken bildende Schlammschicht-Konzentration	[kgoTS/m^3]
X$_R$	Von der C$_L$-Konzentrationsschicht bedingte oTS-Konzentration im Schlammabzug (*under flow*)	[kgoTS/m^3]
g	Empirischer Parameter bei dem Modell einer Potenzregression $v_0 = gC^{-h}$	[ML^{-1}T^{-1}]
h	Empirischer Parameter bei dem Modell einer Potenzregression $v_0 = gC^{-h}$	[-]
ISV	Schlammvolumenindex, bestimmt nach der Verdünnungsmethode (physikalisch nur bedingt dem k-Wert gleichzusetzen, da Kompressionsvorgänge nicht auszuschließen)	[m^3/kgoTS]
k$_{RZMB}$	Spezifisches freies Flockenvolumen beim Michaels-Bolger-Modell (physikalisch nur bedingt dem ISV-Wert gleichzusetzen, da bei diesem Kompressionsvorgänge miterfasst werden); beim Modell der exponentiellen Regression $v_P = \exp^{-kC}$ hat k dieselbe Bedeutung.	[m^3/kgoTS]
Q$_0$	Abwasservolumenstrom im Zulauf zu dem Belebungsbecken	[m^3/h]
Q$_{RLS}$	Volumenstrom der Biomasserückführung aus den Nachklärbecken in das Belebungsbecken zurück.	[m^3/h]
Q$_W$	Volumenstrom der auszukreisenden Biomasse aus den Nachklärbecken, mit dem das Schlammalter aufrechterhalten werden sollte.	[m^3/h]
q$_A$	Oberflächenbeschickung des Nachklärbeckens (Q$_0$/A), d. h. auf die Oberfläche des Nachklärbeckens bezogener Abwasservolumenstrom.	[m^3/(m^{2}h)]
q$_{SV}$	Schlammvolumenbeschickung: $q_{SV} = XkQ_0/A \leq SF_{Lmax}/(oTS \times k_{RZMB})$, d. h. auf die Oberfläche des Nachklärbeckens bezogener Volumenstrom frei suspendierter Belebtschlammflocken, von denen SF$_L$ zum Schlammabzug gelangen muss.	[m^3/(m^{3}h)]

n	Koeffizient der Flockenagglomerierung beim Michaels-Bolger-Modell; n = 4,65 [-]	
R	Rücklaufschlammverhältnis (Q_0/Q_{RLS})	[-]
r_K	Regressionskoeffizient (Statistik)	[-]
SF	*Solids flux* (Feststoffdurchsatz), wobei sich die Indizes B auf Batch-, T auf Gesamt-, U auf durch Schlammabzug bewirkten und L auf den durch C_L-Herausbildung limitierten Feststoffdurchsatz beziehen	[kgoTS/(m³h)]
U	Durch Schlammabzug bewirkte, abwärts gerichtete Suspensionsbewegung (*bulk downward velocity*); $U = (RQ_0 + Q_W)/A$	[m/h]
v_0	Sinkgeschwindigkeit der Phasentrennfläche eines Abwasserschlammgemisches bekannter oTS-Konzentration während dessen gleichmäßigen Absetzens in 2-l-Messzylindern	[m/h]
v_P	Sinkgeschwindigkeit sich frei bewegender Flockenagglomerate (*terminal/free settling velocity*) in einem Suspensaschwarm	[m/h]

Literaturverzeichnis Kapitel 10

1 Benefield, L., D. and Randall, C., W.: Biological Process Design for Wastewater Treatment, Prentice-Hall, Inc., NJ 07632 (1980), S. 201/210.

2 Metcalf and Eddy: Wastewater Engineering. McGraw-Hill Book Company. Sec. Edition, New York (1979).

3 Coe, H., S. and Clevenger, G., H.: Determining Thickener Areas, Trans. AIME, vol. 55, no. 3, (1916).

4 Yoshioka, N., Hotta, S., Tanaka, S., Naitu, S. and Tsugami, S.: Continuous Thickening of Homogeneous Flocculated Slurries, Chem. Eng., (Tokyo), vol. 21 (2), 66 (1957).

5 Ekama, G., A., Barnard, J., L., Günthert, F., W., Krebs, P., McCorquodale, J., A., Parker, D., S. und Wahlberg, E., J.: Secondary settling Tanks: theory, modelling, design and operation. IAWQ Scientific and Technical Report No. 6, Int. Assoc. Of Water Quality, London, England. ISBN 1-900222-03-5. March (2000).

6 Jennings, S., L., Grady, C., P., L., JR.: The Use of Final Clarifier Models in Understanding and Anticipating Performance Under Operational Extremes. Proc. 27th. Ind. Waste Conf., Purdue University, West Lafayette Ind., pp. 221/241 (1972).

7 Severin, B., F. and Poduska, R., A.: Prediction of clarifier sludge blanket failure. Journal Water Pollution Control Federation, April (1985), pp. 285/290.

8 Braha, A., Groza, G.: Bemessung von Nachklärbecken: Absetzversuche vor Ort können zu beachtlichen Einsparungen führen. Wasser, Luft und Boden, Heft 7/8, (2001), S. 56/62.

9a Michaels, D. and Bolger, J.: The sedimentation speeds and volumes of the caolin flocks. Ind. And Chem. Eng. Fund., No. 1 (1962).

9b Braha, A., Groza, G.: Pilotanlagen in der Abwassertechnik: Notwendigkeit oder Scaling-Up-Problematik bei Planern? Wasser, Luft und Boden, Heft 7–8 (2002), S. 26/32.

10 Dick, R., Ewing, B., B.: Evaluation of Activated Sludge Thickening Theories. Journ. San. Div. Proc., SA 4 Aug. (1967), pp. 9/29.

11 Braha, A., Groza, G.: Kostengünstige Leistungsanhebung der Biologischen Stufe bei Abwässern mit erhöhtem Gehalt an Suspensa – Teil 1. Wasser Luft und Boden, Heft 3 (2002), S. 26/30 und Teil 2, Heft 4 (2002), S. 36/39.

12 Braha, A., Groza, G.: Bemessung von Nachklärbecken: Ist die neue Planungsrichtlinie ATV-A-131 von 1999 noch zeit-

gemäß? Wasser Luft und Boden, Heft 5 (2000), S. 28/33.

13 Richardson, F. and Zaki, W., N.: Sedimentation and Fluidisation. Trans. Inst. Chem. Eng., London, 32 (1954).

14 Braha, A., Groza, G., Braha, I.: Belebungsanlagen – Dimensionierung nach gezielt geplanten (Mikro)Pilotanlagen oder nach A-131? Wasser, Luft und Boden, Heft 6, Juni (1994), S. 24/32.

15 Braha, A.: Bemessung von Nachklärbecken – zu stark vereinfacht? Leserforum, Korr.-Abwasser, Heft 3, März (2000), S. 428/430.

16 Shannon, P., T. and Tory, E., M.: Settling of Slurries. Industrial and Engineering Chemistry, 57, No. 2 (1965), pp. 18/25.

17 Kayser, R.: Das neue ATV-A131: Bemessung von einstufigen Belebungsanlagen. 17 ATV-Schriftenreihe; 28/29 Sept. Mainz (1999), S. 241/255.

18 ATV-Handbuch: Mechanische Abwasserreinigung, 4 Auflage, Verlag Wilhelm Ernst & Sohn, Berlin (1997), S. 170/210.

19 Born, W. und Frechen, F., B.: Untersuchung einiger Aspekte bei Bemessung horizontal durchströmter Nachklärbecken. Korr.-Abwasser, Heft 12 (1999). S. 1874/1879.

20 Bötsch, B.: Hydraulische Kennwerte für Nachklärbecken. Korrespondenz Abwasser, Heft 7 (1998), S. 1289/1300 (gekürzte Fassung.)

21 Kasatkin, A.: Procese si aparate principale in industria chimica. Ed. 2, Editura technica, Bukarest (1963), S. 94/104.

22 Von der Emde, W.: Bemessung von Kläranlagen zur Stickstoffelimination nach dem ATV-Arbeitsblatt A131. Veröffentlichungen des Institutes für Siedlungswasserwirtschaft der TU Braunschweig, Heft 50 (1991), S. 57/77.

23 Braha, A., Groza, G.: Einbindung der Kompression bei den Belebtschlämmen der Speicherzone in die Flux-Theorie. Teil 1 und Teil 2. Wasser, Luft und Boden, Heft 1/2, Jan. (2001), S. 35/41 und Heft 3, März, S. 26/31.

11
Einbindung der Flockenkompression bei Belebtschlämmen in die Massen-Flux-Theorie

11.1
Schlammkompression – *State of the Art*

In einem zur numerischen Modellierung in Nachklärbecken (NKB) ablaufender Sedimentationsprozesse jüngst publizierten Beitrag [1] befassen sich Krebs, Armbruster und Rodi eingehend mit der umfangreichen IAWQ-Studie [2] und dem ATV-DVWK-Bericht [3], indem sie zur häufig eintretenden Kompressionsphase bei Überlastung der NKB mit *Speicherungsräumen* für den Belebtschlamm sowie zur jenen bei bloß normaler Auslastung der Statischen Eindicker (SE) einsetzenden Kompressionsphase beim Belebtschlamm, anerkennenderweise einige notwendige Präzisierungen zu deren Entwicklung anbrachten. Zur Zuverlässigkeit solcher numerischen Modelle wird von ihnen allerdings zutreffend bemerkt [1, S. 998]:

> „Modelle zur Beschreibung des Schlammverhaltens können nicht
> als Resultat der numerischen Simulation anfallen, sie müssen als
> Eingabe zur Verfügung gestellt werden."

Damit wird u. E. auf die unter wahrlich grundverschiedenen „Anschauungsphilosophien" in [2] präsentierte (Über)Fülle von Daten zur NKB-Trennleistung hingewiesen. Die Konfliktsituation des Betreibers/Planers, Schlammindex gegen *„limiting solids flux"*-Philosophie, wird darin erkannt, dennoch, trotz vieler dargelegter SVI-Bestimmungs- und Anwendungsvariationen, das Gewicht auf die *„limiting solids flux"*-Methode zur NKB-Dimensionierung gelegt. Bemerkenswert in [1–3] ist allerdings das Hinweisen auf die seit Jahrzehnten nicht mehr geltende Talmadge-Fitch-Methode [4] zur Planung von NKB-Flächen und zur Berechnung von NKB-Schlammspeicherungszonen wird auf den angewandten Verdünnungsschlammindex (DSV_{30}) nach ATV-131 verwiesen [3, part 4, pp. 26/27]. Schwer nachvollziehbar in [1–3] ist auch die Informationsknappheit über Kompressionsvorgänge im Belebtschlamm, indem dies z. B. in [3, part 2, pp. 10] auf knapp anderthalb Druckseiten abgehandelt wird. Weil aber besonders in vertikal durchflossenen oder in großen Radial-NKB ($D \geq 40$ m) die darin angestrebte Schlammspeicherung meistens auch mit Kompressionsvorgängen in der Schlammmasse

Moderne Abwassertechnik. Alexandru Braha und Ghiocel Groza
Copyright © 2006 WILEY-VCH Verlag GmbH & Co. KGaA, Weinheim
ISBN: 3-527-31270-6

einhergeht und diese bekanntlich anderen Grund-Gesetzmäßigkeiten als jenen der Schwarmsedimentation gehorchen [4, 5], soll dem durch ein kurzes Statement nachstehend Rechnung getragen werden. So wies Raffle [6] experimentell nach, dass bei zunehmender Feststoffkonzentration sich absetzende Teilchen aus dem Bereich des behinderten Absetzens oder der Übergangszone in den der Kompressionsphase übertreten, d. h. vom suspendierten Zustand in den eines Feststoffkontaktes, d. h. die direkte mechanische Gewichtsübertragung erfolgt auf den Boden der Säule und nicht mehr auf die Flüssigkeit. Wenn man am unteren Ende einer mit Suspension gefüllten Absetzsäule eine Verbindung mit einem flexiblen Diaphragma einsetzt, welches sich seinerseits auf eine hydraulische Druckmesskammer stützt, so würden Messungen des Druckes in dieser Kammer, kombiniert mit Messungen des hydrostatischen Druckes knapp oberhalb des Diaphragmas, zeigen, wie das Gewicht der bereits abgesetzten Teilchen auf den Boden der Säule übertragen wird. Kalbskopf [7] stellt infolge eigener Untersuchungen fest, dass der erreichbare Eindickgrad eine Funktion der mechanischen Drucküberragung des Feststoffgewichtes ist, indem dieser mit steigender Schlammschichthöhe zunimmt und empfiehlt bei unterschiedlich kompressiblen Schlämmen in den Eindickern auch verschiedene Schlammhöhen einzustellen. Fitch [8, 9] versucht die in einem Kläreindicker einzustellende Schlammhöhe als Funktion von dessen Feststoffbelastung anzugeben, bemerkt aber einschränkend hierzu, dass in der Regel eine Höhe von etwa 90 cm (three foot rule) ausreicht, um die in der Abwassertechnik üblich angestrebten Feststoffkonzentrationen in dem Schlammabzug zu erreichen. Dennoch konnte Scott [10] bei seinen Versuchen mit Pilot- und Industrie-Eindickern so gut wie keinen Einfluss der Schlammhöhe auf den darin erreichten Eindickgrad bei wenig kompressiblen Schlämmen feststellen, obwohl die Gesamthöhe der Schlammschicht sich bis auf knapp 4 m erstreckte.

Auch Michaels und Bolger [11] haben 1962 ein mathematisches Modell zur Beschreibung des Kompressionsverhaltens ausgeflockter Schlämme entwickelt. Ihr Ansatz beruht auf der Annahme, dass die Flockenstruktur während der Kompressionsphase eine Kompressionsspannung, die so genannte „*compressive yield strength*„ σ, aufweist und dass sowohl diese wie auch die sich einstellende Permeabilität der Schlammmasse ausschließlich eine Funktion der in der Schlammschicht herrschenden Feststoffkonzentration sind. Von Shin und Dick [12] wurde dieses Modell im Labormaßstab getestet, indem sie Konzentrations- und Kompressionsdruckprofile von zinkoxid- und eisenhydroxid-haltigen Suspensionen bis zu einer Höhe von 40 cm mit einer ziemlich aufwändigen Messapparatur aufnahmen; für diese relativ niedrigen Schlammhöhen fanden sie eine recht gute Übereinstimmung zwischen Modellvoraussage und Experiment. Bei seinen im Pilotmaßstab durchgeführten Untersuchungen stellte Kos [13, 14] jedoch fest, dass die Kompressionsspannung eines flockenhaltigen Schlammes tatsächlich eine Funktion von dessen Konzentration ist, die dazu gehörige Sinkgeschwindigkeit sowie auch seine Permeabilität jedoch nicht nur eine Funktion der Konzentration sind, sondern auch von dem hydrodynamischen Druckgradienten $\delta p/\delta x$ des betreffenden Schlammes abhängen. Die Anwendung des Kos'schen Modells als solches ist relativ kompliziert, da die benötigten Funktionen δp/δx und δy/δx die Aufstellung hochsensibler Messapparaturen zur Messwertaufnahme erfordern; dies, so auch Fitch [9, 15], schränkt die Anwendbarkeit dieses Modells stark ein. Dazu noch ist, wegen des Abwartens der Konsolidierungsphase und Probennahme zwecks Aufzeichnens von Konzentrationsprofilen, eine Verfälschung der Ergebnisse (Gasentwicklung bei Belebtschlamm) zu erwarten.

Ein mathematisch relativ einfaches Kompressionsmodell wurde von Coulson und Richardson [16] auf der Basis früherer Überlegungen von Roberts [17] erstellt und von einer Reihe von Autoren entweder weiterentwickelt [18, 19] oder als solches einfach empfohlen [20]. Die Grundüberlegung dieses Coulson-Richardson-Modells besteht darin, dass die Höhe einer sich verdichtenden Schlammschicht einzig als Funktion der Eindickzeit und der bei abgeklungener Konsolidation einsetzenden Endhöhe zu betrachten ist. Die Eigenschaften der Flocken, wie Dichte, Kompressibilität, Permeabilität und Fließfähigkeit sollen so durch eine einzige Proportionalitätskonstante berücksichtigt werden. Wie jedoch aus einigen, teilweise auch experimentell untermauerten, theoretischen Abhandlungen von Fitch [9, 15], Scott [21–24], Shin und Dick [25] sowie Tory [26] für Industrieschlämme hervorging, soll diese Proportionalitätskonstante allerdings keine Konstante, sondern eine ebenfalls vom Gewicht darüber liegender Schlammmassen abhängige Größe sein. Auch Freidinger [27] konnte über die Entwicklung einer lichtoptischen Konzentrationsmesssonde sowie Anwendung eines recht komplizierten indirekten Verfahrens zur Bestimmung in Sedimenten wirkender Feststoffdrücke das Auftreten des Kompressionsvorganges feststellen und eine Hypothese zum theoretisch erforderlichen Verhältnis Flächen-/Tiefenbedarf in einem Sedimentationsapparat aufstellen.

Weil die Kompressionsphase in einem flockenhaltigen Suspensaschwarm nur dann entstehen kann, wenn die Schlammschichten nicht mehr im Wasser schwebend dispergieren, sondern diese sich überlagernden Schichten auf eine feste Unterlage stoßen (Becken-, Standrohrboden), die ihr Gewicht aufnimmt. Hierdurch beginnt nicht nur das zwischen Flockenkonglomeraten vorhandene Zwischenraumabwasser, interstitielles Wasser, zu entweichen, sondern es wird auch in der Flockenstruktur gebundenes, intrastitielles, Wasser herausgepresst. Dieses freigesetzte Wasser durchströmt dann einen porösen, von seiner Permeabilität charakterisierten Suspensakörper aufwärts. Solche Prozessmechanismen wurden von einer Reihe von Wissenschaftlern, darunter u. a. Bhatty, Davies, Dollimore, Edeline, Garside, Al-Dibouni, alle von den Autoren dieses Handbuches zitiert, analysiert, die vor allem nach physikalisch fundierten Korrelationen zwischen dem Carman-Konzeny'schen Permeabilitätsmodell, Richardson-Zaki'schem Fluidisationsverhalten und einem Schlammkompressionsmodell [28] suchten, obwohl Edeline zur Anwendung des Kozeny'schen Gesetzes auf ausgeflockte Abwasserarten [29] experimentell nachwies, dass sich das Sedimentationsverhalten für solche in der Abwasserreinigung üblichen Porositäten nicht beschreiben lasse. (Nach Meinung der Autoren dürfte auch die Variation der Kozeny'schen Konstante mit der Porosität eine Rolle gespielt haben, wie aus neueren Beiträgen [30] zu ersehen ist).

11.2
Aufgabenstellung

Nach diesem Literaturüberblick ließe sich allenfalls bemerken, dass derzeit kein adäquates Modell [31, S. 20] die Kompliziertheit des Absetzvorganges über seine Gesamtbreite, d. h. vom freien Absetzen der Teilchen und Schwarmsedimentation bis hin zur Verdichtung und Konsolidierung des Sedimentes, sondern nur über Teilbereiche zufrieden stellend erfassen kann. Die Genauigkeit, d. h. die durch mathematische Simulation erzielbare Reproduzierbarkeit, der Ergebnisse solcher Teilbereiche lässt sich mit statistischen Testverfahren prüfen [32] und somit die Adäquatheit des Modells beurteilen. Da die modellmäßige Erkundung des Kompressionsverhaltens agglomerierender und ausflockender Schlämme im Standrohrversuch bei den meisten Modellen auf hochsensible, mit Spezialeinrichtungen ausgestattete Druckmesser angewiesen ist, lag der Gedanke nahe, ein Modell mit in üblichen abwassertechnischen Laboratorien aufstellbarer Ausrüstung auszuwählen und erforderlichenfalls seine theoretische Basis mit der eines anderen sowie mit der „*limiting solids flux*"-Methode zur NKB-Dimensionierung zu verflechten.

Gewählt hierfür wurde das in der Fachliteratur für Abwassertechnik so gut wie unbekannte Kurgaev'sche Schlamm-Kompressionsmodell [5] mit seiner durch die Praxis der Schlammbett-Kontaktreaktoren aus der Flusswasseraufbereitungstechnik geprüften Theorie und einer einfachen und robusten Gestaltung der Versuchsapparatur. Dieses Modell wurde mit dem Coulson-Richardson-Modell [16, 18–20] ergänzt, welches die Bestimmung der Endhöhen (d. h. auch der Endkonzentrationen bei abgeklungener Konsolidation, dies ohne das Mess-Ergebnis verfälschende Belebtschlammgärung) und des Verdichtungsgeschwindigkeitsbeiwertes erlaubt. Diese zwei Modelle wurden zusätzlich mit dem Modell des limitierenden Feststoffdurchsatzes in einem Nachklärbecken/statischen Eindicker [33] theoretisch verflochten und anhand eines aufwändigen Labor-Versuchsstand (Abb. 11–1) dessen Adäquatheit, sowohl auf rohe und auch auf vorab aufkonzentrierte, aus einem Klärwerk der Großchemie stammende Abwasserbelebtschlammgemische experimentell/statistisch geprüft. Nachfolgend werden diese Modelle in ihrer Ur- und der von den Autoren erweiterten Form kurz dargestellt und mit Hilfe der in der Absetz- und Kompressionsphase erzielten Messergebnisse die Eignung dieses komplexen Modells statistisch geprüft sowie abschließend die Übertragbarkeit der so gewonnenen Modell-Parameter auf kontinuierlich betriebene Anlagen beurteilt.

11.3
Versuchsplanung und -durchführung

Weil die Belebtschlammflocken unter verschiedenen biologischen, physikalischen und hydromechanischen Verhältnissen ihre Eigenschaften, Gestalt und Größe ändern, wurden während der ganzen Zeit der Versuchsdurchführung die Vorrats-

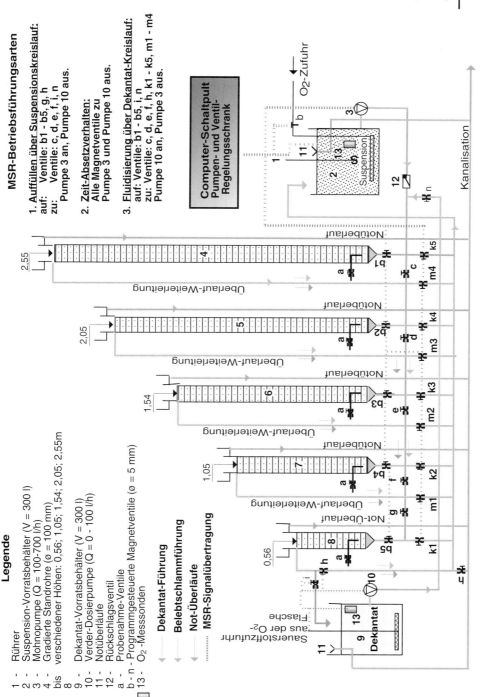

Abb. 11-1: Verfahrensschema des Versuchsstandes zur Ermittlung des Absetz- und Kompressionsverhaltens von Belebtschlämmen.

behälter belüftet und die Förderung des Belebtschlammes mit Schlauchpumpen getätigt. Das Auffüllen der 5 Absetzsäulen von jeweils 2,55 m, 2,05 m, 1,54 m, 1,05 m und 0,56 m Höhe mit Belebtschlamm bekannter Konzentration/Versuchsreihe, resp. dessen Fluidisierung mit Dekantat (9) erfolgte interkommunizierend, indem über anfängliches Hochpumpen in die 2,55 m hohe Absetzsäule die Zuleitung jedes Überlaufes über den Verteilungsboden der nächsten Absetzsäule eingeleitet wurde und so ein Anlagen-Kreislaufbetrieb für etwa 10 Minuten eingestellt werden konnte (2, 3).

Danach wurde die Schlammzuführung (2) abgestellt (3) und durch Kreislauf-Zufuhr bekannter, pro Versuchsreihe eingestellter Volumenströme am Dekantat (2, 3) wurde mit den so abgestuften, bezogen auf den Durchsatz, (Abb. 11–2) Fluidisierungsversuchen an allen 5 Kolonnen begonnen, indem die Phasentrennfläche in jeder Säule herabgesetzt und deren Stabilität bei konstantem Durchsatzvolumenstrom des Dekantats (2, 3) beobachtet wurde (±2,5 cm an Pulsationen). Da die Ausgangskonzentration am Ende des Kreislaufbetriebes in jeder Säule bei $[H_0/h]_{Kolonne,\ t=0} \approx 1$ bekannt war und ins Programm eingegeben wurde, mussten nur die stabilisierten h-Werte/Kolonne/Versuch eingegeben werden und das Programm berechnete automatisch die entsprechenden $v_0;C_{Bett}$-Wertpaare/Kolonne/Versuch. Am Ende der 6 Fluidisierungsversuche/jeweils 5 Kolonnen passte das Programm dank eingebauten nicht-linearen Regressionen (Tab. 3–8) die jeweiligen $v_0;C_{Bett}$-Wertpaare/Kolonne ans RZMB-Modell [33] an (Gl. 9–11) und unter Freigabe von n wurden für jede der 5 Fluidisierungskolonnen das spezifische Schlammvolumen k_{RZMB} [m^3/kgTS], die freie Absetzgeschwindigkeit v_P [m/h] und der Exponent n [-] bei sehr hoher Regressionsgüte ermittelt ($r_k \geq 0{,}996\ 95$), aufgelistet und die angepasste Funktion/Säule graphisch dargestellt – siehe Tabellen in Abb. 11–2 sowie weitere Ausführungen.

Nach Beendigung der so eingestellten Fluidisierungs-Versuchsreihe wurde aus den Absetzsäulen das Schlammschwebebett entleert, der Behälter (2) mit frischem Belebtschlamm und der Behälter (9) mit frischem NKB-Ablauf aus der Industriekläranlage wieder aufgefüllt, eventuell mit NLB-Dekantat die BB-Konzentration auf den Ausgangswert gebracht und erneut die interkommunizierende Kreislauf-Wiederauffüllung der Kolonnen mit frischem Belebtschlamm (2) für 10–15 Minuten eingeleitet, wonach man dessen Zufuhr wieder abstellte (3); erst dann wurde mit dem regelmäßigen Ablesen der Höhen der Phasen-Trennflächen/Kolonne als Zeitfunktion und deren Eingabe ins Programm, welches automatisch auch die sich zeitlich ändernde mittlere C-Konzentration/Schlammspiegelhöhe/Kolonne sowie die momentane Sinkgeschwindigkeit (Gl. 11–26) berechnete und diese Zeitvariation auch zeichnete, begonnen (Abb. 11–3 bis Abb. 11–7).

Dabei erwies sich bei diesen schweren Flocken die Anpassung ihres Sedimentationsverhaltens an einen formalkinetischen Ansatz 1. Ordnung mit Verzögerungsfaktor (Gl. 11–24), als Coulson-Richardson-Ansatz bekannt [16], als gut zutreffend ($r_k \geq 0{,}998\ 03$) und es wurde der Geschwindigkeitsbeiwert k_1 [h^{-1}] sowie die Modell-Endhöhe bei abgeklungener Konsolidationshöhe h_∞ [m] bei allen Sedimentationsversuchen ermittelt.

11.3 Versuchsplanung und -durchführung

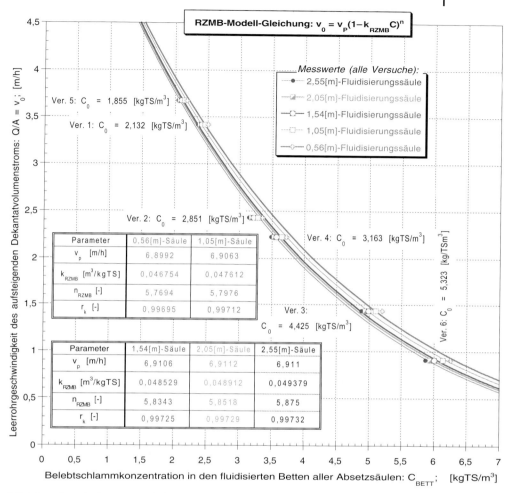

Abb. 11–2: Das Fluidisierungsverhalten des Belebtschlammes als Funktion der Wertpaare: Leerrohrgeschwindigkeit (v_0) und sich demnach einstellenden gravimetrischen Konzentration im Schwebebett aller Fluidisierungssäulen ($C_{BETT} = H_0 C_0 / h_{v0 = f(Q/A)}$, mit Angabe der auf jede Säulenhöhe bezogenen kinetischen Koeffizienten k_{RZMB}, v_P und n bei allen Versuchsreihen; nach [11, 33].

Anmerkung: Wie aus den Abbildungen 11–3 bis Abb. 11–7 ersichtlich ist, wirkten sich ganz unerwartet sowohl die Ausgangshöhe als auch die -konzentration auf den Absetzmechanismus gewaltig aus und die Fluidisierungsgeschwindigkeiten stimmten nur für die Ausgangswerte der Massensedimentation überein (*zone settling*) – siehe nachstehende ausführliche Diskussion der Ergebnisse.

Die Kompressionseigenschaften des Belebtschlammes als Funktion darüber lagernder Schlammmasse erwiesen sich tatsächlich auch als experimentell

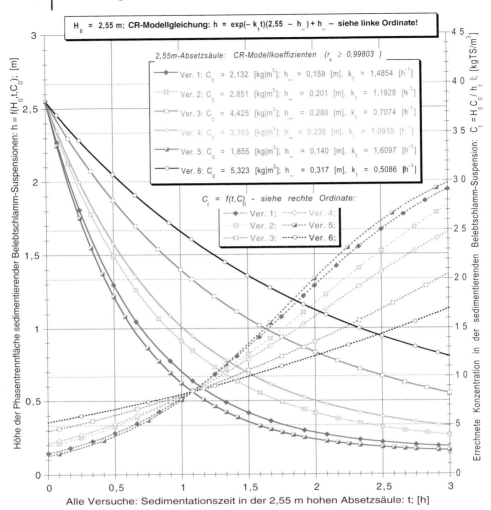

Abb. 11–3: Die 2,55 m-hohe Absetzsäule: Variation der Phasentrennfläche und der mittleren Konzentration des Belebtschlammes während des Absetzens in den ersten 3 Stunden, mit Angabe kinetischer Koeffizienten des CR-Modells: k_1 und h_∞, bei allen sechs Versuchsreihen.

bestimmbar, allerdings nicht nach der Kurgaev'schen Gleichung (Gl. 11–11), sondern nach dem von den Autoren vorgeschlagenen, einem finitem C_S-Wertlimit zustrebenden hyperbolischen Ansatz (Gl. 11–11a).

In den nun auf festem Becken- oder Säulenboden abgelagerten Schlammschichten wird bei deren zunehmender Höhe naturgemäß auch ihre Verdichtbarkeit steigen, aber nur solange bis sich die Ausbalancierung der Druckverluste:

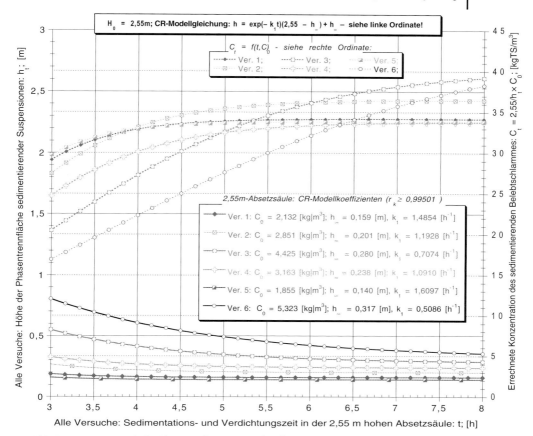

Abb. 11–4: Die 2,55 m hohe Absetzsäule: Variation der Phasentrennfläche und der mittleren Konzentration des Belebtschlammes während des Absetzens von 3 bis 8 Stunden, mit Angabe kinetischer Koeffizienten des CR-Modells: k_1 und h_∞, für jede Versuchssäule und bei allen Versuchsreihen.

Schwerkraftdruck = Durchströmungs-Druckverlust des freigesetztes Wassers einstellt und wie auch experimentell mit hoher statistischer Absicherung erwiesen ($r_k \geq 0{,}995\ 79$), die Verdichtung dem Endwert $[(C_S)_{P=0} + a]$ asymptotisch zustrebt (siehe Gl. 11–11a und Abb. 11–8 in den Kommentaren der Diskussion der Versuchsergebnisse).

Vorweg jedoch eine Kurzbeschreibung des Kompressionsmodells und dessen Koeffizienten aus theoretischer und planerischer Sicht.

11 Einbindung der Flockenkompression bei Belebtschlämmen in die Massen-Flux-Theorie

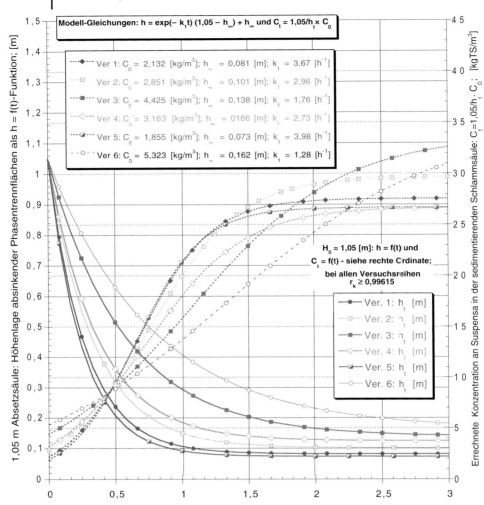

Abb. 11–5: Die 1,05 m hohe Absetzsäule: Variation der Phasentrennfläche und der mittleren Konzentration des Belebtschlammes während des Absetzens in den ersten 3 Stunden; Ermittlung kinetischer Koeffizienten des CR-Modells: k_1 und h_∞ für jede Säule und bei allen Versuchsreihen.

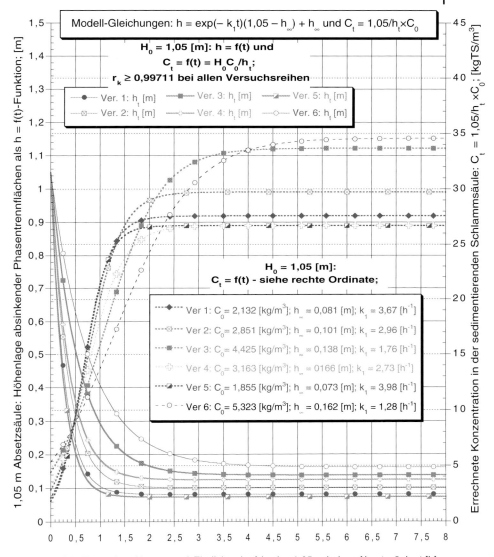

Alle Versuche: Absetz- und Eindickverlauf in der 1,05 m hohen Absetzsäule: t [h]

Abb. 11-6: Die 1,05 m hohe Absetzsäule: Variation der Phasentrennfläche und der mittleren Konzentration des Belebtschlammes während des Absetzens von 0 bis 8 Stunden, und Ermittlung kinetischer Koeffizienten k_1 und h_∞ bei allen Versuchsreihen – siehe Gl. 11–25.

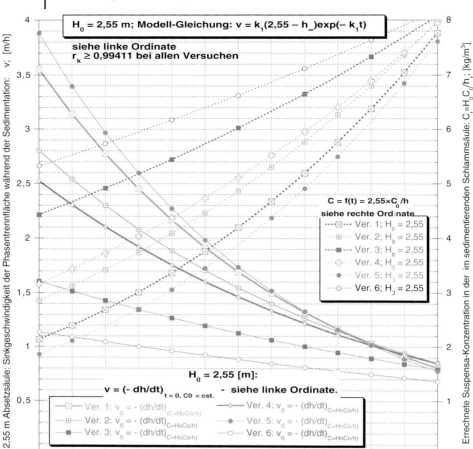

Abb. 11–7: 2,55 m hohe Absetzsäule: Variation der momentanen Sinkgeschwindigkeit der Phasentrennfläche – siehe Gl. 11–26, und der mittleren Konzentration des Belebtschlammes während des ersten einstündigen Absetzens; alle Säulen und Versuchsreihen.

11.4 Theoretische Grundüberlegungen

11.4.1 Der Kurgaev'sche Kompressionsansatz

Nach Kurgaev [5] ist bei der Ermittlung der Kompressionscharakteristika sich verdichtender Flocken bei Anwesenheit einer Stützfläche (Boden des Beckens oder der Absetzsäule) maßgebend, ob sich diese vor oder nach dem Erreichen des ihre Strukturfestigkeit kennzeichnenden, „kritischen Druckes" befänden. Mit diesem Begriff wird jener von der darüber liegenden Suspensamasse auf die darunter lagernden Suspensaschichten ausgeübte Druckschwellenwert gemeint, ab dem Deformationsprozesse der Makrovoidengebilde einsetzen und das herausgepresste intrastitielle Wasser beginnt die Suspensaschichten aufwärts zu durchströmen. Bei Überschreitung dieses Schwellenwertes beginnt die innere Struktur der Flocke langsam verloren zu gehen, indem aus der Struktur der Einzelflocke eigenes interstitielles Wasser die lagernden Suspensaschichten aufwärts durchströmt und die Flocke sich verformt. Zur modellmäßigen Erfassung dieser statischen Kompressionseindickung empfiehlt Kurgaev [5], dass in 3–4 parallel arbeitende Absetzsäulen unterschiedlicher Höhen, 10–40 cm, die zu untersuchende Suspension schonend von unten eingeführt und die Funktion h = f(t) in jeder Kolonne verfolgt werden sollte. Nach der Quasi-Stabilisierung des Schlammspiegels (6–15 h) sind diese Sedimenthöhen in jeder Absetzsäule festzuhalten. Demnach ließe sich in jedem dieser End-Sedimenten/Kolonne/Versuch die Suspensakonzentration C_S wie folgt ausdrücken:

$$C_S = \frac{M}{A \times h_\infty} \tag{11–1}$$

Wenn in erster Annäherung eventuelle, in diesem Sediment noch vorhandene Hohlräumen außer Acht gelassen werden [5], kann man jenen von dieser Suspensamenge auf die untersten Schlammschichten theoretisch ausgeübten Kompressionsdruck berechnen (mit ρ_W und ρ_S als Dichte des Wassers bzw. der Feststoffe):

$$P = g \times (M/A) \times \left(1 - \frac{\rho_W}{\rho_S}\right). \tag{11–2}$$

Für in der Wasseraufbereitungstechnik übliche Bereiche der Schlammeindickung konnte von Kurgaev mittels Standrohrversuchen festgestellt werden, dass zwischen der C_S-Konzentration (sicherlich noch weiter verdichtbar) und dem über Gl. 11–2 berechneten P-Wert ein Zusammenhang besteht, der mit einem linearen Ansatz beschrieben werden kann:

$$C_S = (C_S)_{P=0} + a(P - P_{kr}). \tag{11–3}$$

Durch statistische Regredierung der C_s,P-Wertpaare ließen sich somit die Konzentration des Sedimentes im noch nicht komprimierten Zustand $(C_s)_{P=0}$ wie auch dessen Kompressionsquotient $a = \Delta C_S/\Delta p$ bestimmen und bei bekannter gravimetrischer Ausgangskonzentration, $C_{t=0} = C_0$, die Volumenkonzentration der Flocken im nicht komprimierten Zustand $C_v = C_0/(C_S)_{P=0}$ berechnen (beim RZMB- Modell wird $C_v = k_{RZMB} \times C_0$, wobei $k_{RZMB} = 1/[(C_S)_{P=0}]$. Die Höhen $(h_x)_{P=0}$, welche den theoretischen Anfang der Kompressionsphase entsprechend abgelagerter Suspensamassen M auf die Stütz-Bodenfläche A der jeweiligen Absetzkurven kennzeichnen, lassen sich dann zu $(h_x)_{P=0} = M/[A \times (C_S)_{P=0}]$ errechnen. Diese so ermittelten Höhen werden auf die entsprechenden Ordinaten der Absetzkurve eingetragen und die korrespondierenden $(t_x)_{P=0}$-Werte auf der Abszisse abgelesen. Ferner würden sich bei praktisch abgeklungener Konsolidation, $(C_\infty)_{P=const.} \approx (C_S)_{P=const.}$, d. h. auf der Ordinaten wird gewählt $(h_{\infty\text{-praktisch}})_{P=const.} \approx (h_S)_{P=const.}$, auch die auf der Abszisse korrespondierenden Zeitpunkte jeder dieser Absetzkurven approximieren lassen: $(t_{\infty\text{-praktisch}})_{P=const.} \approx (t_S)_{P=const.}$. Dann lässt sich bei jeder der entsprechenden Kurven $h = f(t, P = const.)$ eine mittlere Eindick-/Kompressionsgeschwindigkeit des Schlammspiegels $\bar{V}_{\Delta t}$ vom Anfang der Kompressionsphase bis zu ihrer praktisch abgeklungenen Konsolidation berechnen:

$$\bar{V}_{\Delta t} = \frac{h_X - (h_S)_{P=cst.}}{(t_S)_{P=cst.} - t_X}, \tag{11-4}$$

worin $(h_S)_{P=const.}$ und $(t_S)_{P=const.}$ jene kennzeichnenden Koordinaten darstellen, die bei praktisch abgeklungener Konsolidation des Sedimentes bei jeder Absetzkurve $h = f(t, P = const.)$ abzulesen sind. Mit den für jede Absetzsäule so ermittelten Werten für $\bar{V}_{\Delta t}$ (Gl. 11–4) und bei bekanntem P (Gl. 11–2) lässt sich nach Kurgaev auch ein empirischer, linearer Zusammenhang zwischen $\bar{V}_{\Delta t}$ und dem in jeder dieser Säulen theoretisch einsetzenden Schwerkraftdruck P über den Ansatz einer Regressionsgeraden

$$\bar{V}_{\Delta t} = b + mP \tag{11-5}$$

erfassen und die Parameter b und m statistisch ermitteln. Die Tatsache, dass es in dieser Gleichung einen freien Term gibt, deutet nach Kurgaev darauf hin, dass bei der Kompression solcher Struktur-Systeme auch andere Kräfte mitwirken und zwar die Adhäsionskräfte, deren Größe als äquivalenter Druck:

$$P_a = \frac{b}{m} \tag{11-6}$$

definiert werden kann. Die auf die Masseneinheit des Feststoffs bezogenen, spezifischen Adhäsionskräfte werden unter Einflechtung dieses äquivalenten Druckes P_a von Kurgaev wie folgt definiert:

$$K_a = P_a/(C_S)_{P=0} \tag{11-7}$$

Bei bekannten $(C_S)_{P=0}$ und ρ_s lässt sich nun auch die Dichte nicht komprimierter Flocken berechnen:

$$(\rho_F)_{P=0} = \rho_W + (1 - \frac{\rho_W}{\rho_S})(C_S)_{P=0} = 1 + (1 - \frac{\rho_W}{\rho_S})(C_s)_P = 0 \qquad (11\text{--}8)$$

Damit wären die wichtigsten, das Kompressionsverhalten der Suspension charakterisierenden Parameter mittels Standrohrversuchen bereits erfasst und man könnte nach Kurgaev zur Übertragung der so gewonnenen Charakteristika auf stationär betriebene Durchlaufanlagen übergehen. In einem solchen stationär betriebenen Kläreindicker würde sich der von einem sich im Kompressionsbereich befindlichen Schlamm auf die Beckensohle theoretisch ausgeübte Schwerkraftdruck über folgende Beziehung berechnen (Druckaufbaugleichung):

$$P = \frac{Q_0 C_0}{A} \cdot \left(1 - \frac{\rho_W}{\rho_S}\right) g \times \tau \qquad (11\text{--}9)$$

worin τ die Aufenthaltszeit in dem Kompressionsbereich ist. Demnach gilt auch für den mit der nicht eingedickten (rohen) Suspension eingeleiteten Volumenstrom der Belebtschlammflocken (Feststoff-Volumenbeschickung) $(q_v)_{P=0}$:

$$(q_v)_{P=0} = Q_0 \times C_v = Q_0 C_0 / [(C_S)_{P=0}] \qquad (11\text{--}10)$$

Da wie in technischen Eindickern üblich: $P \gg P_{kr.}$, kann Gl. 11–3 vereinfacht werden:

$$C_S = (C_S)_{P=0} + aP \qquad (11\text{--}11)$$

In einem kontinuierlich betriebenen Kläreindicker lässt sich dann die Kompressionsgeschwindigkeit des Schlammes als Differentialquotient:

$$\frac{dh_S}{d\tau} = \frac{(q_V)_{P=0} \cdot (C_S)_{P=0}}{AC_S} \qquad (11\text{--}12)$$

ausdrücken. Wenn man hierin die in den Gl. 11–9 bis 11–11 angegebenen Ausdrücke einsetzt, so wird:

$$\frac{dh_S}{d\tau} = \frac{Q_0 \cdot C_0}{A\left[(C_S)_{P=0} + a\frac{Q_0 C_0}{A}\left(1 - \frac{\rho_W}{\rho_S}\right)g \cdot \tau\right]} \qquad (11\text{--}13)$$

Da für die von Kurgaev untersuchten, aus der Flusswasseraufbereitung resultierenden Schlämme der Faktor $[1 - \rho_W/\rho_S] \approx 0{,}6$ beträgt, ergibt sich nach dessen Einsetzen in Gl. 11–13 und erfolgter Integration die Kompressionshöhe:

$$h_S = \frac{1}{0{,}6\, ag} \ln\left(1 + 0{,}6\, ag \frac{Q_0 C_0 \tau}{A(C_S)_{P=0}}\right). \qquad (11\text{--}14)$$

Wenn man in Gl. 11–9 ebenfalls $[1 - \rho_W/\rho_S] \approx 0{,}6$ einsetzt, wird

$$0{,}6 \frac{Q_0 C_0}{A} g\tau = P \qquad (11\text{--}15)$$

und durch Substitution in die Gl. 11–14 resultiert die erste wichtige Kurgaev'sche Beziehung, in der nur P und die Modellkoeffizienten a, $(C_S)_{P=0}$ erscheinen:

$$h_S = \frac{1}{0{,}6\, ag} \ln\left(1 + \frac{aP}{(C_S)_{P=0}}\right). \qquad (11\text{--}16)$$

Andererseits gilt aufgrund der Massenbilanz $h_S C_S = (h)_{P=0} (C_S)_{P=0}$, sodass

$$C_S = [(h)_{P=0} (C_S)_{P=0}]/h_S. \qquad (11\text{--}17)$$

Darin ist durch Definition $(h)_{P=0}$ jene Schlammhöhe, die der Schlamm kurz vorm Einsetzen der Kompressionsphase einnimmt. Nach einer erneuten Massenbilanz, $(C_S)_{P=0} \times A \times (h)_{P=0} = Q_0 \times C_0 \times \tau$, lässt sich dann schreiben (siehe auch Gl. 10–15):

$$(h)_{P=0} = \frac{Q_0 C_0 \tau}{A\, (C_S)_{P=0}} = \frac{P}{0{,}6\, g}\, t\, \frac{1}{(C_S)_{P=0}}. \qquad (11\text{--}18)$$

Werden in die Gleichung 11–17 die Gl. 11–16 und Gl. 11–18 substituiert, so resultiert die zweite, ebenfalls nur auf P und Prozesskonstanten basierende Beziehung:

$$C_S = \frac{aP}{\ln\left(1 + \dfrac{aP}{(C_S)_{P=0}}\right)}. \qquad (11\text{--}19)$$

Die Gleichung 11–16 und 11–19 besagen, dass sowohl die Kompressionshöhe als auch die sich im Schlammabzug einstellende Feststoffkonzentration eine Funktion des Kompressionsquotienten a, der Feststoffkonzentration $(C_S)_{P=0}$ am Ende der Übergangsphase, dem dieser Sedimenthöhe korrespondierenden Kompressionsdruck P und dem Faktor $(1 - \rho_w/\rho_s)$ sind. Durch Multiplikation der Gl. 11–16 mit Gl. 11–19 lässt sich nach einigen Zwischenberechnungen die direkte Beziehung: $h_S C_S = P/(0{,}6 \times g)$ ableiten; für den allgemeinen Fall gilt dann:

$$h_S C_S = \frac{P}{\left(1 - \dfrac{\rho_w}{\rho_s}\right) g} \qquad (11\text{--}20)$$

Infolge obiger Ausführungen zieht Kurgaev den Schluss, dass mittels Standversuchen die Möglichkeit geboten wird, orientierende Zusammenhänge zwischen P, C_s und a für den betreffenden Schlamm festzustellen. Danach sollten unter Hinzuziehung der Gl. 11–16 und 11–19 die hieraus resultierenden $C_s; h_S$-Wertpaare eruiert werden, um über die Vorwahl eines planerisch angemessenen τ-Wertes und bei bekannten C_0-, Q_0- und A-Werten den im Durchlaufbetrieb benötigten Feststoffdruck P zu ermitteln (Gl. 10–9).

11.4.1.1 Erweiterung des Kurgaev'schen Modells

Was den Zusammenhang zwischen dem Kompressionsdruck und dem erzielbaren Eindickgrad des Schlammes (Gl. 11–3 und Gl. 11–11) sowie dessen Verdichtungsgeschwindigkeit (Gl. 11–5) hierbei betrifft, so wird von Kurgaev klar bemerkt, dass ab einer gewissen Schlammschichthöhe ein weitgehender Eindickeffekt ausbleiben müsse. Grund dafür müsste ein sich zwischen dem Kompressionsdruck und dem sich aufbauenden Porenwasserdruck des hieraus freigesetzten und aufwärts strebenden Wassers herbeigeführter Gleichgewichtszustand sein, ein Vorgang allerdings, für dessen mathematische Erfassung er keine Modellgleichung darbieten könne. Anmerkung: Wegen fehlender Berechenbarkeitsformeln solcher Grenzwerte sind – nach Auffassung der Autoren – physikalisch-mathematisch bedingt, die Kurgaevschen Gl. 11-3 und Gl. 11–11 kaum für technische Zwecke extrapolierbar. Zwecks Modell-Erweiterung wurde deshalb ein in der Reaktionstechnik typischer, hyperbolischer Ansatz angewandt [31]:

$$C_S = (C_S)_{P=0} + aP/(K_P + P) \qquad (11\text{–}11a)$$

Demnach würden die Kurgaev'schen Gleichungen (Gl. 11–3, 11–11, 11–13, 11–14, 11–16 und Gl. 11–19) ihre Gültigkeit verlieren. Nach Umformulierung der Gl. 11–13 zu:

$$\frac{dh_S}{d\tau} = \frac{Q_0 C_0}{A\left[(C_S)_{P=0} + \dfrac{aP}{K_P + P}\right]} \qquad (11\text{–}13a)$$

und erfolgter Integration resultieren nach mehreren Zwischenberechnungen folgende Schlüsselgleichungen:

$$h_S = \frac{1}{0{,}6\left[(C_S)_{P=0} + a\right]g} \cdot P + \frac{a\,K_P}{0{,}6\,g\left[(C_S)_{P=0} + a\right]^2} \ln\left[1 + \frac{(C_S)_{P=0} + a}{(C_S)_{P=0}\,K_P} \cdot P\right] \qquad (11\text{–}14a)$$

$$C_S = \frac{P\left[(C_S)_{P=0} + a\right]^2}{\left[(C_S)_{P=0} + a\right]P + a K_P \ln\left[1 + \dfrac{(C_S)_{P=0} + a}{(C_S)_{P=0}\,K_P} \cdot P\right]} \qquad (11\text{–}19a)$$

wobei Gl. 11–20 ihre volle Gültigkeit beibehält.

Auch zur Festsetzung dieser nach der Kurgaev'schen Methode zu wählenden Kompressionszeit τ sowie graphischen Schätzung von t_∞ und h_∞ muss bemerkt werden, dass wegen bei Belebtschlämmen schon nach wenigen Stunden eintretender Zersetzungsvorgängen t_∞ und h_∞ kaum experimentell richtig geschätzt werden können; damit wird sofort auch $C_S = f(P)$ in Frage gestellt (siehe Gl. 11–3, Gl. 11–11 sowie Gl. 11–4a). Dem kann man über die Anpassung der Messergebnisse einer kaum mehr als 8–10 Stunden zu verfolgenden Funktion $h = f(t, C_0 = \text{const.})$ an eine nicht-lineare Regression des Coulson-Richardson-Typs entgegentreten, damit die Gasentwicklung bei den biologisch aktiven

Schlämmen die Absetzergebnisse bei längeren Zeiten nicht verfälscht – siehe weitere Ausführungen zum Coulson-Richardson-Modell.

Auch aus der Sicht einer den Feststoff-Durchsatz nach unten abbremsenden Schlammkonzentration C_L „*limiting solids flux concentration*" [2, 4, 15, 18–23, 33] ist bei der Druckaufbaugleichung (Gl. 11–9) dem Kurgaev'schen Feststoff-Input: (Q_0C_0) zusätzlich die Bedingung:

$$Q_SC_S = Q_0C_0 - (Q_0 - Q_S)C_{Überl.} \approx A \times SF_L \qquad (11-21a)$$

bzw.

$$Q_0C_0 \approx A \times SF_L + (Q_0 - Q_S)C_{Überl.} \qquad (11-21b)$$

aufzuerlegen, worin $[(Q_0 - Q_S)C_{Überl.}]$ den Biomassenverlust im Überlauf der Kläreindickers darstellt. Würde man diesen dennoch bei

$$[Q_0C_0 - (Q_0 - Q_S)C_{Überl}] > A \times SF_L \qquad (11-22)$$

betreiben [33], so würde sich eine Zone suspendierter und pulsierender, kaum mehr aufeinander liegender und sich daher nicht mehr komprimierender Schlammschichten bilden, was bis zu einem mit dem Überlauf abtreibenden Flockenfilter führen würde und die eigentlich gewünschte Kompressionseindickung bliebe ganz aus (siehe Abb. 8–3a bis 8–3c). Ähnliches gilt für den betreffenden Schlamm bei zu lang gewählten Verdichtungszeiten, da hierbei sowohl eine Überdimensionierung als auch eine Verschlechterung der Ablaufqualität (Schlammgärung) zu befürchten wären. Deshalb muss das Kurgaev'sche Modell den zusätzlichen Faktor (SF_L) mit dem entsprechendem C_L-Wert enthalten, Aspekte die in [2, 19, 33] sowie vor allem in Kapitel 9 und Kapitel 10 dieses Handbuchs ausführlich präsentiert wurden und deshalb hierauf nicht mehr eingegangen werden sollte.

Eine zweite zusätzliche Erweiterung musste das Kurgaev'sche Modell auch wegen experimenteller Bestimmung von $h_∞$ erfahren, da unter anoxischen Bedingungen bei Belebtschlämmen schon nach wenigen Stunden Zersetzungsvorgänge einsetzen und die hierbei entstandene Gasentwicklung die Funktion $h = f(t, C_0 = const.)$ verfälscht. Wegen Schlammzersetzungsgefahr einerseits und eventuell hydraulischer Überbelastung andererseits kann in der Druckaufbaugleichung (Gl. 11–9) die zu wählende Kompressionszeit τ nicht mit der aufzubringenden Feststoffbelastung: (Q_0C_0/A) austauschbar sein, um hierdurch $\tau \times (Q_0C_0/A) = const.$ aufrechtzuerhalten. Dem kann man über die Anpassung nicht-linearer Regressionen an experimentell kaum länger als 3–8 h zu verfolgende $h = f(t, C_0 = const.)$-Funktionen modellmäßig entgegenwirken, indem die Korrelationsgüte des Modells statistisch beurteilt und k_1 sowie $h_∞$ berechnet werden können – siehe Gl. 11–25. Zur Dimensionierung von Kläreindickern wird deshalb von vorgegebenen Q_0- und C_0-Werten der Belebungsanlage ausgegangen [34, 35], in diesem Falle $C_0 = X$ (siehe Kapitel 8 bis Kapitel 10), und da die Zusammenhänge zwischen P, h, C_S, $\bar{V}_{\Delta t}$ bekannt sind (Gl. 11–14a, Gl. 11–19a, Gl. 11–27), lässt sich aus der Massenbilanz:

$$\tau[(Q_0 C_0) - (Q_0 - Q_S)C_{\text{Überl}}] = A \times h_S \times C_S \qquad (11\text{–}23a)$$

die Druckaufbauzeit τ abschätzen und mit der beabsichtigten Kompressionszeitspanne $(t_2 - t_1)$ vergleichen (Gl. 11–9, Gl. 11–21, Gl. 11–27); demnach wird:

$$\tau = A \times h_S \times C_S / [(Q_0 C_0) - (Q_0 - Q_S)C_{\text{Überl}}] = P/[(Q_0 C_0/A)(1 - \rho_W/\rho_S) \times g] \qquad (11\text{–}23b)$$

mit $Q_S = Q_0 (C_0 - C_{\text{Überl}})/C_S$ und $A = Q_S C_S/(SF_L - \bar{V}_{\Delta t} C_S)$. Damit wird die planerische Kompatibilität zwischen A, Q_0, C_0 und P, h, C_S, $\bar{V}_{\Delta t}$ gewährt und es kann eine technisch angemessene Lösung vorab gewählt werden. Hierfür muss aber der Schlüsselparameter h_∞ bekannt sein, dies ist Gegenstand der nachfolgenden Ausführungen.

11.4.2
Der Coulson-Richardson-Kompressionsansatz (CR)

Zur Beschreibung der in Schlammsäulen immer langsamer verlaufenden h_t-Abnahme wurde beim CR [16] ein kinetischer Ansatz 1. Ordnung mit Verzögerungsfaktor *„retardation factor"* angewandt; die Differentialgleichung hierfür lautet:

$$-dh/dt = k_1(h - h_\infty). \qquad (11\text{–}24)$$

Hierin ist h eine beliebige Höhe der Schlammsäule, h_∞ die Endhöhe bei theoretisch unendlicher Absetzzeit t_∞ (siehe Gl. 11–4) und k_1 der Geschwindigkeitsbeiwert. Bei den Randbedingungen, $t = 0$; $h = H_0$, ergibt sich die Lösung dieser Differentialgleichung zu:

$$h = \exp(-k_1 t)(H_0 - h_\infty) + h_\infty \qquad (11\text{–}25)$$

Durch das Ablesen der beobachteten h;t-Wertpaare während der Sedimentation/Kolonne und deren Einsetzen in Gl. 10–25 (überdefiniertes Gleichungssystem) konnten dank im Computer der Versuchsanlage eingebauter Programme für nicht-lineare Regressionen (Tab. 3–8), die zu jedem in jeder Absetzsäule verfolgten Sedimentationsverlauf korrespondierenden Koeffizienten k_1 und h_∞ ermittelt und aufgelistet werden – siehe dazu Abb. 11–3 bis 11–7. Ist h_∞ in jeder Absetzsäule bekannt, lässt sich auch die korrespondierende Endkonzentration bei abgeklungener Sedimentation berechnen: $(C_S)_{P=0} = H_0 C_0/h_\infty$. Damit allerdings endet auch das CR-Modell [16, 35].

11.4.2.1 Erweiterung des CR-Kompressionsansatzes

Über die Kurgaev'schen Modellwerte, $(C_S)_{P=0}$, a und K_P (Abb. 11–8), kann aber der Einfluss des von der Suspensamasse auf den Säulenboden ausgeübten Drucks P (Gl. 11–11) modellmäßig erfasst und somit auch das h_S;C_S-Wertpaar berechnet werden (Gl. 11–14a, 11–19a). Als weiterer technologischer Schritt hat nun die Berechnung der mittleren Kompressionsgeschwindigkeit $\bar{V}_{\Delta t}$ des Schlammes binnen der gewünschten Kompressionszeit t_1 bis t_2 zu erfolgen. Hierfür wird Gl. 10–25 nach t differenziert und so die momentane Geschwindigkeit v von Phasentrennflächen in beliebiger Höhe ermittelt:

$$-dh/dt = k_1(H_0 - h_\infty)\exp(-k_1 t) = v. \qquad (11\text{--}26)$$

In dem Ausdruck:

$$[1/(t_2 - t_1)] \int_{t_1}^{t_2} v \times dt/(t_2 - t_1) = \frac{(H_0 - h_\infty)[\exp(-k_1 t_1) - \exp(-k_1 t_2)]}{(t_2 - t_1)} = \bar{V}_{\Delta t} \qquad (11\text{--}27)$$

stellt der Zähler des zweiten Terms die zwischen den Abszissenwerten t_2 und t_1 liegende Fläche dar, was wiederum durch $(t_2 - t_1)$ dividiert, den $\bar{V}_{\Delta t}$-Mittelwert dieser Zeitspanne bei dem Suspensa-Kompressionsdruck P in der jeweiligen Absetzsäule liefert. So wird für jede Absetzsäule diese Berechnung durchgeführt und der Verlauf der Funktion $\bar{V}_{\Delta t} = f(P)_{H0, C0 = \text{const.}}$ während der Zeitspanne $(t_2 - t_1)$ bestimmt.

Bemerkung: Bei Belebtschlammanlagen, die über eine große Vorklärung verfügen, sind merklich leichtere Flockenstrukturen zu erwarten als bei dem untersuchten Belebtschlamm der Fall war. Dieser stammte aus der Mischkanalisation eines Großchemiewerkes, dessen Pilot-Kläranlage nur mit einer groben Vorklärung (10 Minuten Aufenthaltszeit bei 10 m^3/(m^{2}h) Oberflächenbeschickung) ausgestattet war und in der ein Schlammalter über 22 Tage bei 12 Stunden Aufenthaltszeit herrschte. Bezeichnenderweise betrug auch der Glühverlust dieser „schwereren" Belebtschlammflocken lediglich 67%. Wie die Erfahrung der Autoren zeigte, lässt sich die Sedimentation von Belebtschlammflocken (welche bei üblichen, mit Nitrifikationsstufe ausgestatteten Belebungsanlagen für Kommunalabwässer entstehen) nicht mehr zufrieden stellend mit einer Kinetik 1. Ordnung mit Verzögerungsterm erfassen. Meistens gelingt es eine Modellabbildung mit merklich höherer Korrelationsgüte zu erreichen, wenn hierfür Ansätze 2. Ordnung mit Verzögerungsterm eingesetzt werden.

In einem solchen Fall wird der differenzielle Ansatz angewendet:

$$-dh/dt = k_1(h - h_\infty)^2. \qquad (11\text{--}24a)$$

Die Lösung lautet dann:

$$h = \frac{h_\infty t + \dfrac{H_0}{k_1(H_0 - h_\infty)}}{t + \dfrac{1}{k_1(H_0 - h_\infty)}} \qquad (11\text{--}25a)$$

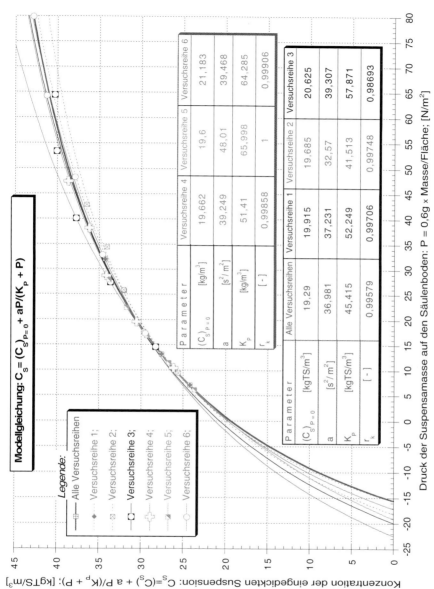

Abb. 11-8: Ermittlung der Modellkoeffizienten bei der Verdichtung des Belebtschlammes während der Kompressionsphase als Funktion des Schwerkraftdrucks darüber lagernder Schlammmassen – siehe Gl. 11–11a; alle Versuchsreihen.

die momentane Sinkgeschwindigkeit der Phasentrennfläche v wird demnach zu:

$$-dh/dt = v = \frac{1}{k_1 \left[t + \dfrac{1}{k_1 (H_0 - h_\infty)} \right]^2} \qquad (11\text{–}26a)$$

und die mittlere Sinkgeschwindigkeit $\bar{V}_{\Delta t}$ in der Zeitspanne $(t_2 - t_1)$ zu:

$$[1/(t_2 - t_1)] \int_{t_1}^{t_2} v\, dt = \bar{V}_{\Delta t} = \frac{k_1}{\left(k_1 t_1 + \dfrac{1}{H_0 - h_\infty} \right) \left(k_1 t_2 + \dfrac{1}{H_0 - h_\infty} \right)} \cdot \qquad (11\text{–}27a)$$

Die Messdaten zur Modellerstellung ergaben sich über die Zeit-Verfolgung der h;t-Wertpaare in allen 5 Absetzsäulen der 6 Versuchsreihen; durch manuelle Eingabe dieser so gewonnenen Daten in den mit Programmen für nicht-lineare Regressionen ausgestatteten Computer des Schaltpultes (Abb. 11–1) und Daten-Regredierung nach Gl. 11–25. Es resultierten, auf Versuchsreihe und jeweilige Kolonnenhöhe bezogen, statistisch abgesicherte Werte für die CR-Modellkoeffizienten k_1 und h_∞ und über den einprogrammierten Vergleich: Messdaten $\Leftrightarrow$ Modell-Voraussage wurde auch die Modellgüte statistisch beurteilt. Mittels entsprechend gebildeter k_1-, h_∞-, H_0- und $h_t = C_0 H_0 / C_t$-Wertpaare wurden so nicht nur die Absetzgeschwindigkeiten des Schlammspiegels als Konzentrationsfunktion während des gleichmäßigen Absetzens: $v_0 = f(C_0)$, sondern es konnten auch jene v-Werte zu jeder beliebiger Zeit in den jeweiligen Absetzsäulen berechnet werden (Gl. 11–26). Das weitere Vorgehen bestand darin, anhand der für jede Absetzsäule zusammengehörenden H_0; C_0; h_∞; P; C_S-Werte die nunmehr bekannten C_S;P-Wertpaare/Absetzsäule/6-Versuchsreihen auch in den Computer einzugeben, um durch deren Regredierung nach Gl. 11–11a die Modellkoeffizienten $(C_S)_{P=0}$, a, K_P, zu ermitteln (Abb. 11–8). Sind diese bekannt und statistisch beurteilt, kann abschließend der Zusammenhang zwischen h_S und C_S unter Durchlaufbedingungen berechnet werden – siehe Gl. 11–14a, Gl. 11–19a und Abb. 11–9.

11.5
Diskussion der Ergebnisse

Die Einbindung resultierender Messdaten in das erweiterte kinetische Modell und dessen statistische Absicherung erlaubte die Quantifizierung der Verhaltensunterschiede und -ähnlichkeiten bei den planerisch wichtigsten Prozessmechanismen von Sedimentations-, Fluidisierungs- und Kompressionsvorgängen. Nachstehend die Darlegung in grapho-analytischer Form und Diskussion der Ergebnisse: In Abbildung 11–1 wird das Konzept der Versuchsanlage skizziert, deren Gestaltung durch die Aufgabenstellung begründet war, die bei vorausgegangenen Laborversuchen in üblichen 1-l-Standzylindern ungewöhnlich gut verlaufende Massensedimentation auf ihre Umsetzung in die Planung zu überprüfen. Es ging hierbei um 15 nach Literaturangaben bereits geplante Nachklärbecken mit einem Durchmesser von jeweils ϕ = 55 m. Diese Standrohr-Durchlaufversuche hätten deshalb eine eventuelle Reduzierung der Anzahl/Oberfläche erbringen können.

Aus Abbildung 11–2 wird ersichtlich, dass die Einbindung der Fluidisierungsergebnisse in das RZMB-Modell eine sehr hohe Korrelationsgüte erlaubte: $r_k \geq 0{,}996\ 95$. Die Prozessanalyse ermöglichte für die Sinkgeschwindigkeit einzelner Flockenmakrovoide in allen 5 Säulen einen quasi-konstanten Wert zu bestimmen: $v_P = 6{,}89$–$6{,}91$ m/h. Dies ging bei ansteigenden Säulenhöhen ebenfalls mit leicht ansteigenden k_{RZMB}- und n_{RZMB}-Werten einher: $k_{RZMB} = 0{,}046\ 75$ m^3/kgTS (0,56-m-Säule) bis $k_{RZMB} = 0{,}049\ 38$ m^3/kgTS (2,55-m-Säule), resp. $n_{RZMB} = 5{,}769$ bis $n_{RZMB} = 5{,}875$. Die Prozessanalyse der bei den Fluidisierungsversuchen resultierenden Ergebnisse zeigte, dass zumindest binnen des untersuchten Fluidisierungsbereiches mit der Zunahme der Säulenhöhe stets auch eine Ausdehnung des betreffenden Flockenfilters einherging, wenn auch geringfügig ($\leq 10\%$).

Dass sich aber dieses scheinbar unwichtige Detail gewaltig auf den entsprechenden Geschwindigkeitsbeiwert k_1 niederschlagen müsste, stellte sich bei der Datenverarbeitung der Ergebnisse von Absetzversuchen heraus, wonach bei derselben Versuchsreihe aber bei unterschiedlichen Säulenhöhen, bei statistisch hoch abgesicherter Korrelationsgüte stark differierende k_1-Werte resultierten – siehe Abb. 11–3 bis Abb. 11–6. So konnten in der 2,55-m-Säule mehr als doppelt so hohe k_1-Werte ermittelt werden als in der 1,05-m-Absetzsäule.

Sind diese statistisch hoch abgesicherten k_1- und h_∞-Wertpaare bestimmt ($r_k \geq 0{,}998\ 03$), lassen sich die Sinkgeschwindigkeiten in den Schlammsäulen v (Abb. 11–7, linke Ordinate) bei variierender Sedimentkonzentration $C = C_0H_0/h$ berechnen (Abb. 11–7, rechte Ordinate).

Wie erwartet, auch aus Abb. 11–3 bis Abb. 11–6 hervorgehend, verlangsamte sich das zeitbezogene Absinken der Phasentrennfläche stark mit steigender TS-Ausgangskonzentration und ließ sich mit Hilfe des so erweiterten Modells quantifizieren (Gl. 11–26) – durchgezogene Kurvenverläufe für $v = -(dh/dt)_{(C=C_0H_0/h)}$ auf der linken Ordinate in Abb. 11–7. Physikalisch bedingt erfolgte die Aufkonzentrierung der sich während des Absetzens verdichtenden Schlammsäule umgekehrt – siehe gestrichene Kurvenverläufe und rechte Ordinate in Abb. 11–3 bis Abb. 11–6. Man kann darin erkennen, dass schon nach kurzer Absetzzeit von 5–10 Minuten, bei der momentanen Sinkgeschwindigkeit der Phasentrennfläche Unterschiede von bis zu 30% gegenüber den tatsächlichen Ausgangsgeschwindigkeiten bei t = 0 auftreten (linke Ordinate, Ver. 1 und Ver. 5), währenddessen die mittlere Belebtschlammkonzentration in der Schlammsäule zunimmt (Abb. 11–3, rechte Ordinate). Bei der 1,05 m-Säule überschnitten sich die $C_S = f(t, H_0$ = const., C_0 = const.)-Funktionen nach rund 0,5 h (Abb. 11–5, 11–6), bei der 2,55 m-Säule nach ca. 1,1 h (Abb. 11–3).

11 Einbindung der Flockenkompression bei Belebtschlämmen in die Massen-Flux-Theorie

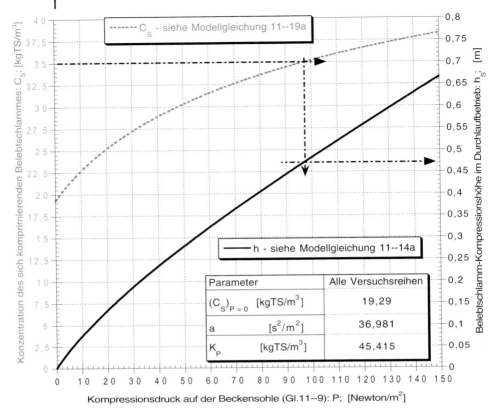

Abb. 11–9: Zusammenhang zwischen der Kompressionshöhe und erreichbarer Abzugskonzentration der Schlammmasse in der Speicherzone eines Kläreindickers als Funktion des auf den Beckenboden theoretisch ausgeübten Schwerkraftdrucks – siehe Gl. 11–14a und Gl. 11–19a.

Wie sich diese Prozesskonstanten auf die Schlammkompression in einem Durchlauf-Kläreindicker auswirken wird in der Abb. 11–9 dargestellt. Auffallend hierbei ist der steile C_S-Anstieg für $P \leq 60$ N/m², wohingegen bei h_S dies nur bis $P \leq 20$ N/m² eintrat.

Der Modell-Zusammenhang jeweiliger Vierer-Wertpaare, $H_0;C_0;k_1;P$, wird aus Abb. 11–10 bis Abb. 11–12 ersichtlich. Der Geschwindigkeitsbeiwert k_1 nimmt mit sinkender Säulenhöhe H_0 sowie/oder mit sinkender Ausgangskonzentration C_0 deutlich zu. Der Unterschied ist ab $H_0 \geq 2$ m gering, bei $H_0 \leq 1$ m jedoch nahezu exponentiell. Auch die h_∞-Modellwerte nehmen mit ansteigender Säulenhöhe H_0 und Konzentration der Ausgangswerte C_0 zu, kaum aber direktproportional damit oder mit der Massenbelegung (H_0C_0) (Abb. 11–11). Physikalisch bedingt gehen mit dem Abnehmen der Säulenhöhe und deren Ausgangskonzentration auch die P-Modellwerte zurück; dies allerdings erfolgt direktproportional zur Massenbele-

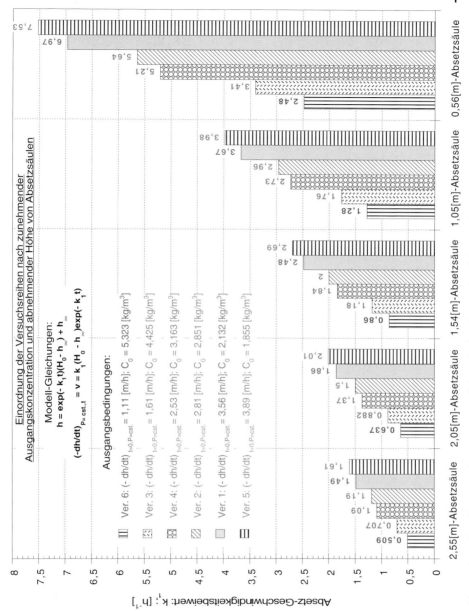

Abb. 11-10: Einfluss der Massenkonzentration und der Höhe der Absetzsäule auf den Geschwindigkeitsbeiwert k_1 des sedimentierenden Belebtschlammes; alle Versuchsreihen.

392 11 Einbindung der Flockenkompression bei Belebtschlämmen in die Massen-Flux-Theorie

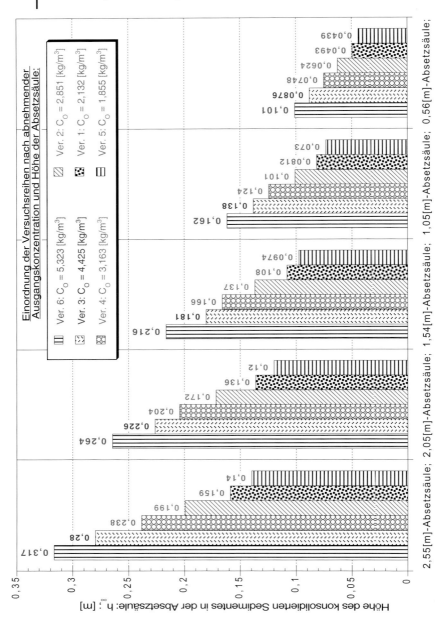

Abb. 11-11: Einfluss der Massenbelegung $H_0 \, C_0$ auf die Endhöhe h_∞ des Sedimentes bei dessen abgeklungener Konsolidation; alle Versuche.

11.5 Diskussion der Ergebnisse | 393

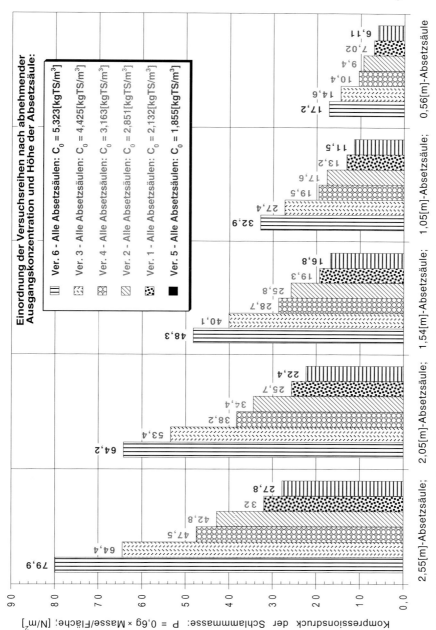

Abb. 11-12: Zusammenstellung der bei abgeklungene Konsolidation der Schlammmasse theoretisch einsetzenden Kompressionsdrücke auf den Boden von Absetzsäulen; alle Versuche.

gung: $H_0C_0 = h_tC_t$ = const. in der sedimentierenden Schlammsäule. Ob es zwischen den Prozessmechanismen des Absetzens und der Fluidisierung Unterschiede gibt wurde hierzulande 1964 von Stobbe [37] recherchiert und qualitativ vermerkt; eine Quantifizierung: Absetzen ⇔ Fluidisieren erbrachte diese bemerkenswerte Dissertation jedoch nicht.

Wie aus Abb. 11–13 ersichtlich ist, erlaubte aber das Michaels-Bolger-Kurgaev-Coulson-Richardson-Modell (MBKCR) einen tieferen Einblick in diese beiden Prozessmechanismen zu werfen. Hiernach resultiert, dass unter Aufrechterhaltung modell-identischer Flockenstrukturen die Fluidisierungsgesetze nur für die Phase des gleichmäßigen Absetzens gelten (Ausgangsbedingungen). Bei $t > t_{Zone\text{-}settling}$ treten zunehmend Strukturveränderungen der Makrovoide auf, was bei Konzentrationen ab etwa 6 gTS/l modellabweichende Wasserdurchsätze hervorrief.

Wie aus Abbildung 11–14 hervorgeht, erwies sich allerdings der Einfluss der Kompression auf die mittlere Eindickgeschwindigkeit als von viel komplizierterer Natur zu sein, als von Kurgaev angegeben (Gl. 11–5). Die hierin angegebene Direktproportionalität hätte technisch-hydraulisch begründet, auch nur für einen sehr begrenzten Bereich gelten können, da ab einem gewissen Kompressionsdruck, der beim Durchströmen der Schlammschicht entstandene hydraulische Widerstand einer weiteren Verdichtung Grenzen setzen muss. Nach mehreren Anpassungsversuchen der Messdaten an Modell-Regressionen mit und ohne freien Term erbrachte die Annahme eines sigmoidalen Verlaufes:

$$\bar{V}_{\Delta t} = m_1 + (m_2 - m_1)/\{1 + \exp[(P - m_3)/m_4]\} \tag{11–28}$$

eine statistisch hoch abgesicherte Aussage der Modellbildung: $r_k = 0,994\,66$ (Abb. 11–14). Charakteristisch hierbei ist die Begrenzung der Kompressionsgeschwindigkeit, ein bei der Verformung der Flockenmakrovoide sich in allen aufgeführten Modellbeiwerten widerspiegelndes Mitwirken von Widerstandskräften mechanisch-hydraulischer Natur. Bei $P \to \infty$ wird $\bar{V}_{\Delta t} = m_1$, bei $\bar{V}_{\Delta t} = 0$ wird $P = m_3 + m_4 \times \ln(-m_2/m_1)$ N/m² und bei $P = 0$ wird $\bar{V}_{\Delta t} = m_1 + (m_2 - m_1)/[1 + \exp(-m_3/m_4)]$ m/h, also wie auch m_2 im negativen $\bar{V}_{\Delta t}$-Bereich dicht an der Ordinaten $\bar{V}_{\Delta t} = 0$ liegend. Mathematisch-physikalisch fundiert geht ferner aus Gl. 11–27 hervor, dass bei gleich bleibenden P-Werten mit der Verlagerung der Kompressionszeit zu größeren t_1-Werten auch entsprechend kleiner werdende $\bar{V}_{\Delta t}$-Werte einhergehen und bei abgeklungener Konsolidation, $t_1 \to$, auch $\bar{V}_{\Delta t} \to 0$ tendiert. Dies bedeutet, dass unterschiedliche Schlammaufenthaltszeiten zu unterschiedlichen Abläufen der Kompressionsvorgänge führen und dies modellmäßig auch mit einer Änderung von m_1, m_2, m_3 und m_4 einhergehen muss. Eine passende Vorwahl für t_1 und t_2 muss deshalb vorab getroffen und auch geprüft werden. Dies wird im folgenden Dimensionierungsbeispiel dargelegt.

11.5 Diskussion der Ergebnisse

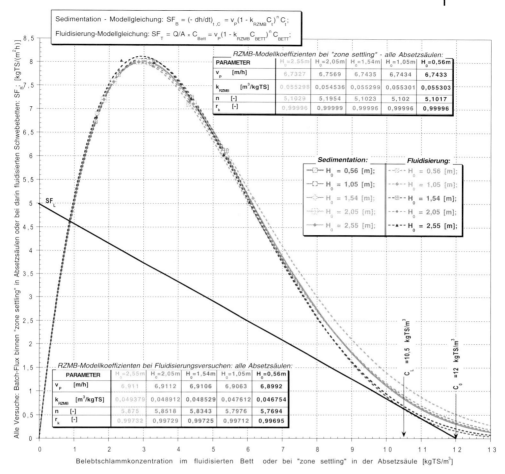

Abb. 11–13: Tabellarische Zusammenfassung aller bei Absetzen ⇔ Fluidisieren erzielten Mess- und Modellergebnisse und Ermittlung des limitierenden Feststoff-Durchsatzes bei in dem Kläreindicker-Dimensionierungsbeispiel angegebener $C_0 = 12$ kgTS/m³. Die Bestimmung des entsprechenden SF_L-Wertes erfolgte nach der „limiting solids flux theory", mit Hilfe der von Yoshioka erarbeiteten graphischen Lösung; nach [2, 9, 19–23, 38]

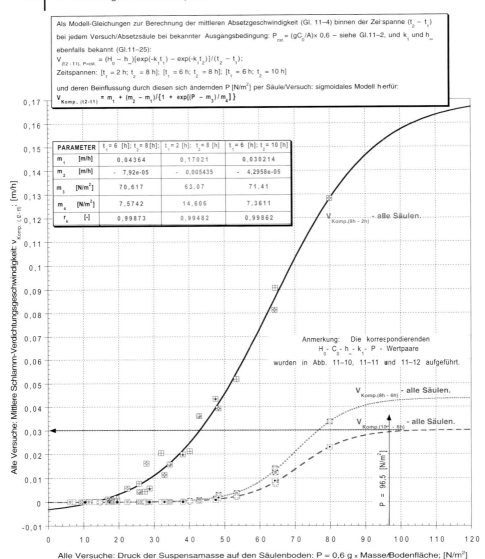

Abb. 11–14: Einfluss der Kompression auf die mittlere Eindickgeschwindigkeit des Belebtschlammes bei unterschiedlichen Verweilzeiten in der Kompressionsschicht – vgl. mit der graphischen Hilfskonstruktion in der Abb. 11–9 und dem Dimensionierungsbeispiel im Abschnitt 11.6; alle Säulen in den 6 Versuchsreihen.

11.6
Dimensionierung eines statischen Eindickers

Mit den Flockencharakteristika: $v_P = 6{,}758\ 9$ m/h, $k_{RZMB} = 0{,}054\ 536$ m³/kgTS und $n = 5{,}195\ 4$ (Abb. 11–13, Modellergebnisse in der 2,05 m-Säule bei Absetzversuchen), resp. Den Kompressionscharakteristika: $(C_S)_{P=0} = 19{,}29$ kgTS/m³, $a = 36{,}981$ s²/m³ und $K_P = 45{,}415$ kgTS/m³ (Abb. 11–8) fallen als Überschussschlamm $Q_0 = 50$ m³/h mit $C_0 = 12$ kgTS/m³ an. Aus Abbildung 11–13 mit der nach [38] überarbeiteten graphischen Yoshioka-Rapidlösung zum *„limiting solids flux"* ist ersichtlich, dass bei $C_U = C_0 = 12$ kgTS/m³ $SF_L = 5$ kgTS/(m²h) bei $C_L = 10{,}5$ kgTS/m³ resultiert.

Aufgabenstellung: Es sollte bei einem maximal zugelassenen Schlammabtrieb im Überlauf des Kläreindickers, $C_{Überl.} = 0{,}150$ kgTS/m³, dessen Oberfläche A und die benötigte Kompressionshöhe h_S berechnet werden, damit die Kompressionszeit τ des Schlammes in der Speicherzone, $(t_2 - t_1)$, nicht länger als etwa vier Stunden beträgt (Abb. 11–14), innerhalb dieser im Schlammabzug $C_S = 35$ kgTS/m³ erreicht werden sollten.

Lösung: Bei quasi-stationärem Betrieb ergibt sich die Schlammabzugsmenge als: $Q_S = Q_0(C_0 - C_{überl.})/C_S = 50(12 - 0{,}150)/35 = 16{,}928 \approx 17$ m³/h. Nach dem *„limiting solids flux"* muss aber $SF_L = C_S(\bar{V}_{\Delta t} + Q_S/A)$ gelten. Mit Hilfe der graphischen Konstruktion in Abb. 11–14 lässt sich ablesen, dass für $t_1 = 6$ h und $t_2 = 10$ h nunmehr $\bar{V}_{\Delta t} \approx 0{,}03$ m/h wird; aus der obigen Massenbilanz lässt sich dann ableiten: $A = \{Q_S C_S/(SF_L - \bar{V}_{\Delta t} C_S)\} = 17 \times 35/(5 - 0{,}03 \times 35) = 150{,}6$ m². Demnach würde die Feststoff-Oberflächenbeschickung: $C_0 Q_0/A = 12 \times 50/150{,}6 = 3{,}984$ kgTS/(m²h) $= 95{,}6$ kgTS/(m²d) bzw. die Schlammvolumenbeschickung: $(q_V)_{P=0} = C_0 Q_0/A k_{RZMB} = 3{,}984 \times 0{,}054\ 536 = 0{,}217$ m³/(m² h) betragen. Mit Hilfe der graphischen Konstruktion in Abb. 11–9 resultiert für $C_S = 35$ kgTS/m³ bei $P \approx 96{,}5$ N/m² nun auch $h_S \approx 0{,}47$ m. Verglichen mit jenen von Kalbskopf [7] für Mischschlämme erlangten Versuchsdaten im Großmaßstab, wäre bei $C_0 Q_0/A \approx 100$ kgTS/(m²d) eine Schichthöhe $h_S \approx 0{,}50$ m zu erwarten gewesen, um $C_S = 35$ kgTS/m³ im Schlammabzug des Kläreindickers zu erreichen. Aus Gl. 11–9 lässt sich die Verweilzeit des Schlammes in der Kompressionszone ableiten:

$$\tau = P/[(Q_0 C_0/A) \times 0{,}6 \times g] = 96{,}5/[(50 \times 12/150{,}6) \times 0{,}6 \times 9{,}81] = 4{,}11\ h$$

also noch kurz genug, um weitgehenden Zersetzungsvorgängen vorzubeugen und mit der vorab gewählten Zeitspanne in der Speicherzone: $t_2 - t_1 = 10 - 6 = 4$ h weitgehend übereinstimmend. Zu diesen Ergebnissen folgender Kommentar: Bei flächenmäßig voll ausgelasteten Kläreindickern setzen, physikalisch bedingt, die stärksten Flockenverformungsvorgänge in der Nähe der starren Beckensohle ein. Oberhalb dieser Kompressionszone kann sich eine Übergangszone herausbilden, in welcher sich komplexe Flocken-Umstrukturierungsprozesse, wie die durch Wirken von Adhäsionskräften unter Partikeln hervorgerufene Agglomeratbildung, Bildung von Schlammbrücken und auch ein gewisses *„channeling"* entwickeln. Dies geht dann in eine pulsierende Schlammschicht (Flockenfilter) über, oberhalb derer sich eine mehr oder weniger durchsichtige Klarwasserschicht bis zur Oberfläche hin erstreckt; eine solche Funktionsweise wird als *„filter operation mode"* bezeichnet [2–4, 19, 33] und liefert, wie bei den üblichen Nachklärbecken des Belebtschlammverfahrens der Fall, einen praktisch suspensafreien Überlauf. Bei flächenmäßig unterbelasteten Kläreindickern, deren Hauptaufgabe die Aufkonzentrierung des Schlammes und nicht die Erzielung eines Überlaufes mit sehr niedrigem Suspensagehalt ist, *„thickener normal operation mode"*, ist der pulsierende Flockenfilter so gut wie nicht existent. Ein solcher Kläreindicker ist dann als Fläche, ggf. auch als Gesamt-Bauhöhe, überdimensioniert, kann aber bei zu lang eingestellten Verweilzeiten des Schlammes zu Zersetzungserscheinungen führen. Dies kann sich auf die Ablaufqualität ungünstig auswirken. Versucht man die zur Verfügung stehende, große Höhe durch mechanische Maßnahmen zu verringern, so begünstigen Channeling-Erscheinungen oder Krählwerke meist die Aufwärtsströmung, können die innere Struktur des sich konsolidierenden Schlammes jedoch wenig verändern, aber bei zu stark reduzierter Höhe die Qualität des Überlaufes verschlechtern (Normalnorm nach Kurgaev: es ist etwa das 4- bis 6fache der aktiven Kompressionshöhe als Klarwasser-Sicherheitshöhe einzuplanen).

Dann kann bei schon kleinen hydraulischen Stossbelastungen der *„thickener normal operation mode"* über den *„settler operation mode"* auch in den *„filter operation mode"* überspringen; trotz flächenmäßiger Unterbelastung liefert ein solcher Kläreindicker einen trüben Überlauf. Soll, wie gerechnet, die Oberflächenbeschickung $Q_0/A = 50/150{,}6 = 0{,}332$ m^3/(m^2 h) betragen, so entspräche dies einer theoretischen Aufstiegsgeschwindigkeit: $(Q_0 - Q_S)/A = (50 - 17)/150{,}6 = 0{,}219$ m/h. Übertragen auf ein theoretisch total-fluidisiertes Bett führt dies zu: $C_{BETT} = [1 - (v_0/v_P)^{1/n}]/k_{RZMB} = [1 - (0{,}219/6{,}7589)^{1/5{,}1954}]/0{,}054\,536 = 8{,}86$ kgTS/m^3 bzw. zu einer volumetrischen Konzentration: $C_v = C_{BETT} \times k_{RZMB} = 8{,}86 \times 0{,}054\,536 = 0{,}483$ m^3/m^3.

Das wäre allerdings eine Volumenkonzentration bei der die Gültigkeit von Fluidisierungsgesetzen ihre obersten Grenzen spränge, da sich die höheren Schlammschichten schon in der ausgeprägt instabilen, mit Abreißen von Schlammwolken einhergehenden *„channeling"*- und *„volcanoes"*-Phase [8, 15] befänden. Eine Sicherheitshöhe von mindestens 2 m oberhalb der kompressionsaktiven Schlammschicht wäre daher erforderlich, um den Kläreindicker risikoarm zu betreiben. Bei ausgeprägt niedrig liegenden Ausgangs-Flockenvolumen im nicht komprimierten Zustand und ausgesprochen langsam verlaufenden Verdichtungsvorgängen, wie bei diesem Belebtschlamm der Fall, können sich die Kompressionscharakteristika und nicht die Absetzcharakteristika als geschwindigkeitslimitierend erweisen und daher nicht nur als höhen-, sondern auch als flächenbestimmend wirken. Dies trifft vor allem auf die Schlammspeicherung in vertikalen Kläreindickern zu, wo es üblicherweise zu Verdichtungsprozessen kommt. Dann werden/können die Kompressionshöhe, die Kompressionszeit sowie die eingestellte Abzugsgeschwindigkeit sowohl für die Bauwerkshöhe als auch -fläche maßgebend sein; für die Ermittlung der Fläche eines üblichen, horizontal durchströmten Nachklärbeckens im *„filter operation mode"* bleiben aber als Bemessungsparameter allein die Absetzcharakteristika des Belebtschlammes [19, 33, 34] maßgeblich. Insofern wird auch dem von Born und Frechen erhobenen Einwand [39], dass nicht bekannt sei, wie man gemäß der Massenflusstheorie die Tiefe von Nachklärbecken bestimmen könne, hiermit klarstellend entgegnet.

11.7
Schlammkompression – Schlussbemerkungen

Die wichtigsten Aspekte dieser Untersuchungen lassen sich wie folgt resümieren:
- Als wichtige wissenschaftlich-technische Erkenntnis dieser Versuche ging hervor, dass der kinetische Ansatz zur Beschreibung der Funktion h = f(t, C_0 = const.) einen freien Term (h_∞) enthalten muss. Dabei sollen/können sowohl Abläufe 1. Ordnung wie auch 2. Ordnung zur Aufnahme des Sedimentationsverlaufes kommen. Maßgebend hierfür sind der Modellanwendung entspringende, physikalisch sinnvolle, kinetische Koeffizienten und eine statistisch hoch abgesicherte Güte der Modell-Voraussage, wobei entschieden $r_k \geq 0{,}975$ sein sollte.
- Der untersuchte Belebtschlamm wies eine ungewöhnlich kompakte Makrovoidenstruktur auf. Die Modellbildung erbrachte hohe Werte für die „*free settling velocity*" ($6{,}97 \geq v_P \geq 6{,}55$ m/h) bei einer Dichte nicht komprimierter Flocken:
$(\rho_F)_{P=0} = 1{,}011\,6$ g/cm^3 (Gl. 11–8) sowie einem spezifischen Schlammvolumen $0{,}060\,1 \geq SVI = k_{RZMB} \geq 0{,}049\,1$ m^3/kgTS (Abb. 11–13).
- Die Kompressibilität der Flockenkarkasse führte zu h_∞-Modellwerten, welche kaum direktproportional mit der Massenbelegung ($H_0 C_0$), sondern einem hyperbolischen Gesetz folgend, mit dieser variierten (Abb. 11–11).
- Die Belebtschlamm-Flockenkarkasse erwies sich als relativ elastisch, da erst bei $P = m_3 + m_4 \times \ln(-m_2/m_1)$ eine merkliche Kompressionsverformung eintrat: $P_{(t1=2;t2=8)} \geq 12{,}8$ N/m^2, $P_{(t1=6;t2=8)} \geq 22{,}8$ N/m^2, $P_{(t1=6;t2=10)} \geq 23{,}15$ N/m^2 (Abb. 11–14). Die resultierenden m_2-Koeffizienten liegen deshalb im negativen Bereich, dicht unter der Abszisse $P = 0$ und nehmen bezeichnenderweise als absoluter Wert ab, wenn t_1 und $(t_2 - t_1)$ zunehmen; ähnlich verhielten sich auch die m_1-Koeffizienten, welche die Begrenzung der Funktion $\bar{V}_{\Delta t} = f(P)$ bei $P \to$ definieren sowie die m_3- und m_4-Modellbeiwerte, die ihrerseits den ($\bar{V}_{\Delta t}/P$)-Gradienten kennzeichnen.
- Der Absetzvorgang in Standrohrsäulen wird maßgeblich von deren Höhe beeinflusst. So lagen die k_1-Geschwindigkeitsbeiwerte in den höheren Absetzsäulen viel tiefer als in den niedri-

geren Absetzsäulen gleicher Ausgangskonzentrationen (Abb. 11–10).
- Eine identische Flockenstruktur, resp. Ebensolche Flockencharakteristika wie beim Fluidisieren, liegt beim Absetzen nur während des gleichmäßigen Absetzens (Ausgangsbedingungen) vor. Schon wenige Minuten danach beginnen sich (Ver)Änderungen der Flockenstruktur in den sedimentierenden (Abb. 11–7), nicht aber auch in den fluidisierten Schlammsäulen (Abb. 11–2), bemerkbar zu machen und so den Massendurchsatz zu beeinflussen, d. h. der Übergang zum behinderten Absetzen setzt ein (Abb. 11–13); insofern wird auch die Frage, ob sich die 1 l-Messzylinder zur adäquaten Ermittlung des Absetzverhaltens während der Massensedimentation allein eignen, beantwortet, da sich darin die Verfolgung der Funktionen $h = f(t, C_0 = \text{const.})$ schwierig und ziemlich ungenau gestaltet und die übliche, gemäß Fachliteratur [1, 2, 19] in mehreren Messzylindern vorzunehmende, Approximation von Ausgangsgeschwindigkeiten zu starken Abweichungen von den Modellwerten führt (Abb. 11–5).
- Die Bestimmung der Charakteristika von Belebtschlammflocken im nicht eingedickten Zustand kann auch in einer einzigen, mit Volumenstrom-Messung/regelbaren Pumpen ausgestatteten Fluidisierungssäule erfolgen; dies ist allerdings bei mehreren, verschiedene Bett-Konzentrationen (Abb. 11–2) aufweisenden Fluidisierungsversuchen mit Dekantat durchzuführen. Zum selben Zweck können auch in Einzel-Standrohren aufzuziehende Absetzversuche angewandt werden, dies ebenfalls bei 6–10 unterschiedlichen Ausgangskonzentrationen sowie Verfolgung der Funktionen $h = f(t, C_0 = \text{const.})$ für 3 bis 8 Stunden. In diesen beiden Fällen empfehlen sich allerdings Säulenhöhen, die weit über die Höhe üblicher 1 l-Messzylinder (37,5 cm) hinausgehen; am besten wie bei der technischen Anlage zu erwarten: $H_0 \geq 2{,}0$ m. Was den Durchmesser solcher Absetz-Standrohre betrifft, so erscheint der in [1] empfohlene Wert, $\phi \geq 30$ cm, wegen zu hohen Bedarfs an Abwasser schwierig in abwassertechnischen Laboratorien anwendbar zu sein. Da ein statisches Labor-Modell Ergebnisse liefert, deren Umsetzung in die Planung naturgemäß Übertragungsprobleme hydraulischer Natur aufwirft, Art der Durchströmung, Zulauf-, Überlauf- und Schlammabzugsgestaltung sowie vor allem Art der Schlammräumung, ist zwecks adäquater Maßstabsübertragung eine enge Kooperation zwischen Technologen, Anlagenbauern und Hydraulikern nötig; daher dürfte, aus den durchgeführten Versuchen schlussfolgernd, auch $\phi \geq 15$ cm zur Analyse wichtigster Prozessmechanismen im Labormaßstab doch recht wohl ausreichen.

- Die Ausgangskonzentrationen bei sedimentierenden (Abb.11–3 bis Abb. 11–7), resp. Bei fluidisierten Schlämmen gleicher Bettkonzentration (Abb. 11–2) wirken sich auf den Verlauf der Sinkgeschwindigkeit der Phasentrennfläche/Durchströmungsgeschwindigkeit des Schlammbettes entscheidend aus. Bei freien Flockenvolumina bis etwa $C_V \approx 0{,}35$ m^3/m^3 Suspension gelten uneingeschränkt die bekannten Michaels-Bolger-Gesetze (Abb. 11–2). Danach setzt eine, von im fluidisierten Bett sich periodisch verstärkenden Pulsationen begleitete Übergangsphase bis etwa $C_V \approx 0{,}50$ m^3/m^3 ein, wonach ein immer stärker werdendes Bett-Channeling mit Abreißen von Schlammwolken und Abtrieb im aufsteigenden Abwasser erfolgt. Ab etwa $C_V \approx 0{,}85$ m^3/m^3 gewinnen Adhäsions- und Konglomeratbildungskräfte die Oberhand und machen sich als Vorphasen der Schlammkompression bemerkbar (Abb. 11–8). Die „reinen" Kompressionsvorgänge im Absetzversuch laufen bei einer relativ stabilen Phasengrenzfläche ab und bei gravimetrischen Konzentrationen $(C_S)_{P=0} = 19{,}29$ gTS/l liegt ihre Sinkgeschwindigkeit (Abb. 11–14) wesentlich tiefer als beim Fluidisieren (Abb. 11–2).

Fazit der Versuche: Nach Abstimmung mit der Technischen Entwicklung des Unternehmens (Wasser-Chemiker, Strömungsmechaniker und Verfahrensingenieure), Hinzuziehung namhafter Siedlungswasserwissenschaftler der Universität Stuttgart sowie Diskussionen mit dem ausländischen Planer kam man überein, die resultierenden Erkenntnisse in die Planung umzusetzen und so, durch Übergang auf Flachbauweise und Verzicht auf Schlammkompression, eine Reduzierung der geplanten NKB-Fläche um 33% zu erreichen; neuer Tagesmittelwert der Oberflächenbeschickung: $q_A = 1{,}35$ m^3/(m^{2}h); eine mehrjährige Betriebserfahrung der Großanlage bestätigte die Richtigkeit dieser damaligen Entscheidung.

Dies lässt schlussfolgern, dass die Ergebnisse solcher *in situ* durchzuführender Versuche dem planenden Ingenieur einen besseren Einblick in die Prozessmechanismen der Sedimentation, Fluidisierung und der statischen Kompressionseindickung beim betreffenden Belebtschlamm gewährt und dass hierdurch deren planerische Folgen auf ein sich darauf stützendes *in situ* Bemessungsverfahren besser erfasst werden können. Hierfür ist ein enges interdisziplinäres Mitwirken mehrerer Fachrichtungen unabdingbar. Zum allgemeinen Vorgehen bei der Modellbildung und dessen Prüfung in Feldversuchen bzw. Übertragung in die Planung kann nicht genügend davor gewarnt werden, dass Allein-Fach-Einzelgänge nicht selten zu Fehlschlüssen führen, wie der von namhaften Strömungsmechanikern wie Krebs, Armbruster und Rodi kürzlich erfolgten Interpretation von Massenfluss-Modellen [1, S. 988]

> „Für geringe Konzentrationen sagt Gl. 11–9 die höchsten Absetz-
> geschwindigkeiten voraus. Dies ist offensichtlich falsch, da geringe
> Konzentrationen typischerweise dort auftreten, wo kleine, schlecht
> absetzbare Partikel vorhanden sind."

Dem muss erwidert werden, dass in den Modellgleichungen Gl. 11–9, 11–10 und auch Gl.11–12 der Parameter v_P die freie, d. h. durch Schwarmsedimentation nicht behinderte, Absetzgeschwindigkeit einzelner Flockenmakrovoide ist und, physikalisch bedingt, größer als deren Sinkgeschwindigkeit während des behinderten Absetzens sein muss. Und nicht weniger überraschend fällt auch die Interpretation der Ergebnisse bei einem jüngst erfolgten Feldversuch von Born, Sobirey, Frechen und Möller auf [40]: Nachdem zur Untermauerung der Versuchsergebnisse bei den sicherlich unterschiedlich ausfallenden Belebtschlammeigenschaften in den drei untersuchten Kläranlagen weder das Verweilzeitverhalten noch die Berücksichtigung einer den Feststofftransport in den Schlammabzug limitierenden C_L-Konzentration, noch zumindest orientierende, den Feldversuch begleitende Absetzversuche im Labormaßstab veranlasst wurden, werden Schlüsse gezogen wie – [40, S. 75] „.... und bei Anlage C wurde beim Bau aufgrund von Platzmangel fehlende Oberfläche durch Tiefe (?! – u. A.) ersetzt." Und obwohl [40, S. 70] – „Aufgrund der geringen Datenmenge (dem hätte man schon bei der Versuchsplanung Rechnung tragen können! – u. A.) und der schlechten Korrelation konnte bei den Messungen keine klare Beziehung zwischen Schlammvolumenraum- bzw. Oberflächenbeschickung und Feststoffkonzentration im Ablauf festgestellt werden" – werden nicht weniger als 6 Bemessungsvarianten den Planern vorgeschlagen. Hiervon werden sofort vier als wenig tauglich bezeichnet und der Schluss gezogen [40, S. 76] – „Von den beschriebenen Abweichungen abgesehen, kann wie im ATV-A-131 (ATV 1991) beschrieben vorgegangen werden.". *Dixi*. Warum bei der minderen Ablaufqualität solcher Zwischen-Klärbecken der Planer auf die wesentlich niedrigere Schlammvolumenbeschickungen zulassende 1991er A-131-Richtlinie verwiesen wird, anstatt der 2000er Version zu folgen, die bei viel anspruchsvollerer Ablauf-Qualität höhere Schlammvolumenbeschickungen zulässt, ist prozessmäßig nicht erklärbar. Weder ein formalkinetisches Modell noch eine Planungsrichtlinie sind für die Ewigkeit gedacht und trotz „Patina" der Zeit sind sie periodisch zu verwerfen, neuen Erkenntnissen offen zuhalten und auch das Einfließen zu dem Zeitpunkt verfügbarer Erkenntnisse zu gewähren. Damit befasste sich jüngst auch Meyer [41]. Erwähnenswerte Zitate hieraus: „Die großzügige Auslegung der Belüftung aufgrund von A-131 (1991) führte in der Regel zu überdimensionierten Belüftungseinrichtungen ..." und weiter: „Andererseits waren auch die Gebläse zu groß dimensioniert ..." [41, S. 1286]. Aus seinem Vergleich, A-131 (ATV, 1991) gegen A-131 (ATV, 2000) geht eindeutig hervor, dass die 1991er Version den Planern ein um $3497/2931 \times 100 = 6576/5512 \times 100 = 19{,}3\%$ zu großes BB-Volumen vorschrieb [41, Bild 1 und Bild 3]. Demnach hat die 1991er ATV-Vorschrift mindestens zehn Jahre lang zu überflüssigen Investitions- und Betriebskosten geführt, dies wäre bei besserem Erkenntnisstand schlichtweg vermeidbar gewesen, das stimmt einen nachdenklich. Auch die Tatsache, dass die von Born, Sobirey, Frechen und Möller [40] durchgeführten Feldversuche von der ATV finanziert wurden und dieselbe ATV die 2000er A-131 Version nun sogar als CD-ROM offeriert [42], wirft bei Empfehlungen wie „... kann wie in ATV-A-131 (ATV, 1991) beschrieben vorgegangen werden." Fragen auf. Zu der in der Abwassertechnik allerdings häufig missverstandenen Modellbildung: Ein formalkinetisches Modell ist weder eine anders gestaltete Planungsvorschrift, noch kann es eine solche ersetzen. Hohe Korrelationsgüte und physikalisch sinnvolle Beiwerte vorausgesetzt, hätte ein damals in [40] fehlendes verfahrenstechnisch analysiertes Modell der Massensedimentation in den Nachklärbecken eine wirklich sinnvolle numerische Modellsimulation von Nachklärbecken ermöglicht, so auch jene Basis für die von den Autoren beabsichtigte Planungsvorschrift ermöglicht und dem Planer die quantitative Trennung wichtiger von den nur apparent wichtigen (Scheinkorrelation) Parametern erleichtert.

Da bekanntlich auch die Durchströmungsart der Großanlage eine wichtige Rolle bei Stofftransport- und -übertragungsvorgängen spielt, wäre es bei der Erstellung einer Planungsempfehlung anhand der viel aufwändiger durchzuführenden Feldversuche förderlich gewesen, auch das Verweilzeitverhalten zu untersuchen, um nicht in die Planung (Un)Sicherheitskoeffizienten einzubauen, deren Folgekosten diese Unkenntnis kaum aufwiegen. Da bekanntlich „alles fließt", werden auch unsererseits weitere Überlegungen angestellt, mit dem Zweck einen die Massenbelegung direkt mit den Sink- und Kompressionsgeschwindigkeiten verbindenden kinetischen Ansatz zu entwickeln und dessen Anwendbarkeit zur Modellierung klärtechnischer Anlagen zu prüfen.

Caveat: Kein Absetz-Modell, sei es basierend auf in Labor-Batchversuchen, Durchlaufbetrieb oder sogar in Kleinpilot-Anlagen gewonnenen Daten, kann, vor allem hydraulisch und ausrüstungsseitig bedingt, eine 100% sichere Planungsbasis liefern. Sicherheitskoeffizienten in der Größenordnung von 25% gegenüber erzielten Modell-Versuchsdaten werden in sämtlichen konsultierten Literaturstellen empfohlen. In diesem Sinne stimmen wir mit dem in [40] aufgeführten Gedanken völlig überein, dass es Aufgabe und planerische Freiheit des Ingenieurs ist, dieses treffend anzunehmen; keinesfalls spricht dies aber für eine einfach aus A-131-Tabellen zu treffende ISV-Auswahl; deren rein empirische Basis ist der physikalisch untermauerten *„limiting solids flux"*-Theorie entschieden unterlegen.

Notationen

Symbol	Bezeichnung	Dimension
A	Stützfläche: Boden des Abwasserklärers/Schlammeindickers oder der Säulen-Durchlaufanlage (Abb. 11–1, Gl. 11–1)	L^2
a	Kompressionskoeffizient eines Schlammes; nach Kurgaev (Gl. 11–3, Gl. 11–11, Gl. 11–11a)	T^2L^{-2}
b	Größe, welche jene an der Kompressionseindickung des Schlammes mitwirkenden Adhäsionskräfte charakterisiert; nach Kurgaev (Gl. 11–5, Gl. 11–6)	LT^{-1}

Symbol	Bezeichnung	Dimension
C_i	Gravimetrische Suspensakonzentration einer Feststoffsuspension im Allgemeinen	ML^{-3}
C_0	Gravimetrische Feststoff-Ausgangskonzentration in der Versuchs-Standrohr-Durchlaufanlage (Abb. 11–1) oder die Zulaufkonzentration bei kontinuierlich betriebenen Absetz-Klärern/statischen Eindickern (Gl. 11–9, Gl. 11–13a, Gl. 11–14, Gl. 11–21/22, Abb. 11–2 bis Abb. 11–7 und Abb. 11–11 bis Abb. 11–13)	ML^{-3}
C_S	Gravimetrische Feststoffkonzentration im Sediment einer Absetzsäule bzw. in einem kontinuierlich betriebenen Kläreindicker während der Kompressionsphase (Gl. 11–3, Gl. 11–11/14, Gl. 11–19 oder Gl. 11–19a und Abb. 11–8)	ML^{-3}
$(C_S)_{p=0}$	Gravimetrische Feststoffkonzentration in der sich absetzenden Suspension am Ende der Übergangsphase bzw. kurz vorm Einsetzen der Kompressionsphase; nach Kurgaev (Gl. 11–3, Gl.11–7/8, Gl. 11–11a bis 11–14a, Gl. 11–19a, Gl. 11–23 und Abb. 11–8)	ML^{-3}
C_v	Volumetrische Flockenkonzentration in der Volumeneinheit einer Suspension vorm Einsetzen der Kompression: $C_v = 1 - \varepsilon = k_{RZMB} \times C_i = (1/(C_S)_{p=0}) \times C_i$	L^3/l^3
D	Durchmesser eines Beckens oder Absetzgefäßes	L
d_p	Teilchendurchmesser – bei ausflockenden, absetzenden oder fluidisierten Suspensaschwärmen spricht man von einem Durchschnittswert, der wiederum von der volumetrischen Teilchen-Konzentration und Art des freigesetzten, aufwärts durchströmenden Wasser abhängt – siehe Nomogramm A in Kapitel 9	L
G	Die Gewichtskraft einer Suspensamasse bei abgeklungener Konsolidation: $G = M \times g(1 - \rho_w/\rho_S)$ – siehe Gl. 11–2.	MLT^{-2}
$(G_F)_{p=0}$	Quotient, welcher das Verhältnis zwischen dem in der nicht eingedickten Suspensaflocke enthaltenen Wassermasse und der darin eingeschlossenen Masse an Feststoff wiedergibt: $(G_F)_{p=0} = (W_F)_{p=0}/\rho_F \approx 1/(C_S)_{p=0}$	[-]
H_0	Ausganghöhe der Suspension in einer Absetzsäule (Abb. 11–1 und Abb. 11–3 bis Abb. 11–7 sowie Abb. 11–10 bis Abb. 11–13)	L
$(h)_{p=0}$	Schlammschichthöhe, welche sich in einem Eindicker/Säulensediment kurz vor Beginn der Kompression einstellt; nach Kurgaev (Gl. 11–17/18)	L
h	Beliebige Höhe der Phasentrennfläche in einer fluidisierenden oder sich absetzenden Suspensaschicht	L
h_∞	End-Sedimenthöhe bei auf der Stützfläche abgeklungener Konsolidation der Suspensamasse $H_0C_0 \times A$; nach Coulson-Richardson-Modellansatz auch als „retardation factor" bezeichnet (Gl. 11–24 bis Gl. 11–27 und Abb. 11–11)	L
K_a	Adhäsionskoeffizient, welcher die auf den Verlauf des Eindickprozesses einwirkenden Adhäsionskräfte erfasst; nach Kurgaev (Gl. 11–7)	L^2T^2
k	Geschwindigkeitsbeiwert in Modellansätzen für die Phase des gleichmäßiges Absetzens/Fluidisierens eines Suspensaschwarms; $K_{Exp.}$ oder k_{RZMB} als spezifisches Schlammvolumen (Abb. 11–2)	L^3M^{-1}
k_1	Geschwindigkeitsbeiwert im CR-Modellansätz (Gl. 11–24/27 und Abb. 11–10)	T^{-1}
M	die in einer Absetzsäule enthaltene Feststoffmasse; $M = C_iH_iA$	M
m	Kompressionsgradient; nach Kurgaev (Gl. 11–6)	$M^{-1}L^2T^{-1}$

Symbol	Bezeichnung	Dimension
m_1–m_4	Koeffizienten des sygmoidalen Regressionsmodells; $\bar{V}_{\Delta t} = m_1 + (m_2 - m_1)/\{1 + \exp[(P - m_3)/m_4]\}$ – siehe auch Abb. 11–14	
m_1		LT^{-1}
m_2		LT^{-1}
m_3		$ML^{-1}T^{-2}$
m_4		$ML^{-1}T^{-2}$
n	Teilchen-Agglomerationskoeffizient in einem Suspensaschwarm; nach Richardson-Zaki- oder Michaels-Bolger-Modellansatz ist n = 4,65 aber bei ausflockenden Suspensateilchen kann n ≠ 4,65 sein (Abb. 11–2, Abb. 11–13).	[-]
P	der von der Feststoffmasse auf die Stützfläche theoretisch ausgeübte Schwerkraftdruck bei abgeklungener Konsolidation; nach Kurgaev (Gl. 11–2, Gl. 11–9)	$ML^{-1}T^{-2}$
P_a	von den Adhäsionskräften ausgeübter Druck in einem flockenhaltigen Sediment; nach Kurgaev (Gl. 11–6)	$ML^{-1}T^{-2}$
Q_0	Volumenstrom des Zulaufes zu einem Kläreindicker	L^3T^{-1}
Q_0C_0/A	spezifische Feststoff-Massenbelastung der Oberfläche eines Kläreindickers (Gl. 11–9, 11–13a)	$ML^{-2}T^{-1}$
q_F	Oberflächenbeschickung eines Kläreindickers oder die Leerrohrgeschwindigkeit bei einem voll fluidisierten Suspensaschwarm: $q_F = Q_0/A$	LT^{-1}
$(q_v)_{p=0}$	mit dem Volumenstrom des Zulaufes eingeleiteter, spezifischer Volumenstrom nicht komprimierter Suspensateilchen: $(q_v)_{p=0} = Q_0 C_0 \times k_{RZMB}/A$	L^3/L^2T^{-1}
Re	Reynold'sches Ähnlichkeitskriterium; dabei bezieht sich $(Re)_C$ auf die Durchströmkanäle innerhalb des sich absetzenden/fluidisierten Suspensaschwarms und $(Re)_p$ auf das einzelne sich mit der (Schwebe)Geschwindigkeit v_P frei bewegende Teichen	-
v_c	wahre Aufstiegsgeschwindigkeit/Durchströmungsgeschwindigkeit des Wassers durch freie Kanäle des Suspensaschwarms: $v_c = (Q_0/A)/(1 - C_v) = v_0/\varepsilon$	LT^{-1}
v_0	Sinkgeschwindigkeit des Schlammspiegels in einer sich in der Phase des gleichmäßigen Absetzens befindlichen Suspensaschwarms oder die Leerrohrgeschwindigkeit bei dessen Fluidisieren (Abb. 11–2)	LT^{-1}
$\bar{V}_{\Delta t}$	mittlere Eindickgeschwindigkeit des Schlammes bei einer gewissen Kompressionshöhe(-druck) und der Zeitspanne $t_2 - t_1$; nach Kurgaev; (Gl. 11–27 und Abb. 11–14)	LT^{-1}
$(W_F)_{p=0}$	Quotient, welcher das Volumenverhältnis jener in den nicht eingedickten Suspensaflocken enthaltenen Wasser- und Feststoffvolumina ausdrückt; nach Kurgaev: $(W_F)_{P=0} = [\rho_F - (C_S)_{P=0}]/(C_S)_{P=0} \approx \rho_S/(C_S)_{P=0}$	M^3/M^3
x	Index zur Bezeichnung einer beliebigen Höhenlage in einer Schlammschicht (h_X), von Kurgaev hauptsächlich zum Ausdruck eines darin einsetzenden Druckgradienten angewandt; (Gl. 11–4)	

Griechische Symbole

$\delta C/\delta x$	Konzentrationsgradient in einer Schlammasse während der Kompressionsphase; nach Kos [14]	ML^{-4}
$\sigma y/\sigma x$	Schubspannungsgradient in einer Schlammasse während der Kompressionsphase; nach Kos [14]	T^{-1}
$\delta p/\delta x$	dynamischer Druckgradient in einer Schlammasse während der Kompressionsphase; nach Kos [14]	$ML^{-2}T^{-2}$
ε	Auf die Volumeneinheit bezogene Porosität eines durchströmten Suspensaschwarms: $\varepsilon = (1 - C_v)$	[-]
η_c	dynamische Viskosität des 2-phasigen Systems bei T °C	$ML^{-1}T^{-1}$
η_w	dynamische Viskosität des Wassers bei T °C	$ML^{-1}T^{-1}$
ν	kinematische Zähigkeit des Wassers	L^2T^{-1}
ρ_c	Dichte des zweiphasigen Systems Feststoff-Flocken/Wasser	ML^{-3}
ρ_s	Dichte des im Wasser suspendierten Feststoffs	ML^{-3}
ρ_w	Dichte des Wassers	ML^{-3}
$(\rho_F)_{p=0}$	Flockendichte vorm Einsetzen der Kompressionsphase: $\rho_F = \rho_W + (1 - \rho_W/\rho_S)C_{S(P=0)}$	ML^{-3}
τ	Aufenthaltszeit des Schlammes im Kompressionsbereich (Gl. 11–9, Gl. 11–15, Gl. 11–23)	T

Literaturverzeichnis Kapitel 11

1 Krebs, P., Armbruster, M., Rodi, W.: Numerische Nachklärbecken-Modelle. KA-Wasserwirtschaft, Abwasser, Abfall, Heft 7 (2000),S. 985/999.

2 Ekama, G. A., Barnard, J. L., Günthert F. W., Krebs, P., McCorquodale, J. A., Parker, D. S. und Wahlgren, E. J.: Secondary settling Tanks: theory, modelling, design and operation. IAWQ Scientific and Technical Report No. 6, Int. Assoc. Of Water Quality, London, England. ISBN 1-900222-03-5. März (2000).

3 ATV-DVWK-Arbeitsgruppe KA 5.2.: Grundlagen und Einsatzbereich der numerischen Nachklärbecken-Modellierung, Langfassung. GFA-Verlag, Hennef, März (2000).

4 Dick, R., Ewing. B. B.: Evaluation of Activated Sludge Thickening Theories. Journ. San. Eng. Div. Proc., SA 4 Aug. (1967), 9–29.

5 Kurgaev, E. R.: Osnovi teorii i rasciota osvetlitelei. Gosudarstwenoe izdatelstwo literaturi po stroiteltstwu, arhitektekture i stroitelnim materialam. Moskwa (1962).

6 Raffle, J. F.: Pressure Variations within Concentrated Settling Suspensions. Jour. Phys. D., 9, 8, (1976), 1239–1252.

7 Kalbskopf, R. H.: Theoretische Grundlagen, Bemessung und Verfahrensweise der Schlammeindickung. Gewässerschutz-Wasser-Abwasser, 2.te Auflage

8 Fitch, E. B.: Current Theories and Thickener Design. Ind. and Eng. Chem., 58 (1966), 18–28.

9 Fitch, E. B.: Current Theory and Thickener Design. Reprinted for Dorr-Oliver Inc., Repr. No. 2027 (1975).

10 Scott, K. J.: Theory of Thickening: Factors Affecting Settling Rates of Solids in Flocculated Pulps. Trans. Inst. Min. Metall. (Section C, Min. Proc. Extr. Met.), 77 (1968), pp. 85 - 97.

11 Michaels, D., Bolger, J.: Settling Rates and Sediment Volumes of Flocculated Kaolin Suspensions. Ind. and Chem. Eng. Fund., No. 1, Febr. (1962), Vol. 1, pp. 24–33.

12 Shin, B., Dick, R.: Effect of Permeability and Compressibility of Flocculent Suspension on Thickening, Proc. 7th Int. Conf. Water Poll. Res., Pergamon Press Ltd. (1974), 9C (i).

13 Kos, P.: Continuous Gravity Thickening of Sludges. Prog. Wat. Tech. Vol. 9, (1977), 291–309.

14 Kos, P.: Gravity Thickening of Water Treatment Sludges. Journal AWWA, May, (1977), 272–281.

15 Fitch, E. B.: Sedimentation of Flocculated Suspensions; State of the Art. A.I.Ch.E. Journal, 25, 6, (1979), 913–930.

16 Coulson, J. M. and Richardson, J. F.: Chemical Engineering, Vol. 2, McGraw-Hill Book Co., New York (1955), p. 515.

17 Roberts, E. J.: Thickening, Art or Science? Mining Engineering, 1 (1949), pp. 61/64.

18 Dick, R., Ewing. B. B.: Evaluation of Activated Sludge Thickening Theories. Journ. San. Eng. Div. Proc., SA 4 Aug. (1967), 9–29.

19 Metcalf and Eddy: Wastewater Engineering. McGraw-Hill Book Company, Sec. Edition, New-York, (1979), 201–221.

20 Behn, C.: Analysis of Thickener Operation. Jour. of San. Eng. Division, Proc. of A.S.C.E., SA 3, June, (1963), pp.1–15.

21 Cott, K. J.: Thickening of Calcium Carbonate Slurries. I & EC Fundamentals, 7 (1968) 484–489.

22 Scott, K. J.: Experimental Study of Continuous Thickening of Flocculated Slurry. I & EC Fundamentals 7 (1968), 582–594.

23 Scott, K. J.: Theory of Thickening: Factors Affecting Settling Rates of Solids in Flocculated Pulps. Trans. Inst. Min. Metal. (Section C, Min. Proc. Extr. Met.), 77 (1968), 85–97.

24 Scott, K. J.: Solids Settling Zones Observed in Continuous Thickeners and their Bearing on Automatic Control. Proc. of 1st Intern. Conf. on Particle Technology, Illinois Inst. of Techn., (1973), 179–185.

25 Shin, B., Dick, R.: Effect of Permeability and Compressibility of Flocculent Suspension on Thickening, Proc. 7th Int. conf. Water Poll. Res. Pergamon Press Ltd. (1974), 9C (i).

26a Tory, M., Shannon, P.: Reappraisal of the concept of Settling in Compression. I & EC Fundamentals, 4 (1965), 194–204.

26b Richardson, F. and Zaki, W. N.: Sedimentation and Fluidisation. Trans. Inst. Chem. Eng., London, 32 (1954).

27 Freidinger, R.: Untersuchungen über die Ausbildung von Sedimenten in kontinuierlich betriebenen Absetzapparaten. Dissertation, TU Stuttgart (1985).

28 Braha, A., Groza, G.: Kostengünstige Leistungsanhebung der biologischen Stufe bei Abwässern mit erhöhtem Gehalt an Suspensa – Teil 1. Wasser Luft und Boden, Heft 3 (2002, S. 24/30 und Teil 2, Heft 4 (2002), S. 36/39.

29 Edeline, F.: Sédimentation d'une Suspension, Theorie de Kynch, commentaires et Essais. Bulletin du Cebedeau, Nr. 45, III (1959), 142–149.

30 Davies, L., Dollimore, D.: Theoretical and Experimental Values for the parameter k of the Kozeny-Carman Equation, as Applied to Sedimenting Suspension. Jour. Phys. D: 13 (1980), pp. 2013–2020.

31 Lehrbuch der chemischen Verfahrenstechnik, 5. Auflage, VEB Deutscher Verlag für Grundstoffindustrie, Leipzig, (1983), 172–188.

32 Lin, D. P., Leen, C., Cooper, P.: Kinetics and Statistical Approach to Activated Sludge Sedimentation. J. W.P.C.F., Vol. 51 (1979), pp. 1919–1924.

33 Braha, A., Groza, G.: Bemessung von Nachklärbecken: Ist die neue Planungsrichtlinie ATV-A-131 von 1999 noch zeitgemäß? Wasser, Luft und Boden, Heft 5 (2000), S.28/33.

34 Braha, A., Groza, G.: Belebungsanlagen und ihre Nachklärbecken: Ein Feedback-Dimensionierungsverfahren – Teil 1. Wasser, Luft und Boden, Heft 7/8 (2000), S. 33/36, und – Teil 2 im Heft 9 (2000), S. 35/40.

35 Weber, W., Jr.: Physicochemical Process for Water Quality Control. Wiley-Interscience (a Div. of John Wiley and Sons, Inc.), New-York (1972), S.122/124.

36 Press, W. H., Teulkowski, W. T., Vetterling, W. T., Flannery, B. P.: Numerical Recipes in „C". Published by the Press Syndicate of the University of

Cambridge, 40 West 20th Street, New-York, NY 100011 - 4211, USA. Sec. Ed. reprinted with corrections (1995). ISBN 0-521-43108-5.
37 Stobbe, G.: Über das Verhalten von belebtem Schlamm in aufsteigender Wasserbewegung. Institut für Siedlungswasserwirtschaft der TH Hannover, Heft 18, (1964).
38 Wiesmann, U., Binder, H.: Biomass Separation from Liquids by Sedimentation and Centrifugation. Reprint from Advances in Biochemical Engineering, Vol. 24, Springer-Verlag Berlin, Heidelberg, New York (1982). Printed in GDR, S.149/150.
39 Born, W., Frechen, F. B.: Replik, Leserforum, Korr.-Abwasser, Heft 3, März (2000), S.430/431.
40 Born, W., Sobirey, A., Frechen, F. B., Möller, S.: Leistung und Bemessung von Zwischenklärbecken. KA – Wasserwirtschaft, Abwasser und Abfall, Heft 1, Januar (2001), S.70/76.
41 Meyer, N.: Bemessung von Belebungsanlagen. KA Wasserwirtschaft, Abwasser und Abfall, Heft 9 (2000), S. 1284/1289.
42 ATV-DVWK-Regelwerk, GFA-Gesamtverzeichnis 2001: Belebungs-Expert, Software zum Arbeitsblatt ATV-DVWK-A-131, S.56.

12
Schlusswort – Ausblick

Die vorhergehenden Ausführungen befassten sich mit dem Problem der Anwendbarkeit formalkinetischer Ansätze in der Abwassertechnik, vor allem mit der Modellbildung der Substratelimination in Bioreaktoren mit suspendierter Biomasse (Belebtschlammreaktoren) bzw. in mit fixen Füllkörpern gefüllten Bioreaktoren, an deren Füllung die Biomasse (Biorasen, Biofilm) anhaftet. Dies und weitere statistisch abgesicherte Modellerstellungen über Festflüssigtrennung voll suspendierter Biomasseteilchen (Belebungsbecken) oder mitgerissener Biorasen-/Biofilmteilchen (Füllkörperkolonnen, Biofilter) ermöglichen durch gezielte Computersimulationen, noch nicht genügend bekannte Prozessmechanismen zu analysieren und verschiedene formalkinetische Ansätze beim Substratabbau oder beim Absetzen/Fluidisieren zu verfeinern. Zu diesem Zweck wurden in Labor- und Pilot-Belebtschlammreaktoren von beiderlei Art des Substratabbaus die Zusammenhänge unterschiedlicher Verweilzeiten, Schlammalter, Biomassekonzentrationen unter aeroben und anoxischen Betriebsbedingungen beobachtet und die Messdaten mit den Voraussagen formalkinetischer Modelle verglichen. Die Ergebnisse der vorwiegend mit Abwässern aus der Großchemieindustrie durchgeführten Versuche oder aus konkreten Planungs-Fallstudien für städtische Abwässer erbrachten folgende Erkenntnisse:

Die in Labormaßstab-CSTRs mit Biomasserückführung oder in Belebtschlamm-Batchreaktoren sowie anschließend in einer vierstufigen CSTR-Kaskade modellmässig analysierten Substratabbau-Ergebnisse zeigten, dass sich der CSB-Abbau auch mit dem vereinfachten Modell einer Reaktion 1. Ordnung gut abbilden ließ. Bestimmt wurden bei K_S S der Geschwindigkeitskoeffizient $K_1 = \mu_{max}/(YK_S)$, die Ertragskonstante Y und die Verfallskonstante k_d. Ein Vergleich der auf der Basis von Durchlauf- und Batchversuchen resultierenden Geschwindigkeitskoeffizienten ergab allerdings einige unerwartete Resultate:
- Die K_S-, Y- und k_d-Werte stimmten sehr gut überein;
- Aus CSTR-Messungen resultieren etwa um den Faktor 3 größere μ_{max}- und K_1-Werte als ihre aus den Batchversuchen resultierenden Modell-Homologen.

Moderne Abwassertechnik. Alexandru Braha und Ghiocel Groza
Copyright © 2006 WILEY-VCH Verlag GmbH & Co. KGaA, Weinheim
ISBN: 3-527-31270-6

Eine verfahrenstechnisch bedingte Ursache für diese überraschende Feststellung konnte nicht gefunden werden, da die Reaktoren beiderlei Art voll durchmischt waren und mit dem gleichen Belebtschlamm sowie ohne Sauerstofflimitierung betrieben wurden. Die Erklärung dafür dürfte vielmehr mikrobiologischer Natur sein. Es ist hierbei denkbar, dass die Bakterien während der Abnahme der Substratkonzentration mit der Zeit sich in einem Batchreaktor ständig an immer schwieriger abzubauende Substratkomponenten gewöhnen müssen, dies führt zu einer insgesamt niedrigeren Wachstumsgeschwindigkeit als in einem kontinuierlich durchströmten CSTR-System. Diese phänotypische Adaption an das Restsubstrat wird in der Bakterienphysiologie mit dem Begriff *Diauxie* bezeichnet und erfolgt über in der Bakterienzelle genetisch festgelegte Regulationsmechanismen, wie z. B. Enzymaktivierung, -induktion und -repression, bei denen über die katabolische Repression jene Komponenten aus dem betreffenden Substrat verbraucht werden, die auch die höchste Wachstumsrate ermöglichen.

Durch Messungen an einer vierstufigen Labor-Mischbeckenkaskade wurde ferner versucht, die Übertragbarkeit des Modells für die Reaktion 1. Ordnung auch auf Kaskadenschaltungen zu erkunden. Da die Substratkonzentrationen hinter jeder Kaskadenstufe gemessen wurden, konnte auch die Reaktionsgeschwindigkeit in jeder Stufe ermittelt werden. Es zeigte sich hierbei, dass die Wachstumsgeschwindigkeit bzw. der Geschwindigkeitskoeffizient von Stufe zu Stufe kleiner wurde. Die bereits erwähnte sequentiell ablaufende Elimination machte sich bei Durchlaufen der CSTR-Kaskade eindeutig bemerkbar, indem im CSTR1 die biologisch leichter abbaubaren Substratkomponenten schneller, Zwischenmetaboliten und solche als biologisch schwerabbaubar bereits bekannte Substanzen in den nachfolgenden CSTRs merklich langsamer entfernt wurden. Diese sequentielle Elimination könnte aber, da das höchste Nahrungsangebot am Anfang der Kaskade bestand, durchaus auch auf das erhöhte Adsorptionsvermögen des teilweise schon regenerierten Rücklaufschlamms in dem CSTR1 (d. h. in den Belebtschlammflocken gespeicherte, biologisch noch nicht umgewandelte Substratkomponenten, aber dem gelösten Abwassersubstrat hierdurch entzogen) zurückzuführen sein. Diese höchstwahrscheinlich ebenfalls sequentiell fortschreitende Umwandlung/Abbau dieser in der Belebtschlammflocke gespeicherten Substratkomponenten muss logischerweise entlang der CSTR-Belebtschlammkaskade in verstärktem Ausmaß, aber auch von Reaktor zu Reaktor, immer langsamer ablaufen. Ein solcher Abbaumechanismus kann sogar echte Lysisvorgänge in dem letzten Reaktor bewirken, wie schon experimentell nachgewiesen (Tab. 5–7a und Tab. 5–7b). Da die in der Kaskade auftretende Konzentrationsverringerung mit den von in der Abwassertechnik üblichen Summenparametern, CSB, TOC, BSB_5, naturbedingt nur die Schadstoff-Elimination aus dem gelösten organischem Substrat und nicht dessen biologischer Abbau verfolgt werden kann, könnte künftig ein verfeinertes, die Adsorptions-, Abbau- und Lysisvorgänge differenzierendes Modell die festgestellte Abnahme dieser (Brutto-)Reaktionskonstanten auch quantitativ untermauern. Die Tatsache aber, dass bei der hiernach erfolgten Modellierung des Substratabbaues Regressionsgüten mit $r_k \geq 0{,}959$ ermittelt werden konnten, weist solchen auf Summenparametern basierenden Modellvoraussagen (und demnach auch der Abnahme der Geschwindigkeitskoeffizienten bei einhergehender Einschränkung der Längsvermischung) einen statistisch hoch abgesicherten Adäquatheitsgrad doch zu und liefert somit den Beweis, dass bei gleicher Verweilzeit in der Kaskade ein deutlich höherer Reinigungsgrad als in einem einstufigen Mischbecken gleichen Volumens erzielt werden kann.

> ■ Merksatz: *Abschließend ließe sich festhalten, dass beim Abbau von Multikomponentensubstraten durch Bakterien-Mischpopulationen die aus der Modellgleichung resultierenden Geschwindigkeitskoeffizienten nur für sehr ähnliche/identische Betriebsbedingungen gelten bzw. nur auf identische oder geometrisch sehr ähnliche full-scale-Bedingungen, wie z. B. das Verweilzeitverhalten eines Reaktors bzw. die Anzahl von totaldurchmischten Reaktoren sowie bei in Belebungsanlagen übliche TS-Konzentrationen von rund 3 bis 8 g/l, zu übertragen sind. Weder solche in einem einstufig arbeitenden Labor-CSTR noch die in einer eine andere Anzahl von Einheiten zählenden Kaskade ermittelten Reaktionsgeschwindigkeitskoeffizienten dürfen auf das Verhalten von hydrodynamisch anders gestalteten Einzelreaktoren oder Kaskadenschaltungen angewandt werden. Ein solches Vorgehen zu scale-up-Zwecken stellt kein adäquates Simulationsmodell des reaktionskinetischen Verhaltens eines 1-stufigen Reaktors oder einer Mischbeckenkaskade dar, und kann über womöglich stark einsetzende Lysisvorgänge überhaupt keinen Aufschluss geben. Da das Ziel der Modellierung ist, auf zeitraubende und teure Pilotuntersuchungen verzichten zu können, liegt der Gedanke nahe, über eine eventuelle Standardisierung von Belebtschlammreaktoren, deren Verweilzeitverhalten bekannt ist, den „grauen" Bereich $0,1 \leq D/\bar{u}\,l \leq 4$ zu meiden (Tab. 2–1), um die aus einer Labor-/ Halbtechnikumsanlage resultierenden Koeffizienten bei der Modellierung der Substratelimination auf hydrodynamisch ähnliche full-scale-Reaktoren direkt übertragen zu können.*

Was Modellsimulationen zur statischen Biomassetrennung betrifft, so ging aus der Prozessanalyse der Massensedimentation verschiedener Belebtschlämme deutlich hervor, dass der einfache Vergleich einzelner Modellparameter nicht ausreicht, um deren Sedimentations- und Kompressionsverhalten zu erfassen. Umso mehr ist die Übernahme bei einem Belebtschlamm gewonnener Koeffizienten auf das Verhalten nicht untersuchter, aber doch recht ähnliche Werte aufweisender Belebtschlämme (nicht nur ISV) nicht statthaft. Wissenschaftlich-technisch korrekt sei es, anhand der binnen einer möglichst größeren Konzentrationspalette des untersuchten Belebtschlammes experimentell gewonnenen Daten für die $v_0 = f(C_i)$-Funktion, die Adäquatheit eines Modellansatzes zu eruieren und diese allerwichtigste Funktion auch statistisch hoch abzusichern. Im Lichte der

„*limiting solids flux*"-Theorie können dann jene den Feststofftransport zum Schlammabzug limitierenden Schichtkonzentration berechnet und ihren Einfluss auf einzelne Prozessmechanismen sowie technologisch-hydraulische Planungsparameter über Rechnersimulationen analysiert werden.

Für planende Ingenieure und Wassereinleitegenehmigung erteilende Wasserbehörden und vor allem für betroffene Bauherren ist es bei der Bemessung von Belebungs- und Nachklärbecken technisch-wirtschaftlich viel sinnvoller, die Abhängigkeit zwischen Oberflächenbeschickung, Feststoffbelastbarkeit, Rücklaufschlammverhältnis und Schlammaufkonzentrierungsgrad einerseits, und Schlammalter, Reaktionszeit und erreichbarer Biomassekonzentration im Belebungsbecken andererseits, über Modellsimulationen deren Wechselwirkungen zu analysieren und auf die jeweils benötigte Investition zu übertragen. Eine einfach aus ATV-Tabellen hierfür zu treffende Auswahl ist der seit vielen Jahrzehnten durch *in situ* bestimmte Versuchsergebnisse physikalisch bestätigten „*limiting solids flux*"-Theorie entschieden unterlegen. Mittels hierdurch erzielter Algorithmen zwischen θ_C, t und X (Hauptparameter der Biologie) sowie v_P, n, k_{RZMB}, C_L, (SF_L), X_R, (Q_0/A), (RQ_0/A) und (XQ_0/A) (Hauptparameter der Nachklärstufe) lässt sich die Grundbedingung prüfen – siehe auch Gl. 6–14:

$$1/\theta_C = \frac{(Q_0-Q_W)X_e + A \cdot SF_L - RQ_0X_R}{(Q_0 \tau X)}$$

und so auch quantifizieren. Hierdurch lässt sich auch feststellen, ob beim vorausgeplanten θ_C-Wert sich die X-Konzentration im Belebungsbecken überhaupt erreichen ließe und wie hierfür die Nachklärung und die Rücklaufpumpstation zu bemessen seien. Gewisse, noch ungenügende Kenntnisse physikalischer Modell-Gesetzmäßigkeiten bei Substratabbau oder Massensedimentation bei manchen Ingenieur-Büros in der Siedlungswasserwirtschaft sollten nicht über (zu)hohe Sicherheitskoeffizienten weiterhin erkauft werden, wenn seit Jahrzehnten bekannt ist, dass C_L-Schichtkonzentrationen den Feststoffdurchsatz in Nachklärbecken abbremsen und ein so limitierter (SF_L)-Wert die Einstellung geplanter Biomassekonzentrationen im Belebungsbecken sogar verhindern kann (Gl. 10–8 und Gl. 10–9a bis Gl. 10–9f). Insofern müsse man mit Überschneidungspunkten, welche auf den entsprechenden C_L-abhängigen Funktionskurven liegen (Gl. 10–9a bis Gl. 10–9f) und physikalisch-technisch sinnvoll sind, dies zuerst mittels Computersimulationen eruieren und erst dann, wenn technisch sämtliche Variabel-Wechselwirkungen bekannt geworden sind, demgemäß auch entscheiden.

Fazit: Um dem (noch) gegenwärtigen, volkswirtschaftlich wenig zufrieden stellenden Status quo in der Planung und im Klärwerksbetrieb angemessen Rechnung zu tragen, wurde in den vorhergehenden Ausführungen versucht, die in der Verfahrenstechnik bewährte Modelldenkweise auch Siedlungswasserwirtschaftlern, Wasserchemikern und Mikrobiologen zu unterbreiten, um hierdurch der Erstellung reaktionstechnische Modelle eine gemeinsame, mathematisch-physikalisch adäquate Basis zu verschaffen. Hierfür wurde die Modellbildung auf der Basis schon im Labormaßstab zu planender Versuchsdurchführung stufenweise erläutert, umso auch die Erkundung einzelner auf den Prozess einwirkender Parameter (Prozess-Analyse) zugänglich zu gestalten. Den kritisch eingestellten Lesern würden die Autoren für jede Anregung dankbar sein, denn:

> *„Eine neue wissenschaftliche Wahrheit setzt sich nie in der Weise durch, dass ihre Gegner überzeugt werden und sich als belehrt erklären. Vielmehr wird die heranwachsende Generation von vornherein mit den neuen Einsichten vertraut gemacht und die Gegner sterben allmählich aus."*
> Max Planck (Berlin, 1948), zitiert von Armin Hermann in
> „Einstein – der Weltweise und sein Jahrhundert –
> Eine Biographie".

Stichwortverzeichnis

a

Abbau 54
– anaerob 96
Abbauleistung 168
Absetzen 268, 304ff., 309ff., 329, 400
Absetzgeschwindigkeit 329, 391
Absetzphase 268, 309
Absetzverfahren 371
Absetzzeit 374ff., 380
Abwasser 93, 104, 168, 268f., 274
– häusliches 192
– Industrieabwasser 63, 91ff., 101f., 104, 106, 116, 197, 200, 211, 251, 299
– städtisches 175, 192
Abwasserablauf 211f., 222, 323, 398
Abwasseranfall 100, 106, 159
Abwasserbehandlung 261
Abwasserreinigung 99, 120, 169, 177, 186f., 197
Abwasserteiche 33
Abwasserzulauf 95, 211f., 250, 262, 323
Adaption 5, 241
– genotypisch 5, 7
– phänotypisch 5f., 256
– Selektion 7
– Selektionsdruck 6, 241
Adaptionssprung 208, 241
Adäquatheitsgrad 411
Adenosindiphosphat (ADP) 16
Adenosintriphosphat (ATP) 4, 16, 166f., 251
Adsorption 410
Aerobie 10ff., 174, 178, 186, 409
Algen 14
Anaerobie 10ff., 96, 98, 178
analytische Statistik 36f.
Anoxie 91, 307, 409
ATV-A-131 295f., 299f., 402f.
Ausgangsbedingungen 394
Ausgangskonzentration 400

Ausreißer 125, 127
Autokatalyse 202, 207, 255ff., 261f., 270
autokatalytische Reaktionen 207f.
automatische Betriebsführung 159, 280

b

Bakterien
– Einfluss auf Reaktionskonstanten 48
– monozelluläre Protisten 14
– Stoffwechselvorgänge 4ff.
Bakterienabsterberate 68, 215, 219, 251ff.
Bakterienadaption 171f.
Bakterienauswaschrate 264, 272f.
Bakterienauswaschung 95, 181, 192, 274
Bakterienmischpopulationen *siehe* Mischpopulationen
Bakterienverfall 166, 176f.
Bakterienwachstum 108ff., 165, 170ff.
Bakterienwachstumsrate 79, 95, 105, 218, 248, 251, 262, 277, 286
– Temperatureinfluss 108ff.
Batch-Kultur (batch culture) 169ff., 208
Batch-Reaktor 22f. , 37f., 40, 44, 46f., 50, 54ff., 60ff., 64, 88, 105, 115ff., 179, 196, 208, 211ff., 225ff.
– Ermittlung biokinetischer Koeffizienten, 2. Ordnung 44
Belebtschlamm 40, 95, 116, 166f., 172, 268, 367ff.
Belebtschlammkonzentration 166
Belebtschlammreaktor 38, 46f., 58, 61, 67, 77, 105, 112 , 116f., 207ff., 211ff., 226ff., 275, 322, 409
Belebtschlammstufe 240
Belebtschlammverfahren 62f., 93, 98, 193, 196, 229ff., 398
Belebungsanlage 76, 180, 182, 211ff., 278f.
Belebungsbecken, Randbedingungen 21, 36, 169, 191, 217f., 261ff., 274f., 348

Moderne Abwassertechnik. Alexandru Braha und Ghiocel Groza
Copyright © 2006 WILEY-VCH Verlag GmbH & Co. KGaA, Weinheim
ISBN: 3-527-31270-6

Stichwortverzeichnis

Belüfter 197, 242
Belüftung 33, 50, 55, 60, 62, 119, 186ff., 225ff., 242
Betrieb 119, 199, 202, 211, 261, 280, 287ff., 306, 348, 359
Biochemischer Sauerstoffbedarf *siehe* BSB_5
Biofilm 99f., 105, 107, 119, 192ff., 409
biokinetische Koeffizienten 44, 56, 59, 77, 85, 96f., 168f., 197, 250
biologischer Abbau 98
Biomasse 8f., 38, 94f., 100, 105f., 138, 182
– Bilanzierung 55, 96, 218, 261ff.
– Ertragskoeffizient 38
– Erzeugung 119
– Konzentrationsberechnungen 45ff.
– Lysisverlust 39
– Reaktionskinetik 36ff.
– Rückführung 7, 38, 40, 44, 56, 58f., 68, 76ff., 89ff., 93f., 96, 114, 166, 181ff., 271f., 290
– Zuwachs 83, 165ff., 177, 200, 218
Biorasen 107, 199, 409
Bioreaktoren 22, 117, 119f., 187f.
– reaktionstechnisches Verhalten 22ff.
– Dispersionskennzahl 32
Biosynthese 8
Biotechnologie 1ff
– Kinetik 22ff.
Biotransformation 9
Bioverfahrenstechnik 1ff., 169f.
– Mikrobiologie 1ff.
Bodensteinzahl *siehe* Dispersionskennzahl
BSB_5 100ff., 106f., 168, 199ff., 278ff., 292

c

chemischer Sauerstoffbedarf *siehe* CSB
CSB 13, 50ff., 53, 57f., 59, 62ff., 65, 68, 76f., 94, 97ff., 168, 198, 201, 211ff., 225ff., 251, 254, 268f., 276, 278ff., 285ff., 292
completely stirred tank reactor (CSTR) 22ff., 31, 35, 40f., 52f., 68ff., 73f., 76f., 81f., 89ff., 93ff., 97f., 104, 114, 156, 180ff., 208ff., 276
– biokinetische Koeffizienten 44, 59
– biokinetische Parameter bei nicht-abbaubarem CSB-Anteil 53
– effektive Biomasse 165
– Kaskade 25, 41, 48, 67, 69ff., 186, 242ff., 249ff., 251ff.
– Substratabnahme 48
– Substratmassenbilanz 55
Coulson-Richardson-Kompressionsansatz 385ff.
Cytoplasma 2f.
Cytoplasmamembran 2ff.

d

Dauer-Tracerzugabe (continuous tracer input) 24
Decarboxylierung 15
Denitrifikation 11, 18, 108, 307, 350
– im Batchreaktor 85
– Kinetik 83
Denitrifikationsanlage 90
Denitrifikationsrate 83
Desaminierung 15
Diauxie 5, 251, 410
Differenz-t-Test 137
Dispersionsindex 31
Dispersionskennzahl 24, 29f., 32ff., 41f., 210
Dispersionsreaktor 22f.
DNA 3, 7, 166, 251
DNA-Ringe 3
Durchsatz 21, 156
Durchströmung 21, 24, 33, 207, 298, 310ff., 321, 353, 375, 403

e

Eadie-Braha-Linearisierungsverfahren 82
Eckenfeldersche Koeffizienten 104, 106
Eindicker 218, 390, 397
Embden-Meyerhof-Parnas-Weg (EMP) 15
Energieumwandlung
– im Bakterienstoffwechsel 4f., 16
enzymatische Reaktionen 4
– Biokatalysator 4
– Kinetik 53ff.
– Mechanismen 13ff.
Enzyme 8ff., 14ff., 99, 108, 166, 171, 241, 410
– Acetyl-CoA 15
– Coenzym M 11
Erhaltungsstoffwechsel 17, 60, 75, 82, 87
Eukaryoten 2f.

f

Festbettreaktor 100ff. 106, 108, 192ff.
Feststoffdurchsatz (solid flux) 307, 327, 330ff., 343, 345f., 356ff., 362, 365, 412
Fluidisation 307, 309ff., 323, 372f., 388ff., 401
Fluss (flux) 296, 329, 367ff.
Formalkinetik 65, 106, 108, 198, 236, 240, 251, 255, 262, 274, 280, 295
F-Test 130ff., 136
Füllkörpersäule 104, 409

g

Gentechnologie 7
Grundgesamtheit 126, 136

h
H_2S 12f.

i
Impfgut 171f.
Inocculum *siehe* Impfgut
ISV 276, 295, 299, 326, 349, 361ff., 403

k
Kaskadenschaltung 13, 24ff., 34ff., 108
Kinetik
− Abbau kohlenstoffhaltiger Verbindungen 36ff., 74
− des Sauerstoffverbrauchs 92ff., 112
− Reaktionen 0. Ordnung 36ff., 54, 83
− Reaktionen 1. Ordnung 37ff., 49f., 54, 62, 64f., 68, 73, 172, 178, 183, 217
− Reaktionen 2. Ordnung 43ff.
− Reaktionen n. Ordnung 44ff., 48
− streng anaerober Prozesse 95ff., 108
− variierende Ordnung 53ff., 95, 183, 198
Konfidenzintervall *siehe* Vertrauensbreich
Korrelationskoeffizient 97, 139ff., 148, 197
Krustentiere 14
Kurgaev'scher Kompressionsansatz 379ff., 398
Kurzschlußströmung 31, 197

l
Labormaßstab 94f., 108, 112ff., 119f., 159, 169f., 180, 186, 193, 207ff., 268, 402
Labormodellanlage 105
Langmuir-Linearisierungsverfahren 58f., 79, 81
Lawrence-McCarty-Modell 261ff., 268, 275
Leerrohrgeschwindigkeit 104f., 119, 191, 277, 315, 318f., 324f., 329, 373
Leistungskennzahl 188f.
limitierende Konzentration 335, 356, 364, 384, 402
limiting solids flux (limitierender Feststoffdurchsatz) 266f., 295ff., 304f., 330ff., 339, 359, 363, 367ff., 395ff.
limiting solids flux theory 266f., 311, 323, 329ff., 349, 361, 412
linearisierter Ansatz 94
Linearisierungsverfahren 83, 96, 101ff., 140, 200, 216, 220
Lysis 39, 67, 86, 176, 179, 243, 247, 251, 256, 410
Lysiskoeffizient 87

m
Massenbilanz 55, 158, 180, 194, 217f., 223, 280ff., 331, 397
Mehrstufigkeit 7
Methangärung 11f., 95
method of initial rates 60, 67
Michaelis-Menten-Modell 256
Mikroorganismen 1ff., 7, 12, 120, 173f.
− Klassifikation nach Nahrungs- und Engergiequellen 14
Mischpopulationen 12, 165ff., 175, 208, 256, 268, 275, 411
Mittelwert 51, 123, 125ff., 137, 213, 217, 219, 223, 287, 339f.
Modellabsicherung 240, 319
Modelladäquatheit 36, 55, 121, 124, 129, 138, 193f., 202f., 233, 237, 319f., 363, 370, 411
Modellbildung 112f., 119, 129, 168, 186
Modelldenkweise 120, 159, 207
Modellerstellung 108, 140, 194, 226, 251, 324f., 388
Modellparameter 55, 93, 97, 100, 103, 198, 340
Modellprüfung 55, 93ff., 179, 197ff., 286
Monod-Ansatz 80ff., 176, 195
Monod-Kinetik
− beim Batchreaktor 56, 84
− beim CSTR 57, 59, 69, 71, 74
Multikomponentensubstrate 165ff., 168, 193, 210, 256, 268, 275, 411
mutagene Wirkung 7
Mutation (Bakterien) 6f.
Mutationsrate (Bakterien) 6f.

n
Nachklärbecken 76
nicht-lineare Regression 148
Nitrifikation 16ff., 78ff., 108, 178, 350
Nitrifikationskinetik 40
Nitrifikationsstufe 386
Nomogramm 27ff., 41ff., 44, 45, 46f., 68ff., 74, 313
Normalverteilung 125, 127
Nullhypothese 129f.

o
Oberfläche 361
Oberflächenbeschickung 346, 358ff., 397, 401f.
Ökobiotechnologie 7f., 120
Oxidation 13, 15, 17
− C-Oxidation 53ff., 60ff, 78

- stickstoffhaltiger Verbindungen *siehe* Nitrifikation
- TOC- und TKN-haltige Verbindungen 13ff., 93

p

Peak-Methode 34
Pilotanlagen 207ff., 257
Plasmid 2, 7
Plug-Flow-Reaktor (PFR) 22f., 31, 39, 100, 104, 193ff., 209f., 264f.
- PFR-Modellerstellung 50f.
process analysis 159
Prokaryonten 2f.
Protisten 14
Protozoen 14
Prozessanalyse 108, 119, 159, 178, 185, 207, 261ff., 268ff., 339ff., 352ff., 389, 411

r

Randbedingungen 21, 36, 50
Reaktionsgeschwindigkeit 120
Reaktionsordnung 100ff., 104ff., 107
Reaktionsparameter 144
Reaktoren 21ff.
Reaktortyp 22f., 209, 256f.
Reaktorvolumen 31
Regredierung 168, 286, 319, 388
Regressionsgleichung 103
Regressionsgüte 85, 93, 102, 141, 196, 319, 352, 372
Regressionskoeffizient 141, 254, 287
Regressionsrechnung 138, 140ff.
residence time distribution (RTD) *siehe* Verweilzeitverhalten
RNA 3
Rohrreaktor *siehe* Plug-Flow-Reaktor
Rotiphere 14
Rücklaufrate 104
Rücklaufschlammverhältnis 266, 277, 348
Rührer 187ff., 225
Rührkessel *siehe* completely stirred tank reactor (CSTR)
Rührreaktor *siehe* completely stirred tank reactor (CSTR)

s

sanfte Chemie 9
Sauerstoffatmung 115
Sauerstoffatmungsgeschwindigkeit 187
Sauerstofflimitierung 36, 94, 106, 108, 112, 178, 185f., 201, 410
Sauerstofftransport 112ff., 186, 191

Sauerstoffverbrauch 92ff., 112ff., 116, 203
Sauerstoffzehrung 93ff., 166f.
Sauerstoffzehrungsgeschwindigkeit 83, 94, 178f., 185
Scale-down 207ff.
Scale-up 89, 120, 192, 204, 208ff.
Schlammabzug 306, 330, 333ff., 344ff., 356ff., 397
Schlammabzugsgeschwindigkeit 358, 360
Schlammabzugsrate 330f., 340, 343, 362
Schlammalter 38f., 75ff., 79, 81, 93ff., 166f., 182ff., 213, 261ff., 268ff.
Schlammbett 370, 373, 401
Schlammeindicker 278f., 368
Schlammertrag
- Koeffizient 67, 195, 219, 239, 283
- Konstante 75, 176, 235
Schlammindex 295, 300, 367
Schlammkompression 276, 303ff., 367ff., 379, 388ff., 399ff.
Schlammrücklaufrate 331
Schlammrücklaufverhältnis 211
Schlammzuwachs 39, 75, 87, 283, 287
Schwarmporosität 311ff., 326
Schwarmsedimentation 304f., 309, 312ff., 368ff.
Sedimentation 266, 297, 300, 304ff., 321, 339ff., 362, 388, 401, 411
Sinkgeschwindigkeit (free settling velocity) 340ff., 353ff., 365, 372, 388f., 399
specific boundaries *siehe* Randbedingungen
spezifische Wachstumsgeschwindigkeit *siehe* spezifische Wachstumsrate
spezifische Wachstumsrate 172ff., 180, 195
Standardabweichung 33, 125, 213, 223
statische Schlammeindicker 55, 262, 281, 303ff., 364, 397
Statistik 32, 41, 55, 64, 85, 97, 123ff., 199f., 287
statistische Prüfverfahren 124f., 129 ff.
statistische Tests 125ff.
Stichprobenumfang 125f., 129
stimulus impulse signal 23f., 30
stimulus response 30
Stoffumwandlungsprozesse 21, 120, 165ff., 207, 261
Stoffwechsel 4ff., 7–15
- aerober mikrobieller Prozesse kohlenstoffhaltiger Verbindungen 17
- Anabolismus 4
- bioverfahrenstechnische Aspekte 8
- chemautropher Bakterien 17
- Erhaltungsstoffwechsel 17

- Katabolismus 4
- Methangärung 12
- Produkte 8
- Sekundärmetaboliten 9

Stoßbelastung 24ff.
Stoßbelastungsdauer 24f.
Stoßmarkierung (Dirac-impulse) 21
Streuung 117, 123, 126
Student-Faktor 128
Student-Verteilung 135, 340
Substrat 4f.
- Kohlenstoff 8, 13f.
- Multisubstratkomponenten 49

Substratabbau 9, 37, 43f., 49, 54, 77, 79, 93, 104, 106, 112, 178, 264, 409
- Modell 43, 47

Summe der Fehlerquadrate 148, 153f., 322
Summenparameter 165ff., 168f., 209, 251, 410
suspendierte Stoffe 211, 272, 303
Suspensa 216, 219, 257, 282, 286, 297, 303, 309ff., 321, 326, 329f., 369, 379
Suspension 296, 307, 309ff., 329f., 349f., 368, 374
SVI 276, 329

t

TKN (Total Kjeldahl Nitrogen) 81f., 271, 273, 277ff., 292
TOC 157, 168, 211ff., 225ff.
total suspended solid flux 329
Totwasserräume 31
Tracer-Stoßzugabe 25
Trockenmasse 165f., 172
Trockensubstanz (TS) 212ff., 225ff., 286ff., 292
Tropfkörper 171, 192ff.
t-Test nach Student 41, 64f., 135, 236

u

Überschussschlamm (ÜSS) 55, 83, 109, 222, 243, 262, 277ff., 281, 286, 289f., 293, 397

v

van-Uden-Ansatz 60, 63, 73, 75, 95, 97ff., 221, 254, 266, 280
van-Uden-Kinetik 220, 236, 240, 255
Varianz 33, 126, 129
Varianz-Methode 32ff.
Variationskoeffizient 126
Versuchsanlage 101f., 198ff., 211
Versuchsdaten 227, 397
Versuchsdurchführung 108, 200ff., 211ff., 225ff., 370ff.
Versuchsplanung 186, 200ff., 211ff., 225ff., 370ff.
Vertrauensbereich 127, 140f., 157
Verweilzeit 26ff., 37, 396
- theoretische 30f.
Verweilzeitverhalten 21ff., 35, 207ff.
- von Bioreaktoren mit suspendierter Biomasse 22ff.
Vorklärbecken 53

w

Wachstumsgeschwindigkeit 108f.

z

Zellaufbau 17, 92, 178
Zellmembran 3f.
Zellstoffwechsel *siehe* Stoffwechsel
Zelltypen 3f.
zone-settling 304, 323, 353ff., 373
Zwei-Film-Theorie 112